U0415335

装备科技译著出版基金

"十四五"时期国家重点出版物出版专项规划项目

石墨烯手册

第3卷:类石墨烯二维材料

Handbook of Graphene

Volume 3: Graphene-like 2D Materials

[美]张梅(Mei Zheng) 主编

李兴无 王旭东 李岳 梁佳丰 朱巧思 译

国防工业出版社

·北京·

著作权合同登记号　图字:01－2022－4182号

图书在版编目(CIP)数据

石墨烯手册. 第3卷,类石墨烯二维材料/(美)张梅主编;李兴无等译. —北京:国防工业出版社,2023. 1

书名原文:Handbook of Graphene Volume 3: Graphene－like 2D Materials

ISBN 978－7－118－12691－4

Ⅰ. ①石…　Ⅱ. ①张… ②李…　Ⅲ. ①石墨烯－纳米材料－手册　Ⅳ. ①TB383－62

中国版本图书馆CIP数据核字(2022)第196375号

Handbook of Graphene, Volume 3: Graphene－like 2D Materials by Mei Zhang

ISBN 978－1－119－46965－0

Copyright © 2019 by John Wiley & Sons, Inc.

All rights reserved. This translation published under license. Authorized translation from the English language edition, Published by John Wiley & Sons. No part of this book may be reproduced in any form without the written permission of the original copyrights holder.

Copies of this book sold without a Wiley sticker on the cover are unauthorized and illegal.

本书中文简体中文字版专有翻译出版权由John Wiley & Sons, Inc.公司授予国防工业出版社出版社。未经许可,不得以任何手段和形式复制或抄袭本书内容。

本书封底贴有Wiley防伪标签,无标签者不得销售。

版权所有,侵权必究。

※

国防工业出版社出版发行

(北京市海淀区紫竹院南路23号　邮政编码100048)

北京虎彩文化传播有限公司印刷

新华书店经售

*

开本 787×1092　1/16　**印张** 24¾　**字数** 562千字

2023年1月第1版第1次印刷　**印数** 1—1500册　**定价** 249.00元

(本书如有印装错误,我社负责调换)

国防书店:(010)88540777　　书店传真:(010)88540776

发行业务:(010)88540717　　发行传真:(010)88540762

石墨烯手册

译审委员会

主　任	戴圣龙					
副主任	李兴无	王旭东	陶春虎			
委　员	王　刚	李炯利	郁博轩	党小飞	闫　灏	杨晓珂
	潘　登	李文博	刘　静	王佳伟	李　静	曹　振
	李佳惠	李　季	张海平	孙庆泽	李　岳	梁佳丰
	朱巧思	李学瑞	张宝勋	于公奇	杜真真	王　珺
	于　帆	王　晶				

译者序

碳，作为有机生命体的骨架元素，见证了人类的历史发展；碳材料和其应用形式的更替，也通常标志着人类进入了新的历史进程。石墨烯这种单原子层二维材料作为碳材料家族最为年轻的成员，自2004年被首次制备以来，一直受到各个领域的广泛关注，成为科研领域的“明星材料”，也被部分研究者认为是有望引发新一轮材料革命的“未来之钥”。经过近20年的发展，人们对石墨烯的基础理论和在诸多领域中的功能应用方面的研究，已经取得了长足进展，相关论文和专利数量已经逐渐走出了爆发式的增长期，开始从对“量”的积累转变为对“质”的追求。回顾这一发展过程会发现，从石墨烯的拓扑结构，到量子反常霍尔效应，再到魔角石墨烯的提出，人们对石墨烯基础理论的研究可以说是深入且扎实的。但对于石墨烯的部分应用研究而言，无论在研究中获得了多么惊人的性能，似乎都难以真正离开实验室而成为实际产品进入市场。这一方面是由于石墨烯批量化制备技术的精度和成本尚未达到某些应用领域的要求；另一方面，尽管石墨烯确实具有优异甚至惊人的理论性能，但受实际条件所限，这些优异的性能在某些领域可能注定难以大放异彩。

我们必须承认的是，石墨烯的概念在一定程度上被滥用了。在过去数年时间内，市面上出现了无数以石墨烯为噱头的商品，石墨烯似乎成了“万能”添加剂，任何商品都可以在掺上石墨烯后身价倍增，却又因为不够成熟的技术而达不到宣传的效果。消费者面对石墨烯产品，从最初的好奇转变为一次又一次的失望，这无疑为石墨烯应用产品的发展带来了负面影响。在科研上也出现了类似的情况，石墨烯几乎曾是所有应用领域的热门材料，产出了无数研究成果和水平或高或低的论文。无论对初涉石墨烯领域的科研工作者，还是对扩展新应用领域的科研工作者而言，这些成果和论文都既是宝藏也是陷阱。

如何分辨这些陷阱和宝藏？石墨烯究竟在哪些领域能够为科技发展带来新的突破？石墨烯如何解决这些领域的痛点以及这些领域的前沿已经发展到了何种地步？针对这些问题，以及目前国内系统全面的石墨烯理论和应用研究相关著作较为缺乏的状况，北京石墨烯技术研究院启动了《石墨烯手册》的翻译工作，旨在为国内广大石墨烯相关领域的工作者扩展思路、指明方向，以期抛砖引玉之效。

《石墨烯手册》根据 Wiley 出版的 *Handbook of Graphene* 翻译而成，共8卷，分别由来自世界各国的石墨烯及相关应用领域的专家撰写，对石墨烯基础理论和在各个领域的应用研究成果进行了全方位的综述，是近年来国际石墨烯前沿研究的集大成之作。《石墨烯手册》按照卷章，依次从石墨烯的生长、合成和功能化；石墨烯的物理、化学和生物学特性研究；石墨烯及相关二维材料的修饰改性和表征手段；石墨烯复合材料的制备及应用；石墨烯在能源、健康、环境、传感器、生物相容材料等领域的应用；石墨烯的规模化制备和表征，以及与石墨烯相关的二维材料的创新和商品化展开每一卷的讨论。与国内其他讨论石墨烯基础理论和应用的图书相比，更加详细全面且具有新意。

《石墨烯手册》的翻译工作历时近一年半，在手册的翻译和出版过程中，得到国防工业出版社编辑的悉心指导和帮助，在此向他们表示感谢！

《石墨烯手册》获得中央军委装备发展部装备科技译著出版基金资助，并入选“十四五”时期国家重点出版物出版专项规划项目。

由于手册内容涉及的领域繁多，译者的水平有限，书中难免有不妥之处，恳请各位读者批评指正！

北京石墨烯技术研究院

《石墨烯手册》编译委员会

2022 年 3 月

前 言

石墨烯虽然只是具有一个原子厚度的碳原子层,但它却被认为是目前最有价值的纳米材料之一。最初,石墨烯通过将石墨在透明胶带上进行重复机械剥离而被发现,现在其已能够通过多种化学手段进行批量合成。这一令人瞩目的材料具有多种特性,包括薄、轻质、高柔韧性、高透光度、高强度、低阻抗,并且具备优异的电学、热学、光学和机械性能。因为这些特殊的性能,石墨烯几乎在每一个领域的前沿应用中都受到了人们的广泛关注,并被视为改变世界的新材料。

《石墨烯手册》共分8卷,涵盖了与石墨烯相关的各个方面,包括石墨烯的开发、合成、应用技术和集成方法;石墨烯及相关二维材料的修饰改性、功能化和表征手段;石墨烯及相关二维材料的物理、化学和生物学研究;石墨烯复合材料;石墨烯在能源、健康和环境领域的应用(包括电子学、光子学、自旋电子学、生物电子学、光电子学领域以及光伏电池、能量储存、燃料电池、储氢以及石墨烯基器件);石墨烯的规模化制备和表征;与石墨烯相关的二维材料的创新和商品化。

本手册的第3卷聚焦类石墨烯的二维材料,主要章节包括石墨烯/ MoS_2 双层异质结构中的邻近感应拓扑转变和应变感应电荷转移;二维石墨烯超晶格;多孔缺陷石墨烯材料的磁性和光学性能;石墨炔:层状结构的先进碳材料;石墨烯及其结构衍生物的纳米电子应用;扭转双层石墨烯的低能物理、电子和光学性能;带电库仑杂质对石墨烯磁点和环低能光谱的影响;生物电子学中的石墨烯;石墨烯超材料电子光学的激发过程和电光调制;从一维卡拜到石墨烯外的二维 $sp-sp^2$ 杂化纳米结构;石墨烯之外的二维材料能带结构修饰;化学改变二维材料的生产和应用;用于产生被动锁模脉冲的黑磷饱和吸收体;用狄拉克 - 外尔(Dirac - Weyl)材料在简单的小实验中探索基础物理。

最后,感谢所有作者用各自领域的专业知识为本书做出的贡献,并对国际先进材料协会表示由衷的感谢。

2019 年 2 月 15 日

目录

第1章 石墨烯/MoS_2 双层异质结构中的邻近诱导拓扑转变和应变诱导电荷转移

Sobhit Singh[1], Abdulrhman M. Alsharari[2], Sergio E. Ulloa[2], Aldo H. Romero[1]

[1]美国西弗吉尼亚州,摩根敦西弗吉尼亚大学物理和天文学系

[2]美国俄亥俄雅典,俄亥俄大学纳米和量子现象研究院物理和天文学系

摘　要　石墨烯/MoS_2异质结构由石墨烯纳米片和单层 MoS_2结合而成。由于异质结构中层与层间的范德瓦耳斯力很弱,石墨烯纳米片和单层 MoS_2仍然保有良好的电子特征。然而,邻近的 MoS_2引发了石墨烯的强自旋轨道耦合效应(强度约为1meV),这比本征石墨烯的固有自旋轨道耦合效应强度高近3个数量级,由此打开了石墨烯带隙,并进一步使狄拉克点附近的自旋非简并带出现反交叉。实验发现,非公度晶格的石墨烯/MoS_2异质结构具有摩尔纹。异质结构的电子能带结构对于双轴应变和夹层扭转非常敏感。虽然石墨烯的狄拉克锥体保持完整,并且石墨烯和 MoS_2层在室温下也不会发生电子转移,但在其异质结构中却发现了应变诱导电荷转移现象。栅极电压的应用揭示了石墨烯/MoS_2异质结构中的拓扑相变现象。本章将讨论晶体结构、层间效应、电子结构、自旋态以及应变和基底邻近效应带来的电学性质变化对石墨烯/MoS_2异质结构的影响。此外,还将概述石墨烯/MoS_2异质结构独特的拓扑量子相,并综述这一领域的最新进展。

关键词　异质结构,石墨烯,过渡金属二硫化物,电荷转移,狄拉克点,紧束缚模型,拓扑相变,自旋-轨道耦合,邻近效应,贝里曲率

1.1 引言

从整块石墨中成功分离石墨烯[1]开启了原子级别二维材料的全新研究领域。在过去10年中,由于二维材料在电学、谷电子学、自旋电子学、催化、能源和生物传感等领域表现出极佳的应用前景[2-13],包括石墨烯、BN、MoS_2、$MoSe_2$、WS_2、WSe_2、$MoTe_2$、类石墨烯(Xene,如硅烯、锗烯、锡烯)、磷烯和铋烯等在内的多种二维材料已被成功制备并广泛研究。二维材料的主要特性包括高载流子迁移率、超导性、机械柔韧性、优秀的导热性、光致发光、强可见光和紫外吸收、量子自旋霍尔效应、强光物质相互作用以及高度受限等离激元的可观察性[2,14-16]。通过调控应变、原子层数、吸附、插层、层间扭曲、邻近效应及栅极电压等方法[17-20],二维材料的上述特性能够得到有效增强。此外,几种类型的二维材料可以垂

直堆叠，以形成范德瓦耳斯异质结构，这种结构往往可以增强原子层的某些性能[17-19,21]。上述性质为调控异质结构的杰出性能提供了独特的策略，因而在现代技术中应用前景广阔。然而，在大多数已知的二维材料和范德瓦耳斯异质结构中，如何控制掺杂类型、载流子浓度以及化学计量数仍然面临挑战[21]。

在过去的10年中，石墨烯作为一种具有蜂窝状二维晶格结构的碳原子单层，已经成为最负盛名的二维材料。通过对其进行充分研究，人们发现了石墨烯的许多特性[2]。单层石墨烯表现出很多优异特性，包括高的本征迁移率（200000cm^2/（V·s））、高电导率、高热导率（5000W/（m·K））、生物传感性以及优异的弹性和力学性能（弹性模量约为1.0TPa）[2,22-23]。然而，其极微弱的固有自旋轨道耦合（SOC）效应和相对较小的能带隙限制了本征石墨烯在自旋电子学领域的实际应用。近年来，研究者们通过非常规方法和基底邻近效应，成功将石墨烯的能带隙提高了几个数量级。其他二维晶体的出现，使设计具有强邻近效应的新型石墨烯基范德瓦耳斯异质结构成为可能。在上述二维晶体中，过渡金属二硫化物半导体（TMD），即MX_2（M = Mo、W；X = S、Se、Te），是一类特殊的二维晶体，其具有光电子和谷电子特征，能够为石墨烯电子能带结构提供强的邻近效应[24-28]。

原子级厚度的MX_2半导体呈蜂窝状晶格的三明治结构[29]，过渡金属（M）单原子层夹在两个氧族元素（X）单原子层之间。这些半导体在价带中表现出较强的SOC效应，并且随着M原子质量的增加而增强。MoS_2是研究最广泛的TMD之一，其带隙在电磁波的可见光和红外（IR）区域可调，并随着晶体中原子层数而改变。体相MoS_2表现出约1.3eV的间接能带隙，并随着层数的减少而增强[5,24-25,30]。单层MoS_2在六角形布里渊区的K和K'高对称点表现出约1.8eV的直接带隙。由于反演对称性破缺，SOC效应提升了能带的自旋简并度，极大地分离了K和K'点的最高价带。这种自旋简并的破坏与本征MoS_2中存在的时间反演对称结合时会在K和K'谷产生固有耦合电子带，从而在这些材料中可能观测到自旋谷效应和光学偏振记忆[15]。

近年来，为了将石墨烯和单层MoS_2的优异特性相结合，并弱化其不良性质，研究者们在石墨烯和单层MoS_2结合，并构建石墨烯/MoS_2范德瓦耳斯异质结构方面做出了巨大努力[18-19,31-33]。非公度晶格的石墨烯/MoS_2异质结构具有独特的性质，这些性质可以通过调节应变、层间位移、层间扭曲、掺杂、弯曲、堆叠顺序、插层等因素进行控制[34-38]。实验已经证实，由于石墨烯与单层MoS_2晶格不匹配，石墨烯/MoS_2范德瓦耳斯异质结构中会出现摩尔纹[26,39-40]。

邻近的MoS_2引起了石墨烯中较强的SOC效应，并在狄拉克点打开了能带隙[41]。通过控制栅极和应变，这种带隙可以得到进一步增强。基底诱导产生的SOC效应与石墨烯固有的SOC效应竞争，使得狄拉克点附近的自旋分裂带产生反交叉[28]。利用邻近效应、SOC和交错电势之间的相互联系，可以在石墨烯/MoS_2异质结构中获得独特的拓扑量子相[28]。在最近的一项工作中，Gmitra等[27]发现，由于W具有较强的SOC效应，在石墨烯/WS_2异质结构中会产生具有手性边缘态的量子自旋霍尔相，从而使SOC引起的带反转出现在石墨烯/WS_2异质结构中的狄拉克点附近。在石墨烯/MoS_2异质结构中，通过施加栅极电压也可以实现类似的拓扑相变[28]。除了这些拓扑特征外，最近的研究在石墨烯/MoS_2异质结构中还观察到大量子效率的特殊光响应性、栅极可调的持久光导电性、优异的机械响应性、高功率转换效率、光电流产生以及负压缩性[31-33,42-43]。在实际应用方面，研究者们利用石墨烯/MoS_2异质结构构造了电子逻辑门、晶体管、存储器件、光学器件开关和生物传感器[31-33,37,42-43]。

本章对石墨烯/MoS_2异质结构的结构、电子和拓扑特征进行了综述，可将本章分为两部分：依据第一性原理计算的研究结果；对哈密顿模型分析和拓扑相变的理解。第①部分详细描述了晶体结构、层间效应、电子带结构、自旋态和费米能级附近原子轨道的性质、电子带结构的应变效应以及电荷转移现象。第②部分采用紧束缚模型研究石墨烯/MoS_2异质结构的邻近效应和一般特征，从而获得对称的低能量有效哈密顿算子的参数。讨论了栅极电压对能带结构动力学的影响。贝里曲率和陈数的计算证实了在临界栅极电压下拓扑相变的发生。本章附录给出了密度泛函理论（DFT）计算的细节。

1.2 密度泛函理论计算结果

1.2.1 对石墨烯/MoS_2异质结构的理解

图1.1(a)和图1.1(b)是石墨烯/MoS_2双层异质结构的最优晶体结构。石墨烯和单层MoS_2之间的晶格失配使石墨烯/MoS_2异质结构的建模需要大量计算。为了使晶格失配最小化，可以将石墨烯和单层MoS_2两个公度的超单元垂直叠加。在石墨烯/MoS_2异质结构中最常用的两种单元是$(4\times4)/(3\times3)$（以下称为4∶3）和$(5\times5)/(4\times4)$（以下称为5∶4），两种结构的晶格失配相对较小，但原子和晶胞数较多。在石墨烯/MoS_2异质结构中，单层石墨烯和MoS_2通过长程范德瓦耳斯力发生微弱的相互作用。实验证明，石墨烯和MoS_2纳米片间的层间距为3.40Å±0.1Å[44]。然而，许多基于第一性原理的研究对层间距的推测并不一致，大体在3.1~4.3Å之间[27,34,45-51]。这主要是由于没有充分评估DFT框架内部的非局部范德瓦耳斯力相互作用。虽然各种DFT-范德瓦耳斯方法已为研究者所用，并在描述这一系统时仍存在不足，但有报道称对范德瓦耳斯修正的特卡琴科-舍弗勒（TS）法能够有效评估长程范德瓦耳斯力相互作用[53]，并准确预测了石墨烯和MoS_2纳米片的层间距（3.4Å）[54]，这与实验结果的数据非常一致。TS方法成功的主要原因是它考虑到了界面附近非局部电荷密度的不均匀现象，而其他大部分DFT-范德瓦耳斯方法对化学环境均不敏感。金属与绝缘材料界面处的电荷密度变化很大，因此，与其他DFT-范德瓦耳斯法相比，在评价它们之间的弱范德瓦耳斯力相互作用时，TS法能得到更准确的结果[54]。

具有最小晶格失配的5∶4双层结构的最优晶格参数为$a=b=12.443$Å[54]。Mo—S键和C—C键的键长分别为2.38Å和1.44Å。在这种情况下，单层MoS_2被压缩0.3%，而单层石墨烯被拉长1.16%。S—S原子之间的垂直距离即单层MoS_2的绝对厚度为3.13Å。图1.1(c)展示出了界面的电荷密度等值面。可以看出两个单层之间有少量电荷重叠。这种电荷重叠是由于微弱的范德瓦耳斯效应产生的，并能导致狄拉克点的直接带隙增强，这与McCann所预测的一样[55]。图1.1(d)和图1.1(e)所示为电荷密度(ρ)与总局部电势(V_{zz})面平均值在z轴方向上的变化。此处的V_{zz}只包括电势的静电部分，不包含交换相关部分。石墨烯和MoS_2单层间存在明显的电势差，表明有非零偶极矩存在并指向石墨烯层。石墨烯/MoX_2和石墨烯/WX_2($X=S$、Se)异质结构中的偶极矩振幅分别约为0.62D和0.66D($1D=3.33563\times10^{-30}C\cdot m$)[56]。

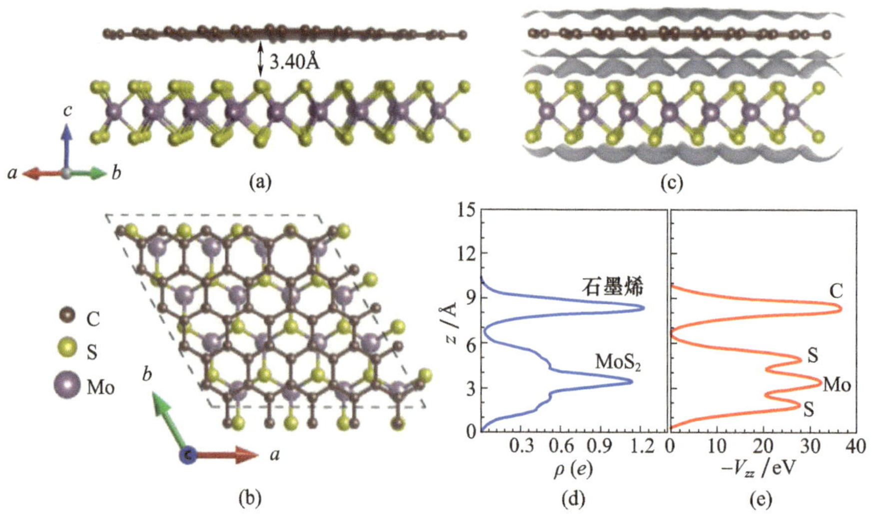

图1.1 石墨烯/MoS_2异质结构及其界面参量

(a)和(b)从两个不同视角展示了5:4石墨烯/MoS_2双层异质结构的晶体结构;(c)5:4石墨烯/MoS_2双层异质结构的数值为0.007的等密度电荷面(灰色);(d)和(e)电荷密度(ρ)和静电势(V_{zz})沿z轴方向的面平均值(注意图(e)中V_{zz}的负号)。

1.2.2 电子能带结构的轨道和自旋构型

图1.2展示了两种石墨烯/MoS_2异质结构(5:4和4:3)的电子能带结构,其采用沿六角布里渊区域高对称方向的范德瓦耳斯+SOC方法计算。由于单层间范德瓦耳斯力相互作用很弱,单层石墨烯和MoS_2的电子结构均得到较好保留。在5:4双层异质结构中,狄拉克锥的线性分散处于单层MoS_2的带隙内。各原子轨道对电子能带的贡献如图1.2(c)和图1.2(d)所示。对近费米能级原子轨道的理解在对许多理论和实验研究中都至关重要,包括紧束缚带计算、光学性质测定、载流子动力学和光催化等。这里有两个值得注意的要点:①在费米能级附近,MoS_2的导带和价带主要是由Mo−d_{z^2}、d_{xy}和$d_{x^2-y^2}$轨道组成;②狄拉克锥由π键合的C−p_z轨道组成,并位于石墨烯的A和B亚晶格中。狄拉克点附近的最低导带来自于A点的p_z轨道,最高价带来自于B点的p_z轨道,而远离费米能级的能带由其他能量状态产生,如图1.2(c)和图1.2(d)所示[54]。

石墨烯和MoS_2单分子层之间的弱范德瓦耳斯力相互作用在狄拉克点产生了很小但至关重要的带隙。5:4双层结构的带隙约为0.4meV,带隙宽度在4:3双分子层异质结构中几乎增加了3倍,这是由于在4:3双分子层中存在相对较大的晶格失配。4:3双层异质结构的另一个特征是单层MoS_2光学带隙(直接带隙)从布里渊区的K点位移到Γ点。在5:4的双层异质结构中,单层MoS_2保留了其直接带隙半导体性质,在K点的直接带隙约为1.8eV,与文献[57−60]报道吻合。但是,在4:3双层结构中,Γ点处的最低导带向低能量方向移动,而最高价带向高能量方向移动,并且高于价带在K点处的最大值。

这两个能带在 Γ 点都有 Mo - d_{z^2}特征。因此,单层 MoS_2的直接带隙宽度以数量级的速度减小,并且从布里渊区的 K 点移动到 Γ 点。由于 5:4 石墨烯/MoS_2双层异质结构保有单层 MoS_2在 K 点处直接带隙的特征,上述 4:3 双层结构的转变主要是由大规模晶格失配产生的应变效应引起的[54]。

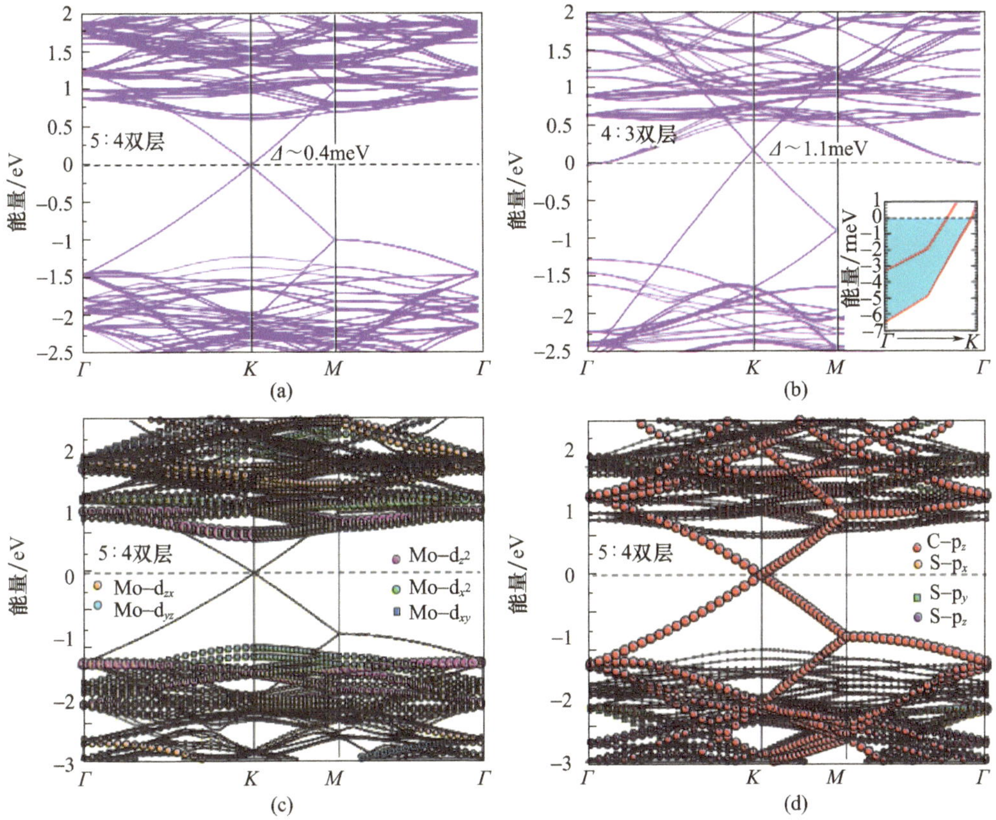

图 1.2 两种石墨烯/MoS_2 异质结构的电子能带结构

(a)和(b)分别为 5:4 和 4:3 双层异质结构通过范德瓦耳斯 + SOC 方法计算得到的电子能带结构(图(b)中的插图是 Γ 点附近导带的放大图);(c)和(d)表现出了 5:4 双层结构的原子轨道在电子能带隙中的投影(水平方向 0.0eV 的虚线代表费米能级)。

从图 1.2(b)中可以看到,石墨烯层和 MoS_2层间存在电荷转移。4:3 双层结构的狄拉克点在费米能级之上移动,并位于具有 MoS_2特征的最低导带以上,这表明从石墨烯到 MoS_2存在电荷转移,这种电荷转移过程是技术应用的关键,并能利用双向应变或栅极电压进行控制[61,31]。费米能级以上狄拉克点的总位移约为 0.18eV。因为狄拉克点移到了费米能级之上,MoS_2的导带底部会降到费米能级以下以捕获从石墨烯转移过来的电子。对费米能级附近的 MoS_2最低导带的研究表明,在 Γ 点费米能级在导带底部上方约 6.5meV,说明在 Γ 点存在一个电子袋(图 1.2(b)中的插图)。

在具有最小应变的 5:4 双层异质结构中没有观察到这样的电荷转移。这一发现与 Diaz 等[62]的实验观测一致。2015 年,Diaz 等采用角分辨光电子能谱(ARPES)研究石墨烯/MoS_2异质结构的电子结构,他们观察到石墨烯的狄拉克锥保持完整,在石墨烯层和

MoS_2层之间没有发生明显的电荷转移，而 MoS_2的接近使带隙远离狄拉克点[62]。

在讨论了轨道和能带隙的性质之后，应把注意力转移至石墨烯/MoS_2双层结构中电子态的自旋相关特性上。图 1.3 展示了自旋的 S_x、S_y和 S_z在 5∶4 双分子层电子能带结构上的投影。4∶3 双分子结构也存在类似的自旋特征。选取(001)方向为自旋量子化轴。在图 1.3 中可以看到，S_z部分在控制费米能级附近能带的自旋性方面占主导地位，而 S_x和 S_y投影的贡献是微不足道的。图 1.3(a)绘制了费米能级附近的石墨烯和 MoS_2能带的自旋投影，而图 1.3(b)为接近中性点的放大视图。在图 1.3(a)中，可以观察到 K 点附近的 Mo－d 顶部价带的自旋分裂，这是由于反演对称性被破缺引起的(红色和蓝色箭头所示)。在 K 点的自旋分裂(Δ_{VB})约为 0.2eV，没有受附近石墨烯层的明显影响。这比报道的单层 WX_2($X = S$、Se、Te)要小得多。WS_2、WSe_2和 WTe_2的 Δ_{VB}分别为 0.43eV、0.47eV 和 0.48eV[63-64]，这是由 S、Se、Te 的原子序数差异导致的。

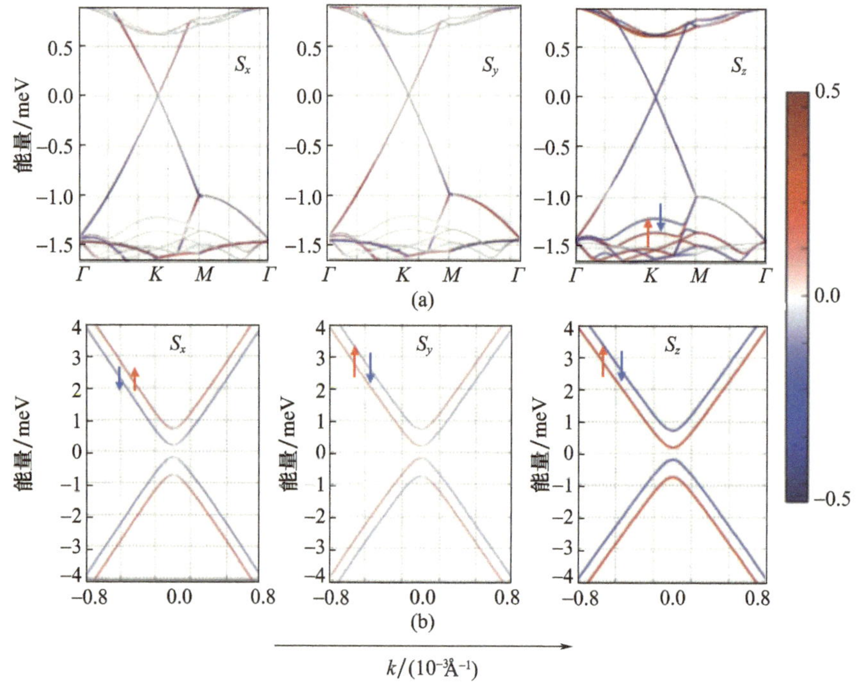

图 1.3　自旋的 S_x、S_y和 S_z分量在 5∶4 双层异质结构的电子带结构上的投影(红色(蓝色)表示自旋向上(向下)状态)

(a)各种自旋对靠近费米能级的所选能带的影响；(b)狄拉克点附近能带中自旋分裂的放大图(k 路径处于六角布里渊区 K 点的中心)。

费米能量附近的能带放大图显示，由于邻近效应，靠近狄拉克点的能带呈抛物线形状。由于 MoS_2层的反演对称性破缺和强的 SOC 效应，体系中发生了 Rashba 型自旋分裂。此外，由于石墨烯固有的 SOC 效应，自旋带隙在狄拉克点打开，能带相互反交叉，产生能带色散，如图 1.3(b)所示[54]。交错电势效应进一步增强了带隙的开放。利用上述性质的竞争性，在双层体系中可获得不同的拓扑相[28]。通过调节过渡金属二硫化物(TMD)层的 SOC 强度或在层间施加一个相对栅极电压，可以实现不同拓扑相之间的可控相转变[28]。接下来使用哈密顿模型对这个问题进行更详细的讨论。

1.2.3 应变效应和电荷转移

正如在讨论 5：4 和 4：3 双层异质结构时所提到的电子带结构，狄拉克点在 MoS_2 最低导带上的移动表明电荷从单层石墨烯转移到了单层 MoS_2 上。本书认为这种电荷转移主要是由应变引起的。应变对石墨烯[65-72]和 MoS_2[30,73-83]的电子性能的影响已经在理论上和实验中得到了证实。这些研究发现，应变调节可以控制单层石墨烯和 MoS_2 的电子性能，并且在这些单分子层上实现新的功能。在适度的应变下，石墨烯保留其半金属特征。当应变达到 15% 时，石墨烯的电子能带结构无明显变化。但是，根据所施加应变的大小和方向，狄拉克锥会从 K 点转移。Choi 等[69]预测在沿着任意方向的单轴应变小于 26% 时，单轴应变的石墨烯无法打开大的带隙。研究进一步表明，在单轴适度应变的石墨烯中，能带的低能量色散可以使用广义的外尔方程建模[69]。随着单轴应变的增加，狄拉克锥的费米速度随波向量的方向变化（增加或减少）[69]。Guinea 等[70]称沿 3 个主要晶体方向排列的应变束能诱发强规范场，有效起到均匀伪磁场的作用。

另外，在应变的临界值处，Γ 点的 MoS_2 价带最大值能量增加，向费米能级移动，取代了在 K 点处的价带最大值，从而在应变单层中产生直接带隙到间接带隙的跃迁。很多理论和实验研究认为，在 0.5% ~1.0% 的压缩或拉伸应变下，MoS_2 中会发生这种带隙跃迁[30,73-83]。考虑到多体效应和 SOC 效应，Wang 等[84]预测，在单层 MoS_2 中直接带隙到间接带隙的跃迁应该发生在 2.7% 应变下[82]。由于 MoS_2 的正泊松比[85]，其单层膜的厚度（即 $S-S$ 平面间的距离）在拉伸应变下减小，从而增强了 $S-p_z$ 轨道的杂化，进而提高了 Γ 点的价带最大值。但是，在双轴应变条件下，施加应变时，$Mo-d_{z^2}$ 轨道基本保持不变，而 $Mo-d_{xy}$ 态和 $Mo-d_{x^2-y^2}$ 态会发生能量转移。在实验中可以清楚地追踪到这种应变通过降低单层 MoS_2 的光致发光强度引起的直接带隙到间接带隙的跃迁[77]。施加应力后，MoS_2 的带隙降低。此外，电子和空穴在 K 点和 Γ 点的有效质量随应变的增加而减少[82,84]。Γ 点空穴的有效质量减少速率远高于 K 点电子的有效质量降低速率。例如，当拉伸应变为 5% 时，Γ 点空穴的有效质量减少了 60% 以上，而 K 点电子的有效质量只下降了 25%[82]。当拉伸应变约为 10%、压缩应变约为 15% 时，单层 MoS_2 中会发生从半导体到金属的转变[82]。

MoS_2 中直接到间接的带隙跃迁也可以通过垂直堆叠两个或多个单层来实现。随着层数的增加，$Mo-d_{z^2}$ 轨道中不同的 S－Mo－S 纳米片之间的相互作用增加，并使能带上移。因此，Γ 处的价带最大值和 K 处的导带最小值向更高的能量方向移动，而大部分由位于 $x-y$ 平面上的 d 轨道组成的其他能量状态基本不变。因此，多层 MoS_2 在 Γ 点的价带最大值和沿 $\Gamma-K$ 路径的导带最小值之间存在间接带隙[82]。

在最简单的近似中，可以假设 Mo 原子主要受到由基底引起的界面张力，而 S 原子则根据应变后 Mo 原子的位置定位不受力。这里，进行计算以了解 Mo 原子的双轴应变对石墨烯/MoS_2 异质结构中电子结构的影响。对优化后的 5：4 石墨烯/MoS_2 双层异质结构中的 Mo 原子施加双轴应变，同时不对 S 原子施力。施加在 Mo 原子上的双轴应变（x）的范围为 −4%（压缩应变）~ +4%（膨胀或拉伸应变）。这个计算粗略地模拟了局部基底诱发应变对于 Mo 原子的影响，这种应变破坏了 Mo 原子的有序性，在有限的空间内形成了域或晶界。在我们设想的情况下，在边缘形成晶界的晶胞参数为 $a=b=12.44$Å，其中来自相邻周期性晶胞中的两个 Mo 原子，按照施加在 Mo 原子上的拉伸或压缩应变要么彼此靠近，要么彼此远离。图 1.4 展示了对 Mo 原子施加双轴应变（x）的两种极端情况下，受应变的 5∶4 石墨烯/MoS_2 双层异质结构的晶体结构，其中正值（负值）表示拉伸（压缩）应变。可以发现，由于单层 MoS_2 的正泊松比[85]，单层 MoS_2 的绝对厚度随着压缩应变的增加而略微增加。由于石墨烯和 MoS_2 纳米片之间的弱范德瓦耳斯作用力，层间分离随着 x 的变化改变非常小，这与 MoS_2 厚度的改变一致。层间距离的最大变化是在 Mo 原子上施加应变的极值处，其值为 ±0.02Å。

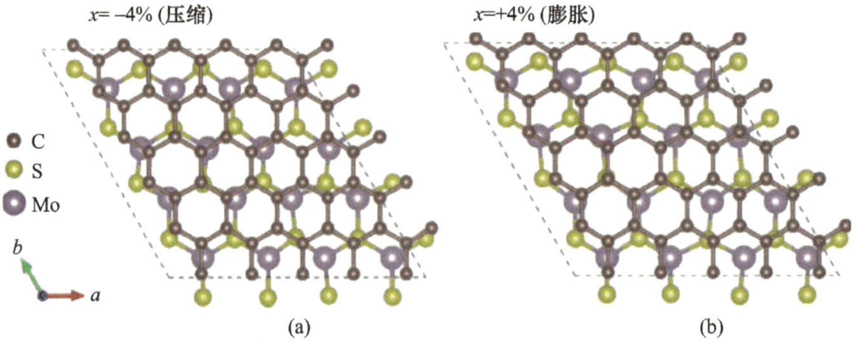

图 1.4　双轴应变的 5∶4 石墨烯/MoS_2 双层结构的晶体结构的俯视图

（a）当 Mo 原子被压缩 4%（即 $x=-4\%$）时的结构；（b）当 Mo 原子膨胀 4%（即 $x=+4\%$）时的结构。

图 1.5 展示了 Mo 原子受应变的 5∶4 石墨烯/MoS_2 双层结构的电子能带结构。压缩应变和拉伸应变产生了相似的电子能带特征。随着施加在 Mo 原子上的应变增加，Mo－d 的价带和导带都向费米能级移动，降低了单层 MoS_2 的净带隙宽度，但 MoS_2 在所研究的应变范围内仍保持直接带隙性质。这一发现很重要，这表明当石墨烯/MoS_2 异质结构复合在可以对 Mo 原子施加微小界面应变的基底上时，可以通过控制基底对 Mo 原子的应变对异质结构进行调控，这种影响在光致发光实验中也存在[86-87]。此外，研究也发现，单层 MoS_2 中的载流子的有效质量随着施加在 Mo 原子上应变的增加而增加。

为进一步理解应变对狄拉克点直接带隙、单层 MoS_2 能带边缘的位置及费米能级附近的轨道特征变化的影响，将它们作为 x 的函数在图 1.6 中绘制出来。在 $x=-4\%$ 的情况下，当施加在 Mo 原子上的应变在所研究的范围内时，各原子轨道在电子带上的投影显示费米能级附近的轨道保持不变。狄拉克点的直接带隙随着施加在 Mo 原子上应变的增加而显著增加（图 1.6(a)）。这可以归因于 d_z 轨道和 p_z 轨道之间的杂化增强。图 1.6(b) 显示了 Δ_1、Δ_2 和 Δ_3 相对于 x 的变化。这里，Δ_1 代表 Γ 点处最低导带和最高价带之间的能量差，Δ_2 代表 Mo－d 态的最低导带与狄拉克点的能量差，Δ_3 代表狄拉克点和 Mo－d 态最高价带的能量差（图 1.5(a)）。分析表明 Δ_1、Δ_2 和 Δ_3 随 Mo 原子上应变的增加而减少。随着 x 的增加，狄拉克点更接近于 MoS_2 的导带，当 $x=\pm4\%$ 时，Mo－d 态的最低导带几乎达到狄拉克点。因此，当应变超过 $x=\pm4\%$ 时，会发生从单层石墨烯到 MoS_2 的电荷转移。

从上面的讨论可以得出，通过调节基底诱导的 Mo 原子应变，可以控制石墨烯/MoS_2双层异质结构的光学性质，进而调控两单层间的电荷转移过程。从实验的角度看，可以通过选择合适的压电材料或柔性电子基底实现上述过程。

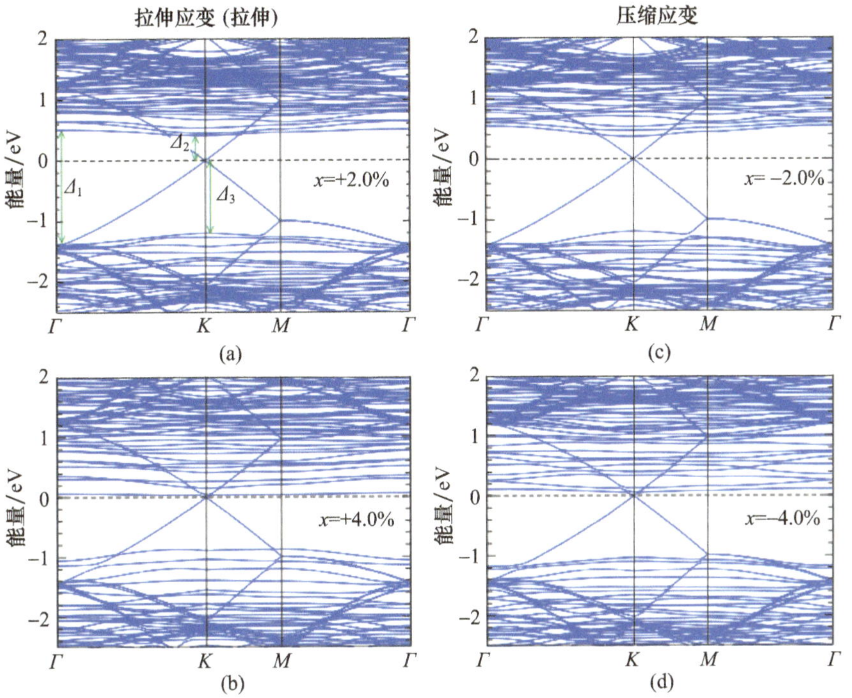

图 1.5 无 SOC 效应时含有应变 Mo 原子的 5∶4 石墨烯/MoS_2双层异质结构的电子能带结构模拟

(a)和(b)分别为2.0%和4.0%拉伸应变时的能带；(c)和(d)分别为2.0%和4.0%压缩应变时的能带。

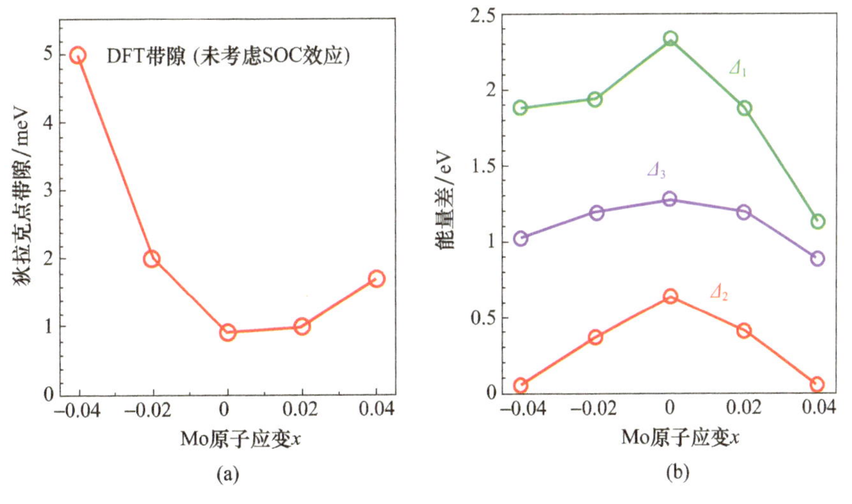

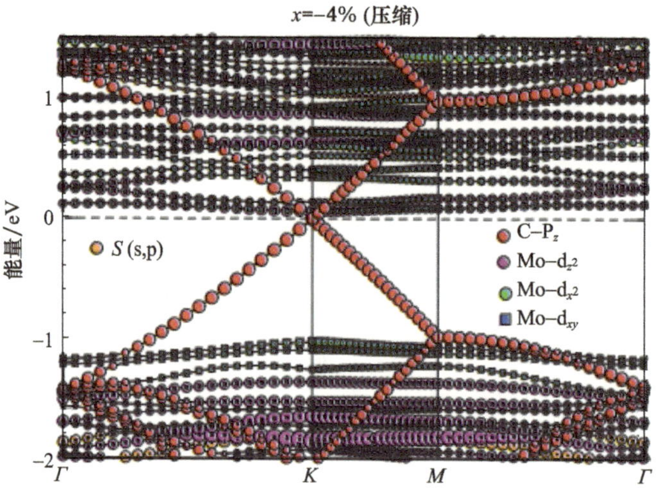

(c)

图 1.6 应变对狄拉克点直接带隙、单层 MoS_2 能带边缘位置及费米能级附近的轨道变化的影响(模拟能带结构时未考虑 SOC 效应)

(a)和(b)狄拉克点处的直接带隙变化以及 Δ_1、Δ_2 和 Δ_3 作为 Mo 原子上应变 x 的函数(对 Δ_1、Δ_2 和 Δ_3 的定义见图 1.5(a));(c)所选原子轨道在 5∶4 石墨烯/MoS_2 双层异质结构电子带上的投影(异质结构中的 Mo 原子受 4% 压缩应变)。

1.3 哈密顿算子模型和拓扑相变

1.3.1 基本理论模型

本小节使用紧束缚理论框架来研究异质结构。首先,将关联石墨烯和 MoS_2 原胞晶格向量的线性变换写为[88]

$$\begin{pmatrix} \boldsymbol{a}_{G1} \\ \boldsymbol{a}_{G2} \end{pmatrix} = M \cdot \begin{pmatrix} \boldsymbol{a}_{M1} \\ \boldsymbol{a}_{M2} \end{pmatrix} \tag{1.1}$$

式中:$\boldsymbol{a}_{x1} = a_x\left(\frac{\sqrt{3}}{2}, \frac{1}{2}\right)$ 和 $\boldsymbol{a}_{x2} = a_x\left(\frac{\sqrt{3}}{2}, \frac{-1}{2}\right)$ 为实际原胞基矢(x = 石墨烯和 MoS_2);$M = \mathrm{diag}\left(\frac{4}{5}, \frac{4}{5}\right)$。可以看出[88],得到的摩尔纹具有原胞晶格向量($\boldsymbol{R}_1$ 和 $\boldsymbol{R}_2$),写为

$$\begin{pmatrix} \boldsymbol{R}_1 \\ \boldsymbol{R}_2 \end{pmatrix} = [1 - M]^{-1} M \cdot \begin{pmatrix} \boldsymbol{a}_{M1} \\ \boldsymbol{a}_{M2} \end{pmatrix} \tag{1.2}$$

由于其蜂窝状结构,4∶5 石墨烯/MoS_2 异质结构具有和石墨烯相似的布里渊区特征。两个谷 $K' = \frac{2\pi}{a_\alpha}\left(\frac{1}{\sqrt{3}}, \frac{-1}{3}\right)$,$K = \frac{2\pi}{a_\alpha}\left(\frac{1}{\sqrt{3}}, \frac{1}{3}\right)$,$a_\alpha = 5a_G = 4a_M$,其中石墨烯和 MoS_2 的 K 和 K' 谷映射到折叠时超晶胞第一布里渊区的相同位置(图 1.7(c))。

用紧束缚模型将 MoS_2 中下一个最近的≪ij≫和最低三轨道基进行耦连。如上文和参考文献[89]所述,在 MoS_2 中,基态在低能量下可以用 3 个轨道(d_{z^2}、d_{xy} 和 $d_{x^2-y^2}$)表示,因

此,有

$$H_M = \sum_{i,\sigma,v} \varepsilon_{v,\sigma}\, \alpha_{iv\sigma}^{\dagger}\, \alpha_{iv\sigma} + \sum_{\ll ij \gg, v\mu,\sigma} t_{iv,j\mu}\, \alpha_{jv\sigma}^{\dagger}\, \alpha_{j\mu\sigma} + \text{h. c.} \tag{1.3}$$

式中:$\alpha_{jv\sigma}^{\dagger}$为具有 σ 自旋的 Mo 晶格 j 位的 v 轨道。第一项考虑 j 原子和轨道 v 的格点能量,第二项描述在最近和次邻的 Mo 轨道之间的活跃态。强 MoS_2 自旋轨道耦合是基于原子的 SOC 效应贡献考虑(见参考文献[89]中的式(25)和表Ⅳ)。

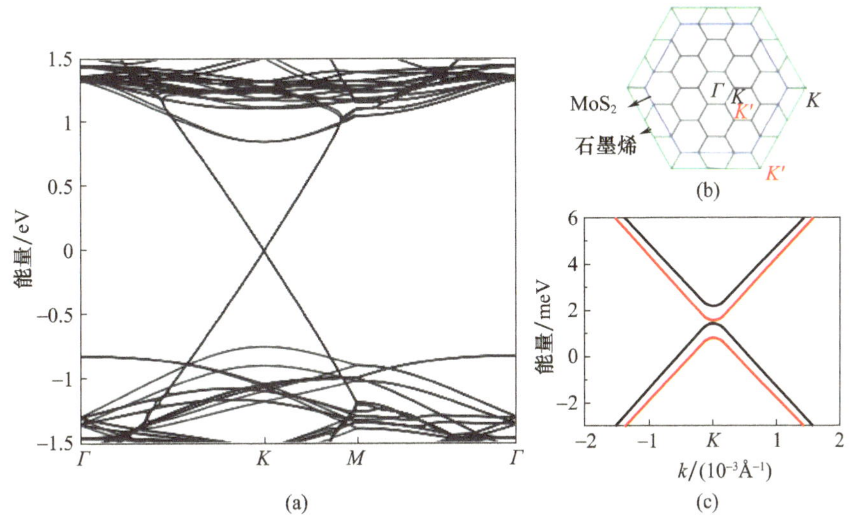

图 1.7 紧束缚模型下石墨烯/MoS_2异质结构(蓝色(红色)带代表自旋下降(上升)状态。绿色和蓝色六边形分别为单层石墨烯和 MoS_2 的第一布里渊区(BZ)。图中还显示了它们对应的 K 和 K'谷。超晶胞 BZ 有一个较小的倒易晶格尺寸,在折叠时,从两个层角谷映射在同一点上[28]。将此图与图 1.2 进行比较,尽管此图中费米能级在 TMD 的间隙中是对称的,但两图显示了相似的特性)

(a)石墨烯/MoS_2沿高对称线 $\Gamma-K-M-\Gamma$ 的能带色散;(b)倒易晶格的布里渊区;(c)K 谷附近的放大(表明石墨烯能带是有间隙的,并且因 MoS_2 的接近而发生自旋极化)。

为了模拟石墨烯,采用常见的单轨道来表示具有两个原子基的三角晶格,原子基只与最近的邻域 $<ij>$ 耦合[2],有

$$H_{\mathrm{G}} = \sum_{i,\sigma} \varepsilon_{i,\sigma}\, c_{i\sigma}^{\dagger}\, c_{i\sigma} - t_{\mathrm{g}} \sum_{<ij>,\sigma} (c_{i\sigma}^{\dagger}\, c_{j\sigma} + \text{h. c.}) \tag{1.4}$$

式中:第一项的 ε 为格点能量;第二项的 ε 考虑了耦合强度为t_g的最邻近原子的活跃能。

基底的存在会产生垂直于石墨烯层的电场。这个电场会引起自旋轨道耦合,可以用 Rashba Hamiltonian 函数来表示[90],即

$$H_{\mathrm{R}} = \mathrm{i}t_{\mathrm{R}} \sum_{<ij>;\alpha,\beta} \hat{e} \cdot (\boldsymbol{s}_{\alpha\beta} \times \boldsymbol{d}_{ij})\, c_{i\alpha}^{\dagger} c_{j\beta} \tag{1.5}$$

式中:α、β 为自旋向上和自旋向下的状态;$\boldsymbol{d}_{ij} = \dfrac{d_{ij}}{|d_{ij}|}$为连接石墨烯中 A 原子与其最近的 B 原子的单位向量。石墨烯中 Rashba 自旋轨道的相互作用力较弱,即$t_R = 0.067\ \text{meV}$[91]。这描述了镜像对称性破缺的效果。因此,自旋不再是一个好量子数,同时自旋态间发生相互作用,并在简并点反交叉。

这里只考虑石墨烯的 p_z轨道和 MoS_2的 d 轨道之间层的邻近原子的耦合,可以表示为

$$H = \sum_{<ij>,v\sigma} t_{i,j}^{v} c_{i\sigma}^{\dagger} \alpha_{jv\sigma} + \text{h. c.} \tag{1.6}$$

式中：$t_{i,j}^{v}$为轨道振幅，即

$$t_{i,j}^{v} = t_v \exp\left[\frac{-|\boldsymbol{r}_{m,i} - \boldsymbol{r}_{g,j}|}{\eta}\right] \tag{1.7}$$

式中：$|\boldsymbol{r}_{m,i} - \boldsymbol{r}_{g,j}|$为连接两层原子的距离，通常是一个常数$\eta = 5a_g$；$t_v$为用 Slater－Koster 描述的 p_z和 d 轨道之间的有效耦合[92]。公式为[28]

$$\begin{cases} t^{z^2} = \langle p_z | H | d_{z^2} \rangle = -\sqrt{3} n_z^3 V_{pd\pi} - \dfrac{1}{2} n_z (n_x^2 + n_y^2 - 2n_z^2) V_{pd\sigma} \\ t^{x^2-y^2} = \langle p_z | H | d_{x^2-y^2} \rangle = \dfrac{\sqrt{3}}{2} (n_z n_x^2 n_y^2) V_{pd\sigma} - (n_z n_x^2 n_y^2) V_{pd\pi} \\ t^{xy} = \langle p_z | H | d_{xy} \rangle = n_x n_y n_z (\sqrt{3} V_{pd\sigma} - 2V_{pd\pi}) \end{cases} \tag{1.8}$$

式中：n_i为方向余弦，设定的耦合常数的数值与预期一致：由于更高的重叠，耦合 t^{z^2} 大于 t^{xy} 和 $t^{x^2-y^2}$。这里，$V_{pd\pi} = -0.232\text{eV}$ 和 $V_{pd\sigma} = 0.058\text{eV}$，这些数值不影响将要讨论的主要结论和定性性质。哈密顿函数能够精确地再现 K 点和 K' 点附近的低能量色散。Liu 等[89]改编了 TMD 参数，对于石墨烯，取格点能量为零，跃迁参数 $t_g = 3.03\text{eV}$ [2]。

1.3.2 狄拉克锥和栅极电压效应

图 1.7(a)显示了异质结构沿高对称线($\Gamma - M - K - \Gamma$)的全能带结构，仔细观察图 1.7(b)中的狄拉克点，可以发现主体中有一个间隙出现，并且自旋简并性升高，表明异质结构的镜面对称性破缺。间隙大小取决于所选夹层轨道参数(的平方)。此处的间隙为 meV 数量级。所有能带结构特征都与图 1.2 所示的第一原理结果相同。

在 1.3.1 节中讨论了层之间的电荷转移，其中在两层体系中石墨烯的狄拉克点与低能 TMD 能带之间的相对能带排列取决于应变，并已在计算中确定[27,44-45]。在紧束缚模型中，改变相对能带排列方式，进而采用层间的有效电势来模拟[28]。因此，即使没有电荷转移，可以调整石墨烯的狄拉克点与 MoS_2能带的相对位置以研究不同轨道耦合的影响，当 MoS_2的低能导带和价带表现出不同的 SOC 和轨道特征时，使用以下公式，即

$$H_{\text{Gate}} = V_{\text{Gate}} \sum_{i\alpha} c_{i\alpha}^{\dagger} c_{i\alpha} \tag{1.9}$$

调节石墨烯相对于 MoS_2的电势可能会在狄拉克带上产生不同的邻近效应。这种调整产生 3 种不同的状态，如图 1.8 所示。MoS_2导带的接近产生了大的直接带隙(图 1.8(a))。带隙与施加的栅极电压成正比，随着栅极电压的增加而增加。相反，狄拉克点与 MoS_2价带的接近会产生一个反向带隙，如图 1.8(c)所示。由于 Rashba 自旋轨道耦合引起的能带之间的相互作用，产生了这种反向带隙。在带隙反向的情况下，费米能级附近的能带具有混合的自旋态(自旋向上和向下)，而在直接带隙中则显示出明确的自旋态。这两个拓扑相由半金属无间隙态隔开，如图 1.8(b)所示。

需要注意的是，由于时间反演对称性，K 的自旋状态在 K' 谷中反转，而两个谷的交错电势值相同。下面进行深入分析讨论，研究伴随这些能带相变化的拓扑特征的变化。

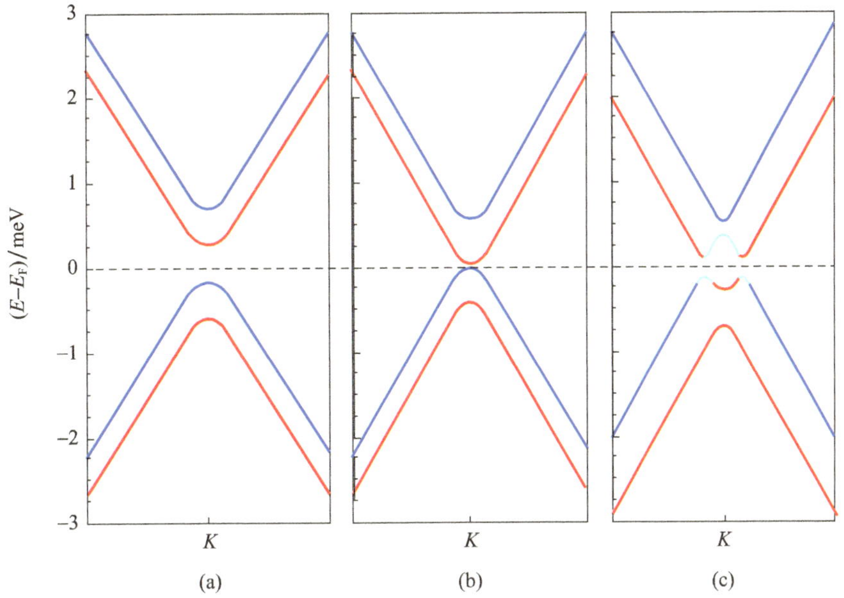

图1.8 不同栅极电压下在K谷附近的紧束缚模型的能带结构(红色(蓝色)是自旋向上(向下)状态。K'谷的状态是自旋反转[28])

(a)具有有限体积间隙的直接能带区(其中石墨烯狄拉克点靠近TMD的导带);(b)自旋态分裂的半金属相;(c)石墨烯的狄拉克点接近TMD的价带时出现的反转带。

1.3.3 自旋状态

为了深入了解这一基于栅极的相变,研究了本征态的自旋$<S_z>$和AB晶格赝自旋$<\sigma_z>$含量。对于每种状态的$|\Psi_i>$,使用以下等式来表征其最接近中性点的能带,即

$$<s_z> = \frac{\hbar}{2} < \Psi_i | \sigma_0 \otimes s_z | \Psi_i >, \quad <\sigma_z> = < \Psi_i | \sigma_z \otimes s_0 | \Psi_i > \tag{1.10}$$

如图1.9的下图所示,这种自旋在K和K'波谷附近是均匀的,每个波段都有明确的自旋$S_z = \pm\frac{1}{2}\hbar$,由$K$到$K'$波谷时则相反。这一行为与单层$MoS_2$的自旋状态相似[29]。如图1.9的中间图所示,两个波谷处的赝自旋织构相同,从K到K'波谷时消失,并在接近这些点时其数值接近±1。

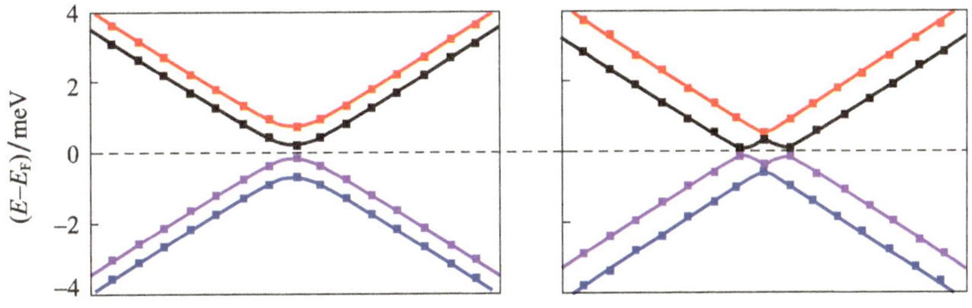

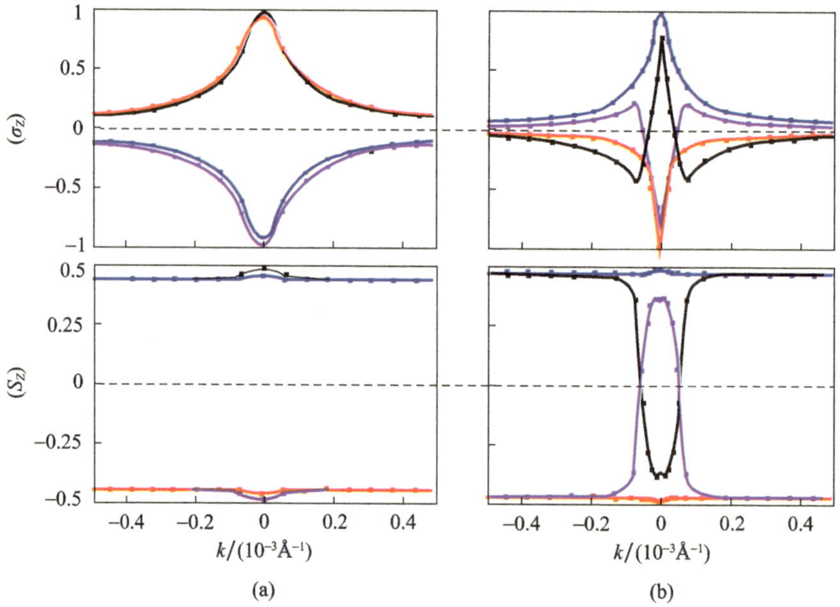

图 1.9 对 K 波谷附近的紧束缚模型(彩色线)进行有效的哈密顿拟合(实心圆)

(a)和(b)展示了体系的两个不同相,分别对应图 1.8 中的(a)直接带隙和(b)反向带隙相。中下两图分别展示了赝自旋的期望值,以及接近费米能级的 4 个最低波段的 K 附近的自旋。棕色、黑色、紫色和蓝色分别与上图中的波段相对应。有效哈密顿算子很好地拟合了紧束缚模型的结果[28]。

1.3.4 有效哈密顿算子

描述这些结果的有效模型能够用来更好地理解此异质结构体系的物理性质。基于石墨烯/MoS_2异质结构的对称性,对中性点附近的相态给出了以下哈密顿算子,其中所有的项均涉及时间反演对称性[27,93-94]。

$$\mathbf{H}_{\text{eff}} = H_0 + H_\Delta + H_{S_1} + H_{S_2} + H_R \tag{1.11}$$

其中,

$$\begin{cases} H_0 = \hbar v_{\text{F}}(\boldsymbol{\tau}_z\boldsymbol{\sigma}_x p_x + \boldsymbol{\tau}_0\boldsymbol{\sigma}_y p_y)\boldsymbol{s}_0 \\ H_\Delta = \Delta\, s_0\boldsymbol{\sigma}_z\boldsymbol{\tau}_0 \\ H_{S_1} = S_1\boldsymbol{\tau}_z\boldsymbol{\sigma}_z\boldsymbol{s}_z \\ H_{S_2} = S_2\boldsymbol{\tau}_z\boldsymbol{\sigma}_0\boldsymbol{s}_z \\ H_R = R(\boldsymbol{\tau}_z\boldsymbol{\sigma}_x\boldsymbol{s}_y - \boldsymbol{\tau}_0\boldsymbol{\sigma}_y\boldsymbol{s}_x) \end{cases} \tag{1.12}$$

式中:t、Δ、S_1、S_2 和 R 为通过将其拟合为紧束缚或第一性原理能带结构而获得的常数;$\boldsymbol{\sigma}_i$、$\boldsymbol{\tau}_i$、$\boldsymbol{s}_i$为泡利矩阵,其中 $i=0$、x、y、z(0 表示单位矩阵);$\boldsymbol{\sigma}_i$作用于赝自旋 A、B 空间;$\boldsymbol{\tau}_i$作用于 K 和 K'谷空间;$\boldsymbol{s}_i$作用于自旋自由度;H_0描述了低能量下的本征石墨烯[90]。

下面分析这个有效模型中一些参数的影响。H_{S_2}(对角自旋轨道耦合)通过相反移动的能带破坏了粒子－空穴的对称性。交错电势(H_Δ)在其他H_0的线性色散中打开了一个间隙[93-94],并在 A 和 B 亚晶格中体现出了原子不对称性。本征 SOC(H_{S_1})也在体相结构中打开了一个间隙,但在 K 和 K'谷处出现相反的信号。最后,由于基底的存在,镜像对称性被打破,使得我们可以引入 Rashba 有效项(H_R)[90,93]。该哈密顿算子的基态是 $\boldsymbol{\Psi}_k^{\mathrm{T}}=(A\uparrow,B\uparrow,A\downarrow,B\downarrow)$。通过分析,找到了零动量 $\boldsymbol{k}=0$ 处的参数,既符合能带结构又满足式(1.10)中不同栅极电压下自旋和赝自旋的期望值。

图 1.9 的上图中显示有效模型与图 1.8 中的紧束缚结果十分吻合。它还捕获了特征向量的基本特征,包括自旋和赝自旋的期望值,分别对应图 1.9 的中图和下图。通过分析这些特征函数,可以发现在 K 点的导带态位于 A 子晶格,而价带态位于 B 子晶格。对于 K' 谷而言是相同的,但旋转方向相反。

如图 1.10(b)所示,有效哈密顿算子的参数随栅极电压的变化趋于平稳。在反向能带相,当栅极电压使狄拉克点向接近 MoS_2 价带处移动时,自旋轨道相互作用的绝对值 $|S_2|$ 得到增强,而交错相互作用 $|\Delta|$ 的值小于自旋轨道振幅 $|S_2|$。

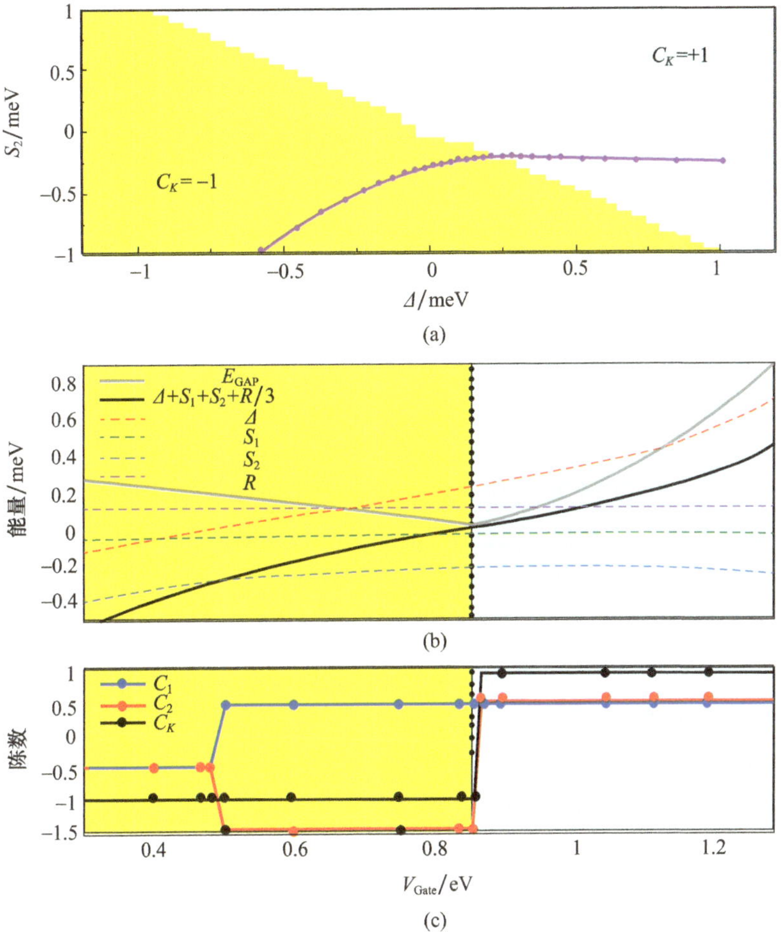

图 1.10 有效模型中参数的影响

(a) $S_2-\Delta$ 面中式(1.12)的石墨烯/TMD 体系相图(其中 $R=0.1$meV、$S_1=-0.16$meV,蓝色 $C_K=1$ 的微小绝缘相和黄色 $C_K=-1$ 的聚集反转相被白色的半金属相曲线分隔开,紫色线为石墨烯/MoS_2双层体系的分界线与 V_{Gate} 的关系);(b)依赖于图 1.8(a)中体系的栅极电压的有效参数(能隙闭合发生在 $V_{\mathrm{Gate}}=0.86$eV 处,如灰色线所示,反向能带区域表现出更大的 SOC 效应,而直接能带相表现为交错项主导);(c)相应的 K 波谷价带陈数(红色线和蓝色线)和总陈数(黑色线)随栅极电压的变化(图 1.12(a)解释了 $V_{\mathrm{Gate}}=0.5$eV 附近的陈数变化,这是由于在 K 点处发生了能带交叉,$V_{\mathrm{Gate}}=0.86$eV 处的跃变表明将反向聚集区与直接带区分开的间隙发生了闭合[28])。

在半金属相态下这两项几乎相等，而对于普通带隙栅极电压，交错项$|\Delta|$超过了对角旋转值$|S_2|$。需要注意的是大对角自旋轨道耦合和交错点位两项，描述了K和K'波谷附近的动力学过程特征，这与TMD中的结构十分相似。远离K点时，异质结构表现出线性色散，费米速率略有下降（约2%），几乎与V_g无关。

1.4 贝里曲率和陈数

有效哈密顿算子真实描述了不同栅极电压下的石墨烯/MoS_2异质结构。使我们可以进一步研究石墨烯/MoS_2异质结构中的能带拓扑学。施加有效栅极电压产生的间隙相可以通过计算每个波谷的贝里曲率$\Omega_n(k)$和陈数C_n[13]来表征，最接近带隙的价带可以利用以下公式获得，即

$$\Omega_n(k) = -\sum_{n' \neq n} \frac{2\mathrm{Im}\langle \Psi_{n'k} \mid v_x \mid \Psi_{nk}\rangle\langle \Psi_{nk} \mid v_y \mid \Psi_{n'k}\rangle}{(\varepsilon_n - \varepsilon_{n'})^2} \tag{1.13}$$

$$C_n = \frac{1}{2\pi}\int \mathrm{d}k_x \mathrm{d}k_y\, \Omega_n(k_x, k_y) \tag{1.14}$$

式中：n为波带数；$v_x(v_y)$为沿$x(y)$方向的速度算子[101]。注意每个波谷的总陈数或总贝里曲率都来自每个波谷的两个价带。例如，$C_\tau = \sum_{n=1,2} C_n$，其中$\tau = K$或$K'$，视情况而定。

图1.11显示了反向和直接带隙相两种体系下，围绕K和K'谷的每个价带的贝里曲率和每个谷的总曲率。与每个谷中两个能带都有相同曲率的直接能带相反，反向能带体系在每个谷中表现出明显的非单调性曲率，并且取决于k值。如石墨烯条带和TMD片的边缘[102-104]，在有边界的体系中，边缘状态在每个谷中都伴随着不会消失的贝里曲率。需要注意的是，时间反演对称性表明$\Omega(K) = \Omega(K')$[13]，如图1.11所示。

同样地，保留时间反演对称性的体系的总陈数为零，$C_K = -C_{K'}$[13,105]。但是，每个谷陈数的详细信息取决于体系的拓扑相。在直接带隙体系和反向带隙体系下，每个波谷的陈数之和都不为零，而是存在±1两个不同值。半金属相的信号变化表明该体系发生了拓扑相变（图1.10（b））。如图1.10（a）和图1.10（b）所示，耦合参数（即交错电势和SOC）间的竞争控制了该体系的拓扑相。此外，在图1.12中证明了有效的层间栅极电压V_{Gate}可以驱动异质结构体系由平凡拓扑相到非平凡拓扑相转变，并且在V_{Gate}的临界值处费米能级附近有反向带阶。

最后，由于邻近效应，TMD基底对检测石墨烯片上的有效参数大小起到主要作用。这些参数中最重要的是对角SOC和交错电势。在图1.10（a）中，通过改变这两个参数来绘制每个谷相图的陈数。可以看到，聚集反转和直接带隙间的拓扑相变是一个普遍特征，预计所有的TMD基底都会存在这一特征。

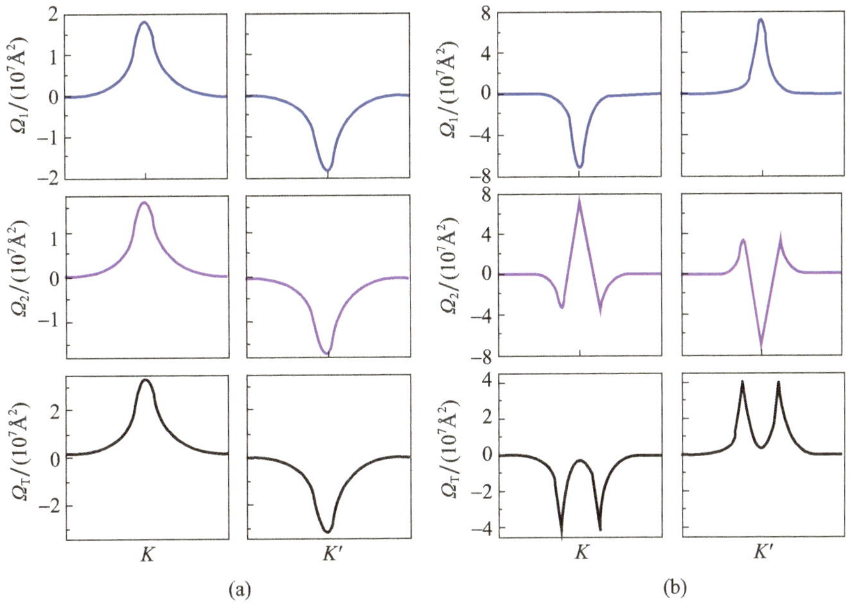

图 1.11 反向和直接带隙体系下在 K 和 K' 谷处的贝里曲率Ω_n

(a)图 1.8(a)对应的直接能带体系;(b)图 1.8(b)对应的反向能带体系。上(中)图描述了图 1.9 中最低(最高)能量价带的贝里曲率,$n=1(2)$;下图描述了总价带贝里曲率,$\Omega_T=\Omega_1+\Omega_2$。时间反演对称性表明 K 处的贝里曲率在 K'处反转[28]。

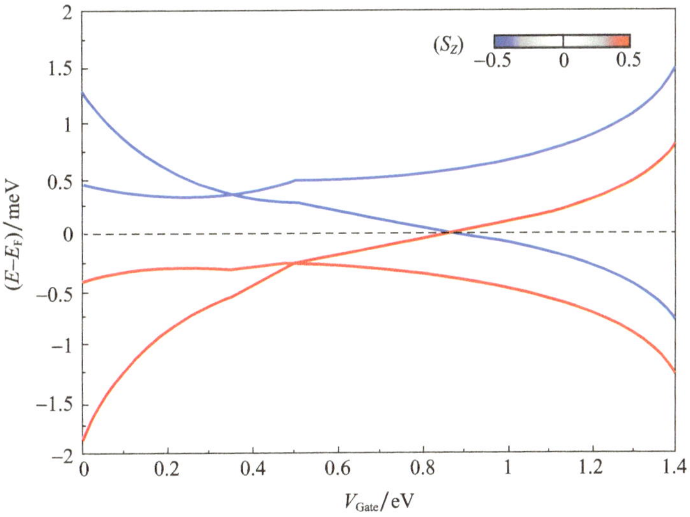

图 1.12 K 谷处($K=0$)费米能级附近 4 个能带的石墨烯 TMD 异质结构能量值随栅极电压 V_{Gate}的变化(反向带隙的电压间隔为 $V_{Gate}(0,0.86)$,而直接带隙的电压间隔为 $V_{Gate}(0.86,1.4)$。注意 $V_{Gate}(0.91)$费米能级附近的能带交叉是半金属态,此时体相带隙闭合。蓝色(红色)描述了自旋向下(向上)态[28])

1.5 结论

石墨烯和二维 TMD 叠加会出现摩尔纹，从而在这些杂化异质结构中产生了许多有趣的效应。异质结构中的层间相互作用使低能量类石墨烯态的有效晶格对称性破缺。由于 TMD 片层的接近，石墨烯在狄拉克点附近的相经历了较大的子晶格对称性和自旋－轨道耦合，与氮化硼对石墨烯的作用类似，在能带结构中打开了一个间隙。然而，TMD 中的强自旋－轨道耦合转移到石墨烯相，产生了巨大的后续影响。需要重点注意的是，层间相对较弱的范德瓦耳斯力作用使得石墨烯中大部分线性色散（狄拉克锥）可以保持完整，并且在常温条件下，石墨烯和 MoS_2 片层间不发生电荷转移。然而，对称性的减小破坏了狄拉克点处出现的奇点，并在电子能带结构中打开了宽度为数 meV 的带隙，使得本征态带有微弱的自旋和亚晶格自旋。

此外，通过层间的应变或施加栅极电压，可以精确控制 MoS_2 与石墨烯间的电荷转移。分析表明，在 MoS_2 基底上施加双轴应变，可以大幅调节直接带隙。进一步分析表明，层间有效栅极电压可以通过平凡直接带隙和非平凡翻转带隙结构间的相变来驱动体系。由于自旋－轨道耦合在该体系下占据了亚晶格不对称（交错）效应的主导地位，每当中性点向 TMD 的价带移动时，就会得到非平凡翻转带隙。

第一性原理和紧束缚模型计算的一致性确保这种预测的效果是可靠的，并且可以在实验中观测到。此外，有效哈密顿算子表明该现象相当普遍，其他 TMD 对石墨烯也有类似作用，可以用复杂的贝里曲率和相应陈数表征。使材料体系发生拓扑变换的概念很引人瞩目。而当有限尺寸的结构被引入反向带隙时，在这种体系中实现量子自旋霍尔效应和谷霍尔效应更加令人着迷[100]。

1.6 未来发展方向

大众对于石墨烯/MoS_2的杂化异质结构以及石墨烯/金属二硫化物或石墨烯/二维材料的新物理特性或技术应用日益浓厚的兴趣，要求研究者朝这个方向进行更多的理论研究。研究人员已经就在单层石墨烯和单层 TMD 间插入小金属离子的影响开展了探索。研究不同类型元素的扩散、吸附、嵌入在此类异质结构中的电子、机械、热学、光致发光、能量存储和催化等方面的性能是很有趣的。衬底诱导或外部施加应变导致的性能变化，以及畴壁或晶界的形成，都是需要进一步研究的课题，尤其是大面积样品中可能表现出多个畴的情况。

石墨烯/金属二硫化物异质结构中存在着不同的拓扑相，这表明像拓扑绝缘体那样，需要使用拓扑不变量来表征不同的拓扑状态。在类似异质结构中的平凡到非平凡拓扑绝缘体相的边界处可以得到外尔半金属相。在石墨烯/金属二硫化物异质结构中，另一单层石墨烯或 MoS_2 发生物理吸附时产生的邻近效应，可能会对这些异质结构的电子和热性能产生特殊影响。由于掺杂、空位、化学压力、温度和各向异性应变的影响，在全面开发应用器件前，需要进行系统性研究以全面探索上述体系。此外，由于这些异质结构在生物传感器领域表现出广阔的应用前景，研究其与化学或生物体接触时的性能变化至关重要。

附录 计算说明

我们使用 VASP 代码[106-107]中施行的投影缀加波(PAW)方法来执行本章中所有基于密度泛函理论(DFT)[108-109]的第一性原理计算。Perdew - Burke - Ernzerhof(PBE)参数化广义梯度近似(GGA)被用于交换关联泛函[110]。PAW 赝势考虑了 Mo($4p^6$,$5s^1$,$4d^5$)的 12 个价电子、S($3s^2$,$3p^4$)的 6 个价电子和 C($2s^2$,$2p^2$)的 4 个价电子。为了将石墨烯和 MoS_2 片层间的晶格失配最小化,考虑采取 5:4 和 4:3 两种超晶胞几何体来构造石墨烯/MoS_2 双层异质结构。沿 c 轴引入大于 17Å 的真空度,以确保沿 c 轴的两个周期性重复的晶胞间没有相互作用。晶格参数和原子内部坐标被优化至每个原子的总残余力小于 10^{-4}eV/Å,10^{-8}eV 被定义为电子自洽计算收敛的总能量差标准。结构优化包括自旋-轨道耦合(SOC)和范德瓦耳斯力相互作用。Tkatchenko - Scheffler(TS)法[53,111]用于 DFT 计算中的非局部范德瓦耳斯力校正。650eV 用作平面波基组的动能截止,Γ 型的 $10\times10\times1k$ 点用于对不可约布里渊区采样。为了研究面内应变对 Mo 原子的影响,在 5:4 双层异质结构的优化晶胞中对 Mo 原子施加了应变,同时对 S 原子进行了完全弛豫。采用 PyProcar 代码[112-113]绘制自旋投影的电子带,使用 VESTA 软件[114]绘制晶体结构图及电荷密度等值面。

参考文献

[1] Novoselov, K. S., Geim, A. K., Morozov, S. V., Jiang, D., Zhang, Y., Dubonos, S. V., Grigorieva, I. V., Firsov, A. A., Electric field effect in atomically thin carbon films. *Science*, 306, 5696, 666 - 669, 2004.

[2] Castro Neto, A. H., Guinea, F., Peres, N. M. R., Novoselov, K. S., Geim, A. K., The electronic propertiesof graphene. *Rev. Mod. Phys.*, 81, 109 - 162, 2009.

[3] Geim, A. K. and Novoselov, K. S., The rise of graphene. *Nat. Mater.*, 6, 3, 183 - 191, 2007.

[4] Kis, A., Graphene is not alone. *Nat. Nanotech.*, 7, 683, 2012.

[5] Wang, Q. H., Kalantar - Zadeh, K., Kis, A., Coleman, J. N., Strano, M. S., Electronics and optoelectronicsof two - dimensional transition metal dichalcogenides. *Nat. Nanotech.*, 7, 11, 699 - 712, 2012.

[6] Fiori, G., Bonaccorso, F., Iannaccone, G., Palacios, T., Neumaier, D., Seabaugh, A., Banerjee, S. K., Colombo, L., Electronics based on two - dimensional materials. *Nat. Nanotech.*, 9, 10, 768 - 779, 2014.

[7] Balendhran, S., Walia, S., Nili, H., Sriram, S., Bhaskaran, M., Elemental analogues of graphene: Silicene, germanene, stanene, and phosphorene. *Small*, 11, 6, 640 - 652, 2015.

[8] Schaibley, J. R., Yu, H., Clark, G., Rivera, P., Ross, J. S., Seyler, K. L., Yao, W., Xu, X., Valleytronicsin 2D materials. *Nat. Rev. Mater.*, 1, 16055, 2016.

[9] Schwierz, F., Pezoldt, J., Granzner, R., Two - dimensional materials and their prospects in transistorelectronics. *Nanoscale*, 7, 8261 - 8283, 2015.

[10] Molle, A., Goldberger, J., Houssa, M., Xu, Y., Zhang, S. - C., Akinwande, D., Buckled two - dimensionalXene sheets. *Nat Mater.*, 16, 163 - 169, 2017.

[11] Miro, P., Audiffred, M., Heine, T., An atlas of two - dimensional materials. *Chem. Soc. Rev.*, 43, 6537 - 6554, 2014.

[12] Singh, S. and Romero, A. H., Giant tunable Rashba spin splitting in a two - dimensional BiSbmonolayer and in BiSb/AlN heterostructures. *Phys. Rev. B*, 95, 165444, 2017.

[13] Nevalaita, J. and Koskinen, P., Atlas for the properties of elemental two - dimensional metals. *Phys. Rev. B*, 97, 035411, 2018.

[14] Mak, K. F., He, K., Shan, J., Heinz, T. F., Control of valley polarization in monolayer MoS_2 byoptical helicity. *Nat. Nanotech.*, 7, 8, 494 - 498, 2012.

[15] Liu, X., Galfsky, T., Sun, Z., Xia, F., Lin, E. - C., Lee, Y. - H., Kéna - Cohen, S., Menon, V. M., Stronglight - matter coupling in two - dimensional atomic crystals. *Nat. Photonics*, 9, 1, 30 - 34, 2015.

[16] Low, T., Chaves, A., Caldwell, J. D., Kumar, A., Fang, N. X., Avouris, P., Heinz, T. F., Guinea, F., Martin - Moreno, L., Koppens, F., Polaritons in layered two - dimensional materials. *Nat. Mater.*, 16, 2, 182 - 194, 2017.

[17] Yu, W. J., Li, Z., Zhou, H., Chen, Y., Wang, Y., Huang, Y., Duan, X., Vertically stacked multi - heterostructuresof layered materials for logic transistors and complementary inverters. *Nat. Mater.*, 12, 246 EP - , 2012.

[18] Geim, A. K. and Grigorieva, I. V., van der Waals heterostructures. *Nature*, 499, 419 EP - , 2013.

[19] Mishchenko, A., Tu, J. S., Cao, Y., Gorbachev, R. V., Wallbank, J. R., Greenaway, M. T., Morozov, V. E., Morozov, S. V., Zhu, M. J., Wong, S. L., Withers, F., Woods, C. R., Kim, Y. - J., Watanabe, K., Taniguchi, T., Vdovin, E. E., Makarovsky, O., Fromhold, T. M., Fal'ko, V. I., Geim, A. K., Eaves, L., Novoselov, K. S., Twist - controlled resonant tunnelling in graphene/boron nitride/graphemeheterostructures. *Nat. Nanotech.*, 9, 808 EP - , 2014.

[20] Wang, H., Yuan, H., Sae Hong, S., Li, Y., Cui, Y., Physical and chemical tuning of two - dimensional-transition metal dichalcogenides. *Chem. Soc. Rev.*, 44, 2664 - 2680, 2015.

[21] Jariwala, D., Marks, T. J., Hersam, M. C., Mixed - dimensional van der Waals heterostructures. *Nat. Mater.*, 16, 2, 170, 2017.

[22] Katsnelson, M. I., *Graphene: Carbon in Two Dimensions*, Cambridge University Press, UK, 2012.

[23] Aoki, H. and Dresselhaus, M. S., *Physics of Graphene*, Springer International Publishing, Switzerland 2014.

[24] Jiang, J. - W., Graphene versus MoS_2: A short review. *Front. Phys.*, 10, 3, 287 - 302, 2015.

[25] Gmitra, M., Kochan, D., Högl, P., Fabian, J., Trivial and inverted Dirac bands and the emergenceof quantum spin hall states in graphene on transition - metal dichalcogenides. *Phys. Rev. B*, 93, 155104, 2016.

[26] Wang, Z., Ki, D. - K., Chen, H., Berger, H., MacDonald, A. H., Morpurgo, A. F., Stronginterface - induced spin - orbit interaction in graphene on WS_2. *Nature Commun.*, 6, 8339, 2015.

[27] Gmitra, M. and Fabian, J., Graphene on transition - metal dichalcogenides: A platform for proximityspin - orbit physics and optospintronics. *Phys. Rev. B*, 92, 155403, 2015.

[28] Alsharari, A. M., Asmar, M. M., Ulloa, S. E., Mass inversion in graphene by proximity to dichalcogenide-monolayer. *Phys. Rev. B*, 94, 241106, 2016.

[29] Xiao, D., Liu, G. - B., Feng, W., Xu, X., Yao, W., Coupled spin and valley physics in monolayers of-MoS_2 and other group - VI dichalcogenides. *Phys. Rev. Lett.*, 108, 196802, 2012.

[30] Bhattacharyya, S., Pandey, T., Singh, A. K., Effect of strain on electronic and thermoelectricproperties of few layers to bulk MoS_2. *Nanotechnology*, 25, 46, 465701, 2014.

[31] Roy, K., Padmanabhan, M., Goswami, S., Sai, T. P., Ramalingam, G., Raghavan, S., Ghosh, A., Graphene - MoS_2 hybrid structures for multifunctional photoresponsive memory devices. *Nat. Nano*, 8, 826 - 830, 2013.

[32] Bertolazzi, S., Krasnozhon, D., Kis, A., Nonvolatile memory cells based on MoS_2/graphene heterostructures. *ACS Nano*, 7, 4, 3246 - 3252, 2013.

[33] Sup Choi, M., Lee, G. - H., Yu, Y. - J., Lee, D. - Y., Hwan Lee, S., Kim, P., Hone, J., Jong Yoo, W., Controlled charge trapping by molybdenum disulphide and graphene in ultrathin heterostructuredmem-

ory devices. *Nat. Comm.* ,4,1624,2013.

[34] Sachs, B. , Britnell, L. , Wehling, T. O. , Eckmann, A. , Jalil, R. , Belle, B. D. , Lichtenstein, A. I. , Katsnelson, M. I. , Novoselov, K. S. , Doping mechanisms in graphene – MoS_2 hybrids. *Appl. Phys. Lett.* ,103,25, 251607,2013.

[35] Wang, Z. , Chen, Q. , Wang, J. , Electronic structure of twisted bilayers of graphene/MoS_2 andMoS_2/MoS_2. *J. Phys. Chem. C*,119,9,4752 – 4758,2015.

[36] Elder, R. M. , Neupane, M. R. , Chantawansri, T. L. , Stacking order dependent mechanical propertiesof graphene/MoS_2 bilayer and trilayer heterostructures. *Appl. Phys. Lett.* ,107,7,073101,2015.

[37] Cho, B. , Yoon, J. , Lim, S. K. , Kim, A. R. , Kim, D. – H. , Park, S. – G. , Kwon, J. – D. , Lee, Y. – J. , Lee, K. – H. , Lee, B. H. , Ko, H. C. , Hahm, M. G. , Chemical sensing of 2D graphene/MoS_2 heterostructuredevice. *ACS Appl. Mater. Interf.* ,7,30,16775 – 16780,2015.

[38] Pandey, T. , Nayak, A. P. , Liu, J. , Moran, S. T. , Kim, J. – S. , Li, L. – J. , Lin, J. – F. , Akinwande, D. , Singh, A. K. , Pressure – induced charge transfer doping of monolayer graphene/MoS_2 heterostructure. *Small*,12,30,4063 – 4069,2016.

[39] Lu, C. – P. , Li, G. , Watanabe, K. , Taniguchi, T. , Andrei, E. Y. , MoS_2: Choice substrate for accessingand tuning the electronic properties of graphene. *Phys. Rev. Lett.* ,113,156804,2014.

[40] Avsar, A. , Tan, J. Y. , Taychatanapat, T. , Balakrishnan, J. , Koon, G. , Yeo, Y. , Lahiri, J. , Carvalho, A. , Rodin, A. , O' Farrell, E. , Eda, G. , Castro Neto, A. , Özyilmaz, B. , Spin – orbit proximity effectin graphene. *Nat. Commun.* ,5,4875,2014.

[41] Lu, C. – P. , Li, G. , Watanabe, K. , Taniguchi, T. , Andrei, E. Y. , MoS_2. *Phys. Rev. Lett.* , 113, 156804,2014.

[42] Britnell, L. , Ribeiro, R. M. , Eckmann, A. , Jalil, R. , Belle, B. D. , Mishchenko, A. , Kim, Y. – J. , Gorbachev, R. V. , Georgiou, T. , Morozov, S. V. , Grigorenko, A. N. , Geim, A. K. , Casiraghi, C. , Neto, A. H. C. , Novoselov, K. S. , Strong light – matter interactions in heterostructures of atomicallythin films. *Science*, 340,6138,1311 – 1314,2013.

[43] Larentis, S. , Tolsma, J. R. , Fallahazad, B. , Dillen, D. C. , Kim, K. , MacDonald, A. H. , Tutuc, E. , Band offset and negative compressibility in graphene – MoS_2 heterostructures. *Nano Lett.* , 14, 4, 2039 – 2045,2014.

[44] Pierucci, D. , Henck, H. , Avila, J. , Balan, A. , Naylor, C. H. , Patriarche, G. , Dappe, Y. J. , Silly, M. G. , Sirotti, F. , Johnson, A. T. C. , Asensio, M. C. , Ouerghi, A. , Band alignment and minigaps in monolayer-MoS_2 – graphene van der Waals heterostructures. *Nano Lett.* ,16,7,4054 – 4061,2016.

[45] Ebnonnasir, A. , Narayanan, B. , Kodambaka, S. , Ciobanu, C. V. , Tunable MoS_2 bandgap in MoS_2 – graphene heterostructures. *Appl. Phys. Lett.* ,105,3,031603,2014.

[46] Shao, X. , Wang, K. , Pang, R. , Shi, X. , Lithium intercalation in graphene/MoS_2 composites: First – principlesinsights. *J. Phys. Chem. C*,119,46,25860 – 25867,2015.

[47] Le, N. B. , Huan, T. D. , Woods, L. M. , Interlayer interactions in van der Waals heterostructures: Electron and phonon properties. *ACS Appl. Mater. Interf.* ,8,9,6286 – 6292,2016.

[48] Hu, W. and Yang, J. , First – principles study of two – dimensional van der Waals heterojunctions. *Comput. Mater. Sci.* ,112,Part B,518 – 526,2016. Computational Materials Science in China.

[49] Jin, W. , Yeh, P. – C. , Zaki, N. , Chenet, D. , Arefe, G. , Hao, Y. , Sala, A. , Mentes, T. O. , Dadap, J. I. , Locatelli, A. , Hone, J. , Osgood, R. M. , Tuning the electronic structure of monolayer graphene/MoS_2 van der Waals heterostructures via interlayer twist. *Phys. Rev. B*,92,201409,2015.

[50] Grimme, S. , Semiempirical GGA – type density functional constructed with a long – range dispersioncor-

rection. *J. Comput. Chem.* ,27,15,1787 - 1799,2006.

[51] Lee,K. ,Murray,E. D. ,Kong,L. ,Lundqvist,B. I. ,Langreth,D. C. ,Higher - accuracy van der Waalsdensity functional. *Phys. Rev. B*,82,081101,2010.

[52] Klimeš,J. C. V. ,Bowler,D. R. ,Michaelides,A. ,van der Waals density functionals applied to solids. *Phys. Rev. B*,83,195131,2011.

[53] Tkatchenko,A. and Scheffler,M. ,Accurate molecular van der Waals interactions from ground - stateelectron density and free - atom reference data. *Phys. Rev. Lett.* ,102,073005,2009.

[54] Singh,S. ,Espejo,C. ,Romero,A. H. ,Structural,electronic,vibrational,and elastic properties ofgraphene/MoS_2 bilayer heterostructures. *Phys. Rev. B*,98,155309,2018.

[55] McCann,E. ,Asymmetry gap in the electronic band structure of bilayer graphene. *Phys. Rev. B*,74,161403,2006.

[56] Gmitra,M. ,Kochan,D. ,Högl,P. ,Fabian,J. ,Proximity spin - orbit coupling physics of graphene intransition - metal dichalcogenides,in:*Spin Orbitronics and Topological Properties of Nanostructures - Lecture Notes of the Twelfth International School on Theoretical Physics*,p. 18,2017.

[57] Ramasubramaniam,A. ,Large excitonic effects in monolayers of molybdenum and tungstendichalcogenides. *Phys. Rev. B*,86,115409,2012.

[58] Espejo,C. ,Rangel,T. ,Romero,A. H. ,Gonze,X. ,Rignanese,G. - M. ,Band structure tunability inMoS_2 under interlayer compression:A DFT and *GW* study. *Phys. Rev. B*,87,245114,2013.

[59] Amin,B. ,Singh,N. ,Schwingenschlögl,U. ,Heterostructures of transition metal dichalcogenides. *Phys. Rev. B*,92,075439,2015.

[60] Ouma,C. N. M. ,Singh,S. ,Obodo,K. O. ,Amolo,G. O. ,Romero,A. H. ,Controlling the magneticand optical responses of a MoS_2 monolayer by lanthanide substitutional doping:A first - principlesstudy. *Phys. Chem. Chem. Phys.* ,19,37,25555 - 25563,2017.

[61] Han,W. ,Kawakami,R. K. ,Gmitra,M. ,Fabian,J. ,Graphene spintronics. *Nat. Nanotech.* ,9,794 EP - ,2014.

[62] Coy Diaz,H. ,Avila,J. ,Chen,C. ,Addou,R. ,Asensio,M. C. ,Batzill,M. ,Direct observation ofinterlayer hybridization and Dirac relativistic carriers in graphene/MoS_2 van der Waals heterostructures. *Nano Lett.* ,15,2,1135 - 1140,2015.

[63] Kang,J. ,Tongay,S. ,Zhou,J. ,Li,J. ,Wu,J. ,Band offsets and heterostructures of two - dimensionalsemiconductors. *Appl. Phys. Lett.* ,102,1,012111,2013.

[64] Amin,B. ,Kaloni,T. P. ,Schwingenschlogl,U. ,Strain engineering of WS_2,WSe_2,and WTe_2. *RSCAdv.* ,4,34561 - 34565,2014.

[65] Ni,Z. H. ,Yu,T. ,Lu,Y. H. ,Wang,Y. Y. ,Feng,Y. P. ,Shen,Z. X. ,Uniaxial strain on graphene:Ramanspectroscopy study and band - gap opening. *ACS Nano*,2,11,2301 - 2305,2008.

[66] Ferralis,N. ,Maboudian,R. ,Carraro,C. ,Evidence of structural strain in epitaxial graphenelayers on 6H - SiC(0001). *Phys. Rev. Lett.* ,101,156801,2008.

[67] Mohr,M. ,Papagelis,K. ,Maultzsch,J. ,Thomsen,C. ,Two - dimensional electronic and vibrationalband structure of uniaxially strained graphene from*ab initio* calculations. *Phys. Rev. B*,80,205410,2009.

[68] Pereira,V. M. ,Castro Neto,A. H. ,Peres,N. M. R. ,Tight - binding approach to uniaxial strain ingraphene. *Phys. Rev. B*,80,045401,2009.

[69] Choi,S. - M. ,Jhi,S. - H. ,Son,Y. - W. ,Effects of strain on electronic properties of graphene. *Phys. Rev. B*,81,081407,2010.

[70] Guinea,F. ,Katsnelson,M. ,Geim,A. ,Energy gaps and a zero - field quantum hall effect ingraphene by

strain engineering. *Nat. Phys.* ,6,1,30 – 33,2010.

[71] Si,C. ,Sun,Z. ,Liu,F. ,Strain engineering of graphene:A review. *Nanoscale*,8,3207 – 3217,2016.

[72] Sharma,A. ,Kotov,V. N. ,Castro Neto,A. H. ,Excitonic mass gap in uniaxially strained graphene. *Phys. Rev. B*,95,235124,2017.

[73] Pan,H. and Zhang,Y. – W. ,Tuning the electronic and magnetic properties of MoS_2 nanoribbonsby strain engineering. *J. Phys. Chem. C*,116,21,11752 – 11757,2012.

[74] Lu,P. ,Wu,X. ,Guo,W. ,Zeng,X. C. ,Strain – dependent electronic and magnetic properties ofMoS_2 monolayer,bilayer,nanoribbons and nanotubes. *Phys. Chem. Chem. Phys.* ,14,13035 – 13040,2012.

[75] Ghorbani – Asl,M. ,Borini,S. ,Kuc,A. ,Heine,T. ,Strain – dependent modulation of conductivityin single – layer transition – metal dichalcogenides. *Phys. Rev. B*,87,235434,2013.

[76] Cappelluti,E. ,Roldán,R. ,Silva – Guillén,J. A. ,Ordejón,P. ,Guinea,F. ,Tight – binding model anddirect – gap/indirect – gap transition in single – layer and multilayer MoS_2. *Phys. Rev. B*,88,075409,2013.

[77] Conley,H. J. ,Wang,B. ,Ziegler,J. I. ,Haglund,R. F. ,Pantelides,S. T. ,Bolotin,K. I. ,Bandgap engineeringof strained monolayer and bilayer MoS_2. *Nano Lett.* ,13,8,3626 – 3630,2013.

[78] Shi,H. ,Pan,H. ,Zhang,Y. – W. ,Yakobson,B. I. ,Quasiparticle band structures and optical propertiesof strained monolayer MoS_2 and WS_2. *Phys. Rev. B*,87,155304,2013.

[79] He,K. ,Poole,C. ,Mak,K. F. ,Shan,J. ,Experimental demonstration of continuous electronicstructure tuning via strain in atomically thin MoS_2. *Nano Lett.* ,13,6,2931 – 2936,2013.

[80] Scalise,E. ,Houssa,M. ,Pourtois,G. ,Afanas' ev,V. ,Stesmans,A. ,Strain – induced semiconductorto metal transition in the two – dimensional honeycomb structure of MoS_2. *Nano Res.* ,5,43 – 48,2012.

[81] Castellanos – Gomez,A. ,Roldn,R. ,Cappelluti,E. ,Buscema,M. ,Guinea,F. ,van der Zant,H. S. J. ,Steele,G. A. ,Local strain engineering in atomically thin MoS_2. *Nano Lett.* ,13,11,5361 – 5366,2013.

[82] Scalise,E. ,Houssa,M. ,Pourtois,G. ,Afanas'ev,V. ,Stesmans,A. ,First – principles study ofstrained 2D MoS_2. *Phys. E*,56,416 – 421,2014.

[83] Feierabend,M. ,Morlet,A. ,Berghäuser,G. ,Malic,E. ,Impact of strain on the optical fingerprintof monolayer transition – metal dichalcogenides. *Phys. Rev. B*,96,045425,2017.

[84] Wang,L. ,Kutana,A. ,Yakobson,B. I. ,Many – body and spin – orbit effects on direct – indirect bandgap transition of strained monolayer MoS_2 and WS_2. *Ann. Phys.* ,526,9 – 10,L7 – L12,2014.

[85] Yue,Q. ,Kang,J. ,Shao,Z. ,Zhang,X. ,Chang,S. ,Wang,G. ,Qin,S. ,Li,J. ,Mechanical and electronicproperties of monolayer MoS_2 under elastic strain. *Phys. Lett. A*,376,12,1166 – 1170,2012.

[86] Su,X. ,Cui,H. ,Ju,W. ,Yong,Y. ,Li,X. ,First – principles investigation of MoS_2 monolayeradsorbed on SiO_2(0001)surface. *Mod. Phys. Lett. B*,31,25,1750229,2017.

[87] Splendiani,A. ,Sun,L. ,Zhang,Y. ,Li,T. ,Kim,J. ,Chim,C. – Y. ,Galli,G. ,Wang,F. ,Emergingphotoluminescence in monolayer MoS_2. *Nano Lett.* ,10,4,1271 – 1275,2010.

[88] Hermann,K. ,Periodic overlayers and moiré patterns:Theoretical studies of geometric properties. *J. Phys.* : *Cond. Mat.* ,24,31,314210,2012.

[89] Liu,G. – B. ,Shan,W. – Y. ,Yao,Y. ,Yao,W. ,Xiao,D. ,Three – band tight – binding model for monolayersof group – VIB transition metal dichalcogenides. *Phys. Rev. B*,88,085433,2013.

[90] Kane,C. L. and Mele,E. J. ,Quantum spin hall effect in graphene. *Phys. Rev. Lett.* ,95,226801,2005.

[91] Konschuh,S. ,Gmitra,M. ,Fabian,J. ,Tight – binding theory of the spin – orbit coupling ingraphene. *Phys. Rev. B*,82,245412,2010.

[92] Slater,J. C. and Koster,G. F. ,Simplified LCAO method for the periodic potential problem. *Phys. Rev.* ,94,1498 – 1524,1954.

[93] Asmar, M. M. and Ulloa, S. E., Symmetry – breaking effects on spin and electronic transport ingraphene. *Phys. Rev. B*, 91, 165407, 2015.

[94] Asmar, M. M. and Ulloa, S. E., Spin – orbit interaction and isotropic electronic transport ingraphene. *Phys. Rev. Lett.*, 112, 136602, 2014.

[95] Xiao, D., Chang, M. – C., Niu, Q., Berry phase effects on electronic properties. *Rev. Mod. Phys.*, 82, 1959 – 2007, 2010.

[96] Qiao, Z., Li, X., Tse, W. – K., Jiang, H., Yao, Y., Niu, Q., Topological phases in gated bilayergraphene: Effects of Rashba spin – orbit coupling and exchange field. *Phys. Rev. B*, 87, 12, 125405, 2013.

[97] Hao, N., Zhang, P., Wang, Z., Zhang, W., Wang, Y., Topological edge states and quantum halleffect in the Haldane model. *Phys. Rev. B*, 78, 075438, 2008.

[98] Li, J., Martin, I., Büttiker, M., Morpurgo, A. F., Topological origin of subgap conductance ininsulating bilayer graphene. *Nat. Phys.*, 7, 1, 38 – 42, 2011.

[99] Segarra, C., Planelles, J., Ulloa, S. E., Edge states in dichalcogenide nanoribbons and triangularquantum dots. *Phys. Rev. B*, 93, 085312, 2016.

[100] Qiao, Z., Jiang, H., Li, X., Yao, Y., Niu, Q., Microscopic theory of quantum anomalous hall effectin graphene. *Phys. Rev. B*, 85, 115439, 2012.

[101] Kresse, G. and Furthmüller, J., Efficient iterative schemes for ab initio total – energycalculationsusing a plane – wave basis set. *Phys. Rev. B*, 54, 11169 – 11186, 1996.

[102] Kresse, G. and Joubert, D., From ultrasoft pseudopotentials to the projector augmented – wavemethod. *Phys. Rev. B*, 59, 1758 – 1775, 1999.

[103] Hohenberg, P. and Kohn, W., Inhomogeneous electron gas. *Phys. Rev.*, 136, B864 – B871, 1964.

[104] Kohn, W. and Sham, L. J., Self – consistent equations including exchange and correlation effects. *Phys. Rev.*, 140, A1133 – A1138, 1965.

[105] Perdew, J. P., Burke, K., Ernzerhof, M., Generalized gradient approximation made simple. *Phys. Rev. Lett.*, 77, 3865 – 3868, 1996.

[106] Bučko, T. C. V., Lebègue, S., Hafner, J., Ángyán, J. G., Tkatchenko – Scheffler van der Waals correctionmethod with and without self – consistent screening applied to solids. *Phys. Rev. B*, 87, 064110, 2013.

[107] Romero, A. H. and Munoz, F., Pyprocar code. https://github.com/romerogroup/pyprocar, 2015.

[108] Singh, S., Garcia – Castro, A. C., Valencia – Jaime, I., Muñoz, F., Romero, A. H., Prediction andcontrol of spin polarization in a Weyl semimetallic phase of BiSb. *Phys. Rev. B*, 94, 161116, 2016.

[109] Momma, K. and Izumi, F., *VESTA*: A three – dimensional visualization system for electronic andstructural analysis. *J. Appl. Crystall.*, 41, 653 – 658, 2008.

第2章　二维石墨烯超晶格

Pavel V. Ratnikov
俄罗斯科学院普罗霍罗夫普通物理研究所

摘　要　本章重点讨论平面石墨烯基的周期异质结构——超晶格的有关理论。通过带隙或费米速度的周期调制形成石墨烯基超晶格。研究主要成果是寻找单粒子和集体激发的色散规律。解决所有问题的标准参照固体物理学。

关键词　石墨烯超晶格,等离激元,磁化等离激元,费米速度工程,自旋分裂

2.1 引言

21世纪初人们发现了石墨烯[1-3],此后引发了科研领域对石墨烯的广泛实验和理论研究。由于石墨烯具有众多独一无二的特性[4-5],在过去几年中,石墨烯被认为是研发新型纳米电子设备的基础[6]。

如今,石墨烯基超晶格(superlattice,SL)引起了相关工作者的广泛研究兴趣。研究者采用分子动力学方法[7]计算石墨烯基超晶格的周期性空位,采用密度泛函理论[8]计算吸附在石墨烯上的氢原子对单原子厚度的超晶格的形成作用。

文献[9-11]研究了波纹状石墨烯,有学者认为石墨烯是具有一维波纹状周期势的超晶格。该研究采用连续介质理论[12]描述了平面石墨烯/六方氮化硼(hBN)超晶格中由于晶格失配产生的波纹和褶皱。

由于石墨烯与基底晶格失配而产生的莫列波纹可以被看作二维超晶格,它拥有的潜力可以在石墨烯能谱中形成次级狄拉克点[13-14],而且由于重复的Bloch态[15],石墨烯/六方氮化硼异质结构中可能会存在高温量子振荡。最近,有学者从理论上研究了在hBN基底上石墨烯纳米带(GNR)莫列波纹超晶格的边缘模式,并预测了谷霍尔效应[16]。

有工作报道了利用周期性静电势[17-20]或周期性定位磁垒[21-22]在石墨烯上获得超晶格,并对此进行了分析研究。

文献[23]研究了具有周期性调制带隙的石墨烯基超晶格。由于石墨烯与基底材料的相互作用,从而可能出现这种调制状态,hBN就是这种材料。

2014年,文献[24]对一种新型石墨烯基超晶格进行了研究,这种晶格是基于费米表面的周期性调制而形成。由不同的直流介电常数材料形成的条纹基底上沉积的石墨烯,

也可能导致调制。类似的超晶格也出现于周期性平行凹槽阵列结构基底上的石墨烯片上。

文献[25]展示了一维石墨烯基超晶格和暴露在激光光波中的石墨烯的相似度[25]。文献[26]报告了由无盖层石墨烯和石墨烯(氢化石墨烯)交替条带所形成的超晶格初始电性能。

石墨烯纳米结构已经成为一个前沿研究领域。集体激发(等离激元)在这些系统中的应用为电磁辐射的可调谐吸收带来了新的优势。在有关石墨烯条带[27]所形成的异质结构中观察到在中红外范围内等离激元诱导的光吸收增强。

文献[28]研究了线性色散规律下在不同维度的空间均匀系统中带有载流子的等离激元共振,但忽略了载流子隧穿的情况,这类似于晶体能带结构理论中的紧束缚近似。

文献[29]研究了无质量狄拉克电子在平面超晶格中的等离激元共振,假设狄拉克等离激元基于弱调制,这类似于弱束缚近似,并使用连续介质电动力学方法测定电磁波的等离激元共振谱和吸收强度。本章重点讨论平面石墨烯基超晶格的理论,以及带隙或费米速度的一维周期调制形成了平面超晶格。研究主要成果是寻找单粒子(电荷载流子)和集体(等离激元和磁化等离激元)激发的色散规律。

2.2 基于石墨烯的超晶格带隙调制

2.2.1 现有观点

学者在周期性静电势石墨烯基 SL 的研究中,忽略了在无间隙半导体(石墨烯)上使用静电势会产生电子－空穴对,使得电荷重新分布:电子从费米能级上的价带顶部区域移动到费米能级下的导电带底部区域。SL 结构成为正电荷区域,在这个结构中,静电势取代狄拉克点上升能量,与负电荷区交替。诱导电荷的强静电势出现并强烈扭曲了初始阶跃静电势,因此 SL 的电子结构忽略了诱导电荷的静电势。之前提到的 SL 是 GNR 周期性平面异质结构,GNR 中是插入的 hBN 纳米带[30],并对这种超晶格能带结构进行了数值计算。然而,我们认为,即使考虑到现代光刻技术的发展,生产此类 SL 也非常困难,因为必须在石墨烯薄片上蚀刻纳米带和插入 hBN 纳米带过程中监测周期性。其次,hBN 是一个带隙为 5.97eV 的绝缘体,这极大阻碍了 GNR 之间载流子的隧穿。这种异质结构更像是一组量子阱(quantum well,QW),在相邻量子阱中载流子的波函数几乎不会重叠。hBN 非常窄的纳米带会出现有限宽度的明显微能带。

为了避免产生电子－空穴对,我们认为当无间隙石墨烯的条带和间隙改变发生交替时,通过石墨烯载流子谱中带隙的周期性调制可以生成 SL。石墨烯与特定基底材料发生相互作用会改变石墨烯的间隙。可以由位于周期性 SiO_2 交替条带的石墨烯薄片(或其他不影响石墨烯能带结构的材料)和 hBN(或其他应用于基底可以产生石墨烯能带的材料)制成这种 SL。图 2.1 显示了这种 SL。hBN 层的排列方式是它的六方晶格在石墨烯六方晶格之下,并且由于这种排列,在 hBN 层之上的石墨烯薄片中,石墨烯能带结构中打开的带隙等于 53meV[31]。

假设所有异质结都属于第一种接触(能量中石墨烯的狄拉克点落入石墨烯间隙改变

的禁带),这样形成的 SL 是 I 型 SL(如文献[32]显示的 SL 分类)。

下面在忽略能隙不断变化的过渡区的情况下,采用 SL 的矩形电位分布在 SL 所有区域足够宽且能隙不太大时,使用这种方法合理(过渡区域的能隙梯度不应太大)。

2.2.2 超晶格的模型说明

将 x 轴垂直于 hBN 和 SiO_2 条带边界,y 轴与边界平行(图 2.1)。在一般情况下,很明显研究的超晶格中谷与谷之间没有区别,所以使用矩阵 2×2 表示。用狄拉克方程描述 SL,有

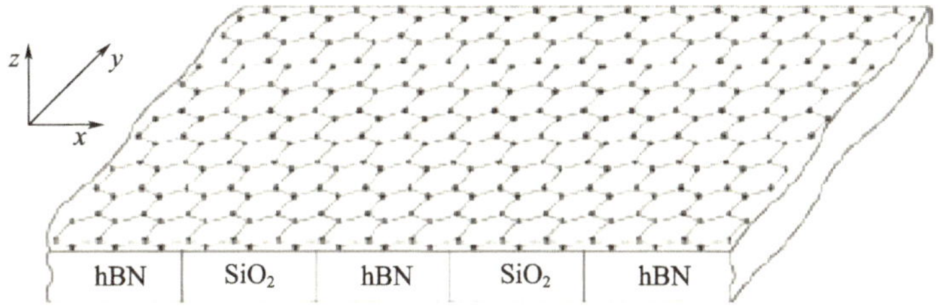

图 2.1 研究的系统:在由周期性交替条带 SiO_2 和 hBN 组成的层状基底上的石墨烯薄片

$$(v_F \boldsymbol{\sigma} \hat{\boldsymbol{p}} + \Delta\sigma_z + V)\Psi(x,y) = E\Psi(x,y) \tag{2.1}$$

式中:费米速度为 $v_F \approx 10^8 \mathrm{cm/s}$;泡利矩阵为 $\boldsymbol{\sigma} = (\sigma_x, \sigma_y)$ 和 σ_z;动量算子为 $\hat{\boldsymbol{p}} = -i\nabla$(单位制 $\hbar = 1$)。带隙的半宽为周期性调制,有

$$\Delta = \begin{cases} 0 & (d(n-1) < x < -d_{\mathrm{II}} + dn) \\ \Delta_0 & (-d_{\mathrm{II}} + dn < x < dn) \end{cases}$$

式中:n 为整数,代表 SL 的超单元数量;d_{I} 和 d_{II} 分别为 SiO_2 和 hBN 条带的宽度;SL 周期(x 轴上超单元的大小)为 $d = d_{\mathrm{I}} + d_{\mathrm{II}}$。周期标量位势 V 的出现可能是由于石墨烯改变间隙的带隙和无间隙石墨烯布里渊区的圆锥点中间的能量位置的差异(图 2.2)为

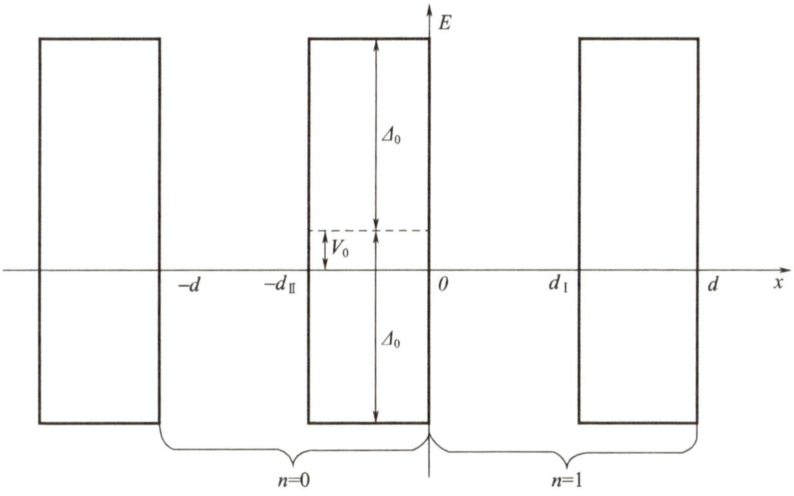

图 2.2 一维周期 Kronig - PenneySL 位势

(在 hBN 上石墨烯的周期性间隙改变,存在能量间隙 $2\Delta_0 = 53\mathrm{meV}$ 和 SiO_2 上无间隙石墨烯)

$$V=\begin{cases}0, & d(n-1)<x<-d_{\mathrm{II}}+dn\\ V_0, & -d_{\mathrm{II}}+dn<x<-dn\end{cases}$$

为形成第一种SL,下式成立,即

$$|V_0|\leqslant\Delta_0$$

根据第一个超单元表达式(2.1)求解的方程式为

$$\Psi(x,y)=\psi_1(x)\mathrm{e}^{\mathrm{i}k_y y},\quad 0<x<d$$

对于第 n 个超单元,考虑到SL的周期性,有

$$\psi_n(x)=\psi_1(x+(n-1)d)$$

在量子阱区域($0<x<d_1$),式(2.1)的求解方程是平面波,有

$$\psi_n^{(1)}(x)=A\begin{pmatrix}a_n^{(1)}\\ b_n^{(1)}\end{pmatrix}\mathrm{e}^{\mathrm{i}k_1x}+A\begin{pmatrix}c_n^{(1)}\\ d_n^{(1)}\end{pmatrix}\mathrm{e}^{-\mathrm{i}k_1x}\tag{2.2}$$

式中:A 为归一化因子。

将式(2.2)代入式(2.1),显示上下旋压元件之间的关系为

$$b_n^{(1)}=\lambda_+a_n^{(1)},\quad d_n^{(1)}=-\lambda_-c_n^{(1)},\quad \lambda_\pm=\frac{v_{\mathrm{F}}(k_1\pm\mathrm{i}k_y)}{E}$$

表示 E 与k_1和k_y关系的方程式为

$$E=\pm v_{\mathrm{F}}\sqrt{k_1^2+k_y^2}$$

用更紧凑的方程式比较容易表示式(2.2)[18],即

$$\psi_n^{(1)}(x)=\Omega_{k_1}(x)\begin{pmatrix}a_n^{(1)}\\ c_n^{(1)}\end{pmatrix},\quad \Omega_{k_1}(x)=A\begin{pmatrix}1 & 1\\ \lambda_+ & -\lambda_-\end{pmatrix}\mathrm{e}^{\mathrm{i}k_1x\sigma_z}\tag{2.3}$$

当不等式

$$\Delta_0^2+v_{\mathrm{F}}^2k_y^2-(E-V_0)^2\geqslant 0\tag{2.4}$$

成立,在障碍区($d_1<x<d$)式(2.1)求解方程式为

$$\psi_n^{(2)}(x)=\Omega_{k_2}(x)\begin{pmatrix}a_n^{(2)}\\ c_n^{(2)}\end{pmatrix},\quad \Omega_{k_2}(x)=A\begin{pmatrix}1 & 1\\ -\tilde{\lambda}_- & \tilde{\lambda}_+\end{pmatrix}\mathrm{e}^{k_2x\sigma_z}\tag{2.5}$$

使用以下数学符号表示,即

$$\tilde{\lambda}_\pm=\frac{\mathrm{i}v_{\mathrm{F}}(k_2\pm k_y)}{E+\Delta_0-V_0},\quad k_2=\frac{1}{V_{\mathrm{F}}}\sqrt{\Delta_0^2+v_{\mathrm{F}}^2k_y^2-(E-V_0)^2}$$

障碍区式(2.1)解法应符合条件,即

$$\Delta_0^2+v_{\mathrm{F}}^2k_y^2-(E-V_0)^2<0\tag{2.6}$$

存在振荡,且式(2.5)更换$k_2\rightarrow \mathrm{i}k_2$。

在石墨烯表面和石墨烯改变间隙附近的局域态形成Tamm微能带,下面考虑了形成Tamm微能带的可能性。在这种情况下,$k_1\rightarrow \mathrm{i}k_1$ 且k_2是实数。形成Tamm状态需要的条件为

$$|k_y|\geqslant|k_1|$$

在这种情况下,能量 $E=\pm v_{\mathrm{F}}\sqrt{k_y^2-k_1^2}$ 是实数。

2.2.3 载流子的色散关系

2.2.3.1 色散关系的推导

色散关系的推导用传递矩阵（$\boldsymbol{T}$ 矩阵）方法表示。$\boldsymbol{T}$ 矩阵将第 n 个超单元的旋量与相同类型的第 $n+1$ 个超单元的旋量解法联系在一起。例如，在 QW 区域的解法为

$$\begin{pmatrix} a_{n+1}^{(1)} \\ c_{n+1}^{(1)} \end{pmatrix} = \boldsymbol{T}\begin{pmatrix} a_n^{(1)} \\ c_n^{(1)} \end{pmatrix} \tag{2.7}$$

为确定矩阵 $\boldsymbol{T}$，使用以下狄拉克方程连续性解法描述 SL，即

$$\psi_n^{(1)}(d_{\mathrm{I}}-0) = \psi_n^{(2)}(d_{\mathrm{I}}+0)$$

$$\psi_n^{(2)}(d-0) = \psi_{n+1}^{(1)}(+0)$$

满足这些条件的方程为

$$\begin{pmatrix} a_n^{(2)} \\ c_n^{(2)} \end{pmatrix} = \Omega_{k_2}^{-1}(d_{\mathrm{I}})\Omega_{k_1}(d_{\mathrm{I}})\begin{pmatrix} a_n^{(1)} \\ c_n^{(1)} \end{pmatrix}$$

$$\begin{pmatrix} a_{n+1}^{(1)} \\ c_{n+1}^{(1)} \end{pmatrix} = \Omega_{k_1}^{-1}(0)\Omega_{k_2}(d)\begin{pmatrix} a_n^{(2)} \\ c_n^{(2)} \end{pmatrix}$$

根据矩阵 $\boldsymbol{T}$ 的定义（式(2.7)），确定最后两个方程式的关系，即

$$\boldsymbol{T} = \Omega_{k_1}^{-1}(0)\Omega_{k_2}(d)\Omega_{k_2}^{-1}(d_{\mathrm{I}})\Omega_{k_1}(d_{\mathrm{I}}) \tag{2.8}$$

用相应的参数将式(2.3)和式(2.5)代入式(2.8)，可以得到矩阵 $\boldsymbol{T}$ 的分量[23]为

$$\begin{cases} T_{11} = \alpha \mathrm{e}^{\mathrm{i}k_1 d_{\mathrm{I}}}\left[(\lambda_- + \tilde{\lambda}_+)(\lambda_+ + \tilde{\lambda}_-)\mathrm{e}^{-k_2 d_{\mathrm{II}}} - (\lambda_- - \tilde{\lambda}_-)(\lambda_+ - \tilde{\lambda}_+)\mathrm{e}^{-k_2 d_{\mathrm{II}}}\right] \\ T_{12} = 2\alpha \mathrm{e}^{-\mathrm{i}k_1 d_{\mathrm{I}}}(\lambda_- + \tilde{\lambda}_+)(\lambda_- - \tilde{\lambda}_-)\sinh(k_2 d_{\mathrm{II}}) \\ T_{21} = T_{12}^*, T_{22} = T_{11}^* \end{cases} \tag{2.9}$$

使用以下数字符号表示，即

$$\alpha = \frac{1}{(\lambda_+ + \lambda_-)(\tilde{\lambda}_+ + \tilde{\lambda}_-)}$$

我们回顾了如何利用矩阵 $\boldsymbol{T}$ 确定色散关系。假设 $N = L/d$ 是整个超晶格的数量或超单元，其中 L 代表 x 轴上超晶格的长度，即应用周期电势的方向。超晶格的 Born – Karman 循环边界条件的方程式为

$$\psi_N^{(1,2)}(x) = \psi_1^{(1,2)}(x)$$

同时，$\psi_N^{(1,2)}(x) = \boldsymbol{T}^N \psi_1^{(1,2)}(x)$，其中 $\boldsymbol{T}^N = \boldsymbol{\mathcal{J}}$，$\boldsymbol{\mathcal{J}}$ 为 2×2 单位矩阵。

可以使用 $\boldsymbol{S}$ 转移矩阵对角线移动 $\boldsymbol{T}$ 矩阵，即

$$\boldsymbol{T}_{\mathrm{d}} = \boldsymbol{STS}^{-1} = \begin{pmatrix} \lambda_1 & 0 \\ 0 & \lambda_2 \end{pmatrix}$$

在矩阵 $\boldsymbol{T}$ 的本征值为 $\lambda_{1,2}$ 时，$\lambda_2 = \lambda_1^*$。$\boldsymbol{T}_{\mathrm{d}}^N = \boldsymbol{\mathcal{J}}$ 的关系为

$$\lambda_1 = \mathrm{e}^{2\pi \mathrm{i} n/N}, \quad -N/2 < n \leqslant N/2$$

根据迹数的运算性质 $\mathrm{Tr}\boldsymbol{T} = \mathrm{Tr}\boldsymbol{T}_{\mathrm{d}}$，引入 $k_x = 2\pi n/L(-\pi/d < k_x \leqslant \pi/d)$，可以确定色散关系为

$$\mathrm{Tr}\boldsymbol{T}=2\cos(k_x d) \tag{2.10}$$

如果式(2.4)成立，色散关系(式(2.10))会产生方程[23]

$$\frac{v_F^2k_2^2-v_F^2k_1^2+V_0^2-\Delta_0^2}{2\,v_F^2k_1k_2}\sin(k_1d_{\mathrm{I}})\sinh(k_2d_{\mathrm{II}})+\cos(k_1d_{\mathrm{I}})\cosh(k_2d_{\mathrm{II}})=\cos(k_xd) \tag{2.11}$$

从式(2.11)可以看出，可以通过以下两种方式获取单带近似极限通道：$V_0=\Delta_0$(在量子阱区域的电子)或$V_0=-\Delta_0$(只存在于量子阱区域的空穴)。极限通道的结果与已知的非相对论性色散关系一致[33]，但k_1、k_2和E的表达式不同。

当式(2.6)成立时，应在式(2.11)中置换$k_2\to \mathrm{i}\,\mathcal{K}_2$

$$\frac{-v_F^2\mathcal{K}_2^2-v_F^2k_1^2+V_0^2-\Delta_0^2}{2\,v_F^2k_1\mathcal{K}_2}\sin(k_1d_{\mathrm{I}})\sin(\mathcal{K}_2d_{\mathrm{II}})+\cos(k_1d_{\mathrm{I}})\cos(\mathcal{K}_2d_{\mathrm{II}})=\cos(k_xd) \tag{2.12}$$

对于 Tamm 微型带，应在式(2.11)中置换$k_1\to \mathrm{i}\,\mathcal{K}_1$

$$\frac{v_F^2k_2^2+v_F^2\mathcal{K}_1^2+V_0^2-\Delta_0^2}{2\,v_F^2\mathcal{K}_1k_2}\sinh(\mathcal{K}_1d_{\mathrm{I}})\sinh(k_2d_{\mathrm{II}})+\cosh(\mathcal{K}_1d_{\mathrm{I}})\cosh(k_2d_{\mathrm{II}})=\cos(k_xd) \tag{2.13}$$

只有在该条件下，式(2.13)才有解

$$v_F^2k_2^2+v_F^2\mathcal{K}_1^2+V_0^2-\Delta_0^2<0 \tag{2.13a}$$

在以下方程式中改写不等式(2.13a)，有

$$v_F^2k_y^2-E^2<-EV_0 \tag{2.13b}$$

同时，Tamm 微型带$E^2=v_F^2k_y^2-v_F^2\mathcal{K}_1^2$，即式(2.13b)的左手面为正数。因此，在$V_0>0$情况下，Tamm 微型带只能存在于空穴中，而$V_0<0$，只能代表电子。不难看出，在此条件下，式(2.13b)有解[34]，即

$$v_F^2k_y^2<\frac{\Delta_0^2(\Delta_0^2-V_0^2)}{V_0^2} \tag{2.13c}$$

正常来说，在相交色散曲线相交时，这个条件与界面态存在的标准一致[35]。

2.2.3.2 数值计算结果

当$V_0=0$时，$k_y=0$和$0.1\mathrm{nm}^{-1}$，对k_x上的能量依赖进行数值计算(图2.3)。实线是 SL 色散曲线，$d_{\mathrm{I}}=d_{\mathrm{II}}$，虚线是 SL 色散曲线，$d_{\mathrm{II}}=2d_{\mathrm{I}}$。点线是 SL 色散曲线，$d_{\mathrm{I}}=2\,d_{\mathrm{II}}$。

假设载流子能量较低，$E\leqslant 1\mathrm{eV}$，因为载流子的狄拉克色散关系以及相应的狄拉克式(2.1)在能量高的条件下无效。

带隙(微间隙)从空穴微能带中分离出来电子微能带。$d_{\mathrm{I}}=d_{\mathrm{II}}$、$k_y=0$，当$d=10\sim100\mathrm{nm}$，$E_g$约等于$10\sim30\mathrm{meV}$。在这种情况下，式(2.11)的解可采用式(2.12)的解法。$d_{\mathrm{I}}:E_g\geqslant100\mathrm{meV}$中增加$d_{\mathrm{II}}$，可以显著增大微间隙。

随着 SL 周期d的增加，微间隙宽度减小。同时，研究V_0上的微能带宽度的依赖性。当$V_0>0$，电子微能带的宽度增加，空穴微能带的宽度减小。当$V_0<0$时，结果相反。

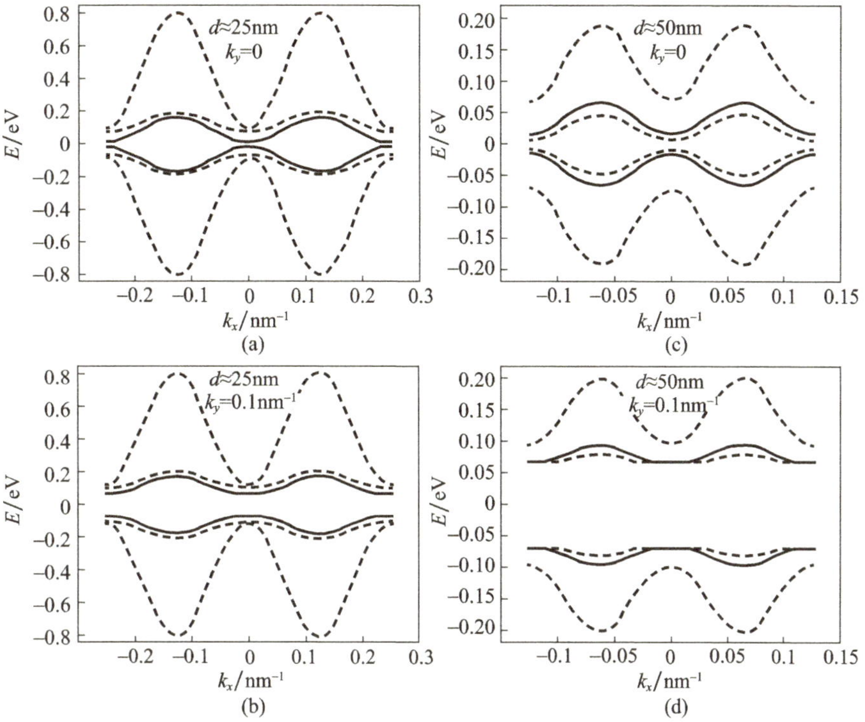

图 2.3　周期 $d\approx25$nm 时 SL 数值的计算结果

(a)波矢横向分量载流子能量依赖(k_x在k_y = 0 时);(b)同样适用k_y = 0.1nm^{-1}(下面是周期 $d\approx50$nm 时 SL 的计算结果);(c)波矢横向分量载流子能量依赖(k_x在k_y = 0 时);(d)同样适用k_y = 0.1nm^{-1}。

2.2.4　超晶格中的等离激元

2.2.4.1　超晶格的有效模型描述

我们应该区分两种情况:①费米能级在其中一个微间隙内;②费米能级在其中一个微能带内。

在第①种情况下,位于费米能级下的所有微能带被完全占据,电子(空穴)密度的振荡只发生在电荷载流子自由运动的方向上(沿法线方向到 SL 电势方向)。这是准一维运动。

在第②种情况下,只占用了具有费米能级的部分微能带,所有低能带(如果存在)则被完全占用。在部分占用的微能带中,电子(孔)密度的振荡也会发生在 SL 电势方向。这是准二维运动。

为了简单起见,考虑只填充(完全或部分)一个最低电子微能带或最高空穴微能带的情况。

1. 准一维的情况(完全占用的微能带)

Δ_0和d_{II}值足够大时,微能带相对狭窄(将在下面详细说明)。在这种情况下,电荷载流子的能量谱类似于准一维窄隙半导体的特性,有

$$E\approx V_{\mathrm{eff}}\pm\sqrt{\Delta_{\mathrm{eff}}^2+v_F^2k_y^2}\tag{2.14}$$

式中：Δ_{eff}和V_{eff}为有效带隙和有效工作函数关系。电荷载流子具有等效质量，即

$$m^* = \frac{\Delta_{eff}}{v_F^2} \tag{2.15}$$

根据色散关系式(2.11)，可以很容易地推断出Δ_{eff}和V_{eff}的估值，即

$$\Delta_{eff} = \frac{\pi v_F}{2d_I}\left[1 - \frac{v_F}{d_I \Delta_0}\right], V_{eff} = \frac{v_F}{d_I \Delta_0} V_0 \tag{2.16}$$

在研究情况下，由于电荷载流子隧穿障碍区的指数概率较小，微能带宽度的指数也较小。在此限制条件下，得出微能带宽度的估值为

$$\delta E = \frac{4v_F}{d_I}\exp\left(-\frac{d_{II}}{v_F}\Delta_0\right) \tag{2.17}$$

定义窄微能带的条件是 $\delta E \ll \Delta_{eff}$。比较式(2.16)和式(2.17)中的$\Delta_{eff}$，可以得出以下条件关系，即

$$\Delta_0 \gtrsim \frac{2v_F}{d_{II}} \tag{2.18}$$

根据式(2.14)中给出的近似色散定律，对应使用有效哈密顿算子，以 2×2 矩阵计算出狄拉克哈密顿算子为

$$\hat{\mathbf{H}}_{eff}^{(1D)} = v_F \sigma_y \hat{p}_y - \sigma_z \Delta_{eff} + V_{eff} \tag{2.19}$$

根据零阶近似，格林函数描述了在无间隙石墨烯条件下的电荷载流子的自由传输，可用逆算子的方程式[36]表示为

$$\hat{\mathbf{G}}_0^{(1D)}(k_y,\omega) = [\omega + \mu - \hat{\mathbf{H}}_{eff}^{(1D)}]^{-1} \tag{2.20}$$

式中：μ 为化学势（与费米能量一致）。

将式(2.19)代入运算子式(2.20)，可以清楚地得出格林函数，并考虑到极点周围的路径跟踪规则，有

$$\hat{\mathbf{G}}_0^{(1D)}(k_y,\omega) = \frac{1}{2\epsilon_{k_y}}\sum_{s=\pm1} s\frac{\omega + \tilde{\mu} + v_F\sigma_y k_y + \sigma_z \Delta_{eff}}{\omega + \tilde{\mu} - s\epsilon_{k_y} - \mathrm{i}\delta \mathrm{sgn}(\tilde{\mu} - s\epsilon_{k_y})} \tag{2.21}$$

当$\tilde{\mu} = \mu - V_{eff}$和 $\epsilon_{k_y} = \sqrt{\Delta_{eff}^2 + v_F^2 k_y^2}$，$\delta \to +0$。

$\tilde{\mu}$值与费米动量p_F有关，即

$$|\tilde{\mu}| = \sqrt{\Delta_{eff}^2 + v_F^2 p_F^2} \tag{2.22}$$

用电荷载流子密度n_{2D}表示一维费米动量，有

$$P_F = \frac{\pi}{g} n_{2D} d \tag{2.23}$$

简并态 $g = g_s g_v$（g_s是自旋简并，g_v为谷简并）。

2. 准二维的情况（部分占用的微能带）

在这种情况下，除了沿着无间隙石墨烯条带自由运动外，电荷载流子穿过势障碍区。这些类型的运动具有不同的速度：$v_{\parallel}$ 是自由运动速度，垂直于条带的运动速度较低，$v_{\perp} \ll v_{\parallel}$（因为隧穿势障碍区的概率较小）。这说明了电荷载流子的准二维各向异性运动，并通过拟合近似色散律选择相应的$v_{\perp}$和$v_{\parallel}$值，有

$$E \approx V_{eff} \pm \sqrt{\Delta_{eff}^2 + v_{\perp}^2 k_x^2 + v_{\parallel}^2 k_y^2} \tag{2.24}$$

准二维运动的能量谱类似于具有等效质量的各向异性窄隙半导体的能量谱，有

$$m_{\perp}^{*}=\frac{\Delta_{\text{eff}}}{v_{\perp}^{2}},\quad m_{\parallel}^{*}=\frac{\Delta_{\text{eff}}}{v_{\parallel}^{2}} \tag{2.25}$$

为了占用部分微能带，应保持低温，即

$$k_{\mathrm{B}}T\ll\delta E \tag{2.26}$$

式中：k_{B}为玻耳兹曼常数。

本征值有效哈密顿算子（式（2.24））方程式为

$$\hat{\mathbf{H}}_{\text{eff}}^{(2\text{D})}=v_{\perp}\sigma_{x}\hat{p}_{x}+v_{\parallel}\sigma_{y}\hat{p}_{y}-\sigma_{z}\Delta_{\text{eff}}+V_{\text{eff}} \tag{2.27}$$

用哈密顿算子$\hat{\mathbf{H}}_{\text{eff}}^{(2\text{D})}$确定格林函数为逆算子（2.20），有

$$\hat{\mathbf{G}}_{0}^{(2\text{D})}(\boldsymbol{k},\omega)=\frac{1}{2\varepsilon_{\boldsymbol{k}}}\sum_{s=\pm1}s\frac{\omega+\tilde{\mu}+v_{\perp}\sigma_{x}k_{x}+v_{\parallel}\sigma_{y}k_{y}+\sigma_{z}\Delta_{\text{eff}}}{\omega+\tilde{\mu}-s\varepsilon_{\boldsymbol{k}}-\mathrm{i}\delta\operatorname{sgn}(\tilde{\mu}-s\varepsilon_{\boldsymbol{k}})} \tag{2.28}$$

其中，

$$\varepsilon_{\boldsymbol{k}}=\sqrt{\Delta_{\text{eff}}^{2}+v_{\perp}^{2}k_{x}^{2}+v_{\parallel}^{2}k_{y}^{2}}$$

2.2.4.2 等离激元

1. 库仑作用

在准一维情况下，电荷载流子不在无间隙石墨烯条带移动。在平行丝形成的周期性平面阵列中，库伦作用类似于电荷载流子的作用。在这种阵列中，nd 距离分隔出两条细丝，在细丝上的电荷库仑作用的表达方式为[37]

$$V(k_{y},n)=2\tilde{e}^{2}K_{0}(d|nk_{y}|) \tag{2.29}$$

式中：d 为无间隙石墨烯条带之间的距离（它与 SL 周期一致）；n 为无间隙石墨烯条带的数量（可以认为这个数量与图 2.2 中 SL 的超单元数量一致）；$\tilde{e}^{2}=e^{2}/\varepsilon_{\text{eff}}$和$\varepsilon_{\text{eff}}=(\varepsilon_{1}+\varepsilon_{2})/2$是有效静态介电常数，由静态介电常数$\varepsilon_{1}$和围绕石墨烯介质$\varepsilon_{2}$（如真空和基底材料）确定有效静态介电常数；$K_{0}(x)$为第二类修正贝塞尔函数。

离散变量 n 代表条带数量，可以将 n 转化为无量纲横向动量 $\theta=k_{x}d(-\pi<\theta\leq\pi)$，如同文献[37]所述，即

$$V(k_{y},\theta)=\sum_{n=-\infty}^{\infty}V(k_{y},n)\,\mathrm{e}^{in\theta}=2\tilde{e}^{2}K_{0}\left(\frac{d_{\mathrm{I}}}{2}|k_{y}|\right)+4\tilde{e}^{2}\sum_{n=1}^{\infty}\cos(n\theta)K_{0}(nd|k_{y}|) \tag{2.30}$$

如果障碍区宽度较小，即$d_{\mathrm{II}}\ll d_{\mathrm{I}}$，式（2.30）更简单[37]，即

$$V(k_{y},\theta)=2\tilde{e}^{2}\ln\frac{d}{\pi d_{\mathrm{I}}}\left[-2C-2\psi\left(\frac{\theta}{2\pi}+\frac{1}{2}\right)+\pi\tan\frac{\theta}{2}\right]\tilde{e}^{2}+o(k_{y}d) \tag{2.31}$$

式中：$C=0.577\cdots$为欧拉常数；$\psi(x)$为欧拉函数 ψ。可以得出微能带边界的方程式，即

$$V(k_{y},\pm\pi)=2\tilde{e}^{2}\ln\frac{d}{\pi d_{\mathrm{I}}}+\frac{2\pi\tilde{e}^{2}}{|k_{y}|d}+o(k_{y}d) \tag{2.32}$$

2. 极化算子

1）准一维极化算子

由回路图（图 2.4）表示极化算子，表达式为

$$\mathbf{\Pi}^{(1\text{D})}(k_{y},\omega)=-\mathrm{i}g\int\frac{\mathrm{d}p_{y}}{2\pi}\int\frac{\mathrm{d}\Omega}{2\pi}\mathrm{Tr}\{\hat{G}_{0}^{(1\text{D})}(p_{y},\Omega)\,\hat{G}_{0}^{(1\text{D})}(p_{y}+k_{y},\Omega+\omega)\} \tag{2.33}$$

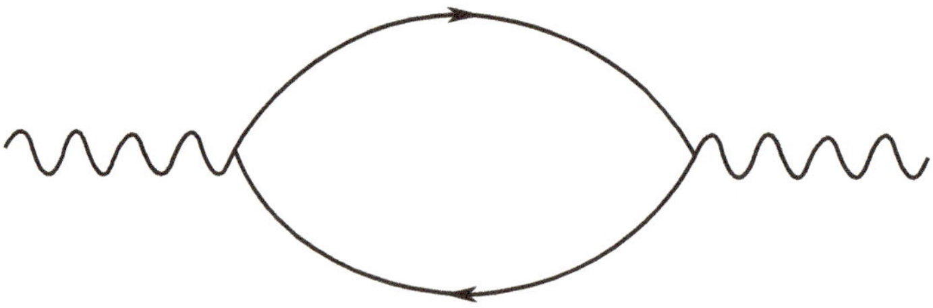

图 2.4 回路图

但是，式(2.33)需要再归一化，这是因为在载流子密度趋于零的情况下肯定存在 $\mathbf{\Pi}^{(1D)}(k_y,\omega)$。从物理的角度来看，在没有电荷载流子的情况下，介质的动态极化率不存在(由周围介质的静态极化率决定石墨烯和平面体系的静态极化率)。因此，极化算子的再归一化简化为以下条件关系，即

$$\mathbf{\Pi}_{\text{Ren}}^{(1D)}(k_y,\omega)=\mathbf{\Pi}^{(1D)}(k_y,\omega)-\mathbf{\Pi}^{(1D)}(k_y,\omega)|_{n2D\to 0} \quad (2.34)$$

关注等离激元(长波长集体激发)；因此，足以确定 k_y 和 ω 值偏低时的极化算子，有

$$|k_y|\ll\frac{\Delta_{\text{eff}}}{\nu_F},|\omega|\ll\Delta_{\text{eff}} \quad (2.35)$$

如此可见，等离激元振荡频率较低，这是因为 k_y 值低(根据低维系统的等离激元色散定律)。

在准一维情况下，在低晶体动量和式(2.35)指定的频率下，再归一化极化算子的实部，可以表示为[38]

$$\text{Re}\,\mathbf{\Pi}_{\text{Ren}}^{(1D)}(k_y,\omega)=\frac{g\nu_F^2 p_F k_y^2}{\pi|\tilde{\mu}|\omega^2} \quad (2.36)$$

在此范围内不存在 $\mathbf{\Pi}_{\text{Ren}}^{(1D)}(k_y,\omega)$ 的虚部，即

$$\nu_F|k_y|<|\omega|<\sqrt{4\Delta_{\text{eff}}^2+v_F^2k_y^2} \quad (2.37)$$

这与众所周知的相对论等离激元结果一致[39]。

2) 准二维极化算子

在准二维各向异性情况下，极化算子与式(2.33)同类

$$\mathbf{\Pi}^{(2D)}(\boldsymbol{k},\omega)=-\text{i}gd\int\frac{\text{d}\boldsymbol{p}}{(2\pi)^2}\int\frac{\text{d}\Omega}{2\pi}\text{Tr}\{\hat{G}_0^{(2D)}(\boldsymbol{p},\Omega)\hat{G}_0^{(2D)}(\boldsymbol{p}+\boldsymbol{k},\Omega+\omega)\} \quad (2.38)$$

最初，在式(2.38)中，离散值 p_x 有一个总和，从 $-\pi/d$ 到 π/d，间隔为 $2\pi/Nd$(N 是 SL 的超单元数量)。按照规则使得 $N\to\infty$，可以得出 p_x 的积分，即

$$\sum_{p_x}\cdots\to d\int_{-\pi/d}^{\pi/d}\frac{\text{d}\,p_x}{2\pi}\cdots$$

然后在积分极限，替换 $\pi/d-\infty$ 和 $-\pi/d\to-\infty$。

将式(2.34)的再归一化条件也应用于极化算子(式(2.38))。在低晶体动量和低频率下，再归一化极化算子的实部等于

$$\text{Re}\mathbf{\Pi}_{\text{Ren}}^{(2D)}(\boldsymbol{k},\omega)=\frac{gd}{4\pi}\frac{\nu_\perp^2k_x^2+\nu_\parallel^2k_y^2}{\nu_\perp\nu_\parallel}\frac{\tilde{\mu}^2-\Delta_{\text{eff}}^2}{|\tilde{\mu}|\omega^2} \quad (2.39)$$

虚部在此范围内不存在 $\mathbf{\Pi}_{\text{Ren}}^{(2D)}(\boldsymbol{k},\omega)$ 虚部，即

$$\sqrt{\nu_{\perp}^{2}k_{x}^{2}+\nu_{\parallel}^{2}k_{y}^{2}}<|\omega|<\sqrt{4\Delta_{\text{eff}}^{2}+\nu_{\perp}^{2}k_{x}^{2}+\nu_{\parallel}^{2}k_{y}^{2}} \tag{2.40}$$

3. 等离激元低色散

在随机相位近似(random phase approximation,RPA)框架内,等离激元的色散规律由以下方程确定,即

$$1-V(\boldsymbol{k})\boldsymbol{\Pi}(\boldsymbol{k},\omega)=0 \tag{2.41}$$

当费米能级落在微间隙内,极化算子 $\boldsymbol{\Pi}(\boldsymbol{k},\omega)$ 的式(2.36)和库仑作用的式(2.29)应代入式(2.41)。当费米能级落在微能带时,应将极化算子 $\boldsymbol{\Pi}(\boldsymbol{k},\omega)$ 的式(2.39)和库仑作用的式(2.30)代入式(2.41),条件是 $\theta=k_x d$。在前一种情况下,可得出

$$\omega_{\text{pl}}^{(1\text{D})}(k_y,\theta)=v_{\text{F}}|k_y|\sqrt{\frac{gp_{\text{F}}}{\pi|\tilde{\mu}|}V(k_y,\theta)} \tag{2.42}$$

在后一种情况下,可得出

$$\omega_{\text{pl}}^{(2\text{D})}(\boldsymbol{k})=\sqrt{\nu_{\perp}^{2}k_{x}^{2}+\nu_{\parallel}^{2}k_{y}^{2}}\sqrt{\frac{gd}{4\pi}\frac{\tilde{\mu}^{2}-\Delta_{\text{eff}}^{2}}{\nu_{\perp}\nu_{\parallel}|\tilde{\mu}|}V(\boldsymbol{k})} \tag{2.43}$$

在无间隙石墨烯间距较小的情况下,等离激元能带边界的表达式(2.42)给出了二维系统的平方根等离激元色散规律,即

$$\omega_{\text{pl}}^{(1\text{D})}(k_y)=v_{\text{F}}\sqrt{\frac{2\pi n_{2\text{D}}\tilde{e}^{2}}{|\tilde{\mu}|}|k_y|} \tag{2.44}$$

在k_y值较低的情况下,只保留了库伦作用式(2.32)的第二项。然而,这种情况下使用式(2.42),几乎整个等离激元能带的等离激元色散定律仍然是声波(几乎适用所有 θ 值),有

$$\omega_{\text{pl}}^{(1\text{D})}(k_y,\theta)=v_{\text{F}}|k_y|\sqrt{\frac{2g\tilde{e}^{2}p_{\text{F}}}{\pi|\tilde{\mu}|}f(\theta)} \tag{2.45}$$

函数关系为

$$f(\theta)=\text{In}\,\frac{d}{\pi d_{\text{I}}}-C-\psi\left(\frac{\theta}{2\pi}+\frac{1}{2}\right)+\frac{\pi}{2}\tan\frac{\theta}{2}$$

根据库仑作用的表达式(2.31)表示库仑相互作用。

关于费米动量上的化学势线性依赖,式(2.44)给出了无间隙石墨烯等离激元色散规律,这是众所周知的结果[36],有

$$\omega_{\text{pl}}(k_y)=\sqrt{\frac{g}{2}|\tilde{\mu}|\tilde{e}^{2}|k_y|} \tag{2.46}$$

这里等离激元沿着 y 轴传播。

在各向同性情况下,式(2.43)给出了无间隙石墨烯二维等离激元的色散规律,其中 $v_{\perp}=v_{\parallel}=v_{\text{F}}$,且$\tilde{\mu}^{2}-\Delta_{\text{eff}}^{2}=v_{\text{F}}^{2}p_{\text{F}}^{2}$。在准二维的情况下,应该考虑其关系,即

$$p_{\text{F}}^{2}=\frac{4\pi}{g}n_{2\text{D}}$$

式(2.42)和式(2.43)给出了众所周知的非相对性电荷载流子的表达式[37]。例如,无间隙石墨烯距离较大($d_{\text{II}}\gg d_{\text{I}}$)时,系统表现为一组条带。在此条带中的电荷载流子的

库仑作用由式(2.30)右手第一项表示。在非相对论性极限中，当$v_F p_F \ll \Delta_{eff}$和$|\tilde{\mu}| \approx \Delta_{eff}$时，式(2.42)为

$$\omega_{pl}^{(1D)}(k_y) = |k_y| \sqrt{\frac{2g\tilde{e}^2 p_F}{\pi m^*} \ln \frac{4}{|k_y| d_I}} \tag{2.47}$$

在速度各向同性的非相对论性极限中，式(2.43)给出了

$$\omega_{pl}^{(2D)}(\boldsymbol{k}) = \Omega_p \sqrt{|\boldsymbol{k}| d} \tag{2.48}$$

此处引入数量

$$\Omega_p = \left(\frac{2\pi \tilde{e}^2 n_{2D}}{dm^*}\right)^{1/2}$$

2.2.5 超晶格中的磁化等离激元

一些著作[40-41]从理论上研究了磁场无间隙石墨烯的集体激发。然而，人们较少关注磁场石墨烯的间隙改变引起的集体激发。

本章研究了基于无间隙石墨烯及其间隙修正(图2.5)的平面超导体中的磁化等离激元色散规律。此前已经出现了相关模型，因此可以通过解析找到这种SL中电荷载流子的色散关系[23]，再发现等离激元的色散规律[38]。

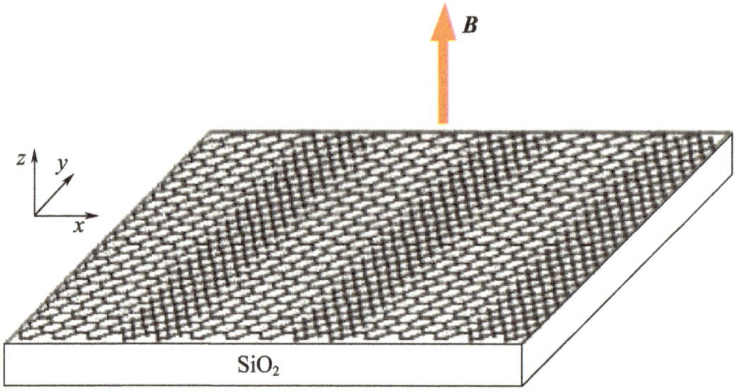

图2.5 研究的系统示例：在磁场 **B** 中 SiO_2 基底上的石墨烯－石墨烷 SL
(氢原子的位置通常用蓝圈表示)

用无间隙和有间隙的石墨烯交替条带对带隙空间进行调制，这相当于应用一维周期性电势。系统能量谱分裂成更小的带，称之为微能带，并由微能带隔开。

为了简单起见，这里研究了下电子或上空穴微能带。它们被微间隙$2\Delta_{eff}$隔开。一般情况下，假设微能带中心因为V_{eff}在无间隙石墨烯K和K'点出现能量偏差(E级=0)，这在有效工作函数中起着非常重要的作用。

本章提出了基于磁场石墨烯的有效描述平面超晶格的模型，这种模型在磁场作用下没有假自旋塞曼效应。该模型保留了两个谷的电荷载流子的等价单粒子能量谱。我们认为不同谷的电荷载流子与磁场的相互作用相等。例如，在系统上施加相应的单轴应变力时，可以打破谷简并[42]。

2.2.5.1 电荷载流子波函数

在没有磁场的情况下,基于石墨烯的平面 SL 中谷 K 点上,电荷载流子引入了有效的哈密顿算子。需要研究:准一维(费米能级进入微间隙)和准二维(费米能级进入微能带)两种情况。

这里假设发生在零磁场中的一种更常规的准二维情况。在磁场存在的情况下,用动量$\hat{\pi}=\hat{p}-\frac{e}{c}\mathcal{A}$替代石墨烯 SL 中电荷载流子有效哈密顿算子的动量算子$\hat{\boldsymbol{p}}=-\mathrm{i}\nabla$,其中 e 为粒子电荷,c 为真空中光速,$\mathcal{A}$为磁场 $\boldsymbol{B}=(0,0,B)$的向量势。(x,y)平面与 SL 平面一致(图 2.5)。在这种情况下,K 点谷中电荷载流子的有效哈密顿算子的表达式为

$$\hat{\mathbf{H}}_{\mathrm{eff}}^{K}=v_{\perp}\sigma_x\hat{\pi}_x+v_{\parallel}\sigma_y\hat{\pi}_y-\sigma_{z\Delta_{\mathrm{eff}}}+V_{\mathrm{eff}} \tag{2.49}$$

用$v_{\perp}$和$v_{\parallel}$表示穿过条带和条带上的费米速度,可以分别表示无间隙石墨烯和有间隙石墨烯的改变,其次$v_{\parallel}\simeq v_{\mathrm{F}}$($v_{\mathrm{F}}$是无间隙石墨烯的费米速度),而$v_{\perp}\ll v_{\parallel}$,这是因为电荷载流子穿过石墨烯几乎不可能改变间隙区域。

K'点谷中电荷载流子的有效哈密顿算子为

$$\hat{\mathbf{H}}_{\mathrm{eff}}^{K'}=v_{\perp}\sigma_x\hat{\pi}_x-v_{\parallel}\sigma_y\hat{\pi}_y-\sigma_{z\Delta_{\mathrm{eff}}}+V_{\mathrm{eff}} \tag{2.50}$$

质量项(第三项)的符号与哈密顿算子式(2.49)相反。这里表示了 $\hat{\mathbf{H}}_{\mathrm{eff}}^{K}$和$\hat{\mathbf{H}}_{\mathrm{eff}}^{K'}$的酉等价,可以通过幺正变换相互转化,即

$$\hat{\mathbf{H}}_{\mathrm{eff}}^{K'}=U\hat{\mathbf{H}}_{\mathrm{eff}}^{K}U^{\dagger},\quad U=\sigma_x \tag{2.51}$$

这一结果表明它们的能谱等价。

可以注意到,在哈密顿算子式(2.49)和哈密顿算子式(2.50)的第二项和第三项之前,可以任意选择符号。在第二项前,K 点过渡为K'点,符号发生变化,这与时间反转操作有关。然而,在第三项前,还不清楚这个符号应该是什么(很明显,如果要确保这两个哈密顿算子的酉等价,必须改变符号)。有两个同等选项:选择相同符号(+ +和 - -)或选择不同符号(+ -和 - +),这里支持第二个选项:正如以下可见,它确保了零点朗道能级的正频率的正确解法表达式。

在质量项前替换符号(通过改变 $\Delta_{\mathrm{eff}}\to-\Delta_{\mathrm{eff}}$),可以发现一个有趣的特征:谷变得相互颠倒。因此,出现了一个非常不寻常的跨谷电子空穴对称现象。复杂共轭的算子存在于时间反转算子中,连接各谷,K'点谷中的电子态可用 K 点谷中的空穴态的波函数描述;反之亦然。我们认为,允许存在这种“对称化”,因为这只是一种数学方法,这种方法可以让我们确认关于两个谷能量谱等价的基本物理定律。同时,我们强调这是一个模型,用来描述磁场中平面石墨烯超晶格电荷载流子状态。

这里选择用以下表达式表示向量势,即

$$\mathcal{A}=(0,Bx,0)$$

此处引入了磁性长度,即

$$l_{\mathrm{B}}=\sqrt{\frac{c}{|e|\boldsymbol{B}}}$$

以及无量纲变量,即

$$\xi=\sqrt{\frac{v_{\parallel}}{v_{\perp}}}\left(\frac{x}{l_{\mathrm{B}}}+l_{\mathrm{B}}k_y\right)$$

式中：k_y为准动量的 y 分量。

从中发现可以用哈密顿算子（式（2.49））的本征函数表示朗道能级，以及用$N_L=1$，2，…表示电子和空穴，即

$$\boldsymbol{\Psi}_{N_L k_y}^{ke(\pm)}(x,y)=C_{N_L}^{(\pm)}\begin{pmatrix}A_{N_L}^{(\pm)}\Phi_{N_L-1}(\xi)\\ \Phi_{N_L}(\xi)\end{pmatrix}\frac{e^{ik_y y}}{\sqrt{L_y}}$$

$$\boldsymbol{\Psi}_{N_L k_y}^{kh(\pm)}(x,y)=C_{N_L}^{(\pm)}\begin{pmatrix}\Phi_{N_L}(\xi)\\ -A_{N_L}^{(\pm)}\Phi_{N_L-1}(\xi)\end{pmatrix}\frac{e^{-ik_y y}}{\sqrt{L_y}} \tag{2.52}$$

式中：L_y为 y 轴上系统的大小；+（−）符号代表正频（负）解法。这里为了明确，用正频解法表示粒子能量符号解法，即用 $E>0$ 表示电子，用 $E<0$ 表示空穴；可以通过改变能量符号 $\tilde{E}=E-V_{\text{eff}}$从正频解法中找到负频解法。在式（2.52）中，用系数表示为

$$A_{N_L}^{(\pm)}=\mp i\frac{\sqrt{2v_\perp v_\parallel N_L}}{l_B(\epsilon_{N_L}\pm\Delta_{\text{eff}})},C_{N_L}^{(\pm)}=(1+|A_{N_L}^{(\pm)}|)^{-1/2}$$

当$\epsilon_{N_L}=\sqrt{\Delta_{\text{eff}}^2+2v_\perp v_\parallel\frac{|e|}{c}BN_L}$时，函数关系为

$$\Phi_{N_L}(\xi)=\frac{1}{(2^{N_L}N_L!\ \sqrt{\pi}l_B^*)^{1/2}}H_{N_L}(\xi)e^{-\xi^2/2}$$

当$l_B^*=\sqrt{\frac{v_\perp}{v_\parallel}}l_B$时，$H_{N_L}(\xi)$是埃尔米特多项式。

波函数归一化的等式为

$$\int_{-\infty}^{\infty}dx\int_{-L_y/2}^{L_y/2}dy\boldsymbol{\Psi}_{N_L k_y}^{ke,h(\pm)\dagger}(x,y)\ \boldsymbol{\Psi}_{N_L k_y}^{ke,h(\pm)}(x,y)=1 \tag{2.53}$$

朗道能级$N_L=0$ 的正频解法为

$$\boldsymbol{\Psi}_{0k_y}^{ke(\pm)}(x,y)=\begin{pmatrix}0\\ \Phi_0(\xi)\end{pmatrix}\frac{e^{ik_y y}}{\sqrt{L_y}},\quad \boldsymbol{\Psi}_{0k_y}^{kh(\pm)}(x,y)\begin{pmatrix}\Phi_0(\xi)\\ 0\end{pmatrix}\frac{e^{-ik_y y}}{\sqrt{L_y}} \tag{2.54}$$

与式（2.52）解法一致，$N_L=0$，但需要认识到$A_0^{(+)}=0$，$C_0^{(+)}=1$。

然而，$N_L=0$ 时，负频率解法不同：系数$A_0^{(-)}$中出现不确定的 0/0 的表达式。在这种情况下，需要另外寻找解法，使用包络波函数分量，使得一阶微分方程组成立，即

$$\boldsymbol{\Psi}_{0k_y}^{ke(-)}(x,y)=C_0^{(-)}\begin{pmatrix}\widetilde{\Phi}_0(\xi)\\ \Phi_0(\xi)\end{pmatrix}\frac{e^{ik_y y}}{\sqrt{L_y}} \tag{2.55}$$

这里引入了函数关系，即

$$\widetilde{\Phi}_0(\xi)=\frac{i\pi^{1/4}l_B^{*\,1/2}\Delta_{\text{eff}}}{v_\perp}[1-\Phi(\xi)]e^{\xi^2/2}$$

式中：$\Phi(\xi)$为概率积分；常数$C_0^{(-)}$由归一化条件式（2.53）确定，即

$$C_0^{(-)}=(1+J)^{-1/2},\quad J=\int_{-\infty}^{\infty}|\widetilde{\Phi}_0|^2dx=\frac{\sqrt{\pi}\ l_B^{*\,2}\Delta_{\text{eff}}^2}{v_\perp^2}\tilde{J},$$

$$\tilde{J}=\int_{-\infty}^{\infty}[1-\Phi(\xi)]^2e^{\xi^2}d\xi\approx 0.78$$

同理,对于 K 点谷中的空穴,发现

$$\boldsymbol{\Psi}_{0k_y}^{kh(-)}(x,y)=C_0^{(-)}\begin{pmatrix}\Phi_0(\xi)\\ -\widetilde{\Phi}_0(\xi)\end{pmatrix}\frac{e^{-ik_y y}}{\sqrt{L_y}} \tag{2.56}$$

对于K'点谷中的电子和空穴,得出

$$\boldsymbol{\Psi}_{0k_y}^{K'e(-)}(x,y)=C_0^{(-)}\begin{pmatrix}\Phi_0(\xi)\\ -\widetilde{\Phi}_0(\xi)\end{pmatrix}\frac{e^{ik_y y}}{\sqrt{L_y}} \tag{2.57}$$

$$\boldsymbol{\Psi}_{0k_y}^{K'h(-)}(x,y)=C_0^{(-)}\begin{pmatrix}-\widetilde{\Phi}_0(\xi)\\ \Phi_0(\xi)\end{pmatrix}\frac{e^{-ik_y y}}{\sqrt{L_y}} \tag{2.58}$$

根据式(2.51)变换,通过哈密顿变量式(2.49)的波函数,可以得出哈密顿变量式(2.51)的波函数,即

$$\boldsymbol{\Psi}_{N_Lk_y}^{K'e,h(\pm)}(x,y)=\sigma_x\boldsymbol{\Psi}_{N_Lk_y}^{Ke,h(\pm)}(x,y) \tag{2.59}$$

可以注意到,两个谷的电子和空穴的波函数通过电荷共轭变换耦合①

$$\boldsymbol{\Psi}_{N_Lk_y}^{K,K'h(\pm)}(x,y)=\hat{C}\boldsymbol{\Psi}_{N_Lk_y}^{K,K'e(\pm)}(x,y) \tag{2.60}$$

式中:$\hat{C}=\sigma_x\hat{\mathbb{C}}$ 为电荷共轭算子;$\hat{\mathbb{C}}$ 表示复共轭算子。

应注意,上面含蓄地表示了超晶格势支配了朗道量子化,有

$$\frac{v_\perp v_\parallel}{l_B^2}\ll\Delta_{\text{eff}}^2$$

这意味着磁场的强度不应该太大,考虑到$v_\perp\ll v_\parallel$较小,以及$v_\parallel\approx v_F$,的关系,可以重写条件表达式,即

$$B\lesssim B_{\max}=\frac{c\,\Delta_{\text{eff}}^2}{|e|v_F^2}$$

2.2.5.2 格林函数

要找到格林函数,需要用二次量子化算子计算出非相互作用单粒子激发系统的哈密顿算子,即

$$\hat{\mathbf{H}}_0=\sum_{N_L,k_y}\widetilde{E}_{N_L}^e\hat{a}_{N_Lk_y}^\dagger\hat{a}_{N_Lk_y}+\sum_{N_L,k_y}\widetilde{E}_{N_L}^h\hat{b}_{N_Lk_y}\hat{b}_{N_Lk_y}^\dagger \tag{2.61}$$

当$\widetilde{E}_{N_L}^e=E_{N_L}^e-V_{\text{eff}}=\epsilon_{N_L}$、$\widetilde{E}_{N_L}^h=E_{N_L}^h-V_{\text{eff}}=-\epsilon_{N_L}$时(下文中测量了能级 $E=V_{\text{eff}}$上的能量),并且$\hat{a}_{N_Lk_y}(\hat{a}_{N_Lk_y}^\dagger)$和$\hat{b}_{N_Lk_y}(\hat{b}_{N_Lk_y}^\dagger)$分别表示了朗道能级$N_L$上的电子和空穴的湮灭(创造)算子,使用准动量$k_y$的 y 分量,均属于费米算子,有

$$\{\hat{a}_{N_Lk_y},\hat{a}_{N'_Lk'_y}^\dagger\}=\delta_{N_LN'_L}\delta_{k_yk'_y},\{\hat{b}_{N_Lk_y},\hat{b}_{N'_Ly'_y}^\dagger\}=\delta_{N_LN'_L}\delta_{k_yk'_y}$$

根据相对论中二次量子化的一般规则,可以计算出哈密顿算子式(2.61)第二总和的算子顺序[43]。

---

① 在相对论性量子论中,电荷共轭算子的定义为:

$$\hat{C}=i\gamma_2\hat{\mathbb{C}}$$

当 $\gamma_2=\gamma_0\alpha_2$ 是 $\boldsymbol{\gamma}$ 矩阵,用以表示狄拉克哈密顿量的矩阵,其中包括$\hat{p}_y$;在标准表示中,$\gamma_0=\beta$ 是质量项的矩阵[43]。在这种情况下,$\alpha_2=\sigma_y,\beta=\sigma_z$;因此,$\gamma_2=\sigma_z\sigma_y=-i\sigma_x$。

在二次量子化算子中，K 点谷中的电子和空穴场的算子可使用展开式

$$\hat{\boldsymbol{\Psi}}_{k_y}^{Ke} = \sum_{N_L} \boldsymbol{\Psi}_{N_L k_y}^{Ke(+)} \hat{a}_{N_L k_y} + \sum_{N_L} \boldsymbol{\Psi}_{N_L k_y}^{Ke(-)} \hat{b}_{N_L k_y}^{\dagger} \tag{2.62}$$

$$\hat{\boldsymbol{\Psi}}_{k_y}^{Kh} = \sum_{N_L} \boldsymbol{\Psi}_{N_L k_y}^{Kh(+)} \hat{b}_{N_L k_y} + \sum_{N_L} \boldsymbol{\Psi}_{N_L k_y}^{Kh(-)} \hat{a}_{N_L k_y}^{\dagger} \tag{2.63}$$

为了简化，省略了参数 x 和 y。K' 点谷中算子 $\boldsymbol{\Psi}$ 的表达式同类：它们包括波函数 $\boldsymbol{\Psi}_{N_L k_y}^{K'e(\pm)}(x,y)$ 以及 $\boldsymbol{\Psi}_{N_L k_y}^{K'h(\pm)}(x,y)$。

这里定义了电子和空穴中不同的算子①

$$\hat{N}_0 = \sum_{N_L,k_y} \hat{a}_{N_L k_y}^{\dagger} \hat{a}_{N_L k_y} - \sum_{N_L,k_y} \hat{b}_{N_L k_y}^{\dagger} \hat{b}_{N_L k_y} \tag{2.64}$$

考虑到二次量化算子的交换关系，省略了一个不重要的常数，得出算子的表达式为

$$\hat{H}'_0 = \hat{H}_0 - \tilde{\mu}\hat{N}_0 \sum_{N_L,k_y} (\epsilon_{N_L} - \tilde{\mu}) \hat{a}_{N_L k_y}^{\dagger} \hat{a}_{N_L k_y} + \sum_{N_L,k_y} (\epsilon_{N_L} + \tilde{\mu}) \hat{b}_{N_L k_y}^{\dagger} \hat{b}_{N_L k_y}$$

当 $\tilde{\mu} = \mu - V_{\text{eff}}$ 时，μ 是化学势。

可以在交互作用表象中得出 $\boldsymbol{\Psi}$ 算子式(2.62)和式(2.63)[39]，有

$$\begin{aligned}
\hat{\boldsymbol{\Psi}}_{k_y}^{Ke}(x,y,t) &= e^{i\hat{H}'_0 t} \hat{\boldsymbol{\Psi}}_{k_y}^{Ke}(x,y) e^{-i\hat{H}'_0 t} \\
&= \sum_{N_L} \boldsymbol{\Psi}_{N_L k_y}^{Ke(+)}(x,y) \hat{a}_{N_L k_y}(t) + \sum_{N_L} \boldsymbol{\Psi}_{N_L k_y}^{Ke(-)}(x,y) \hat{b}_{N_L k_y}^{\dagger}(t) \\
\hat{\boldsymbol{\Psi}}_{k_y}^{Kh}(x,y,t) &= e^{i\hat{H}'_0 t} \hat{\boldsymbol{\Psi}}_{k_y}^{Kh}(x,y) e^{-i\hat{H}'_0 t} \\
&= \sum_{N_L} \boldsymbol{\Psi}_{N_L k_y}^{Kh(+)}(x,y) \hat{b}_{N_L k_y}(t) + \sum_{N_L} \boldsymbol{\Psi}_{N_L k_y}^{Kh(-)}(x,y) \hat{a}_{N_L k_y}^{\dagger}(t)
\end{aligned}$$

这里引入算子表达式

$$\hat{a}_{N_L k_y}(t) = \hat{a}_{N_L k_y} e^{-i(\epsilon_{N_L} - \tilde{\mu})t}, \quad \hat{b}_{N_L k_y}(t) = \hat{b}_{N_L k_y} e^{-i(\epsilon_{N_L} + \tilde{\mu})t}$$

并且算子 $\hat{a}_{N_L k_y}^{\dagger}(t)$ 和 $\hat{b}_{N_L k_y}^{\dagger}(t)$ 是上述两个算子的埃尔米特共轭。

按照标准的方式定义非相互作用粒子的格林函数为

$$G_{0\alpha\beta}^{Ke,h}(x,x',y-y',t-t') = -i\langle T \hat{\boldsymbol{\Psi}}_{k_y\alpha}^{Ke,h}(x,y,t) \hat{\bar{\boldsymbol{\Psi}}}_{k_y\beta}^{Ke,h}(x',y',t') \rangle \tag{2.65}$$

式中：$\langle\ \rangle$ 表示统计平均；T 为时间排序算子；α,β 分别为伪自旋指数 $\alpha,\beta = 1,2$；$\hat{\bar{\boldsymbol{\Psi}}}_{k_y\beta}^{Ke,h}(x',y',t') = \hat{\bar{\boldsymbol{\Psi}}}_{k_y\beta}^{Ke,h\dagger}(x',y',t')\boldsymbol{\gamma}_0$ 为狄拉克共轭旋量，$\boldsymbol{\gamma}_0$ 为 2×2 矩阵表象中狄拉克矩阵之一（在标准表象中 $\boldsymbol{\gamma}_0 = \sigma_z$）。

注意，与上面所采用的格林函数的定义不同，这里使用量子电动力学（quantum electro - dynamics，QED）中给出的定义。因此，图解法的构建存在差异。特别注意，极化算子回路图的顶点是矩阵 $\boldsymbol{\gamma}_0$。这两种方法得出的极化算子相同。选择接近量子电动力学的公式是正确的，因为所得到的格林函数在表达式上与相对论性电子（正电子）在 Furry 表达式中的格林函数相似，条件是要正确考虑到存在的一个外场（在这种情况下是磁

---

① 这个算子与场域中电荷算子一致

$$\hat{Q} = \sum_{N_L,k_y} (\hat{a}_{N_L k_y}^{\dagger} \hat{a}_{N_L k_y} + \hat{b}_{N_L k_y} \hat{b}_{N_L k_y}^{\dagger})$$

减除无限可加常数[43]。

场)。此对应关系验证了格林函数结果的正确性。

对于 K 点谷中的电子,得到

$$G_{0\alpha\beta}^{Ke}(x,x',y-y',t-t') = -\mathrm{i}\sum_{N_L}\boldsymbol{\Psi}_{N_Lk_y\alpha}^{Ke(+)}(x,y)\overline{\boldsymbol{\Psi}}_{N_Lk_y\beta}^{Ke(+)}(x',y')\langle T\hat{a}_{N_Lk_y}(t)\hat{a}_{N_Lk_y}^{\dagger}(t')\rangle - \mathrm{i}\sum_{N_L}\boldsymbol{\Psi}_{N_Lk_y\alpha}^{Ke(-)}(x,y)\overline{\boldsymbol{\Psi}}_{N_Lk_y\beta}^{Ke(-)}(x',y')\langle T\hat{b}_{N_Lk_y}^{\dagger}(t)\hat{b}_{N_Lk_y}(t')\rangle$$

并且这些算子组合的平均数等于

$$\langle T\hat{a}_{N_Lk_y}(t)\hat{a}_{N_Lk_y}^{\dagger}(t')\rangle = \mathrm{e}^{-\mathrm{i}(\epsilon_{N_L}-\tilde{\mu})(t-t')}\begin{cases}1-N_{N_L}^{(+)}, t>t'\\ -N_{N_L}^{(+)}, t<t'\end{cases}$$

$$\langle T\hat{b}_{N_Lk_y}^{\dagger}(t)\hat{b}_{N_Lk_y}(t')\rangle = \mathrm{e}^{\mathrm{i}(\epsilon_{N_L}+\tilde{\mu})(t-t')}\begin{cases}N_{N_L}^{(-)}, t>t'\\ N_{N_L}^{(-)}-1, t<t'\end{cases}$$

式中:$N_{N_L}^{(\pm)}=\theta(\pm\tilde{\mu}-\epsilon_{N_L})$为(上)电子和(下)空穴的占用数量。根据反粒子(空穴)占用数量的定义,可以得出$N_{N_L}^{(-)}=1-N_{N_L}^{(+)}\big|_{\epsilon_{N_L}\to-\epsilon_{N_L}}=1-\theta(\tilde{\mu}+\epsilon_{N_L})=\theta(-\tilde{\mu}-\epsilon_{N_L})$[39]。

为了方便起见,将时间表示为 $\tau=t-t'$,得出格林函数表达式为

$$G_{0\alpha\beta}^{Ke}(x,x',y-y',\tau) = -\mathrm{i}\sum_{N_L}\boldsymbol{\Psi}_{N_Lk_y\alpha}^{Ke(+)}(x,y)\overline{\boldsymbol{\Psi}}_{N_Lk_y\beta}^{Ke(+)}(x',y')\mathrm{e}^{-\mathrm{i}(\epsilon_{N_L}-\tilde{\mu})\tau}\begin{cases}1-N_{N_L}^{(+)}, \tau>0\\ -N_{N_L}^{(+)}, \tau<0\end{cases} - \mathrm{i}\sum_{N_L}\boldsymbol{\Psi}_{N_Lk_y\alpha}^{Ke(-)}(x,y)\overline{\boldsymbol{\Psi}}_{N_Lk_y\beta}^{Ke(-)}(x',y')\mathrm{e}^{\mathrm{i}(\epsilon_{N_L}+\tilde{\mu})\tau}\begin{cases}N_{N_L}^{(-)}, \tau>0\\ N_{N_L}^{(-)}-1, \tau<0\end{cases}$$

在波函数的乘积中,当从坐标 $y-y'$ 传递到准动量分量k_y时,$\mathrm{e}^{\mathrm{i}k_y(y-y')}/\sqrt{L_y}$因素消失。此外,可以简单地写出相应的波函数乘积,不使用参数 y 和y'。

把时间 τ 传递给频率 ω,积分的表达式为

$$\begin{aligned}G_{0\alpha\beta}^{Ke}(x,x',k_y,\omega) &= \int_{-\infty}^{\infty}\mathrm{d}\tau\mathrm{e}^{\mathrm{i}\omega\tau}G_{0\alpha\beta}^{Ke}(x,x';k_y,\tau)\\ &= -\mathrm{i}\sum_{N_L}\boldsymbol{\Psi}_{N_Lk_y\alpha}^{Ke(+)}(x)\overline{\boldsymbol{\Psi}}_{N_Lk_y\beta}^{Ke(+)}(x')\left\{(1-N_{N_L}^{(+)})\int_0^{\infty}\mathrm{d}\tau\,\mathrm{e}^{-\mathrm{i}(\epsilon_{N_L}-\tilde{\mu}-\omega)\tau} - N_{N_L}^{(+)}\int_{-\infty}^{0}\mathrm{d}\tau\,\mathrm{e}^{-\mathrm{i}(\epsilon_{N_L}-\tilde{\mu}-\omega)\tau}\right\} - \mathrm{i}\sum_{N_L}\boldsymbol{\Psi}_{N_Lk_y\alpha}^{Ke(-)}(x)\overline{\boldsymbol{\Psi}}_{N_Lk_y\beta}^{Ke(-)}(x')\times\\ &\quad\left\{N_{N_L}^{(-)}\int_0^{\infty}\mathrm{d}\tau\,\mathrm{e}^{\mathrm{i}(\epsilon_{N_L}+\tilde{\mu}+\omega)\tau} - (1-N_{N_L}^{(-)})\int_{-\infty}^{0}\mathrm{d}\tau\,\mathrm{e}^{\mathrm{i}(\epsilon_{N_L}+\tilde{\mu}+\omega)\tau}\right\}\end{aligned}$$

这里使用标准方法扩展积分以使其发散:积分达到∞时,替换 $\omega\to\omega+\mathrm{i}\delta,\delta\to+0$(当$\tau\to\infty$时,可以得出$\mathrm{e}^{-\delta\tau}\to0$),积分达到$-\infty$时,替换 $\omega\to\omega-\mathrm{i}\delta$(当 $\tau\to-\infty$ 时,可以得出$\mathrm{e}^{\delta\tau}\to0$),即

$$G_{0\alpha\beta}^{Ke}(x,x';k_y,\omega) = \sum_{N_L}\boldsymbol{\Psi}_{N_Lk_y\alpha}^{Ke(+)}(x)\overline{\boldsymbol{\Psi}}_{N_Lk_y\beta}^{Ke(+)}(x')\left\{\frac{1-N_{N_L}^{(+)}}{\omega-\epsilon_{N_L}+\tilde{\mu}+\mathrm{i}\delta}+\frac{N_{N_L}^{(+)}}{\omega-\epsilon_{N_L}+\tilde{\mu}-\mathrm{i}\delta}\right\} + \sum_{N_L}\boldsymbol{\Psi}_{N_Lk_y\alpha}^{Ke(-)}(x)\overline{\boldsymbol{\Psi}}_{N_Lk_y\beta}^{Ke(-)}(x')\left\{\frac{N_{N_L}^{(-)}}{\omega+\epsilon_{N_L}+\tilde{\mu}+\mathrm{i}\delta}+\frac{1-N_{N_L}^{(-)}}{\omega+\epsilon_{N_L}+\tilde{\mu}-\mathrm{i}\delta}\right\}$$

这里$1-N_{N_L}^{(+)}=1-\theta(\tilde{\mu}-\epsilon_{N_L})=\theta(\epsilon_{N_L}-\tilde{\mu})$，即$\epsilon_{N_L}>\tilde{\mu}$时，第一个和的分母出现$+\mathrm{i}\delta$，当$\epsilon_{N_L}<\tilde{\mu}$时，出现$-\mathrm{i}\delta$，可以统一使用$-\mathrm{i}\delta\mathrm{sgn}(\tilde{\mu}-\epsilon_{N_L})$表达式；同理，对于第二个和，发现$1-N_{N_L}^{(-)}=1-\theta(-\tilde{\mu}-\epsilon_{N_L})=\theta(\epsilon_{N_L}+\tilde{\mu})$，即当$\epsilon_{N_L}<-\tilde{\mu}$时，分母出现$+\mathrm{i}\delta$，当$\epsilon_{N_L}>-\tilde{\mu}$时，分母出现$-\mathrm{i}\delta$，可以统一使用$-\mathrm{i}\delta\mathrm{sgn}(\tilde{\mu}+\epsilon_{N_L})$表达式。

最后在混合$x-k_y$表示中得出了格林函数，即

$$G_{0\alpha\beta}^{Ke}(x,x';k_y,\omega)=\sum_{N_L}\frac{\boldsymbol{\Psi}_{N_Lk_y\alpha}^{Ke(+)}(x)\,\overline{\boldsymbol{\Psi}}_{N_Lk_y\beta}^{Ke(+)}(x')}{\omega-\epsilon_{N_L}+\tilde{\mu}-\mathrm{i}\delta\mathrm{sgn}(\tilde{\mu}-\epsilon_{N_L})}+\sum_{N_L}\frac{\boldsymbol{\Psi}_{N_Lk_y\alpha}^{Ke(-)}(x)\,\overline{\boldsymbol{\Psi}}_{N_Lk_y\beta}^{Ke(-)}(x')}{\omega+\epsilon_{N_L}+\tilde{\mu}-\mathrm{i}\delta\mathrm{sgn}(\tilde{\mu}-\epsilon_{N_L})} \tag{2.66}$$

可以看到格林函数（式(2.66)）在形式上与相对论性电子的格林函数同类，当设定$\tilde{\mu}=0$，在Furry表达式中使用电子Ψ[43]。

同理，发现在K点谷中空穴的格林函数为

$$G_{0\alpha\beta}^{Kh}(x,x';k_y,\omega)=\sum_{N_L}\frac{\boldsymbol{\Psi}_{N_Lk_y\alpha}^{Kh(+)}(x)\,\overline{\boldsymbol{\Psi}}_{N_Lk_y\beta}^{Kh(+)}(x')}{\omega-\epsilon_{N_L}-\tilde{\mu}-\mathrm{i}\delta\mathrm{sgn}(\tilde{\mu}+\epsilon_{N_L})}+\sum_{N_L}\frac{\boldsymbol{\Psi}_{N_Lk_y\alpha}^{Kh(-)}(x)\,\overline{\boldsymbol{\Psi}}_{N_Lk_y\beta}^{Kh(-)}(x')}{\omega+\epsilon_{N_L}-\tilde{\mu}+\mathrm{i}\delta\mathrm{sgn}(\tilde{\mu}-\epsilon_{N_L})} \tag{2.67}$$

利用关系式(2.59)得到格林函数之间的关系为

$$G_0^{K'e,h}(x,x';k_y,\omega)=-\sigma_x G_0^{Ke,h}(x,x';k_y,\omega)\sigma_x \tag{2.68}$$

2.2.5.3 极化算子

图2.6所示回路给出了数值。电子数值应相等（这里遵守了QED图解法规则），即

$$\Pi^e(x,x';k_y,\omega)=-\mathrm{i}gd\int\frac{\mathrm{d}p_y}{2\pi}\int\frac{\mathrm{d}\Omega}{2\pi}\mathrm{Tr}\{\gamma_0\,G_0^{Ke}(x,x';p_y,\Omega)\,\gamma_0\,G_0^{Ke}(x,x';p_y+k_y,\Omega+\omega)\} \tag{2.69}$$

此处与前述一样，$g=g_sg_v$，这是指简并（$g_s=2$是自旋简并，$g_v=2$是谷简并）；d是SL周期，在准二维情况下，缺少磁场也会出现此周期。

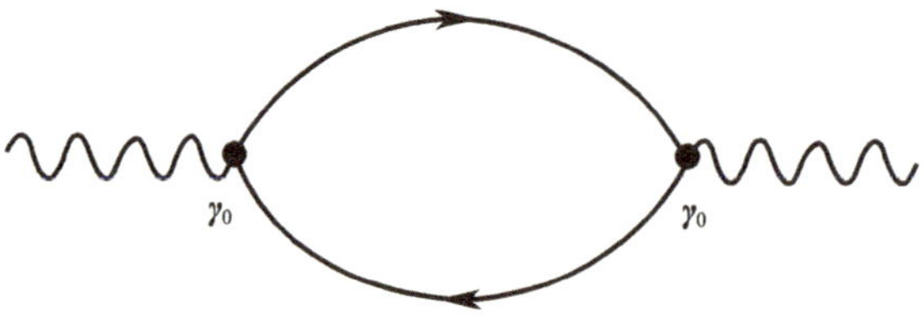

图2.6　回路图

为了明确起见，在K点的谷中写出了电子的格林函数。使用式(2.68)的关系很容易验证，式(2.69)与K'点谷中的电子格林函数表达式$\Pi^e(x,x';k_y,\omega)$一致（对于因子的循环置换，矩阵乘积的迹是不变量）。两个谷的极化算子也是相同的。

根据与式(2.69)类似的空穴格林函数（式(2.67)）得出空穴$\Pi^h(x,x';k_y,\omega)$的极化算子，并可以通过空穴的格林函数表达式对此结果进行验证，只有在$\tilde{\mu}$前面的符号中，$\Pi^h(x,x';k_y,\omega)$与$\Pi^e(x,x';k_y,\omega)$才会不同（与格林函数式(2.66)和式(2.67)的分母相比）。为了明确起见，研究了$\Pi^e(x,x';k_y,\omega)$，上述内容已证实了$\Pi^h(x,x';k_y,\omega)$的所有情况。

在零磁场中[38]，必须重整极化算子再归一化(式 2.69)，因为当$|\tilde{\mu}|<\Delta_{\mathrm{eff}}$时电荷载流子不存在，因此极化算子不会消失。再归一化条件为

$$\Pi^{\mathrm{e}}_{\mathrm{Ren}}(x,x';k_y,\omega)=\Pi^{\mathrm{e}}(x,x';k_y,\omega)-\Pi^{\mathrm{e}}(x,x';k_y,\omega)\big|_{|\mu|<\Delta_{\mathrm{eff}}} \tag{2.70}$$

当存在虚部$\Pi^{\mathrm{e}}_{\mathrm{Ren}}(x,x';k_y,\omega)$时，得出以下结果。如上所述，这由格林函数的极点决定。通过对 Ω 积分，得到以下乘数，即

$$\frac{1}{\omega\pm\epsilon_{N_{\mathrm{L}}}\pm\epsilon_{M_{\mathrm{L}}}+\mathrm{i}\delta}=\mathcal{P}\frac{1}{\omega\pm\epsilon_{N_{\mathrm{L}}}\pm\epsilon_{M_{\mathrm{L}}}}-\mathrm{i}\pi\delta(\omega\pm\epsilon_{N_{\mathrm{L}}}\pm\epsilon_{M_{\mathrm{L}}})$$

在格林函数的表达式(2.69)中，N_{L}和M_{L}代表朗道能级的级别。这是类似 Sokhotski 公式的一个离散公式：符号$\mathcal{P}$代表N_{L}和M_{L}(N_{L}、$M_{\mathrm{L}}=0,1,2,\cdots$)上所有求和，得出 $\omega\pm\epsilon_{N_{\mathrm{L}}}\pm\epsilon_{M_{\mathrm{L}}}\neq 0$(这是“在主值意义上”的和)，并且只有$N_{\mathrm{L0}}$和$N_{\mathrm{L0}}$对虚部有所贡献，这样得出 $\omega\pm\epsilon_{N_{\mathrm{L0}}}\pm\epsilon_{M_{\mathrm{L0}}}=0$；通常认为 δ 函数应该为 Kronecker 符号，即

$$\delta(\omega\pm\epsilon_{N_{\mathrm{L}}}\pm\epsilon_{M_{\mathrm{L}}})=\begin{cases}1 & (N_{\mathrm{L}}=N_{\mathrm{L0}},M_{\mathrm{L}}=M_{\mathrm{L0}})\\ 0 & (N_{\mathrm{L}}\neq N_{\mathrm{L0}},M_{\mathrm{L}}\neq M_{\mathrm{L0}})\end{cases}$$

当有多对N_{L0}和M_{L0}时，得到 $\mathrm{Im}\,\Pi^{\mathrm{e}}_{\mathrm{Ren}}(x,x';k_y,\omega)\neq 0$。从物理的角度可以简单且直接地解释这个论点：极化算子上虚部的出现是因为电荷载流子在能级$\epsilon_{N_{\mathrm{L0}}}$和$\epsilon_{M_{\mathrm{L0}}}$间虚拟跃迁，需要满足频率 ω 与这些能级的能量差一致的条件。如果 $\omega+\epsilon_{N_{\mathrm{L0}}}-\epsilon_{M_{\mathrm{L0}}}=0$ 或 $\omega-\epsilon_{N_{\mathrm{L0}}}+\epsilon_{M_{\mathrm{L0}}}=0$，则虚拟跃迁是微能带内跃迁，而当 $\omega-\epsilon_{N_{\mathrm{L0}}}-\epsilon_{M_{\mathrm{L0}}}=0$ 或 $\omega+\epsilon_{N_{\mathrm{L0}}}+\epsilon_{M_{\mathrm{L0}}}=0$ 时，虚拟跃迁是超微能带内跃迁(在下电子和上空穴微能带间)。

再归一化极化算子的形式为

$$\Pi^{\mathrm{e}}_{\mathrm{Ren}}(x,x';k_y,\omega)=gd\int\frac{\mathrm{d}p_y}{2\pi}F(\xi,\xi';\eta,\eta') \tag{2.71}$$

这里引入了变量，即

$$\xi=\sqrt{\frac{v_{\parallel}}{v_{\perp}}}\left(\frac{x}{l_{\mathrm{B}}}+l_{\mathrm{B}}p_y\right),\xi'=\sqrt{\frac{v_{\parallel}}{v_{\perp}}}\left(\frac{x'}{l_{\mathrm{B}}}+l_{\mathrm{B}}p_y\right)$$

$$\eta=\sqrt{\frac{v_{\parallel}}{v_{\perp}}}\left(\frac{x}{l_{\mathrm{B}}}+l_{\mathrm{B}}(p_y+k_y)\right),\eta'=\sqrt{\frac{v_{\parallel}}{v_{\perp}}}\left(\frac{x'}{l_{\mathrm{B}}}+l_{\mathrm{B}}(p_y+k_y)\right)$$

如果只在 $F(\xi,\xi';\eta,\eta')$ 中填充零朗道能级，则可以得到最简单的函数，即

$$\begin{aligned}F(\xi,\xi';\eta,\eta')=&\sum_{N_{\mathrm{L}}=1}^{\infty}\left(\mathcal{P}\frac{2(\epsilon_{N_{\mathrm{L}}}-\epsilon_0)}{\omega^2-(\epsilon_{N_{\mathrm{L}}}-\epsilon_0)^2}-\mathrm{i}\pi[\delta(\omega+\epsilon_0-\epsilon_{N_{\mathrm{L}}})+\delta(\omega+\epsilon_{N_{\mathrm{L}}}-\epsilon_0)]\right)\times\\&|C^{(+)}_{N_{\mathrm{L}}}|^2\phi_0(\xi)\phi_0(\xi')\phi_{N_{\mathrm{L}}}(\eta)\phi_{N_{\mathrm{L}}}(\eta')+\\&\sum_{N_{\mathrm{L}}=0}^{\infty}\left(\mathcal{P}\frac{2(\epsilon_{N_{\mathrm{L}}}+\epsilon_0)}{\omega^2-(\epsilon_{N_{\mathrm{L}}}+\epsilon_0)^2}-\mathrm{i}\pi[\delta(\omega-\epsilon_0-\epsilon_{N_{\mathrm{L}}})+\delta(\omega+\epsilon_{N_{\mathrm{L}}}+\epsilon_0)]\right)\times\\&|C^{(-)}_{N_{\mathrm{L}}}|^2\phi_0(\xi)\phi_0(\xi')\phi_{N_{\mathrm{L}}}(\eta)\phi_{N_{\mathrm{L}}}(\eta')\end{aligned} \tag{2.72}$$

在这里，第一个和是正频解法(微能带内虚拟跃迁)的贡献；第二个和是负频解法(超微能带间虚拟跃迁)的贡献。还有一个重要的简化：对于具有二次色散关系的电荷载流子，$\phi_0(\xi)\phi_0(\xi')\phi_{N_{\mathrm{L}}}(\eta)\phi_{N_{\mathrm{L}}}(\eta')$在 p_y 的积分只依赖于 $x-x'$[44]。计算这些积分并进行傅里叶变换。从 $x-x'$到k_x，可以得到动量表示中的极化算子，即

$$\widetilde{\Pi}^{e}_{\text{Ren}}(k,\omega) = \frac{gd}{2\pi l_B^2}\sum_{s=\pm}\sum_{N_L=1}^{\infty}\left\{\mathcal{P}\frac{2(\epsilon_{N_L}-s\epsilon_0)}{\omega^2-(\epsilon_{N_L}-s\epsilon_0)^2} - si\pi[\delta(\omega+s\epsilon_0-\epsilon_{N_L}) + \delta(\omega-s\epsilon_0+\epsilon_{N_L})]\right\} \times \frac{|C_{N_L}^{(s)}|^2}{N_L!}\left(\frac{\chi^2}{2}\right)^{N_L} e^{-\chi^2/2} \tag{2.73}$$

这里引入了变量，即

$$\chi^2 = \frac{v_\perp^2 k_x^2 + v_\parallel^2 k_y^2}{v_\perp v_\parallel} l_B^2$$

2.2.5.4 磁化等离激元的色散关系

为了简单起见，将情况限定为只占据零朗道能级（电子或空穴）。RPA 中等离激元集体激发的色散关系可用方程表示为

$$1 - V(\boldsymbol{k})\widetilde{\Pi}^{e}_{\text{Ren}}(\boldsymbol{k},\omega) = 0 \tag{2.74}$$

式中：$V(\boldsymbol{k})$ 为 SL 中电荷载流子之间的库仑作用。

库仑作用类似于另一个准一维物体系统中电荷载流子的库仑作用——在同一平面上的细丝在一定周期内相互平行。在这样的系统中，可用式(2.29)表示由 nd 距离分离的两条细丝的电荷库仑作用。

将 n 个条带的离散变量传递到无量纲横向动量 $\theta = k_x d(-\pi < \theta \leqslant \pi)$，如在文献[37]中所述，得到的库仑作用为

$$\begin{aligned} V(k_y,\theta) &= \sum_{n=-\infty}^{\infty} V(k_y,n)\,e^{in\theta} \\ &= 2\tilde{e}^2 K_0\left(\frac{d_{\text{I}}}{2}|k_y|\right) + 4\tilde{e}^2\sum_{n=1}^{\infty}\cos(n\theta)\,K_0(nd|k_y|) \end{aligned} \tag{2.75}$$

式中：n 为 SL 的超单元数量；$\tilde{e}^2 = e^2/\varepsilon_{\text{eff}}$；$\varepsilon_{\text{eff}}$ 为有效的直流介电常数。

在障碍区宽度较小的情况下 $d_{\text{II}} \ll d_{\text{I}}$，可简化表达式(2.75)，即

$$V(k_y,\theta) = 2\tilde{e}^2\ln\frac{d}{\pi d_{\text{I}}} + \left[-2C - 2\Psi\left(\frac{\theta}{2\pi}+\frac{1}{2}\right) + \pi\tan\frac{\theta}{2}\right]\tilde{e}^2 + o(k_y d) \tag{2.76}$$

式中：C 为欧拉常数；$\Psi(x)$ 为欧拉函数。在微能带边缘，得出

$$V(\boldsymbol{k})\big|_{k_x=\pm\pi/d} = 2\tilde{e}^2\ln\frac{d}{\pi d_{\text{I}}} + \frac{2\pi\tilde{e}^2}{|k_y|d} + o(k_y d) \tag{2.77}$$

2.2.5.5 磁化等离激元频率的数值计算

在数值计算中，以 SL 为例，如果石墨烯－石墨烷 SL 由无间隙石墨烯条带修正形成，其宽度为 $d_{\text{I}} = 8.52\text{nm}$，如果由石墨烯的条带形成，其宽度为 $d_{\text{II}} = 0.852\text{nm}$。SL 周期为 $d = d_{\text{I}} + d_{\text{II}} = 9.372\text{nm}$。

以石墨烯为例，$\Delta_0 = 2.7\text{eV}$。为了简单起见，设定 $V_{\text{eff}} = 0$。然后通过计算电荷载流子的色散关系，得出 $\Delta_{\text{eff}} = 98.56\text{meV}$，在低电子微能带的边界上，$E = 102.76\text{meV}$。设定化学势等于 $\tilde{\mu} = 100\text{meV}$，然后根据 $E = \tilde{\mu}$，可得出 $v_\perp \approx 1.9\times10^7\text{cm/s}$，以及 $v_\parallel \approx 8.5\times10^7\text{cm/s}$。这种 SL 允许的最大磁场强度是 $B_{\max} \approx 20.4\text{T}$。设定磁场强度 $B = 5\text{T}$。磁长是 $l_B = 11.47\text{nm}$。只填充零朗道能级：$\epsilon_0 = \Delta_{\text{eff}}$，$\epsilon_1 = 103.79\text{meV}$ 和 $\epsilon_0 < \tilde{\mu} < \epsilon_1$，有效的静态介电常数是 $\varepsilon_{\text{eff}} = 5$。

这里计算了准动量分量k_y上微能带边界$k_x = \pm\pi/d$的磁化等离激元频率的依赖性。5个较低磁化等离激元光谱的分支结果如图2.7所示。水平点线表示与极化算子非零虚部对应的共振频率：$\omega_1 = \epsilon_1 - \epsilon_2 = 5.23\text{meV}$，$\omega_2 = \epsilon_2 - \epsilon_0 = 10.39\text{meV}$，$\omega_3 = \epsilon_3 - \epsilon_0 = 15.23\text{meV}$，$\omega_4 = \epsilon_4 - \epsilon_0 = 19.87\text{meV}$，$\omega_5 = \epsilon_5 - \epsilon_0 = 24.34\text{meV}$ 且$\omega_6 = \epsilon_6 - \epsilon_0 = 28.65\text{meV}$。此外，当$k_y l_B \gg 1$时，磁化等离激元的色散曲线并不与这些水平线相交，而是渐近趋向这些水平线。因此，除共振频率外的其他频率的磁化等离激元是非减振的集体激发。

在代表一组离散频率的共振频率下，极化算子的虚部大小与实部相当。由于此离散频率的共振频率小于磁化等离激元的互反本征频率，磁化等离激元在此频率下具有较短的寿命磁化等离激元，它们迅速衰变为未占据电子或未占据空穴激发状态（当频率等于微能带中朗道能级间的距离时）或电子－空穴（当频率等于电子和空穴微能带间的距离时）。在这种情况下，实际上并没有磁化等离激元。例如，外部源的能量以入射调制电磁波的形式被系统共振吸收，并伴随着朗道能级之间相应的电子跃迁。

本章在RPA框架内分析并研究了基于石墨烯的平面SL中磁化等离激元的色散规律。这里假设下电子和上空穴微能带的能量相差无几。根据电荷载流子运动速度，认为SL表现为具有各向异性的窄间隙半导体。此外，我们运用常规方法得出了格林函数。当$\tilde{\mu}=0$时，如果在Furry表示中使用$\boldsymbol{\Psi}$算子，格林函数与相对电子（正电子）的格林函数一致。利用所建立的格林函数计算出相互作用的零阶近似极化算子。除了微能带内虚拟跃迁的贡献外，还包含超微能带内的虚拟跃迁的贡献（在下电子和上空穴微能带间）。本书使用的常规方法可以找出超微能带间虚拟跃迁对磁化等离激元色散的贡献。

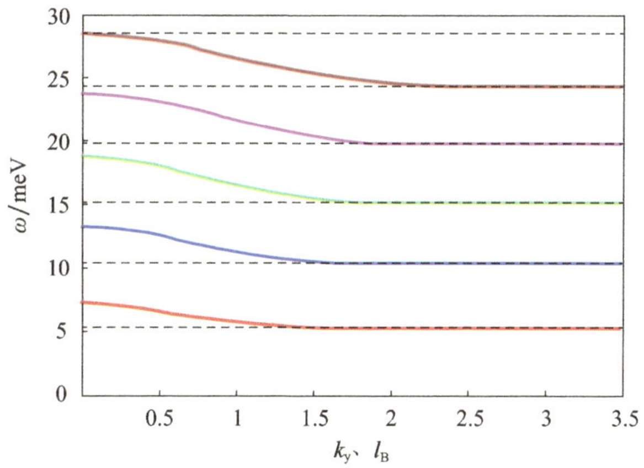

图2.7　微能带边界上石墨烯－石墨烷SL中磁化等离激元的色散规律

2.3 交变费米速度的无间隙石墨烯超晶格

2.3.1 引言

对由于电荷载流子的库仑相互作用而导致的石墨烯费米速度发生变化的实验研究在2011—2012年取得了相当大的进展，这主要得益于发表论文[45-47]的3个实验小组所作出的贡献。在 Novoselov 和 Geim 团队所著文献[45]中，首次可靠地记录了费米速度随石墨烯中电荷载流子浓度n_{2D}的变化而变化，理论上早已预测过这个事实[48-52]。

由于石墨烯初始（未再归一化）线性色散规律和电荷载流子运动的二维性质，它对重整费米速度的再归一化贡献为对数发散 $n_{2D}\to 0$，这并不是典型的费米液体理论。在科学文献中，这种情况被称为边缘费米液体，在这种情况下狄拉克锥在狄拉克点变薄（根据理论预测，狄拉克点有无限的费米速度）。

文献[46]提出了费米速度工程会根据介电常数的不同值选择基底材料，这个论述非常有趣。这篇文献介绍了在不同基底上测量石墨烯样品中电荷载流子费米速度的结果，其中载流子浓度保持不变，费米速度与基底材料的介电常数成反比。

注意到几年前文献[53]首次表述了一个概念，即通过选择不同的具有恰当静态介电常数值的基底材料可以控制石墨烯中电荷载流子间的库仑相互作用。

为了估算出再归一化费米速度，可以使用公式

$$v_{\mathrm{F}}=v_{\mathrm{F0}}\left[1+\frac{\alpha^{*}}{4}\ln\frac{k_{\mathrm{c}}}{\boldsymbol{k}_{\mathrm{F}}}\right] \tag{2.78}$$

式中：$\alpha^{*}=\dfrac{\tilde{e}^{2}}{\hbar v_{\mathrm{F0}}}$为精细结构常数的模拟值；初始（未再归一化）费米速度为$v_{\mathrm{F0}}=0.85\times\dfrac{10^{8}\mathrm{cm}}{s[45,46]}$；$\tilde{e}^{2}=e^{2}/\varepsilon_{\mathrm{eff}}$和$\varepsilon_{\mathrm{eff}}=(\varepsilon_1+\varepsilon_2)/2$）为石墨烯中电荷载流子静态介电常数的有效值，取决于石墨烯ε_1和ε_2周围材料的直流介电常数；$\boldsymbol{k}_{\mathrm{F}}=\sqrt{4\pi n_{2D}/g}$是费米波向量（$n_{2D}$是二维电荷载流子密度，$g=g_{\mathrm{s}}g_{\mathrm{v}}$是简并程度，$g_{\mathrm{s}}=2$ 和$g_{\mathrm{v}}=2$ 分别为自旋和谷简并程度）；k_{c}为 k 点紫外线截止值，根据最近的实验数据，$k_{\mathrm{c}}=1.75\text{Å}^{-1}$[54]。

在低 ε 值条带上方的石墨烯中发现α^{*}较大，因此相应的再归一化费米速度应该大于高 ε 值条带上方的费米速度。这表明通过改变基底介电常数也许可以调制v_{F}。注意到这也是一维光子晶体系统。

只有当模型的其他参数发生变化时，无间隙石墨烯的 SL 在分解（产生电－空穴对）中才能稳定，即$\boldsymbol{\Delta}=0$ 和 $V=0$。唯一的参数仍然是费米速度v_{F}。在这种半导体异质结构中，即使没有能量屏障（半导体带隙较大的区域）和量子阱（半导体带隙较小的区域），也有可能实现电荷载流子能量的量子化。很明显在这种情况下，因为色散线在任何地方不会相交，因此不会有界面（Tamm）微能带，除了点 $k=0$。

在条带基底上添加石墨烯会产生这种结构，如SiO_{2-x}化合物或某些（非磁性）杂质掺杂物会发生周期性变化（随 d 周期性变化）。

特别地，也可以在基底上使用静态介电常数 ε 明显高于 SiO_2 静态介电常数的材料，并在基底上施加弱电压，从而获得$\mu\neq 0$ 化学势，并使载流子密度 n_{2D}足够小（图 2.8(a)）。

这里也可以使用周期性排列的刻蚀槽基底。放置在这种基底上的石墨烯片应具有周期性的交变区域，这些区域悬浮于刻蚀槽上，并与基底材料接触（图 2.8(b)）。

在悬浮石墨烯区域中$\varepsilon_{\mathrm{eff}}=1$，能发现明显的重整费米速度再归一化。实验数据表明，悬浮石墨烯的再归一化费米速度增加到$3\times10^{8}\mathrm{cm/s}$[45]。

在石墨烯与窄间隙半导体材料接触的区域中 $\varepsilon_{\mathrm{eff}}\gg 1$，再归一化费米速度仅与未再归一化费米速度略有不同，并且基底本身是衍射光栅。因此，应单独研究这个有趣的光学性

能系统。

我们也在研究另一个系统。石墨烯可以沉积在周期阵列的平行金属条带上(图2.8(c))。极限情况下,在悬浮石墨烯区域,$\varepsilon_{eff}=1$(最强重整费米速度再归一化),而在石墨烯与金属条带接触的区域,$\varepsilon_{eff}=\infty$(不存在重整费米速度再归一化[46])。

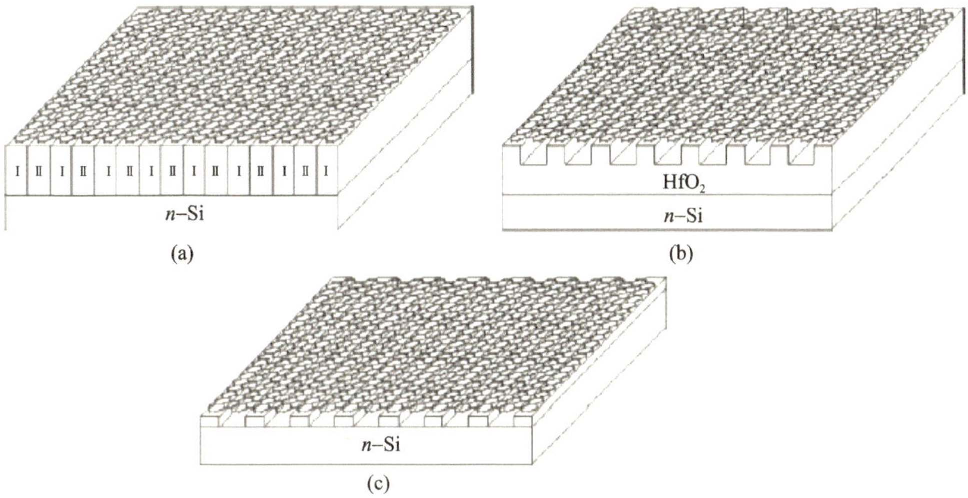

图2.8 研究的SL的3种变体(重度掺杂的硅板作为栅极)

(a)在条带基底上的石墨烯片,其表面的介电常数有显著不同,如SiO_2上,$\varepsilon=3.9$(Ⅰ),HfO_2上,$\varepsilon=25$(Ⅱ);(b)在有周期性凹槽的HfO_2基底上的石墨烯片;(c)在周期阵列的金属条带上的石墨烯薄片。

2.3.2 模型

带隙不会发生改变且等于零(无间隙石墨烯),在所有SL区域中可以使用相同函数(把值设定为能量参考点),仅调制费米速度。无间隙石墨烯函数的变化分解并产生了电子-空穴对。我们还假设,在边界区域费米速度变化的周期比SL周期短很多,因此可以认为v_F剖面非常尖锐(图2.9)。

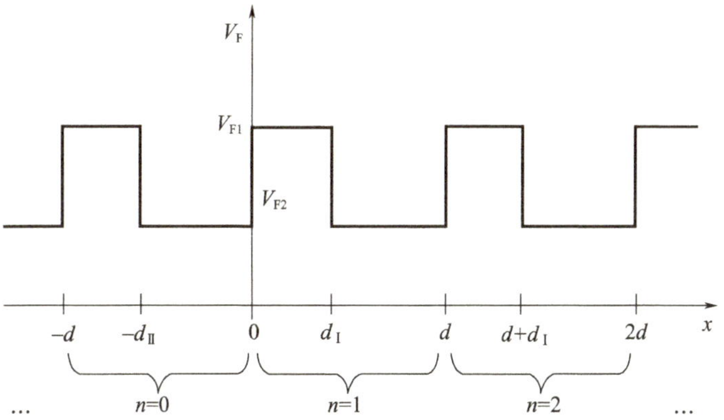

图2.9 研究的SL中的费米速度剖面(如果$v_{F1}>v_{F2}$)(图像下部显示在SL中的超单元数量举及区域的大小:$d_Ⅰ$为石墨烯条带的宽度,v_{F1}为费米速度,$d_Ⅱ$为石墨烯带的宽度,v_{F2}为费米速度,$d=d_Ⅰ+d_Ⅱ$为SL周期)

我们研究了靠近布里渊区 K 点的电荷载流子（靠近 K' 点的载流子的所有结果都相同）。选择沿费米速度周期变化方向为 x 轴方向。电荷载流子 $\boldsymbol{\Psi}(x,y)$ 的包络波函数满足改变的费米速度 Dirac - Weyl 方程①

$$v_{\mathrm{F}}\boldsymbol{\sigma}\hat{\boldsymbol{p}}\boldsymbol{\Psi}(x,y)=E\boldsymbol{\Psi}(x,y) \tag{2.79}$$

$$v_{\mathrm{F}}=\begin{cases}v_{\mathrm{F1}},d(n-1)<x<-d_{\mathrm{II}}+dn\\ v_{\mathrm{F2}},-d_{\mathrm{II}}+dn<x<dn\end{cases} \tag{2.80}$$

式中：$\hat{\boldsymbol{p}}=-\mathrm{i}\nabla$为动量算子（此处和下文中，$\hbar=1$）；$n$ 为整数，代表超单元数量，如图2.9所示；泡利矩阵 $\boldsymbol{\sigma}=(\sigma_x,\sigma_y)$ 作用于两个子晶格。在 SL 中，电荷载流子沿 y 轴自由运动，因此式(2.79)解法的表达式为 $\boldsymbol{\Psi}(x,y)=\boldsymbol{\Psi}(x)\mathrm{e}^{\mathrm{i}k_y y}$。

第 n 个超单元式(2.79)的解法如下。

当 $0<x<d_{\mathrm{I}}$ 时，有

$$\Psi_n^{(1)}(x)=\boldsymbol{\Omega}_{k_1}(x)\begin{pmatrix}a_n^{(1)}\\ c_n^{(1)}\end{pmatrix},\boldsymbol{\Omega}_{k_1}(x)=A\begin{pmatrix}1 & 1\\ \lambda_+^{(1)} & -\lambda_-^{(1)}\end{pmatrix}\mathrm{e}^{\mathrm{i}k_1 x\sigma_z}$$

$$\lambda_{\pm}^{(1)}=\frac{v_{\mathrm{F1}}(k_1\pm\mathrm{i}k_y)}{E},k_1=\frac{1}{v_{\mathrm{F1}}}\sqrt{E^2-v_{\mathrm{F1}}^2k_y^2}$$

当 $d_{\mathrm{I}}<x<d$ 时，有

$$\Psi_n^{(2)}(x)=\boldsymbol{\Omega}_{k_2}(x)\begin{pmatrix}a_n^{(2)}\\ c_n^{(2)}\end{pmatrix},\boldsymbol{\Omega}_{k_2}(x)=A\begin{pmatrix}1 & 1\\ \lambda_+^{(2)} & -\lambda_-^{(2)}\end{pmatrix}\mathrm{e}^{\mathrm{i}k_2 x\sigma_z}$$

$$\lambda_{\pm}^{(2)}=\frac{v_{\mathrm{F2}}(k_2\pm\mathrm{i}k_y)}{E},k_2=\frac{1}{v_{\mathrm{F2}}}\sqrt{E^2-v_{\mathrm{F2}}^2k_y^2}$$

式中：A 为归一化因子。

当$v_{\mathrm{F1}}>v_{\mathrm{F2}}$时，所有 SL 域出现振荡，式(2.79)的解法存在的条件会阻碍不等式的成立。

$$k_2^2>\left(\frac{v_{\mathrm{F1}}^2}{v_{\mathrm{F2}}^2}-1\right)k_y^2 \tag{2.81}$$

但也可能存在混合类型的解法。这种情况下，在某些区域（有效 QW 区域）有一个振荡解，而在其他区域的深处呈现指数衰减（有效电势屏障区域）。式(2.81)反求可确定混合类型解法的存在条件，此条件只满足有限值k_y。

这种新型有效量子屏障区域具有较高的费米速度，因为动量 $\boldsymbol{k}$ 相同的电荷载流子的能量高于低费米速度的有效 QW 区域[56]。带隙宽度的变化形成了普通 QW 区域，与在这个区域相比，研究中的 SL 的屏障高度随k_y增加。当$k_y=0$ 时，屏障消失，面对的问题简化为空晶格模型[57]。在后一种模型中，电势消失，但保留了周期性。因此，出现了对应于模型对称性的能带，但是存在零带隙。

---

① 一般情况下，应该写出费米速度$v_{\mathrm{F}}(x)$的反交换算子，包含动量算子$\hat{\boldsymbol{p}}_x$，有

$$\frac{1}{2}\{v_{\mathrm{F}}(x),\boldsymbol{\sigma}\hat{\boldsymbol{p}}\}\Psi(x,y)=E\Psi(x,y)$$

哈密顿量的这种对称性可以用于保持埃尔米特形式。在文献[55-56]中也研究了类似的问题。关于费米速度的剖面图（式(2.80)），得到 $\Psi(x,y)$ 的表达式(2.79)。这种限制并不显著，因为允许平滑依赖$v_{\mathrm{F}}(x)$会使计算复杂化，但不会明显改变最终结果。

2.3.3 电荷载流子的色散关系

利用上述相同的方法,通过传递矩阵($\boldsymbol{T}$矩阵)方法导出色散关系。$\boldsymbol{T}$矩阵决定相邻超单元的包络波函数表达式中的系数关系,例如,对于Ⅰ区域,有

$$\begin{pmatrix} a_{n+1}^{(1)} \\ c_{n+1}^{(1)} \end{pmatrix} = \boldsymbol{T}\begin{pmatrix} a_n^{(1)} \\ c_n^{(1)} \end{pmatrix}$$

使用以下边界条件匹配包络波函数[24],即

$$\sqrt{v_{\mathrm{F1}}}\,\Psi_n^{(1)} = \sqrt{v_{\mathrm{F2}}}\,\Psi_n^{(2)}$$

以及 Bloch 条件表达式

$$\Psi_n^{(1)}(x+d) = \Psi_n^{(1)}(x)\mathrm{e}^{\mathrm{i}k_x d} \text{和} \Psi_n^{(2)}(x+d) = \Psi_n^{(2)}(x)\mathrm{e}^{\mathrm{i}k_x d}$$

$\boldsymbol{T}$矩阵的表达式为(可参见式(2.8))

$$\boldsymbol{T} = \boldsymbol{\Omega}_{k_1}^{-1}(0)\boldsymbol{\Omega}_{k_2}(d)\boldsymbol{\Omega}_{k_2}^{-1}(d_{\mathrm{I}})\boldsymbol{\Omega}_{k_1}(d_{\mathrm{I}})$$

式(2.10)确定色散关系,对于振荡解法,表达式可以写成[24]

$$\frac{v_{\mathrm{F1}}v_{\mathrm{F2}}k_y^2 - E^2}{v_{\mathrm{F1}}v_{\mathrm{F2}}k_1k_2}\sin(k_1d_{\mathrm{I}})\sin(k_2d_{\mathrm{II}}) + \cos(k_1d_{\mathrm{I}})\cos(k_2d_{\mathrm{II}}) = \cos(k_xd) \tag{2.82}$$

对于混合型解法,通过正式代入$k_1 \to \mathrm{i}\kappa_1$,式(2.82)可以说明色散关系,其中$\kappa_1 = \sqrt{v_{\mathrm{F1}}^2k_y^2 - E^2}/v_{\mathrm{F1}}$。

当$k_y = 0$时,超越函数表达式(2.82)为

$$\cos(k_1d_{\mathrm{I}} + k_2d_{\mathrm{II}}) = \cos(k_xd) \tag{2.83}$$

能找到确切解法,即

$$E_v(k_x) = \pm v_{\mathrm{F}}^*\left(k_x + \frac{2\pi v}{d}\right), v = 0,1,2,\cdots$$

此处,引入了有效费米速度,即

$$v_{\mathrm{F}}^* = \frac{v_{\mathrm{F1}}v_{\mathrm{F2}}d}{v_{\mathrm{F1}}d_{\mathrm{II}} + v_{\mathrm{F2}}d_{\mathrm{I}}} \tag{2.84}$$

在第v个微能带上,K点的能量等于

$$E_v^0 = \pm\frac{2\pi v v_{\mathrm{F}}^*}{d}, v = 0,1,2,\cdots$$

可以看到,较低的电子微能带($v=0$)在K点触及上空穴微能带,而石墨烯仍然无间隙。

根据式(2.83)可以发现在第v个微能带的边缘,$k_x = \pm\pi/d$的能量等于

$$E_v\left(\pm\frac{\pi}{d}\right) = \pm\frac{\pi(2v+1)v_{\mathrm{F}}^*}{d}, v = 0,1,2,\cdots$$

由直接带隙隔开微带,有

$$E_G = E_{v+1}\left(\pm\frac{\pi}{d}\right) - E_v\left(\pm\frac{\pi}{d}\right) = \frac{2\pi v_{\mathrm{F}}^*}{d}$$

如果$k_y = 0$,不存在间接间隙,即

$$E_v\left(\frac{\pi}{d}\right) = E_{v+1}\left(-\frac{\pi}{d}\right)$$

这对应于空晶格模型[57]。

2.3.4 电流－电压特性的定性分析

这里定性地简要讨论 SL 屏蔽对输运现象的影响。

不要忘记前面提到的$k_y=0$ 和$k_y\neq0$ 情况下的质量差异，本书认为研究的 SL 的电流－电压特性（$I-V$ 曲线）在这两种情况下应该有显著的不同。在$k_y=0$，时，按照式（2.84）给出的平均费米速度v_F^*，研究 SL 的输运特性应与有效无间隙石墨烯相同。特别是在任意低电荷载流子密度下，应该观察非零最小电导率σ_{min}。根据实验数据，得出$\sigma_{min}=4e^2/h$[2]，这与石墨烯的弹道电导率一致。$I-V$ 曲线应表现出类似石墨烯样品高迁移率的线性增长，$\mu\gtrsim10^4\text{cm}^2/(\text{V}\cdot\text{s})$[58]。

当$k_y\neq0$ 时，情况更加复杂。在非零横向场V_y和足够小的纵向场V_x中，$I-V$ 曲线呈现增长趋势，V_x值较小时微分电导率大约为或高于最小的电导率

$$\sigma_{dif}(V_x\approx0)\gtrsim\sigma_{min}$$

现在计算了固定纵向（ε_x）和非零横向（ε_y）电场情况下的电子速度。为了在实验中实现这种情况，可以使用标准霍尔条。

为了简化起见，假设输运为弹道输运；即平均自由路径 ℓ 足够大，可以使电子通过外加电场加速到达微能带边界而不会产生任何散射。为了区分与 SL 电势相关的光谱，平均自由路径应该比 SL 周期更大[32]，即

$$\ell\gg d \tag{2.85}$$

在足够纯的石墨烯样品中，$\ell\simeq1\mu\text{m}$[59]。

极角 $\varphi=\arctan\dfrac{k_y}{k_x}$确定电子运动的方向性质，极角的值在 $-\pi/d<k_x\leqslant\pi/d$ 范围内保持不变。电子速度决定与微能带内跃迁有关的电导率的贡献，因此可得出

$$V_\varphi=\left.\frac{\partial E}{\partial k}\right|_{k_y=k_x\tan\varphi}$$

图 2.10 显示了按照 $\varphi=5°$、$10°$、$15°$等 SL 3 个角度上的值，k_x点上电子速度依赖的计算结果，其参数值与前一小节中提到的值相同。可以看到，在微能带边界上确实不存在速度，在靠近微能带边界的相当狭窄的范围内速度突然下降。当动量较低时，得出$V_\varphi\approx v_F^*$。

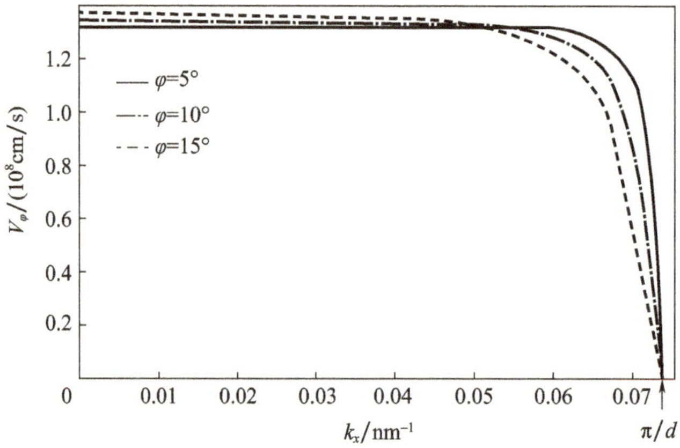

图 2.10　沿固定极角 φ 指定方向的低微能带内电子速度的数值计算

在非零温度 T 的情况下应用SL,需要非常清晰的费米速度剖面,即应该使用较大的 φ 和 $\delta v_F = |v_{F1} - v_{F2}|$。

$$\pi\frac{\delta v_F}{d}\sin\varphi \gg k_B T$$

式中:k_B 为玻耳兹曼常数。然而,当较大的 φ 接近 $\pi/2$ 时,可能违反电荷载流子在平均自由路径上通过大量超单元的条件。然后证明条件式(2.85)并不重要(应该满足条件 $\ell\cos\varphi \gg d$)。与半导体SL的情况类似,电荷载流子在强电场 ε_x 的运动有限,并以Stark频率振荡[32]

$$\Omega = e\varepsilon_x d$$

这源于非线性 $I-V$ 曲线,证实了 $I-V$ 曲线在一定截面上表现为负微分电导率。非线性系统中的电荷载流子在平均自由时间 τ 中出现多次Bloch振荡,有

$$\Omega\tau \gg 1 \tag{2.86}$$

我们估计的平均自由时间为 $\tau \approx \ell/v_F^*$(除了在微能带边界附近的狭窄范围外,其他区域的电荷载流子的速度为 $v_\varphi = v_F^*$)。此后,可重写条件式(2.86)为

$$\varepsilon_x \gg \frac{v_F^*}{ed\ell} \tag{2.87}$$

条件式(2.87)自动预估了最小纵向电压,在此之上可能会有负微分电导率

$$V_{x\min} \simeq \frac{v_F^*}{ed}\frac{L_x}{\ell}$$

式中:L_x 为 x 轴上系统大小。假设 $L_x \simeq \ell$,得出SL的 $V_{x\min} \simeq 0.02\text{V}$,与上述参数相同。

在图2.11中描述了研究中SL的 $I-V$ 曲线的定性行为。在 $k_y = 0$ 时(零横向电压,$V_y = 0$),可见它呈线性增长。在 $k_y \neq 0$ 时(非零横向电压,$V_y \neq 0$)),曲线中出现负微分电导率的截面。在这种情况下,V_y 值较高时,这部分更明显,并倾向于较低的 V_x 值。然而如上所述,只能在足够高的纵向电压下产生这部分,$V_x \gg V_{x\min}$。

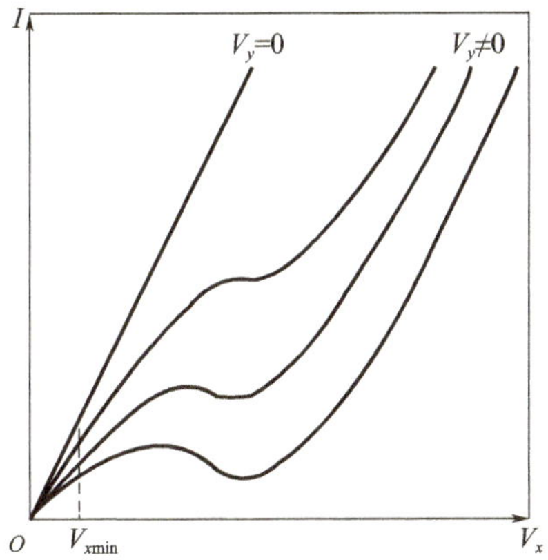

图2.11 研究的SL的 $I-V$ 曲线的定性行为
(线性 $I-V$ 曲线下的3个 $I(V_x)$ 画图函数对应横向电压 V_y 的增长(从上到下))

最后需要注意的是,由于再归一化费米速度在 n_{2D} 上的依赖性,研究系统的特性取决于栅极电压 V_g(在电荷载流子密度 n_{2D} 的不同值)[45,47]。在这种情况下,可以用电子(空穴)填充

微能带作为控制因素。在实验观测中，可以将较低的电子微能带或较高的电子微能带部分填满（在这种情况下，可区分较低的电子微能带或较高的空穴微能带）。当$n_{2D} \ll n_{2D}^* = 4/d^2$时，会出现这种情况。按照施加在栅极电压上的限制表达式，可以重写这种条件，即

$$|V_g| \ll 4\pi e n_{2D}^* \frac{L_g}{\varepsilon_s^*}$$

式中：L_g为栅极厚度；ε_s^* 为基底的有效直流介电常数。对于分层基底结构（图 2.8(a)），可以得出

$$\varepsilon_s^* = \frac{\varepsilon_{s1} d_{\mathrm{I}} + \varepsilon_{s2} d_{\mathrm{II}}}{d}$$

式中：ε_{s1}和ε_{s2}为基底材料的直流介电常数的值。

2.3.5 等离激元

在费米能级位于低微能带时，将导出该系统的等离激元色散关系。如图 2.11 所示，下电子和上空穴微能带在狄拉克点互相接触。石墨烯仍然无间隙。能量表面在狄拉克点附近出现圆锥形，即

$$E(\boldsymbol{k}) \approx \pm v_F^* |\boldsymbol{k}| \tag{2.88}$$

其中，上下符号分别表示电子和空穴，由式（2.84）给出了有效费米速度。

在研究的 SL 费米速度剖面上，低电荷载流子密度n_{2D}可能会有很大差异（v_{F1}和与v_{F2}最大的差异），这相当于一个低费米波向量$\boldsymbol{k}_F$（式（2.78））。此外，还假定

$$\boldsymbol{k}_F \ll \frac{\pi}{d}$$

费米能级$E_F = \pm v_F^* \boldsymbol{k}_F$位于狄拉克点附近（在低电子微能带的最小值或高空穴微能带的最大值处）。由于等离激元色散关系为长波集体激发等离激元，所以这种情况下的近似式（2.88）能够很好应用于费米波向量。为了防止微能带的热“涂抹”，还假定温度够低，即

$$k_B T \ll |E_F|$$

式中：k_B为玻耳兹曼常数。

使用式（2.88）给出的本征值计算有效哈密顿值，方程式为

$$\hat{\mathrm{H}}_{\mathrm{eff}} = v_F^* \boldsymbol{\sigma} \hat{\boldsymbol{p}}$$

式中：$\boldsymbol{\sigma} = (\sigma_x, \sigma_y)$为 Pauli 矩阵；$\hat{\boldsymbol{p}} = -\mathrm{i}\nabla$是动量算子。

在相互作用的零近似中，格林函数可以用逆算子的方程式[36]，即

$$\hat{\mathrm{G}}_0(\boldsymbol{k}, \omega) = (\omega + \mu - \hat{\mathrm{H}}_{\mathrm{eff}})^{-1}$$

式中：μ 为化学势（与费米能量E_F重合）。可以从方程式中获得格林函数的最后表达式，即

$$\hat{\mathrm{G}}_0(\boldsymbol{k}, \omega) = \frac{1}{2\epsilon_k} \sum_{s=\pm} s \frac{\omega + \mu + v_F^* \boldsymbol{\sigma} \hat{\boldsymbol{p}}}{\omega + \mu - s\epsilon_k - \mathrm{i}\delta \operatorname{sgn}(\mu - s\epsilon_k)} \tag{2.89}$$

其中，$\epsilon_k = v_F^* |\boldsymbol{k}|$且$\delta \to +0$。

2.3.5.1 极化算子

回路图 2.4 可表示极化算子，并用格林函数（式（2.89））的表达式（2.38）计算极化算子。

由于等离激元是长波集体激发，因此低波向量$|\boldsymbol{k}|\ll \boldsymbol{k}_F$和低频条件$|\omega|\ll|\mu|$下可以定义极化算子。可以简单计算出相关数据[36,38]，即

$$\begin{cases}\mathrm{Re}\prod(\boldsymbol{k},\omega) = \dfrac{gd|\mu|\boldsymbol{k}^2}{4\pi\omega^2}, \\ \mathrm{Im}\prod(\boldsymbol{k},\omega) = \begin{cases}0 & 若(v_F^*|\boldsymbol{k}|<|\omega|<2|\mu|) \\ \dfrac{gd\boldsymbol{k}^2}{16|\omega|} & (其他)\end{cases}\end{cases} \tag{2.90}$$

2.3.5.2 库仑作用

有效的量子屏障是具有较高费米速度的区域（定义为$\nu_{F1}>\nu_{F2}$）。可以通过在式(2.30)或式(2.31)中替换$d_{\mathrm{I}}\to d_{\mathrm{II}}$得出系统中电荷载流子间的库仑作用。

2.3.5.3 等离激元低色散

在RPA框架内，通过式(2.41)使用极化算子式(2.90)确定了等离激元的色散关系，得出

$$\omega_{pl}(\boldsymbol{k}) = |\boldsymbol{k}|\sqrt{\frac{gd|\mu|}{4\pi}V(\boldsymbol{k})} \tag{2.91}$$

有效量子屏障狭窄($d_{\mathrm{I}}\ll d_{\mathrm{II}}$)的情况下，可以用方程式写出简单的分析解法[60]，即

$$\omega_{pl}(\boldsymbol{k}) = \nu_{pl}|\boldsymbol{k}| \tag{2.92}$$

其中，

$$\nu_{pl} = V_{pl}\left[\ln\frac{d}{\pi d_{\mathrm{II}}} - C - \psi\left(\frac{k_x d}{2\pi}+\frac{1}{2}\right)+\frac{\pi}{2}\tan\frac{k_x d}{2}\right]^{\frac{1}{2}}$$

且

$$V_{pl} = \sqrt{\frac{gd|\mu|\tilde{e}^2}{4\pi}}$$

等离激元的色散关系完全存在于阻尼区域$|\omega|<\nu_F^*|\boldsymbol{k}|$（图2.12），这是因为当$\varepsilon_{\mathrm{eff}}\gg 1$时（因此$V_{pl}\ll\nu_F^*$），条件为$|\boldsymbol{k}|\ll k_F\ll\pi/d$，且条件为$a^*\ll 1$。然而，在$\omega_{pl}\ll|\mu|$条件下，等离激元的阻尼率为

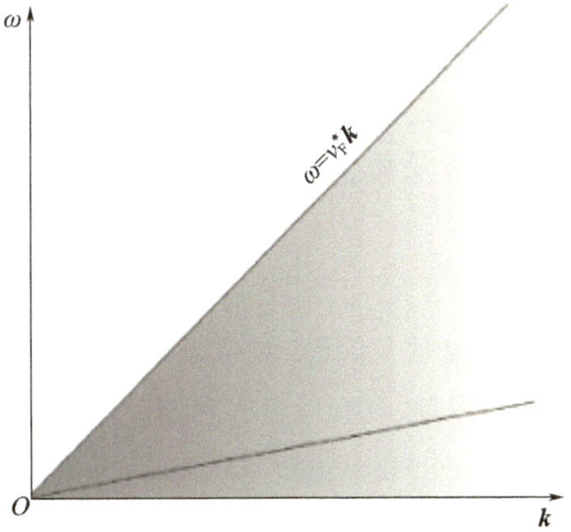

图2.12 等离激元的色散曲线$\omega_{pl}(k)$ ($k=|\boldsymbol{k}|$)完全位于直线$\omega=\nu_F^* k$下的阻尼区

$$\gamma = -\left.\frac{\mathrm{Im}\boldsymbol{\Pi}(\boldsymbol{k},\omega)}{\frac{\partial}{\partial\omega}\mathrm{Re}\boldsymbol{\Pi}(\boldsymbol{k},\omega)}\right|_{\omega=\omega_{\mathrm{pl}}} = \frac{\pi}{8}\frac{\omega_{\mathrm{pl}}^2}{|\mu|}$$

比等离激元频率低。等离激元的色散曲线明显低于直线 $\omega = \nu_F^* |\boldsymbol{k}|$，这样就避免了极化算子在 $\omega = \nu_{\mathrm{F}}^* |\boldsymbol{k}|$ 上的收敛。所有其他区域的极化算子 $\boldsymbol{\Pi}(\boldsymbol{k},\omega)$ 都是一个正则函数[36]。

2.4 多型体超晶格

以基于石墨烯的多型体 SL 为例，研究了 A－B－C 三型 SL，其中 A 和 C 是不同带隙的石墨烯的修正间隙，B 是无间隙石墨烯。一方面，这种三型 SL 是最简单的多型 SL，它具有多型 SL 的所有特征，因此已经没有必要研究四型 SL 和其他 SL，即使这些类型的 SL 具有非常复杂的色散关系；另一方面，这种格多型体 SL 非常有趣，因为它的超单元是一个不对称的 QW，并且在宽屏障限制下，A 和 C 型 SL 类似于一组非对称的 QW。文献[61]证明了非对称 QW 的能量谱中存在假自旋分裂，即色散曲线的极值在 $\boldsymbol{k}$ 空间内 K 和 K' 点发生位移。假设假自旋分裂将出现在所提出的三型 SL 的能量谱中。从质量角度看，非对称的 QW 首先取决于位于 QW 底部的能量带（在较小的电势屏障之下）。存在这种低洼微能带的一个必要条件是无间隙石墨烯（B 区）的条带不会太窄（以避免将微能带“推入”较小电势屏障上能量区域产生的影响）。此外，要使超单元的不对称程度显著，还必须使较小电势屏障的宽度与无间隙石墨烯条带的宽度相当，电势屏障的高度差异高于或与较小电势屏障的高度相当。为实现基于石墨烯的三型 SL，提出使用组合的修正间隙，可以使用两种方式获得，一是通过石墨烯片与基底材料（hBN）相互作用，二是将原子或分子沉积在其表面（如 CrO_3）。图 2.13 清楚地显示了这个变体。

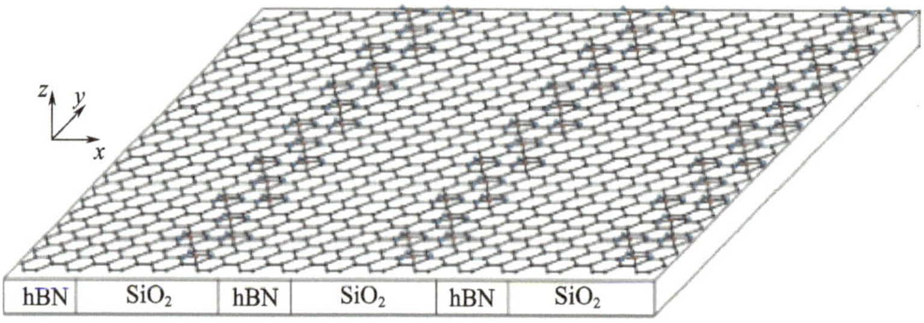

图 2.13　研究的三型 SL 的变体之一是在 SiO_2 和 hBN 条带基底上的石墨烯片，上面有 CrO_3 分子的尘埃条带（铬原子显示为橙色的圆圈，氧原子显示为蓝色的圆圈）

2.4.1　模型

区域Ⅰ（图 2.14）是单层石墨烯修正间隙，其带隙半宽为Δ_{I}，工作函数为V_{I}；d_{I}为该区域的厚度。区域Ⅱ是单层无间隙石墨烯，具有厚度d_{II}和零工作函数。区域Ⅲ是单层石墨烯的修正间隙，其带隙半宽为Δ_{III}，工作函数为V_{III}，厚度为d_{III}。SL 周期为 $d = d_{\mathrm{I}} + d_{\mathrm{II}} + d_{\mathrm{III}}$。

为发现研究的 SL 能量谱中的假自旋分裂，应该研究描述 4×4 矩阵狄拉克方程的解法，用于描述两个谷。如文献[62]所示，可以使用 2×2 矩阵方程导出假随机算子本征旋量分量。应注意,该方程很明显包含算子本征值-假随机变量 $\lambda = \pm 1$,区分了不同的谷区:K 点附近的状态为 $\lambda = +1$,K'点附近的状态为 $\lambda = -1$。将特别使用以下方程来简化计算,即

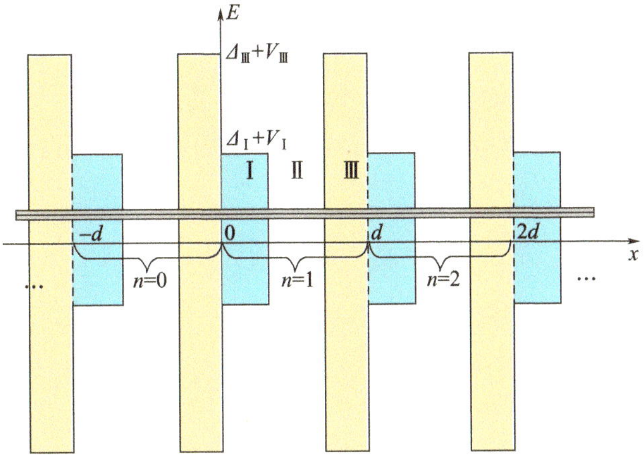

图 2.14 三型 SL 的能带图(其超单元由一条无间隙石墨烯条带和两条修正间隙条带组成。所关注的一个较低微能带的位置用灰色条带显示)

$$(\nu_F\sigma_x\hat{p}_x + \lambda\nu_F\sigma_y k_y + \Delta\sigma_z + V)\boldsymbol{\psi}_\lambda(x) = E_\lambda\boldsymbol{\psi}_\lambda(x) \tag{2.93}$$

式中:$\hat{p}_x = -\mathrm{i}\,\partial_x$为动量算子的 x 分量;k_y为准动量的 y 分量(电荷载流子沿 y 轴自由运动);Δ 和 V 为沿 x 轴周期性变化的数量,周期为 d,有

$$\Delta = \begin{cases} \Delta_{\mathrm{I}}, (n-1)d < x < (n-1)d + d_{\mathrm{I}}, \\ 0, (n-1)d + d_{\mathrm{I}} < x < nd - d_{\mathrm{III}}, \\ \Delta_{\mathrm{III}}, nd - d_{\mathrm{III}} < x < nd; \end{cases} \quad V = \begin{cases} V_{\mathrm{I}}, (n-1)d < x < (n-1)d + d_{\mathrm{I}} \\ 0, (n-1)d + d_{\mathrm{I}} < x < nd - d_{\mathrm{III}} \\ V_{\mathrm{III}}, nd - d_{\mathrm{III}} < x < nd \end{cases}$$

假定费米速度ν_F在所有 SL 区域相同。可以在第 n 个超单元中写出每个区域的表达式(2.93)解法。

① 区域Ⅰ中,$0 < x < d_{\mathrm{I}}$,有

$$\psi_{\lambda n}^{(1)}(x) = \boldsymbol{\Omega}_{\lambda k_1}(x)\begin{pmatrix} a_{\lambda n}^{(1)} \\ c_{\lambda n}^{(1)} \end{pmatrix}, \boldsymbol{\Omega}_{\lambda k_1}(x) = A\begin{pmatrix} 1 & 1 \\ \alpha_\lambda^{(+)} & -\alpha_\lambda^{(-)} \end{pmatrix}\mathrm{e}^{-k_1 x\sigma_z}$$

其中,

$$\alpha_\lambda^{(\pm)} = \frac{\mathrm{i}\,\nu_F(k_1 \pm \lambda\,k_y)}{E_\lambda + \Delta_{\mathrm{I}} - V_{\mathrm{I}}} \text{且} E_\lambda = V_{\mathrm{I}} \pm \sqrt{\Delta_1^2 + v_F^2(k_y^2 - k_1^2)}$$

而引起我们关注的是低洼微能带$|k_1| > |k_y|$。

② 区域Ⅱ中,$d_{\mathrm{I}} < x < d_{\mathrm{I}} + d_{\mathrm{II}}$,有

$$\psi_{\lambda n}^{(2)}(x) = \boldsymbol{\Omega}_{\lambda k_2}(x)\begin{pmatrix} a_{\lambda n}^{(2)} \\ c_{\lambda n}^{(2)} \end{pmatrix}, \boldsymbol{\Omega}_{\lambda k_2}(x) = A\begin{pmatrix} 1 & 1 \\ \beta_\lambda^{(+)} & -\beta_\lambda^{(-)} \end{pmatrix}\mathrm{e}^{\mathrm{i}k_2 x\sigma_z}$$

其中,

$$\beta_\lambda^{(\pm)} = \frac{\nu_F(k_2 \pm \mathrm{i}\lambda\,k_y)}{E_\lambda} \text{且} E_\lambda = \pm\nu_F\sqrt{k_2^2 + k_y^2}$$

③ 区域Ⅲ中，$d_{\text{I}}+d_{\text{II}}<x<d$，有

$$\psi_{\lambda n}^{(3)}(x)=\boldsymbol{\Omega}_{\lambda k_3}(x)\begin{pmatrix}a_{\lambda n}^{(3)}\\c_{\lambda n}^{(3)}\end{pmatrix},\boldsymbol{\Omega}_{\lambda k_3}(x)=A\begin{pmatrix}1&1\\\gamma_{\lambda}^{(+)}&-\gamma_{\lambda}^{(-)}\end{pmatrix}\mathrm{e}^{-k_3x\sigma_z}$$

其中，

$$\gamma_{\lambda}^{(\pm)}=\frac{\mathrm{i}\,\nu_{\text{F}}(k_3\pm\lambda k_y)}{E_{\lambda}+\Delta_{\text{III}}-V_{\text{III}}}\text{且}E_{\lambda}=V_{\text{III}}\pm\sqrt{\Delta_{\text{III}}^2+v_{\text{F}}^2(k_y^2-k_3^2)}$$

式中：E_{λ}的表达式表示了数量k_1、k_2和k_3的关系。特别是可以使用$k_2=k_2(k_1,k_3)$简单地表示k_1和k_3的关系。

2.4.2 传递矩阵法

这里假设所有区域ν_{F}都一样，边界条件降低了每个超单元内波函数的连续性和相邻超单元之间的连续性。

(1) 在$x=d_{\text{I}}$边界上的区域Ⅰ及区域Ⅱ之间的波函数连续性，有

$$\boldsymbol{\Omega}_{\lambda k_1}(d_{\text{I}})\begin{pmatrix}a_{\lambda n}^{(1)}\\c_{\lambda n}^{(1)}\end{pmatrix}=\boldsymbol{\Omega}_{\lambda k_2}(d_{\text{I}})\begin{pmatrix}a_{\lambda n}^{(2)}\\c_{\lambda n}^{(2)}\end{pmatrix}$$

(2) 在$x=d_{\text{I}}+d_{\text{II}}$边界上的区域Ⅱ和区域Ⅲ之间的波函数连续性，有

$$\boldsymbol{\Omega}_{\lambda k_2}(d_{\text{I}}+d_{\text{II}})\begin{pmatrix}a_{\lambda n}^{(2)}\\c_{\lambda n}^{(2)}\end{pmatrix}=\boldsymbol{\Omega}_{\lambda k_3}(d_{\text{I}}+d_{\text{II}})\begin{pmatrix}a_{\lambda n}^{(3)}\\c_{\lambda n}^{(3)}\end{pmatrix}$$

(3) 在边界上的第n个超单元区域Ⅲ和第$n+1$个超单元区域Ⅰ之间波函数的连续性，有

$$\boldsymbol{\Omega}_{\lambda k_3}(d)\begin{pmatrix}a_{\lambda n}^{(3)}\\c_{\lambda n}^{(3)}\end{pmatrix}=\boldsymbol{\Omega}_{\lambda k_1}(0)\begin{pmatrix}a_{\lambda n+1}^{(1)}\\c_{\lambda n+1}^{(1)}\end{pmatrix}$$

考虑到系统的周期性，Bloch 条件必须满足 3 个区域($j=1$、2、3)。这些条件本质上等同于周期性 Born - Karman 边界的条件，据此得到了色散关系(式(2.10))，有

$$\psi_{\lambda n}^{(j)}(x+d)=\psi_{\lambda n}^{(j)}\mathrm{e}^{\mathrm{i}k_xd}$$

此外，将确定连接相邻超单元波函数系数的传递矩阵，即

$$\begin{pmatrix}a_{\lambda n+1}^{(1)}\\c_{\lambda n+1}^{(1)}\end{pmatrix}=\boldsymbol{T}_{\lambda}^{(1)}\begin{pmatrix}a_{\lambda n}^{(1)}\\c_{\lambda n}^{(1)}\end{pmatrix}$$

同时对区域Ⅱ和区域Ⅲ波函数中系数的传递矩阵也有了适当的定义，即

$$\begin{pmatrix}a_{\lambda n+1}^{(2)}\\c_{\lambda n+1}^{(2)}\end{pmatrix}=\boldsymbol{T}_{\lambda}^{(2)}\begin{pmatrix}a_{\lambda n}^{(2)}\\c_{\lambda n}^{(2)}\end{pmatrix},\text{且}\begin{pmatrix}a_{\lambda n+1}^{(3)}\\c_{\lambda n+1}^{(3)}\end{pmatrix}=\boldsymbol{T}_{\lambda}^{(3)}\begin{pmatrix}a_{\lambda n}^{(3)}\\c_{\lambda n}^{(3)}\end{pmatrix}$$

然而，很容易看出这 3 个矩阵$\boldsymbol{T}_{\lambda}^{(1)}$、$\boldsymbol{T}_{\lambda}^{(2)}$和$\boldsymbol{T}_{\lambda}^{(3)}$通过$\boldsymbol{\Omega}$矩阵的循环置换转化为另一个矩阵，这意味着 3 个矩阵的轨迹相同，因此色散关系不会改变，所以只需要在 3 个$\boldsymbol{T}$矩阵中，找到其中一个矩阵。

根据条件(1)～(3)，得到了传递矩阵的表达式为

$$\boldsymbol{T}_{\lambda}^{(1)}=\boldsymbol{\Omega}_{\lambda k_1}^{-1}(0)\boldsymbol{\Omega}_{\lambda k_3}(d)\boldsymbol{\Omega}_{\lambda k_3}^{-1}(d_{\text{I}}+d_{\text{II}})\boldsymbol{\Omega}_{\lambda k_2}(d_{\text{I}}+d_{\text{II}})\boldsymbol{\Omega}_{\lambda k_2}^{-1}(d_{\text{I}})\boldsymbol{\Omega}_{\lambda k_1}(d_{\text{I}})\quad(2.94)$$

将$\boldsymbol{\Omega}$矩阵代入表达式，可得出

$$T_\lambda^{(1)}=B\begin{pmatrix}\alpha_\lambda^{(-)}+\gamma_\lambda^{(+)} & \alpha_\lambda^{(-)}-\gamma_\lambda^{(-)}\\ \alpha_\lambda^{(+)}-\gamma_\lambda^{(+)} & \alpha_\lambda^{(+)}+\gamma_\lambda^{(-)}\end{pmatrix}e^{-k_3d_{\text{Ⅲ}}\sigma_z}\begin{pmatrix}\beta_\lambda^{(+)}+\gamma_\lambda^{(-)} & -\beta_\lambda^{(-)}+\gamma_\lambda^{(-)}\\ -\beta_\lambda^{(+)}+\gamma_\lambda^{(+)} & \beta_\lambda^{(-)}+\gamma_\lambda^{(+)}\end{pmatrix}\times$$

$$e^{ik_2d_{\text{Ⅱ}}\sigma_z}\begin{pmatrix}\alpha_\lambda^{(+)}+\beta_\lambda^{(-)} & -\alpha_\lambda^{(-)}+\beta_\lambda^{(-)}\\ -\alpha_\lambda^{(+)}+\beta_\lambda^{(+)} & \alpha_\lambda^{(-)}+\beta_\lambda^{(+)}\end{pmatrix}e^{-k_{\text{Ⅰ}}d_{\text{Ⅰ}}\sigma_z} \tag{2.95}$$

函数的方程式为

$$B=\frac{1}{(\alpha_\lambda^{(+)}+\alpha_\lambda^{(-)})(\beta_\lambda^{(+)}+\beta_\lambda^{(-)})(\gamma_\lambda^{(+)}+\gamma_\lambda^{(-)})}=-\frac{E_\lambda(E_\lambda+\Delta_{\text{Ⅰ}}-V_{\text{Ⅰ}})(E_\lambda+\Delta_{\text{Ⅲ}}-V_{\text{Ⅲ}})}{8\nu_F^3k_1k_2k_3}$$

也不难看出 $\boldsymbol{T}$ 矩阵(式(2.95))的元素是实值函数。

2.4.3 电荷载流子色散关系

计算 $\boldsymbol{T}$ 矩阵迹,得到了色散关系式(2.10)[63],有

$$\begin{aligned}&\{q_1^{(-)}[g_1^{(+)}\cos(k_2d_{\text{Ⅱ}})+f_1^{(+)}\sin(k_2d_{\text{Ⅱ}})]e^{-k_3d_{\text{Ⅲ}}}-\\&q_2^{(+)}[g_2^{(+)}\cos(k_2d_{\text{Ⅱ}})+f_2^{(+)}\sin(k_2d_{\text{Ⅱ}})]e^{k_3d_{\text{Ⅲ}}}\}e^{-k_1d_{\text{Ⅰ}}}+\\&\{q_1^{(+)}[g_1^{(-)}\cos(k_2d_{\text{Ⅱ}})-f_1^{(-)}\sin(k_2d_{\text{Ⅱ}})]e^{k_3d_{\text{Ⅲ}}}-\\&q_2^{(+)}[g_2^{(-)}\cos(k_2d_{\text{Ⅱ}})-f_2^{(-)}\sin(k_2d_{\text{Ⅱ}})]e^{-k_3d_{\text{Ⅲ}}}\}e^{k_1d_{\text{Ⅰ}}}\\&=\frac{8\nu_F^3k_1k_2k_3}{E_\lambda(E_\lambda+\Delta_{\text{Ⅰ}}-V_{\text{Ⅰ}})(E_\lambda+\Delta_{\text{Ⅲ}}-V_{\text{Ⅲ}})}\cos(k_xd)\end{aligned} \tag{2.96}$$

此处使用以下数学符号,即

$$q_1^{(\pm)}=\frac{\nu_F(k_1\pm\lambda k_y)}{E_\lambda+\Delta_{\text{Ⅰ}}-V_{\text{Ⅰ}}}+\frac{\nu_F(k_3\mp\lambda k_y)}{E_\lambda+\Delta_{\text{Ⅲ}}-V_{\text{Ⅲ}}},q_2^{(\pm)}=\frac{\nu_F(k_1\pm\lambda k_y)}{E_\lambda+\Delta_{\text{Ⅰ}}-V_{\text{Ⅰ}}}-\frac{\nu_F(k_3\pm\lambda k_y)}{E_\lambda+\Delta_{\text{Ⅲ}}-V_{\text{Ⅲ}}}$$

$$g_{1,2}^{(\pm)}=\frac{\nu_Fk_2}{E_\lambda}q_{1,2}^{(\pm)}$$

$$f_1^{(\pm)}=1\mp\frac{\lambda k_y\nu_F}{E_\lambda}\left(\frac{\nu_F(k_1\pm\lambda k_y)}{E_\lambda+\Delta_{\text{Ⅰ}}-V_{\text{Ⅰ}}}-\frac{\nu_F(k_3\mp\lambda k_y)}{E_\lambda+\Delta_{\text{Ⅲ}}-V_{\text{Ⅲ}}}\right)-\frac{\nu_F^2(k_1\pm\lambda k_y)(k_3\mp\lambda k_y)}{(E_\lambda+\Delta_{\text{Ⅰ}}-V_{\text{Ⅰ}})(E_\lambda+\Delta_{\text{Ⅲ}}-V_{\text{Ⅲ}})}$$

$$f_2^{(\pm)}=1\mp\frac{\lambda k_y\nu_F}{E_\lambda}\left(\frac{v_F(k_1\pm\lambda k_y)}{E_\lambda+\Delta_{\text{Ⅰ}}-V_{\text{Ⅰ}}}+\frac{\nu_F(k_3\pm\lambda k_y)}{E_\lambda+\Delta_{\text{Ⅲ}}-V_{\text{Ⅲ}}}\right)+\frac{\nu_F^2(k_1\pm\lambda k_y)(k_3\pm\lambda k_y)}{(E_\lambda+\Delta_{\text{Ⅰ}}-V_{\text{Ⅰ}})(E_\lambda+\Delta_{\text{Ⅲ}}-V_{\text{Ⅲ}})}$$

式(2.96)随着数量符号k_1、k_2、k_3和假随机变量 λ 的同时变化具有不变性。通过分析式(2.96),表明出现能量谱的假自旋分裂的必要条件是能量谱没有出现电子-空穴对称:至少$V_{\text{Ⅰ}}$或$V_{\text{Ⅲ}}$是非零。随着替换 $E\to-E$,在能量空间中,系统不应该有对称性。通过仔细分析,表明 SL 能谱假自旋分裂存在的一个充分条件[63],即随着能量空间相似性变换,电势屏障缺乏不变性。

$$\Delta_{\text{Ⅰ}}V_{\text{Ⅲ}}\neq V_{\text{Ⅲ}}\Delta_{\text{Ⅰ}} \tag{2.97}$$

需注意,色散关系的一个特殊情况式(2.96)。如上所述,向单能带描述过渡的同时发生向非相对论性方程的过渡,这在形式上意味着,无论是电子还是空穴,都存在 QW;特别是当$V_{\text{Ⅰ}}=\Delta_{\text{Ⅰ}}$和$V_{\text{Ⅲ}}=\Delta_{\text{Ⅲ}}$时,可以实现第一个变量,然后色散关系式(2.96)使用更紧凑的方程式,即

$$
\begin{aligned}
&\cosh(k_1 d_{\mathrm{I}})\cos(k_2 d_{\mathrm{II}})\cosh(k_3 d_{\mathrm{III}}) + \\
&\frac{1}{2}[X_{1,3}^{(+)}\sinh(k_1 d_{\mathrm{I}})\cos(k_2 d_{\mathrm{II}})\sinh(k_3 d_{\mathrm{III}}) + \\
&X_{1,2}^{(-)}\sinh(k_1 d_{\mathrm{I}})\sin(k_2 d_{\mathrm{II}})\cosh(k_3 d_{\mathrm{III}}) + \\
&X_{3,2}^{(-)}\cosh(k_1 d_{\mathrm{I}})\sin(k_2 d_{\mathrm{II}})\sinh(k_3 d_{\mathrm{III}})] = \cos(k_x d)
\end{aligned} \tag{2.98}
$$

式中：$X_{i,j}^{(\pm)} = x_{i,j} \pm x_{i,j}^{-1}$，$x_{i,j} = k_i/k_j$，通过已知的非相对论性方程（如可参见文献[33]），式(2.98)与解析延拓$k_1 \to \mathrm{i}\, k_1$和$k_3 \to \mathrm{i}\, k_3$重合（假设均为振荡解法）。此外，为满足条件式(2.97)，则不存在能量谱的假自旋分裂。在这个意义上，能量谱的假自旋分裂为准相对论效应。

在宽电势屏障情况下，根据色散关系式(2.96)，当$k_1 d_{\mathrm{I}} \gg 1$和$k_3 d_{\mathrm{III}} \gg 1$时，QW的色散关系为

$$
\begin{aligned}
\tan(k_2 d_{\mathrm{II}}) = {}& \nu_{\mathrm{F}} k_2 [\nu_{\mathrm{F}}(k_1 - \lambda k_y)(E_\lambda + \Delta_{\mathrm{III}} - V_{\mathrm{III}}) + \nu_{\mathrm{F}}(k_3 + \lambda k_y)(E_\lambda + \Delta_{\mathrm{I}} - V_{\mathrm{I}})] \times \\
& \{E_\lambda(E_\lambda + \Delta_{\mathrm{I}} - V_{\mathrm{I}})(E_\lambda + \Delta_{\mathrm{III}} - V_{\mathrm{III}}) - \lambda k_y \nu_{\mathrm{F}}^2 (k_3 + \lambda k_y)(E_\lambda + \Delta_{\mathrm{I}} - \\
& V_{\mathrm{I}}) + \lambda k_y \nu_{\mathrm{F}}^2 (k_1 - \lambda k_y)(E_\lambda + \Delta_{\mathrm{III}} - V_{\mathrm{III}}) - \nu_{\mathrm{F}}^2 (k_1 - \lambda k_y)(k_3 + \lambda k_y) E_\lambda\}^{-1}
\end{aligned} \tag{2.99}
$$

2.4.4 数值计算

可以使用上述定义来描述石墨烯的修正间隙：在hBN的条带上伴随着沉淀的CrO_3分子。将测量在区域Ⅰ、Ⅱ和Ⅲ的边缘N_{I}、N_{II}和N_{III}上基本石墨烯单元数条带宽度。在$d_{\mathrm{I}} = 3N_{\mathrm{I}} a$、$d_{\mathrm{II}} = 3N_{\mathrm{II}} a$且$d_{\mathrm{III}} = 3N_{\mathrm{III}} a$时，其中$a = 1.42$Å表示石墨烯的晶格常数。在计算时，取$N_{\mathrm{I}} = N_{\mathrm{III}} = 50$且$N_{\mathrm{II}} = 100$，即$d_{\mathrm{I}} = d_{\mathrm{III}} = 21.3$nm，且$d_{\mathrm{II}} = 42.6$nm。

为了简化起见，设定$V_{\mathrm{I}} = 0$，根据能带计算，石墨烯第二次修正间隙的功函数为负值[64]。然而，未得出它的确切值，因此为了再次简化，取$V_{\mathrm{III}} = -10$meV，带隙的一半宽度为$\Delta_{\mathrm{I}} = 26.5$meV和$\Delta_{\mathrm{III}} = 60$meV。

图2.15表示低电子微能带的计算结果。虽然根据相反的能量符号，上空穴微能带比下电子微能带低2meV左右，但上空穴微能带的结果在许多方面与低电子微能带相似，这是因为V_{III}为负值。为了简洁，此处未给出这些结果。

从图2.15可以看出，在色散曲线的准动量k_y上存在"扩展"形式的间隙和假自旋分裂，与假随机的不同值λ一致。下电子微能带色散曲线的极值从点$k_y = 0$上，随着$k_y^{\mathrm{e}} \approx 1.9 \times 10^4\,\mathrm{cm}^{-1}$进行置换。极值处的能量值为$E_\lambda^{\mathrm{e}}(\lambda k_\lambda^{\mathrm{e}}) \approx 13.5$meV。能量的相应分裂约为$\Delta E_{\mathrm{ps}}^{\mathrm{e}} = E_{\lambda=-1}^{\mathrm{e}}(k_\lambda^{\mathrm{e}}) - E_{\lambda=+1}^{\mathrm{e}}(k_y^{\mathrm{e}}) \approx 0.06$meV。因此，在低于氦温度的条件下，有必要研究SL的假自旋分裂现象。上空穴微能带的参数相似，即$k_y^{\mathrm{h}} \approx 1.7 \times 10^4\,\mathrm{cm}^{-1}$、$E_\lambda^{\mathrm{h}}(\lambda k_\lambda^{\mathrm{h}}) \approx -15.5$meV和$\Delta E_{\mathrm{ps}}^{\mathrm{h}} = E_{\lambda=+1}^{\mathrm{h}}(k_y^{\mathrm{h}}) - E_{\lambda=-1}^{\mathrm{h}}(k_y^{\mathrm{h}}) \approx 0.05$meV。因此，能隙是$E_{\mathrm{G}} = E_\lambda^{\mathrm{e}}(k_y^{\mathrm{e}}) - E_\lambda^{\mathrm{h}}(k_y^{\mathrm{h}}) \approx 29$meV。

2.5 小结

本章描述了基于石墨烯的平面SL，推导出了电荷载流子和集体激发的色散关系，并利用得出的色散关系，对一对距离最近的电子和空穴微能带进行了数值计算。

在 RPA 框架下，分析研究了基于石墨烯的平面 SL 中等离激元和磁化等离激元的色散问题。由于下电子微能带和上空穴微能带在能量上相当接近，因此 SL 表现为各向异性的窄隙半导体。用标准方法导出了电荷载流子的格林函数。根据发现的格林函数，用零点近似中的格林函数计算了相互作用的极化算子。极化算子除虚拟微能带内跃迁的贡献外，还包括虚拟微能带的贡献，并在研究的介质中磁化等离激元子的色散关系中明确了这一贡献。

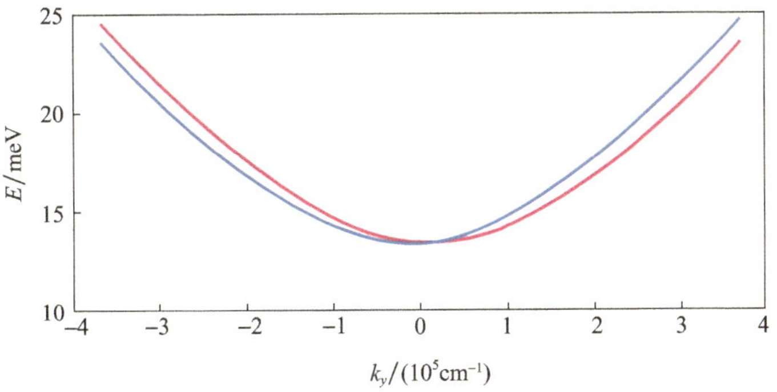

图 2.15　基于石墨烯的三型 SL 低电子微能带数值计算的结果
（$\lambda = +1$ 为红色色散曲线，$\lambda = -1$ 为蓝色色散曲线）

本章提出了新的基于石墨烯的系统，可同时包含周期变化费米速度的光子晶体和石墨烯 SL。由于石墨烯能量谱中重整费米速度再归一化，或许可以进行这种调制。受控费米速度技术的应用前景广阔。我们指出了这类系统中输运现象的一些具体特征，特别是 $I-V$ 曲线中出现了负微分电导率截面。很明显，这些系统与光子晶体类似，都表现出有趣的光学性能。

本章研究了由无间隙石墨烯组成的平面格多型体石墨烯基超晶格及其不同的修正间隙。这些 SL 由重复的非对称量子阱形成，其特征是能量谱的假自旋分裂。已经研究了这种分裂发生的条件。

参考文献

[1] Novoselov, K. S., Geim, A. K., Morozov, S. V., Jiang, D., Zhang, Y., Dubonos, S., Grogorieva, I., Firsov, A., Electric field effect in atomically thin carbon films. *Science*, 306, 666, 2004.

[2] Novoselov, K. S., Geim, A. K., Morozov, S. V., Jiang, D., Katsnelson, M. I., Grigorieva, I. V., Dubonos, S. V., Firsov, A. A., Two – dimensional gas of massless Dirac fermions in graphene. *Nature*, 438, 197, 2005.

[3] Zhang, Y., Tan, Y. – W., Stormer, H. L., Kim, P., Experimental observation of the quantum Hall effect and Berry's phase in graphene. *Nature*, 438, 201, 2005.

[4] Morozov, S. V., Novoselov, K. S., Katsnelson, M. I., Schedin, F., Elias, D. C., Jaszczak, J. A., Geim, A. K., Giant intrinsic carrier mobilities in graphene and its bilayer. *Phys. Rev. Lett.*, 100, 016602, 2008.

[5] Du, X., Skachko, I., Barker, A., Andrei, E. Y., Approaching ballistic transport in suspended graphene. *Nature Nanotechnol.*, 3, 491, 2008.

[6] Ratnikov, P. V. and Silin, A. P., Two – dimensional graphene electronics: Current state and prospects. *Phys. Usp.*, 61, 2018.

[7] Chernozatonskii, L. A., Sorokin, P. B., Belova, E. E., Brüning, J., Fedorov, A. S., Metal - semiconductor (semimetal) superlattices on a graphite sheet with vacancies. *JETP Lett.*, 84, 115, 2006.

[8] Chernozatonskii, L. A., Sorokin, P. B., Belova, E. E., Brüning, J., Fedorov, A. S., Superlattices consisting of "lines" of adsorbed hydrogen atom pairs on graphene. *JETP Lett.*, 85, 77, 2007.

[9] Isacsson, A., Jonsson, L. M., Kinaret, J. M., Jonson, M., Electronic superlattices in corrugated graphene. *Phys. Rev. B*, 77, 035423, 2008.

[10] Guinea, F., Katsnelson, M. I., Vozmediano, M. A. H., Midgap states and charge inhomogeneities in corrugated graphene. *Phys. Rev. B*, 77, 075422, 2008.

[11] Wehling, T. O., Balatsky, A. V, Katsnelson, M. I., Lichtenstein, A. I., Midgap states in corrugated graphene: *Ab initio* calculations and effective field theory. *Europhys. Lett.*, 84, 17003, 2008.

[12] Nandwana, D. and Ertekin, E., Lattice mismatch induced ripples and wrinkles in planar graphene/boron nitride superlattices. *J. Appl. Phys.*, 117, 234304, 2015.

[13] Wallbank, J. R., Patel, A. A., Mucha - Kruczynski, M., Geim, A. K., Falko, V. I., Generic miniband structure of graphene on a hexagonal substrate. *Phys. Rev. B*, 87, 245408, 2013.

[14] Woods, C. R., Britnell, L., Eckmann, A., Ma, R. S., Lu, J. C., Guo, H. M., Lin, X., Yu, G. L., Cao, Y., Gorbachev, R. V., Kretinin, A. V., Park, J., Ponomarenko, L. A., Katsnelson, M. I., Yu., N., Watanabe, K., Taniguchi, T., Casiraghi, C., Gao, H. - J., Geim, A. K., Novoselov, K. S., Commensurate - incommensurate transition in graphene on hexagonal boron nitride. *Nature Phys.*, 10, 451, 2014.

[15] Krishna Kumar, R., Chen, X., Auton, G. H., Mishchenko, A., Bandurin, D. A., Morozov, S. V., Cao, Y., Khestanova, E., Ben Shalom, M., Kretinin, A. V., Novoselov, K. S., Eaves, L., Grigorieva, I. V, Ponomarenko, L. A., Fal'ko, V. I., Geim, A. K., High - temperature quantum oscillations caused by recurring Bloch states in graphene superlattices. *Science*, 357, 181, 2017.

[16] Brown, R., Walet, N. R., Guinea, F., Edge modes and nonlocal conductance in graphene superlattices. *Phys. Rev. Lett.*, 120, 026802, 2018.

[17] Bai, C. and Zhang, X., Klein paradox and resonant tunneling in a graphene superlattice. *Phys. Rev. B*, 76, 075430, 2007.

[18] Barbier, M., Peeters, F. M., Vasilopoulos, P., Pereira, J. M., Dirac and Klein - Gordon particles in one dimensional periodic potentials. *Phys. Rev. B*, 77, 115446, 2008.

[19] Park, C. - H., Yang, L., Son, Y. - W, Cohen, M. L., Louie, S. G., New generation of massless Dirac fermions in graphene under external periodic potentials. *Phys. Rev. Lett.*, 101, 126804, 2008.

[20] Park, C. - H., Son, Y. - W., Yang, L., Cohen, M. L., Louie, S. G., Electron beam supercollimation in graphene superlattices. *Nano Lett.*, 8, 2920, 2008.

[21] Ghosh, S. and Sharma, M., Electron optics with magnetic vector potential barriers in graphene. *J. Phys.: Condens. Matter*, 21, 292204, 2009.

[22] Dell'Anna, L. and De Martino, A., Multiple magnetic barriers in graphene. *Phys. Rev. B*, 79, 045420, 2009.

[23] Ratnikov, P. V., Superlattice based on graphene on a strip substrate. *JETP Lett.*, 90, 469, 2009.

[24] Ratnikov, P. V. and Silin, P., Novel type of superlattices based on gapless graphene with the alternating Fermi velocity. *JETP Lett.*, 100, 311, 2014.

[25] Savel'ev, S. E. and Alexandrov, A. S., Massless Dirac fermions in a laser field as a counterpart of graphene superlattices. *Phys. Rev. B*, 84, 035428, 2011.

[26] Lee, J. - H. and Grossman, J. C., Energy gap of Kronig - Penney type graphene superlattices. *Phys. Rev. B*, 84, 113413, 2011.

[27] Freitag, M., Low, T., Zhu, W, Yan, H., Xia, F., Avouris, P., Photocurrent in graphene harnessed by tunable intrinsic plasmons. *Nature Commun.*, 4, 1951, 2013.

[28] Das Sarma, S. and Hwang, E. H., Collective modes of the massless Dirac plasma. *Phys. Rev. Lett.*, 102, 206412, 2009.

[29] Chaplik, A. V., Plasma oscillations of massless Dirac electrons in a planar superlattice. *JETP Lett.*, 100, 262, 2014.

[30] Sevinçli, H., Topsakal, M., Ciraci, S., Superlattice structures of graphene – based armchair nanoribbons. *Phys. Rev. B*, 78, 245402, 2008.

[31] Giovannetti, G., Khomyakov, P. A., Brocks, G., Kelly, P. J., van den Brink, J., Substrate – induced band gap in graphene on hexagonal boron nitride: *Abinitio* density functional calculations. *Phys. Rev. B*, 76, 073103, 2007.

[32] Silin, A. P., Semiconductor superlattices. *Usp. Fiz. Nauk*, 147, 485, 1985.

[33] Herman, M. A., *Semiconductor Superlattices, Academy, Berlin*, 1986.

[34] Maksimova, G. M., Azarova, E. S., Telezhnikov, A. V., Burdov, V. A., Graphene superlattice with periodically modulated Dirac gap. *Phys. Rev. B*, 86, 205422, 2012.

[35] Kolesnikov, A. V., Lipperheide, R., Silin, A. P., Wille, V., Interface states in junctions of two semiconductors with intersecting dispersion curves. *Europhys. Lett.*, 43, 331, 1998.

[36] Kotov, V. N., Uchoa, B., Pereira, V. M., Electron – electron interactions in graphene: Current status and perspectives. *Rev. Mod. Phys.*, 84, 1067, 2012.

[37] Andryushin, E. A. and Silin, A. P., On plasma excitations in low – dimensional systems. *Semiconductors*, 35, 324, 1993.

[38] Ratnikov, P. V. and Silin, A. P., Plasmons in a planar graphene superlattice. *JETP Lett.*, 102, 713, 2015.

[39] Tsytovich, V. N., Spatial dispersion in a relativistic plasma. *Sov. Phys. JETP*, 13, 1249, 1961.

[40] Lozovik, Yu. E., Merkulova, S. P., Sokolik, A. A., Collective electron phenomena in graphene. *Phys. Usp.*, 51, 727, 2008.

[41] Berman, O. L., Gumbs, G., Lozovik, Yu. E., Magnetoplasmons in layered graphene structures. *Phys. Rev. B*, 78, 085401, 2008.

[42] Bir, G. L. and Pikus, G. E., Symmetry and*Stain – Induced Effectsin Semiconductors*, Wiley, New York, 1975.

[43] Berestetskii, V. B., Lifshitz, E. M., Pitaevskii, L. P., *Quantum Electrodynamics*, Butterworth – Heinemann, Oxford, Burlington, 1982.

[44] Lerner, I. V. and Lozovik, Yu. E., Quasitwo – dimensional electron – hole liquid in strong magnetic fields. *Sov. Phys. JETP*, 47, 140, 1978.

[45] Elias, D. C., Gorbachev, R. V., Mayorov, A. S., Morozov, S. V., Zhukov, A. A., Blake, P., Ponomarenko, L. A., Grigorieva, I. V., Novoselov, K. S., Guinea, F., Geim, A. K., Dirac cones reshaped by interaction effects in suspended graphene. *Nature Phys.*, 7, 701, 2011.

[46] Hwang, C., Siegel, D. A., Mo, S. – K., Regan, W., Ismach, A., Zhang, Y., Zettl, A., Lanzara, A., Fermi velocity engineering in graphene by substrate modification. *Sci. Rep.*, 2, 590, 2012.

[47] Chae, J., Jung, S., Young, A. F., Dean, C. R., Wang, L., Gao, Y., Watanabe, K., Taniguchi, T., Hone, J., Shepard, K. L., Kim, P., Zhitenev, N. B., Stroscio, J. A., Renormalization of the graphene dispersion velocity determined from scanning tunneling spectroscopy. *Phys. Rev. Lett.*, 109, 116802, 2012.

[48] Gonzalez, J., Guinea, F., Vozmediano, M. A. H., Non – Fermi liquid behavior of electrons in the half – filled honeycomb lattice (a renormalization group approach). *Nucl. Phys. B*, 424, 595, 1994.

[49] Gonzalez, J. , Guinea, F. , Vozmediano, M. A. H. , Marginal – Fermi – liquid behavior from two – dimensional Coulomb interaction. *Phys. Rev. B*, 59, 2474, 1999.

[50] Das Sarma, S. , Hwang, E. H. , Tse, WK. , Many – body interaction effects in doped and undoped graphene: Fermi liquid versus non – Fermi liquid. *Phys. Rev. B*, 75, 121406(R), 2007.

[51] Foster, M. S. , Aleiner, I. L. , Graphene via large, N. , A renormalization group study. *Phys. Rev. B*, 77, 195413, 2008.

[52] de Juan, F. , Grushin, A. G. , Vozmediano, M. A. H. , Renormalization of Coulomb interaction in graphene: Determining observable quantities. *Phys. Rev. B*, 82, 125409, 2010.

[53] Ratnikov, P. V. , Transition of graphene on a substrate to a semimetallic state. *JETP Lett.* , 87, 292, 2008.

[54] Stauber, T. , Parida, P. , Trushin, M. , Ulybyshev, M. V. , Boyda, D. L. , Schliemann, J. , Interacting electrons in graphene: Fermi velocity renormalization and optical response. *Phys. Rev. Lett.* , 118, 266801, 2017.

[55] Geller, M. R. and Kohn, W. , Quantum mechanics of electrons in crystals with graded composition. *Phys. Rev. Lett.* , 70, 3103, 1993.

[56] Kolesnikov, A. V. and Silin, A. P. , Quantum mechanics with coordinate – dependent mass. *Phys. Rev. B*, 59, 7596, 1999.

[57] Callaway, J. , *Energy Band Theory*, *Academic*, New York, 1964.

[58] Vandecasteele, N. , Barreiro, A. , Lazzeri, M. , Bachtold, A. , Mauri, F. , Current – voltage characteristics of graphene devices: Interplay between Zener – Klein tunneling and defects. *Phys. Rev. B*, 82, 045416, 2010.

[59] Bolotin, K. I. , Sikes, K. J. , Jiang, Z. , Klima, M. , Fudenberg, G. , Hone, J. , Kim, P. , Stormer, H. L. , Ultrahigh electron mobility in suspended graphene. *Solid State Commun.* , 146, 351, 2008.

[60] Ratnikov, P. V. , On the dispersion relation of plasmons in a gapless – graphene – based superlattice with alternating Fermi velocity. *JETP Lett.* , 106, 810, 2017.

[61] Ratnikov, P. V. and Silin, A. P. , Size quantization in planar graphene – based heterostructures: Pseudospin splitting, interface states, and excitons. *JETP*, 114, 512, 2012.

[62] Ratnikov, P. V. and Silin, A. P. , Boundary states in graphene heterojunctions. *Phys. Sol. State*, 52, 1763, 2010.

[63] Ratnikov, P. V. and Silin, A. P. , Pseudospin splitting of the energy spectrum of planar polytype graphene – based superlattices. *Phys. Wave Phenom.* , 23, 180, 2015.

[64] Zanella, I. , Guerini, S. , Fagan, S. B. , Filho, J. M. , Filho, G. S. , Chemical doping – induced gap opening and spin polarization in graphene. *Phys. Rev. B*, 77, 073404, 2008.

第3章 多孔缺陷石墨烯材料的磁性和光学性能

Masashi Hatanaka
日本东京,东京电机大学工学研究生院

摘 要 近年来,随着纳米技术的发展,石墨烯材料越来越受到人们的关注。石墨烯材料的某些缺陷会导致额外的磁性和/或光学性质。铁磁石墨烯是非常有前景的材料,这里从理论上对多孔石墨烯的能带结构进行了综述。在 Hückel 晶体轨道方法的框架内,六边形多孔石墨烯的前端为完全平坦的条带。此外,三角形和平行四边形的孔洞会导致边界带的非零带宽度。根据 Hund 规则,六边形多孔的非键合特性可能导致离子态的铁磁相互作用。这种晶体轨道简并甚至会发生在一维多孔石墨烯带中,这是因为晶体轨道的非键合振幅来源于蜂窝材料的节点特性。石墨烯和常规多孔石墨烯的高斯曲率为零。另外,二维片中的七边或以上的多边形由于空间位阻而导致石墨材料的负高斯曲率。严格地说,这种缺陷常常会导致伪 Jahn - Teller 扭曲,从而在石墨材料中产生褶皱的几何形状。这里讨论了褶皱石墨烯的基本特征,即[n]环烯的电子态和振动相互作用。尤其要注意的是,庚心环烯具有C_2几何形状,且此非对称几何形状引起了光学活性,如圆二色性(circular dichroism, CD)和旋光色散(optical rotation dispersion, ORD)。这些手性特性可表述为伪 Jahn - Teller(pseudo Jahn - Teller, PJT)引起的光学活性。CD 和 ORD 光谱服从第一微扰理论推导出来的螺旋规律。从振动和分子轨道的振幅模式,可以预测可能出现的扭曲和几何形状,可以用伪 Jahn - Teller 引起的旋光强度来表现由此产生的光学活性的特性。在多重弯曲材料中,CD 和 ORD 光谱模式可能与每个鞍座有关。

关键词 多孔石墨烯,铁磁性,环烯,振动相互作用,光学活性

3.1 引言

石墨烯是碳的同素异形体,人们越来越关注石墨烯这种基本的二维材料。自 Novoselov 等[1-2]发现石墨烯以来,世界各地的学者对石墨烯进行了大量的研究。首先,由于石墨烯的单电子态,许多物理、化学家对石墨烯的电导率、磁性和光学性质进行了研究。单层石墨烯片的电子状态(图 3.1(a))在倒易空间中被称为狄拉克锥,这也是它最显著的特征,导电带和价带单点接触,几乎呈现线性色散,而带隙为零,即使用简单的 Hückel 方法也很容易确定这个现象。单能带结构导致伪相对论效应,从而引起零有效质量和高电导率。这

种显著的电导率已经应用于电子学[3-4]和透明导电薄膜[5]，成为基于石墨烯材料的纳米技术的主流[6-7]。

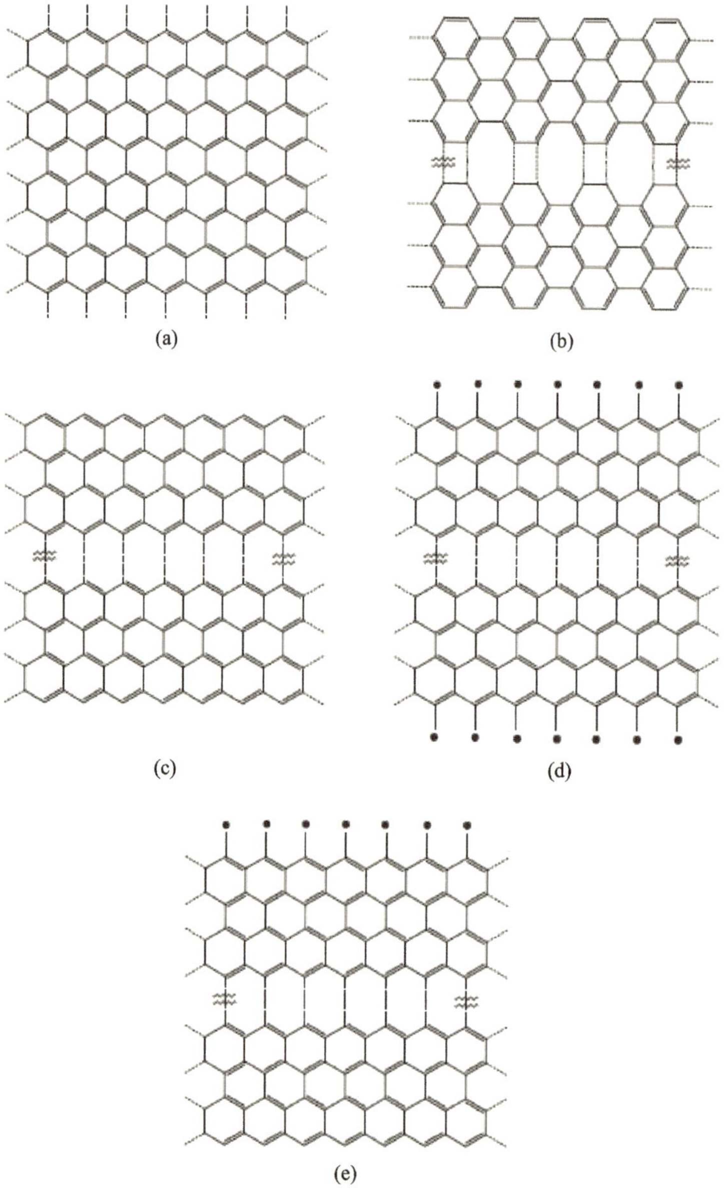

图3.1 分子结构

(a)石墨烯;(b)扶手椅边缘型石墨烯;(c)锯齿形边缘型石墨烯;(d)双面亚甲基边缘型石墨烯;(e)单侧亚甲基边缘石墨烯。

另外，石墨烯材料的磁性也引起了人们的兴趣，因为石墨烯只含有碳，而它的磁性与有机铁磁性的研究有关。理想的无限二维尺寸石墨烯片是非磁性，因为前沿晶体轨道呈现不平坦色散。然而，改变某些结构会显著改变石墨烯材料的磁性。有机铁磁体和二维磁性薄膜都是非常有前景的候选材料。

虽然由于前沿能带呈现不平坦色散，扶手椅边缘型的石墨烯带(图3.1(b))并不表

现出磁性，但众所周知，锯齿形边缘型石墨烯带（图 3.1(c)）在前沿晶体轨道上有部分平坦的能带[8]。在倒易空间中 $|k|>2\pi/3$，HOCO（最高占据晶体轨道）和 LUCO（最低未占据晶体轨道）相互接触，这种情况可能带来前沿电子之间的铁磁相互作用，这是因为晶体轨道的合成简并可能导致有效的正值交换积分。在早期的理论研究中，基于简单能带理论，提出了双面石墨烯色带。然而，在双面锯齿形边缘型石墨烯带中，如果存在交换积分，那么积分应该很小，因为选择边缘轨道的振幅模式可以不跨越普通原子。理论化学家将这种情况称为"不交集"类型[9-10]，在这里根据简单的 Hückel 近似规则，交换积分为零。

Klein 提出了双面亚甲边石墨烯（图 3.1(d)），并计算了相应的能带结构[11]。有趣的是，HOCO 和 LUCO 在倒易空间 $|k|<2\pi/3$ 中呈现平面，而且相互接触，由此产生的晶体轨道简并也将产生前沿能带的铁磁相互作用。然而，由于上述同样原因，铁磁相互作用也非常小。也就是说，前沿轨道的振幅模式也互不交集，所以选择这样的振幅模式也可以不跨越普通原子。这在一定程度上是由于系统的对称结构：如果系统对称于特定镜面，则波函数对称或不对称于对称操作。这种情况导致前沿轨道不交集，这是因为线性组合或幺正变换可以抵消在某一特定边的振幅。如果交换积分存在，按照 Hückel 近似，这导致交换积分为零或为较小值。鉴于这些发现，单边亚甲基边缘石墨烯（图 3.1(e)）也被认为是非常有前景的候选铁磁材料[12]。另一侧边可以是锯齿形边缘结构或无限远离。在这种情况下，分子骨架是非 Kekulé 分子，在前沿区域存在完全平坦的能带。前沿能带的平坦性是由于晶体轨道的非键合特性，而 Bloch 函数的振幅扩张到其他原子。根据 Coulson - Rushbrooke 配对定理，前沿单层占据能带的本征值按照 Hückel 近似应该只是库仑积分 α。在单边体系中，分子结构与平行于色带轴的平面不对称，这种情况导致了"非不交集"的前沿轨道[9]，因此，有效交换积分应该是正值[12]。这证明了单边亚甲基边缘石墨是有希望的候选有机铁磁体。如上所述，实现非平凡铁磁性的最重要标准是前沿电子之间的正交换积分，来源于晶体轨道的非不交集振幅模式。也就是说，当一对晶体轨道跨越普通原子时，Pauli 原理产生了直接交换相互作用，因此低自旋态应该比高自旋态更不稳定。严格地说，前沿轨道可以转化为跨越普通原子的 Wannier 函数[13]。这里不再赘述此标准的数学内容。

鉴于石墨烯带的进展，有缺陷的石墨烯作为有前途的磁性材料越来越受到人们的关注。众所周知，一些晶粒边界有缺陷的石墨烯材料表现出铁磁相互作用[14-15]，往往提供了非平凡的磁滞回线。有缺陷的石墨烯材料可以通过拓扑连接修改能带结构，并增强交换积分，从而形成非不交集的晶体轨道。实际上，通过分析一些缺陷石墨烯的能带结构表明，锯齿形边缘的晶粒边界保持了前沿能带的平坦度[16]，忽视晶粒间的相互作用。为了实现铁磁性，缺陷的周期性被认为是增强交换积分的必要条件。

在一些有缺陷的石墨材料中，由于缺陷结构不对称，光学活性也会增加。例如，庚心环烯（图 3.2(a)）和石墨烯片中的七元环缺陷（图 3.2(b)），由于局部褶皱畸变而成为光学活性的起源，并且不对称于不适当的旋转。实际上，庚心环烯（图 3.2(a)）[17-18]也成功地合成了复数七元环缺陷的弯曲石墨烯（图 3.2(c)）[19]。从振动相互作用的角度，分析局部七元环缺陷的畸变，即伪 Jahn - Teller 效应（PJT）[20-21]。这种材料的手性表现为 PJT 引起的光学活性。学者对石墨材料中光学活性的研究至今仍处于起步阶段。然而，对石墨材料的光学活性的研究为制备新型光学活性材料提供了一个有趣的策略，如偏振器件、光学分辨剂和手性催化剂等。利用微扰理论可以分析PJT引起的光学活性，并可以很好地描述畸变位移函数。虽然光学活性的研究由来已久，但这种方法可能是设计结构参数明确的手性材料的首次尝试。

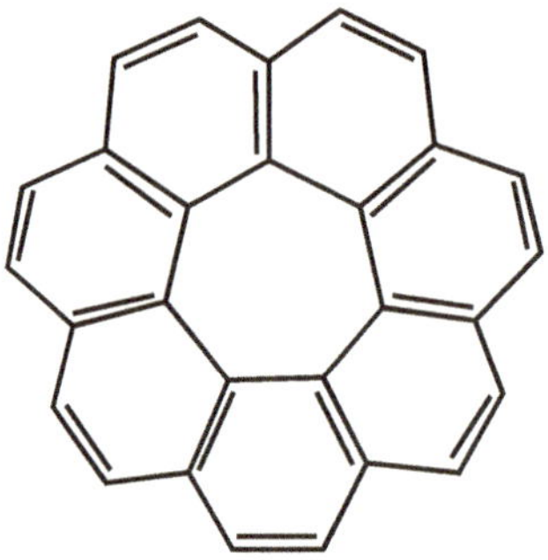

(a)

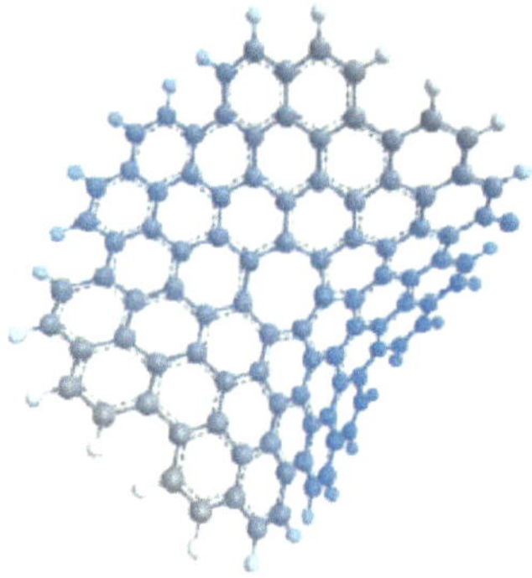

(b)

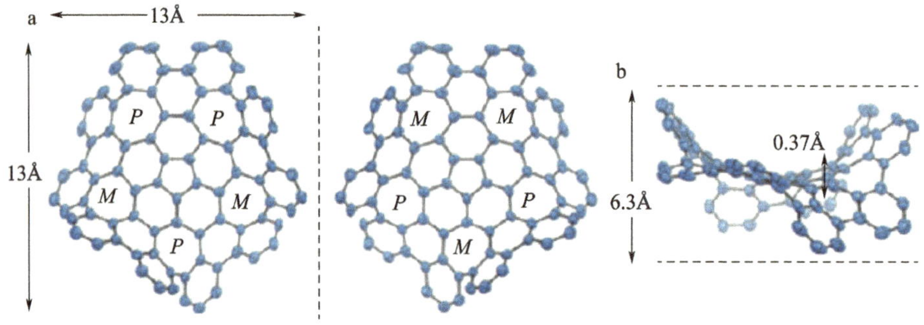

(c)

图3.2 有缺陷石墨烯材料的分子结构

(a)庚心环烯；(b)七元环缺陷的石墨烯；(c)弯曲石墨烯((c)经授权转载自参考文献[19]，2013年施普林格自然出版社版权所有)。

本章主要研究具有周期性缺陷的石墨烯，如孔洞和褶皱畸变，目的是设计碳、氢、氧和氮的铁磁材料。其中一种周期性孔洞缺陷石墨烯是多孔石墨烯(图3.3)。在Ag[22]、Au和Cu[23]上合成了多孔石墨烯。

几个小组随即完成了对能带结构的理论分析[24-26]。原则上，孔洞的形状可以扩展为三角形、平行四边形和六边形，而且孔洞的大小可变。如果是七元环缺陷，由于局部结构呈负弯曲而引起光学活性。

本章旨在综述多孔缺陷石墨烯材料的磁性和光学性质研究的最新进展。首先，利用晶体轨道方法讨论了多孔石墨烯的磁性。结果表明，在六边形多孔石墨烯中存在平坦的前沿能带，因此在阳离子和阴离子状态下，可以看到强铁磁相互作用；其次，从手性石墨烯的基础研究出发，从理论上讨论了负弯曲石墨烯材料的光学活性；最后，简要概述了石墨烯材料的磁性和光学性质的未来发展。

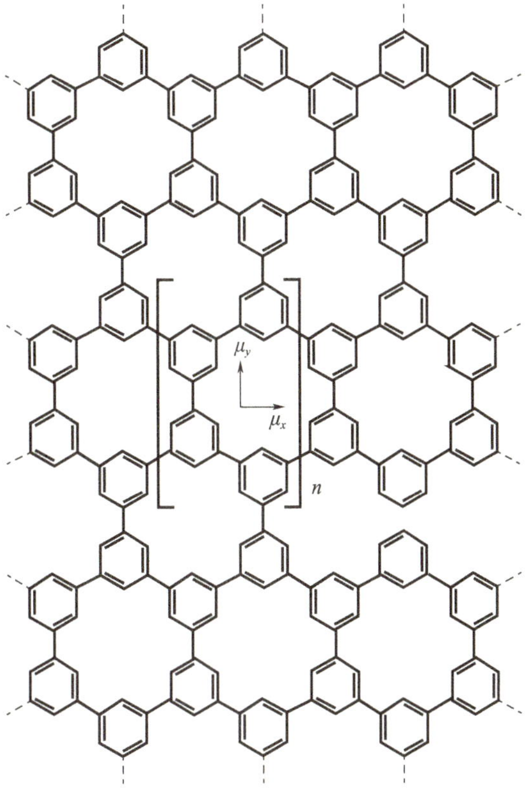

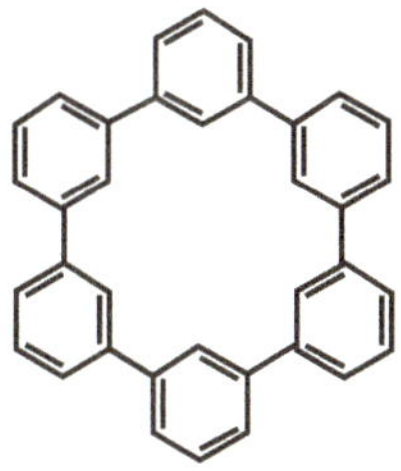

图 3.3 多孔石墨烯和环己二烯(CHP)

沿 x 轴和 y 轴取单位向量,多孔石墨烯后来被称为化合物6,具有不同单位向量(经授权转载自参考文献[24],2010年爱思唯尔出版社版权所有)。

3.2 多孔石墨烯的电子态

Bieri 等[22-23]合成了第一个多孔石墨烯,他们在 Ag、Au 和 Cu 表面合成了六边形多孔石墨烯,并在二维片上无限连接环己二烯(CHP;图 3.3 的底部)。多孔结构的确认促使了 STM 图像的发展,这对直接可视化具有重要作用。不久几个团队根据简单的 Hückel 晶体轨道法[24]和 DFT(密度泛函理论)[25-26],对第一个多孔石墨烯进行了能带计算。前沿晶体轨道 HOCO 和 LUCO 的平坦度是多孔石墨烯最显著的特征,这通过简单的紧束缚法推导出来,因为平坦度只在 Hückel 近似下具有意义。如果包含重叠积分,在 HOCO 和 LUCO

中都应该有平凡带宽。然而，平凡带宽在基本分析中并不重要。图3.3显示了多孔石墨烯中的晶胞和波向量的定义，可知晶胞和波向量的定义并不特殊。然而，为了解释下文，暂时采用了图3.3中描述的定义。图3.4显示了多孔石墨烯的色散和态密度(DOS)。按照常规方法注明了倒易空间中特殊点的符号。可以看到前沿晶体轨道HOCO和LUCO完全平坦，本征值在共振积分单位β(小于0)中是一致的黄金比率$(1\pm5^{0.5})/2$。众所周知，在非Kekule聚合物中[27-29]，经常能发现平坦的前沿能带，非键晶体轨道在本征值α(库仑积分)下出现简并。然而，在目前的情况下，平坦度并不是来自纯粹的非键合特性，而是来自丁二烯的独立单位，下面将展开讨论。由于多孔石墨烯的平坦能带，在前沿上看到了两个DOS强峰。因此，由于电离作用，多孔石墨烯的PES(光电子能谱)光谱可能在大约9eV时表现出强峰。

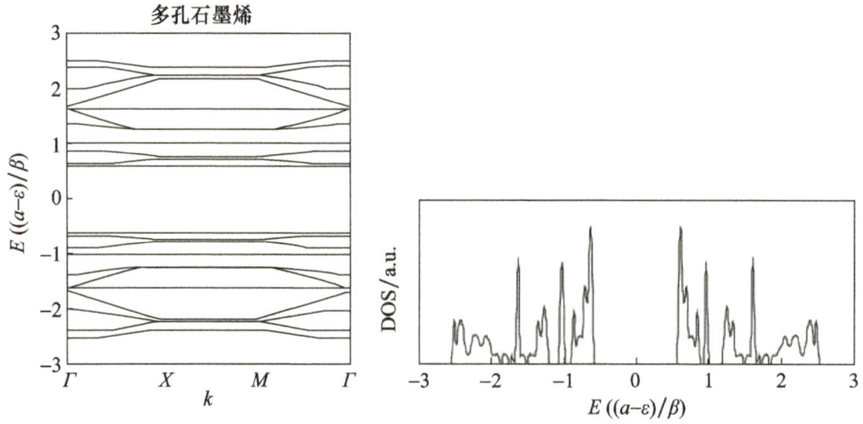

图3.4 多孔石墨烯的色散和DOS(态密度)
(经授权转载自参考文献[24]，2010年爱思唯尔出版社版权所有)

根据Hückel近似法，多孔石墨烯的带隙约为3.7eV(α和β分别设定为-7.2eV和-3.0eV)[24]。也就是说，与石墨烯相反，由于有明显的带隙开口，多孔石墨烯是半导体。

然而，由于前沿能带的平坦性，有效质量将非常大，因此，多孔石墨烯更适合用于磁性材料而不是导电材料的设计。前沿能带的平坦性使带宽非常小，所以应该把重点放在磁性和光学性能上。

总之，根据前沿能带的平坦度，可以预估阳离子态或阴离子态下的磁态，因为在简并态下任何一对电子都应该有相同的自旋，这来源于传统Hund规则。从理论上讲，根据前沿能带Wannier函数，通过直接计算交换积分可以推导出此结果。后面将说明直接计算磁性能的细节。这里更多关注多孔石墨的结构方面。

有趣的是，沿着任一方向从多孔石墨烯片上切割出来的多孔石墨烯带，在前沿区域也有平坦的能带[24]。图3.5和图3.6所示是沿x和y轴切割的典型多孔石墨烯带。晶胞的宽度随着阶梯数量变化而变化。我们认为这些梯形聚合物，如X_1、X_2、Y_1、Y_2等(下标是阶梯数量)被认为是伪一维聚合物，并且用简单的晶体轨道方法分析了它们的能带结构。图3.7和3.8分别显示了$X_1\sim X_5$和$Y_1\sim Y_5$色散性。可以看到在Hückel近似下HOCO和LUCO也呈现平坦状。在多孔石墨烯片中，本征值是相同的黄金比值。丁二烯基团的连接导致了平坦度(图3.9)。也就是说，在多孔单元中，许多丁二烯碎片通过间苯二胺单元连接,其中每一个丁二烯单元以非键合方式相互连接(参见轨道的节点特征)。应该注意到,这种非键合连接是间苯二胺的特性,而邻苯二胺或对苯二胺中却没有这种特性。事实上,间苯二胺单元被称为有机自由基的铁磁耦合器,其中自由基中心的每一个自旋相互平行[27-30]。间苯二胺的非键合特性保证了前沿轨道的简并,最终的简并形成完全平坦的HOCO和LUCO。因此,我们也期待如果适当进行氧化或还原反应,多孔石墨烯带中出现铁磁相互作用。多孔石墨烯带的DOS在前沿也表现出强峰。在零阶近似下,多孔石墨烯带的带隙与多孔石墨烯片的带隙相同。

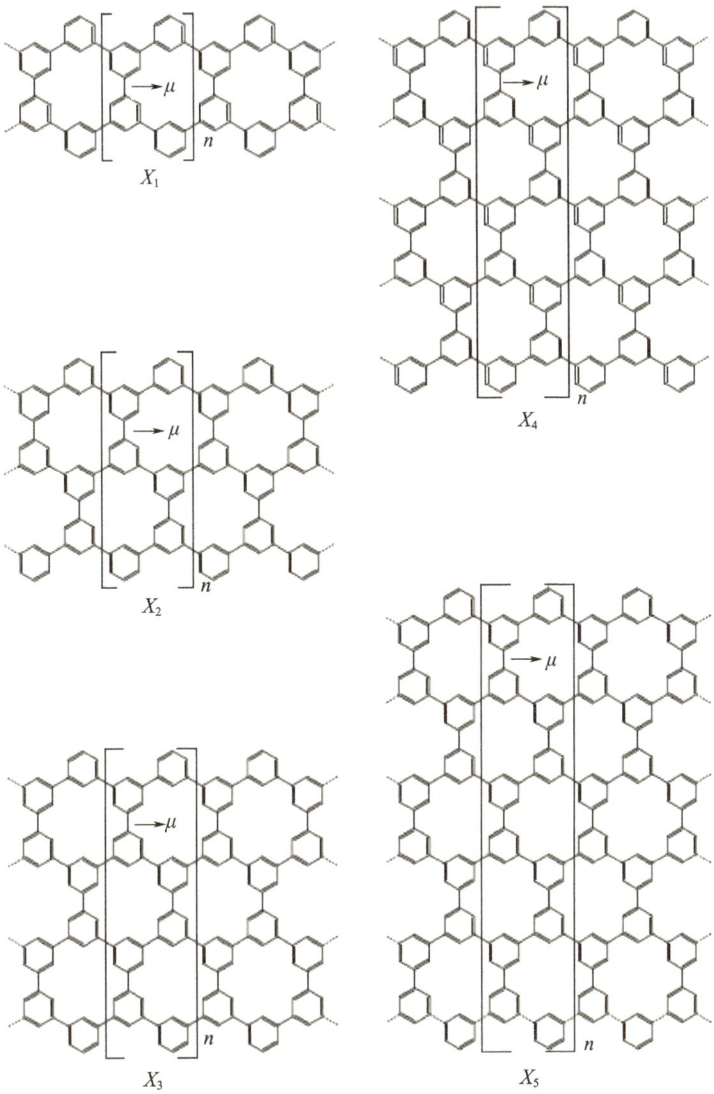

图3.5 沿多孔石墨烯 x 轴切割的多孔石墨烯带 X_n 的分子结构
(经授权转载自参考文献[24],2010年爱思唯尔出版社版权所有)

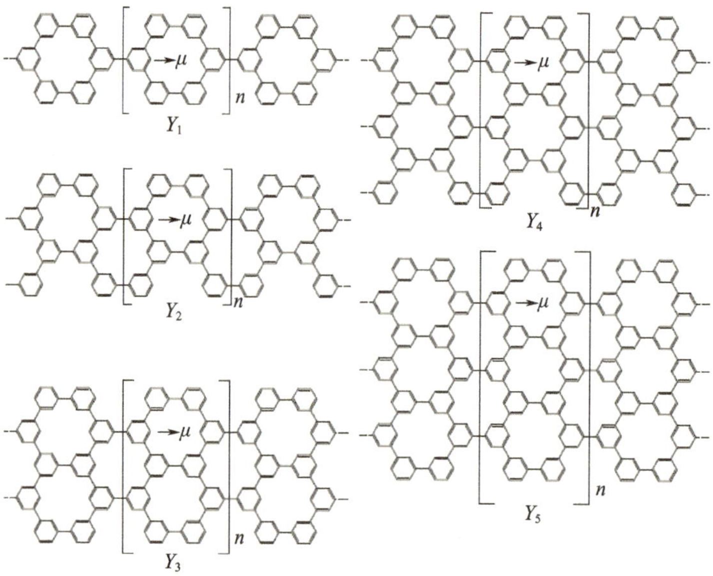

图 3.6　沿多孔石墨烯 y 轴切割的多孔石墨烯带Y_n的分子结构

（经授权转载自参考文献[24]，2010 年爱思唯尔出版社版权所有）

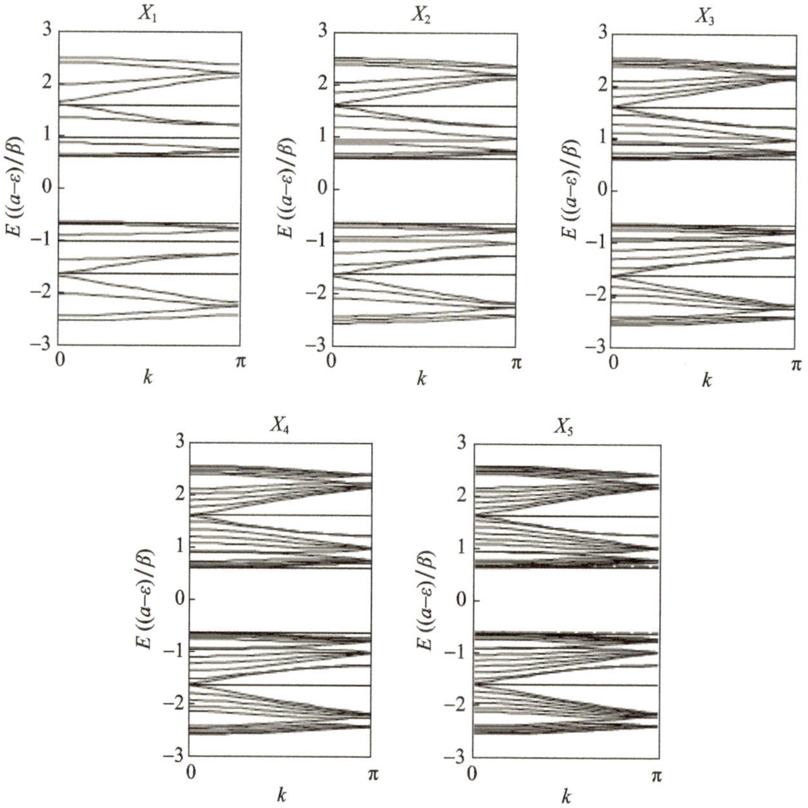

图 3.7　多孔石墨烯带X_n的色散

（经授权转载自参考文献[24]，2010 年爱思唯尔出版社版权所有）

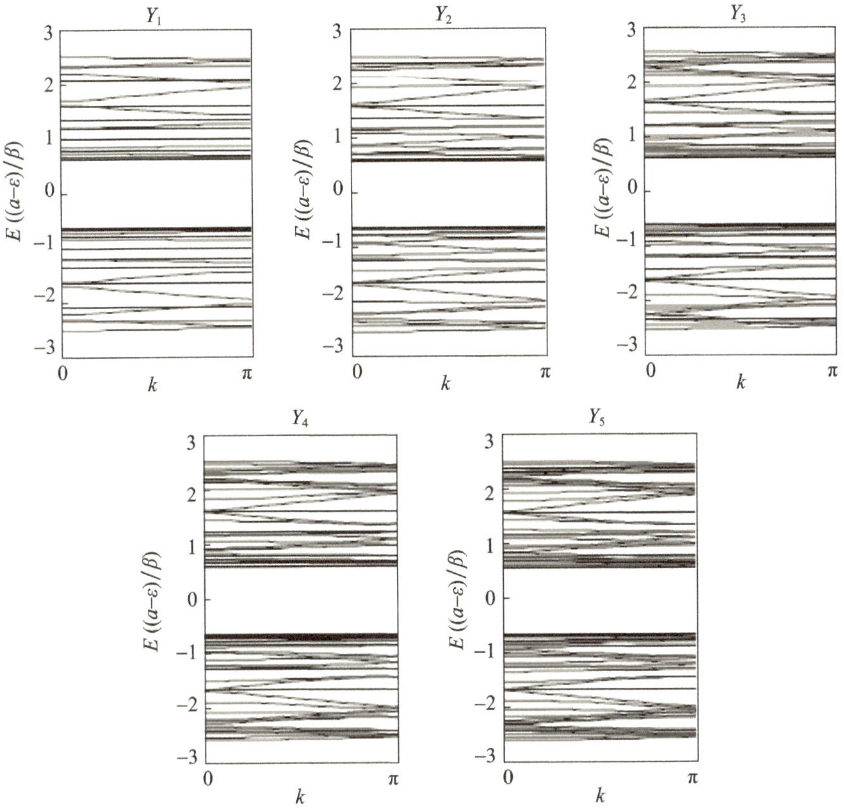

图 3.8　多孔石墨烯带 Y_n 的色散

（经授权转载自参考文献[24]，2010 年爱思唯尔出版社版权所有）

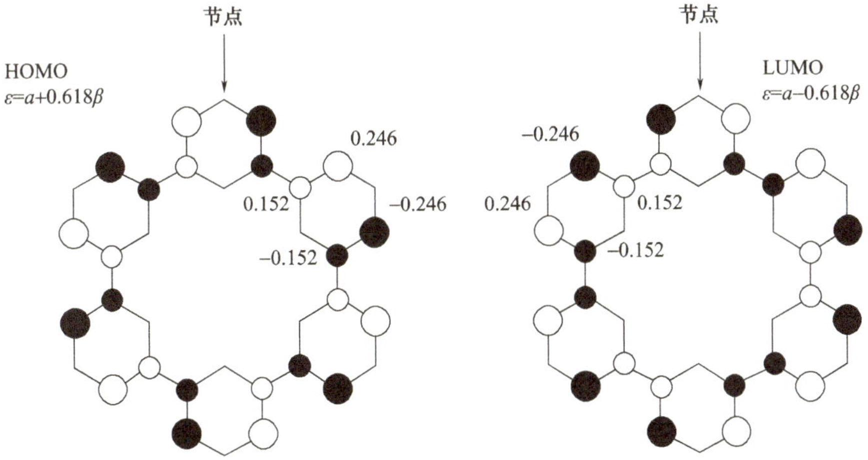

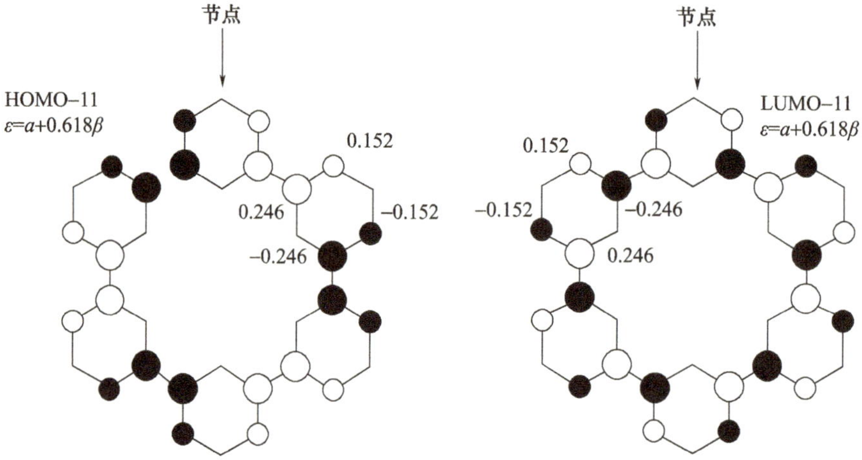

HOMO—最高占据分子轨道；LUMO—最低未占分子轨道。

图 3.9　选择 CHP 分子轨道（箭头表示节点）

（经授权转载自参考文献[24]，2010 年爱思唯尔出版社版权所有）

3.3 扩展多孔石墨烯

若要用多边形镶嵌到给定的平面，则对多边形单元的形状存在一定的结构限制。允许的多边形只有三角形、平行四边形和六边形。因此，多孔石墨烯可以为扩展到由这些多孔多边形[31]和 CHP 孔洞平面填充的二维材料。在高分子化学领域，利用碳－碳耦合反应合成了多孔二维材料[32-34]。除了合成策略本身具有的科学重要性外，这些多孔材料也引起了人们的广泛兴趣，这是因为骨架的拓扑连锁可能具有的磁性特性。由于孔洞中的碳原子被氢原子包围，这些多孔材料可以归为有机聚合物，而不是无机石墨烯。本章综述了这些材料电子态理论分析的最新进展。

Treier 等合成了原型三角形多孔石墨烯[35]。Chen 等合成了平行四边形多孔石墨烯[36]。在三角形（图 3.10 和图 3.11）和平行四边形多孔石墨烯（图 3.12 和图 3.13）中，HOCO 和 LUCO 的带宽在 Hückel 近似下不为零。六边形多孔石墨烯的孔洞大小也可以改变（图 3.14）。可以证明，所有的孔洞大小在前沿水平应该有平坦能带，这源于聚苯烯单元的非键合连接，类似于传统的多孔石墨烯。图 3.15 显示了六边形多孔石墨的色散和 DOS。这些材料的态密度在平坦能带上也有强峰。这种情况也适用于由任意尺寸的六边形多孔单元组成的低聚物，因为总是由间苯二胺单元来保证非键合连接。图 3.16 显示了这 3 种多孔材料中的孔洞单元 13、14 和 15（CHP）。在扩展的六边形多孔石墨烯中，也显示了二乙烯基苯（DVB）单元的非键合连接特性。可以看到通过间苯二胺单元出现了非键合连接，且每个碎片的振幅独立分开（参见轨道的节点特征）。因此，可以得出结论：平坦能带只出现在六边形多孔石墨烯中。因此，在所有多孔石墨烯材料中，六边形多孔石墨烯可能是最佳选择。

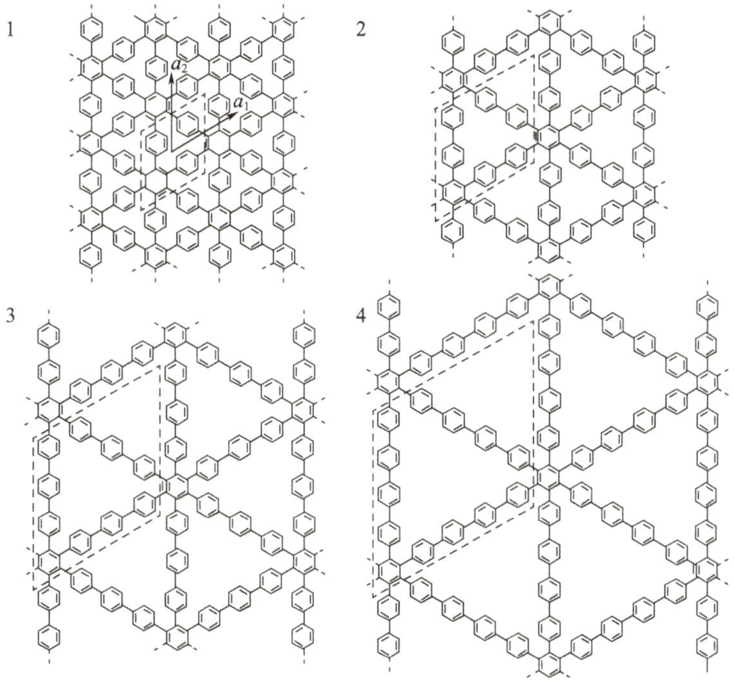

图 3.10 三角形多孔石墨烯的分子结构(经授权转载自参考文献[31],2012 年 ACS 出版版权所有)

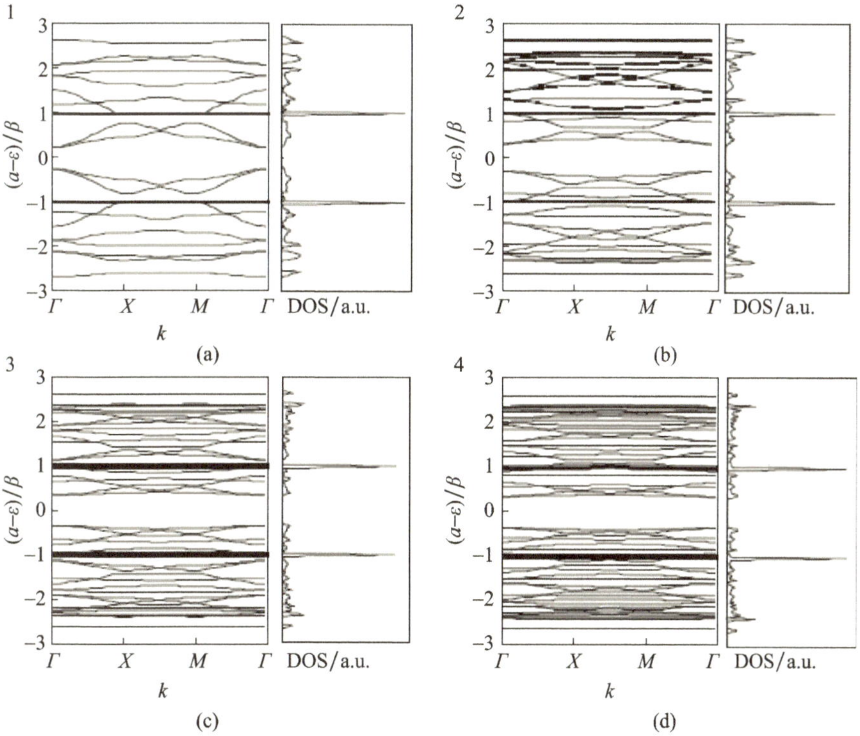

图 3.11 在 Hückel 理论下的色散和 DOS(经授权转载自参考文献[31],2012 年 ACS 出版版权所有)

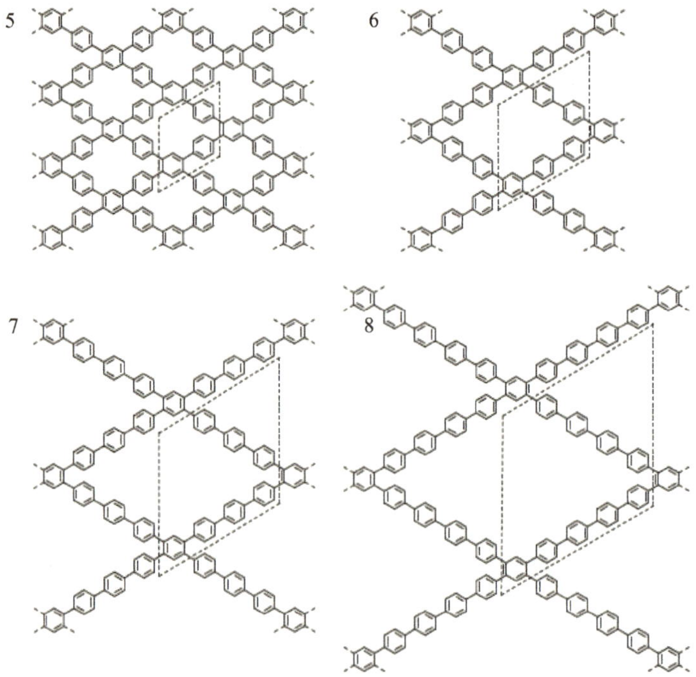

图3.12　平行四边形多孔石墨烯的分子结构（经授权转载自参考文献[31]，2012年ACS出版版权所有）

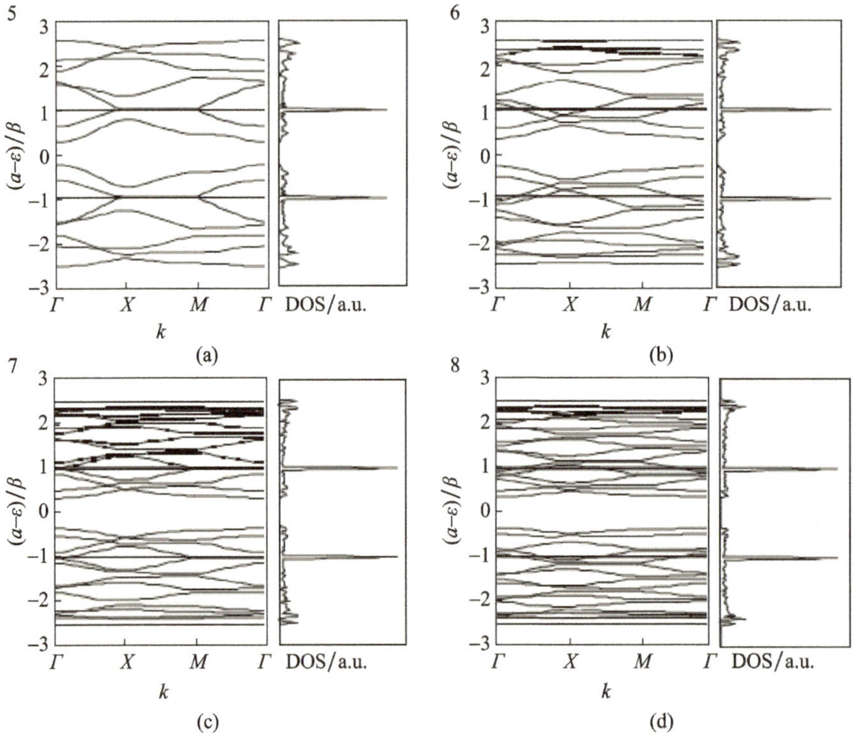

图3.13　在Hückel理论下的色散和DOS（经授权转载自参考文献[31]，2012年ACS出版版权所有）

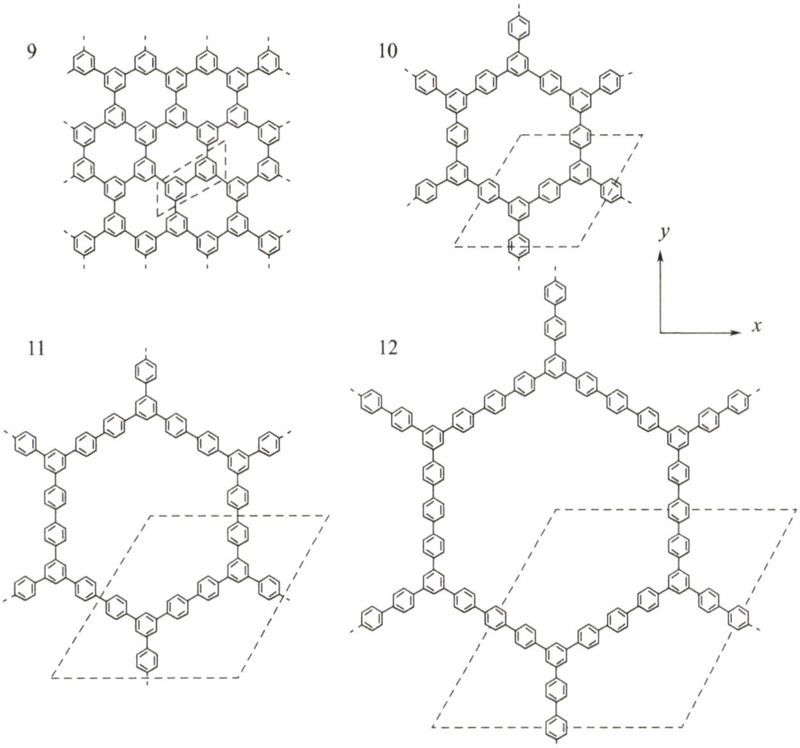

图3.14 六边形多孔石墨烯的分子结构(经授权转载自参考文献[31],2012年ACS出版版权所有)

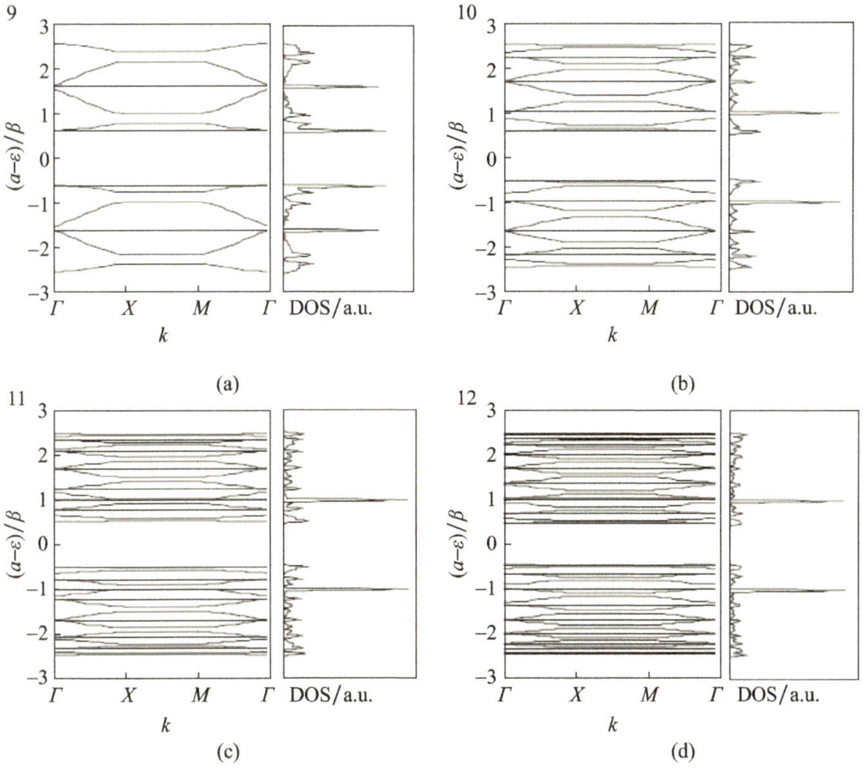

图3.15 在Hückel理论水平上的色散和DOS(经授权转载自参考文献[31],2012年ACS出版版权所有)

13 14 15

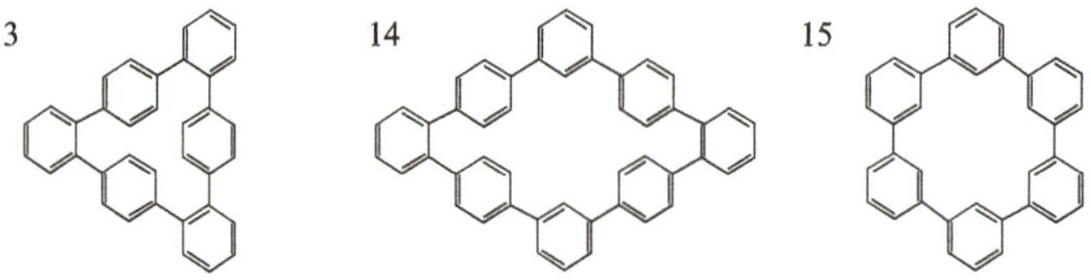

(a)

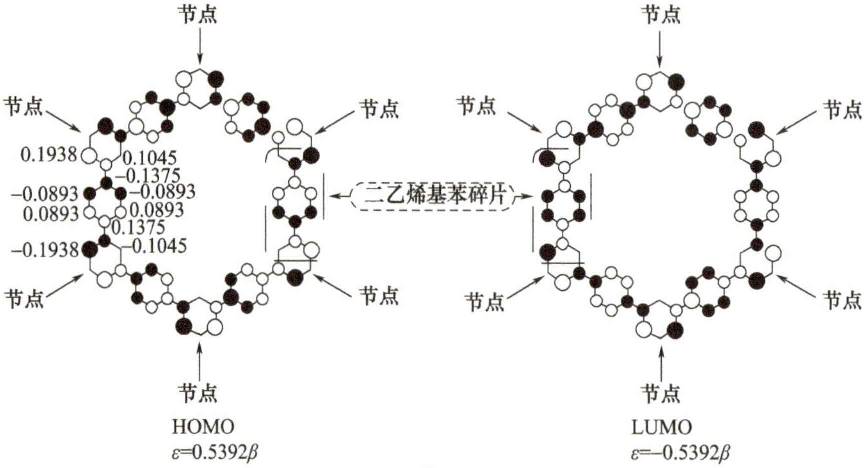

(b)

HOMO—最高占据分子轨道;LUMO—最低未占分子轨道。

图 3.16 三角形、平行四边形和六角形多孔聚对亚苯的最小单位(图片还显示了六角形聚对亚苯的节状特征。在每个边缘出现了二乙烯基苯(DVB)分子轨道碎片(经授权转载自参考文献[31],2012 年 ACS 出版版权所有)

3.4 氧化或还原态的磁性

当多孔石墨烯被适当氧化或还原时,会产生上述预期的铁磁相互作用,平坦能带会导致不平凡的有效交换相互作用。通过估算磁轨间的交换积分,可以分析平坦能带中的铁磁相互作用。在高分子化学领域,可以从标准轨道推导出的局域轨道来分析铁磁相互作用。几个量子化学家发展了局域轨道理论:20 世纪 70 年代,Borden 和 Davidson[9] 基于不交集/非不交集概念研究出了定性方法,用来预测小的有机双自由基的自旋偏好,在前章中对此有所描述。在 1999 年,Aoki 和 Imamura[37] 研究出了一个数学程序,用以找出任何不交集/非不交集概念下双自由基的交换积分。他们的方法是基于前沿轨道的幺正变换中最小化交换积分。在简并的自由范围内,可以利用变分原理估计交换积分,这里磁性轨道应优化为最大局部轨道。在多自由基中,作者将磁性轨道的不交集/非不交集概念推广到 Wannier 函数[13]。通过利用磁轨道的最大局部 Wannier 函数,可以估算任意无限简并系统中的交换积分。在小分子的局域轨道中 Wannier 函数合理扩张[13]。这里演示了直接计算局部轨道和最终交换积分的例子。为了展示这些材料中的铁磁相互作用,最好从小的双自由基多孔低聚物的双阳离子态和双阴离子态开始。图 3.17 显示了多孔石墨烯二聚体(16、17);一个沿着 x 轴切割,另一个沿 y 轴切割。引人注意的是,双正离子态和双阴离子态中的交换积分,它们是单态和三重态之间能量间隙的 2 倍。

从这些系统的振幅模式可以很容易地看出 X 型低聚物 16 中的磁轨是非不交集的磁轨,而 Y 型低聚物 17 中的磁轨是不交集轨道[31]。这意味着只沿着 x 轴而不沿着 y 轴产生交换积分。如果沿两个轴的系统分布足够大,则在二维平面上净交换积分不是零。可以采用常规的分子轨道方法直接计算交换积分,如 ROHF(限制开壳层 Hartree - Fock 方程)或 UHF(无限制 Hartree - Fock 方程)。然而,UHF 波函数通常不满足自旋对称性,有时会过高估算交换积分。但是如果自旋平方的期望值没有过于偏离正确值,UHF 波函数仍然有用,因为 UHF 波函数可以将自旋分布描述为自旋改变。在大系统中,可以采用半经验半电子技术方法。总之,最近几年估算交换积分并没有那么困难。通常,多自由基的电子状态不能仅仅用一个行列式来描述。最重要的是,在低自旋状态下,必须使用组态相互作用方法(configuration interaction,CI)来处理多行列式系统。用多行列式描述低自旋态以及电子关联非常重要。然而,现在 DFT(密度泛函理论)也可以改进计算,包含了一些电子关联。实际上,DFT 可能是目前用来计算的最佳选择。

16

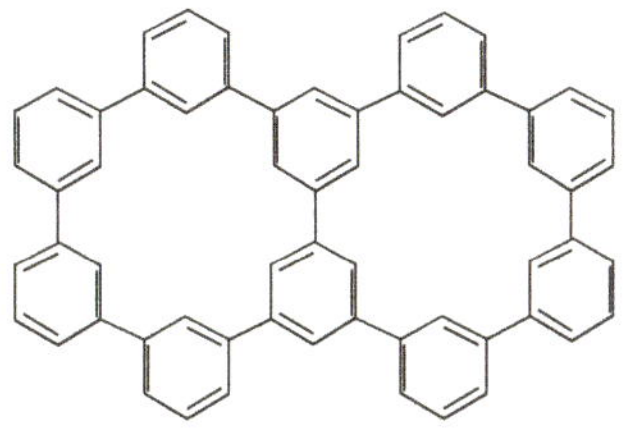

17

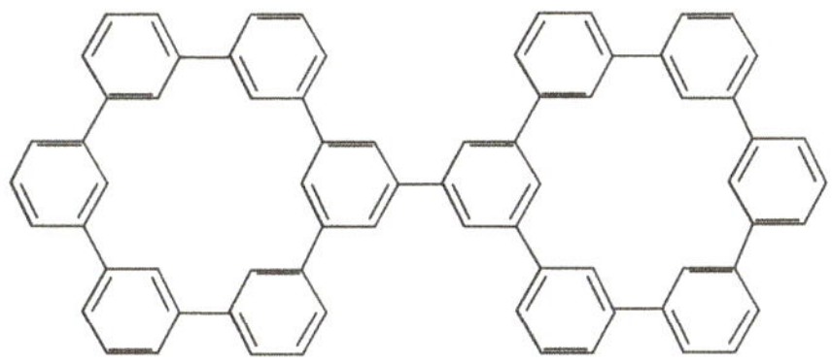

18

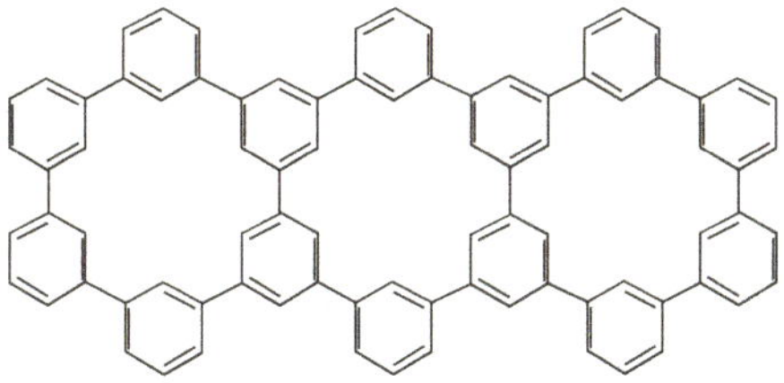

19

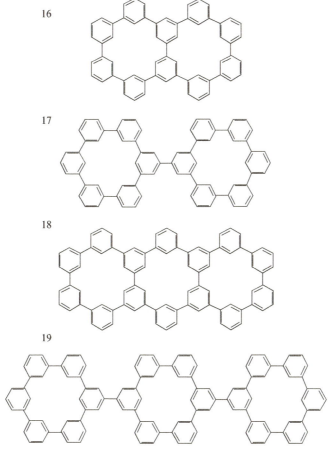

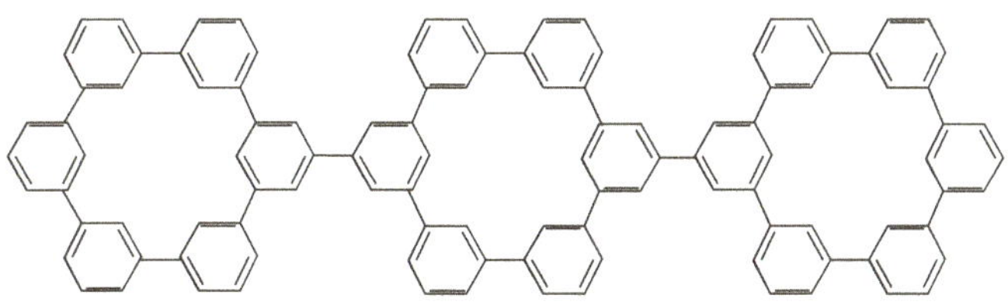

图 3.17 沿 x 和 y 轴边缘切割的多孔石墨烯的二聚体和三聚体
(经授权转载自参考文献[31],2012 年 ACS 出版版权所有)

表 3.1 显示了关于自旋间隙计算的摘要,从中发现,16 和 17 的双阳离子态和双阴离子态都具有高自旋基态,其中三重态在大约 5kcal/mol 下更稳定。自旋间隙(是交换积分

的2倍）足以发生铁磁相互作用，因此氧化或还原的多孔石墨烯在石墨烯家族里是有前途的磁性材料。图3.18显示了阳离子和阴离子二聚体的自旋分布。可以看到，在桥连结构中实现了自旋定向，自旋改变是在周边区域中实现的。

也可以对三元组进行类似分析。图3.17还显示了多孔石墨烯三聚体18和19，一个沿着 x 轴切割，另一个沿着 y 轴切割。另外，我们感兴趣的是三阳离子态和三阴离子态铁磁相互作用。在这种情况下，便于计算最高自旋态（四重态）和最低自旋态（双重态）之间的能隙（自旋隙）而不是交换积分。表3.2显示了三元组的计算摘要。可以看到这两种都有高自旋（四重态）的基态，而低位低自旋态（双重态）相对不稳定。高自旋态的稳定性来源于 x 轴三聚体中的非不交集磁轨。当然，也可以对四聚体、五聚体等进行类似计算。对于既定的一对半占据的 Wannier 函数，可以用下面的公式来预估交换积分[13,31]，即

$$K \approx 2\sum_{r}^{\text{cell}} a_r(0)^2 a_r(1)^2 (rr \mid rr) \tag{3.1}$$

表3.1 B3LYP/3-21 G 和 B3LYP/6-31 G(d) 理论水平上的 16^{2+}、16^{2-}、17^{2+}、17^{2-} 自旋间隙摘要（经授权转载自参考文献[31]，2012年ACS出版版权所有）

离子	B3LYP/3-21 G			B3LYP/6-31 G(d)		
	单态（哈特里能量）	三重态（哈特里能量）	(E_S-E_T)/(kcal/mol)	单态（哈特里能量）	三重态（哈特里能量）	(E_S-E_T)/(kcal/mol)
16^{2+}	-2294.452716	-2294.462300	+6.01	-2307.187060	-2307.196485	+5.95
16^{2-}	-2294.978635	-2294.984403	+3.62	-2307.697003	-2307.702200	+3.26
17^{2+}	-2753.715571	-2753.725668	+6.34	-2768.993805	-2769.003809	+6.28
17^{2-}	-2754.240458	-2754.247833	+4.63	-2769.502458	-2769.509483	+4.41

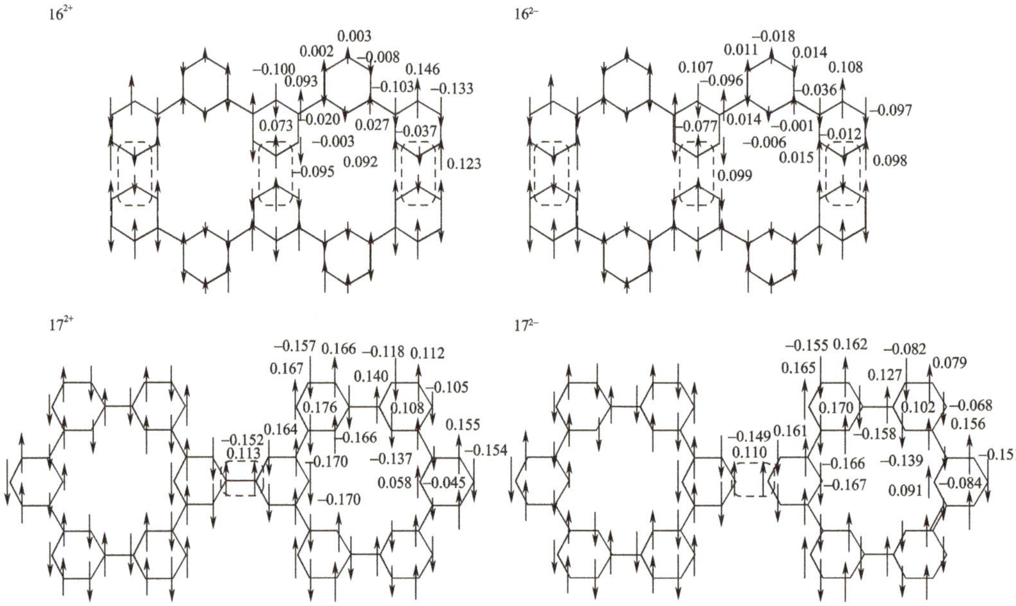

图3.18 在UHF/3-21 G理论水平上 16^{2+}、16^{2-}、17^{2+}、17^{2-} 自旋密度分布（出现在盒装桥连结构的平行自旋对）（经授权转载自参考文献[31]，2012年ACS出版版权所有）

表 3.2 关于 AM1 - CI 和 PM3 - CI 理论水平上18^{3+}、18^{3-}、19^{3+}、19^{3-}自旋间隙的摘要(经授权转载自参考文献 31,2012 年 ACS 出版版权所有)

离子	AM1 - CI(6,6)/(kcal/mol)			PM3 - CI(6,6)/(kcal/mol)		
	二重态	四重态	$E_D - E_Q$	二重态	四重态	$E_D - E_Q$
18^{3+}	1180.569527	1174.968783	+5.60	1097.288084	1091.798500	+5.49
18^{3-}	528.269073	527.674811	+0.59	433.047397	433.040594	+0.0068
19^{3+}	1284.604112	1284.338344	+0.27	1179.310832	1178.784696	+0.53
19^{3-}	638.562430	638.519486	+0.043	531.496558	531.412285	+0.084

其中,第 τ 个近邻单元第 r 个位置上的 Wannier 系数是$a_r(\tau)$,(rr|rr)是中心积分。可以通过 Bloch 函数的幺正变换来计算 Wannier 函数。可以注意到,由于波函数的任意相位,Wannier 函数并不是唯一确定值。然而可以证明,优化的 Wannier 函数对于每个晶胞应该是对称或不对称的,从而提供了系统的最小交换积分。图 3.19 显示了沿着 x 轴切割的伪一维聚合物 HOCO 和 LUCO 的图示 Wannier 函数。可以看到相邻 Wannier 函数是非不相交的,因为它们跨越了桥连结构的普通原子,因此,在理论上预测了强铁磁相互作用。沿 y 轴切割的伪一维聚合物 HOCO 和 LUCO 的 Wannier 函数都不交集,这对磁性并不重要。在任何理论层面上可以对多孔石墨烯片进行同样的分析。总之,Wannier 函数的非分离特性保证了多孔石墨烯的铁磁相互作用。

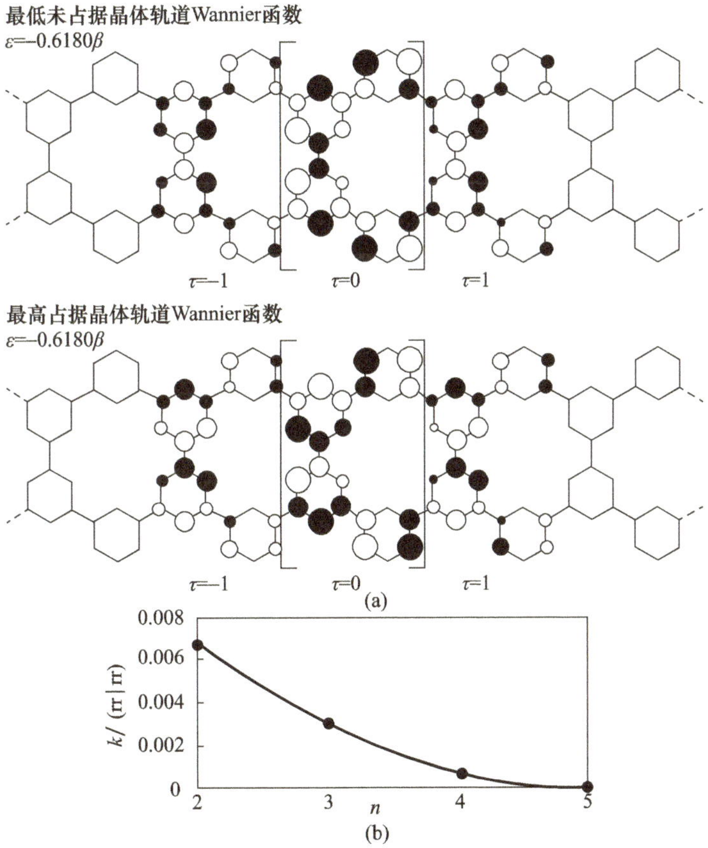

图 3.19 一维多孔石墨烯带的 Wannier 函数(方括号表示 Wannier 中心。显示了在一维多孔石墨烯带中,孔径对交换积分的影响)(经授权转载自参考文献[31],2012 年 ACS 出版版权所有)

最后说明了交换积分的孔洞大小依赖性。通过改变环状苯烯的耦合单元，可以控制孔洞的大小。为了预估交换积分的孔洞大小，Aoki 和 Imamura[37]引入了与交换积分近似成比例的无量纲参数L_{ij}。图 3.19 还显示了每个孔洞的交换积分对比一侧 n 的亚苯基单位数的变化。可以看到交换积分随孔径 n 增加而减小。这是由于局域化程度的增加和轨道系数的下降。由于晶体轨道系数主要分布在上述桥连结构，因此交换积分与孔径 n 近似成反比[31]。因此，在所有多孔石墨烯家族中，磁性材料的最佳选择是第一个 $n=2$ 的多孔石墨烯。

3.5 负弯曲石墨烯材料

由于系统局部不对称畸变，石墨烯片中的多孔缺陷常常引起光学活性。平面石墨烯的高斯曲率为零。高斯曲率是两个主轴的曲率乘积。当石墨烯的一个六边形被五边形取代时，系统就会弯曲成正高斯曲率。另外，当石墨烯的一个六边形被一个七边形取代时，系统就会产生负高斯曲率。前者与富勒烯的形成有关，这里弓形结构的产生是因为心环烯部分。后者与最近研究取得进展的负弯曲石墨烯材料有关，如鞍状碳纳米管、翘曲石墨烯等。本章将重点讨论负弯曲石墨烯，并对局部结构和由此产生的光学活性展开基本分析。

负弯曲结构的特征是出现表面上的鞍点。原子同时向相反方向移动会产生鞍形。可以用局部结构的振动模态来描述位移。通常，鞍形结构不仅可以是七边形，也可以是八边形、九边形、十边形等。但是最基本的结构是七边形衍生物，因为多边形中的多个边可以快速增加畸变能。

我们认为圈烯是负弯曲石墨烯材料的最基本结构，图 3.2(a)显示了该结构，它的结构初步属于D_{7h}点群。但从直觉上还无法判断庚心环烯的最稳定结构是否属于D_{7h}点群。但通过研究振动相互作用可以分析稳定性标准，即伪 Jahn – Teller 效应(PJT)。PJT 通过振动和电子状态之间的相互作用，可能使高度对称的分子畸变为低对称结构，产生的能量可能比原来的高对称结构的能量低。通常，高对称结构向低对称结构扭曲的根源只是 PJT。在这种情况下，也可以通过 PJT 能量学[20-21]分析庚心环烯的负弯曲结构。

众所周知，可以用 Hertzberg – Teller 展开式描述 PJT 能量学，即

$$E(Q_i) \approx E_0 + \left\langle \Psi_0 \left| \frac{\partial H}{\partial Q_i} \right| \Psi_0 \right\rangle Q_i + \frac{1}{2}\left\{ \left\langle \Psi_0 \left| \left(\frac{\partial^2 H}{\partial Q_i^2}\right)_0 \right| \Psi_0 \right\rangle + 2\sum_{n\neq 0} \frac{\left| \left\langle \Psi_n \left| \left(\frac{\partial H}{\partial Q_i}\right)_0 \right| \Psi_0 \right\rangle \right|^2}{E_0 - E_n} \right\} Q_i^2 \tag{3.2}$$

式中：H 为哈密顿算子；E 为位移函数，用每个本征值E_n的本征函数$\{\Psi_n\}$表示Q_i。

展开式基于一般微扰理论。然而，更合理的公式来自一个特征方程式，这个方程式是用来描述基态和激发态组成的二能级系统。

那么，畸变状态的能量为

$$E(Q_i) = \frac{1}{2}K_0 Q_i^2 - \sqrt{\Delta^2 + F^2 Q_i^2} + \text{const.} \tag{3.3}$$

式中：K_0为对应于经典力常数；2Δ 为这两种状态之间的能量间隙；F 为振动耦合常数。当位移不太大时，上面的两个表达式的结果几乎相同。从上面的表达式来看，在 PJT 中，活跃振动的表示应该与激发态的表示相同。然后，作为二阶摄动项的 PJT 耦合常数是非平凡，由此产生的畸变降低了系统的总能量。在这里我们检查下平面庚心环烯的电子状态。要掌握 PJT 活跃激发态，无须进行高精度的量子计算，但有必要定性描述本征值谱和对称分类。图 3.20 显示了本征函数谱和D_{7h}－庚心环烯状态图。由于平面庚心环烯属于D_{7h}点群，HOMO、LUMO 等前沿轨道出现双重简并。HOMO 在 B3LYP/3－21 G 理论层次上属于e''_2的表示。为了激活平面分子的褶皱模式，激发态应该属于 $\pi-\sigma^*$ 或 $\sigma-\pi^*$ 对称。图 3.20 显示了活跃激发态。在每个活跃激发态中，由对称性决定活跃振动模态。在 A''_1和 A''_2模态保持D_{7h}对称性的前提下，活跃振动应属于 E''_m（$m=1,2,3$）的表示。由于高对称性，这些模式出现双重简并。一种是对称模式，另一种是非对称模式。前者导致弓形结构，后者导致鞍形结构。例如，图 3.21 显示了 E''_2模式示意图。我们看到振动向量分布在周边氢原子和碳原子上。通过振动相互作用常数，振动与激发态相互作用，而所产生的畸变降低了系统的总能量。

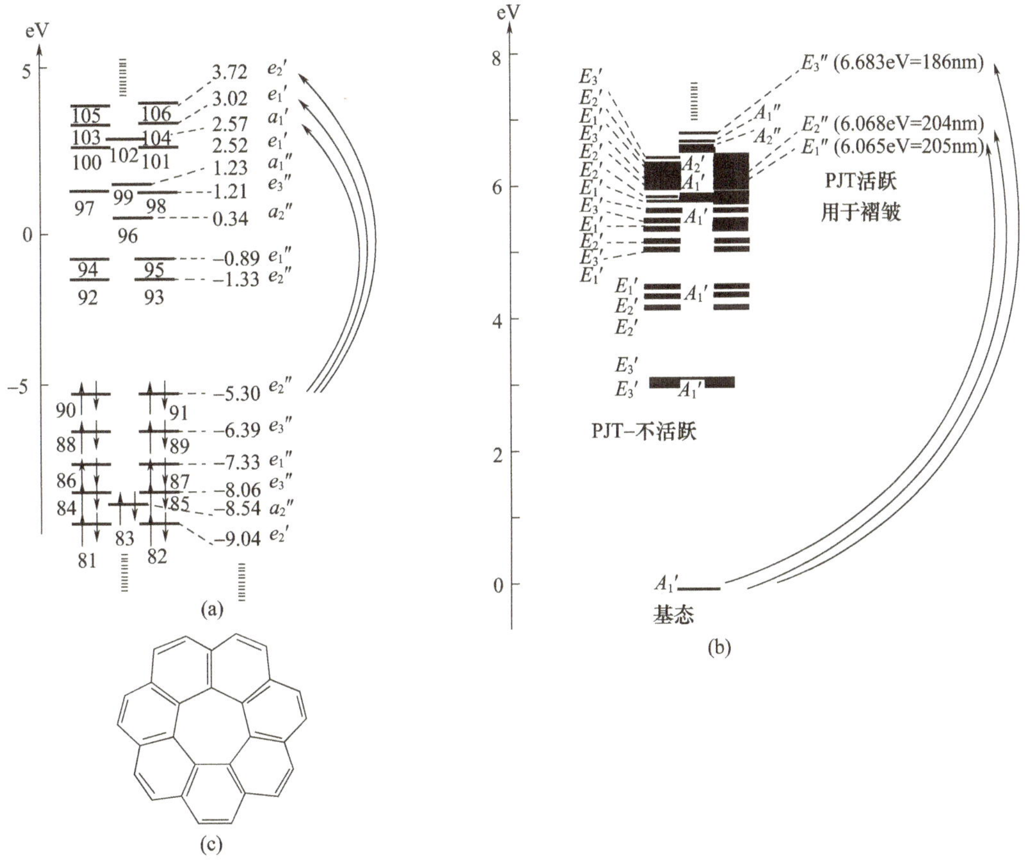

图 3.20　D_{7h}－庚心环烯分子轨道（B3LYP/3－21 G/B3LYP/3－21 G）（经授权转载自参考文献[20]，2016 年 ACS 出版版权所有）和D_{7h}－庚心环烯状态图（CIS(23,7)/PM3//PM3）（经授权转载自参考文献[21]，2017 年 IOP 出版版权所有）

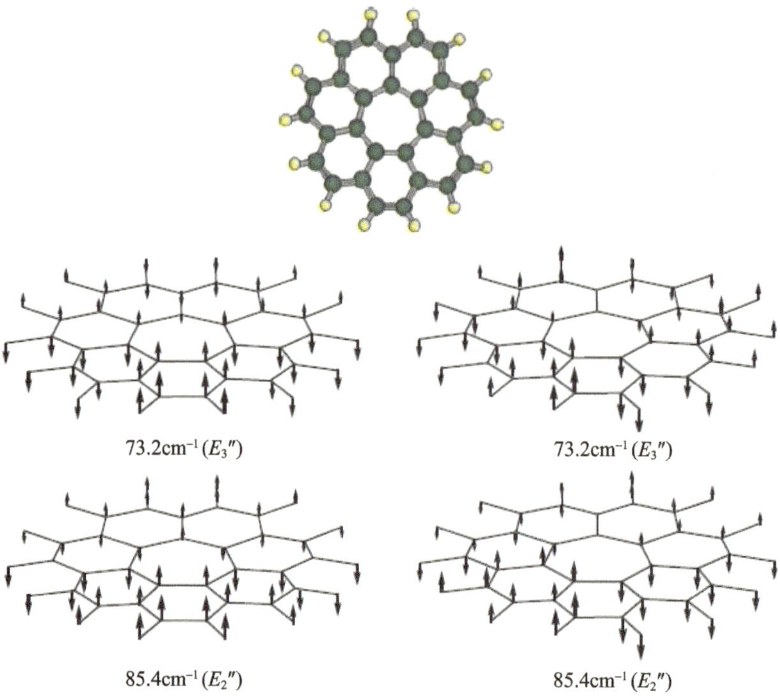

图 3.21　在 B3LYP/3－21G 理论水平上的D_{7h}点群振动活跃模型的示意图
（经授权转载自参考文献[20]，2016 年 ACS 出版版权所有）

可以用一般程序直接计算优化结构，但位移应该用适当的约束如 Cramer－Pople 坐标来描述，以满足空间的对称性。图 3.22 显示了 PJT 畸变庚心环烯的优化几何形状。一个是 C_s 几何形状，另一个是 C_2 几何形状。前者是不活跃光学性，后者是活跃光学性。在 DFT 水平上，C_2 几何形状的畸变异象体比 C_s 异象体更加稳定。在 B3LYP/6－31G(d)//B3LYP/6－31G(d)水平上，D_{7h}－C_2 间隙为 9.01kcal/mol，C_s－C_2 间隙为 0.053kcal/mol[20]。这与 X 射线衍射的实验结果一致。还未发现 C_s 异象体。C_2 异象体和 D_{7h}异象体之间的能量差约为 9kcal/mol，虽然还没有实现实际的分辨率，但产生的光学分辨率具有较强的稳定性。

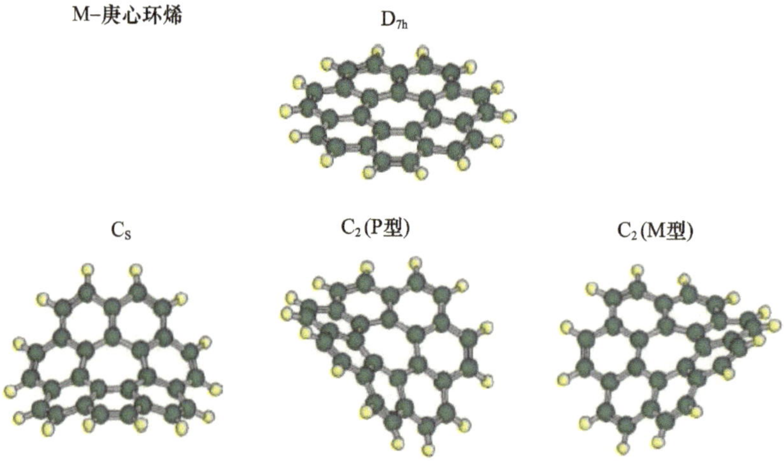

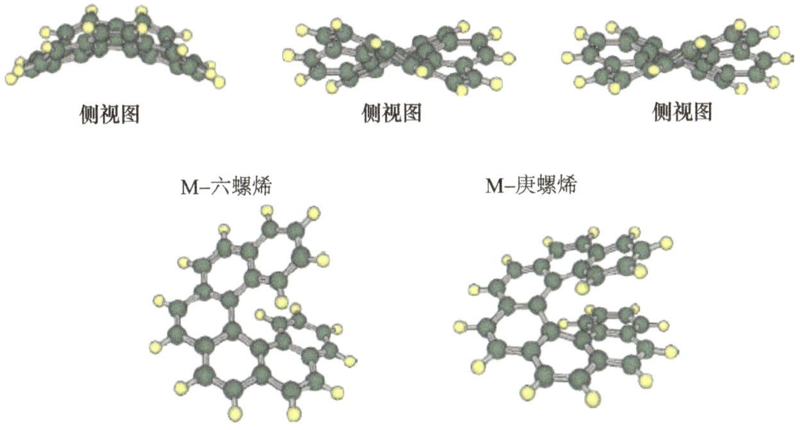

图 3.22　在 B3LYP/3 – 21G 理论水平上庚心环烯的优化结构（以及D_{7h} – 、C_s – 、C_2 – 对称几何形状，具有负（M） – 和正（P） – 螺旋分子空间结构，下部分结构是半经验优化的 M – 六螺烯和 M – 庚螺烯供参考）（经授权转载自参考文献[20]，2016 年 ACS 出版版权所有）

3.6 庚心环烯光学活性

如上面所述，庚心环烯的C_2异象体具有光学活性。众所周知，可以用圆二色性（circular dichroism，CD）或旋光色散（ORD）光谱来测量光学活性。现在仍然广泛使用前一种方法，但由于技术原因，现今已很少使用后一种方法。这两种光谱通过 Kramers – Kronig 关系联系在一起，并通过数学变换可以互相转换成另一种光谱。在这两种方法中，旋光强度在描述光学活性中起着重要的作用。由于计算复杂跃迁矩存在困难，旋光强度的直接计算一直是一个具有挑战性的课题。为了模拟 CD 和 ORD 光谱，采用了半经验波函数下的 Rosenfeld 公式。在激发下从状态 I（初始）到状态 F（最终）的旋光强度$R_{\mathrm{I-F}}$为

$$R_{\mathrm{I-F}} = \mathrm{Im}\left\{\left\langle I\left|\sum_n \mu_{\mathrm{e}}(n)\right|F\right\rangle \cdot \left\langle F\left|\sum_n \mu_{\mathrm{m}}(n')\right|I\right\rangle\right\} \tag{3.4}$$

式中：μ_{e}和μ_{m}分别为电偶极动量算子和磁偶极动量算子。式（3.4）利用主动轨道 i 和 f 降为一个单电子问题。实际上，Moffit 介绍的降低旋光强度的方法非常方便，即

$$R_{\mathrm{I-F}} = \frac{100R_{\mathrm{I-F}}}{\mu_{\mathrm{D}}\mu_{\mathrm{B}}} = 1.08\times 10^{40} R_{\mathrm{I-F}}(\mathrm{cgs}) \tag{3.5}$$

式中：μ_{D}和μ_{B}分别为 Debye 单元和 Bohr 磁子。在共轭系统中，不能用单一行列式来描述激发态，不可避免组态相互作用（configuration interaction，CI）。在这种情况下，旋光强度的扩展表达式为[38]

$$[R_{\Phi_G-\Phi_E}] \approx -\frac{7313}{E_E - E_G}\sum_{a,r}\sum_{b,s} c_a^r\, c_b^s \{\langle a \mid \nabla \mid r\rangle \cdot \langle s \mid \boldsymbol{r}\times\nabla \mid b\rangle\} \tag{3.6}$$

式中：E_E和E_G分别为激发态能量和基态能量；c_a^r为 CI 系数（a 和 b 属于被占用空间，r 和 s

属于虚拟空间）。在 C_2 分子中，激发态可分为 A 和 B 两组，它们分别与主轴的旋转有关，分别具有对称和非对称性。在计算降低旋光强度后，利用 Gaussian 拟合和 Lorentzian 拟合模拟了 CD 和 ORD 光谱。

图 3.23 和图 3.24 显示了 C_2 – 扭曲畸变 M – 庚心环烯的 CD/ORD 模拟光谱。符号“M”表示手性，意思是在长波区域，负符号 Cotton 效应表示的负螺旋度。另一个用符号“P”来表示，意思是加符号 Cotton 效应表示的正螺旋度。当然，它们的光学活性在符号上相互对立。可以发现 M – 庚心环烯的 Cotton 效应在长波区域为负效应。因此，在钠 D 线（589nm）上的特定旋转符号也应该是负的，尽管还未得到证实。值得注意的是，在长波区域，Cotton 效应的符号形式上与传统的螺旋规律一致；右手螺旋化合物通过非对称激发态（B 态）表现为加符号 Cotton 效应，左手螺旋化合物通过 B 态表现为负符号 Cotton 效应。通常情况下，第一激发态是非对称 B 态，这是因为 HOMO 与 LUMO 的奇偶性相对。除了一些不规则的情况外，螺旋规律可以很好地预测有机化合物、螺旋状聚合物和天然化合物中 Cotton 效应的符号。在本例中，庚心环烯也与螺旋规律有关，因为只有一个旋转主轴，而在 HOMO 和 LUMO 中，这个轴的奇偶性不同，D_{7h} – 庚心环烯的分子轨道的振幅模式已证实此点。激发态主要由 HOMO – LUMO 跃迁组成，因此庚心环烯中的 Cotton 效应服从螺旋规律。

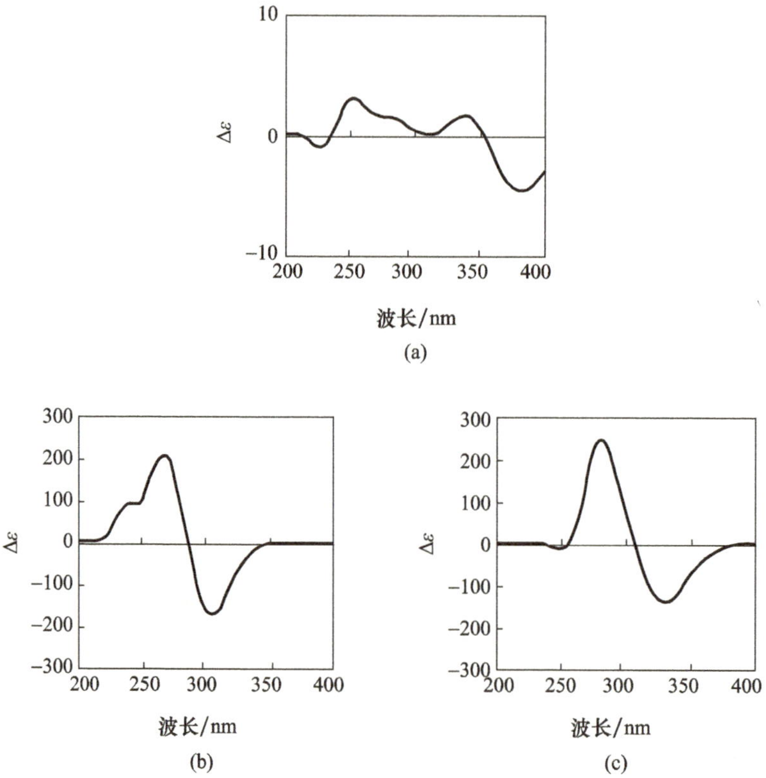

图 3.23　从 PM3 – CASCI 波函数获得的模拟 CD 谱（经授权转载自参考文献[20]，2016 年 ACS 出版版权所有）

（a）M – 庚心环烯；（b）M – 六螺烯；（c）M – 庚螺烯。

为了比较典型的C_2对称化合物的光学活性，还模拟了M－六螺烯和M－庚螺烯（图3.23底部）的CD和ORD光谱。图3.23和图3.24显示了模拟光谱。这些化合物的光学活性远大于庚螺烯。这是因为庚螺烯近似的简并轨道引起的。D_{7h}－庚心环烯中的双简并轨道受PJT畸变的影响，所产生的轨道仍然出现简并。由于简并轨道上相同大小的每个分量都以不同的符号贡献旋光强度，所以几乎抵消了每一个贡献。这就是庚心环烯的光学活性相对较弱的原因。如上所述，PJT引起庚心环烯的光学活性。这种类型的光学活性在不久的将来会在石墨烯材料中发挥重要作用，因为石墨烯片的缺陷会引起局部畸变，振荡微扰可以描述这种畸变。在局部区域畸变受限的情况下，可能增加复数缺陷引起的光学活性。通常，由于Anderson局部化，缺陷材料的波函数在缺陷附近受到空间限制。因此，为了解负弯曲石墨烯材料的光学活性必须分析局部结构。

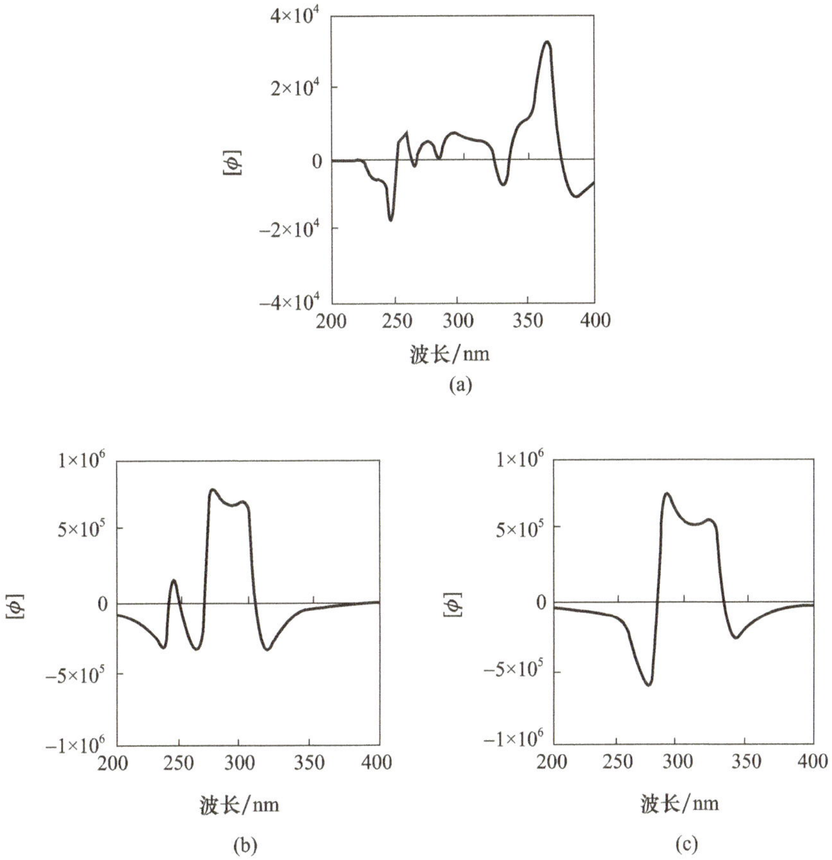

图3.24 从PM3－CASCI波函数中获得的ORD谱（经授权转载自参考文献[20]，2016年ACS出版版权所有）

（a）M－庚心环烯；（b）M－六螺烯；（c）M－庚螺烯。

最后，微扰理论显示了描述PJT引起的旋光强度的一般公式[21]。考虑到振荡微扰哈密顿算子，旋光强度变为

$$R_{\mathrm{I-F}} \approx \mathrm{Im}\left\{\begin{aligned}&\sum_{M_0\neq I_0}\frac{\left\langle I_0\left|\left(\frac{\partial H}{\partial Q_i}\right)_0\right|M_0\right\rangle}{E_{I_0}-E_{M_0}}Q_i\left\langle M_0\left|\sum_n \mu_{\mathrm{e}}(n)\right|F_0\right\rangle\cdot\left\langle F_0\left|\sum_{n'}\mu_{\mathrm{m}}(n')\right|I_0\right\rangle\\&+\sum_{N_0\neq F_0}\frac{\left\langle N_0\left|\left(\frac{\partial H}{\partial Q_i}\right)_0\right|F_0\right\rangle}{E_{F_0}-E_{N_0}}Q_i\left\langle I_0\left|\sum_n \mu_{\mathrm{e}}(n)\right|N_0\right\rangle\cdot\left\langle F_0\left|\sum_{n'}\mu_{\mathrm{m}}(n')\right|I_0\right\rangle\end{aligned}\right. \tag{3.7}$$

算子μ_e和μ_m被放置在本征函数$\{M_0,N_0\}$和本征函数E_{M_0}之间。这个表达式只包含奇数项Q_i，因为在本例中，光学活性的符号应该是Q_i奇数函数。当Q_i不是很大时，光学旋转旋光强度与Q_i成正比，因此光学活性完全由PJT引起。值得注意的是，PJT引起的旋光强度与松弛能力$\left|\left\langle I_0\left|\left(\frac{\partial H}{\partial Q_i}\right)\right|M_0\right\rangle\right|^2 \Big/ (E_{I_0}-E_{M_0})$等因素有关。通过粗略估计，旋光强度与$\{(\text{松弛能力})/\Delta E\}^{0.5}$成正比，松弛能力与系统的应变能成正比。庚心环烯的应变能相对较小。然而，由于畸变片之间的空间位阻，较高应变能的环烯会出现非常大的畸变。此后不能只用PJT来分析光学活性。

在普通[n]环烯中，学者已经通过研究分子轨道分析了实现光学活性的标准[21]。在[$4n$]或[$4n+2$]环烯中，由于对称结构，即使可能出现PJT畸变，系统也不具有光学活性。在[$2m+1$]环烯中，原则上PJT可以引起光学活性。有关分析的细节，可参考文献[21]。目前，在PJT引起的光学活性中，庚心环烯是最经济的候选材料，因此具有七元环缺陷的负弯曲石墨烯材料有望成为基本的手性光学材料，可用于手性活性炭、光学解像剂和偏振器件。

3.7 小结

本章用晶体轨道法对多孔石墨烯材料的能带结构进行了分析。在三角形和平行四边形多孔石墨烯中，前沿晶体轨道的带宽不是零，在六边形多孔石墨中，前沿水平的Hückel带宽完全为零。平坦能带通过非不交集Wannier函数沿主轴引起阳离子和阴离子态的铁磁相互作用。每单元孔洞的交换积分随孔洞的大小而减小，因此，在磁性材料家族中，最佳选择是具有小六边形孔洞的常规多孔石墨烯。另外，由于每个孔洞的不对称畸变，七边形或七边形以上的孔洞石墨烯片会引起光学活性。通过分析环烯，发现光学活性可以归结为伪Jahn－Teller效应，从而导致不对称位移。出现的光学活性服从螺旋规律，类似于典型的C_2分子。从振荡微扰推导出旋光强度，可能增加复数不对称缺陷引起的光学活性。这类手性的基本原理将为具有光学活性石墨烯材料的设计提供指导原则。

参考文献

[1] Novoselov, K. S., Geim, A. K., Morozov, S. V., Jiang, D., Zhang, Y., Dubonos, S. V., Grigorieva, I. V., Firsov, A. A., Electric field effect in atomically thin carbon films. *Science*, 306, 666, 2004.

[2] Novoselov, K. S., Geim, A. K., Morozov, S. V., Jiang, D., Katsnelson, M. I., Grigorieva, I. V., Dubonos, S.

V. , Firsov, A. A. , Two – dimensional gas of massless Dirac fermions in graphene. *Nature*, 438, 197, 2005.

[3] Schwierz, F. , Graphene Transistors. *Nat. Nanotechnol.* , 5, 487, 2010.

[4] Castro Neto, A. H. , Guinea, F. , Peres, N. M. R. , Novoselov, K. S. , Geim, A. K. , The electronic properties of graphene. *Rev. Mod. Phys.* , 81, 109, 2009.

[5] Zhang, Y. , Zhang, L. , Zhou, C. , Review of chemical vapor deposition of graphene and related applications. *Acc. Chem. Res.* , 46, 2329, 2013.

[6] Allen, M. J. , Tung, V. C. , Kaner, R. B. , Honeycomb carbon: A review of graphene. *Chem. Rev.* , 110, 132, 2010.

[7] Jia, X. , Campos – Delgado, J. , Terrones, M. , Meunier, V. , Dresselhaus, M. S. , Graphene edges: A review of their fabrication and characterization. *Nanoscale*, 3, 86, 2011.

[8] Fujita, M. , Wakabayashi, K. , Nakada, K. , Kusakabe, K. , Peculiar localized state at zigzag graphite edge. *J. Phys. Soc. Jpn.* , 65, 1920, 1996.

[9] Borden, WT. and Davidson, E. R. , Effects of electron repulsion in conjugated hydrocarbon diradicals. *J. Am. Chem. Soc.* , 99, 4587, 1977.

[10] Borden, W. T. , Qualitative methods for predicting the ground states of non – Kekule hydrocarbons and the effects of heteroatom substitution on the ordering of the electronic states. *Mol. Cryst. Liq. Cryst.* , 232, 195, 1993.

[11] Klein, D. J. , Graphitic polymer strips with edge states. *Chem. Phys. Lett.* , 217, 261, 1994.

[12] Hatanaka, M. , Wannier analysis of magnetic graphenes. *Chem. Phys. Lett.* , 484, 276, 2010.

[13] Hatanaka, M. , Stability criterion for organic ferromagnetism. *Theor. Chem. Acc.* , 129, 151, 2011.

[14] Červenka, J. , Katsnelson, M. I. , Flipse, C. F. J. , Room – temperature ferromagnetism in graphite driven by two – dimensional networks of point defects. *Nat. Phys.* , 5, 840, 2009.

[15] Esquinazi, P. , Spemann, D. , Höhne, R. , Setzer, A. , Han, K. – H. , Butz, T. , Induced magnetic ordering by proton irradiation in graphite. *Phys. Rev. Lett.* , 91, 227201, 2003.

[16] Hatanaka, M. , Band structures of defective graphenes. *J. Mag. Mag. Mater.* , 323, 539, 2011.

[17] Yamamoto, K. , Harada, T. , Nakazaki, M. , Naka, T. , Kai, Y. , Harada, S. , Kasai, N. , Synthesis and characterization of [7] circulene. *J. Am. Chem. Soc.* , 105, 7171, 1983.

[18] Yamamoto, K. , Harada, T. , Okamoto, Y. , Chikamatsu, H. , Nakazaki, M. , Kai, Y. , Nakao, T. , Tanaka, M. , Harada, S. , Kasai, N. , Synthesis and molecular structure of [7] circulene. *J. Am. Chem. Soc.* , 110, 3578, 1988.

[19] Kawasumi, K. , Zhang, Q. , Segawa, Y. , Scott, L. T. , Itami, K. , A grossly warped nanographene, and the consequences of multiple odd – membered – ring defects. *Nat. Chem.* , 5, 739, 2013.

[20] Hatanaka, M. , Puckering energetics and optical activities of [7] circulene conformers. *J. Phys. Chem. A*, 120, 1074, 2016.

[21] Hatanaka, M. , Pseudo Jahn – Teller effects and optical activities of negatively curved hydrocarbons. *J. Phys. Conf.* , 833, 012011, 2017.

[22] Bieri, M. , Treier, M. , Cai, J. , Aït – Mansour, K. , Ruffieux, P. , Gröning, O. , Gröning, P. , Kastler, M. , Rieger, R. , Feng, X. , Müllen, K. , Fasel, R. , Porous graphenes: Two – dimensional polymer synthesis with atomic precision. *Chem. Commun.* , 6919, 2009.

[23] Bieri, M. , Nguyen, M. – T. , Gröning, O. , Cai, J. , Treier, M. , Aït – Mansour, K. , Ruffieux, P. , Pignedoli, C. A. , Passerone, D. , Kaster, M. *et al.* , Two – dimensional polymer formation on surfaces: Insight into the roles of precursor mobility and reactivity. *J. Am. Chem. Soc.* , 132, 16669, 2010.

[24] Hatanaka, M. , Band structures of porous graphenes. *Chem. Phys. Lett.* , 488, 187, 2010.

[25] Du, A., Zhu, Z., Smith, S. C., Multifunctional porous graphene for nanoelectronics and hydrogen storage: New properties revealed by first principle calculations. *J. Am. Chem. Soc.*, 132, 2876, 2010.

[26] Li, Y., Zhou, Z., Shen, P., Chen, Z., Two – dimensional polyphenylene: Experimentally available porous graphene as a hydrogen purification membrane. *Chem. Commun.*, 3672, 2010.

[27] Mataga, N., Possible "ferromagnetic states" of some hypothetical hydrocarbons. *Theor. Chim. Acta*, 10, 372, 1968.

[28] Hatanaka, M. and Shiba, R., Ferromagnetic interactions in non – Kekulé polymers. *Bull. Chem. Soc. Jpn.*, 80, 2342, 2007.

[29] Hatanaka, M. and Shiba, R., Ferromagnetic interactions in non – Kekulé polymers Ⅱ. *Bull. Chem. Soc. Jpn.*, 81, 460, 2008.

[30] Rajca, A., The physical organic chemistry of very high – spin polyradicals. *Adv. Phys. Org. Chem.*, 40, 153, 2005.

[31] Hatanaka, M., Magnetic ordering in porous graphenes. *J. Phys. Chem. C*, 116, 20109, 2012.

[32] Berresheim, A. J., Müller, M., Müllen, K., Polyphenylene nanostructures. *Chem. Rev.*, 99, 1747, 1999.

[33] Cooper, A. I., Conjugated microporous polymers. *Adv. Mater.*, 21, 1291, 2009.

[34] Palkovits, R., Antonietti, M., Kuhn, P" Thomas, A., Schüth, F., Solid catalysts for the selective low – temperature oxidation of methane to methanol. *Angew. Chem. Int. Ed.*, 48, 6909, 2009.

[35] Treier, M., Pignedoli, C. A., Laino, T., Rieger, R., Müllen, K., Passerone, D., Fasel, R., Surface – assisted cyclodehydrogenation provides a synthetic route towards easily processable and chemically tailored nanographenes. *Nat. Chem.*, 3, 61, 2011.

[36] Chen, L., Honsho, Y., Seki, S., Jiang, D., Light – harvesting conjugated microporous polymers: Rapid and highly efficient flow of light energy with a porous polyphenylene framework as antenna. *J. Am. Chem. Soc.*, 132, 6742, 2010.

[37] Aoki, Y. and Imamura, A., A simple rule to find nondisjoint NBMO degenerate systems for designing high – spin organic molecules. *Int. J. Quantum Chem.*, 74, 491, 1999.

[38] Hatanaka, M., Evaluation of optical activities by modern semi – empirical methods. *Int. J. Quantum Chem.*, 113, 2447, 2013.

第4章 石墨炔:具有层状结构的先进碳材料

Evgeny Belenkov[1], Maria Brzhezinskaya[2], Viktor Mavrinskii[3]

[1]俄罗斯车里雅宾斯克,车里雅宾斯克州立大学凝聚态物理系

[2]德国柏林,亥姆霍兹柏林能源与材料研究中心科技基础设施Ⅱ

[3]俄罗斯马格尼托哥尔斯克,马格尼托哥尔斯克州立技术大学物理系

摘　要　本章介绍了有关石墨炔的理论和实验研究结果。石墨炔由于其独特的形态(类石墨烯)和电子性质(狄拉克锥材料)引起了人们的关注。与石墨烯不同,石墨炔含有 $sp+sp^2$ 杂化碳原子。本书开发了一种新的建模方法,首次预测了与α、β和γ结构类相关的许多新的石墨炔多态性。石墨炔可以通过改变石墨烯多晶形体的组合来建模。通过计算,证明了可能存在一些新的稳定石墨炔。其中最稳定的是γ-石墨炔层,因为它们具有最大的升华能。计算表明,在不同带宽的金属到半导体间,不同结构类型的石墨炔的电子性质会发生改变。此外,石墨炔材料应具有较高的吸附容量(石墨炔材料的吸附容量是石墨烯材料的1.5倍)。这使石墨炔在电子学和氢能量学中成为非常有前景的材料。如果能控制石墨炔多孔结构,可以使它们被用作分子筛。本章最后讨论了实验合成石墨炔化合物的方法。

关键词　石墨炔,卡拜,狄拉克锥材料,密度泛函计算,有限差分法

4.1 引言

碳材料的某些特性在相同化学成分范围内也会发生很大的变化,如钻石是一种绝缘体而石墨具有金属导电性。这使碳材料可用于各种技术领域,如电子、氢能和太阳能、气体混合物分离、污水净化等[1-2]。

碳材料在医学和生物学上的应用也是近年来发展迅速的领域。在这个领域中最有发展前景的材料是具有层压结构的石墨烯和类石墨烯材料,这些材料可用于癌症的诊断和治疗。石墨烯具有良好的生物相容性和优异的力学性能,可用于生产人工神经组织和脊柱成分。基于石墨烯和石墨烯氧化物,有可能制造出高灵敏度的传感器,能够探测毒素、污染物和微生物的浓度,其浓度要比任何先进设备所检测的浓度低一个数量级[3]。

不同结构的碳材料具有不同的性质。两个基本参数描述了碳化合物结构的特征[4-5]。第一个参数是准配位数(N_a=0、1、2、3、4),用来描述每个化合物中碳原子的结构状态[4-6]。这个参数定义了最近相邻原子的数目,这些原子与被选择的原子形成共价键。

化合物中的碳原子配位导致其价电子的电子轨道杂化[4-7]。配位$N_a=2$对应电子轨道的sp杂化，$N_a=3$对应sp^2杂化，$N_a=4$相对应sp^3杂化。杂化变异是碳材料性质发生重大变化的原因，尽管它们都是由相同的碳原子组成。

另一个参数是晶体学维度(D_C)，其定义是沿其晶体或分子结构具有宏观尺寸的笛卡儿坐标轴的数目[4-5]。对于富勒烯，晶体维度可能为零维($0D_C$)，而碳纳米管是$1D_C$、石墨烯是$2D_C$、钻石晶体是$3D_C$。近年来，研究人员最感兴趣的是具有二维($2D_C$)结构的碳化合物，如石墨烯和类石墨烯材料[8]。具有类石墨烯结构的碳材料属于[$2D_C$,3]结构基团；这些化合物中的原子存在三配位状态(sp^2杂化)[4-5]。

除了由相同配位状态原子组成的基本化合物外，还可能存在由不同配位原子组成的杂化化合物。在这个观点中，图4.1显示了上述所有的基本化合物和混合化合物[6]。在这个三元图中，每一个点都表示化合物原子部分，与最近的两个、3个或4个原子组成共价键。原子在化合物结构中的不同配位决定了碳原子电子轨道的杂化状态，可以是基本态(sp、sp^2、sp^3)，也可以是中间态(sp^m、sp^n，$1<n<2$，$2<m<3$)[4-8]。通过合成由不同杂化态的碳原子组成的杂化化合物，改变不同杂化态的原子数之比，可以得到所需性质的碳材料。

混合碳材料可能属于这4种基本杂化态之一，即$sp+sp^2$、$sp+sp^3$、sp^2+sp^3和$sp+sp^2+sp^3$[4-5]。最有趣的是$sp+sp^2$碳材料，由两个和3个配位状态碳原子组成。这种化合物具有类石墨烯[9]和石墨烷层[10]的层状结构(晶体学$2D_C$)。$sp+sp^2$材料结构中含有聚炔结构的卡拜链等碎片。这也是$sp+sp^2$材料被命名为“石墨炔”的原因[11]。许多著作[12-35]从理论上研究了石墨炔，但这些著作的作者在书中对石墨炔是任意命名。石墨炔分类和命名的一般方案是最近才提出的[36]。下面对此进行了详细描述。以下是杂化石墨炔的分类结果，并根据我们的命名图进行描述(图4.1)。

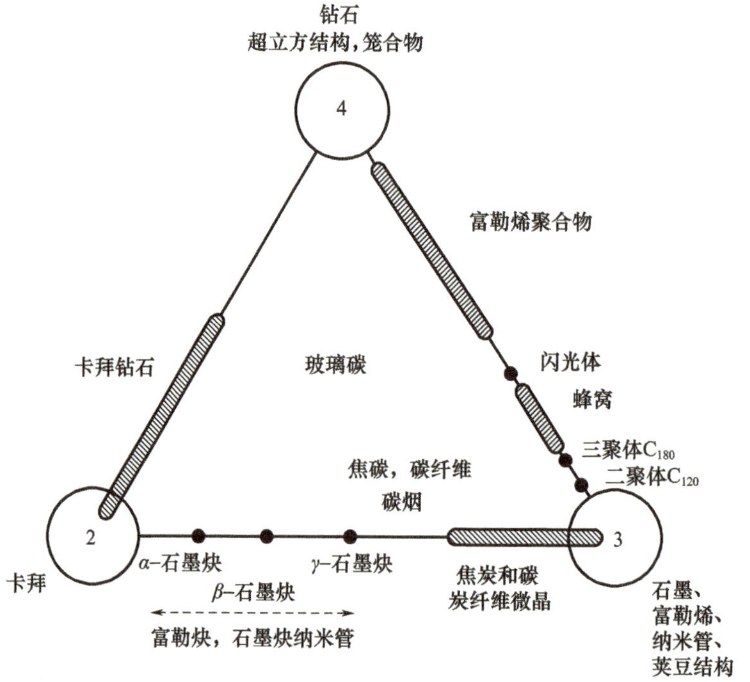

图4.1 碳材料的结构分类图(根据每一个碳原子形成共价键的近邻数(2、3、4)。斜体为假设的结构)

第一个从理论上描述几种石墨炔结构的论文发表于1987年[11]。该文首次从理论上分析了多种多层石墨炔的结构、电子性质(带隙宽度、电离能)和能量特性(生成热)。有学者[11]描述了石墨炔的4种主要种类,即α、β_1、β_2、γ_1,也描述了一些杂化分子结构的多层石墨炔化合物,即β-γ、α-β、β-γ。此外,该论文[11]还提出了一种可能通过聚合碳氢化分子获得石墨炔的技术。

文献[12-36]继续从理论上研究了石墨炔层碎片和单独的石墨炔层的结构及其性质。一系列的理论工作致力于研究:多层石墨炔层的晶体结构[12-13];具有刚性束缚三维结构的石墨炔晶体[14-15];嵌入和掺杂石墨炔的结构和性质[16-23]。通过模拟石墨炔形成的晶体结构,揭示了石墨炔层在晶体中应该通过基本平移向量的非整数部分相互移动,从而使垂直于这些层方向的平移周期变得不确定(图4.2)[13]。除了多层晶体外,还可以在石墨炔化合物的基础上创建三维共价键晶体。

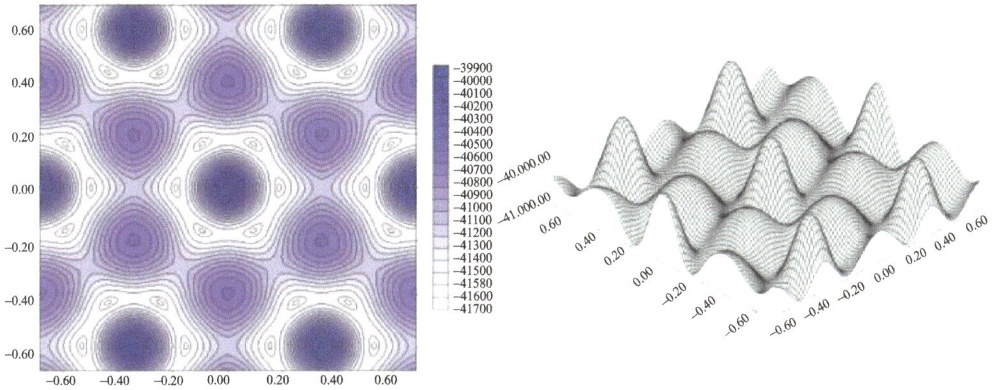

图4.2 α-石墨炔晶体层的相对位移

文献[16-24]从理论上研究了基于石墨炔层和石墨炔纳米管的嵌入化合物。人们对这些化合物感兴趣的原因是,根据理论估计,纳米管可以嵌入石墨炔层,使嵌入原子的相对部分大于普通石墨,这可能会增加锂离子电池的比电荷容量。

文献[25]首次从理论上研究了富勒烯类石墨炔纳米结构,而文献[26]首次描述了石墨炔纳米管。这种结构可以通过将普通富勒烯卡拜链引入原子间键或通过折叠和交联石墨炔层碎片来模拟。

文献[24,27-30]继续从理论上研究了骨架石墨炔纳米结构及其性质。这些研究中最引人注目的结果之一是有关石墨炔纳米管的理论研究。在石墨炔纳米管中,由于卡拜链长度的增加,sp-杂化原子数目的比例变得太高,以至于可以被认为是碳炔(图4.3)[29]。在研究石墨炔纳米管的同时,还研究了各种构型石墨炔带的电子特性,且认为这些条带适合用来设计纳米电子器件[31]。

学者通过详细分析F. Diederich和Y. Rubin[37-38]的理论著作中的各种方法探索石墨炔层、晶体和纳米结构的实验合成方法,他们建议可以通过聚合含有与石墨炔相应结构种类相似的碳骨架碎片的分子来合成石墨炔化合物。

一些从20世纪90年代中期开始并延续至今的一系列研究几乎获得了所有的基本结构类型(α、β和γ)的类富勒烯分子的石墨炔碎片的分子[39-51]。

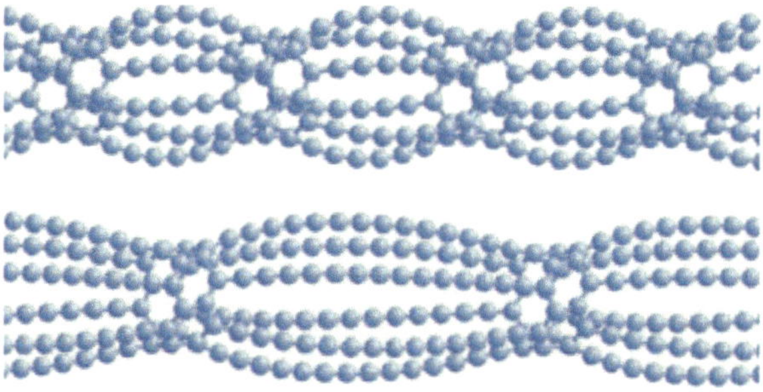

图 4.3　碳炔 -（γ_1 - 石墨炔）纳米管的原子结构

然而，研究人员在2010年就成功地合成了石墨炔层[52-53]。通过一系列化学反应从C_6Br_6分子中获得这些碳材料，这些材料的晶粒由2层γ_1 - 石墨炔组成。一年后，研究人员成功合成了多壁石墨炔纳米管[54]。

在成功合成第一个多层石墨炔化合物后，研究石墨炔材料的论文数量开始迅速增加。人们发现石墨炔层电子结构应该表现为狄拉克锥，在最近的出版物中描述了此计算结果，这引起了人们对研究石墨炔化合物的特定兴趣[32-34,55-57]。

然而，尽管人们对石墨炔的研究取得了一定的成功，但仍未完全清楚所有可能的多态石墨炔的结构。展开研究可以帮助揭示二配位和三配位状态碳原子的比例对石墨炔化合物性质的影响。因此，本书从理论上研究了石墨炔化合物分类方案的发展，并预测石墨炔化合物的新结构种类及其性质，以及可能的应用领域。

4.2 石墨炔化合物分类系统

第一篇理论论文[11]致力于研究石墨炔结构种类，提出了描述石墨炔环结构中原子数量的三指标符号。这种命名方案的缺点是可能有具有不同结构但有相同索引集命名的石墨炔层。因此，在文献[27]中引入了新的符号：α - 石墨炔，β - 石墨炔及γ - 石墨炔，这些符号表征了石墨炔层结构以及对称运算集的紧密程度，将其命名为石墨烯L_6层（最接近石墨烯的种类是α - 石墨炔）。后一种命名系统的缺点是它属于描述性类型，不能预测新的多种形态石墨炔的结构。

根据本章中介绍的分类系统，可以对石墨炔所有可能的结构种类和许多新结构类型进行分类。我们利用该系统已经预测了来自六边形石墨炔的3个新结构种类，即γ_2 - 石墨炔、γ_3 - 石墨炔和β_3 - 石墨炔[36]。本研究中利用这个分类系统分析了可能的石墨炔结构，使我们能够揭示和描述3个新的（早先未知）石墨炔多态群，这些多态群来自石墨烯层L_{4-8}、L_{3-12}和L_{4-6-12}[4-5,58]。

描述石墨炔结构的分类系统是基于文献[4-5]中碳相和纳米结构的一般结构分类。在形式上，石墨炔结构可以被描述为一个平面网格结构，其节点与相邻节点形成两个或3个键，即原子与两个或3个相邻原子共价键的结构。因此，应该在二配位原子和三配位原子的比例参数的基础上建立结构分类。在正常条件下，最稳定的碳结构是六边形石墨烯结构，其中所有原子都处于三配位状态（图4.4(a)）。因此，最接近这一层结构的石墨炔是双配位原子（sp杂化态的原子）相对比例最小的石墨炔。

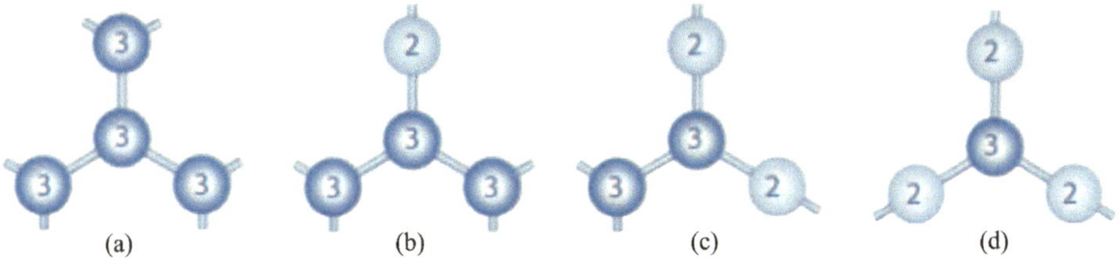

图4.4　从六边形L_6－石墨烯中获得石墨炔层化合物的方案(由二配位原子取代三配位原子的一部分)
(a)六边形L_6－石墨烯层中的三配位原子;(b)~(d)每一个三配位碳原子,
1、2或3个相邻的C原子被二配位状态的原子所取代。

因此,从初始没有二配位原子的石墨烯转变为具有最大数目的二配位原子的石墨炔层,应该通过分析石墨烯逐渐转变为石墨炔层,对石墨炔层的结构进行分类。可以模拟从石墨烯转变为石墨炔层,其中所有原子都处于三配位状态(图4.4(a))。为了获得石墨炔,必须用二配位状态碳原子的卡拜链碎片取代石墨烯的三配位原子之间的C—C键(图4.4(b)~(d))。

石墨炔可以划分成具有不同结构状态的原子份额的组。在多态石墨炔种类中,最有趣的应该是那些包含最小数量的不同结构原子位置的种类。这是因为最小数量其结构位置的碳化合物是最稳定的。例如,富勒烯C_{60}的原子结构位置彼此相等,在所有富勒烯中,富勒烯C_{60}最有可能出现这种情况[59]。因此,最小数量原子位置的石墨炔结构应该与第一结构群有关。石墨炔层原子位置的最小数量是两个。其中一个对应于二配位原子,另一个对应于三配位原子。石墨烯的第二个结构群包含3个不同原子位置的结构。第一基本群中石墨炔的多态种数量有限,每一种形态都应该可描述和被描述(图4.5)。

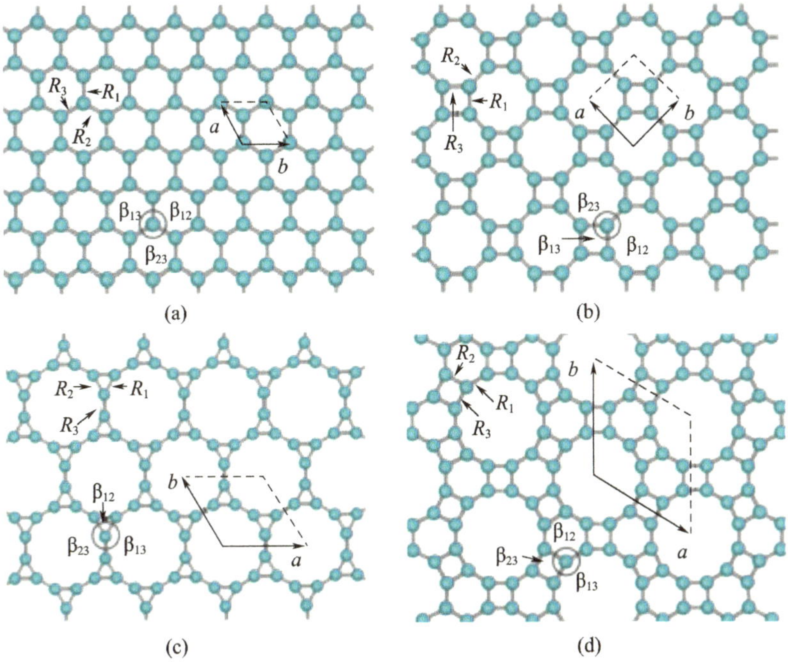

图4.5　多种石墨烯几何形状优化原子结构
(a)L_6－石墨烯;(b)L_{4-8}－石墨烯;(c)L_{3-12}－石墨烯;(d)L_{4-6-12}－石墨烯。

石墨炔所有可能结构种类的理论模拟方案如下。初始结构应该是石墨烯，在石墨烯中所有原子都处于三配位（sp^2杂化）等效结构状态。有4种可能的石墨烯基本形态，包括停留在等价结构状态的碳原子[4-5]。这些层是六边形石墨烯（L_6）、石墨烯4-8（L_{4-8}）、石墨烯3-12（L_{3-12}）和石墨烯4-6-12（L_{4-6-12}）。

所有这些石墨烯层都可以作为许多多层石墨炔结构种类的基础。通过用卡拜链取代三配位原子之间的键形成石墨炔，通过这种方式使sp^2原子的位置保持相等。在第一个基本结构群的石墨炔结构中（只有两个不同的原子位置），卡拜链中原子结构位置应该相等。只能通过二原子卡拜链碎片来满足这个要求。有3种可能的C—C键可以用于取代石墨烯的卡拜链。以六边形石墨烯层L_6为例，如果考虑形成石墨炔层的模型，可以用卡拜链取代原子间键。

第一个替换案例是，在初始石墨烯层每个sp^2杂化原子的3个键中，卡拜链只替换其中的一个键（图4.4(b)）。因此，每个三配位原子似乎都与一个二配位原子和两个三配位原子结合在一起。分析表明，这个类型可以得到3种不同的结构（图4.6(e)~(g)）。这些石墨炔包含了sp^2杂化状态中原子的最大部分：每3个配位原子中只有一个二配位原子。就这种特性而言，这种结构类型最接近石墨烯。根据所提出的符号系统[27,57,60-62]，可以将这样的结构命名为γ-石墨炔。分析表明，γ-石墨炔可能存在3种主要的结构类型：①早前文献[11]的作者首次描述了研究的γ_1-石墨炔（图4.6(e)），首先将其命名为6,6,6-石墨炔，后来命名为γ-石墨炔[27]；②γ_2-石墨炔（图4.6(f)）；③γ_3-石墨炔（图4.6(g)）。石墨烯层中C—C键的第二种替换方式是，卡拜链的碎片替换每个三配位

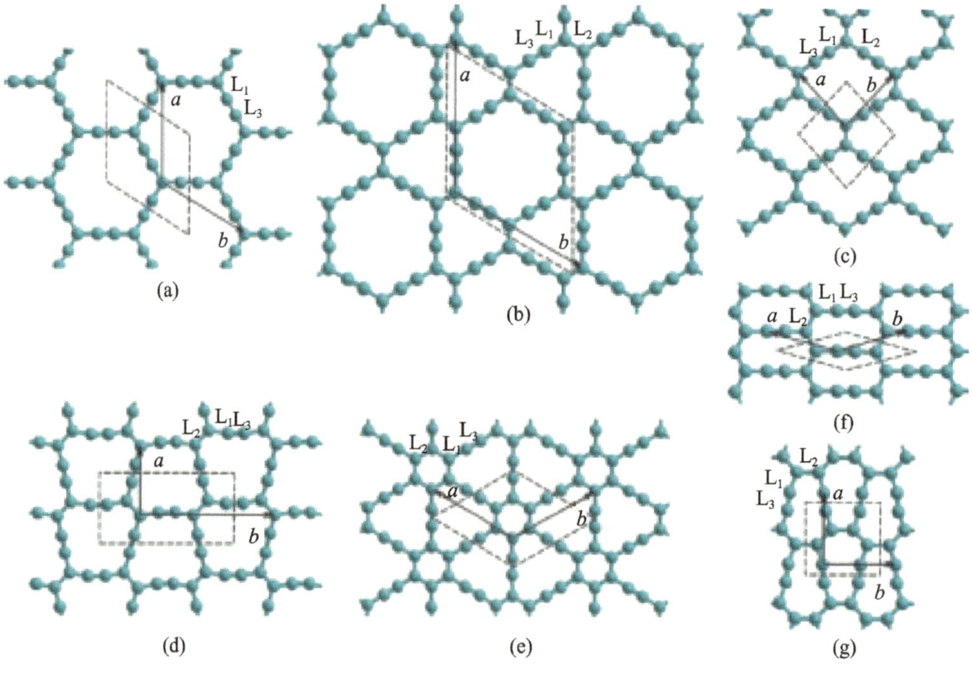

图4.6 基于六边形L_6-石墨烯的多种石墨炔几何形状优化结构

(a)α-石墨炔；(b)β_1-石墨炔；(c)β_2-石墨炔；(d)β_3-石墨炔；

(e)γ_1-石墨炔；(f)γ_2-石墨炔；(g)γ_3-石墨炔。

原子的两个键(图 4.4(c))。这个例子给出了另外 3 个结构类型，即 β_1 - 石墨炔(图 4.6(b))、β_2 - 石墨炔(图 4.6(c))和 β_3 - 石墨炔(图 4.6(d))。其中第一个多种石墨炔是 β_1 - 石墨炔，文献[11]首次对此进行了描述，并将其命名为 12,12,12 - 石墨炔，后来被称为 β - 石墨炔[27]。第二种结构类型(β_2 - 石墨炔)较早被命名为 14,14,14 - 石墨炔[11]，而本研究中首次描述和分析了 β_3 - 石墨炔[36]。

第三种替换方式是，卡拜链替换石墨烯中与三配位原子相邻原子的所有键，这形成了所谓的 α - 石墨炔(图 4.6(a))。分析表明，六边形石墨烯只能产生一种主要石墨炔类型(α - 石墨炔)。

因此，通过从理论上分析从六边形石墨烯(L_6)中获得石墨炔层模型图表明，石墨炔的第一个基本结构群可能只包含 7 个结构类型，由两个不同结构状态中的原子组成：α - 石墨炔、β_1 - 石墨炔、β_2 - 石墨炔、β_3 - 石墨炔、γ_1 - 石墨炔、γ_2 - 石墨炔和 γ_3 - 石墨炔(表 4.1)。在这种情况下，β_3 - 石墨炔可能不是与第一个基群有关，而是与第二个基群有关，因为石墨炔层的几何形状优化给出的不是两个而是 3 个不同的原子位置。然而，这可能是由于在计算最佳结构时所涉及层的尺寸有限，而且在经过更全面的优化后，两个配位原子的位置很可能是等价的。第二个结构群的石墨炔应该由 3 个不同结构状态的原子组成。从理论上讲，用四原子取代二原子多炔链，可以模拟这些化合物结构的形成。从六边形石墨烯中可以获得结构类型，如 α - 石墨炔 -2、β_1 - 石墨炔 -2、β_2 - 石墨炔 -2、β_3 - 石墨炔 -2、γ_1 - 石墨炔 -2(在许多文献中被称为石墨炔)、γ_2 - 石墨炔 -2 和 γ_3 - 石墨炔 -2(图 4.7)。此外，也许可以用含有任意数目原子的聚炔结构替换双原子卡拜链。结果是出现了不同的石墨炔层，被命名为 X_m - 石墨炔，其中 X = α、β 或 γ；如果 X = β 或 γ；n = 1,2,3,…，即卡拜链中二配位原子成对的数目，则 m = 1、2、3。用这种方法得到的石墨炔层原子的非对等结构态的数目是 $n+1$，即每个卡拜链中包含 n 个不等价态，还有一个独特态对应于三配位原子的位置。

图 4.8 给出了一个有关 γ_1 - 石墨炔图像的例子，通过 2 个、4 个、6 个和 8 个原子组成的卡拜链取代六边形石墨烯的原子间键可以得到 γ_1 - 石墨炔图像。

表 4.1 Wells 环参数(Rng)的值表征石墨炔原子位置(P 是层中的非对等原子位置的数目)

初始石墨烯层	多种石墨炔	P	原子结构态				Def_1/(°)
			1 sp^2	2 sp	3 sp	4 sp	
			Rng_1	Rng_2	Rng_3	Rng_4	
L_6	α - L_6	2	18^3	18^2	—	—	0
	β_1 - L_6	2	$12^2 18^1$	$12^1 18^1$	—	—	
	β_2 - L_6	2	14^3	14^2	—	—	
	β_3 - L_6	2	14^3	14^2	—	—	
	γ_1 - L_6	2	$6^1 12^2$	12^2	—	—	
	γ_2 - L_6	2	10^3	10^2	—	—	
	γ_3 - L_6	2	10^3	10^2	—	—	

续表

初始石墨烯层	多种石墨炔	P	原子结构态 1 sp^2	2 sp	3 sp	4 sp	Def_1/(°)
			Rng_1	Rng_2	Rng_3	Rng_4	
L_{4-8}	$\alpha-L_{4-8}$	3	$12^1 24^2$	24^2	$12^1 24^1$	—	60
	β_1-L_{4-8}	2	$12^1 16^2$	$12^1 16^1$	—	—	
	β_2-L_{4-8}	3	$8^1 20^2$	20^2	$8^1 20^1$	—	
	β_3-L_{4-8}	3	$8^1 16^1 24^1$	$16^1 24^1$	$8^1 24^1$	—	
	γ_1-L_{4-8}	2	$4^1 16^2$	16^2	—	—	
	γ_2-L_{4-8}	2	$8^1 12^2$	$8^1 12^1$	—	—	
	γ_3-L_{4-8}	2	$8^2 16^1$	$8^1 16^1$	—	—	
L_{3-12}	$\alpha-L_{3-12}$	2	$9^1 36^2$	36^2	—	—	120
	$\beta-L_{3-12}$	2	$9^1 24^2$	$9^1 24^1$	—	—	
	$\gamma-L_{3-12}$	2	$3^1 24^2$	24^2	—	—	
L_{4-6-12}	$\alpha-L_{4-6-12}$	4	$12^1 18^1 36^1$	$18^1 36^1$	$12^1 36^1$	$12^1 18^1$	90
	β_1-L_{4-6-12}	3	$8^1 12^1 36^1$	$12^1 36^1$	$8^1 12^1$	—	
	β_2-L_{4-6-12}	3	$8^1 18^1 24^1$	$18^1 24^1$	$8^1 18^1$	—	
	β_3-L_{4-6-12}	3	$12^2 24^1$	12^2	$12^1 24^1$	—	
	γ_1-L_{4-6-12}	2	$6^1 8^1 24^1$	$8^1 24^1$	—	—	
	γ_2-L_{4-6-12}	2	$4^1 12^1 24^1$	$12^1 24^1$	—	—	
	γ_3-L_{4-6-12}	2	$8^1 12^2$	$8^1 12^1$	—	—	

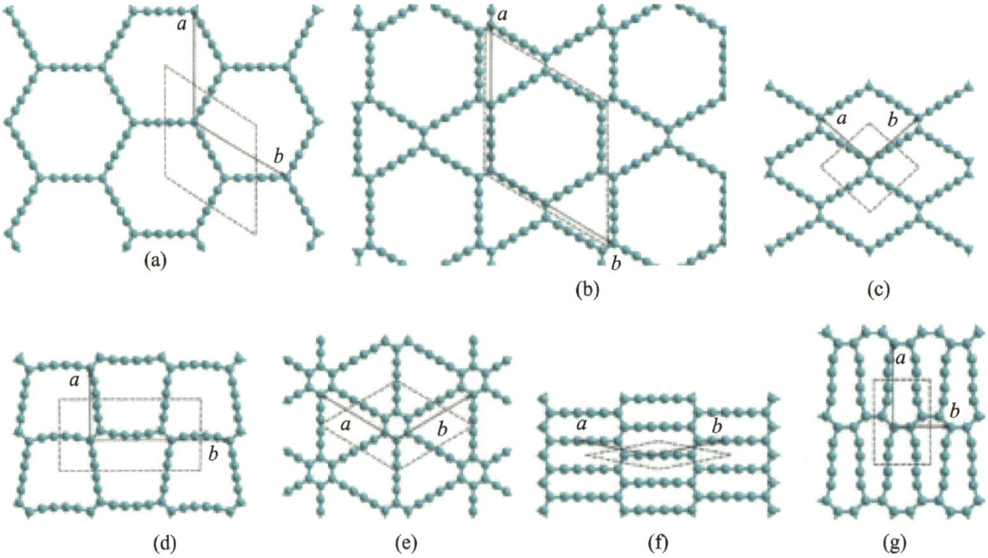

图 4.7 多种石墨炔几何形状优化结构(通过 4 个原子长度的卡拜链碎片替换六边形石墨烯层获得)
(a)α - 石墨炔 -2;(b)β_1 - 石墨炔 -2;(c)β_2 - 石墨炔 -2;(d)β_3 - 石墨炔 -2;
(e)γ_1 - 石墨炔 -2;(f)γ_2 - 石墨炔 -2;(g)γ3 - 石墨炔 -2。

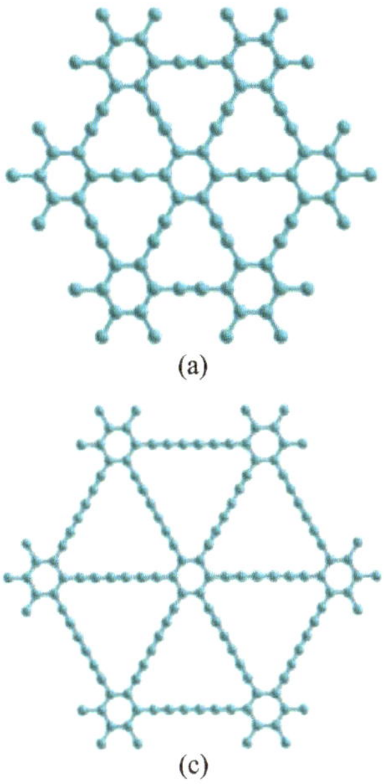

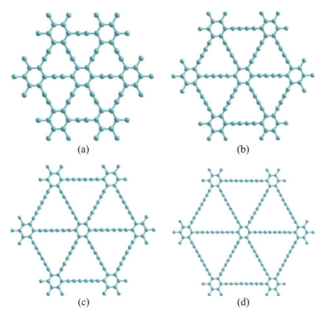

图 4.8 γ_1 - 多种石墨炔几何形状优化结构(通过卡拜链碎片替换六边形石墨烯层的原子间键获得)

(a)卡拜链长度为2个原子(γ_1 - 石墨炔 -1);(b)卡拜链长度为4个原子(γ_1 - 石墨炔 -2);(c)卡拜链长度为6个原子(γ_1 - 石墨炔 -3);(d)卡拜链长度为8个原子(γ_1 - 石墨炔 -4)。

另一种方法是将石墨炔的7个基本结构类型结合起来,这样形成的石墨炔能使其原子停留在两个以上不相等的结构位置上。图4.9给出了用这种方法获得的多种石墨炔类型几何形状优化结构的例子。可能存在多种组合结构,这是由于基本结构类型可以按不同比例组合。

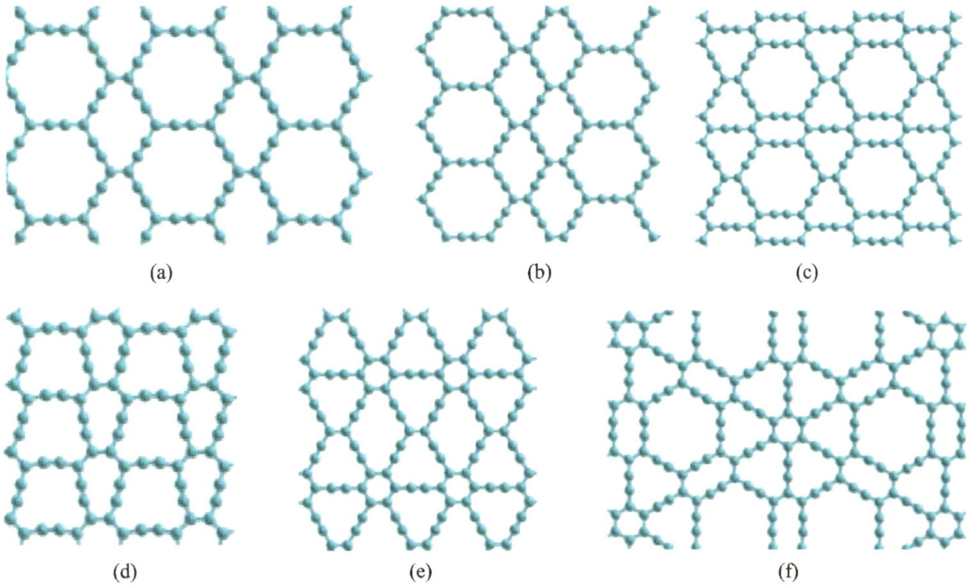

图 4.9 多种石墨炔几何形状优化结构(基于六边形石墨烯组合石墨炔基本结构类型获得)

(a)α - β_2 - 石墨炔;(b)α - β_2 - 石墨炔;(c)β_1 - γ_2 - 石墨炔;

(d)β_3 - γ_3 - 石墨炔;(e)β_2 - γ_2 - 石墨炔;(f)β_1 - γ_1 - γ_2 - 石墨炔。

上面给出的石墨炔例子是模拟L_6－石墨烯的形成。在3个剩余的多种石墨烯L_{4-8}、L_{3-12}和L_{4-6-12}的基础上，也可以得到类似的序列。图4.10给出了通过L_{4-8}－石墨烯可以获得的石墨炔的7个基本结构类型。图4.11和图4.12分别显示了由L_{4-6-12}－石墨烯和L_{3-12}－石墨烯形成的石墨炔。

在L_{4-8}和L_{4-6-12}石墨烯层的基础上，可以形成7种多叶石墨炔类型：1种具有α－结构（图4.10(a)和图4.11(a)）；具有β和γ结构的各3种（图4.10(b)～(g)和图4.11(b)～(g)）；从L_{3-12}层，只能得到3种石墨炔：α、β和γ结构各一种（图4.12）。通过上述模型图可以获得基于L_{4-8}、L_{3-12}、L_{4-6-12}－石墨烯的石墨炔，之后用分子力学方法MM＋对其结构进行几何形状优化[63]。这些层的结构与从六边形石墨烯形成的石墨炔结构有很大的不同。表4.1列出了关于非相等原子位置数量的汇总数据。虽然从L_6－石墨烯得到的所有石墨炔的原子只停留在两个不同的非相等结构位置，但从其他石墨烯得到的石墨炔的结构可能有3个甚至4个不同的原子位置，这使它具有不稳定性。

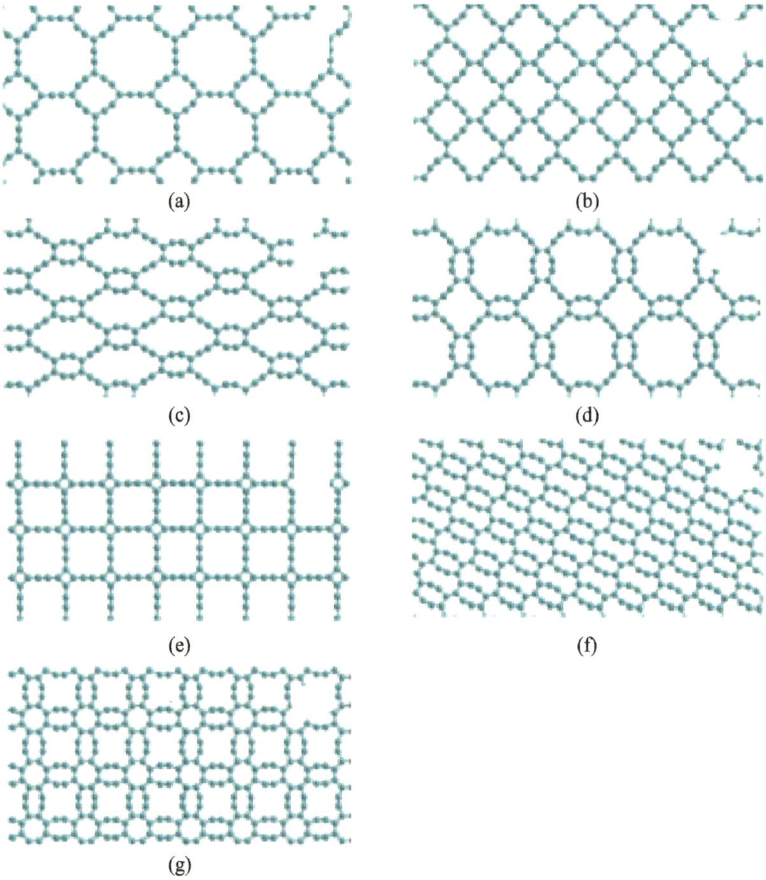

图4.10 基于L_{4-8}－石墨烯的多种石墨炔几何形状优化结构

(a)α－石墨炔；(b)$β_1$－石墨炔；(c)$β_2$－石墨炔；(d)$β_3$－石墨炔；(e)$γ_1$－石墨炔；(f)$γ_2$－石墨炔；(g)$γ_3$－石墨炔。

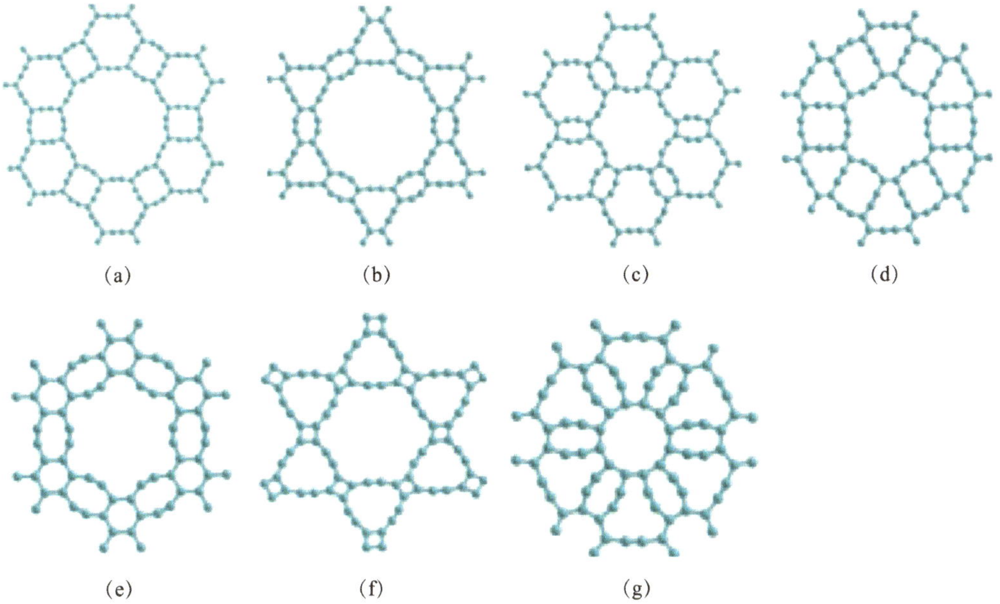

图 4.11 基于L_{4-6-12}-石墨烯的多种石墨炔几何形状优化结构

(a)α-石墨炔;(b)β_1-石墨炔;(c)β_2-石墨炔;(d)β_3-石墨炔;(e)γ_1-石墨炔;(f)γ_2-石墨炔;(g)γ_3-石墨炔。

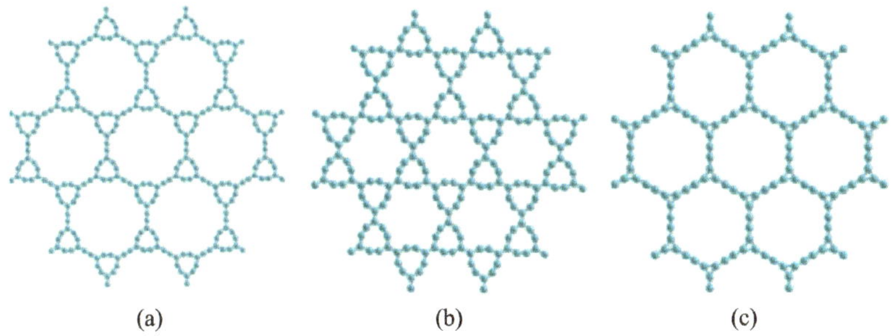

图 4.12 基于L_{3-12}-石墨烯的多种石墨炔几何形状优化结构

(a)α-石墨炔;(b)β-石墨炔;(c)γ-石墨炔。

不同石墨烯形成的石墨炔结构的主要特点是它们继承了初始石墨烯的结构特征(如三配位原子的交键角β_{ij},图4.5)。因此,这些层的变形程度以变形参数Def为特征,应该接近初始石墨烯的特征[58](表4.1)。因此,最小变形结构应该属于L_6-石墨烯和L_{4-8}-石墨烯形成的石墨炔,这样形成的层应该具有更高的升华能和最大的稳定性。因此,应该首先研究这些层。因此,在以上描述的石墨炔中,最有趣的是基本群的7个结构和由3种不同的不相等态原子组成的第二基群结构。这是因为实验合成这些结构的概率很高,特别是因为已经成功实验合成了γ_1-石墨炔-2(石墨炔)[52-53]。因此,选择在下一个阶段计算从L_6-石墨烯得到的基本结构群的7种石墨炔和在理论上从L_{4-8}-石墨烯得到的石墨炔结构。

4.3 模型计算技术

根据上述形成石墨炔理论方案，预设了几何形状优化前石墨炔结构的初始构型。在每一个石墨炔结构类型中，首先创建了包含一个三配位原子(sp^2)的结构单元，被二配位原子(sp)包围。在基本的多种石墨炔情况下，这种结构单元在α-石墨炔、β-石墨炔和γ-石墨炔中分别含有4个、3个和2个原子(图4.13)。石墨炔的结构单元在α-石墨炔-2中含有7个原子，β-石墨炔-2中5个原子，γ-石墨炔-2中3个原子。然后利用初始结构单元构造平面石墨炔层，使结构单位元通过原子间键互相连接，结果得到了初始石墨炔层。在此基础上，对构造层进行了几何形状优化，即发现了石墨炔层中原子的相对排列，从而保证了最小的总能量。用这种方法计算的几何形状优化结构是一个原始的稳定结构，因为原子与计算位置的任何小偏差都会导致总能量增加。

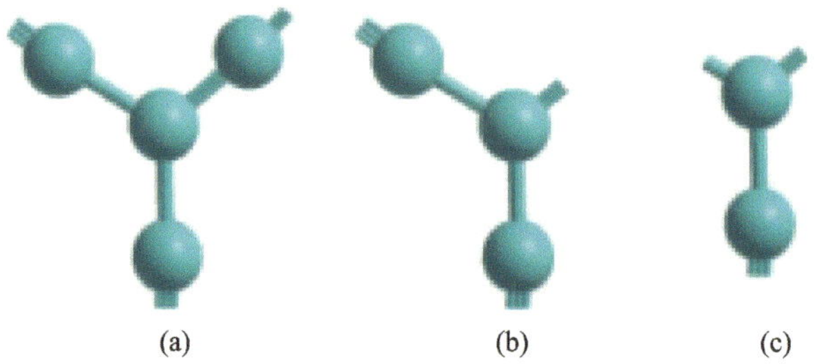

图4.13 多种石墨炔结构单元

(a)α-L_6；(b)β-L_6；(c)γ-L_6。

在第一阶段，用分子力学方法MM +计算了几何形状优化团簇(即石墨炔分子碎片)[63]。在层边缘悬挂的C—C键得到氢原子的补偿。碎片中的C原子至少有300个；最大的团簇包含多达1700个碳原子。第一阶段计算的结构在第二阶段作为初始值，进行计算时，采用半经验量子力学方法(modified neglect of diatomic overlap，MNDO)[64]、Austin模型1(austin model 1，AM1)[65]、参数模型3(parameter model 3，PM3)[66-67]和Hartree-Fock第一原理(基础集STO6-31 G)[68-69]。半经验量子力学方法MNDO法、AM1法和PM3法采用了分子轨道(MO)方法的价近似法、LCAO(原子轨道的线性组合)修正法。为了寻找分子轨道的本征函数和原子团哈密顿算子的本征值(分子轨道能量)，在忽略双原子微分重叠(NDDO)的近似下，求解了Hartree-Fock-Roothaan方程。采用的半经验方法的主要区别在于由经验数据确定的一些双电子或单电子间隔值和重叠积分值。此外，AM1法和PM3法比MNDO法更精确地考虑原子之间的长程相互作用。在本研究框架内进行的从头计算法涉及单电子波函数STO6-31 G的基础[68-69]。在计算中，将能量梯度的0.002kcal/(Å·mol)变化作为结构几何形状优化的完成标准。只选择了这些计算方法是因为早期的研究表明，这些方法计算的结构参数和能量参数的数值与不同碳材料的实验测量值完全吻合[70-73]。在半经验方法的情况下，在这个阶段计算的团簇中的碳原子数为220~570；而在Hartree-Fock方法的情况下，为46~92个原子。在这些计算的基础上，发现了各层的特定结合能、晶胞和原子之间的坐标。在碎片的中心部分测量了结构参数，其中由于边缘效应畸变最小。在计算的最后一步,用密度泛函理论(DFT)方法[74]在广义梯度近似(GGA)[75](DFT - GGA 方法)条件下,找到了多层化合物的几何形状优化结构,并计算了多层的电子性质和能量特性。作为设计基础,使用了在计算的第二阶段确定的晶胞的结构特性。利用程序代码量子 ESPRESSO[76],对所研究化合物的能带图进行了几何形状优化和计算。利用 12×12×12 的 k 点集估算了各相态的电子密度。在平面波缩短基函数集扩展波函数。为了限制基函数集的大小,假定E_{cutoff}为 1keV。对于几何形状优化层数,还计算了每个原子的特定总比能(E_{total})以及能带图。

对研究结构的不同类别的计算表现出以下独特的特征。作为所有类型的几何形状优化层中的结构参数,计算了原子间键长L_i和键角φ_{ij}。从测量的原子间键角出发,计算了变形参数(Def)。Def 定义为三配位原子化合物间键角与六边形石墨烯对应角之间的模差之和。此外,确定了 Wells 环参数(Rng)原子化合物的所有结构位置,分别表示在三配位和四配位状态中属于一个原子的最小键数的 3 个和 6 个环元素(每个元素都是一个原子间键)的数目。特定升华能(E_{sub})被计算为晶体结构中每个原子的总能量与一个孤立的 C 原子的能量之差。

4.4 用半经验量子力学方法计算L_6 - 石墨炔层

在 STO6 - 31G 的基础上,采用半经验量子力学方法 MNDO、AM1、PM3 和从头计算的方法,对石墨炔进行几何形状优化和特征计算。计算了含有 96 ~ 328 个碳原子的 $\gamma_1 - L_6$ - 石墨炔、$\gamma_2 - L_6$ - 石墨炔、$\gamma_3 - L_6$ - 石墨炔、$\beta_1 - L_6$ - 石墨炔、$\beta_2 - L_6$ - 石墨炔、$\beta_3 - L_6$ - 石墨炔和$\alpha - L_6$ - 石墨炔的碎片。利用 H 原子补偿了层状碎片的悬垂边缘键。在碎片的中心部分测量了结构参数,其中由于边缘效应,畸变最小。在石墨炔几何形状优化碎片中,测量了 C—C 原子间键长L_i(i=1、2、3)。表 4.2 给出了不同方法计算的 C—C 键长。不同方法得到的键长值相差不大。石墨炔层相同键长度之间的绝对差异不超过 0.06Å(小于 4.4%)。通常,MNDO 得到的L_i值比其他方法得到的值稍大。为简化计算,在采取的方法中使用了不同近似,这也许可以解释不同方法得到的键长之间的差别。然而,不同方法计算的键长的相对比例几乎相等。例如,MNDO 法、AM1 法和 PM3 法得到的 α - 石墨炔比值L_1/L_3为 1.115,而 STO6 - 31 G 法得到的 α - 石墨炔比值略高于 1.119。用不同的方法进行的计算可以得到几乎相等的结果,证实了计算的正确性。

表 4.2 石墨炔的 C—C 原子间键的长度L_i(Å)
(由基本结构类型的二配位和三配位状态中的碳原子组成)

多种石墨炔	键长	计算方法			
		MNDO	AM1	PM3	STO6 - 31 G
$\alpha - L_6$ - 石墨炔	L_1	1.380	1.371	1.373	1.367
	L_3	1.230	1.224	1.223	1.221
$\beta_1 - L_6$ - 石墨炔	L_1	1.422	1.408	1.415	1.443
	L_2	1.386	1.377	1.367	1.338
	L_3	1.202	1.200	1.196	1.191

续表

多种石墨炔	键长	计算方法			
		MNDO	AM1	PM3	STO6 - 31 G
β_2-L_6 - 石墨炔	L_1	1.421	1.407	1.414	1.441
	L_2	1.386	1.377	1.368	1.339
	L_3	1.203	1.201	1.197	1.191
β_3-L_6 - 石墨炔	L_1	1.392	1.380	1.384	1.441
	L_2	1.463	1.447	1.436	1.392
	L_3	1.218	1.221	1.212	1.189
γ_1-L_6 - 石墨炔	L_1	1.421	1.405	1.414	1.439
	L_2	1.427	1.412	1.407	1.403
	L_3	1.203	1.200	1.196	1.200
γ_2-L_6 - 石墨炔	L_1	1.418	1.402	1.411	1.373
	L_2	1.455	1.432	1.432	1.468
	L_3	1.205	1.203	1.198	1.216
γ_3-L_6 - 石墨炔	L_1	1.423	1.409	1.415	1.437
	L_2	1.380	1.372	1.364	1.329
	L_3	1.203	1.201	1.197	1.191

通过对石墨炔原子间键长的比较发现，由 3 对价电子组成的聚炔链中心键的最小长度为L_3（表 4.2），最大长度通常与三配位原子和二配位原子之间的单位键L_1有关。β - 石墨炔的L_2键应该是双键，γ - 石墨炔的键应该是黑米奥拉比例，因此，它们的键长应该介于单位L_1和三重L_3键之间。然而，此规则只对β_1-L_6 - 石墨炔、β_2-L_6 - 石墨炔和γ_3-L_6 - 石墨炔有效。β_1-L_6 - 石墨炔、γ_1-L_6 - иу2 - L_6 - 石墨炔的键长L_1和L_2有接近的值（表 4.2）。这表明在β_1-L_6 - 石墨炔、γ_1-L_6 - иу2 - L_6 - 石墨炔中的sp^2杂化原子的 π 电子在三配位原子之间的共价键中显然不是局域化。

基于几何形状优化石墨炔中测量的键长，计算了基本平移向量的长度（表 4.3 和图 4.6）。$\alpha-L_6$ - 石墨炔、β_1-L_6 - 石墨炔和γ_1-L_6 - 石墨炔的晶胞是六角形（基本平移向量之间的角度为 120°），分别包含 8 个、18 个和 12 个原子。β_2-L_6 - 石墨炔和γ_2-L_6 - 石墨炔的晶胞为倾斜状，因此基本平移向量 ***a*** 和 ***b*** 的长度相等，而它们之间的角度在 149° ~ 91°之间。γ_2-L_6 - 石墨炔晶胞包含 4 个原子，β_2-L_6 - 石墨炔晶胞包含 6 个原子。β_3-L_6 - 石墨烯和γ_3-L_6 - 石墨烯的晶胞为矩形，它们的 ***a*** 和 ***b*** 长度不相等，其中原子的数目是 12 和 8（表 4.3 和图 4.6）。

石墨炔的基本结构类型中的碳原子具有两种不同的结构态：其中一个原子位置对应于三配位状态（sp^2杂化）；另一个原子位置对应于二配位原子在多炔链的位置（sp 杂化）。这两种状态可以用 Wells 环参数（Rng）来表征，代表着原子环的结构，在适当的状态下与包含原子的最低数量的共价键结合在一起。石墨炔中的两个不同原子状态都有自己的参数Rng^i（$i=1,2$），其中 i 是原子位置数目。表 4.3 给出了石墨炔层的 Rng 值。碳的最稳定的同素异形是石墨和立方钻石，它们的 Wells 环参数分别是6^3和6^4。因此，可以假设在所有的石墨炔中，最稳定的应该是γ_1-L_6－石墨炔、γ_2-L_6－石墨炔和γ_3-L_6－石墨炔，它们的Rng最接近六边形结构(表4.3)。

表4.3 从L_6－石墨烯得到的二配位和三配位状态的石墨炔的C原子参数(即基本平移向量长度($\boldsymbol{a},\boldsymbol{b}$)、向量夹角($\gamma$)、Wells环参数(Rng)、晶胞原子数($N$)、二配位和三配位状态原子的比值($P$)、层密度($\rho$))

多种石墨烯	方法	a/Å	b/Å	γ/(°)	Rng	N/原子	P	ρ/(mg/m^2)
$\alpha-L_6$－石墨炔	MNDO	6.911	—	120	18^2 18^3	8	3	0.39
	AM1	6.869	—					
	PM3	6.875	—					
	STO	6.850	—					
β_1-L_6－石墨炔	MNDO	9.478	—	120	$12^1 18^1$ $12^2 18^1$	18	2	0.46
	AM1	9.409	—					
	PM3	9.419	—					
	STO	9.492	—					
β_2-L_6－石墨炔	MNDO	4.923	—	91.7	14^2 14^3	6	2	0.50
	AM1	4.881	—	91.2				
	PM3	4.890	—	91.5				
	STO	4.920	—	91.1				
β_3-L_6－石墨炔	MNDO	9.968	4.955	90	14^2 14^3	12	2	0.49
	AM1	9.905	4.915					
	PM3	9.918	4.913					
	STO	9.916	4.950					
γ_1-L_6－石墨炔	MNDO	6.899	—	120	12^2 $6^1 12^2$	12	1	0.59
	AM1	6.834	—					
	PM3	6.838	—					
	STO	6.884	—					
γ_2-L_6－石墨炔	MNDO	4.872	—	149.1	10^2 10^3	4	1	0.66
	AM1	4.842	—	149.1				
	PM3	4.841	—	149.4				
	STO	4.828	—	148.8				
γ_3-L_6－石墨炔	MNDO	5.004	4.895	90	10^2 10^3	8	1	0.67
	AM1	4.831	4.936					
	PM3	4.875	4.881					
	STO	4.852	4.869					

影响石墨炔结构和性质的一个重要特征是参数P，即碳原子在二配位和三配位状态中的比例。例如，在$\alpha-L_6$－石墨炔层中的3个二配位原子，分别在$\beta-L_6$－石墨炔参数$P=2$和$\gamma-L_6$－石墨炔参数$P=1$中等同于一个三配位原子(表4.3)。因此，在sp^2杂化条件下，$\gamma-L_6$－石墨炔包含三配位原子的最大相对数。只有这些石墨炔最接近石墨烯，才

被认为有最稳定的性质。

可用层密度(ρ)等参数表示石墨炔层的特征。表4.3中给出了这个参数的理论计算值。不同石墨炔密度的参数P(在二配位和三配位状态的原子比率)有很好的相关性。最大P值($P=3$)的$\alpha-L_6-$石墨炔有最小密度0.39mg/m^{2}石墨炔的最大。$P=1$的γ_3-L_6-石墨炔有最大密度($\rho=0.67$mg/m^2)。其他石墨炔层的密度具有中间值(表4.3)。

为了估计多种石墨炔修正的稳定性,计算了石墨炔各原子的特定结合能。根据特定的结合能计算升华能(表4.4)。

用同样的方法比较石墨炔和六边形石墨烯的升华能,结果表明所有石墨炔的升华能总是低于六边形石墨烯(L_6)(表4.4)。这表明石墨炔的热力学稳定性低于六边形石墨烯。然而,石墨炔7个基本结构类型的升华能似乎都高于实验合成的C_{20}富勒烯(表4.4)的设计升华能,并且在正常条件下能够稳定存在[77]。计算表明,在所有石墨炔结构类型中,γ_2-L_6-石墨炔的最大升华能量为150kcal/mol。$\alpha-L_6-$石墨炔具有最小升华能,预计是最不稳定的类型(表4.4)。六边形石墨烯的理论计算升华能为167kcal/mol(表4.4),实验测得的石墨烯升华能为170.8kcal/mol,两者之间的升华能几乎吻合,这验证了计算的正确性[78]。理论计算和测量值之间的差别很小,这是因为是在一个单独的六边形石墨烯层上进行的计算,而石墨晶体是有范德瓦耳斯键的叠加石墨烯,在理论计算中忽略了其能量。

表4.4 碳层的升华能(kcal/mol)(由基本结构类型二配位和三配位状态中的碳原子组成)

多种石墨烯	计算方法		
	MNDO	AM1	PM3
$\alpha-L_6-$石墨炔	146.81	143.88	144.80
β_1-L_6-石墨炔	148.40	145.48	146.46
β_2-L_6-石墨炔	147.01	144.64	146.02
β_3-L_6-石墨炔	148.37	147.11	147.23
γ_1-L_6-石墨炔	148.58	147.23	148.95
γ_2-L_6-石墨炔	150.89	150.30	150.31
γ_3-L_6-石墨炔	148.23	147.23	147.59
L_6-石墨炔	167.00	165.82	166.86
C_{20}	129.64	127.10	133.40

4.5 用密度泛函理论方法计算L_6石墨炔层

基于4.2节描述的模型方案,可以用卡拜链取代C—C键,从而在不同的多种石墨烯[4-5,58]中构造石墨炔层。用这种方案从理论上分析来自六边形石墨烯的石墨炔,揭示了这种化合物的7个可能存在的基本结构类型[36]。使用MNDO法、AM1法和PM3法计算基于L_6-石墨烯的石墨炔多态几何形状优化结构,给出了它们的一些结构特性和性质(见4.4节)。然而,由于半经验方法不能正确计算原子杂化态变化的碳结构转变,有关这些化合物的电子特性和稳定性的一些问题仍然悬而未决。本节给出了初始用密度泛函理论(DFT－GGA)计算的从L_6－石墨烯产生的基本多态石墨炔类型的结构和性质。

作为初始结构，计算使用了由六边形石墨烯(L_6)产生的7种石墨炔($\alpha-L_6$、β_1-L_6、β_2-L_6、β_3-L_6、γ_1-L_6、γ_2-L_6、γ_3-L_6)，结果是用双原子卡拜链取代sp^2杂化原子之间的C—C键。在PM3预计算中得到了初始层的结构参数[36]。在计算中，研究了三维多层结构。为了防止相邻层对单个层结构和性能的影响，假定层间距离为10Å。利用DFT－GGA方法对石墨炔层进行几何形状优化。采用程序码量子ESPRESSO[76]进行计算。计算了在12×12×12的k点电子态密度。将波函数在缩短的平面波基本集扩展开。基函数集的维数受到值$E_{cutoff}=1keV$的限制。

计算给出了6种石墨炔的几何形状优化结构：$\alpha-L_6$、β_1-L_6、β_2-L_6、β_3-L_6、γ_1-L_6和γ_2-L_6(图4.14(b)至图4.19(b))。γ_3-L_6－石墨炔看起来不稳定，因此在优化过程中，它的结构被转化为六边形石墨烯L_6(图4.20)。图4.21说明了γ_3-L_6层转变为六边形石墨烯的连续步骤。在几何形状优化过程中，原子初始位置(图4.21(a))的电子密度分布的预设值由于原子位置、基元平移向量和电子轨道结构的随机变化而发生改变，从而达到最小的总能量。因此在几个步骤中，石墨炔层的卡拜链的碎片弯曲，卡拜链原子开始接近相邻链的原子(图4.21(b)、(c))。在计算的最后一步，原子变得紧密，以至于产生了额外的原子间键，原子从二配位状态转移到三配位状态，从而将石墨炔层转变为六边形石墨烯(图4.21(d))。

在石墨炔层，除了β_3-L_6－石墨炔的一半卡拜链变得弯曲外，卡拜链通常在优化后保持直线(图4.17(b))。石墨炔结构参数的数值见表4.5。石墨炔层的每个晶胞都含有4～18个原子。

在大多数层($\alpha-L_6$、β_1-L_6、β_2-L_6、γ_1-L_6、γ_2-L_6)中，原子保持两个相等的结构状态，对应于二配位和三配位原子(sp和sp^2杂化)。

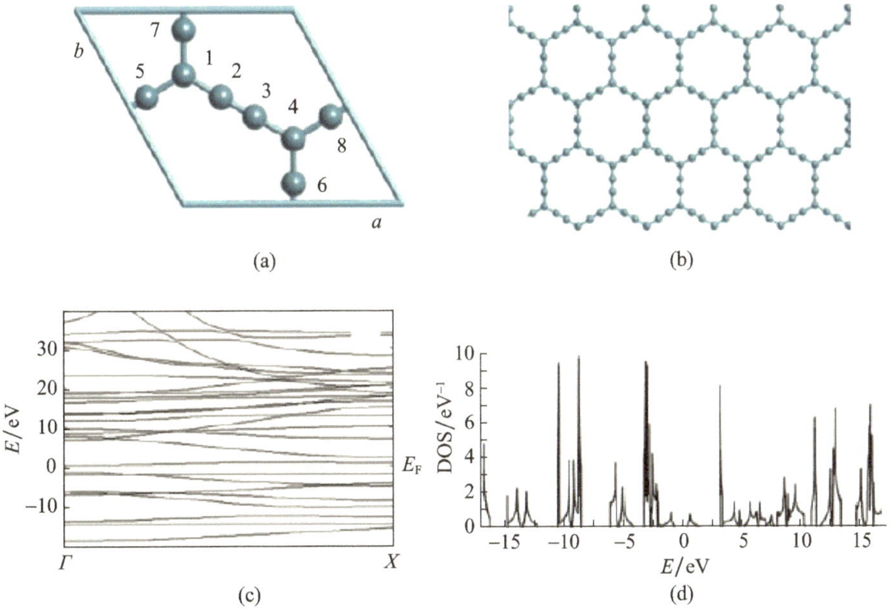

图4.14　$\alpha-L_6$－石墨炔

(a)晶胞；(b)原子结构；(c)能带结构；(d)DOS。

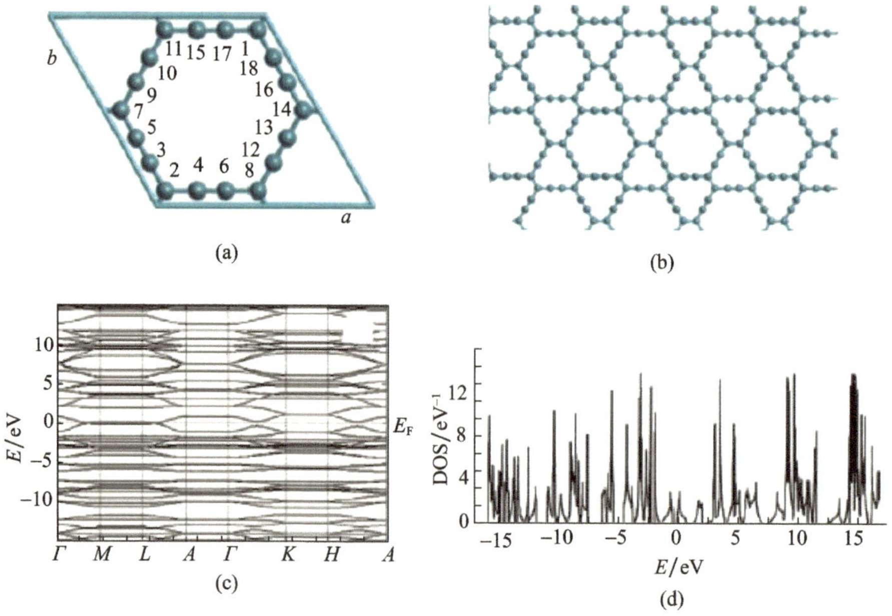

图 4.15 β_1 - L_6 - 石墨炔

(a)晶胞;(b)原子结构;(c)能带结构;(d)DOS。

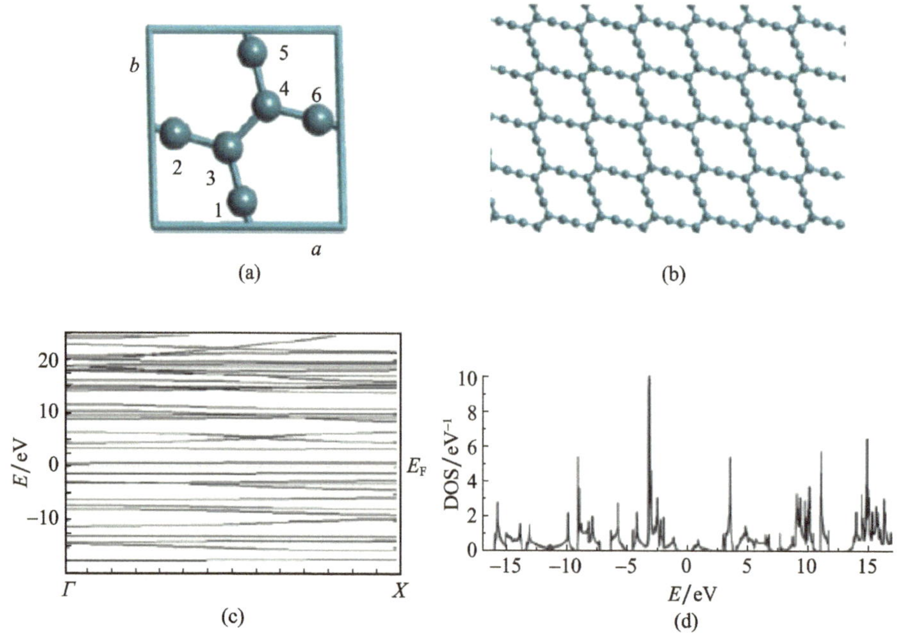

图 4.16 β_2 - L_6 - 石墨炔

(a)晶胞;(b)原子结构;(c)能带结构;(d)DOS。

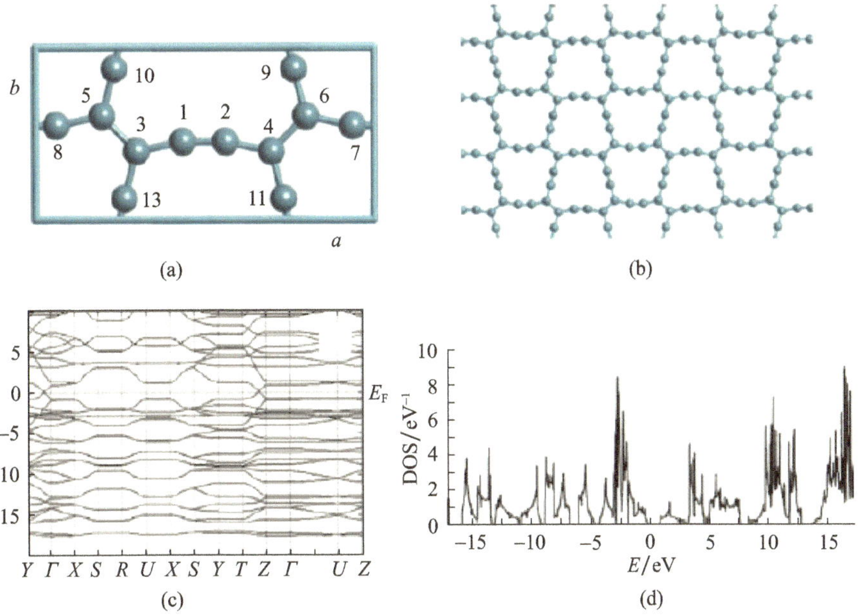

图 4.17 β_3-L_6 - 石墨炔

(a)晶胞;(b)原子结构;(c)能带结构;(d)DOS。

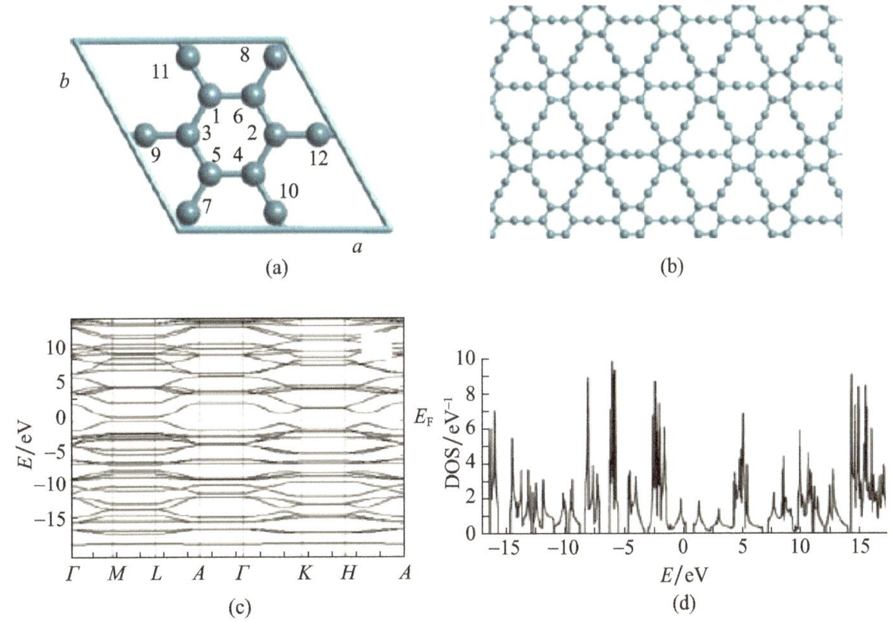

图 4.18 γ_1-L_6 - 石墨炔

(a)晶胞;(b)原子结构;(c)能带结构;(d)DOS。

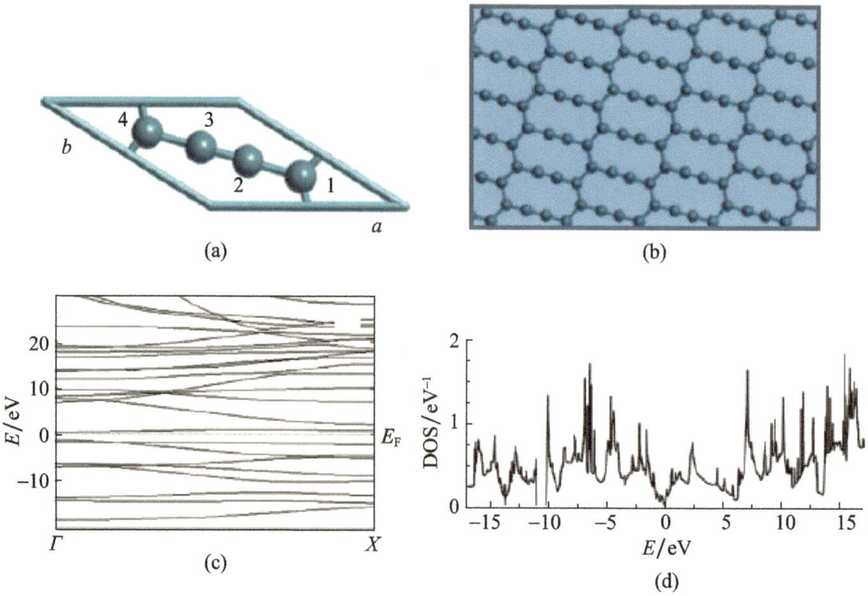

图 4.19　γ_2 – L_6 – 石墨炔

(a)晶胞；(b)原子结构；(c)能带结构；(d)DOS。

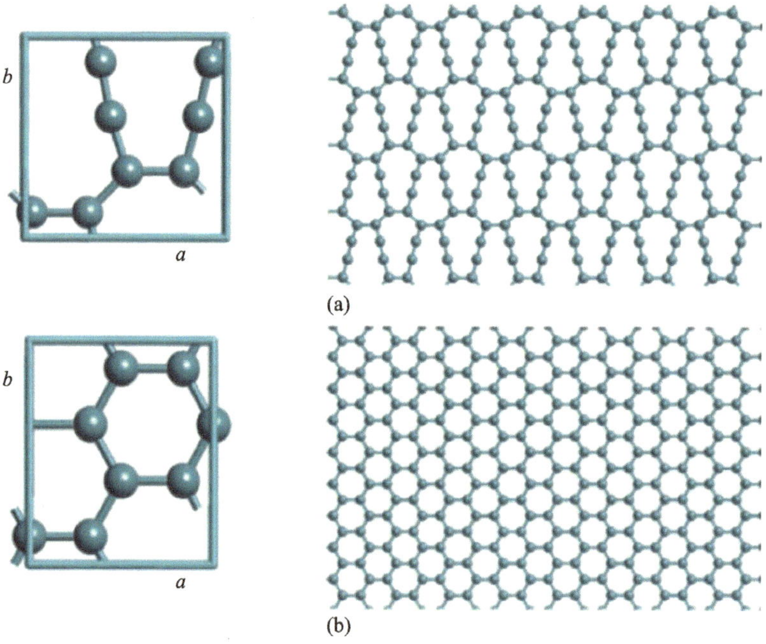

图 4.20　晶胞和原子结构

(a)原始 γ_3 – L_6 – 石墨炔；(b)由于几何形状优化从原始 γ_3 – L_6 – 石墨炔获得的L_6 – 石墨烯。

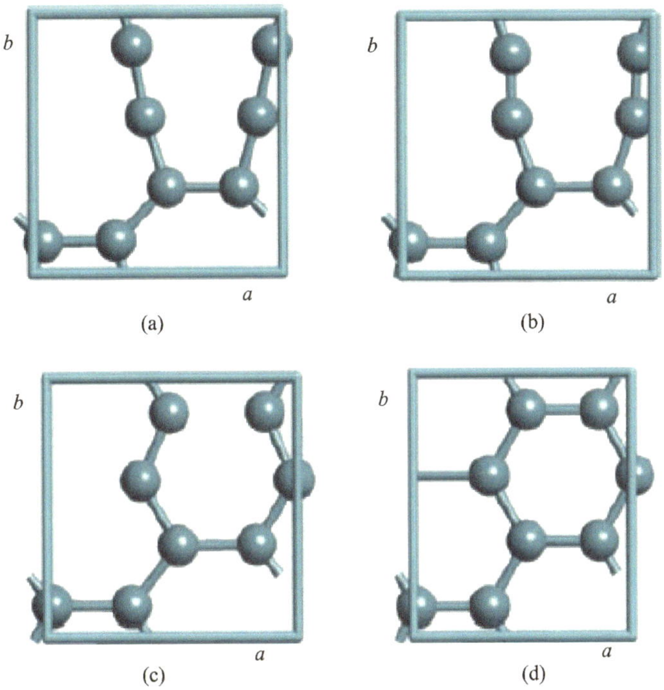

图 4.21　γ_3-L_6 - 石墨炔晶胞在几何形状优化过程中的变换步骤

表 4.5　石墨炔结构参数的数值(Hex—六边形;Tr—三斜;Ort—简单正交;Mon—简单单斜)

层	$\alpha-L_6$	β_1-L_6	β_2-L_6	β_3-L_6	γ_1-L_6	γ_2-L_6	γ_3-L_6	L_6
类型	Hex	Hex	Mon	Ort	Hex	Mon	Ort	Hex
a/Å	7.035	9.578	4.936	9.959	6.944	4.910	—	2.491
b/Å				4.882		4.910	—	
γ/(°)	120	120	91.51	90	120	148.92	—	120
E_{total}/(eV/原子)	−156.24	−156.34	−156.37	−156.34	−156.59	−156.45	—	−157.32
ΔE_{total}/(eV/原子)	1.08	0.98	0.95	0.98	0.73	0.87	—	0
E_{sub}/(eV/原子)	6.68	6.78	6.81	6.78	7.03	6.89	—	7.76
Δ/eV	0.41	0.08	0.35	0.28	0.65	0.00	—	0.69
E_F/eV	−4.60	−4.76	−4.64	−4.92	−5.02	−4.07	—	−4.79
ρ/(mg/m^2)	0.37	0.45	0.49	0.49	0.57	0.64	—	0.74
N/原子	8	18	6	12	12	4	8	2

β_3-L_6层包含3个不同的原子状态。因此,$\alpha-L_6$层和β_1-L_6层中的原子间键可能有两个不同的长度(表4.6),对应于 sp − sp 和 sp − sp^2 键。在β_2-L_6、β_3-L_6、γ_1-L_6和γ_2-L_6层中存在3种类型的原子间键,即 sp − sp、sp − sp^{2}和sp^2 − sp^2,长度不同(表4.6)。应注意,β_3-L_6层中的 sp − sp 键有两个不同的长度。不同原子间键的长度决定了C—C键的阶[77],也就是在原子间空间中定位的电子对的数目。石墨炔层的键序从来不是整数,这证明了电子的离域和电荷转移的可能性。

表4.6 多种石墨炔中C—C原子间键的长度和原子间键的角度

层	α－L_6	$β_1$－L_6	$β_2$－L_6	$β_3$－L_6	$γ_1$－L_6	$γ_2$－L_6	$γ_3$－L_6
L_1/Å	1.2465	1.2488	1.2455	1.2387	1.2366	1.2444	—
L_2/Å	1.4064	1.4039	1.4078	1.2336	1.4194	1.3972	—
L_3/Å	—	—	1.4579	1.3934	1.4343	1.4863	—
L_4/Å	—	—	—	1.4220	—	—	—
$α_1$/(°)	180	180	180	168.53	180	180	180
$α_2$/(°)	180	180	180	191.47	180	180	180
$β_1$/(°)	120	120	119.88	116.17	120	117.75	107.47
$β_2$/(°)	120	120	120.06	120.03	120	117.75	117.47
$β_3$/(°)	120	120	120.06	123.80	120	124.5	135
Def(β)/(°)	0	0	0.24	7.66	0	9	30.06

石墨炔层中每个原子的总能量(E_{total})为－156.59～－156.24eV/原子，高于六边形石墨烯的相同值－157.32eV/原子(表4.5)。总能量与L_6－层的总能量(ΔE_{total})的差值在0.73～1.08eV/原子之间。升华能为石墨炔层单个原子的总能量与孤立碳原子的能量之差(该能量的设计值是－149.56)。石墨炔层的升华能比六边形石墨烯的升华能低10%～16%。γ－石墨炔的升华能最大，α－石墨炔的升华能最小。这些结果与先前用半经验量子力学方法得到的计算结果几乎吻合[36]。

图4.14(c)～(d)到4.19(c)～(d)给出了6个石墨炔层电子态的能带图和密度的计算。表4.5给出了由这些计算确定的费米能级(E_F)上的带隙值。

5个石墨炔的带隙值Δ在0.28～0.65 eV之间。这表明这些石墨炔应该显示半导体特性。在$γ_2$－L_6－石墨炔中，E_F的电子态的密度表现为非零，即该层应具有金属导电性。石墨炔层密度ρ明显低于L_6－石墨烯：$γ_2$－石墨炔(1.16倍)的差异最小，α－石墨炔(2倍)的差异最大。

4.6 用密度泛函理论方法计算L_{4-8}石墨炔层

从4.4节中可看出，理论上可以从石墨烯的4个基本多态类型中获得石墨炔层(图4.5)。然而，从L_6－石墨烯和L_{4-8}－石墨烯得到的石墨炔层有望成为最稳定的结构类型。4.4节和4.5节报告了基于L_6－石墨烯层的计算，表明使用半经验量子力学方法无法精确计算石墨炔层稳定性，而密度泛函理论的第一原理方法很好地解决了这些问题。因此，本部分给出了从理论上使用密度泛函理论(DFT－GGA)方法计算从L_{4-8}－石墨烯模拟的若干新的多种石墨炔的结构和性质。

在理论上可以从L_{4-8}－石墨烯(图4.5(b))获得这一系列的石墨炔类型，方法是用卡拜链替换sp^2杂化原子之间的C—C键。要获得α－多种石墨烯，必须用卡拜链替换所有的键，即β－多种石墨烯3个键中的两个键，γ－结构中的一个键。在替换过程中，使用了最小尺寸的卡拜链的碎片(只有一对原子)。在L_{4-8}－石墨烯的基础上，得到了7种石墨炔层的基本结构类型(图4.10)。

用 DFT-GGA 方法对原始L_{4-8}-石墨炔模型进行几何形状优化。计算给出了几何形状优化结构,如 $\alpha-L_{4-8}$-石墨炔、β_1-L_{4-8}-石墨炔、β_2-L_{4-8}-石墨炔、β_3-L_{4-8}-石墨炔和 γ_1-L_{4-8}-石墨炔(图4.22(b)至图4.26(b))。与最初的理论模拟结构(图4.10)不同的是,$\alpha-L_{4-8}$-石墨炔、β_1-L_{4-8}-石墨炔、β_2-L_{4-8}-石墨炔和 β_3-L_{4-8}-石墨炔的卡拜链碎片为弯曲状态。

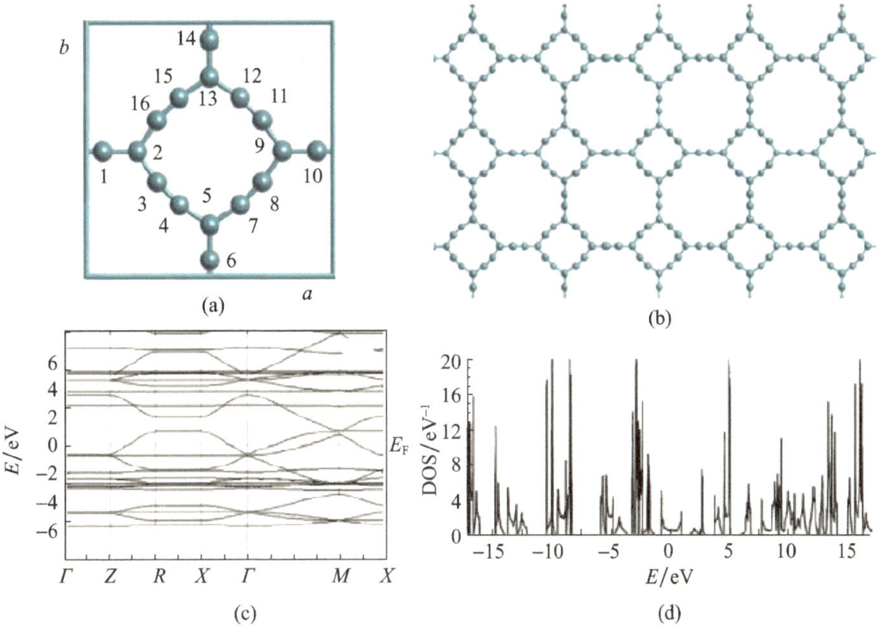

图4.22 $\alpha-L_{4-8}$-石墨炔

(a)晶胞;(b)原子结构;(c)能带结构;(d)DOS。

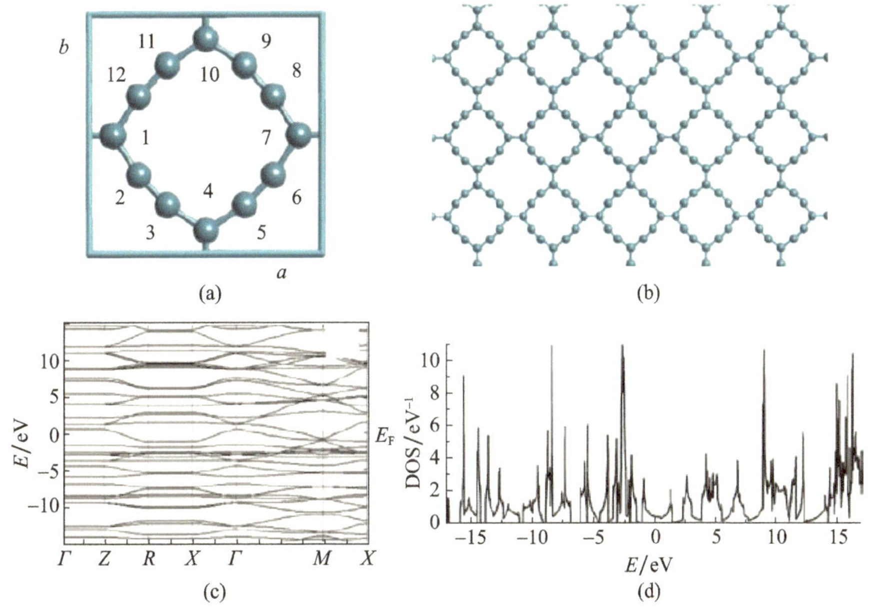

图4.23 β_1-L_{4-8}-石墨炔

(a)晶胞;(b)原子结构;(c)能带结构;(d)DOS。

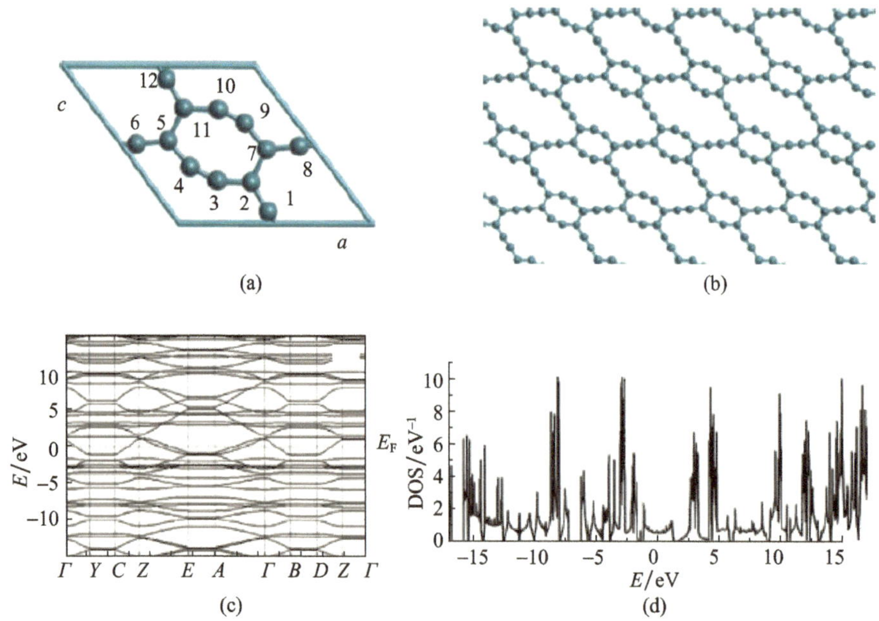

图 4.24 β_2-L_{4-8}-石墨炔

(a)晶胞;(b)原子结构;(c)能带结构;(d)DOS。

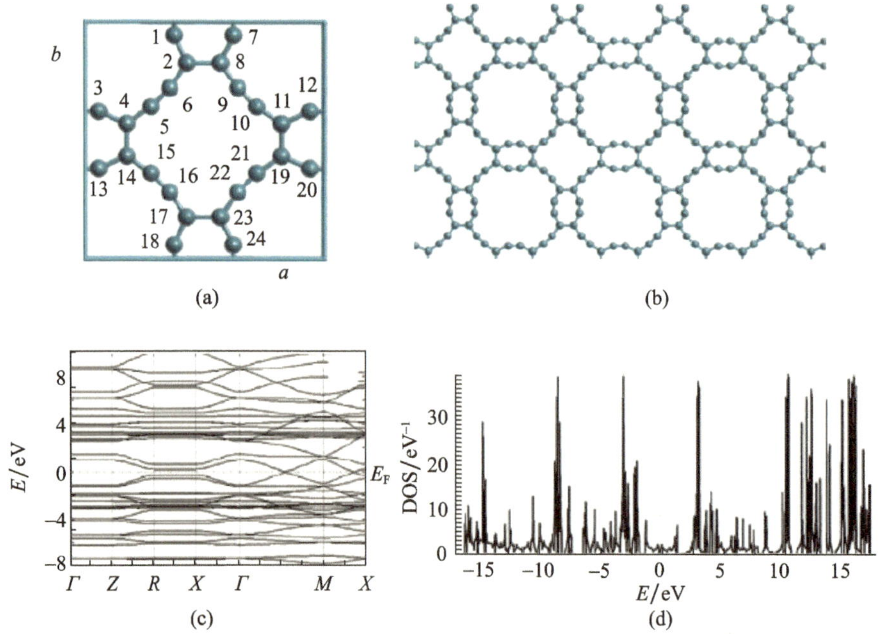

图 4.25 β_3-L_{4-8}-石墨炔

(a)晶胞;(b)原子结构;(c)能带结构;(d)DOS。

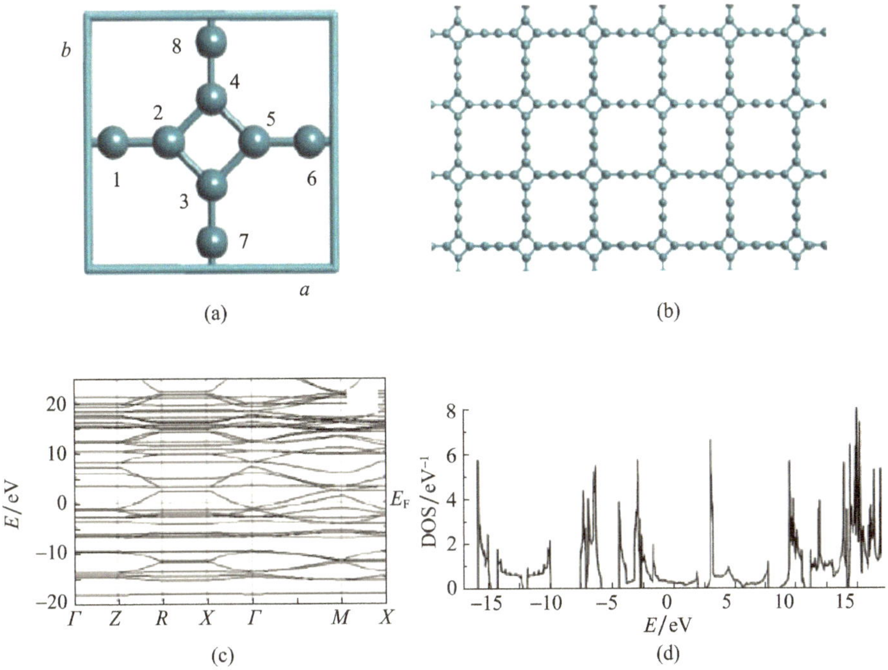

图 4.26 γ_1-L_{4-8} - 石墨炔

(a)晶胞;(b)原子结构;(c)能带结构;(d)DOS。

$\alpha-L_{4-8}$ - 石墨炔的晶胞包含 16 个原子。在石墨炔层中原子有 3 种可能的结构状态。第一种结构态(1)为三配位碳原子(sp^2杂化),另外两种结构态(2 和 3)为二配位碳原子(sp 杂化)。用 DFT - GGA 方法计算的基本平移向量长度为 $a=b=9.726$Å。

$\alpha-L_{4-8}$ - 石墨炔层的 C—C 键的长度有 4 个不同的值(表 4.7)。用以下方程[78]计算了 C—C 键的阶χ:$L=A+B\chi^{-1}$,其中 L 是 C—C 键的长度,A 和 B 是常数。根据之前用过的程序[58,71],从六边形石墨烯(1.436Å)和立方钻石(1.558Å)中的原子间键长中,求出了方程中参数值 $A=1.07$Å 和 $B=0.488$Å。表 4.7 给出了计算的原子间键序。键序不是整数,范围为 1.4 ~ 2.8,这可能是因为电子离域 π 的作用。

$\alpha-L_{4-8}$、β_1-L_{4-8}、β_2-L_{4-8}、β_3-L_{4-8} 和 γ_1-L_{4-8} 层的晶胞含有 8 ~ 24 个原子(图 4.22(a) ~ 图 4.26(a))。表 4.8 给出了它们基本平移向量的计算。

基于 L_{4-8} - 石墨烯,从理论上模拟的 7 个石墨炔层中,其中包括 $\alpha-L_{4-8}$、β_1-L_{4-8}、β_2-L_{4-8}、β_3-L_{4-8}和 γ_1-L_{4-8}在内的 5 个石墨炔都表现稳定。其他两个石墨炔,即 γ_2-L_{4-8}和 γ_3-L_{4-8} 在几何形状优化过程中分别转化为 L_{4-6-8} - 石墨烯和 L_{4-8} - 石墨烯(图 4.27和图 4.28)。

表 4.7 从 L_{4-8} - 石墨烯获得的在 $\alpha-L_{4-8}$ - 石墨烯中 C—C 原子间键长 L_{ij}及键序χ(i 和 j 是晶胞中的原子位置数量)

参数	L_{12}/Å	L_{13}/Å	L_{22}/Å	L_{33}/Å
L_{ij}/Å	1.4186	1.3927	1.2456	1.2524
χ	1.4	1.5	2.8	2.7

石墨炔的每个原子的总能量值 E_{total} 在 −156.19 ~ −156.35eV 原子之间(表 4.8)。L_{4-8} − 石墨炔层的总能量高于 L_6 − 石墨烯(−157.32eV/原子)和 L_{4-8} − 石墨烯(−156.78eV/原子),也高于从 L_6 − 石墨烯[58]所得的石墨炔层能量,但低于实验合成的富勒烯 C_{20} 的单个能量。在 α − L_{4-8} − 石墨炔中升华能最小(6.63eV/原子),在 γ_1 − L_{4-8} − 石墨炔中升华能最大(6.79eV/原子)。

能带图(图 4.22(c) ~ 图 4.26(c))和电子态密度(图 4.22(d) ~ 图 4.26(d))的计算结果表明,在 α − L_{4-8} − 石墨炔、β_1 − L_{4-8} − 石墨炔、β_2 − L_{4-8} − 石墨炔和 γ_1 − L_{4-8} − 石墨炔中,在费米能级附近的电子结构,其价带和导电带之间存在重叠,因此电子态的密度在 E_F 不是零。这表明这些石墨炔显示出金属性质。在 β_3 − L_{4-8} − 石墨炔中,在费米能级附近观察到能带隙的宽度为 0.06eV,呈现半导体的特征。L_{4-6} − 石墨炔层的密度 ρ 在0.34 ~ 0.47mg/m^2 之间,明显低于 L_6 − 石墨烯(0.74mg/m^2)和 L_{4-8} − 石墨烯(0.68mg/m^2),密度 β 和 γ 接近。

表 4.8 从 L_{4-8} − 石墨烯得到的基本多态的石墨烯和石墨炔的结构参数(晶胞的原子数(N)、基本平移向量的长度(a、b)和它们之间的夹角(γ)、层密度(ρ)、每个原子的总能量(E_{total})和能带隙能(Δ))

层	N/原子	a/Å	b/Å	γ/(°)	ρ/(mg/m^2)	E_{total}/(eV/原子)	Δ/eV	E_{sub}/(eV/原子)	类型
L_6 − 石墨烯	2	2.491		120	0.74	−157.32	0	7.76	Hex
L_{4-8} − 石墨烯	4	3.429		90	0.68	−156.78	0	7.22	Tetr
α − L_{4-8} − 石墨炔	16	9.726		90	0.34	−156.19	0	6.63	Tetr
β_1 − L_{4-8} − 石墨炔	12	7.1063		90	0.47	−156.30	0	6.74	Tetr
β_2 − L_{4-8} − 石墨炔	12	8.112	8.115	127.6	0.46	−156.25	0	6.69	Mon
β_3 − L_{4-8} − 石墨炔	24	10.902		90	0.40	−156.23	0.06	6.67	Tetr
γ_1 − L_{4-8} − 石墨炔	8	6.076		90	0.43	−156.35	0	6.79	Tetr

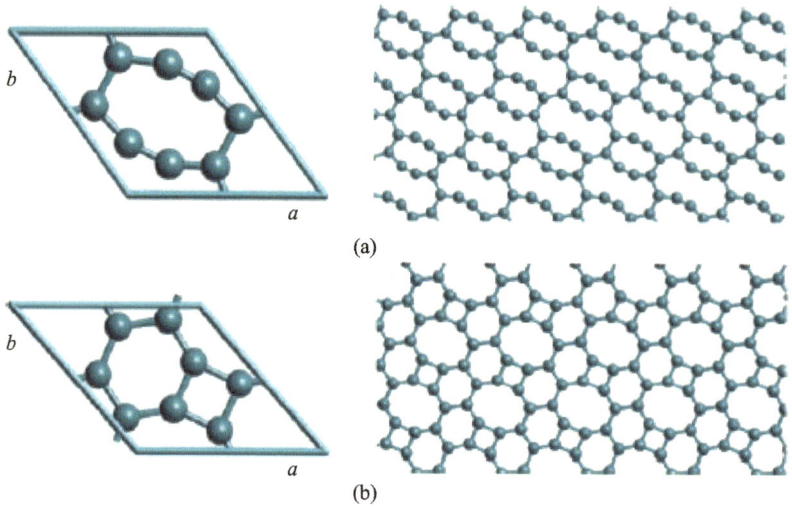

图 4.27 晶胞和原子结构

(a)原始 γ_2 − L_{4-8} − 石墨炔;(b)由于几何形状优化而从原始 γ_2 − L_{4-8} − 石墨炔中获得的 L_{4-6-8} − 石墨烯。

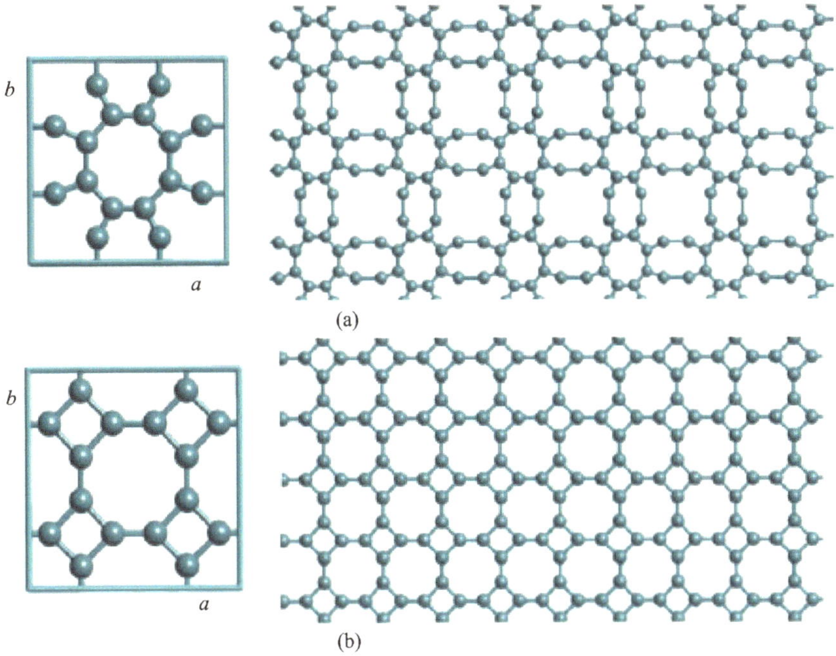

图 4.28 晶胞和原子结构

(a)原始 γ_3-L_{4-8} – 石墨炔；(b)由于几何形状优化而从原始 γ_3-L_{4-8} – 石墨炔中获得的 L_{4-8} – 石墨烯。

4.7 结果与讨论

本书从理论上研究了新型石墨炔结构，这种结构存在的主要问题：一是石墨炔结构能稳定存在的可能性；二是石墨炔结构的实验合成方法。

通过对六边形石墨烯层升华能的对比分析，本章对理论研究的层状结构稳定性进行了初步评价。发现石墨炔的升华能低于六边形石墨烯(L_6)，即石墨炔层的热力学稳定性要低于六边形石墨烯。然而，石墨炔和石墨烯的所有基本结构类型的升华能都高于在实验条件下合成的富勒烯 C_{20} 的升华能[77]。计算表明，γ – 石墨炔具有最大的升华能。最不稳定的石墨炔应该是升华能最小的 α – 石墨炔(表 4.5 和表 4.8)。最终使用 DFT – GGA 方法的研究表明，除升华能的绝对值较高外，相位稳定性还需要一个足够高的屏障将结构状态分开；否则，层结构变得不稳定，会转化为另一个结构(通常是石墨烯)。

本书通过对石墨炔和石墨烯的对比分析，发现碳原子配位(价电子轨道的杂化)对化合物性质的影响最大。仅由 sp^2 杂化原子组成的石墨烯层具有金属性质。石墨炔的电导率特征从金属变为半导体，这可能是由于存在一定比例的 sp 原子(半导体化合物的带宽在 0.06 ~ 0.65eV 之间)。这显然是由具有共价化学键的碳化合物中电荷转移的特殊机制引起的。由于石墨烯和石墨炔中的碳原子是共价键，参与形成原子间键的外层电子被局限在原子间空间。在这种情况下不存在保证共价化合物电导率的整个晶体共享的自由电子。通过形成共价 π 键的电子对的跃迁来实现碳化合物中的电荷转移。如果化合物中的碳原子为四配位，则电子轨道杂化为 sp^3 型。由于这些化合物不包含 π 电子，所以在石墨烯中不可能进行电荷传递，而且该化合物具有介电性质。石墨烯层中碳原子为三配位

(sp^2杂化)。在这种情况下，π 电子轨道垂直于层，并观察到 π 电子离域，因此，可能出现电荷转移，在长层表面观察到金属电导率。在石墨炔层，原子处于二配位和三配位状态(sp 和 sp^2 杂化)。在这种情况下，π 电子也存在，它们的轨道垂直和平行于层平面。显然，在这种情况下，应观察到电导率，然而，某些石墨炔的特殊特征可能导致整个层的 π 电子完全离域，并产生金属电导率。但是，如果在层的局部区域中观察到电子离域，那么为了诱导总电荷的转移，必须确保这些局部区域之间的电荷转移。在这种情况下，电导率将是半导体类型，这确实是由理论模型所证明的结果。

对石墨炔结构的性质和 sp 和 sp^2 态原子数比值的分析，揭示了一些很明显的规律(表 4.5 和表 4.8)。图 4.29 展示了石墨炔层密度对二配位原子的依赖性(sp 杂化)。随着二配位原子数目的增加，密度呈线性下降趋势。实际上，最小密度 0.34mg/m^2 是 α - L_{4-8} - 石墨炔的固有特性，它具有最大的 sp 杂化原子数。在六边形石墨烯中观察到最大密度(ρ = 0.74mg/m^2)，它的原子均处于 sp^2 杂化状态。其他石墨炔层的密度是中间值。离群值对应 α - L_{4-8} - 石墨炔，其低升华能是由另一个因素引起的，即层间原子间键角的变形(这个层具有最大的变形参数 Def)。我们也发现了升华能有类似的规律，即升华能随二配位原子的增加而减少(图 4.30)。

因此已经发现，通过改变组成层状化合物的碳原子的配位(杂化)，可以改变层状化合物的性质。为此，有必要寻找技术来合成具有必需结构的化合物，因此，需要具有不同杂化电子轨道的原子之间的比例。

研究人员几十年来都在尝试实验合成石墨炔和不同骨架型石墨炔纳米结构[39-51]，也确实取得了一定的成绩，即合成了所有基本多态的石墨炔层的碎片。然而，他们在 2010 年才完成了宏观超长层的合成，且只有一种结构形式，即 γ_1 - 石墨炔 - 2[51-52]。F. Diederich 和 Y. Rubin[37-38] 的论文中介绍了多种石墨炔化学合成的可能技术的理论基础。石墨炔层可以由分子前驱体合成，其碳骨架结构接近石墨炔层碎片结构，而石墨炔层的结构与多态类型相对应。这只是石墨炔层和石墨炔纳米管使用的技术[51-53]。也许，在不久的将来，会发现其他所有多种石墨炔类型。这种情况的复杂性在于，有必要逐个研究许多影响合成的因素，如分子前驱体、催化剂、基底、温度和压力。本书的理论研究结果表明，γ - 石墨炔有望成为最稳定的石墨炔，研究人员首先应该尝试合成这些结构。

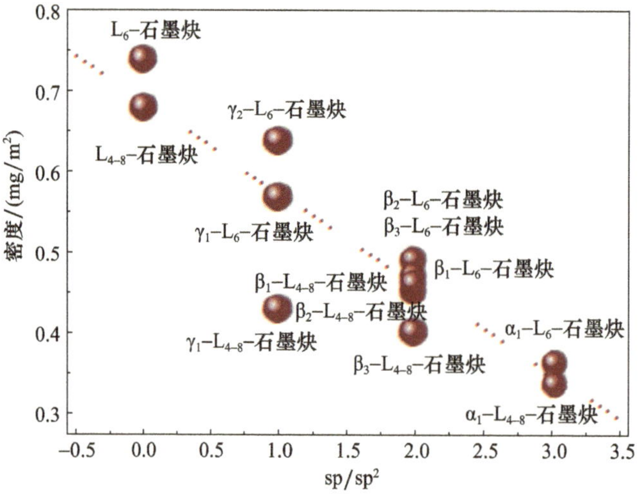

图 4.29　石墨炔层密度与 sp 和 sp^2 杂化态原子比的依赖性

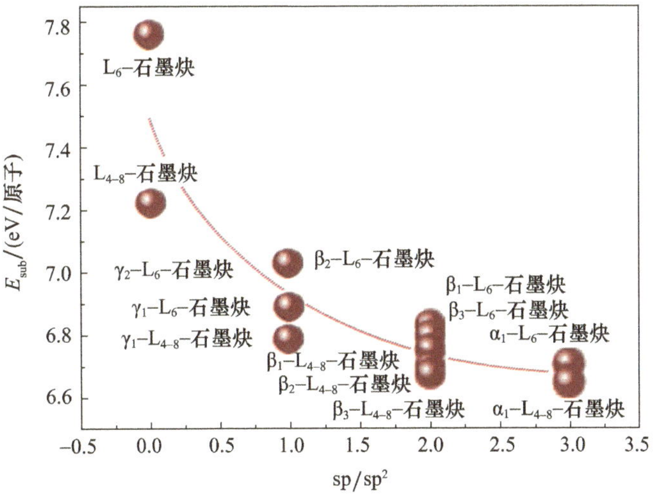

图 4.30　石墨炔层的升华能与 sp 和 sp^2 杂化态原子比的依赖性

实际应用研究的这些碳层化合物的可能领域是氢能量学、纳米电子学以及使用石墨炔作为分子筛或锂电池电极。

在氢能学领域,石墨炔和石墨炔纳米管可用于储氢。由于范德瓦耳斯键,氢可能被吸附在石墨炔或石墨炔纳米管层的表面。例如,在文献[19－21,24]中,从理论上研究了 Ca 和 Li 原子修饰的石墨炔层和石墨炔纳米管表面的氢吸收,发现在氢能学领域利用这种化合物的可能性。在这种情况下,石墨炔多型是必要的,因为化合物的吸收能力会有所不同,这取决于其结构。

许多理论研究[16－18]提出了用石墨炔代替石墨制造锂和类似的电池电极的可能性。这些研究表明,由于碱金属离子的嵌入(LiC_4 而不是 LiC_6[18]),其他一些石墨炔可能具有很强的能力,在这种情况下,由于石墨炔结构松散,而且嵌入的原子可能从一个层间空间过渡到另一个层间空间,因此嵌入速率较高。

将石墨炔用作分子筛的可能性是由于不同石墨炔具有不同尺寸孔洞。因此,不同的层可以过滤不同大小的液体、气体原子和分子。例如,文献[35]演示了用石墨炔从气体混合物中分离氢气的可能性。

最后,石墨炔可用于制造纳米电子器件。基于石墨烯、石墨烷和石墨炔,可以构建具有不同导电类型交替层的碳异质结构,如介电石墨烷、半导体和金属石墨烯及石墨炔。

4.8 小结

在这项研究给我们带来了以下重要的结果。

(1) 提出了石墨炔分类方案和从基于石墨烯的 $sp + sp^2$ 杂化碳分子中理论模拟形成石墨炔的方案,方法是用卡拜链替换原子间键。这种可能性存在的基础是建立了以 α、β 和 γ 为结构的石墨炔化合物,这 3 种基本结构类型是在每个三配位碳原子中分别替换 3 个、2 个或 1 个键形成的。用不同长度的卡拜链,如 2 个、4 个、6 个碳原子长度的卡拜链,取代原子间键,可以得到许多种类石墨炔。此外,还证明了从 L_6、L_{4-8} 和 L_{4-6-12} 的石墨烯类型中模拟形成7种石墨炔结构类型的可能性，其中一种石墨炔具有α结构，3种石墨炔类型分别含有β和γ结构。在L_{3-12}－石墨烯的基础上，只能形成3种石墨炔，分别是α、β、γ结构。结合基本结构类型，可以获得更丰富的石墨炔结构类型多样性。

（2）使用半经验量子力学，如PM3法、AM1法和MNDO法，以及初始Hartree－Fock－Roothaan方法，在STO6－31 G基础上进行计算，揭示了L_6－石墨烯的7个基本石墨炔多型几何形状优化结构。它们是可能稳定存在的，只要在正常条件下升华能在稳定的碳材料范围内变化。γ－L_6－石墨炔具有最大的升华能，因此也具有最大的稳定性。

（3）利用DFT－GGA方法，计算了来源于石墨烯的6种石墨炔的基本结构类型（α－L_6、β_1－L_6、β_2－L_6、β_3－L_6、γ_1－L_6、γ_2－L_6）和来源于L_{4-8}－石墨烯的5种石墨炔的基本结构类型（α－L_{4-8}、β_1－L_{4-8}、β_2－L_{4-8}、β_3－L_{4-8}、γ_1－L_{4-8}）的晶体结构和电子性质。另外，3个基本类型的石墨炔，即γ_3－L_6－石墨炔、γ_2－L_{4-8}－石墨炔和γ_3－L_{4-8}－石墨炔，表现为不稳定，在几何形状优化后分别转化为L_6－石墨烯、L_{4-6-8}－石墨烯和L_{4-8}－石墨烯。石墨炔的设计升华能似乎属于实验合成碳化合物的升华能范围，因此它们在正常条件下确实可以稳定存在。石墨炔能带图和电子态密度的计算表明，所研究的α－L_6－石墨炔、β_1－L_6－石墨炔、β_2－L_6－石墨炔、β_3－L_6－石墨炔、γ_1－L_6－石墨炔、β_3－L_{4-8}－石墨炔应该是窄带隙半导体特征，而γ_2－L_6－石墨炔、α－L_{4-8}－石墨炔、β_1－L_{4-8}－石墨炔、β_2－L_{4-8}－石墨炔和γ_1－L_{4-8}－石墨炔应该是半导体特征。

（4）通过对所得结果的分析，提出了石墨炔可能的应用领域，即氢能学、纳米电子学以及作为分子筛或锂电池电极的应用。最有希望的应用领域可能是由不同导电类型的交替层组成的碳异质结构，包括介电石墨烷、半导体和金属石墨烯及石墨炔。

参考文献

[1] Rufford, T. E., Hulicova－Jurcakova, D., Zhu, J. (Ed.), Green Carbon*Materials: Advances* and *Applications*, Pan Stanford Publishing, Singapore, 2014.

[2] Shafraniuk, S. (Ed.), *Graphene: Fundamentals, Devices, and Applications*, Pan Stanford Publishing, Boca Raton, Florida, 2015.

[3] Stebunov, Y. V., Aftenieva, O. A., Arsenin, A. V., Volkov, V. S., Highly sensitive and selective sensor chips with graphene－oxide linking layer. ACS *Appl. Mater. Interfaces*, 7, 21727, 2015.

[4] Belenkov, E. A., Greshnyakov, V. A., Classification of structural modifications of carbon. *Phys. Solid State*, 55, 1754, 2013.

[5] Belenkov, E. A., Greshnyakov, V. A., Classification scheme of carbon phases and nanostructures. *New Carbon Materials*, 28, 273, 2013.

[6] Belenkov, E. A. Classification of carbon structures, in: *Hydrogen Materials Science and Chemistry of Carbon Nanomaterials* (ICHMS' 2003), D. V. Schur, S. Yu., Zaginaichenko, T. N. Veziroglu (Eds.), pp. 730－731, IHSE, Kiev, 2003.

[7] Heimann, R. B., Evsyukov, S. E., Koga, Y., Carbon allotropes: A suggested classification scheme based on valence orbital hybridization. *Carbon*, 35, 1654, 1997.

[8] Brzhezinskaya, M. M., Baitinger, E. M., Kormilets, V. I., Band structure and CKα emission of ultrathin nanotubes. *J. Exp. Theor. Phys.*, 91, 393, 2000.

[9] Novoselov, K. S., Geim, A. K., Morozov, S. V., Jiang, D., Zhang, Y., Dubonos, S. V., Grigorieva, I. V.,

Firsov, A. A., Electric field effect in atomically thin carbon films. *Science*, 306, 666, 2004.

[10] Sofo, J. O., Chaudhari, A. S., Barber, G. D., Graphane: A two-dimensional hydrocarbon. *Phys. Rev. B*, 75, 153401, 2007.

[11] Baughman, R. H., Eckhardt, H., Kertesz, M., Structure-property predictions for new planar forms of carbon: Layered phases containing sp^2 and spatoms. *J. Chem. Phys.*, 87, 6687, 1987.

[12] Narita, N., Nagai, S., Suzuki, S., Nakao, K., Electronic structure of three-dimensional graphyne. *Phys. Rev. B*, 62, 11146, 2000.

[13] Belenkov, E. A., Mavrinskii, V. V., The three-dimensional structure of carbon phases consisting of sp-sp^2 hybridized atoms. *Izvestiya of the Chelyabinsk Scientific Center of the Ural Branch of the Russian Academy of Sciences*, 2, 13, 2006.

[14] Hu, M., He, J., Wang, Q., Huang, Q., Yu, D., Tian, Y., Xu, B., Covalent-bonded graphyne polymers with high hardness. *J. Superhard Mat.*, 36, 257, 2014.

[15] Baughman, R. H., Galvao, D. S., Cui, C., Dantas, S. O., Hinged and chiral polydiacetylene carbon crystals. Chem. Phys. Lett., 269, 356, 1997.

[16] Narita, N., Nagai, S., Suzuki, S., Potassium intercalated graphyne. *Phys. Rev. B*, 64, 245408, 2001.

[17] Li, C., Li, J., Wu, F., Li, S. S., Xia, J. B., Wang, L. W., High capacity hydrogen storage in ca decorated graphyne: A first-principles study. *J. Phys. Chem. C*, 115, 23221, 2011.

[18] Zhang, H., Zhao, M., He, X., Wang, Z., Zhang, X., Liu, X., High mobility and high storage capacity of lithium in sp-sp^2 hybridized carbon network: The case of graphyne. J. *Phys. Chem. C*, 115, 8845, 2011.

[19] Guo, Y., Jiang, K., Xu, B., Xia, Y., Yin, J., Liu, Z., Remarkable hydrogen storage capacity in Li-decorated graphyne: Theoretical predication. J. *Phys. Chem. C*, 116, 13837, 2012.

[20] Srinivasu, K., Ghosh, S. K., Graphyne and graphdiyne: Promising materials for nanoelectronics and energy storage applications. *J. Phys. Chem. C*, 116, 5951, 2012.

[21] Hwang, H. J., Kwon, Y., Lee, H., Thermodynamically stable calcium-decorated graphyne as a hydrogen storage medium. *J. Phys. Chem. C*, 116, 20220, 2012.

[22] Ahn, J., Lee, H., Kwon, Y., Commensurate-incommensurate solid transition in the ^4He monolayer on γ-graphyne. *Phys. Rev. B*, 90, 075433, 2014.

[23] Kwon, Y., Shin, H., Lee, H., Mott-insulator to commensurate-solid transition in a ^4He layer on α-graphyne. *Phys. Rev. B*, 88, 201403(R), 2013.

[24] Wang, Y. S., Yuan, P. F., Li, M., Jiang, W. F., Sun, Q., Jia, Y., Calcium—Decorated graphyne nanotubes as promising hydrogen storage media: A first-principles study. *J. Solid State Chem.*, 197, 323, 2013.

[25] Baughman, R. H., Galvgo, D. S., Cui, Ch., Wang, Y., Tomdnek, D., Fullereneynes: A new family of porous fullerenes. *Chem. Phys. Lett.*, 204, 8, 1993.

[26] Belenkov, E. A. The analysis of possible structure of the new frame forms of carbon. Part Ⅱ. Structure of graphyne nanotubes. *Izvestiya of the Chelyabinsk Scientific Center of the Ural Branch of the Russian Academy of Sciences*, 1, 17, 2002.

[27] Coluci, V. R., Braga, S. F., Legoas, S. B., Galva, D. S., Baughman, R. H., Families of carbon nanotubes: Graphyne-based nanotubes. *Phys. Rev. B*, 68, 035430, 2003.

[28] Lepetit, C., Zou, C., Chauvin, R., Total carbo-mer of benzene, its carbo-trannulene form, and the zigzag nanotube thereof. *J. Org. Chem.*, 71, 6317, 2006.

[29] Belenkov, E. A., Shakhova, I. V., Structure of carbinoid nanotubes and carbinofullerenes. *Phys. Solid State*, 53, 2385, 2011.

[30] Podlivaev, A. I. , Openov, L. A. , Isomers of C_{46} fullerene with carbyne chains. *Phys. Solid State*, 54, 1723, 2012.

[31] Long, M. , Tang, L. , Wang, D. , Li, Y. , Shuai, Z. , Electronic structure and carrier mobility in graphdiyne sheet and nanoribbons: Theoretical predictions. *ACS Nano*, 5, 2593, 2011.

[32] Kim, B. G. , Choi, H. J. , Graphyne: Hexagonal network of carbon with versatile Dirac cone. *Phys. Rev. B*, 86, 115435, 2012.

[33] Malko, D. , Neiss, C. , Vines, F. , Gorling, A. , Competition for graphene: Graphynes with direction – dependent Dirac cones. *Phys. Rev. Lett.* , 108, 086804, 2012.

[34] Malko, D. , Neiss, C. , Vines, F. , Gorling, A. , Two – dimensional materials with Dirac cones: Graphynes containing heteroatoms. *Phys. Rev. B*, 86, 045443, 2012.

[35] Ouyang, T. , Chen, Y. , Liu, L. M. , Xie, Y. , Wei, X. , Zhong, J. , Thermal transport in graphyne nanoribbons. *Phys. Rev. B*, 85, 235436, 2012.

[36] Belenkov, E. A. , Mavrinskii, VV, Belenkova, T. E. , Chernov, VM. , Structural modifications of graphyne layers consisting of carbon atoms in the sp and sp^2 hybridized states. *J. Exp. Theor. Phys.* , 120, 820, 2015.

[37] Diederich, F. , Rubin, Y. , Synthetic approaches toward molecular and polymeric carbon allotropes. *Angew. Chem. Int. Ed. Engl.* , 31, 1101, 1992.

[38] Diederich, F. , Carbon scaffolding: Building acetylenic all – carbon and carbon – rich compounds. *Nature*, 369, 199, 1994.

[39] Haley, M. M. , Bell, M. L. , English, J. J. , Johnson, C. A. , Weakley, T. J. R. , Versatile synthetic route to and DSC analysis of dehydrobenzoannulenes: Crystal structure of a heretofore inaccessible [20] annulene derivative. *J. Am. Chem. Soc.* , 119, 2956, 1997.

[40] Rubin, Y. , Parker, T. C. , Khan, S. I. , Holliman, C. L. , McElvany, S. W. , Precursors to endohedral metal fullerene complexes: Synthesis and x – ray structure of a flexible acetyleniccyclophane $C_{60}H_{18}$. *J. Am. Chem. Soc.* , 118, 5308, 1996.

[41] Haley, M. M. , Brand, S. C. , Pak, J. J. , Carbon networks based on dehydrobenzoannulenes: Synthesis of graphdiyne substructures. *Angew. Chem. Int. Ed. Engl.* , 36, 836, 1997.

[42] Bunz, U. H. F. , Rubin, Y. , Tobe, Y. , Polyethynylated cyclic p – systems: Scaffoldings for novel two and three – dimensional carbon networks. *Chem. Soc. Rev.* , 28, 107, 1999.

[43] Meijere, A. , Kozhushkov, S. , Haumann, T. , Boese, R. , Puls, C. , Cooney, M. J. , Scott, L. T. , Completely spirocyclopropanated macrocyclic oligodi – acetylenes: The family of "exploding" [*n*] rotanes. *Chem. Eur. J.* , 1, 124, 1995.

[44] Siemsen, P. , Livingston, R. C. , Diederich, F. , Acetylenic coupling: A powerful tool in molecular construction. *Angew. Chem. Int. Ed.* , 39, 2632, 2000.

[45] Ohkita, M. , Suzuki, T. , Nakatani, K. , Tsuji, T. , Crystal engineering using very short and linear C(sp) – H···N hydrogen bonds: Formation of head – to – tail straight tapes and their assembly into nonlinear optical polar crystals. *Chem. Commun.* , 37, 1454, 2001.

[46] Ravagnan, L. , Siviero, F. , Lenardi, C. , Piseri, P. , Barborini, E. , Milani, P. , Casari, C. , Li Bassi, A. , Bottani, C. E. , Cluster beam deposition and *in situ* characterization of carbyne – rich carbon films. *Phys. Rev. Lett.* , 89, 285506, 2002.

[47] Marsden, J. A. , Miller, J. J. , Haley, M. M. , Let the best ring win: Selective macrocycle formation through Pd – catalyzed or Cu – mediated alkyne homocoupling. *Angew. Chem. Int. Ed.* , 43, 1694, 2004.

[48] Johnson, C. A. , Lu, Y. , Haley, M. M. , Carbon networks based on benzocyclynes. 6. Synthesis of graphyne substructures via directed alkyne metathesis. *Org. Lett.* , 9, 3725, 2007.

[49] Lauer, M. G., Leslie, J. W., Mynar, A., Stamper, S. A., Martinez, A. D., Bray, A. J., Negassi, S., McDonald, K., Ferraris, E., Muzny, A., McAvoy, S., Miller, C. P., Walters, K. A., Russell, K. C., Synthesis, spectroscopy, and theoretical calculations for a series of push – pull [14] – pyridoannu – lenes. *J. Org. Chem.*, 73, 474, 2008.

[50] Mossinger, D., Chaudhuri, D., Kudernac, T., Lei, S., De Feyter, S., Lupton, J. M., Hoger, S., Large all – hydrocarbon spoked wheels of high symmetry: Modular synthesis, photophysical proper¬ ties, and surface assembly. *J. Am. Chem. Soc.*, 132, 1410, 2010.

[51] Sakamoto, J., Heijst, J., Lukin, O., Schluter, A. D., Two – dimensional polymers: Just a dream of synthetic chemists? *Angew. Chem. Int. Ed.*, 48, 1030, 2009.

[52] Li, G., Li, Y., Liu, H., Guo, Y., Lia, Y., Zhua, D., Architecture of graphdiyne nanoscale films. *Chem. Commun.*, 46, 3256, 2010.

[53] Luo, G., Qian, X., Liu, H., Qin, R., Zhou, J., Li, L., Gao, Z., Wang, E., Mei, W. – N., Lu, J., Li, Y., Nagase, S., Quasiparticle energies and excitonic effects of the two – dimensional carbon allotrope graphdiyne: Theory and experiment. *Phys. Rev. B*, 84, 075439, 2011.

[54] Li, G., Li, Y., Qian, X., Liu, H., Lin, H., Chen, N., Li, Y., Construction of tubular molecule aggregations of graphdiyne for highly efficient field emission. *J. Phys. Chem. C*, 115, 2611, 2011.

[55] Cao, J., Tang, C. P., Xiong, S. J., Analytical dispersion relations of three graphynes. *Physica B*, 407, 4387, 2012.

[56] van Miert, G., Juricic, V., Smith, C. M., Tight – binding theory of spin – orbit coupling in graphynes. *Phys. Rev. B*, 90, 195414, 2014.

[57] Niu, X., Mao, X., Yang, D., Zhang, Z., Si, M., Xue, D., Dirac cone in a – graphdiyne: A first – principles study. *Nanoscale Res. Lett.*, 8, 469, 2013.

[58] Belenkov, E. A., Kochengin, A. E., Structure and electronic properties of crystals consisting of graphene layers L_6, L_{4-8}, L_{3-12} and L_{4-6-12}. *Phys. Solid State*, 57, 2126, 2015.

[59] Kroto, H. W., The stability of the fullerenes C_n, with n = 24, 28, 32, 36, 50, 60 and 70. *Nature*, 329, 529, 1987.

[60] Popov, V. N., Lambin, P., Theoretical Raman fingerprints of α –, β –, and γ – graphyne. *Phys. Rev. B*, 88, 075427, 2013.

[61] Yue, Q., Chang, S., Tan, J., Qin, S., Kang, J., Li, J., Symmetry – dependent transport properties and bipolar spin filtering in zigzag α – graphyne nanoribbons. *Phys. Rev. B*, 86, 235448, 2012.

[62] Jiang, P. H., Liu, H. J., Cheng, L., Fan, D. D., Zhang, J., Wei, J., Liang, J. H., Shi, J., Thermoelectric properties of γ – graphyne from first – principles calculations. *Carbon*, 113, 108, 2017.

[63] Berkert, U. and Allinger, N. L., Molecular mechanics, pp. 1 – 327, American Chemical Society, 1982.

[64] Dewar, M. J. S., Thiel, W., Ground states of molecules. 38. The MNDO method. Approximations and parameters. *J. Am. Chem. Soc.*, 99, 4899, 1977.

[65] Dewar, M. J. S., Zoebisch, E. G., Healy, E. F., Stewart, J. J. P., Development and use of quantum mechanical molecular models. 76. AM1: A new general purpose quantum mechanical molecular model. *J. Am. Chem. Soc.*, 107, 3902, 1985.

[66] Stewart, J. J. P., Optimization of parameters for semiempirical methods I. Method. *J. Comput. Chem.*, 10, 209, 1989.

[67] Stewart, J. J. P., Optimization of parameters for semiempirical methods Ⅱ. Applications. *J. Comput. Chem.*, 10, 221, 1989.

[68] Hehre, W. J., Stewart, R. F., Pople, J. A., Self – consistent molecular orbital methods. I. Use of gaussian

expansions of slater – type atomic orbitals. *J. Chem. Phys.* ,51 ,2657 ,1969.

[69] Davidson,E. ,Feller,D. ,Basis set selection for molecular calculations. *Chem. Rev.* ,86 ,681 ,1986.

[70] Greshnyakov, V. A. , Belenkov, E. A. , Structures of diamond – like phases. *J. Exp. Theor. Phys.* , 113, 86 ,2011.

[71] Belenkov,E. A. ,Greshnyakov,V. A. ,Diamond – like phases prepared from graphene layers. *Phys. Solid State* ,57 ,205 ,2015.

[72] Belenkov,E. A. ,Greshnyakov,V. A. ,Structures and properties of diamond – like phases derived from carbon nanotubes and three – dimensional graphites. *J. Mat. Sci.* ,50 ,7627 ,2015.

[73] Belenkov,E. A. ,Greshnyakov,V. A. ,Structure,properties,and possible mechanisms of formation of diamond – like phases. *Phys. Solid State* ,58 ,2145 ,2016.

[74] Koch,W. A. and Holthausen,M. C. ,*Chemist' s guide to density functional theory*. 2nd edition,p. 293 ,Wiley – VCH Verlag GmbH,2001.

[75] Perdew,J. P. ,Chevary,J. A. ,Vosko,S. H. ,Jackson,K. A. ,Pederson,M. R. ,Singh,D. J. ,Fiolhais,C. , Atoms,molecules,solids,and surfaces:Applications of the generalized gradient approximation for exchange and correlation. *Phys. Rev. B* ,46 ,6671 ,1992.

[76] Giannozzi,P. ,Baroni,S. ,Bonini,N. ,Calandra,M. ,Car,R. ,Cavazzoni,C. ,Ceresoli,D. ,Chiarotti,G. L. ,Cococcioni,M. ,Dabo,I. ,Dal Corso,A. ,Fabris,S. ,Fratesi,G. ,de Gironcoli,S. ,Gebauer,R. ,Gerstmann,U. ,Gougoussis,C. ,Kokalj,A. ,Lazzeri,M. ,Martin – Samos,L. ,Marzari,N. ,Mauri,F. ,Mazzarello,R. ,Paolini,S. ,Pasquarello,A. ,Paulatto,L. ,Sbraccia,C. ,Scandolo,S. ,Sclauzero,G. ,Seitsonen,A. P. ,Smogunov, A. , Umari, P. , Wentzcovitch, R. M. , QUANTUM ESPRESSO: A modular and open – source software project for quantum simulations of materials. *J. Phys. : Condens. Matter.* , 21, 395502 ,2009.

[77] Prinzbach,H. ,Weiler,A. ,Landenberger,P. ,Wahl,F. ,Worth,J. ,Scott,L. T. ,Gelmont,M. ,Olevano,D. V. ,Issendorff,B. ,Gas – phase production and photoelectron spectroscopy of the smallest fullerene C_{20}. *Nature* ,407 ,60 ,2000.

[78] Shulepov,S. V. ,*Physics of carbon materials*,p. 336 – 51 ,Metallurgy,Moscow,1990.

第5章 石墨炔及其结构衍生物的纳米电子应用

Barnali Bhattacharya[1],N. Bedamani Singh[1,2]和 Utpal Sarkar[1]

[1]印度锡尔杰尔阿萨姆大学物理系

[2]印度那加兰那加兰大学物理系

摘　要　本章主要研究石墨炔及其结构衍生物,即石墨炔纳米管(graphyne nanotube,GNT)和双层石墨炔等的电子性质和磁性。通过滚动石墨炔片可以获得石墨炔纳米管(GNT),而滚动的方式决定了石墨炔纳米管的手性。这里研究了 $n=2\sim5$ 的锯齿形(n,n)和扶手椅形$(n,0)$GNT 的电子结构和性质,并发现其电子结构和性质由它们的手性决定,而并非它们的母平面结构,还发现了带隙随着直径的增大,出现了振荡行为。两个石墨炔层叠加,一个石墨炔层在另一个石墨炔层的顶部,形成双层石墨炔。本书还研究了不同的堆叠模型,在最稳定的结构中,一层的六边形环叠加在另一层的三角空隙的顶部,就像大块石墨炔一样。原始石墨炔及其结构衍生物是具有直接带隙的半导体。本书提出了调制电子性质和磁性的模型,它在不同浓度的掺杂位置中掺杂硼和氮。由于在不同位置存在B或N或BN(硼氮),石墨炔的导电特性根据替换类型(单掺杂或共掺杂)而改变为金属或大带隙半导体。只有掺杂硼或氮的石墨炔表现为金属特性,而BN共掺杂增大了能带间隙。此外,BN共掺杂保留了原始石墨炔的非磁性性质,不受掺杂位置的影响,而只有链位上的硼原子会引入自旋极化,并随掺杂浓度的增大而增加。在石墨炔纳米管和双层石墨炔中,BN掺杂提供了一种调制系统带隙的方法。带隙对替换位置和浓度有显著的依赖性。这些发现为在各种电子应用中利用这些掺杂结构提供了新的观点。对部分态密度(partial density of states,PDOS)的分析提供了关于每个组分的轨道贡献的信息。

关键词　密度泛函计算,石墨炔,电子结构

5.1 引言

接连发现的零维富勒烯[1-2]、一维碳纳米管[3](CNT)和二维石墨烯片[4-5],引领了低维纳米材料的革命。由于这些材料具有引人注意的电子特性[6-8]、机械特性[9-10]和光学性能[11-13],研究人员自从发现它们以来开设了几个有关的研究分支,而且令研究人员感兴趣的是充分利用这些材料来设计先进的电子和光电设备。石墨烯的发现[4-5]正在使这项技术发生革命性变化,因为它是许多含碳框架的基本组成部分,并证明了它较之其他同

素异形体的优势。由于高载流子迁移率和饱和速度[14-16]，石墨烯在超高速射频电子学中具有潜在应用价值，并有助于电器和电子设备的小型化发展[17-20]。然而，由于石墨烯的零带隙，因此无法实现在光电器件中取代硅技术和普通半导体技术的愿望。零带隙限制了它在场效应晶体管、逻辑门和高速开关器件中的应用，因为不能完全关闭电流[21-22]。因此，要在纳米电子学中应用石墨烯，必须对狄拉克锥附近的能带结构进行适当的控制。正因为如此，科学家们正在尝试引入一种具有内在能量间隙的新系统，并为下一代纳米电子器件开发一个现实的候选系统。为此，我们发现了许多结构上类似于"惊奇材料"石墨烯的二维新材料，如六边形氮化硼单层[23-25]、杂化石墨烯/氮化硼单层[26-27]、氮化铝单层[28]、锗碳化物单层[29]、氮化镓单层[30]、硅烯[31]等。从石墨烯中构建了另一种类石墨烯的单原子厚度的周期性碳网石墨炔[32-34]和石墨二炔[35-36]，人们发现它不仅是石墨烯的一个强大竞争者，而且在某些方面还优于石墨烯。Baughman 等[37]最初预言了石墨炔的产生，并且石墨炔的直接带隙性质引起了许多研究小组的关注。石墨炔具有石墨烯（D_{6h}/mmm）的对称性。石墨炔可以被认为是石墨烯（sp^2类碳原子）和类碳原子（sp 类碳原子）的杂化系统，它的六边形环由炔键（—C ≡C—）连接在一起。由于炔键的存在，石墨炔具有丰富的光学、电子和弹性性质[38-42]。根据结构形式（两个六边形环之间的炔键的分布和炔键（—C ≡C—）连接的百分比），石墨炔可以分为三类，即 α 石墨炔、β 石墨炔和 γ 石墨炔[43]。在 α 石墨炔中，通过在石墨烯的每个 C—C 键中加入炔键（—C ≡C—）可从石墨烯中得到 100% 的炔基团，而通过在某些选定的石墨烯的 C—C 键中加入—C ≡C—键可以产生 β 和 γ 石墨炔。在 β 石墨炔中，只有 2/3 的石墨烯 C—C 键含有炔基团，而在 γ 石墨炔中，只有 1/3 的石墨烯 C—C 键含有炔基团。在这里边只有单层 γ 石墨炔是一种直接带隙半导体，在不同的条件下，可调制其带隙[38-43]。但 α 石墨炔和 β 石墨炔属于半金属，并发现它们也存在狄拉克锥[44]。尽管石墨烯具有拓扑相似性，石墨炔和石墨二炔由于其独特的结构和引人入胜的电子、光学和力学性能而成为人们关注的话题[33-43]。此外，它们具有在纳米电子学和储能应用的潜能[35,38-39]。通过预测这些新材料，人们对其性能和应用进行了广泛的理论和实验研究。石墨炔的定向电导率表明了其较之石墨烯的优势[32]。这两个sp^2和 sp 杂化碳原子的存在赋予了石墨炔家族高度的π-共轭。此外，它含有比石墨烯更大和均匀分布的孔洞，这可以让水分子通过，但它们没有大到能让钠和氯离子通过[40]。石墨炔的这一特性在脱盐设计中非常有用。石墨炔具有机械稳定、高强度、高刚度等特点[41]。而且，它比石墨烯具有更高的载流子迁移率[15]和更好的化学性质。石墨二炔是石墨炔的家族成员之一，被证明是提纯H_2的良好分离膜，H_2是清洁能源经济的一个重要方面[42]。此外，金属掺杂石墨炔被认为非常适用于储存H_2和锂离子电池[43-44]。除了对石墨炔多功能性质的许多理论预测外，在电子、光电、催化等领域也进行了大量的实验研究，试图合成和应用石墨炔和石墨二炔。Diederich[45]最早提出并尝试进行石墨炔合成。在此基础上，M. M. Haley [46-47]在低维纳米结构上合成了石墨炔和石墨二炔的亚结构或分子碎片。为了合成大片的石墨炔，人们进行了各种各样的尝试，但到目前为止还没有在实验室中进行大量的制造；只制造出微量的石墨炔。成功合成大面积多层石墨炔膜[48]和石墨炔片[49]后，大片石墨炔材料的合成取得了丰硕的成果。此外，令人鼓舞的是石墨炔已经以纳米管[13]和纳米线[50]的形式合成。

任何材料在电子学中的应用都依赖于对带隙的监测，即在不同情况下电子性能的可调性。这可以通过化学掺杂、外加应变、电场、功能化等方法来实现。化学掺杂是一种常用的、成功的方法,用以修改纳米结构的电子和光学性能。掺杂改变了系统的总体电荷分布,同时改变了反应性参数[51-53],被发现可以成功描述反应性动力学[54-55]、反应性趋势[56-58]和激发态现象[59-60]。掺杂还改变了纳米材料的功函数和载流子浓度,扩展了在纳米电子应用中的范围。目前,石墨烯的掺杂可以适当地调节石墨烯的电子和光学性质。当下对 N-掺杂石墨烯的研究证实了电催化活性[61-62]。与原始材料相比,使用氮和硼掺杂使石墨烯和碳纳米管具有了许多光电子性质,包括非线性光学性质和催化作用[63-66]。目前研究人员已经进行了大量的实验来改变氮、硼、氟、氢掺杂石墨烯的性质。在制备和表征 B 和 N 掺杂石墨烯方面的实验取得的成功证实了掺杂石墨烯是可行的,且可用于电子器件的设计[67]。B 和 N 掺杂石墨烯分别显示 p 型和 n 型半导体性质,通过调节掺杂原子的分布,可以进一步调整这种性质。钙修饰的石墨炔和石墨炔纳米管是一种有效的储氢材料[68]。本书还研究了钠修饰石墨炔片的调制电子性能[69]。目前对 B 和 N 掺杂石墨炔的研究有助于探索它们的电催化活性、氧还原活性以及作为锂离子[70]和储氢材料的可能应用,这也促使研究界对掺杂石墨炔进行更多的研究。

由于成功合成石墨二炔和石墨炔具有的柔韧性,假定不仅是二维形式的石墨炔,而且零维、一维和多层形式的石墨炔,都可以与常用的石墨烯体系如富勒烯、纳米管等,在各种潜在的应用中竞争,并满足日益增长的碳基纳米材料的需求。目前对 GNT 和石墨炔双层的研究仍有一定的潜力。近年来学者对石墨炔纳米管的电子结构进行了大量的理论研究[71-74],还报道了 GNT 在外加应变条件下电子带隙的调制。Coluci 等[71-72]提出了 GNT 的带隙与管径无关,Wang[73]和 Bhattacharya[74]等对此事实作了进一步研究。

在以上事实的推动下,本章中总结了目前对不同石墨炔结构形式的研究,即大片的石墨炔片、准一维石墨炔(石墨炔纳米管)、双层石墨炔,并将关注这些石墨炔在电子领域的应用。本书主要研究 γ-石墨炔,因为 γ-石墨炔是 3 种石墨炔中具有最低能量,同时也是一种带隙较小的半导体。此外,它的带隙在不同的情况下是可调的。本章首先介绍了结构参数的细节;其次探讨了结构改变对电子性能的影响,还展示了 BN 掺杂的影响;最后介绍了这些体系的应用前景。

5.2 计算说明

所有的计算都是采用密度泛函理论方法(DFT)框架,还使用了 SIESTA[75-76]和量子 ESPRESSO[77]代码来完成计算。所有关于原始和 BN 掺杂石墨炔以及石墨炔纳米管的计算都是在 SIESTA 3.2 框架中进行的,而双层石墨炔的计算则是在量子 ESPRESSO 5.1.2 框架中进行的。有关 B/N 或 BN 掺杂石墨炔和石墨炔纳米管的计算,采用了 Perdew-Burke-Ernzerhof(PBE)泛函的 GGA 近似来描述交换相关函数。此外,还使用了具有 Troullier-Martins 赝势范数守恒的 DZP 基集。力的松弛准则设置为 0.010eV/Å。使用 $11 \times 11 \times 1$ 个 K 点 Monkhorst-Pack 方法,对二维石墨炔和 BN 掺杂石墨炔的布里渊区进行采样。动能截止值设定在 300Rydberg(里德伯,简写为 Ry,1Ry≈13.6eV)。沿 z 方向采用 15Å 的真空空间,避免了相邻图像之间的相互作用。在计算石墨炔纳米管时,所用截止能量为 400Ry,在布里渊区采样为 $1 \times 1 \times 18$ 个 K 点。

在有关双层石墨炔的计算中，使用了 Perdew - Zunger(LDA)泛函描述交易和相关函数，并采用了具有非线性核校正的标量相对论超软赝势进行了计算。力和能量的标准分别设置为 1×10^{-9} Ry/原子和 1×10^{-9} Ry。在布里渊区取样 10×10×4 个 K 点。通过使用 vdW - DF2 泛函计算范德瓦耳斯力[78]。

5.3 结果与讨论

5.3.1 石墨炔的不同结构形式(扩展的碳网格结构)

图5.1介绍了原始石墨炔片、石墨炔纳米管(扶手椅形纳米管和锯齿形纳米管)的几何形状优化结构。图5.1(a)介绍了原始石墨炔片，它在两个相邻六边形石墨炔之间有一个炔键(—C ≡C—)，即线性碳链是由炔键(—C ≡C—)组成，而不是双键═C ═C ═。图5.1(b)～(d)分别介绍了石墨炔的其他原始结构形式(即 GNT 和双层石墨炔)，这些结构形式含有相邻六边形石墨炔之间的炔键。石墨炔纳米管可以通过卷起 γ - 石墨炔片来形成完全不同的无缝柱体。GNT[71-74]可以通过手性向量 $\boldsymbol{C}_{\mathrm{h}}=n\boldsymbol{a}_1-m\boldsymbol{a}_2$，由晶胞向量 $\boldsymbol{a}_1=a\hat{x}$ 和 $\boldsymbol{a}_2=\frac{a}{2}(-\hat{x}+\sqrt{3}\hat{y})$ 组成，其中 a 表示石墨炔片晶格常数[33-37]。类似于普通纳米管，使用在碳纳米管(CNT)中常规的(n,m)命名法发现了扶手椅形或锯齿形石墨炔纳米

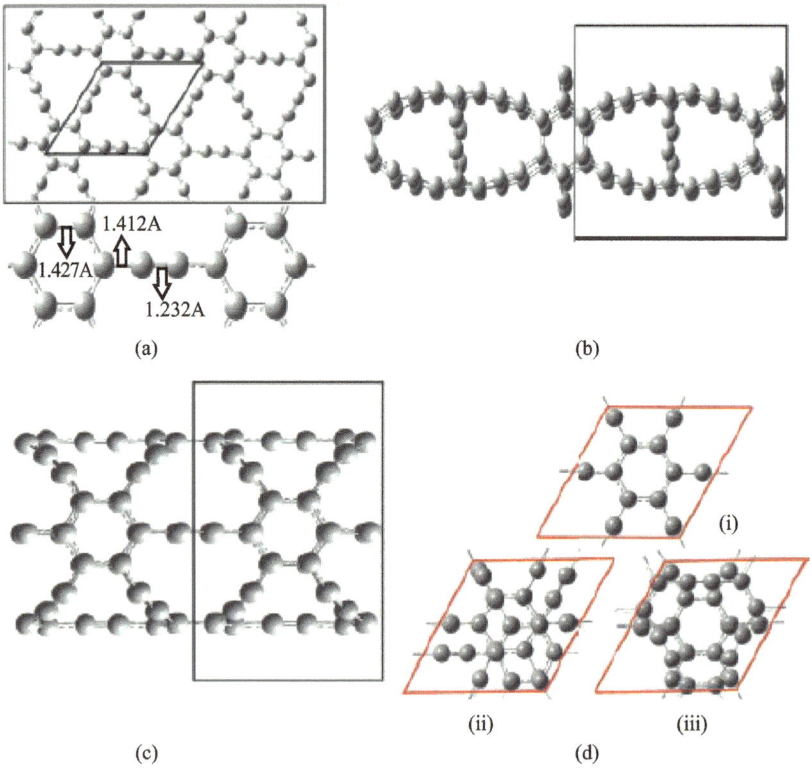

图5.1 原始石墨炔片、石墨炔纳米管的几何形状优化结构

(a)二维石墨炔片；(b)(2,0)石墨炔纳米管(扶手椅形)；(c)(2,2)石墨炔纳米管(锯齿形)；(d)不同堆叠模式的双层石墨炔((i)AA；(ii)AB；(iii)$A_{\alpha}A_{\beta}$)优化配置的晶胞。

管。但与普通的 CNT 相反，扶手椅形 GNT 由 $(n,0)$ 表示，锯齿形由 (n,n) 表示。扶手椅形和锯齿形石墨炔纳米管的晶胞含有 $24\times n$ 个原子。另外，通过将一层放在另一层之上形成了双层石墨炔。因此，双层石墨炔的晶胞含有 24 个碳原子。

5.3.1.1 结构和稳定性的细节

与石墨烯相比，石墨炔含有 sp 和 sp^2 杂化碳原子，因此具有更高的 π－共轭。在石墨炔中，构建六边形环的碳原子被 sp^2 杂化，相邻两个六边形环之间的连接碳原子被 sp 杂化。计算出石墨炔六边形环的 C—C 键（两个 sp^2 杂化 C 原子之间的键）长度为 1.427Å。这个键显示 σ +，在原始石墨烯片中观察到大 π 键，其键长位于单键（约 1.470Å）和双键（约 1.380Å）之间。p_x 和 p_y 和 s 轨道贡献了可以结合石墨炔相邻原子的 σ 键，p_z 轨道贡献了 π 键。因此，石墨烯的 π 共轭特性仍然存在于六边形环中。六边形环的 sp^2 杂化碳原子与 sp 杂化碳原子在链上的键为 1.412Å，比单键 σ 短（约 1.470Å），因此表现出 π 键合特性。两个 sp 杂化 C 原子之间的 C—C 键表现为三键性质，其键长为 1.232Å，接近三键（约 1.210Å）。我们发现石墨炔的晶格常数，即两个最近的六边形之间的距离为 6.909Å，这与其他的研究是一致的。

表 5.1 列出了在 GNT 中，与管轴平行（轴向）和垂直（圆周）的 $C_{ring}-C_{ring}$、$C_{ring}-C_{chain}$ 和 $C_{chain}-C_{chain}$ 键长。从表 5.1 可以看出，轴向键长与石墨炔片的相应键长相当，但圆周向键长增加，这种键长的增加是由于在表面施加应变的纳米管的曲率效应造成的。随着直径的增大，纳米管的表面应变逐渐减小，最终降低了拉长的圆周键长。对于直径较大的纳米管，轴向键长和圆周向键长与石墨炔片的相应键长相当。双层石墨炔的键长与单层石墨炔相差不大。在这里，堆叠排列和层间距离起着至关重要的作用。与双层石墨烯相反，石墨炔存在 3 种主要的叠加形式（图 5.1(d)(i)、(ii)、(iii)）；即 AA、AB 和 $A_\alpha A_\beta$ 构型。AA 和 AB 堆叠模式类似于石墨烯堆叠模式。在 AA 堆叠模式中，两个方向相同的层正好位于彼此的顶部，而 AB 堆叠模式中，两层的方向不兼容，相互位移。此外，双层石墨炔还存在一种堆叠模式，即 $A_\alpha A_\beta$ 模式，在这个模式中，一层的六边形环位于另一层三角形空隙的顶部。表 5.2 包含了双层石墨炔的详细结构参数和结合能。所有双层石墨炔的负结合能表明它们比单层石墨炔具有更高的稳定性。此外，$A_\alpha A_\beta$ 结构对应最大的结合能，因此它是最稳定的堆叠模式，这种堆叠模式在大块石墨炔和大块石墨二炔中发现[79-80]。

石墨炔片每个原子的内聚能为 −9.388eV，表 5.1 和表 5.2 给出了石墨炔纳米管的内聚能和石墨炔双层的结合能。内聚能的高负值暗示了这些系统的稳定性，并进一步表明了它们在不久的将来合成的可能性。结果表明，石墨炔纳米管的稳定性小于原始石墨炔，但双层石墨炔的稳定性大于原始石墨炔片。随着石墨炔纳米管直径的增大，其稳定性随直径的增大而增大。

5.3.1.2 能带结构分析

图 5.2 中给出了高对称性 *K* 点上绘制的原始石墨炔片及其结构衍生物的能带结构。发现原始石墨炔及其结构衍生物为直接带隙半导体。从石墨炔片能带图可以看出，石墨炔的价带最大值（valence band maximum，VBM）和导带最小值（conduction band minimum，CBM）均位于六边形布里渊区中的 *M* 点，相应的带隙为 0.454eV，与其他计算结果一致[33-34]。

表 5.1 计算了与原始石墨炔纳米管的管轴平行(轴向)和垂直(圆周)的晶格常数和$C_{ring}-C_{ring}$、$C_{ring}-C_{chain}$和$C_{chain}-C_{chain}$键长

体系	手性	内聚能/eV	晶格常数/Å	键长/Å		
				键型	轴向键	圆周向键
扶手椅形 GNT(n,0)						
原始石墨炔	(2,0)	-7.711	12.23	$C_{ring}-C_{ring}$	1.428	1.442
				$C_{ring}-C_{chain}$	1.416	1.433
				$C_{chain}-C_{chain}$	1.235	1.248
	(3,0)	-7.855	12.09	$C_{ring}-C_{ring}$	1.427	1.430
				$C_{ring}-C_{chain}$	1.416	1.416
				$C_{chain}-C_{chain}$	1.232	1.242
	(4,0)	-7.899	12.03	$C_{ring}-C_{ring}$	1.428	1.428
				$C_{ring}-C_{chain}$	1.414	1.417
				$C_{chain}-C_{chain}$	1.232	1.237
	(5,0)	-7.922	12.01	$C_{ring}-C_{ring}$	1.427	1.428
				$C_{ring}-C_{chain}$	1.413	1.413
				$C_{chain}-C_{chain}$	1.231	1.231
锯齿形 GNT(n,n)						
	(2,2)	-7.879	6.92	$C_{ring}-C_{ring}$	1.420	1.432
				$C_{ring}-C_{chain}$	1.411	1.419
				$C_{chain}-C_{chain}$	1.234	1.235
	(3,3)	-7.925	6.91	$C_{ring}-C_{ring}$	1.424	1.429
				$C_{ring}-C_{chain}$	1.412	1.415
				$C_{chain}-C_{chain}$	1.233	1.233
	(4,4)	-7.940	6.91	$C_{ring}-C_{ring}$	1.425	1.428
				$C_{ring}-C_{chain}$	1.412	1.414
				$C_{chain}-C_{chain}$	1.232	1.232
	(5,5)	-7.948	6.91	$C_{ring}-C_{ring}$	1.424	1.424
				$C_{ring}-C_{chain}$	1.412	1.413
				$C_{chain}-C_{chain}$	1.231	1.232

表 5.2 获取的双层石墨炔的晶格常数、层间距离、结合能和能带隙(范德瓦耳斯修正)

参数	双层石墨炔		
	AA 堆叠模式	AB 堆叠模式	$A_{\alpha}A_{\beta}$堆叠模式
晶格常数 a/Å	6.900	6.900	6.900
层间距离 d/Å	3.720	3.520	3.510
结合能 BE/eV	-0.463	-0.558	-0.571
带隙E_g/eV	0.120	0.510	0.380

图5.2(b)的(i)和图5.3(c)的(i)分别显示了GNT的能带图(2,0)和(2,2)。由于石墨炔管是通过滚动石墨炔片来形成的,σ与π轨道的正交关系得到了修正,而σ与π轨道的结合使改变能带结构的管处于稳定状态。这引出了GNT一个到目前为止极为重要且出人意料的性质。图5.2(b)的(ii)和图5.2(c)的(ii)显示了带隙随着扶手椅形和锯齿形GNT的管径函数变化,这表明带隙与手性(或直径)密切相关。这些结果与Wang等的研究结果一致。但文献[73]与先前的结论相悖,即石墨炔纳米管(GNT)的带隙与管径无关[71-72]。此外,原始GNT的带隙随管径的增大呈衰减振荡,随着石墨炔层管径变大,带隙逐渐收敛。由于管径较小的管表面应变随着曲率变大而增大,而表面应变随直径的增大而逐渐减小,从而恢复了在石墨炔中观测到的σ和π轨道之间的正交关系。图5.2(d)给出了稳定$A_\alpha A_\beta$堆叠双层石墨炔的电子能带图,这与单层石墨炔相似,但禁带附近的能带数增加了1倍。这表明,由于层间相互作用,单层的每个能带被分裂成两个能带,因为小能量相互产生区别。与石墨炔一样,双层石墨炔也具有价带最大值(VBM)和导带最小值(CBM),位于第一布里渊区的高对称K点(M)。双层石墨炔是一种间隙为0.38eV的小间隙半导体,其能带图与其他两种构型(AA和AB)基本相同。

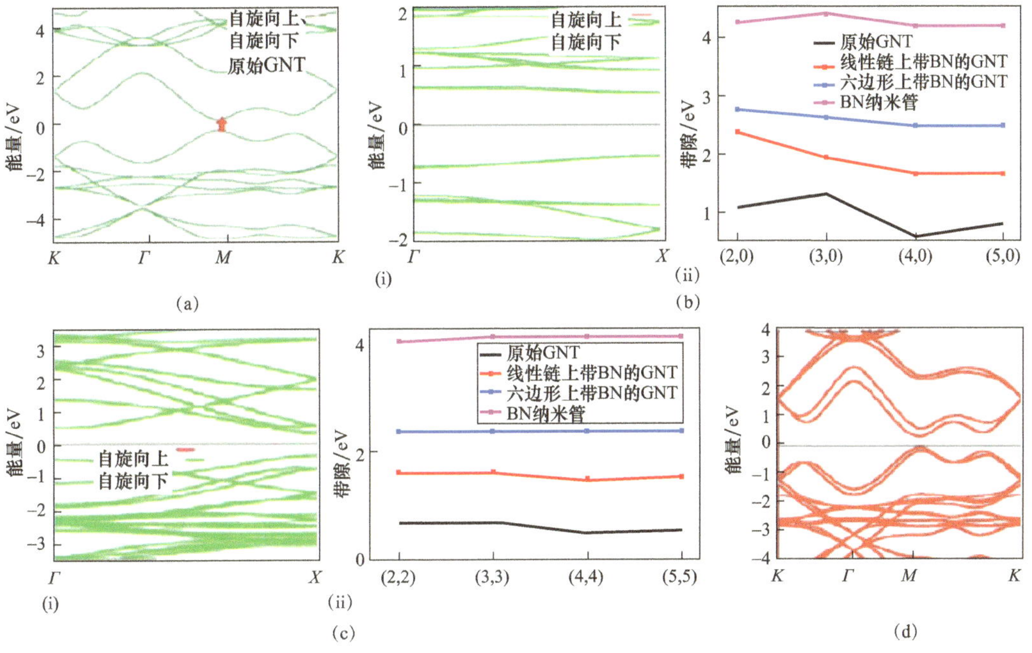

图5.2 高对称性K点上绘制的原始石墨炔片及其结构衍生物的能带结构

(a)原始石墨炔;(b)(i)(2,0)扶手椅形GNT;(ii)扶手椅形GNT的带隙随管径函数变化;(c)(i)(2,2)锯齿形GNT;(ii)扶手椅形GNT的带隙随管径函数变化;(d)双层石墨炔($A_\alpha A_\beta$)。

5.3.1.3 态密度和部分态密度

部分态密度(PDOS)显示了每个构成轨道对总态密度的贡献。图5.3描述了原始石墨炔的态密度(DOS)和PDOS及其不同结构形式,即石墨炔纳米管和双层石墨炔。费米能级上的能量状态的缺失证实了这些系统的半导体性质。

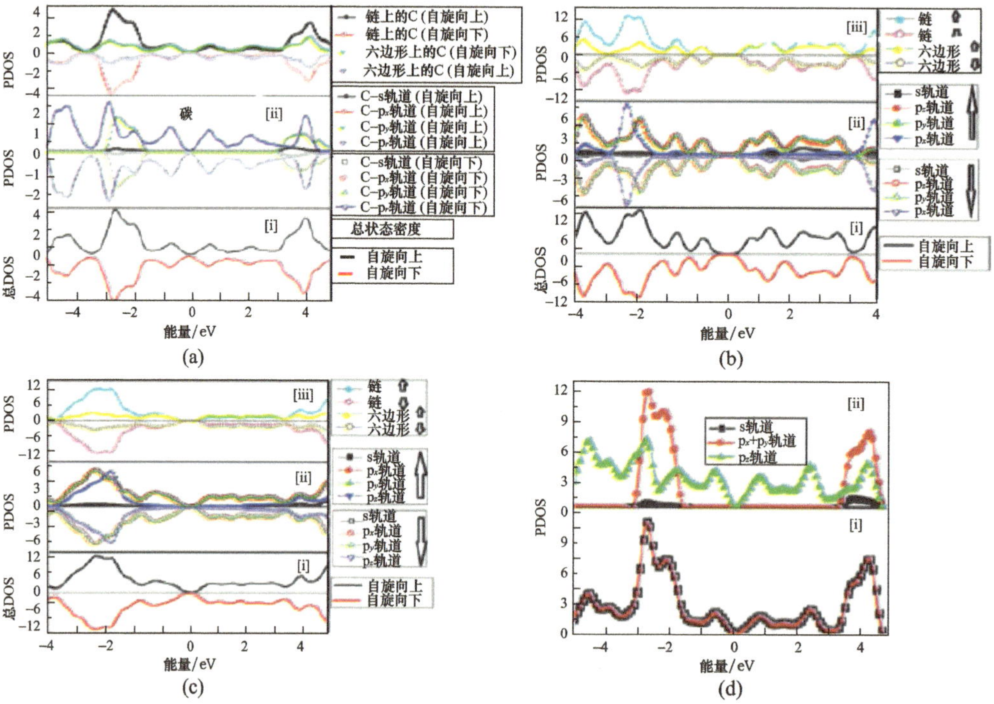

图5.3 原始石墨炔的TDOS和PDOS及其不同结构形式

(a)原始石墨炔；(b)(2,0)扶手椅形GNT；(c)(2,2)锯齿形石墨炔；(d)双层石墨炔($A_\alpha A_\beta$)。

在原始石墨炔[81](图5.3(a))中，价带中-2.0eV以上和费米能级以下的区域主要由p_z轨道贡献，而$-3.0\sim-1.6$eV之间的区域，p_z贡献则比p_x和p_y轨道贡献小。在价带中，从-1.4eV到VB顶部的能级同样受线性链上的sp杂化C原子和六边形环上的sp^2杂化C原子所支配。另外，在导带中，导带的底部以及最高可达3.3eV的能级是由线性链上的sp杂化C原子和六边形环上的sp^2杂化C原子贡献，而在3.3eV以上的贡献主要来自线性链上的原子。由于量子限制，在一维石墨炔管(图5.3(b)、(c))中，在VB顶部和CB底部的轨道贡献与二维石墨炔片有很大的不同。在石墨炔管的情况下，费米能级附近的能量状态是由p_x和p_y轨道平均贡献。石墨炔片和石墨炔纳米管的PDOS的差异是由纳米管的曲率所引起。由于曲率效应，GNT中碳原子的2p轨道分裂为两种类型，即沿管轴(z轴)定向的轴向p_z轨道和以径向分量对齐的p_x轨道和p_y轨道。由于GNT的特殊曲率，相邻的共轭碳原子对发生π轨道的锥化和不对齐。锥化又导致π轨道中存在一些s性质，使π轨道发生畸变。对于锯齿形纳米管，随着直径增加，曲率效应减小，而p_z轨道对费米能级的贡献随直径的增大而减小。在直径增大的扶手椅形纳米管中，PDOS也表现出同样的特征。另外，sp杂化碳原子在线性链上的贡献大于在六边形上的sp^2杂化C-原子的贡献。

与原始单层一样，双层石墨炔(图5.3(d))在禁带附近的能级，包括价带顶部和导带底部，主要来自p_z碳原子轨道，而与堆叠排列无关。此外，每一层对总DOS的贡献在整个研究的能量区域完全相同。

5.3.2 BN 掺杂引发的电子性能调制

了解掺杂导致的特性和碳材料的结构改性，为高性能纳米材料的制备开辟了一条途径。根据掺杂类型、掺杂位置和掺杂分布类型，产生的纳米尺度材料可以是半导体、金属或绝缘体。因此，这提供了一个很好的机会将其用于电子和光电器件、化学传感器或能源存储。

5.3.2.1 B 或 N 或 BN 掺杂石墨炔

石墨炔中 C—C 三重键以及sp^2杂化碳原子的存在，为在两个高对称位点，即链环和六边形环，引入 B/N 提供了机会。由于 sp 杂化和sp^2杂化碳原子的内在特性，B 和 N 更倾向于在这些位点上替换。为了检测掺杂石墨炔的柔韧性，掺杂浓度逐步增加。由于 B/N 或 BN 替换，得以保留石墨炔的平面结构，这是因为 B 和 N 是 C 原子在同一周期的两个近邻。这就保证了 B 或 N 的替换掺杂只在局部区域造成很小的畸变。图 5.4 给出了一些 B－或 N－掺杂石墨炔和 BN 共掺杂石墨炔的最佳几何形状结构。

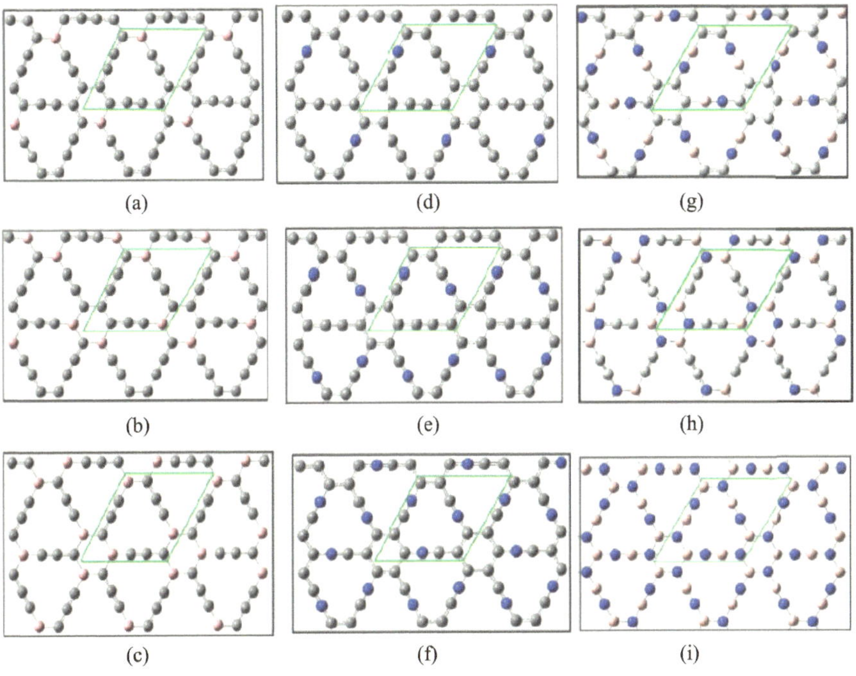

图 5.4 最佳掺杂位置的掺杂石墨炔的优化结构

(a)环位的 1B 石墨炔；(b)环位的 2B 石墨炔；(c)环位的 3B 石墨炔；(d)链位的 1N 的石墨炔；(e)链位的 2N 石墨炔；(f)链位的 3N 石墨炔；(g)链位的 BN 石墨炔；(h)环位的 BN 石墨炔；(i)类石墨炔的 BN 片。

1. 结构参数与稳定性

掺杂类型和掺杂位置影响 B/N 和 BN 掺杂石墨炔的结构参数(表 5.3)。在掺杂过程中，晶格变形产生形变势能，B/N 与碳原子形成杂化轨道。与替换掺杂有关的能量包括两部分：一部分与键(C—C)的断裂有关；另一部分与形变势能有关。与原始石墨炔相比，B 掺杂的晶格向量(***a*** 和 ***b***)被扩展开，而 N 掺杂的晶格向量则收缩，除了“链上的 1 N 石墨炔”和“链上的 2 N 石墨炔”。这是因为 B(85 pm)原子和 C(70 pm)原子半径的差异大于 N(65 pm)原子和 C(70 pm)原子。对于 BN 共掺杂，晶格常数的增加量最高。所得的内聚能反映了取代石墨炔体系的高稳定性，这是因为它们与石墨(7.37eV)的实验内聚能相当。显然，在相同的掺杂浓度和掺杂位置上，替换B掺杂相对于N掺杂更为有利。我们的结果与Jafari等[82]的观察结果一致，即在B掺杂石墨烯纳米带(GNR)上生成能最低，其稳定性优于N掺杂的GNR。首选的B掺杂位置是sp^2键合C原子位，而不是sp杂化C原子位。因为sp^2键合C原子为键合提供了更高的配位数，从而有助于更好的稳定。当sp^2杂化的C原子被B原子替换时，需要一个小能量来打破3个部分双重键(C═C键)，以此产生3个单键。在N-替换过程中，3个部分双重键的断裂比一个三重键的断裂需要更多的能量，因此由一个N原子取代sp杂化C原子是有利的。掺杂浓度的增加降低了B(N)掺杂石墨炔的内聚能，使石墨炔具有较好的稳定性。对于BN共掺杂石墨炔，其稳定性遵循BN片>线性链上BN>六边形上的BN的趋势。这意味着对于共掺杂，线性链位置比六边形环更有利。

表5.3 计算了B和N掺杂石墨炔的晶格向量、总磁矩和内聚能

结构	晶格向量 a/Å	晶格向量 b/Å	总磁矩μ_B	内聚能/eV
石墨炔	6.909[a]	6.909[a]	0.000	-9.388[a]
链位上的BN石墨炔	6.992	6.992	0.000	-8.269
环位上的BN石墨炔	6.9950	6.9950	0.000	-8.205
类石墨炔BN片	7.001	7.001	0.000	-8.396
链位上的1B石墨炔	6.920[b]	7.126	0.146(FM)	-7.771
链位上的2B石墨炔	6.918[b]	7.133	0.921(AFM)	-7.601
链位上的3B石墨炔	7.141[b]	7.142	1.313(AFM)	-7.435
环位上的1B石墨炔	6.983[b]	6.983	0.000	-7.837
环位上的2B石墨炔	7.154[b]	7.082	0.000	-7.710
环位上的3B石墨炔	7.257[b]	7.257	0.000	-7.545
链位上的1N石墨炔	6.921[b]	6.755	0.000	-7.755
链位上的2N石墨炔	6.934[b]	6.770	0.000	-7.546
链位上的3N石墨炔	6.795[b]	6.796	0.000	-7.270
环位上的1N石墨炔	6.866[b]	6.817	0.000	-7.662
环位上的2N石墨炔	6.833	6.779	0.000	-7.351
环位上的3N石墨炔	6.875	6.751	0.000	-6.989

[a] N. B. Singh, B. Bhattacharya 和 U. Sarkar, Struct Chem., 25, 1695(2014).

[b] B. Bhattacharya 和 U. Sarkar, J. Phys. Chem. C, 120, 26793-26806(2016).

2. 石墨炔掺杂引起的自旋极化

BN共掺杂石墨炔和N掺杂石墨炔保留了石墨炔片的非磁性特性。只有在链位上替换的硼才会产生自旋极化。自旋极化程度与链位硼浓度成正比，即磁矩随链位硼浓度的增加而逐渐增大，与之相反的是，"环位上掺杂B原子的石墨炔"结构保留了非磁性的性质，就像"B掺杂石墨烯"一样。"链位上掺杂1B的石墨炔存在于铁磁(FM)基态，而"链位上掺杂2B的石墨炔"和"链位上掺杂3B的石墨炔"处于反铁磁(AFM)基态，从而预测了FM到AFM的跃迁具有较高的浓度。对于这些体系来说，基本上是由链位上的B≡C键(图5.5)贡献的自旋极化，由于电荷主要集中在B≡C键附近，所以六边形的C原子贡

献很小。因此,只有改变链位上B原子的浓度,才能改变掺杂石墨炔的磁性。由于N和C原子半径的差异小于B和C,N掺杂石墨炔具有零磁矩,是由于N掺杂引起的局部应变很小,不足以破坏自旋简并。

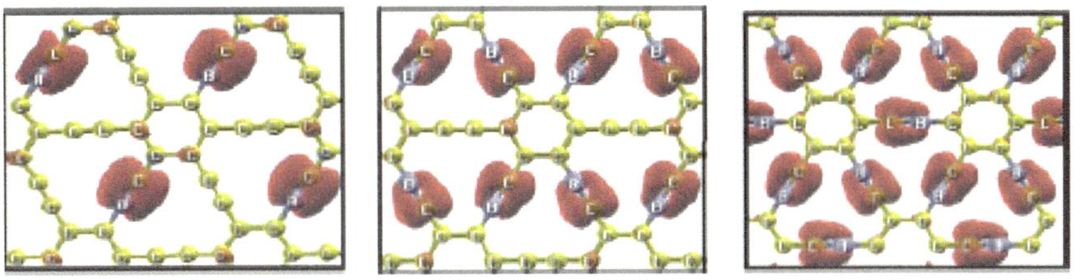

(a) (b) (c)

图5.5 B掺杂石墨炔自旋密度差的图示

(a)链位上的1B石墨炔;(b)链位上的2B石墨炔;(c)链位上的3B石墨炔构型。

3. 能带结构分析

任何材料的导电特性都可以用它的能带图来表征,更具体地说,是由带隙来表征。图5.6和图5.7分别描述了B/N或BN掺杂石墨炔的能带图。B/N原子的存在对费米能级周围的能带有很大的影响,因为B(N)的掺杂类似于空穴(电子)掺杂,并使能带向下/向上移动以补偿额外的空穴(电子)。在B或N掺杂石墨炔中也可见这种能带移动。即使掺杂浓度最小,单独的B或N掺杂石墨炔的能带结构在石墨炔中表现出半导体-金属跃迁特征。而BN共掺杂石墨炔在费米能级附近表现出很大的间隙,这是由于波段上下移动的拉锯战,以适应空穴和电子。

BN共掺杂石墨炔(图5.7)和N掺杂石墨炔(图5.6(c)和图5.6(d))存在自旋简并,但与掺杂位置无关,这从它们的能带图中可以看出,在能带图中,没有观察到向上和向下自旋通道的能带分裂。在"环位上的B石墨炔"(图5.6(a))中观察到了同样的特征,而在"链位上的B石墨炔"(图5.6(a))中观察到了相反特征,即与上下自旋对应的能带是不对称的,这表明自旋简并已经断裂。

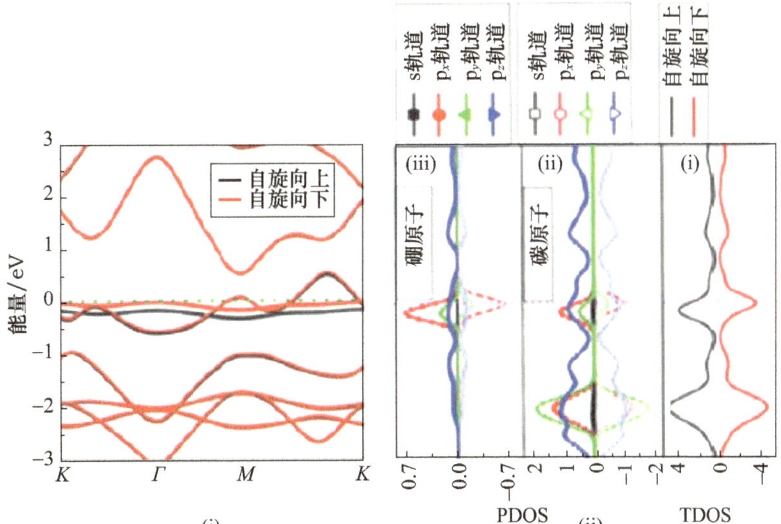

(i) (ii)

(a)

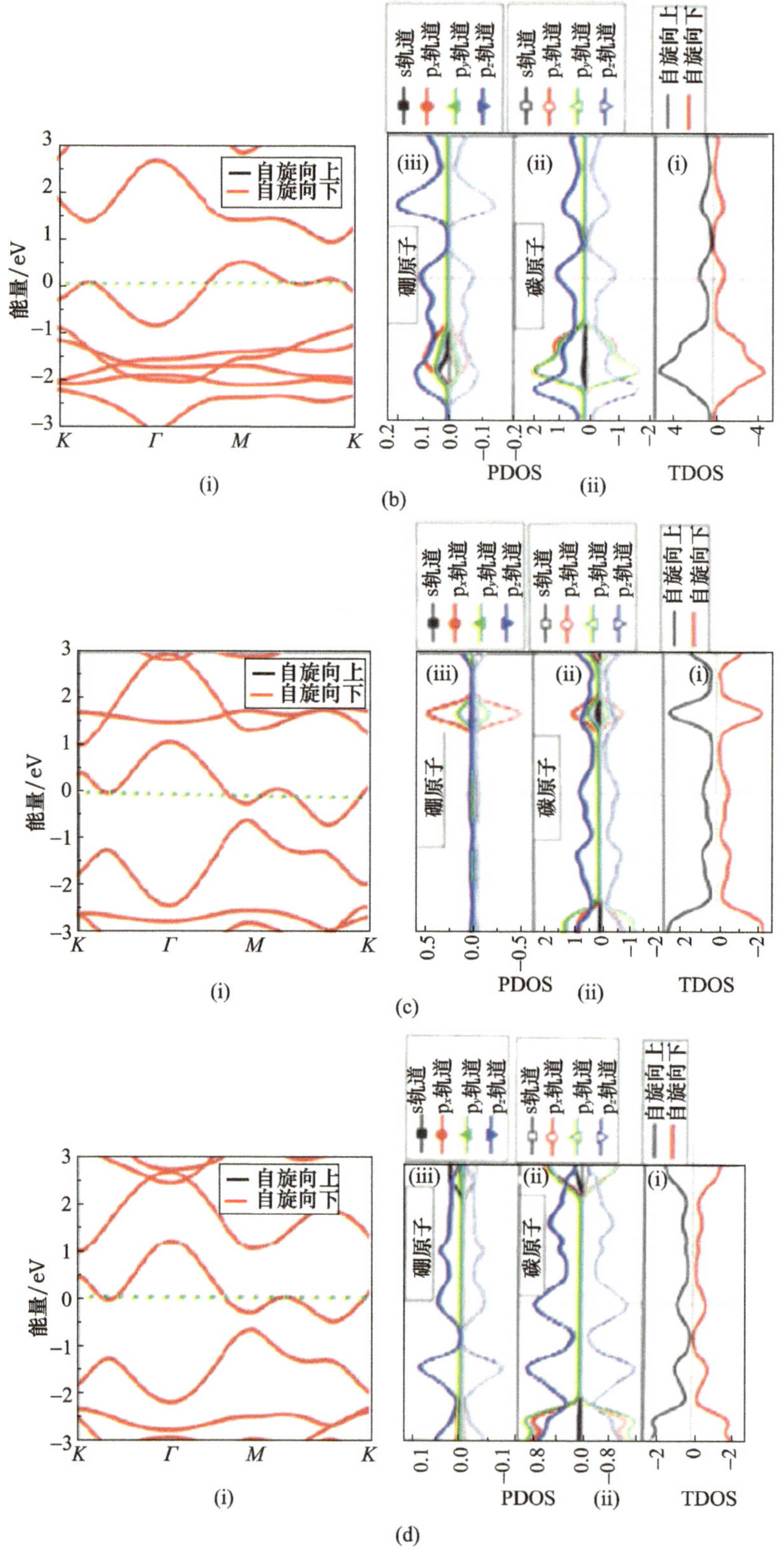

图 5.6　石墨炔的能带结构和部分态密度(PDOS)

(a)链位上的 1B 石墨炔;(b)环位上的 1B 石墨炔;(c)链位上的 1 N 石墨炔;(d)环位上的 1 N 石墨炔。

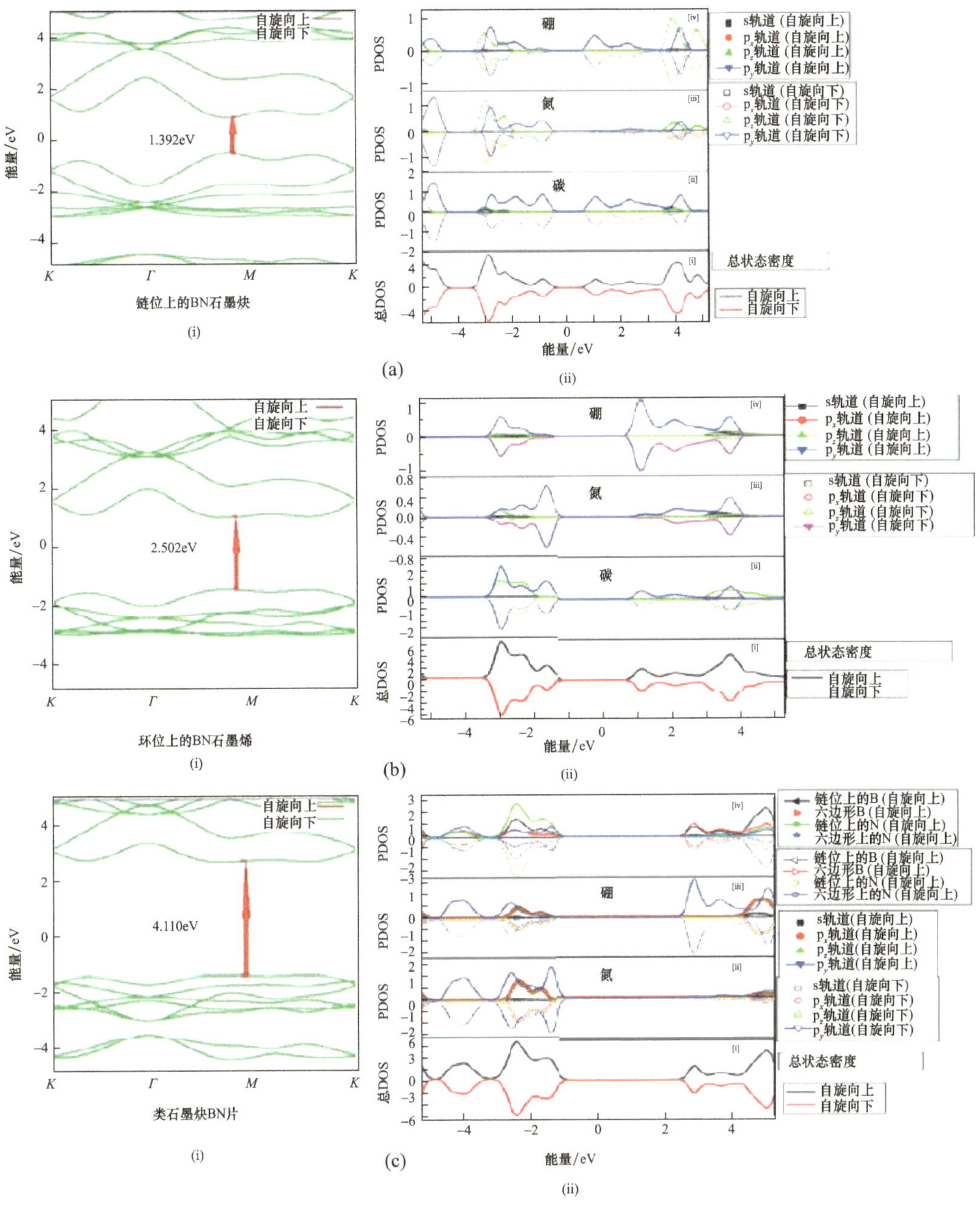

图 5.7　BN 共掺杂石墨炔的能带结构和投影密度图(PDOS)

(a)链位上的 BN 石墨炔;(b)环位上的 BN 石墨炔;(c)类石墨炔的 BN 片。

在链位上的 B 原子掺杂破坏了被替换的 C 原子与其相邻的 sp 杂化 C 原子之间 π 键的对称性,从而使其在靠近掺杂 B 原子时,在链位上留下 C 原子不成对的电子p_z。由于 B 原子和 C 原子半径的差异,加上量子捕获使电荷出现局域化和致密化,从而导致局部应变。因此,电荷基本上集中在 B—C 键附近。此外,B 和 C 之间 π 键不对称(由于不对称的哑铃状轨道)也在费米能级附近产生一个局域态,自旋简并被破坏。越过费米能级的 B 诱导杂质能带分布良好。因此,B 诱导的杂质能带可以提高"B 掺杂石墨炔"的导电性。

在环位上的B掺杂也破坏了π键，并与相邻的3个碳原子形成3个σ键。但是，这种类型的π键断裂"在环位上掺杂的B石墨炔"，保留了自旋简并不诱导净自旋极化。不管掺杂位置如何，B掺杂使费米能级向下移动，杂质态越过费米能级。因此，B掺杂石墨炔能促进电子活性。另外，替换的N掺杂诱导电子，而不考虑掺杂位置，产生了除"在链位上的3N石墨炔"外，高于费米能级的杂质态。在N掺杂石墨炔中形成的杂质态对电导率的贡献随N浓度的增加而增加。可能实现BN共掺杂石墨炔的大带隙（由VBM和CBM之间的直接跃迁引起）和高稳定性，这种特性使BN石墨炔可以应用于光电应用中，因为在光电应用中能带间隙大非常重要。"在链位上的BN掺杂石墨烯"的能带图（图5.7(a)）表示VBM和CBM都位于M点，与其原始石墨炔结构相同。此外，带隙为1.392eV，比石墨炔的带隙大很多。而在石墨炔六边形环上B和N原子的存在使能带间隙增加到2.502eV。在这个结构中，VBM和CBM仍然处于M点，如图5.7(b)所示。类石墨炔的BN片（带隙为4.110eV）的带隙放大倍数最高，所有碳原子都被B和N原子的交替排列所替换，而带隙仍保持在布里渊区的M点。

4. 态密度（DOS）和部分态密度（PDOS）

图5.6显示了B/N或BN掺杂石墨炔的态密度（DOS）和部分态密度（PDOS）。掺杂石墨炔的PDOS有助于理解构成原子轨道的贡献，也有助于探索自旋极化的起源。在单掺B或N的掺杂结构的费米能级上存在大量的能态，证实了由B/N掺杂引起的石墨炔中的半导体－金属跃迁特征。费米能级和费米能级附近的能量状态的缺失也确认了BN共掺杂石墨炔的半导体性质。对于单掺B或N的掺杂类型，随着掺杂浓度的增加，价带附近的态密度逐渐增加。这是因为B原子在C—B键附近有作为电子施主的倾向，而N在C—N键附近有作为受主的倾向。由于B的缺电子特性，B原子的存在使费米能级向下移动，"环位上的B石墨炔"的移动要比"链位上的B石墨炔"稍大。在掺杂N的情况下出现相反效应，费米能级向导电带转移，而"链位上的N石墨炔"移动比"环位上的N石墨炔"偏高。随着"B(N)掺杂石墨炔"中B(N)浓度的增加，费米能级的向下（向上）偏移逐渐增强。

在"环位上的B石墨炔"（图5.6(b)的(ii)）中，在费米能级附近，p_z轨道对C和B原子的贡献比p_x和p_y轨道更多，这表明B和C的p_z轨道之间的杂化比p_x-p_x和p_y-p_y轨道的杂化更强。随着B浓度的增加，p_x和p_x轨道的贡献逐渐接近费米能级，这是因为p_x-p_x、p_y-p_y和p_x-p_y的杂化随着浓度增加杂化变强。在N掺杂的情况下，N的富电子特性会引起系统中电子的增加，并产生杂质态。在"环位上的N石墨炔"中，在费米能级上追踪到杂质态，并延伸到价带和导带上。相反，"链位上的N石墨炔"杂质态产生于N原子，位于远离费米能级的导电带中，除了"链位上的3 N石墨炔"。在CB中，N和C原子在费米能级附近的p_x和p_y轨道贡献随着N浓度的增加而增加，这意味着p轨道之间的轨道杂化程度不同。"链位上的1B石墨炔"（图5.6(a)的(ii)）的PDOS揭示了自旋极化的起源。很明显，自旋极化产生于链位上的B原子和最近的C原子的p_x和p_y轨道。C和B原子的p_z轨道并不影响自旋极化，因为它们上下自旋对称，因此自旋分裂基本上是由费米能级上和附近的p_x和p_y轨道所贡献（图5.6(a)的(ii)）。在C原子中，费米能级上大多数（少数）自旋通道的最大贡献来自p_z（p_x）轨道；而对于B原子的两个自旋通道，在费米能级上，p_x的贡献最大，这意味着B原子和最近的C原子的p轨道之间存在不同程度的轨道杂化。尽管B原子和最近C原子的p_x-p_x、p_y-p_y和p_x-p_y之间存在轨道杂化，但它们比p_x-p_z、

p_z-p_z和p_y-p_z轨道杂化更强。有趣的是，在增加B浓度时，C原子和B原子的p_z轨道对两个自旋的贡献不再对称，并发现了少量自旋分裂。此外，随着链位中的B浓度的增加，B和C的p_x和p_y轨道对不对称的贡献也增加，从而进一步增加了自旋极化。

图5.7(a)的(ii)、图5.7(b)的(ii)、图5.7(c)的(ii)分别给出了BN共掺杂石墨炔的TDOS和PDOS，即"链位上的BN石墨炔""环位上的BN石墨炔"和"类BN片的石墨炔"。与原始结构（石墨炔）一样，平衡带的顶部和导电带的底部来自所有BN掺杂石墨烯的组成原子的p_z轨道。在所有"链位上的BN石墨炔"的组成原子中，p_z轨道首先开始在VB和CB中贡献能量水平，而与其他轨道（即轨道）相比，也就是说，p_z轨道基本上贡献了平衡带的顶部和导电带的底部的能量，就像原始石墨炔一样。此外，在研究的能量范围内，只有C的p_z轨道基本上贡献了价带和导带。但对N和B原子来说，所有的p轨道都贡献了价带和导带。然而，由于N的富电子特性，N的p轨道主要贡献价带，而B由于其缺电子特性而出现相反的效应。在"环位上的BN石墨炔"中，C原子的所有p轨道（图5.7(b)的(ii)）都贡献了价带和导带，而在"链位上的BN石墨炔"中，不存在这种特征，其中C原子的p_z轨道主要贡献于这两个带。在VB费米能级附近的"类BN片的石墨炔"中，N原子的p轨道（图5.7(c)的(ii)）产生了能态，靠近CB的费米能级，能态是由B原子的p轨道所引起。在这两种情况下，轨道p_z首先开始贡献，且贡献高于其他。

通过对PDOS的比较，可以清楚地看出B原子和N原子在费米能级附近产生杂质态。单掺的B或N掺杂通过产生与掺杂位置无关的额外电荷载流子（空穴或电子）来提高载流子密度。但是对于BN共掺杂，诱导电子和空穴之间的反作用力平衡了电荷（无自由的电荷载体），并将费米能级恢复到原来的位置。但是原始石墨炔的离域电荷云由于BN共掺杂被局域化[83]。由于B原子与N原子电负性的不同，部分电荷从B转移到N，在N原子附近观察到电荷的积累，在B原子附近发现电荷的损耗。

5.3.2.2 BN掺杂石墨炔纳米管

由于BN共掺杂扩展了石墨炔的带隙（图5.8），保持了直接带隙性质，这对于它在光电领域的应用非常重要，所以只考虑BN共掺杂石墨炔纳米管。与石墨炔片一样，由于扶手椅形和锯齿形GNT的BN掺杂，晶格常数和键长都会增加。BN掺杂使电荷局域化，键电荷像BN掺杂石墨炔片一样向N原子转移。在不同位置的BN掺杂提高了带隙（图5.8(b)和图5.8(c)），呈现出的趋势为原始结构<链位上的BN<环位上的BN <BN片。BN掺杂GNT的带隙主要受手性和化学组成的控制。有趣的是，随着管径的增大，带隙的阻尼振荡被保留在BN掺杂锯齿形GNT中，而BN掺杂扶手椅形系统却没有表现出与管径有关的阻尼振荡。对于BN掺杂扶手椅形GNT，只有当BN被线性链或六边形取代时，带隙才会随着管径的增大而逐渐减小。但对于BN掺杂扶手椅形GNT，当从(2,0)移动到(4,0)时，发现明显的阻尼振荡，但在(5,0)情况下，阻尼振荡不明显。此外，BN掺杂GNT的带隙增强是最大的，BN掺杂扶手椅形GNT的带隙值在4.35～4.11eV之间，BN掺杂锯齿形GNT在4.08～4.14eV之间。BN掺杂GNT的带隙值与发现的二维类石墨炔BN片（4.11eV）[81]和BN掺杂NT（约5eV）[84]相当。此外，在某些情况下，BN掺杂导致了原始系统从直接带隙到间接带隙（如(2,2)环位上的BN掺杂锯齿形GNT和(2,2)BN掺杂GNT）。锯齿形GNT($n=m$)的这个特性比扶手椅形GNT($m=0$)更明显。

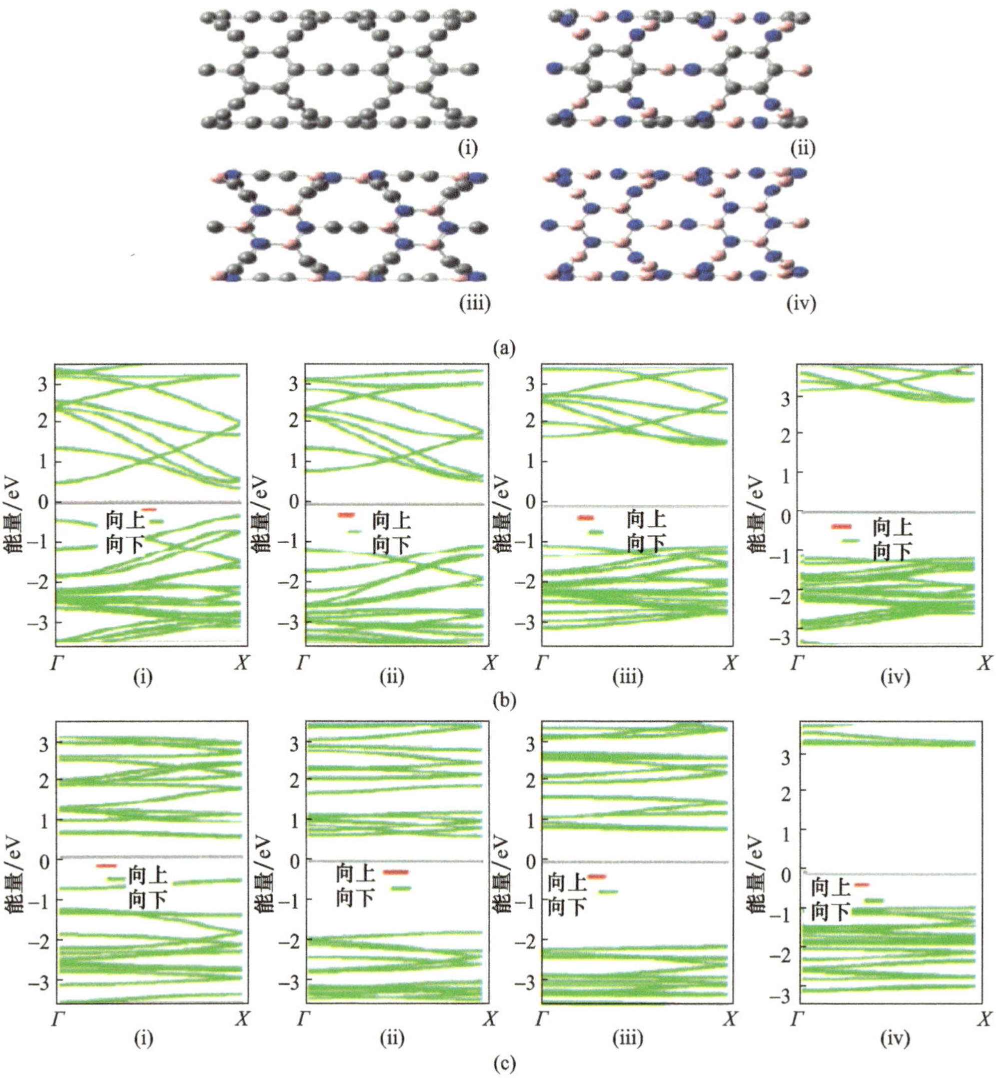

图 5.8 BN 掺杂石墨炔纳米管

(a)BN 掺杂(2,2)石墨炔纳米管的几何结构((i)原始状态;(ii)链位上的 BN 石墨炔;(iii)环位上的 BN 石墨炔;(iv)类石墨炔 BN 片);(b)及(c)给出了不同替换位置上的原始和 BN 掺杂 GNT 的能带结构:(b)(2,2)((i)原始状态;(ii)链位上的 BN;(iii)环位上的 BN;(iv)BNNT);(c)(2,0)((i)原始状态;(ii)链位上的 BN;(iii)环位上的 BN;(iv)BNNT)。

此外,由于 BN 掺杂扶手椅形 GNT 具有直接带隙,而 BN 掺杂锯齿形 GNT 具有间接带隙,我们发现 BN 掺杂扶手椅形优于 BN 掺杂锯齿形 GNT。BN 掺杂锯齿形 GNT 的间接带隙与 BN 掺杂 NT[84-85]的结果一致。BN 掺杂 GNT 的大带隙暗示了 B 的掺杂造成了电子垒。这种正势很容易将态密度转移到更高的能量侧,而 N 掺杂(和电子掺杂一样)形成一个负势,将态密度移动到较低的能量侧。能量状态的这种相反的变化扩大了禁区。

5.3.2.3 BN 掺杂双层石墨炔

根据 BN 的分布和浓度,发现了掺杂双层石墨炔的 9 种主要构型。在其中 3 种构型中,这两个层在结构上是相等的,也就是说,在这两个层中(同层结构)存在相同数量的 BN 对,而在另外 6 种构型中,这两个层不相等(异层结构)。在这 9 种构型中,图 5.9 中只给出了最稳定的构型。与石墨炔一样,与原始的石墨炔相比,BN 掺杂石墨炔也增加了结构参数(晶格常数、键长)。BN 对在两层中的存在导致层间距离的减小,而 BN 仅在一层掺杂导致层间距离增大。平衡层间距离主要由静电作用、范德瓦耳斯力相互作用、泡利斥力和共价态 $\pi-\pi$ 共同决定。一个"仅一层含有 BN 的双层"的层间距离增加的理由可能是,与原始双层相比,层之间的 $\pi-\pi$ 键合作用减少了,但这种解释未能证明这些结构层间距离减小的合理性,包括"类石墨炔 BN 片 + 类石墨炔 BN 片""线性链位上的 BN 片 + BN 片""线性环位上的 BN 片 + BN"等结构。因此,与其他 h-BN 层的研究结果一致,可能是范德瓦耳斯力相互作用导致层间距离的固定。

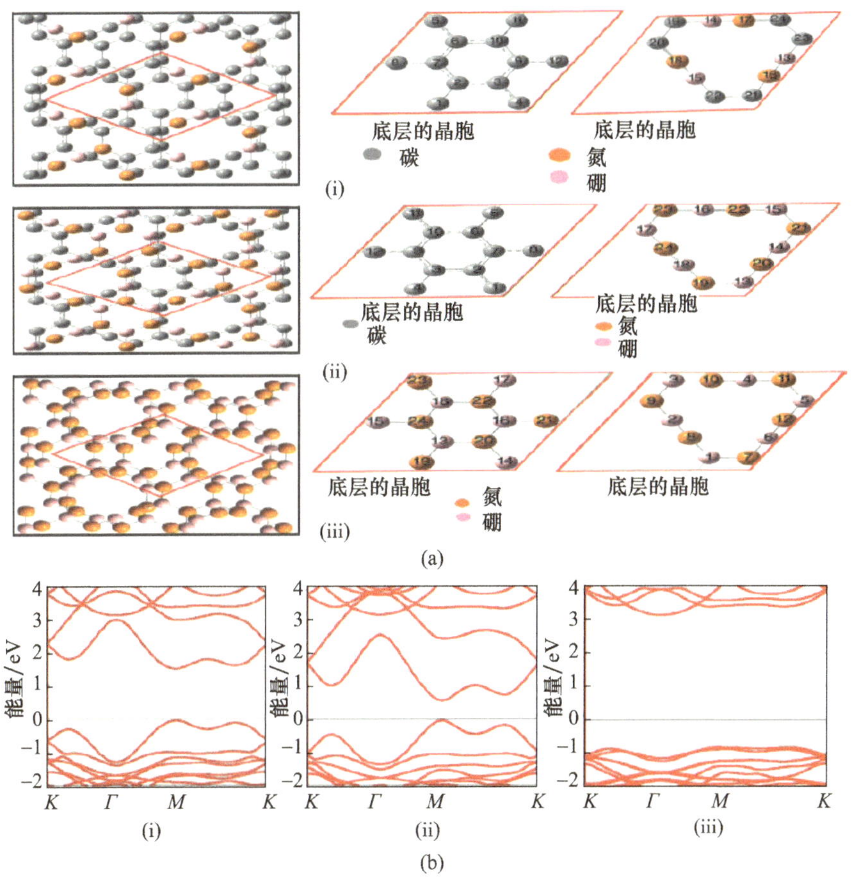

图 5.9 BN 掺杂双层石墨炔

(a)优化结构类型((i)线性链位上一层的 BN;(ii)最稳定异层结构,一层是类石墨炔 BN 片,另一层是原始石墨炔;(iii)最稳定同层结构,两层都是类石墨炔 BN 片);(b)结构能带图类型((i)线性链位上双层的 BN;(ii)一层是类石墨炔 BN 片,另一层是原始石墨炔;(iii)两层都是类 B 石墨炔 N 片)。

双层石墨炔的 BN 衍生物均为直接带隙半导体。此外，BN 的存在增加了带隙。带隙取决于 BN 对的位置，而“类石墨炔的双层 BN 片”的最大间隙为 3.95eV。这些系统的大的直接带隙特性使它们适合于光电器件的设计。

5.4 结论与未来展望

本研究的主要目的是总结石墨炔的几种衍生物(一维纳米管，堆叠形成的双层)的结构和性质。结果表明，由于量子限制，石墨炔纳米管与原始石墨炔片相比表现出完全不同的特征，它们的电子性质与普通石墨烯纳米管的电子性质不同，即几何形状的管之间的相互平衡以及石墨炔键的存在决定了石墨炔的性质。对于普通纳米管，所有扶手椅形 CNT 都有金属行为，锯齿形 CNT 都有金属或半导体特性。石墨炔 CNT 与普通 CNT 相比的优势在于，扶手椅形和锯齿形 CNT 的管都是直接带隙半导体，具有明确的带隙。对电子结构计算结果表明，由于堆叠，双层石墨炔的电子性质与单层石墨炔相比发生了变化。了解石墨炔电子特性的调制是必要的，以便将这些知识转化为技术应用。为此，讨论了石墨炔及其结构衍生物的 BN 掺杂对电子性质的调制。晶胞中 B 或 N 原子在费米能级或费米能级周围诱导了能级，并导致半导体 - 金属跃迁。所有的 BN 共掺杂石墨炔、N 掺杂石墨炔和“环位上的 B 掺杂石墨炔”保留了原始石墨炔的非磁性性质。但在“链位上的 B 掺杂石墨炔”的情况下，费米能级上产生了高度局域的杂质态，从而提高了电学活性，建立了磁性。石墨炔链位上的单 B 原子的存在建立了铁磁性，而链位上 B 浓度的增加则产生了反铁磁性。因此，通过控制 B 的浓度，就可以调整磁性。这个特性为它在自旋电子学中的应用铺平了道路。BN 掺杂体系的大的直接带隙特性表明，它们在光电器件中应用的可能性。石墨炔纳米管的直径决定了它的带隙。随着管径的增大，带隙中出现了阻尼振荡。就像石墨炔片一样，由于 BN 的影响，带隙增大，呈现出的趋势为原始 GNT < 链位上的 BN 掺杂 GNT < 环位上的 BN 掺杂 GNT < BN 掺杂 GNT。BN 的影响使 BN 掺杂的双层石墨炔成为宽带隙半导体。带隙的增加取决于 BN 替换位置。如果有可能通过实验控制掺杂，这种特性可以使双层石墨炔成为电子领域应用的潜在替代物，如场效应晶体管和异质结构的形成。

参考文献

[1] Kraotschmer, W., Lamb, L. D., Fostiropoulos, K., Human, D. R., Solid C60: A new form of carbon. *Nature*, 347, 354, 1990.

[2] Kroto, H. W., Heath, J. R., O^Brien, S. C., Curl, R. F., Smalley, R. E., C60: Buckminsterfullerene. *Nature*, 318, 162, 1985.

[3] Iijima, S., Helical Microtubules of graphitic carbon. *Nature*, 354, 56, 1991.

[4] Novoselov, K. S., Geim, A. K., Morozov, S. V., Jiang, D., Zhang, Y., Dubonos, S. V., Grigorieva, I. V., Firsov, A. A., Electric field effect in atomically thin carbon films. *Science*, 306, 666, 2004.

[5] Geim, A. K. and Novoselov, K. S., The Rise of Graphene. *Nat. Mater.*, 6, 183, 2007.

[6] Novoselov, K. S., Geim, A. K., Morozov, S. V. *et al.*, Two - dimensional gas of massless Dirac fermions in graphene. *Nature*, 438, 197, 2005.

[7] Korsun, O. M., Kalugin, O. N., Prezhdo, O. V., Control of carbon nanotube electronic properties by lithium cation intercalation. *J. Phys. Chem. Lett.*, 5, 4129, 2014.

[8] Dias, J. R., Systematic construction and calculation of electronic properties of fullerene series related by rotational symmetry: From fullerenes to bicapped nanotubes. *J. Phys. Chem. A*, 120, 3975, 2016.

[9] Lee, C., Wei, X., Kysar, J. W., Hone, J., Measurement of the elastic properties and intrinsic strength of monolayer graphene. *Science*, 321, 385, 2008.

[10] Suk, J. W., Piner, R. D., An, J., Ruoff, R. S., Mechanical properties of monolayer graphene oxide. *ACS Nano*, 4, 6557, 2010.

[11] Yuan, J., Ma, L. P., Pei, S., Du, J., Su, J., Ren, W., Cheng, M. H., Tuning the electrical and optical properties of graphene by ozone treatment for patterning monolithic transparent electrodes. *ACS Nano*, 7, 4233, 2013.

[12] Rinzler, A. G., Hafner, J. H., Nikolaev, P., Lou, L., Kim, S. G., Tomanek, D., Nordlander, P., Colbert, D. T., Smalley, R. E., Unraveling nanotubes: Field emission from an atomic wire. *Science*, 269, 1550, 1995.

[13] Li, G., Li, Y., Qian, X., Liu, H., Lin, H., Chen, N., Li, Y., Construction of tubular molecule aggregations of graphdiyne for highly efficient field emission. *J. Phys. Chem. C*, 115, 2611, 2012.

[14] Yamoah, M. A., Yang, W., Pop, E., Goldhaber – Gordon, D., High – velocity saturation in graphene encapsulated by hexagonal boron nitride. ACS Nano, 11, 9914, 2017.

[15] Bolotin, K. I., Sikes, K. J., Jiang, Z., Klima, M., Fudenberg, G., Hone, J., Kim, P., Stormer, H. L., Ultrahigh electron mobility in suspended graphene. *Solid State Commun.*, 146, 351, 2008.

[16] Hajlaoui, M. *et al.*, High electron mobility in epitaxial trilayer graphene on off – axis SiC(0001). *Sci. Rep.*, 6, 18791, 2016.

[17] Lin, Y. M., Jenkins, K. A., Valdes – Garcia, A., Small, J. P., Farmer, D. B., Avouris, P., Operation of graphene transistors at gigahertz frequencies. *Nano Lett.*, 9, 422, 2009.

[18] Schwierz, F., Graphene transistors. *Nat. Nanotechnol.*, 5, 487, 2010.

[19] Lin, Y. M., Dimitrakopoulos, C., Jenkins, K. A. *et al.*, 100 – GHz transistors from wafer – scale epitaxial graphene. *Science*, 327, 662, 2010.

[20] Liao, L., Lin, Y. C., Bao, M. *et al.*, High – speed graphene transistors with a self – aligned nanowire gate. *Nature*, 467, 305, 2010.

[21] Ma, Y. and Dai, Y., Guo, M., Huang, B., Graphene – diamond interface: Gap opening and electronic spin injection. *Phys. Rev. B*, 85, 235448, 2012.

[22] Brumfiel, G., Graphene gets ready for the big time. *Nature*, 458, 390, 2009.

[23] Xu, M., Liang, T., Shi, M., Chen, H., Graphene – like two – dimensional materials. *Chem. Rev.*, 113, 3766, 2013.

[24] Peng, Q., Ji, W., De, S., Mechanical properties of the hexagonal boron nitride monolayer: *Ab initio* study. *Comput. Mater. Sci.*, 56, 11, 2012.

[25] Peng, Q., Ji, W., De, S., First – principles study of the effects of mechanical strains on the radiation hardness of hexagonal boron nitride monolayers. *Nanoscale*, 5, 695, 2013.

[26] Peng, Q. and De, S., Tunable band gaps of mono – layer hexagonal BNC heterostructures. *Physica* E, 44, 1662, 2012.

[27] Peng, Q., Zamiri, A. R., Ji, W., De, S., Elastic properties of hybrid graphene/boron nitride monolayer. *Acta Mech.*, 223, 2591, 2012.

[28] Peng, Q., Chen, X. J., Liu, S., De, S., Mechanical stabilities and properties of graphene – like aluminum

nitride predicted from first - principles calculations. *RSC Adv.* ,3,7083,2013.

[29] Peng,Q. ,Liang,C. ,Ji,W" De,S. ,A first - principles study of the mechanical properties of g - GeC. *Mech. Mater.* ,64,135,2013.

[30] Peng,Q. ,Liang,C. ,Ji,W. ,De,S. ,Mechanical properties of g - GaN: A first principles study. *Appl. Phys. A*,13,483,2013.

[31] Kara,A. ,Enriquez,H. ,Seitsonen,A. P. *et al.* ,A review on silicene—New candidate for electronics. *Surf. Sci. Rep.* ,67,1,2012.

[32] Malko,D. ,Neiss,C. ,Viñes,F. ,Görling,A. ,Competition for graphene: Graphynes with direction - dependent Dirac cones. *Phys. Rev. Lett.* ,108,086804,2012.

[33] Narita,N. ,Nagai,S. ,Suzuki,S. ,Nakao,K. ,Optimized geometries and electronic structures of graphyne and its family. *Phys. Rev. B*,58,11009,1998.

[34] Kang,J. ,Li,J. ,Wu,F. ,Li,S. S. ,Xia,J. B. ,Elastic,electronic,and optical properties of twodimensional graphyne sheet. *J. Phys. Chem. C*,115,20466,2011.

[35] Srinivasu,K. and Ghosh,S. K. ,Graphyne and graphdiyne: Promising materials for nanoelectronics and energy storage applications. *J. Phys. Chem. C*,116,5951,2012.

[36] Pan,L. D. ,Zhang,L. Z. ,Song,B. Q. ,Du,S. X. ,Gao,H. J. ,Graphyne - and graphdiyne - based nanoribbons: Density functional theory calculations of electronic structures. *Appl. Phys. Lett.* ,98,173102,2011.

[37] Baughman,R. H. ,Eckhardt,H. ,Kertesz,M. ,Structure - property predictions for new planar forms of carbon: Layered phases containing sp^2 and sp Atoms. *J. Chem. Phys.* ,87,6687,1987.

[38] Bhattacharya,B. and Sarkar,U. ,Graphyne - graphene (nitride) heterostructure as nanocapacitor. *Chem. Phys.* ,478,73,2016.

[39] Bhattacharya,B. ,Sarkar,U. ,Seriani. ,N. ,Electronic properties of homo and hetero bilayer graphyne: The idea of a nanocapacitor. *J. Phys. Chem. C*,120,26579,2016.

[40] Xue,M. ,Qiu,H. ,Guo,W. ,Exceptionally fast water desalination at complete salt rejection by pristine graphyne monolayers. *Nanotechnology*,24,505720,2013.

[41] Pei,Y. ,Mechanical properties of graphdiyne sheet. *Physica B*,407,4436,2012.

[42] Cranford,S. W. and Buehler,M. J. ,Selective hydrogen purification through graphdiyne under ambient temperature and pressure. *Nanoscale*,4,4587,2012.

[43] Zhang,S. ,Du,H. ,He,J. ,Huang,C. ,Liu,H. ,Cui,G. ,Li,Y. ,Nitrogen - doped graphdiyne applied for lithium - ion storage. ACS Appl. Mater. Interfaces,8,8467,2016.

[44] Lu,R. ,Rao,D. ,Meng,Z. ,Zhang,X. ,Xu,G. ,Liu,Y. ,Kan,E. ,Xiao,C. ,Deng,K. ,Boron - substituted graphyne as a versatile material with high storage capacities of Li and H_2: A multiscale theoretical study. *Phys. Chem. Chem. Phys.* ,15,16120,2013.

[45] Diederich,F. ,Carbon scaffolding: Building acetylenic all - carbon and carbon - rich compounds. *Nature*, 369,199,1994.

[46] Haley,M. M. ,Synthesis and properties of annulenic subunits of graphyne and graphdiyne nanoarchitectures. *Pure Appl. Chem.* ,80,519,2008.

[47] Haley,M. M. ,Brand,S. C. ,Park,J. J. ,Carbon networks based on dehydrobenzoannulenes: Synthesis of graphdiyne substructures. *Angew. Chem. Int. Ed.* ,36,836,1997.

[48] Li,G. X. ,Li,Y. L. ,Liu,H. B. ,Guo,Y. B. ,Li,Y. J. ,Zhu,D. B. ,Architecture of graphdiyne nanoscale films. *Chem. Commun.* ,46,3256,2010.

[49] Li,Q. ,Li,Y. ,Chen,Y. ,Wu,L. ,Yang,C. ,Cui,X. ,Synthesis of γ - graphyne by mechanochem - istry and its electronic structure. *Carbon*,136,248,2018.

[50] Qian,X. ,Ning,Z. ,Li,Y. ,Liu,H. ,Ouyang,C. ,Chen,Q. ,Li,Y. ,Construction of graphdiyne nanowires with high – conductivity and mobility. *Dalton Trans.* ,41,730,2012.

[51] Chattaraj,P. K. ,Sarkar,U. ,Parthasarathi,R. ,Subramanian,V. ,DFT study of some aliphatic amines using generalized philicity concept. *Int. J. Quantum Chem.* ,101,690,2005.

[52] Chattaraj,P. K. ,Sarkar,U. ,Roy,D. R. ,Elango,M. ,Parthasarathi,R. ,Subramanian,V. ,Is electro – philicity a kinetic or a thermodynamic concept? *Indian J. Chem.* ,*Sect A*,45,1099,2016.

[53] Elango,M. ,Parthasarathi,R. ,Subramanian,V,Sarkar,U. ,Chattaraj,P. K. ,Formaldehyde decomposition through profiles of global reactivity indices. *J. Mol. Struct. THEOCHEM*,723,43,2005.

[54] Chattaraj,P. K. ,Maiti,B. ,Sarkar,U. ,Chemical reactivity of the compressed noble gas atoms and their reactivity dynamics during collisions with protons. *J. Chem. Sci.* ,115,195,2003.

[55] Sarkar,U. ,Khatua,M. ,Chattaraj,P. K. ,A tug – of – war between electronic excitation and confinement in a dynamical context. *Phys. Chem. Chem. Phys.* ,14,1716,2012.

[56] Sarkar,U. ,Giri,S. ,Chattaraj,P. K. ,Dirichlet boundary conditions and effect of confinement on chemical reactivity. *J. Phys. Chem. A*,113,10759,2009.

[57] Khatua,M. ,Sarkar,U. ,Chattaraj,P. K. ,Reactivity dynamics of confined atoms in the presence of an external magnetic field. *EPJData Sci.* ,68,1,2014.

[58] Chattaraj,P. K. ,Khatua,M. ,Sarkar,U. ,Reactivity dynamics of a confined molecule in presence of an external magnetic field. *Int. J. Quantum Chem.* ,115,144,2015.

[59] Chattaraj,P. K. and Sarkar,U. ,Ground and excited states reactivity dynamics of hydrogen and helium atoms. *Int. J. Quantum Chem.* ,91,633,2003.

[60] Jafri,R. I. ,Rajalakshmi,N. ,Ramaprabhu,S. ,Nitrogen doped graphene nanoplatelets as catalyst support for oxygen reduction reaction in proton exchange membrane fuel cell. *J. Mater. Chem.* ,20,7114,2010.

[61] Gao,Y. ,Hu,G. ,Zhong,J. ,Shi,Z. ,Zhu,Y. ,Su,D. S. ,Wang,J. ,Bao,X. ,Ma,D. ,Nitrogen – doped sp^2 – hybridized carbon as a superior catalyst for selective oxidation. *Angew. Chem. Int. Ed.* , 52, 2109,2013.

[62] Zhang,L. and Xia,Z. ,Mechanisms of oxygen reduction reaction on nitrogen – doped graphene for fuel cells. *J. Phys. Chem. C*,115,11170,2011.

[63] Sheng,Z. H. ,Gao,H. L. ,Bao,W. J. ,Wang,F. B. ,Xia,X. H. ,Synthesis of boron doped graphene for oxygen reduction reaction in fuel cells. *J. Mater. Chem.* ,22,390,2012.

[64] Zhang,F. ,Wang,Z. ,Wang,D. ,Wu,Z. ,Wang,S. ,Xu,X. ,Nonlinear optical effects in nitrogen – doped graphene. *RSC Adv.* ,6,3526,2016.

[65] Lee,W. J. ,Maiti,U. N. ,Lee,J. M. ,Lim,J. ,Han,T. H. ,Kim,S. O. ,Nitrogen – doped carbon nanotubes and graphene composite structures for energy and catalytic applications. *Chem. Commun.* ,50,6818,2014.

[66] Panchakarla, L. S. , Subrahmanyam, K. S. , Saha, S. K. , Govindaraj, A. , Krishnamurthy, H. R. , Waghmare,U. V. ,Rao, C. N. R. ,Synthesis,structure,and properties of boron – and nitrogen – doped graphene. *Adv. Mater.* ,21,4726,2009.

[67] Hwang,H. J. ,Kwon,Y. ,Lee,H. ,Thermodynamically stable calcium – decorated graphyne as a hydrogen storage medium. *J. Phys. Chem. C*,116,20220,2012.

[68] Wang,Y. S. ,Yuan,P. F. ,Li,M. ,Sun,Q. ,Jia,Y. ,Calcium – decorated graphyne nanotubes as promising hydrogen storage media:A first – principles study. *J. Solid State Chem.* ,197,323,2013.

[69] Sarkar,U. ,Bhattacharya,B. ,Seriani,N. ,First principle study of sodium decorated graphyne. *Chem. Phys.* ,461,74,2015.

[70] Hwang,H. J. ,Koo,J. ,Park,M. ,Park,N. ,Kwon,Y. ,Lee,H. ,Multilayer graphynes for lithium ion bat-

tery anode. *J. Phys. Chem. C*,117,6919,2013.

[71] Coluci, V. R., Braga, S. F., Legoas, S. B., Galvão, D. S., Baughman, R. H., Families of carbon nanotubes: Graphyne – based nanotubes. *Phys. Rev. B*,68,035430,2003.

[72] Coluci, V. R., Braga, S. F., Legoas, S. B., Galvão, D. S., Baughman, R. H., New families of carbon nanotubes based on graphyne motifs. *Nanotechnology*,15,S142,2004.

[73] Wang, X. M. and Lu, S. S., Thermoelectric transport in graphyne nanotubes. *J. Phys. Chem. C*,117,19740,2013.

[74] Bhattacharya, B., Singh, N. B., Mondal, R., Sarkar, U., Electronic and optical properties of pristine and boron – nitrogen doped graphyne nanotubes. *Phys. Chem. Chem. Phys.*,17,19325,2015.

[75] Ordejón, P., Artacho, E., Soler, J. M., Self – consistent order – N density – functional calculations for very large systems. *Phys. Rev. B*,53,R10441 – R10444,1996.

[76] Soler, J. M., Artacho, E., Gale, J. D., García, A., Junquera, J., Ordejón, P., Portal, D. S., The SIESTA method for *ab initio* order – N materials simulation. *J. Phys. Condens. Matter*,14,2745,2002.

[77] Giannozzi, P., QUANTUM ESPRESSO: A modular and open – source software project for quantum simulations of materials. *J. Phys. Condens. Matter*,21,395502,2009.

[78] Lee, K., Murray, É. D., Kong, L., Lundqvist, B. I., Langreth, D. C., Higher – accuracy van der waals density functional. *Phys. Rev. B*,82,081101,2010.

[79] Narita, N., Nagai, S., Suzuki, S., Nakao, K., Electronic structure of three – dimensional graphyne. *Phys. Rev. B*,62,11146,2000.

[80] Zheng, Q., Luo, G., Liu, Q., Quhe, R., Zheng, J., Tang, K., Gao, Z., Nagase, S., Lu, J., Structural and electronic properties of bilayer and trilayer graphdiyne. *Nanoscale*,4,3990,2012.

[81] Singh, N. B., Bhattacharya, B., Sarkar, U. A., First principle study of pristine and BN – Doped graphyne family. *Struct. Chem.*,25,1695,2014.

[82] Jafari, M., Asadpour, M., Majelan, N. A., Faghihnasiri, M., Effect of boron and nitrogen doping on electro – optical properties of armchair and zigzag graphyne nanoribbons. *Comput. Mater. Sci.*,82,391,2014.

[83] Bhattacharya, B., Singh, N. B., Sarkar, U., Pristine and BN doped graphyne derivatives for UV light protection. *Int. J. Quantum Chem.*,115,820,2015.

[84] Cohen, M. L. and Zettl, A., The physics of boron nitride nanotubes. *Phys. Today*,63,34,2010.

[85] Chopra, N. G., Luyken, R. J., Cherrey, K., Crespi, V. H., Cohen, M. L., Louie, S. G., Zettl, A., Boron nitride nanotubes. *Science*,269,966,1995.

第6章 扭转双层石墨烯的低能物理、电子和光学性能

Gonçalo Catarina[1], Bruno Amorim[2], Eduardo V. Castro[2,3,4],
João M. V. P. Lopes[4,5], Nuno Peres[6]
[1]葡萄牙布拉加，国际伊比利亚纳米技术实验室(INL)量子实验室
[2]葡萄牙里斯本，里斯本大学高等理工学院先进材料物理学和工程中心
[3]中国北京，北京计算科学研究中心
[4]葡萄牙波尔图，波尔图大学理学院物理与天文学系波尔图大学物理中心
[5]葡萄牙波尔图，波尔图大学物理工程系工程学院
[6]葡萄牙布拉加，米尼奥大学物理系和物理中心和量子实验室

摘　要　范德瓦耳斯异质结构——将二维材料层层叠加而形成——已经成为定制和设计二维材料的新方法。扭转双层石墨烯(twisted bilayer graphene，tBLG)是一种简单的范德瓦耳斯结构，在这种结构中，两个错位石墨烯晶格之间的干涉导致了莫列波纹的形成，这种结构可用于研究层与层之间相互作用和错位造成的影响，也是决定这些堆叠电子性能的关键性因素。本章给出了描述晶格错配和错位范德瓦耳斯结构的一般理论。我们将它应用于小转动极限下的扭转双层石墨烯的研究，考察了这两层之间的耦合如何产生依赖角度的石墨烯费米速度再归一化及低能 van Hove 奇点。学者通过计算扭转双层石墨烯表面等离子 - 极化子的光学电导率和色散关系，研究了该系统的光响应。最后，讨论了电子 - 电子相互作用在扭转双层石墨烯中的作用，这是范德瓦耳斯异质结构研究中尚未发展起来的一个问题。

关键词　范德瓦耳斯异质结构，扭转双层石墨烯，低能模型，van Hove 奇点，光学电导率，石墨烯表面等离子 - 极化子

6.1 引言

二维晶体是新兴的有发展前途的材料，在这个大类中，石墨烯是首个也是最著名的例子。二维晶体的一个共同特征是低维，二维晶体展现了从绝缘到超导的多种物理性质，在许多技术应用中有很高的潜力[1-3]。范德瓦耳斯异质结构是将二维材料层层叠加而形成的，这已经成为定制和设计二维材料特性的一种有希望的方法[4-5]。可能产生无限类型

的结构，但同时，由于层状结构的复杂性，它们的行为是很难预测的。为了创建具有定制属性的结构，首先必须能够对给定的范德瓦耳斯结构的属性进行建模和预测。这不仅取决于单个二维层的性质，当它们接近时，还取决于它们之间的相互作用。

本章的重点是介绍最简单的一种范德瓦耳斯结构，即扭转双层石墨烯（tBLG）——一个石墨烯片覆盖在另一个具有扭曲角度的石墨烯片上。通过理解这种简单叠加的特性并对其建模，我们向理解和预测范德瓦耳斯异质结构任意行为的最终目标迈出一大步，这将使我们创造具有定制属性的新材料成为可能。在理论框架内，研究了电子光谱重构、光响应和电子－电子相互作用的影响。

扭转双层石墨烯的复杂几何形状结构对其电子性质有很大影响，甚至会影响单粒子模型。在对这些模型进行回顾之前，先将重点放在晶体结构上。一个石墨烯层与另一个层之间的扭转角 θ，说明了各层的不同周期性的竞争，通过实验可以看到（图6.1），其在形式上表现为莫列波纹。这种模式显示出周期性（或准周期性），形成一个晶格，称为莫列超晶格（mSL），是一个大的多原子超晶格。当任何 θ 存在莫列波纹时，只有在所谓的公度角情况下才会出现严格周期性的公度超结构。公度角由下式[6]给出，即

$$\cos\theta = \frac{3m^2 + 3mr + r^2/2}{3m^2 + 3mr + r^2}, \quad 0^\circ < \theta < 30^\circ \tag{6.1}$$

式中：m 和 r 为互质正整数。

对于公度结构，进行了基于密度泛函理论的初始数值研究[7-9]。然而，由于 tBLG 扭转双层超晶格的晶胞有许多位置，特别是在 θ 较小的情况下，这些从头计算法产生了相当大的计算成本，因此非常不实用。为了简捷地描述 tBLG 扭转双层的低能电子特性，本书提出了半解析理论。这些理论主要研究在单层狄拉克锥附近的低能电子态，使用的方法是用哈密顿模型描述狄拉克电子在各层中运动，并通过层间跃迁杂化。Lopes dos Santos 等[10]提出了这个类型的第一个低能理论，主要研究小偏差。文献[6]对此作了进一步发展。Bistritzer 和 MacDonald[11]在连续近似的基础上进行了类似的处理，并将这种方法推广到非公度结构。文献[12]对这些低能哈密顿算子作了进一步简化，导出了一个简单、有效的 2×2 哈密顿算子，由此可得到电子光谱的解析表达式。文献[13]概括地描述了任何二维材料所形成的非公度结构的双层，且适用于任意错位。在 tBLG 扭转双层的扭转角较小的情况下，该理论简化为以前的方法。最近，在文献[14]中，作者提出的模型与 Bistritzer 和 MacDonald 推导的模型相同，但在耦合动量标度上进行了重新定标，与紧束缚从头计算法吻合较好。

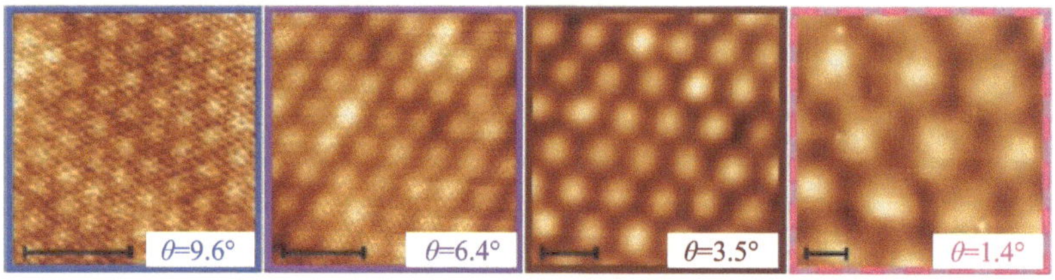

图6.1 tBLG 扭转双层莫列波纹的扫描隧道显微镜图像（所有的刻度条都是 5nm）
（经授权转载自参考文献[15]，2012 年美国物理学会版权所有）

本章的框架如下:6.2 节介绍了与石墨烯系统有关的理论描述基本概念;6.3 节包含了 tBLG 扭转双层的低能有效模型的推导,本节内容是剩余工作的起点;在 6.4 节计算了线性回响理论中的光学电导率,并将此结果应用于石墨烯表面等离激元极化子(graphene surface plasmon - polariton,GSPP)光谱的研究;在 6.5 节给出了主要结论和未来的研究方向,特别是电子 - 电子相互作用在 tBLG 扭转双层中的作用。

6.2 单层和双层石墨烯的基础介绍

本节首先回顾单层石墨烯(single layer graphene,SLG)的紧束缚模型,我们可引入一般概念并确定数学符号。然后分析了折叠区域方案中有关单层石墨烯的描述,这将有助于更好地理解扭转双层石墨烯系统。最后简要地描述了双层石墨烯(bilayer graphene,BLG)的特殊叠加性质,即 BernalBernal 堆叠。对 BLG 和 tBLG 系统任意排列的描述将留作下一节。

6.2.1 单层石墨烯基础介绍

6.2.1.1 晶格几何

SLG 是由碳原子组成的二维层,排列结构呈蜂窝状。这里选择图 6.2 所示的坐标系,这样锯齿形的方向与 x 轴对齐,而扶手椅形与 y 轴对齐。每个晶胞包含两个属于不同亚晶格的碳原子,即 A 和 B。晶胞形成六边形 BravaisBravais 晶格 $\{\boldsymbol{R}\}$,位置函数为

$$\boldsymbol{R} = n_1\boldsymbol{a}_1 + n_2\boldsymbol{a}_2, \quad n_1、n_2 \in \mathbb{Z} \tag{6.2}$$

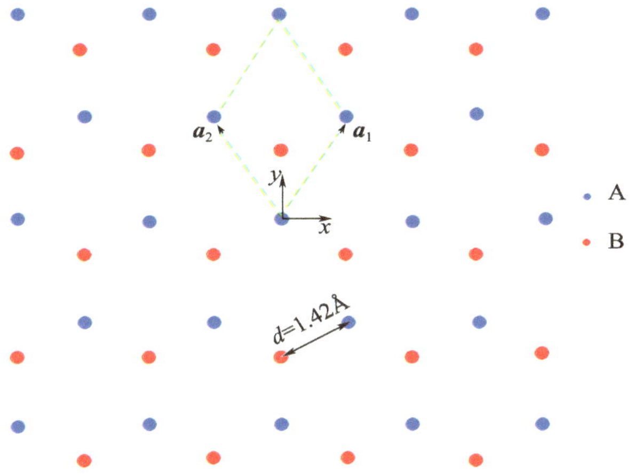

图 6.2 SLG 几何形状(蜂窝结构可以看作两个互穿的六边形晶格,即 A(蓝色)和 B(红色)。碳 - 碳距离的实验值是 $d = 1.42$Å[16]。虚化的绿线标志着这个系统的一个单元,它包含 2 个原子。坐标系的中心是亚晶格的碳原子 A)

其中给定基向量$\boldsymbol{a}_1$和$\boldsymbol{a}_2$为

$$\boldsymbol{a}_1 = a\left(\frac{1}{2}, \frac{\sqrt{3}}{2}\right), \boldsymbol{a}_2 = a\left(\frac{-1}{2}, \frac{\sqrt{3}}{2}\right) \tag{6.3}$$

$a \simeq 2.46$Å 是晶格参数,它与碳 - 碳距离 d 有关,有 $a = \sqrt{3}d$。单元的面积为

$$A_{\mathrm{u.c.}} = |\boldsymbol{a}_1 \times \boldsymbol{a}_2| = \frac{\sqrt{3}}{2}a^2 \tag{6.4}$$

这里将重点研究具有周期性边界条件的系统，晶胞为 $N = N_1N_2$（这样，在极限范围为 $N_i \to \infty$ 时，$n_i = 0,1,\cdots,N_i - 1$。

6.2.1.2 紧束缚模型

首先描述 SLG 的物理性质。一个孤立的碳原子具有电子构型 $1s^22s^22p^2$。在石墨烯中，有4个外层电子，其中3个是 sp^2 杂化排列，并在最近相邻碳原子之间形成平面共价键 σ。剩下的电子 p_z 为离域。石墨烯的大部分电子性质由离域电子 p_z 控制。这些电子的相关动力可以在一个简单的单轨道、最近相邻紧束缚模型中建模[17]，这也是本书将采用的方法。

在紧束缚模型中，在一个正交原子样的基础上表示电子哈密顿算子，即 Wannier 态。在第二种量子化形式中，一般的紧束缚哈密顿算子可以写成

$$\mathbf{H} = \sum_{\boldsymbol{R},\boldsymbol{\delta},\alpha,\beta} \mathbf{C}_{\alpha}^{\dagger}(\boldsymbol{R})\, h_{\delta}^{\alpha\beta}\, c_{\beta}(\boldsymbol{R} + \boldsymbol{\delta}) \tag{6.5}$$

式中：$\mathbf{C}_{\alpha}^{\dagger}(\boldsymbol{R})$（$c_{\alpha}(\boldsymbol{R})$）为在类原子状态 α 下电子的创造（湮灭）算子，以 $\boldsymbol{R} + \boldsymbol{\tau}_{\alpha}$ 为中心，其中 $\boldsymbol{R}$ 为晶胞的位置；$\boldsymbol{\tau}_{\alpha}$ 为晶胞内轨道中心的相对位置。我们将专注于与自旋无关的模型，因此省去了自旋自由度。或者，这可以包含在索引 α 中。这里给出了由 $\mathbf{C}_{\alpha}^{\dagger}(\boldsymbol{R})$ as $|\boldsymbol{R},\alpha\rangle$ 创造的一个状态，将实际空间中的轨道用 $w_{\alpha}(\boldsymbol{r} - \boldsymbol{R} - \boldsymbol{\tau}_{\alpha})$ 表示（用 $\boldsymbol{r}$ 表示位置）。$h_{\boldsymbol{\delta}}^{\alpha\beta}$ 为跃迁积分，表达式为

$$h_{\boldsymbol{\delta}}^{\alpha\beta} = \langle \boldsymbol{R},\alpha | H | \boldsymbol{R} + \boldsymbol{\delta},\beta \rangle \tag{6.6}$$

式中：$\boldsymbol{\delta}$ 为附近的晶胞。假设系统为平移不变，表现为在假设中 $h_{\boldsymbol{\delta}}^{\alpha\beta}$ 与 $\boldsymbol{R}$ 无关。由于类原子轨道的局部化，$|\boldsymbol{\delta}|$ 越大，$h_{\boldsymbol{\delta}}^{\alpha\beta}$ 就越小，因此，通常只需要研究一些跃迁来描述系统的电子性质。

在石墨烯的单轨道紧束缚模型中，有两种轨道，即位于 A 和 B 位置的 p_z 轨道（$\alpha = A$、B），在图6.2所示的坐标系中，它们在 $\boldsymbol{\tau}_A = (0,0)$ 位置和 $\boldsymbol{\tau}_B = (0,d)$ 位置处于中心。在最相邻近似下，只保留现场和最相邻的跃迁，有

$$h_0^{AA} = h_0^{BB} \equiv \epsilon_{p_z} \tag{6.7}$$

$$h_{\boldsymbol{\delta}_{NN}}^{AB} = h_{-\boldsymbol{\delta}_{NN}}^{BA} \equiv -t \tag{6.8}$$

式中：$\boldsymbol{\delta}_{NN}$ 为向量，对于任何 A 位置来说，将其晶胞连接到相应的最相邻的 B 位置上，则 $\boldsymbol{\delta}_{NN} = 0$、$-\boldsymbol{a}_1$、$-\boldsymbol{a}_2$，不用考虑其他的跃迁。根据从头计算法，$t = 2.97\mathrm{eV}$[18]。在考虑一般性的情况下，可以重新定义零点能量，以符合现场能量，因此设置 $\epsilon_{p_z} = 0$。因此，石墨烯的紧束缚哈密顿算子写为

$$\mathbf{H} = -t\sum_{\boldsymbol{R}} \mathbf{C}_A^{\dagger}(\boldsymbol{R})\left(c_B(\boldsymbol{R}) + c_B(\boldsymbol{R} - \boldsymbol{a}_1) + c_B(\boldsymbol{R} - \boldsymbol{a}_2)\right) + \mathrm{h.c.} \tag{6.9}$$

式中：h. c 代表 hermitian conjugate（埃尔米特共轭）。

为了对角化哈密顿，利用 Bloch 定理。Bloch 定理指出，在一个周期系统中，电子波函数具有 Bloch 波的形式，即

$$\psi_{\boldsymbol{k},n}(\boldsymbol{r}) = \mathrm{e}^{\mathrm{i}\boldsymbol{k}\cdot\boldsymbol{r}}u_{\boldsymbol{k},n}(\boldsymbol{r}) \tag{6.10}$$

式中：$\boldsymbol{k}$ 为晶体或 Bloch 动量；n 为能带指数；$u_{\boldsymbol{k},n}(\boldsymbol{r})$ 为具有相同周期性晶体的周期函数，

对于所有晶格向量 $\boldsymbol{R}$，表达式为 $u_{\boldsymbol{k},n}(\boldsymbol{r})u_{\boldsymbol{k},n}(\boldsymbol{r}) = u_{\boldsymbol{k},n}(\boldsymbol{r}+\boldsymbol{R})$。

Bloch 定理的一个等价叙述是周期系统中的电子态成立需满足

$$\psi_{\boldsymbol{k},n}(\boldsymbol{r}+\boldsymbol{R}) = \mathrm{e}^{\mathrm{i}\boldsymbol{k}\cdot\boldsymbol{R}}\psi_{\boldsymbol{k},n}(\boldsymbol{r}), \tag{6.11}$$

具有本征值 $\mathrm{e}^{\mathrm{i}\boldsymbol{k}\cdot\boldsymbol{R}}$ 的晶格平移算子的本征态。石墨烯波函数满足 Bloch 条件方程式(6.11)，可在局域化的基础上写为

$$\psi_{\boldsymbol{k},\alpha}(\boldsymbol{r}) = \frac{1}{\sqrt{N}}\sum_{\boldsymbol{R}} \mathrm{e}^{\mathrm{i}\boldsymbol{k}\cdot(\boldsymbol{R}+\boldsymbol{\tau}_\alpha)}\, w_\alpha(\boldsymbol{r}-\boldsymbol{R}-\boldsymbol{\tau}_\alpha) \tag{6.12}$$

或者用狄拉克符号(braket notation)，有

$$|\psi_{\boldsymbol{k},\alpha}\rangle = \frac{1}{\sqrt{N}}\sum_{\boldsymbol{R}} \mathrm{e}^{\mathrm{i}\boldsymbol{k}\cdot(\boldsymbol{R}+\boldsymbol{\tau}_\alpha)}\,|\boldsymbol{R},\alpha\rangle \tag{6.13}$$

本征态一般是叠加态，包含所有类原子轨道。因此，寻找哈密顿表达式(6.9)的本征态，常用的表达式为

$$|\psi_{\boldsymbol{k}}\rangle = \sum_{\alpha} u_\alpha(\boldsymbol{k})\,|\psi_{\boldsymbol{k},\alpha}\rangle \tag{6.14}$$

式中：$u_\alpha(\boldsymbol{k})$ 为复振幅。需要注意，这些表达式中有一些任意性，因为可以改变式(6.13)中的相位 $\mathrm{e}^{\mathrm{i}\boldsymbol{k}\cdot\boldsymbol{\tau}_\alpha}$，并将其包含在式(6.14)的复振幅 $u_\alpha(\boldsymbol{k})$ 中[19]。显然，物理量不能依赖于这个选择，但是算子的表示可以依赖这个选择。在式(6.13)中使用的惯例简化了紧束缚模型[20]中现行算子的表示，因此我们将坚持这样做。

由时间无关的单粒子薛定谔方程，有

$$H|\psi\rangle = E|\psi\rangle \tag{6.15}$$

在式(6.14)中选择 $|\psi\rangle$，并应用左矢 $\langle\boldsymbol{R},A|$ 和 $\langle\boldsymbol{R},B|$（对于任何 $\boldsymbol{R}$），最终得到一个封闭的方程组，可以方便地用矩阵表达式写为

$$\mathbf{H}(\boldsymbol{k})\cdot\begin{bmatrix} u_A(\boldsymbol{k}) \\ u_B(\boldsymbol{k}) \end{bmatrix} = E\begin{bmatrix} u_A(\boldsymbol{k}) \\ u_B(\boldsymbol{k}) \end{bmatrix} \tag{6.16}$$

式中：$\mathbf{H}(\boldsymbol{k})$ 为 $|\psi_{\boldsymbol{k},\alpha}\rangle$ 基础上的哈密顿算子，有

$$\mathbf{H}(\boldsymbol{k}) = \begin{bmatrix} 0 & -tf(\boldsymbol{k}) \\ -tf*(\boldsymbol{k}) & 0 \end{bmatrix} \tag{6.17}$$

并且

$$f(\boldsymbol{k}) = \sum_{i=1}^{3} \mathrm{e}^{\mathrm{i}\boldsymbol{k}\cdot\boldsymbol{d}_i} \tag{6.18}$$

式中：$\boldsymbol{d}_1 = (\boldsymbol{a}_1+\boldsymbol{a}_2)/3$；$\boldsymbol{d}_2 = (-2\boldsymbol{a}_1+\boldsymbol{a}_2)/3$；$\boldsymbol{d}_3 = (\boldsymbol{a}_1-2\boldsymbol{a}_2)/3$ 为 B 位置与 A 位置之间 3 个最相邻的距离；$*$ 表示复共轭。$\mathbf{H}(\boldsymbol{k})$ 的本征值和能量 E 为

$$E_\pm(\boldsymbol{k}) = \pm t\sqrt{4\cos\left(\frac{\sqrt{3}}{2}dk_x\right)\cos\left(\frac{3}{2}dk_y\right)+2\cos(\sqrt{3}\,dk_x)+3} \tag{6.19}$$

关于此光谱见图 6.3(b)。

6.2.1.3 低能狄拉克哈密顿算子

如果只对石墨烯的低能性质感兴趣，通过最相关的实验可以得到一个简化的哈密顿算子。正如在图 6.3(b)中看到的，石墨烯的光谱无间隙，两个能带接触到布里渊区的两个不相等的角落，K 点和 $K' = -K$ 点，

$$K = \frac{4\pi}{3\sqrt{3}\,d}(1,0) \tag{6.20}$$

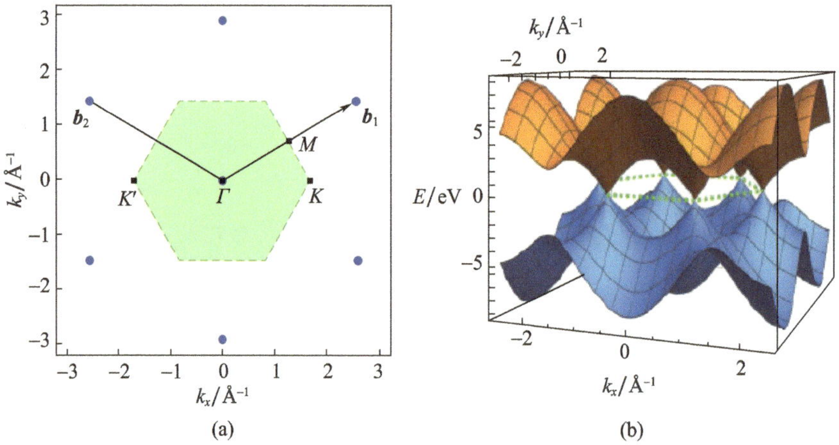

图 6.3 SLG 的倒易空间及其电子光谱

(a) SLG 的倒易空间；(b) 电子光谱。

在图 6.3(a)中，蓝圈表示倒易晶格中的点；就像直接晶格一样，倒易晶格也是六边形，但为旋转状态，并且具有不同的晶格参数。绿色原始晶胞标记了第一个 BZ；其中有一些相关的点表示为：$\Gamma=(0,0)$，$M=(1,1/\sqrt{3})\dfrac{\pi}{\mathrm{a}}$，$K=\left(\dfrac{4\pi}{3\alpha},0\right)$，$K'=-K$。绿色虚线标记了第一个 BZ 边界。

在中性石墨烯中，发现了每个碳原子中一个 p_z 电子，对电子结构有贡献。而且知道，晶胞有和原子一样多的能带，并且由于自旋简并，每个状态都被两个电子填满。因此，通过增加能量级，中性结构对应出现这种情况，即一半的能带被填充。这意味着，在中性石墨烯中，能带 $E_-(\boldsymbol{k})$ 是完全满的，而能带 $E_+(\boldsymbol{k})$ 是空的，费米能级位于 $E=0$，并与 K 点和 K' 点的能带相交。因此，石墨烯的物理学被接近这些点的电子态所支配。将电子 Bloch – 动量写为 $\boldsymbol{k}=\pm K+\boldsymbol{q}$，并将泰勒公式扩展到 $\boldsymbol{q}$ 中的最低级，得到低能哈密顿算子，即

$$\mathbf{H}^{\pm K}(\boldsymbol{q})=\hbar v_{\mathrm{F}}\begin{bmatrix}0 & \pm q_x-\mathrm{i}q_y\\ \pm q_x+\mathrm{i}q_y & 0\end{bmatrix}=\hbar v_{\mathrm{F}}\boldsymbol{q}\cdot(\pm\boldsymbol{\sigma}_x,\boldsymbol{\sigma}_y) \tag{6.21}$$

式中：费米速度 v_{F} 被确定为 $v_{\mathrm{F}}=\dfrac{3td}{2\hbar}$；$\hbar$ 为约化 Planck 常数；$\boldsymbol{\sigma}_x$ 和 $\boldsymbol{\sigma}_y$ 为 Pauli 矩阵，± 符号表示展开的点。低能哈密顿算子被认为是一个（无质量的）狄拉克哈密顿算子，因此 K 点和 K' 点被称为狄拉克点。

6.2.1.4 倒易空间和折叠能带描述

给定实空间直接晶格表达式(6.2)，可以定义一组点 $\{\boldsymbol{G}\}$，这样得到 $\mathrm{e}^{\mathrm{i}\boldsymbol{G}\cdot\boldsymbol{R}}=1$。这些点也形成一个晶格，称为倒易晶格。倒易晶格 $\{\boldsymbol{G}\}$ 的点可以用一个基向量表示，即

$$\boldsymbol{G}=m_1\boldsymbol{b}_1+m_2\boldsymbol{b}_2,\quad m_1、m_2\in\mathbb{Z} \tag{6.22}$$

其中倒易晶格基向量 $\boldsymbol{b}_1$ 和 $\boldsymbol{b}_2$ 根据定义，服从关系

$$\boldsymbol{a}_i\cdot\boldsymbol{b}_j=2\pi\,\delta_{i,j} \tag{6.23}$$

对于石墨烯，就推出

$$\boldsymbol{b}_1=\frac{4\pi}{3d}\left(\frac{\sqrt{3}}{2},\frac{1}{2}\right),\quad \boldsymbol{b}_2=\frac{4\pi}{3d}\left(\frac{-\sqrt{3}}{2},\frac{1}{2}\right) \tag{6.24}$$

SLG 的倒易晶格如图 6.3(a) 所示。

从倒易向量的定义出发，Bloch 态在晶体动量的变换下，不随倒易晶格向量变化，$\boldsymbol{k}\to\boldsymbol{k}+\boldsymbol{G}$。这意味着如果集中研究晶体动量，而它被限制在倒易空间的晶胞内，即第一布里渊区(Brillouin zone, BZ)，就可以完全表征一个周期系统的电子性质。

现在注意到，对于图 6.2 中描述的几何图形，只要这个单元捕捉到系统的周期性，就可以在较小的布里渊区自由选择一个更大的晶胞。例如，可以选择菱形的晶胞，它含有 $2\times3^{p}(p\in\mathbb{N})$ 碳原子。相应晶格的基向量为

$$\boldsymbol{a}_1^{(p)}=\sqrt{3^{p+1}}\left(\frac{1}{2},\frac{\sqrt{3}}{2}\right),\boldsymbol{a}_2^{(p)}=\sqrt{3^{p+1}}\left(\frac{-1}{2},\frac{\sqrt{3}}{2}\right)\quad \text{当 } p \text{ 是偶数时} \tag{6.25}$$

$$\boldsymbol{a}_1^{(p)}=\sqrt{3^{p+1}}\left(\frac{\sqrt{3}}{2},\frac{1}{2}\right),\boldsymbol{a}_2^{(p)}=\sqrt{3^{p+1}}\left(\frac{-\sqrt{3}}{2},\frac{1}{2}\right)\quad \text{当 } p \text{ 是奇数时} \tag{6.26}$$

当 $p=0$ 时，恢复最小晶胞。图 6.4 给出了放大的晶胞，即 $p=1$ 和 $p=2$ 相应的倒易晶格向量为

$$\boldsymbol{b}_1^{(p)}=\frac{4\pi}{\sqrt{3^{p}}3d}\left(\frac{\sqrt{3}}{2},\frac{1}{2}\right),\boldsymbol{b}_2^{(p)}=\frac{4\pi}{\sqrt{3^{p}}3d}\left(\frac{-\sqrt{3}}{2},\frac{1}{2}\right)\quad \text{当 } p \text{ 是偶数时} \tag{6.27}$$

$$\boldsymbol{b}_1^{(p)}=\frac{4\pi}{\sqrt{3^{p}}3d}\left(\frac{1}{2},\frac{\sqrt{3}}{2}\right),\boldsymbol{b}_2^{(p)}=\frac{4\pi}{\sqrt{3^{p}}3d}\left(\frac{-1}{2},\frac{\sqrt{3}}{2}\right)\quad \text{当 } p \text{ 是奇数时} \tag{6.28}$$

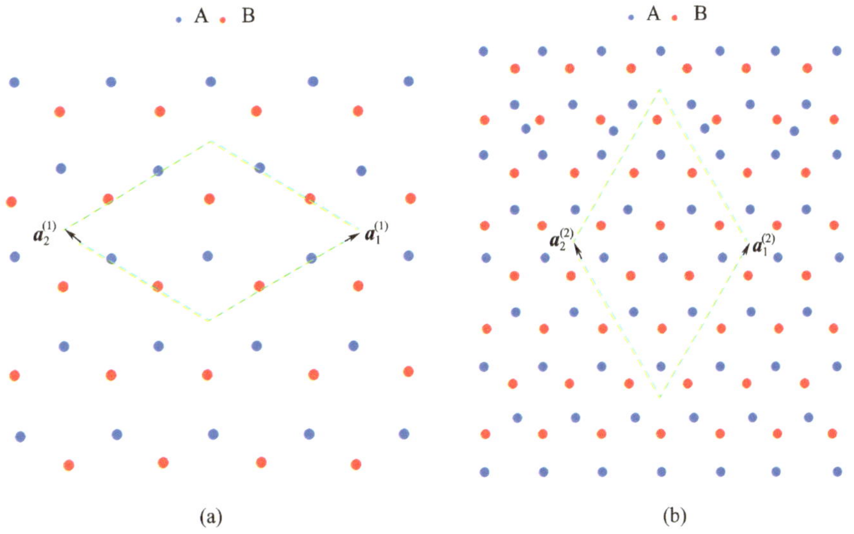

图 6.4　具有 $p=1$(6－原子晶胞)和 $p=2$(18－原子晶胞)的 SLG 折叠能带描述的基向量和晶胞
(a) $p=1$；(b) $p=2$。

很明显，随着晶胞和 $|\boldsymbol{a}_i^{(p)}|$ 的增大，$|\boldsymbol{b}_i^{(p)}|$ 和相应的布里渊区变小。同时，单元中的亚晶格数量由 2 增加到 2×3^{p}，这就产生了 2×3^{p} 能带。由于所描述的结构总相同，通过将原始的能带折叠到较小的布里渊区中获得这些额外的能带。

如果现在是放大晶胞的情况，可以在倒易空间中写出哈密顿算子。总是可以在直接空间中重写新的较大晶胞的哈密顿算子，然后遵循与 6.2.1.2 小节相同的过程。然而，这里将采取另一种方法。我们期望可以用未折叠的 Bloch 波直接在倒易空间中书写新的哈

密顿算子。首先讨论 $p=1$ 的情况。通过查看图 6.5(a)，并根据前面的讨论，当使用放大的晶胞时，将布里渊区的尺寸缩小 1/3。虽然描述不同，但整个结构相同。因此，原始布里渊区 2 和 3 区域的信息必须编码到新的简化的布里渊区中(1 区域)。现在想象一下，我们已经有了折叠情况下的哈密顿算子，因为每个单元中有 6 个原子，所以必须有 6 个能带。如果用扩展区域方案来表示光谱，即第一个布里渊区中的前两个能带、第二个布里渊区中的两个能带、第三个布里渊区中的 3 个能带，则我们得到一个与未折叠情况下完全重合的光谱。这提供了一种方法，可以将 2 和 3 区域的信息编码到 1 区域。可以观察到，在 1 区域中的每个 $\boldsymbol{k}$ 点，可以通过解释$\boldsymbol{b}_1^{(1)}$ 和$\boldsymbol{b}_2^{(1)}$ 得到 2 区域和 3 区域的信息(或对等区域)。

回顾未折叠的原始哈密顿算子，有

$$\mathbf{H}_{\boldsymbol{k}}^{(0)}=\begin{bmatrix} 0 & -tf(\boldsymbol{k}) \\ -tf*(\boldsymbol{k}) & 0 \end{bmatrix} \tag{6.29}$$

可以在扩大的基础上写出折叠哈密顿算子，$|\boldsymbol{k}\rangle$，$|\boldsymbol{k}+\boldsymbol{b}_1^{(1)}\rangle$，$|\boldsymbol{k}+\boldsymbol{b}_2^{(1)}\rangle$，即

$$\mathbf{H}_{\boldsymbol{k}}^{(1)}=\begin{bmatrix} \mathbf{H}_{\boldsymbol{k}}^{(0)} & 0 & 0 \\ 0 & \mathbf{H}_{\boldsymbol{k}+\boldsymbol{b}_1^{(1)}}^{(0)} & 0 \\ 0 & 0 & \mathbf{H}_{\boldsymbol{k}+\boldsymbol{b}_2^{(1)}}^{(0)} \end{bmatrix} \tag{6.30}$$

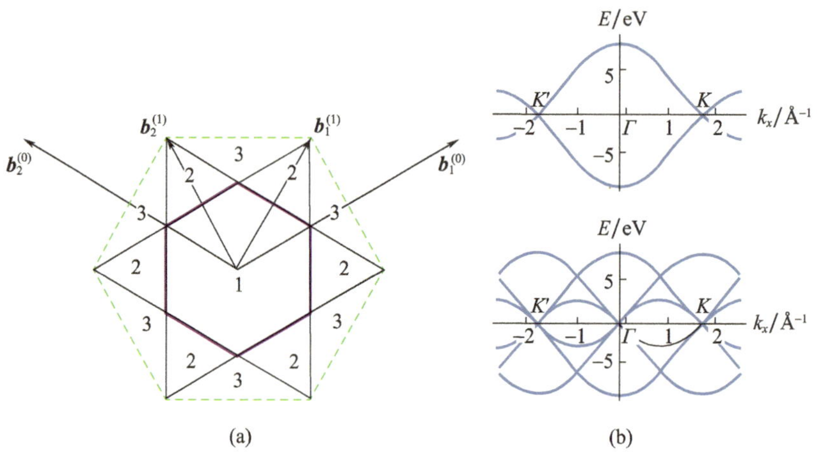

图 6.5 $k_y=0$ 的绘制图形

(a)倒易空间折叠方案(绿色虚线标记了原始的布里渊区，紫色线标记了 $p=1$ 折叠的布里渊区。标记为 1、2 和 3 的区域对应于折叠后的第一、第二和第三布里渊区)；(b)$p=0$(顶部)和 $p=1$(底部)的电子光谱。

对于给定的 p，可简单地概括并写为

$$\mathbf{H}_{\boldsymbol{k}}^{(p)}=\begin{bmatrix} \mathbf{H}_{\boldsymbol{k}}^{(p-1)} & 0 & 0 \\ 0 & \mathbf{H}_{\boldsymbol{k}+\boldsymbol{b}_1^{(p)}}^{(p-1)} & 0 \\ 0 & 0 & \mathbf{H}_{\boldsymbol{k}+\boldsymbol{b}_2^{(p)}}^{(p-1)} \end{bmatrix} \tag{6.31}$$

应注意，在$\mathbf{H}^{(p)}$ 中，得到了所有哈密顿算子，包括初始的哈密顿算子$\mathbf{H}^{(0)}$。在图 6.5(b)中绘制了初始和 1/3 折叠哈密顿算子的本征值。这个结构将有助于理解 tBLG 扭转双层，如 6.3.3.2 节所述。

6.2.1.5 态密度和载流子密度分布

至此完成了 SLG 的讨论,处理了两个量的问题——态密度(DOS)和载流子密度分布。这有助于描述当掺杂电子或空穴时系统的电子结构特征。按照定义,态密度描述了在每个能量能级上每间隔能量的可用状态数。对于载流子密度分布,它定义了载流子密度 n(电子为正数,空穴为负数)之间的关系,需要达到给定费米能级 μ。这些量很有用,因为载流子密度是实验结果中很容易定义的参数。给定电子光谱,可以直接计算 DOS 和载流子密度分布。

图 6.6 给出了单层石墨烯的 DOS 和载流子密度分布的结果。首先讨论载流子的密度。实验记录的值达到 $|n| \approx 4\times10^{14}\,\mathrm{cm}^{-2}$[21]。然而,在环境条件下,掺杂的典型值低于一个数量级[22-23]。我们将保持这个范围对应于图 6.6(b)中的放大区域。从这个表示法可以看出,对应的费米能级距离态密度峰(van Hove 奇点)还非常遥远,这使得最终无法到达。这是一个很大的缺点,因为当穿越 van Hove 奇点时[24-26],电子不稳定性会导致新的物质状态。推动 tBLG 扭转双层系统研究的一个原因是,可以通过改变旋转角度将 van Hove 奇点带入任意低能[27]。

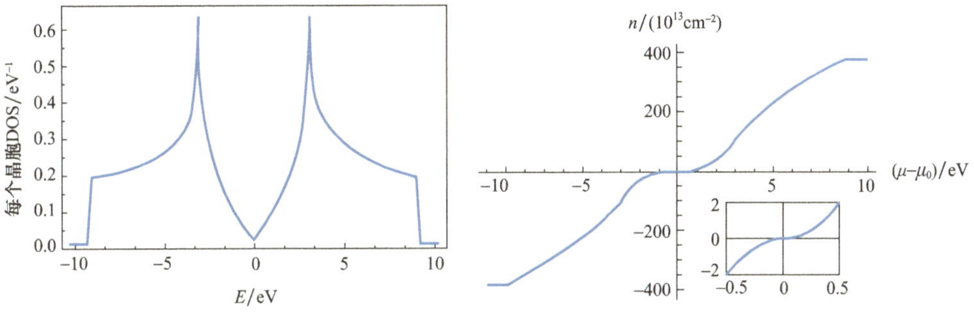

(a) (b)

图 6.6 SLG 的态密度和载流子密度分布

(a)每个晶胞的 DOS;(b)中性石墨烯的费米级μ_0。

6.2.2 双层石墨烯介绍

6.2.2.1 结构

双层石墨烯(BLG)是两个 SLG 的堆叠,其中典型的实验层间距离是 $d_\perp = 3.35\,\text{Å}$[28]。在可能的堆叠排列中,有两点值得指出:①AA 堆叠,上层的每个碳原子都正好位于底层对应碳原子的上方;②AB 堆叠,即 Bernal 堆叠,通过沿扶手椅的方向滑动其中一层而获得的,从而使一层的亚晶格 A 原子与另一层的亚晶格 B 原子对齐,这意味着其余的原子都位于六边形的中心(图 6.7)。AA 和 AB 堆叠与 SLG 具有相同的 Bravais(Bravais)晶格和相同的晶胞。实验表明,AA 堆叠被认为是亚稳态,而 Bernal 堆叠和 tBLG 扭转双层都被认为是稳定态[28]。在这一部分中将分析 Bernal 堆叠双层石墨烯的电子性质。

6.2.2.2 紧束缚模型

为了建立该系统的模型,保留以前每个层使用的近似值。另外,在最相邻的横向紧束

缚近似中，考虑了层间跃迁。首先把双层的哈密顿算子写成3个项的和，即

$$\boldsymbol{H}_1 = \boldsymbol{H}_1 + \boldsymbol{H}_2 + \boldsymbol{H}_\perp \tag{6.32}$$

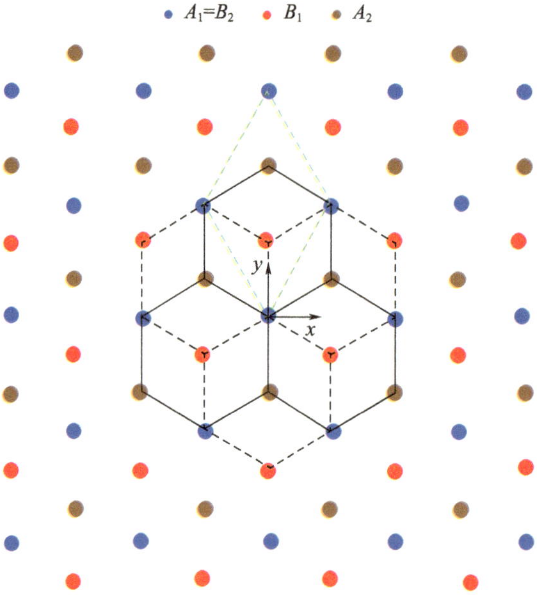

图6.7　Bernal 堆叠的 BLG 几何形状图（顶部视图）（将底层（黑色虚线）标记为1，上层（黑色实线）标记为2。用于 SLG（绿色虚线）的晶胞不变，使直接空间和倒易空间描述与以前相同，但现在每个晶胞包含4个原子）

其中，每个层 $\ell = 1、2$ 的哈密顿算子为$\mathbf{H}_\ell$，同时$\mathbf{H}_\perp$要考虑到层间耦合。在第二个量化表达式中，使用与 SLG 情况（式(6.9)）相同的近似值，可以得到

$$\mathbf{H}_1 = -t\sum_{\boldsymbol{R}} \mathbf{C}_{1,A}^\dagger(\boldsymbol{R})\left(c_{1,B}(\boldsymbol{R}) + c_{1,B}(\boldsymbol{R}-\boldsymbol{a}_1) + c_{1,B}(\boldsymbol{R}-\boldsymbol{a}_2)\right) + \text{h. c.} \tag{6.33}$$

$$\mathbf{H}_2 = -t\sum_{\boldsymbol{R}} \mathbf{C}_{2,A}^\dagger(\boldsymbol{R})\left(c_{2,B}(\boldsymbol{R}) + c_{2,B}(\boldsymbol{R}-\boldsymbol{a}_1) + c_{2,B}(\boldsymbol{R}-\boldsymbol{a}_2)\right) + \text{h. c.} \tag{6.34}$$

在晶胞 $\boldsymbol{R}$、亚晶格 α 和层 ℓ 中，局域化的类原子态下$|\ell,\boldsymbol{R},\alpha\rangle$，电子的生成（湮灭）费米算子为$\mathbf{C}_{\ell,\alpha}^\dagger(\boldsymbol{R})$（$c_{\ell,\alpha}(\boldsymbol{R})$）。关于$\mathbf{H}_\perp$，考虑了在相邻晶胞中同类层间跃迁$t_\perp$，有

$$\langle 1,\boldsymbol{R},A|\mathbf{H}_\perp|2,\boldsymbol{R},B\rangle = t_\perp \tag{6.35}$$

设定$t_\perp = 0.33\text{eV}$，这与估计值的范围兼容[28]。在第二个量化表达式中，可以得到

$$\mathbf{H}_\perp = t_\perp \sum_{\boldsymbol{R}} \mathbf{C}_1^\dagger(\boldsymbol{R})\, c_{2,B}(\boldsymbol{R}) + \text{h. c.} \tag{6.36}$$

现在进入倒易空间，用 Bloch 表达式写出电子态的生成和湮灭哈密顿算子，即

$$|\psi_{\ell,\boldsymbol{k},\alpha}\rangle = \frac{1}{\sqrt{N}}\sum_{\boldsymbol{R}} \mathrm{e}^{\mathrm{i}\boldsymbol{k}\cdot(\boldsymbol{R}+\boldsymbol{\tau}_{\ell,\alpha})}|\ell,\boldsymbol{R},\alpha\rangle \tag{6.37}$$

式中：$\boldsymbol{\tau}_{\ell,\alpha}$为晶胞中4个碳原子的平面位置，得出$\boldsymbol{\tau}_{1,\text{A}} = \boldsymbol{\tau}_{2,\text{B}} = (0,0)$和$\boldsymbol{\tau}_{1,\text{B}} = \boldsymbol{\tau}_{2,\text{A}} = (0,d)$。相应地生成算子可以写为

$$\mathbf{C}_{\ell,\alpha}^\dagger(\boldsymbol{k}) = \frac{1}{\sqrt{N}}\sum_{\boldsymbol{R}} \mathrm{e}^{\mathrm{i}\boldsymbol{k}\cdot(\boldsymbol{R}+\boldsymbol{\tau}_{\ell,\alpha})}\,\mathbf{C}_{\ell,\alpha}^\dagger(\boldsymbol{R}) \tag{6.38}$$

这可以理解为离散傅里叶变换的算子$\mathbf{C}^{\dagger}_{\ell,\alpha}(\boldsymbol{R})$。使用属性值

$$\sum_{\boldsymbol{R}} \mathrm{e}^{\mathrm{i}\boldsymbol{R}\cdot(\boldsymbol{k}-\boldsymbol{k}')} = N\sum_{\boldsymbol{G}} \delta_{\boldsymbol{k}-\boldsymbol{k}',\boldsymbol{G}} \tag{6.39}$$

对于 $\boldsymbol{k}$、$\boldsymbol{k}' \in \mathrm{BZ}$,得出 $\sum_{\boldsymbol{R}} \mathrm{e}^{\mathrm{i}\boldsymbol{R}\cdot(\boldsymbol{k}-\boldsymbol{k}')} = N\delta_{\boldsymbol{k},\boldsymbol{k}'}$,可以转换式(6.38),得到

$$\mathbf{C}^{\dagger}_{\ell,\alpha}(\boldsymbol{R}) = \frac{1}{\sqrt{N}}\sum_{\boldsymbol{k}} \mathrm{e}^{-\mathrm{i}\boldsymbol{k}\cdot(\boldsymbol{R}+\tau_{\ell,\alpha})}\,\mathbf{C}^{\dagger}_{\ell,\alpha}(\boldsymbol{k}) \tag{6.40}$$

总和(在无限晶体的极限中成为一个积分)被限制在第一个 BZ 时,可以用第二种量子化表达式来描述哈密顿算子,即

$$\mathbf{H} = \sum_{\boldsymbol{k}} \Psi^{\dagger}(\boldsymbol{k})\cdot H(\boldsymbol{k})\cdot \Psi(\boldsymbol{k}) \tag{6.41}$$

这里我们介绍了$\Psi^{\dagger}(\boldsymbol{k}) = [\mathbf{C}^{\dagger}_{1,A}(\boldsymbol{k})\quad \mathbf{C}^{\dagger}_{1,B}(\boldsymbol{k})\quad \mathbf{C}^{\dagger}_{2,A}(\boldsymbol{k})\quad \mathbf{C}^{\dagger}_{2,B}(\boldsymbol{k})]$

$$\mathbf{H}(\boldsymbol{k}) = \begin{bmatrix} 0 & -tf(\boldsymbol{k}) & 0 & t_{\perp} \\ -tf*(\boldsymbol{k}) & 0 & 0 & 0 \\ 0 & 0 & 0 & -tf(\boldsymbol{k}) \\ t_{\perp} & 0 & -tf*(\boldsymbol{k}) & 0 \end{bmatrix} \tag{6.42}$$

通过对角化 $\mathbf{H}(\boldsymbol{k})$,得到了 Bernal 堆叠双层石墨烯的能带结构,即

$$E_{\pm,\pm}(\boldsymbol{k}) = \pm t\sqrt{\left(\frac{t_{\perp}}{2t}\right)^2 + 4\cos\left(\frac{\sqrt{3}}{2}dk_x\right)\cos\left(\frac{3}{2}dk_y\right) + 2\cos(\sqrt{3}\,dk_x) + 3} \pm \frac{t_{\perp}}{2} \tag{6.43}$$

这两个能带$E_{+,-}(\boldsymbol{k})$和$E_{-,+}(\boldsymbol{k})$为无间隙,并接触 BZ 的 K 点和 K'点。在图 6.8 中显示了在第一个 BZ 中沿着一个有代表性的路径所得到的能带结构。

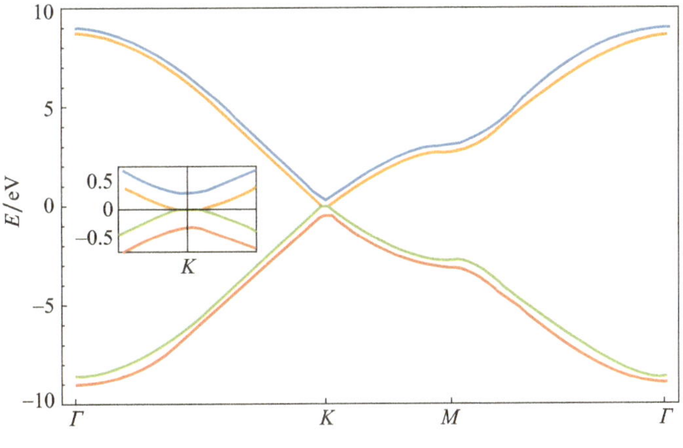

图 6.8 沿 $\boldsymbol{k}$ 空间轨迹 $\Gamma \to K \to M \to \Gamma$ 的 Bernal 堆叠 BLG 的电子光谱

6.3 扭转双层石墨烯

本节将推导出一个 tBLG 系统的模型。我们遵循 dos Santos[6,10]、Bistritzer 和 Mac Donald[11]等所做的工作,构造了一个连续低能有效的哈密顿算子,该哈密顿算子适用于扭转角 $\theta \leqslant 10°$,并与结构的公度或非公度无关。

6.3.1 几何与莫列波纹

首先建立一个 tBLG 通用几何形状。可以通过以下方式实现完全任意的排列：从一个完全对齐的双层石墨烯开始（具体而言，认为它是 Bernal 堆叠），并与其中一个层是固定的，将其称为层 1，通过一个向量$\boldsymbol{\tau}_0$将第二个层称为层 2，然后按照角度 θ（逆时针方向和大约从原点开始）旋转。这样，每一层都有 $\ell=1$、2。通过下面的晶格点来描述，即

$$\boldsymbol{R}_\ell = n_1\boldsymbol{a}_{\ell,1} + n_2\boldsymbol{a}_{\ell,2} \tag{6.44}$$

式中：$\boldsymbol{a}_{\ell,1}$和$\boldsymbol{a}_{\ell,2}$为每个层的基向量，得出$\boldsymbol{a}_{2,i}=\mathcal{R}_\theta\cdot\boldsymbol{a}_{1,i}$，$\mathcal{R}_\theta$是描述从二维坐标系原点沿逆时针方向旋转的旋转矩阵，即

$$\boldsymbol{\mathcal{R}}_\theta = \begin{bmatrix} \cos\theta & -\sin\theta \\ \sin\theta & \cos\theta \end{bmatrix} \tag{6.45}$$

每个层的 A 和 B 位置为

$$\boldsymbol{\tau}_{1,A} = (0,0),\boldsymbol{\tau}_{2,A} = \boldsymbol{\mathcal{R}}_\theta\cdot[(0,-d)+\boldsymbol{\tau}_0] \tag{6.46}$$

$$\boldsymbol{\tau}_{1,B} = (0,d),\boldsymbol{\tau}_{2,B} = \boldsymbol{\mathcal{R}}_\theta\cdot[(0,0)+\boldsymbol{\tau}_0] \tag{6.47}$$

根据晶格$\{\boldsymbol{R}_\ell\}$得出对应的倒易晶格$\{\boldsymbol{G}_\ell\}$，这些晶格是由向量$\boldsymbol{b}_{\ell,1}$和$\boldsymbol{b}_{\ell,2}$标定。倒易晶格基向量也是通过旋转产生联系，得出$\boldsymbol{b}_{2,\ell}=\boldsymbol{\mathcal{R}}_\theta\cdot\boldsymbol{b}_{1,\ell}$。

这两层具有明显的周期性，产生了一种干扰效应，从而形成了莫列波纹。在 tBLG[27]的 STM 实验中，已经观察到这些莫列波纹。莫列波纹只是一个节拍效应[29]，可以理解如下：设两个函数$h_1(\boldsymbol{r})$和$h_2(\boldsymbol{r})$，这两个函数分别与层 1 和层 2 具有相同的周期性。选择以下函数表示，即

$$h_\ell(\boldsymbol{r}) = \sum_{k=1}^{3}\cos(\boldsymbol{G}_{\ell,k}\cdot\boldsymbol{r}) \tag{6.48}$$

关于每一层 $\ell=1$、2，可以得出$\boldsymbol{G}_{\ell,l}=\boldsymbol{b}_{\ell,1}$、$\boldsymbol{G}_{\ell,2}=\boldsymbol{b}_{\ell,2}$、$\boldsymbol{G}_{\ell,3}=\boldsymbol{b}_{\ell,1}-\boldsymbol{b}_{\ell,2}$，通过研究函数$h_m(\boldsymbol{r})=h_1(\boldsymbol{r})+h_2(\boldsymbol{r})$来研究两层之间的干扰效应。根据标准操作，可以得出$h_m(\boldsymbol{r})$，即

$$h_m(\boldsymbol{r}) = \sum_{k=1}^{3} 2\cos\left(\frac{\boldsymbol{G}_{1,k}+\boldsymbol{G}_{2,k}}{2}\cdot\boldsymbol{r}\right)\cos\left(\frac{\boldsymbol{G}_{1,k}+\boldsymbol{G}_{2,k}}{2}\cdot\boldsymbol{r}\right) \tag{6.49}$$

因此，可以看到这个函数将得出由$(\boldsymbol{G}_{1,k}+\boldsymbol{G}_{2,k})/2$ 控制的快速振荡，通过一个缓慢振荡包络函数进行调制，得到$(\boldsymbol{G}_{1,k}-\boldsymbol{G}_{2,k})/2$。正是这个包络函数负责莫列波纹。考虑到包络的振幅（而不是符号）只影响莫列波纹的可视性，得出的振荡是$\boldsymbol{G}_{1,k}-\boldsymbol{G}_{2,k}$。出于同样的原因，莫列波纹不会受到相对另一层莫列波纹向量标定的影响。因此，函数$h_m(\boldsymbol{r})$会呈现出准周期性特征，并且伴随着被莫列基向量穿越的倒易晶格$\{\boldsymbol{G}^m\}$，有

$$\boldsymbol{b}_1^m = \boldsymbol{b}_{1,1}-\boldsymbol{b}_{2,1},\quad \boldsymbol{b}_2^m = \boldsymbol{b}_{1,2}-\boldsymbol{b}_{2,2} \tag{6.50}$$

在坐标系统中，层 2 按照 $\theta/2$ 旋转，层 1 按照 $-\theta/2$ 旋转，表达式为

$$\boldsymbol{b}_1^m = \sqrt{3}\,|\Delta K|\left(\frac{1}{2},-\frac{\sqrt{3}}{2}\right),\quad \boldsymbol{b}_2^m = \sqrt{3}\,|\Delta K|\left(\frac{1}{2},-\frac{\sqrt{3}}{2}\right) \tag{6.51}$$

$|\Delta K|=2|K|\sin(\theta/2)$是这两层的狄拉克点之间的分割，得出$|K|=4\pi/(3\sqrt{3}d)$。与这个倒易晶格相关联，可以定义一个被基向量$\boldsymbol{a}_1^m$和$\boldsymbol{a}_2^m$（$\boldsymbol{a}_i^m.\ \boldsymbol{b}_j^m=2\pi\,\delta_{i,j}$）所跨越的莫列波纹晶格$\{\boldsymbol{R}^m\}$，即

$$\boldsymbol{a}_1^m = \frac{4\pi}{3|\Delta K|}\left(\frac{\sqrt{3}}{2}, -\frac{1}{2}\right), \qquad \boldsymbol{a}_2^m = \frac{4\pi}{3|\Delta K|}\left(\frac{\sqrt{3}}{2}, \frac{1}{2}\right) \tag{6.52}$$

莫尔晶格的晶胞面积为

$$A_{m.u.c.} = |\boldsymbol{a}_1^m \times \boldsymbol{a}_2^m| = \frac{\sqrt{3}}{2}\left(\frac{4\pi}{3|\Delta K|}\right)^2 = \frac{3\sqrt{3}d^2}{8\sin^2(\theta/2)} \tag{6.53}$$

在图6.9中展示了函数$h_m(\boldsymbol{r})$中的莫列波纹,并将它与形成tBLG结构的两个晶格相互堆叠产生的莫列波纹进行比较。

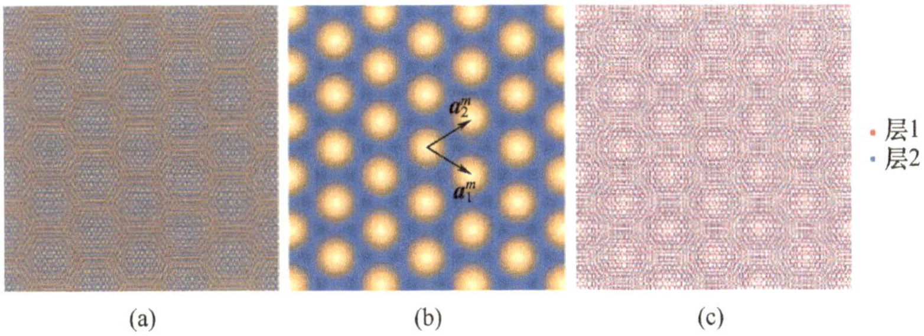

图6.9 由于两个周期结构的干涉形成的莫列波纹(在所有的图中可以得出,扭转角$\theta = 5°$(层2按照$\theta/2$旋转,层1按照$-\theta/2$旋转)和$\boldsymbol{\tau}_0 = (0, d)$,这样在未旋转的极限中,恢复了AA堆叠双层石墨烯。研究了导致莫列波纹实际空间转变的不同值$\boldsymbol{\tau}_0$)

(a)函数$h_m(\boldsymbol{r})$的密度图;(b)包络函数$\tilde{h}_m(\boldsymbol{r}) = \sum_{k=1}^{3} 2\cos[(\boldsymbol{G}_{1,k} - \boldsymbol{G}_{2,k})\cdot\boldsymbol{r}]$的密度图,同时还给出了莫列晶格的基向量;(c)tBLG结构的表示图(莫列波纹清晰可见)。

6.3.2 扭转双层石墨烯的哈密顿模型

本节将介绍如何对tBLG结构建模。对于小角度极限下的tBLG,本节描述的方法遵循文献[6,10-11]的做法,文献[13]中概括了与之有关的其他材料和任意角度,能够描述公度和非公度的结构。该方法的出发点是双层哈密顿的紧束缚表示,它被划分为

$$\mathbf{H} = \mathbf{H}_1 + \mathbf{H}_2 + \mathbf{H}_\perp \tag{6.54}$$

式中:$\mathbf{H}_\ell$为孤立层$\ell = 1、2$的哈密顿算子;$\mathbf{H}_\perp = V_{12} + V_{21}$为层间的哈密顿算子,描述了两层之间的杂化;$V_{12}$描述了电子从层2跃迁到层1;$V_{21} = V_{12}^\dagger$描述了逆过程。一般方法是基于层间哈密顿算子的双中心近似,并根据Bloch波展开各层的完全哈密顿算子。

6.3.2.1 旋转单层石墨烯的哈密顿算子

按照式(6.13)和式(6.37),用Bloch波表达式来表示各层的完整的哈密顿算子,有

$$|\psi_{\ell,\boldsymbol{k},\alpha}\rangle = \frac{1}{\sqrt{N_\ell}}\sum_{\boldsymbol{R}_\ell} \mathrm{e}^{\mathrm{i}\boldsymbol{k}\cdot(\boldsymbol{R}_\ell + \boldsymbol{\tau}_{\ell,\alpha})}|\ell, \boldsymbol{R}_\ell, \alpha\rangle \tag{6.55}$$

式中:$\ell = 1、2$标记了层;N_ℓ为每个层的晶胞数;$\boldsymbol{R}_\ell$为每个层的晶格位置(由式(6.44)给出);$\boldsymbol{\tau}_{\ell,\alpha}$为各层晶胞中的轨道中心的位置;$|\ell, \boldsymbol{R}_\ell, \alpha\rangle$为局域的类原子Wannier状态。在此基础上,在单轨道最相邻近似下,各层的哈密顿算子为

$$\mathbf{N}_\ell(\boldsymbol{k}) = \begin{bmatrix} 0 & -tf_\ell(\boldsymbol{k}) \\ -tf_\ell^*(\boldsymbol{k}) & 0 \end{bmatrix} \tag{6.56}$$

式中：$f_\ell(\boldsymbol{k}) = \sum_{i=1}^{3} \mathrm{e}^{\mathrm{i}\boldsymbol{k}\cdot\boldsymbol{d}_{\ell,i}}$，且$\boldsymbol{d}_{\ell,1} = (\boldsymbol{a}_{\ell,1} + \boldsymbol{a}_{\ell,2})/3$、$\boldsymbol{d}_{\ell,2} = (-2\boldsymbol{a}_{\ell,1} + \boldsymbol{a}_{\ell,2})/3$、$\boldsymbol{d}_{\ell,3} = (\boldsymbol{a}_{\ell,1} - 2\boldsymbol{a}_{\ell,2})/3$。

如果对低能状态感兴趣，可以用狄拉克哈密顿算子来描述每一层，即$\boldsymbol{k} = \pm K_l + \boldsymbol{q}$，其中$\pm K_\ell$是每一层的狄拉克点，且得出$K_1 = (\frac{4\pi}{3a},0)$和$K_2 = \mathcal{R}_\theta \cdot K_1$，将式(6.56)扩展到$\boldsymbol{q}$中的最低阶。所得的哈密顿算子可以用统一的方式写成

$$\mathbf{H}_\ell^{\pm K}(\boldsymbol{q}) = \pm\hbar v_{\mathrm{F}}|\boldsymbol{q}|\begin{bmatrix} 0 & \mathrm{e}^{\mp\mathrm{i}(\theta_q-\theta_\ell)} \\ \mathrm{e}^{\pm\mathrm{i}(\theta_q-\theta_\ell)} & 0 \end{bmatrix} \tag{6.57}$$

式中：$\theta_1 = 0$，$\theta_2 = \theta$，θ_q为动量$\boldsymbol{q}$与x轴的角度，这样得出$\boldsymbol{q} = |\boldsymbol{q}|(\cos\theta_q,\sin\theta_q)$。式(6.57)也可以用紧凑的形式写成

$$H_\ell^{\pm K}(\boldsymbol{q}) = v_{\mathrm{F}}\hbar\boldsymbol{q}\cdot(\pm\boldsymbol{\sigma}_x^{\theta_\ell},\boldsymbol{\sigma}_y^{\theta_\ell}) \tag{6.58}$$

式中：$\boldsymbol{\sigma}_x^\theta = \sigma_x\cos\theta - \sigma_y\sin\theta$ 和$\boldsymbol{\sigma}_y^\theta = \sigma_x\sin\theta + \sigma_y\cos\theta$ 为被旋转的 Pauli 矩阵。

6.3.2.2 哈密顿算子基于布洛赫波的层间哈密顿算子

在每一层类原子局域态的基础上，用二次量子化方法写出层间哈密顿算子为

$$\mathbf{V}_{12} = \sum_{\boldsymbol{R}_1,\alpha,\boldsymbol{R}_2,\beta} c_{1,\alpha}^\dagger(\boldsymbol{R}_1)\, t_{12}^{\alpha\beta}(\boldsymbol{R}_1,\boldsymbol{R}_2)\, c_{2,\beta}(\boldsymbol{R}_2) \tag{6.59}$$

其中，

$$t_{12}^{\alpha\beta}(\boldsymbol{R}_1,\boldsymbol{R}_2) = \langle 1,\boldsymbol{R}_1,\alpha|\mathbf{H}_\perp|2,\boldsymbol{R}_2,\beta\rangle \tag{6.60}$$

是在紧束缚基础上的层间跃迁。按照 Bloch 波写出的算子为

$$\mathbf{c}_{\ell,\alpha}^\dagger(\boldsymbol{R}_\ell) = \frac{1}{\sqrt{N_\ell}}\sum_{\boldsymbol{k}_\ell} \mathrm{e}^{-\mathrm{i}\boldsymbol{k}_\ell\cdot(\boldsymbol{R}_\ell+\boldsymbol{\tau}_{\ell,\alpha})}\, c_{\ell,\alpha}^\dagger(\boldsymbol{k}_\ell) \tag{6.61}$$

当超过$\boldsymbol{k}_\ell$的和限制在层ℓ的布里渊区时，得到

$$\mathbf{V}_{12} = \sum_{\boldsymbol{k}_1,\alpha,\boldsymbol{k}_2,\beta} c_{1,\alpha}^\dagger(\boldsymbol{k}_1)\, T_{12}^{\alpha\beta}(\boldsymbol{k}_1,\boldsymbol{k}_2)\, c_{2,\beta}^\dagger(\boldsymbol{k}_2) \tag{6.62}$$

其中，

$$T_{12}^{\alpha\beta}(\boldsymbol{k}_1,\boldsymbol{k}_2) = \frac{1}{\sqrt{N_1N_2}}\sum_{\boldsymbol{R}_1,\boldsymbol{R}_2} \mathrm{e}^{-\mathrm{i}\boldsymbol{k}_1\cdot(\boldsymbol{R}_1+\boldsymbol{\tau}_{1,\alpha})}\, t_{12}^{\alpha\beta}(\boldsymbol{R}_1,\boldsymbol{R}_2)\, \mathrm{e}^{\mathrm{i}\boldsymbol{k}_2\cdot(\boldsymbol{R}_2+\boldsymbol{\tau}_{2,\beta})} \tag{6.63}$$

这种基础的改变不会导致太大的简化。如果按照双中心近似的规则，假设层间跃迁$t_{12}^{\alpha\beta}(\boldsymbol{R}_1,\boldsymbol{R}_2)$仅仅是两个轨道中心之间分离的函数，即

$$t_{12}^{\alpha\beta}(\boldsymbol{R}_1,\boldsymbol{R}_2) = t_{12}^{\alpha\beta}(\boldsymbol{R}_1+\boldsymbol{\tau}_{1,\alpha}-\boldsymbol{R}_2-\boldsymbol{\tau}_{2,\beta}) \tag{6.64}$$

然后，用二维傅里叶变换来描述层间跃迁，有

$$t_{12}^{\alpha\beta}(\boldsymbol{R}_1+\boldsymbol{\tau}_{1,\alpha}-\boldsymbol{R}_2-\boldsymbol{\tau}_{2,\beta}) = \int_{\mathbb{R}^2}\frac{d^2\boldsymbol{p}}{(2\pi)^2}\mathrm{e}^{\mathrm{i}\boldsymbol{p}\cdot(\boldsymbol{R}_1+\boldsymbol{\tau}_{1,\alpha}-\boldsymbol{R}_2-\boldsymbol{\tau}_{2,\beta})}\, t_{12}^{\alpha\beta}(\boldsymbol{p}) \tag{6.65}$$

如果已知$t_{12}^{\alpha\beta}(\boldsymbol{r})$，$\boldsymbol{r}$是两个轨道之间的平面分离，可以用傅里叶变换来估计$t_{12}^{\alpha\beta}(\boldsymbol{p})$，即

$$t_{12}^{\alpha\beta}(\boldsymbol{p}) = \int_{\mathbb{R}^2}\mathrm{d}^2\boldsymbol{r}\mathrm{e}^{-\mathrm{i}\boldsymbol{p}\cdot\boldsymbol{r}}\, t_{12}^{\alpha\beta}(\boldsymbol{r}) \tag{6.66}$$

通过将式(6.65)代入式(6.63)，可以得出

$$T_{12}^{\alpha\beta}(\boldsymbol{k}_1,\boldsymbol{k}_2) = \frac{1}{\sqrt{N_1N_2}}\int_{\mathbb{R}^2}\frac{d^2\boldsymbol{p}}{(2\pi)^2}\sum_{\boldsymbol{R}_1}\mathrm{e}^{-\mathrm{i}(\boldsymbol{k}_1-\boldsymbol{p})\cdot(\boldsymbol{R}_1+\boldsymbol{\tau}_{1,\alpha})}\, t_{12}^{\alpha\beta}(\boldsymbol{p})\sum_{\boldsymbol{R}_2}\mathrm{e}^{\mathrm{i}(\boldsymbol{k}_2-\boldsymbol{p})\cdot(\boldsymbol{R}_2+\boldsymbol{\tau}_{2,\beta})} \tag{6.67}$$

按照总和的规则 $\sum_{R_\ell} e^{ik\cdot R_\ell} = N_\ell \sum_{G_\ell} \delta_{k,G_\ell}$，可以得出

$$T_{12}^{\alpha\beta}(\boldsymbol{k}_1, \boldsymbol{k}_2) = \sqrt{N_1 N_2}\int_{\mathbb{R}^2} \frac{d^2\boldsymbol{p}}{(2\pi)^2}\sum_{G_1,G_2} e^{-iG_1\cdot\tau_{1,\alpha}}\, t_{12}^{\alpha\beta}(\boldsymbol{p})\, e^{iG_2\cdot\tau_{2,\beta}}\, \delta_{k_1-p,G_1}\,\delta_{k_2-p,G_2} \tag{6.68}$$

利用δ-Kronecker 符号与δ-狄拉克函数之间的关系，即$\delta_{kk'} = \delta(\boldsymbol{k}-\boldsymbol{k}')(2\pi)^2/A$，其中$A$为系统的总面积，对$\boldsymbol{p}$进行积分，得到

$$T_{12}^{\alpha\beta}(\boldsymbol{k}_1, \boldsymbol{k}_2) = \sqrt{\frac{N_1 N_2}{A^2}}\sum_{G_1,G_2} e^{iG_1\cdot\tau_{1,\alpha}}\, t_{12}^{\alpha\beta}(\boldsymbol{k}_1+\boldsymbol{G}_1)\, e^{-iG_2\cdot\tau_{2,\beta}}\, \delta_{k_1+G_1,k_2+G_2} \tag{6.69}$$

也对$\boldsymbol{G}_\ell \to -\boldsymbol{G}_\ell$做出了重新定义。注意到总面积可以写成$A = A_{u.c.1}N_1 = A_{u.c.2}N_2$，其中$A_{u.c.\ell}$为层$\ell$晶胞的面积（对于 tBLG，得出$A_{u.c.1} = A_{u.c.2} = A_{u.c.} = \sqrt{3}a^2/2$），上述方程可以写成

$$T_{12}^{\alpha\beta}(\boldsymbol{k}_1, \boldsymbol{k}_2) = \frac{1}{\sqrt{A_{u.c.1}A_{u.c.2}}}\sum_{G_1,G_2} e^{iG_1\cdot\tau_{1,\alpha}}\, t_{12}^{\alpha\beta}(\boldsymbol{k}_1+\boldsymbol{G}_1)\, e^{-iG_2\cdot\tau_{2,\beta}}\, \delta_{k_1+G_1,k_2+G_2} \tag{6.70}$$

式(6.70)表明，层1和层2具有各自的晶体动量$\boldsymbol{k}_1$和$\boldsymbol{k}_2$，并且只有当每层的倒易晶格向量$\boldsymbol{G}_1$和$\boldsymbol{G}_2$存在时，才是耦合，即

$$\boldsymbol{k}_1 + \boldsymbol{G}_1 = \boldsymbol{k}_2 + \boldsymbol{G}_2 \tag{6.71}$$

这就是所谓的广义反转（umklapp）条件[13]。

6.3.2.3 p_z轨道的层间跳变

为了取得进一步的进展，必须明确函数形式$t_{12}^{\alpha\beta}(\boldsymbol{r})$。首先，因为在石墨烯中，$A$和$B$位置都对应于相同的$p_z$碳轨，我们假设$t_{12}^{AA}(\boldsymbol{r}) = t_{12}^{BB}(\boldsymbol{r}) = t_{12}^{AB}(\boldsymbol{r}) = t_{12}^{BA}(\boldsymbol{r}) = t_\perp(\boldsymbol{r})$。在双中心近似中，用 Slater-Koster 参数$V_{pp\sigma}$和$V_{pp\pi}$[30]来表示$t_\perp(\boldsymbol{r})$，即

$$t_\perp(\boldsymbol{r}) = \cos^2\gamma\, V_{pp\sigma}\left(\sqrt{d_\perp^2 + |\boldsymbol{r}|^2}\right) + \sin^2\gamma\, V_{pp\pi}\left(\sqrt{d_\perp^2 + |\boldsymbol{r}|^2}\right) \tag{6.72}$$

式中：$V_{pp\sigma}(\boldsymbol{r})$和$V_{pp\pi}(\boldsymbol{r})$为仅依赖于两个位置之间的距离；$d_\perp = 3.35$Å（假定与 Bernal 堆叠 BLG 的层间距离相同）；γ为z轴和连接两个轨道中心的线之间的夹角，这将推出

$$\cos^2\gamma = \frac{d_\perp^2}{d_\perp^2 + |\boldsymbol{r}|^2}, \qquad \sin^2\gamma = \frac{|\boldsymbol{r}|^2}{d_\perp^2 + |\boldsymbol{r}|^2} \tag{6.73}$$

为了评估$t_\perp(\boldsymbol{p})$，还需要建立 Slater-Koster 参数对分离的依赖关系模型。在文献[9]中，作者探索了$V_{pp\sigma}$和$V_{pp\pi}$的指数递减模型，这里将采用该模型，即

$$V_{pp\sigma}(r) = t_\perp \exp[q_\sigma(1 - r/d_\perp)],\quad V_{pp\pi}(r) = -t\exp[q_\pi(1 - r/d)] \tag{6.74}$$

需要强调的是，$V_{pp\pi}(d) = -t$和$V_{pp\sigma}(d_\perp) = t_\perp$，恢复了 SLG 和 Bernal 堆叠 BLG 的值。为了确定q_π，作者在 SLG 中选取了具有特征的第二近跃迁幅度，$t' \approx 0.1t$[31]，并得到

$$\frac{V_{pp\pi}(d)}{V_{pp\pi}(\sqrt{3}d)} = \frac{t}{t'} \Leftrightarrow q_\pi \approx 3.15 \tag{6.75}$$

其余参数q_σ固定不变，假设空间指数递减系数相等，即

$$\frac{q_\pi}{d} = \frac{q_\pi}{d_\perp} \Leftrightarrow q_\sigma \approx 7.42 \tag{6.76}$$

利用该模型，可以通过积分的数值计算来确定$t_\perp(\boldsymbol{p})$，即

$$t_\perp(\boldsymbol{p}) = 2\pi\int_0^\infty dr r\, J_0(|\boldsymbol{p}|r)\, t_\perp(r) \tag{6.77}$$

式中：$J_0(x)$为第一类 Bessel 函数，是表达式(6.66)中角积分的结果。从上面的方程可以清楚地看出，这实际上$t_\perp(\boldsymbol{p})$只是$|\boldsymbol{p}|$的函数。可以预计，$t_\perp(\boldsymbol{p})$在倒易晶格标度上将随$|\boldsymbol{p}|$迅速减少。直观地，由于受因子 2 的影响，$d_\perp > d$，$t_\perp(\boldsymbol{r})$是双中心层间跃迁项，依赖于三维分离$\sqrt{\boldsymbol{r}^2 + d_\perp^2}$，它对$\boldsymbol{r}$值的依赖性较弱，得出$|\boldsymbol{r}| \leq d_\perp$，从而确定主导性的层间跃迁。因此，$t_\perp(\boldsymbol{r})$有一个扩大的分布，它的傅里叶变换$t_\perp(\boldsymbol{p})$，在$|\boldsymbol{p}|d_\perp > 1$时必须是直接快速减少。这个期望在图 6.10 中被证明是正确的，在图 6.10 中绘制了得到的$t_\perp(\boldsymbol{p})$数值结果。

当$|\boldsymbol{p}|$值较大时，$t_\perp(\boldsymbol{p})$快速减少，这个事实会产生重要的后果，因为这意味着只有少数反转过程会对层间耦合起重要作用。

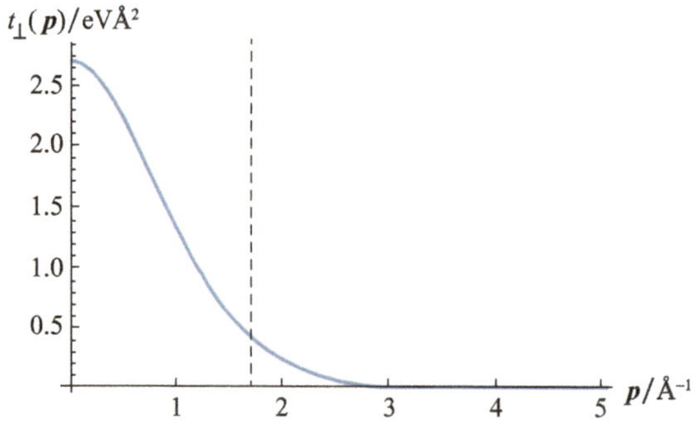

图 6.10 tBLG 层间跃迁的傅里叶变换(垂直虚线标记了狄拉克点的位置：$\boldsymbol{p} = |K|$)

6.3.2.4 小旋转的层间哈密顿算子

现在希望专门研究在小旋转限制情况下的 tBLG。在小旋转情况下，狄拉克点K_1和K_2距离较近，可以忽略K_ℓ点和$-K_\ell$点之间的耦合。如果只关注低能物理学，可以围绕这些点展开所有的量。因此，接近K_ℓ点时，得出

$$\boldsymbol{k}_\ell = K_\ell + \boldsymbol{q}_\ell \tag{6.78}$$

导致的结果是层间耦合表达式(6.70)成为

$$T_{12}^{\alpha\beta}(\boldsymbol{q}_1, \boldsymbol{q}_2) = \frac{1}{A_{\text{u.c.}}} \sum_{G_1, G_2} \mathrm{e}^{\mathrm{i}G_1 \cdot \tau_{1,\alpha}} t_{12}^{\alpha\beta}(K_1 + \boldsymbol{q}_1 + \boldsymbol{G}_1)\, \mathrm{e}^{-\mathrm{i}G_2 \cdot \tau_{2,\beta}} \delta_{K_1 + q_1 + G_1, K_2 + q_2 + G_2} \tag{6.79}$$

对于接近狄拉克点的状态，有$|\boldsymbol{q}_1|$和$|\boldsymbol{q}_2| \ll |K|$，可以得出近似$t_\perp(K_1 + \boldsymbol{q}_1 + \boldsymbol{G}_1) \approx t_\perp(K_1 + \boldsymbol{G}_1)$。正如前面所讨论的，$t_\perp(\boldsymbol{p})$随着$|\boldsymbol{p}|$的函数迅速减少，因此只能保持 3 个最相关的过程，它们对应于层间跳跃项的动量，接近 3 个相等的狄拉克点。因此，限制总和为$\boldsymbol{G}_\ell = \boldsymbol{g}_{\ell,1}, \boldsymbol{g}_{\ell,2}, \boldsymbol{g}_{\ell,3}$，其中$\boldsymbol{g}_{\ell,1} = 0$，$\boldsymbol{g}_{l,2} = \boldsymbol{b}_{\ell,2}$，$\boldsymbol{g}_{\ell,3} = -\boldsymbol{b}_{\ell,1}$。得出

$$T_{12}^{\alpha\beta}(\boldsymbol{q}_1, \boldsymbol{q}_2) = T_{q_\mathrm{b}}^{\alpha\beta} \delta_{q_1 - q_2, q_\mathrm{b}} + T_{q_\mathrm{tr}}^{\alpha\beta} \delta_{q_1 - q_2, -q_\mathrm{tr}} + T_{q_\mathrm{tl}}^{\alpha\beta} \delta_{q_1 - q_2, -q_\mathrm{tl}} \tag{6.80}$$

事实上，在$n = 1(\mathrm{b})$、$2(\mathrm{tr})$、$3(\mathrm{tl})$时，得出$|K_1 + \boldsymbol{g}_{1,n}| = |K| = 4\pi/(3a)$。在上面的等式中，已经定义了$T_{q_n}^{\alpha\beta} = \frac{t_\perp(|K|)}{A_{\text{u.c.}}} \mathrm{e}^{\mathrm{i}g_{1,n} \cdot \tau_{1,\alpha}} \mathrm{e}^{-\mathrm{i}g_{2,n} \cdot \tau_{2,\beta}}$，在 A、B 的基础上，可以用下面的矩阵形式写成

$$\boldsymbol{T}_{q_\mathrm{b}} = \frac{t_\perp(|K|)}{A_{\text{u.c.}}} \begin{bmatrix} 1 & 1 \\ 1 & 1 \end{bmatrix} \tag{6.81}$$

$$\boldsymbol{T}_{q_{\mathrm{tr}}} = \frac{t_{\perp}(|K|)}{A_{\mathrm{u.c.}}} \mathrm{e}^{-\mathrm{i}\boldsymbol{g}_{1,2}\cdot\boldsymbol{\tau}_0} \begin{bmatrix} \mathrm{e}^{\mathrm{i}\phi} & 1 \\ \mathrm{e}^{-\mathrm{i}\phi} & \mathrm{e}^{\mathrm{i}\phi} \end{bmatrix} \tag{6.82}$$

$$\boldsymbol{T}_{q_{\mathrm{tl}}} = \frac{t_{\perp}(|K|)}{A_{\mathrm{u.c.}}} \mathrm{e}^{-\mathrm{i}\boldsymbol{g}_{1,3}\cdot\boldsymbol{\tau}_0} \begin{bmatrix} \mathrm{e}^{-\mathrm{i}\phi} & 1 \\ \mathrm{e}^{\mathrm{i}\phi} & \mathrm{e}^{-\mathrm{i}\phi} \end{bmatrix} \tag{6.83}$$

$\phi = 2\pi/3$,此外还引出了向量

$$\boldsymbol{q}_{\mathrm{b}} = K_1 - K_2 \tag{6.84}$$

$$\boldsymbol{q}_{\mathrm{tr}} = K_1 + \boldsymbol{g}_{1,2} - K_2 - \boldsymbol{g}_{2,2} \tag{6.85}$$

$$\boldsymbol{q}_{\mathrm{tl}} = K_1 + \boldsymbol{g}_{1,3} - K_2 - \boldsymbol{g}_{2,3} \tag{6.86}$$

在坐标系统中,层 2 按照 $\theta/2$ 旋转,层 1 按照 $-\theta/2$ 旋转,这 3 个向量可以直白地表达为

$$\boldsymbol{q}_{\mathrm{b}} = |\Delta K|(0, -1) \tag{6.87}$$

$$\boldsymbol{q}_{\mathrm{tr}} = |\Delta K|\left(\frac{\sqrt{3}}{2}, \frac{1}{2}\right) \tag{6.88}$$

$$\boldsymbol{q}_{\mathrm{tl}} = |\Delta K|\left(-\frac{\sqrt{3}}{2}, \frac{1}{2}\right) \tag{6.89}$$

从层 2 跃迁到层 1,按照式(6.80)埃尔米特共轭得出

$$T_{21}^{\alpha\beta}(\boldsymbol{q}_2, \boldsymbol{q}_1) = (T_{q_{\mathrm{b}}}^{\beta\alpha})^* \delta_{q_2 - q_1, q_{\mathrm{b}}} + (T_{q_{\mathrm{tr}}}^{\beta\alpha})^* \delta_{q_2 - q_1, q_{\mathrm{tr}}} + (T_{q_{\mathrm{tl}}}^{\beta\alpha})^* \delta_{q_2 - q_1, q_{\mathrm{tl}}} \tag{6.90}$$

如果设置 $\theta = 0$ 和 $\boldsymbol{\tau}_0 = \boldsymbol{0}$,可以恢复 Bernal 堆叠双层石墨烯,并给出了层间耦合,即

$$T_{12}^{\alpha\beta}(\boldsymbol{q}_2, \boldsymbol{q}_1) = \frac{t_{\perp}(|K|)}{A_{\mathrm{u.c.}}}\left\{\begin{bmatrix} 1 & 1 \\ 1 & 1 \end{bmatrix} + \begin{bmatrix} \mathrm{e}^{\mathrm{i}\phi} & 1 \\ \mathrm{e}^{-\mathrm{i}\phi} & \mathrm{e}^{\mathrm{i}\phi} \end{bmatrix} + \begin{bmatrix} \mathrm{e}^{-\mathrm{i}\phi} & 1 \\ \mathrm{e}^{\mathrm{i}\phi} & \mathrm{e}^{-\mathrm{i}\phi} \end{bmatrix}\right\} = \frac{3t_{\perp}(|K|)}{A_{\mathrm{u.c.}}} \begin{bmatrix} 0 & 1 \\ 0 & 0 \end{bmatrix} \tag{6.91}$$

比较式(6.91)和式(6.42)给出的 Bernal 堆叠双层石墨烯的哈密顿算子,得出:

$$t_{\perp} = \frac{3\,t_{\perp}(|K|)}{A_{\mathrm{u.c.}}} \tag{6.92}$$

这个关系确定了值 $t_{\perp}(K)$:

$$t_{\perp}(|K|) \approx 0.58\mathrm{eV\AA}^2 \tag{6.93}$$

这是一个很好的近似值,与数值计算得到的结果一致(图 6.10)。

对于接近 $-K_\ell$ 点的状态的中间层耦合的推导完全类似于 $+K_\ell$ 情况。因此,只给出最后的结果,即

$$\widetilde{T}_{12}^{\alpha\beta}(\boldsymbol{q}_1, \boldsymbol{q}_2) = \widetilde{T}_{q_{\mathrm{b}}}^{\alpha\beta} \delta_{q_1 - q_2, q_{\mathrm{b}}} + \widetilde{T}_{q_{\mathrm{tr}}}^{\alpha\beta} \delta_{q_1 - q_2, -q_{\mathrm{tr}}} + \widetilde{T}_{q_{\mathrm{tl}}}^{\alpha\beta} \delta_{q_1 - q_2, -q_{\mathrm{tl}}} \tag{6.94}$$

其中,

$$\widetilde{\boldsymbol{T}}_{q_{\mathrm{b}}} = \frac{t_{\perp}(|K|)}{A_{\mathrm{u.c.}}} \begin{bmatrix} 1 & 1 \\ 1 & 1 \end{bmatrix} \tag{6.95}$$

$$\widetilde{\boldsymbol{T}}_{q_{\mathrm{tr}}} = \frac{t_{\perp}(|K|)}{A_{\mathrm{u.c.}}} \mathrm{e}^{\mathrm{i}\boldsymbol{g}_{1,2}\cdot\boldsymbol{\tau}_0} \begin{bmatrix} \mathrm{e}^{-\mathrm{i}\phi} & 1 \\ \mathrm{e}^{\mathrm{i}\phi} & \mathrm{e}^{-\mathrm{i}\phi} \end{bmatrix} \tag{6.96}$$

$$\widetilde{\boldsymbol{T}}_{q_{\mathrm{tl}}} = \frac{t_{\perp}(|K|)}{A_{\mathrm{u.c.}}} \mathrm{e}^{\mathrm{i}\boldsymbol{g}_{1,3}\cdot\boldsymbol{\tau}_0} \begin{bmatrix} \mathrm{e}^{\mathrm{i}\phi} & 1 \\ \mathrm{e}^{-\mathrm{i}\phi} & \mathrm{e}^{\mathrm{i}\phi} \end{bmatrix} \tag{6.97}$$

在图 6.11 中,表示了倒易空间中不同的转移动量。

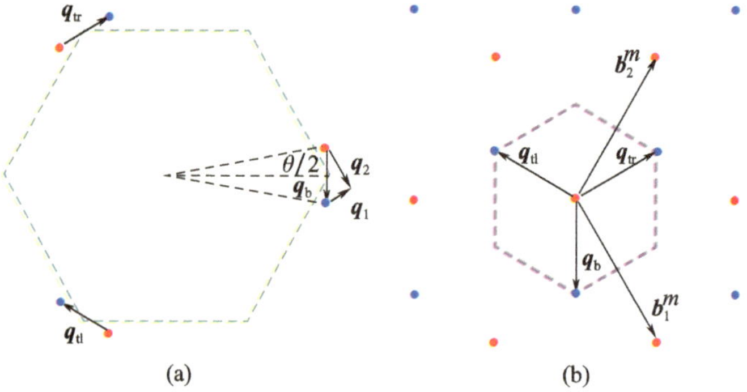

图 6.11 tBLG 的层间跃迁动量空间几何图形

(a)绿色虚线标记了无旋转 SLG 的第一个 BZ;红色(蓝色)圆圈标记了层 1(2)的 3 个相等狄拉克点。当$\boldsymbol{q}_2-\boldsymbol{q}_1=\boldsymbol{q}_b$、$\boldsymbol{q}_{tr}$、$\boldsymbol{q}_{tl}$时,层和层之间的状态耦合;(b)第一个 BZ 中的 3 个等价狄拉克点,在倒易空间中产生 3 个不同的跃迁过程;当捕捉层间跃迁中的所有能级的过程,但只考虑$\boldsymbol{q}_b$、$\boldsymbol{q}_{tr}$、$\boldsymbol{q}_{tl}$转移的动量,就获得了 $\boldsymbol{k}$ - 空间蜂窝结构,可以捕捉到莫列波纹的周期性。紫色虚线标志了在倒易空间中的一个莫列晶胞。

6.3.3 扭转双层石墨烯的电子结构

在得到一个能够描述 tBLG 的哈密顿模型后,将分析层间耦合对电子色散关系的影响。

6.3.3.1 费米速度再归一化

首先研究了层间耦合对接近每层狄拉克点的状态的扰动影响。研究层 1 的状态,它具有晶体动量$K_1+\boldsymbol{q}$。

根据式(6.80),这种状态将耦合层 2 到晶体动量$K_2+\boldsymbol{q}_2$的状态,其中$\boldsymbol{q}_2$有 3 种可能性,即

$$\boldsymbol{q}_2=\boldsymbol{q}+\boldsymbol{q}_b \tag{6.98}$$

$$\boldsymbol{q}_2=\boldsymbol{q}+\boldsymbol{q}_{tr} \tag{6.99}$$

$$\boldsymbol{q}_2=\boldsymbol{q}+\boldsymbol{q}_{tl} \tag{6.100}$$

仅考虑这些状态,就可以建立以下截断的哈密顿矩阵,即

$$\mathbf{H}_{4,\text{tBLG}}^{K}(\boldsymbol{q})=\begin{bmatrix} H_1^K(\boldsymbol{q}) & T_{q_b} & T_{q_{tr}} & T_{q_{tl}} \\ T_{q_b}^{\dagger} & H_2^K(\boldsymbol{q}+\boldsymbol{q}_b) & 0 & 0 \\ T_{q_{tr}}^{\dagger} & 0 & H_2^K(\boldsymbol{q}+\boldsymbol{q}_{tr}) & 0 \\ T_{q_{tl}}^{\dagger} & 0 & 0 & H_2^K(\boldsymbol{q}+\boldsymbol{q}_{tl}) \end{bmatrix} \tag{6.101}$$

根据$|1,K_1+\boldsymbol{q},\alpha\rangle$、$|2,K_2+\boldsymbol{q}+\boldsymbol{q}_b,\alpha\rangle$、$|2,K_2+\boldsymbol{q}+\boldsymbol{q}_{tr},\alpha\rangle$、$|2,K_2+\boldsymbol{q}+\boldsymbol{q}_{tl},\alpha\rangle$,写出表达式。

如果是$|\boldsymbol{q}|\ll|\boldsymbol{q}_n|$和$t_{\perp}\ll\nu_F\hbar|\boldsymbol{q}_n|$的情况,可以从层 2 的积分得出这些状态,得到层 1 的有效哈密顿算子。这样就得出

$$\mathbf{H}_{1,\text{eff}}^{K}(\boldsymbol{q})=H_1^K(\boldsymbol{q})-\sum_{n=1}^{3}T_{q_n}\cdot[H_2^K(\boldsymbol{q}+\boldsymbol{q}_n)]^{-1}\cdot T_{q_n}^{\dagger} \tag{6.102}$$

从式(6.58)很容易看出$[H_2^K(\boldsymbol{q})]^{-1}=(\boldsymbol{\sigma}_{\theta}\cdot\boldsymbol{q})/(\nu_F\hbar|\boldsymbol{q}|^2)$。扩展到 $\boldsymbol{q}$ 中的最低级,可以得出

$$\mathbf{H}_{1,\mathrm{eff}}^{K}(\boldsymbol{q}) = H_1^K(\boldsymbol{q}) - \frac{1}{\nu_\mathrm{F}\ |\Delta K|^2}\sum_{n-1}^{3}\left[T_{q_n}\cdot\boldsymbol{\sigma}^{\theta}\cdot T_{q_n}^{\dagger}\right]\cdot\left(\boldsymbol{q}-\boldsymbol{q}_n+2\,\boldsymbol{q}_n\frac{\boldsymbol{q}_n\cdot\boldsymbol{q}}{\boldsymbol{q}_n^2}\right) \tag{6.103}$$

当$|\Delta K| = |\boldsymbol{q}_n| = 2|K|\sin(\theta/2)$，且$|K| = 4\pi/(3a)$。根据得到的$\boldsymbol{q}_n$总数，得出

$$\mathbf{H}_{1,\mathrm{eff}}^{K}(\boldsymbol{q}) = v_\mathrm{F}\hbar(1-9\alpha^2)\begin{bmatrix}0 & q_x - \mathrm{i}q_y\\ q_x+\mathrm{i}\,q_y & 0\end{bmatrix} - 6\,\nu_\mathrm{F}\hbar\,|\Delta K|\sin\left(\frac{\theta}{2}\right)\alpha^2\begin{bmatrix}1&0\\0&1\end{bmatrix} \tag{6.104}$$

当$\alpha = t_\perp(|K|)/(v_\mathrm{F}\hbar|\Delta K|A_\mathrm{u.c.})$，式(6.104)的第二项只是零点能量的变化。第一项导致费米速度的再归一化[10]，即

$$\frac{v_\mathrm{F}^*(\theta)}{v_\mathrm{F}} = 1 - \left(\frac{3\,t_\perp(|K|)}{v_\mathrm{F}\hbar|\Delta K|A_\mathrm{u.c}}\right)^2\frac{1}{4\sin^2(\theta/2)} \tag{6.105}$$

这表明根据扭转角，可以取到明显较小的ν_F值。需要注意，对于小角度，费米速度可以为零。显然，对于非常小的角度，不能再假设$t_\perp \ll \nu_\mathrm{F}\hbar|\boldsymbol{q}_n|$，扰动方法会失效。然而，确实在某些“魔法角度”(当$\theta\le 1.05°$时会发生)，费米速度不再存在，平坦能带出现在tBLG的费米能级上[11]。

6.3.3.2 能带结构和态密度

为了准确描述tBLG的电子性质，必须在前面所描述的扰动方法基础上再进一步。要做到这一点，必须超越式(6.104)中哈密顿算子所使用的截断函数。这个哈密顿算子不包括的事实是，层2的每个状态$|2,K_2+\boldsymbol{q}+\boldsymbol{q}_n,\alpha\rangle$也与层1的其他状态耦合，如式(6.90)所描述一样。

本书着重于$|2,K_2+\boldsymbol{q}+\boldsymbol{q}_\mathrm{b},\alpha\rangle$状态，并为这个状态构造一个类似于式(6.101)的8×8哈密顿算子。根据式(6.90)，该状态与层1的状态$|1,K_1+\boldsymbol{q}_1,\alpha\rangle$耦合，即

$$\boldsymbol{q}_1 = \boldsymbol{q} \tag{6.106}$$

$$\boldsymbol{q}_1 = \boldsymbol{q}+\boldsymbol{q}_\mathrm{b}-\boldsymbol{q}_\mathrm{tr} \tag{6.107}$$

$$\boldsymbol{q}_1 = \boldsymbol{q}+\boldsymbol{q}_\mathrm{b}-\boldsymbol{q}_\mathrm{tr} \tag{6.108}$$

得出下面的截尾矩阵：

$$\mathbf{H}_{4,\mathrm{tBLG}}^{K}(\boldsymbol{q}+\boldsymbol{q}_\mathrm{b}) = \begin{bmatrix}\mathbf{H}_1^K(\boldsymbol{q}) & T_{q_\mathrm{b}} & 0 & 0\\ T_{q_\mathrm{b}}^{\dagger} & \mathbf{H}_2^K(\boldsymbol{q}+\boldsymbol{q}_\mathrm{b}) & T_{q_\mathrm{tr}}^{\dagger} & T_{q_\mathrm{tl}}^{\dagger}\\ 0 & T_{q_\mathrm{tr}} & \mathbf{H}_1^K(\boldsymbol{q}+\boldsymbol{q}_\mathrm{b}-\boldsymbol{q}_\mathrm{tr}) & 0\\ 0 & T_{q_\mathrm{tl}} & 0 & \mathbf{H}_1^K(\boldsymbol{q}+\boldsymbol{q}_\mathrm{b}-\boldsymbol{q}_\mathrm{tl})\end{bmatrix} \tag{6.109}$$

当然，对于增加的截断级别，这种情况也出现在式(6.101)的其他状态$|2,K_2+\boldsymbol{q}+\boldsymbol{q}_n,\alpha\rangle$。值得注意的是，层间跃层过程中的3个传递动量式(6.84)至式(6.86)，可写成

$$\boldsymbol{q}_\mathrm{b} = \Delta K \tag{6.110}$$

$$\boldsymbol{q}_\mathrm{tr} = \Delta K + \boldsymbol{b}_2^m \tag{6.111}$$

$$\boldsymbol{q}_\mathrm{tl} = \Delta K - \boldsymbol{b}_1^m \tag{6.112}$$

这说明，在层间跃层中，动量的传递是由莫列波纹倒易晶格向量决定。这促使我们寻找tBLG结构的本征态的表达式，即

$$|\psi_q^m\rangle = \sum_{\ell,\alpha,m_1,m_2} u_\alpha^{(\ell)}(\boldsymbol{q},m_1,m_2)\,|\,\ell,\boldsymbol{q},(m_1,m_2),\alpha\rangle \tag{6.113}$$

定义为

$$|1,\boldsymbol{q},(m_1,m_2),\alpha\rangle \equiv |1,K_1+\boldsymbol{q}+m_1\boldsymbol{b}_1^m+m_2\boldsymbol{b}_2^m,\alpha\rangle \tag{6.114}$$

$$|2,\boldsymbol{q},(m_1,m_2),\alpha\rangle \equiv |2,K_2+\boldsymbol{q}+\boldsymbol{q}_b+m_1\boldsymbol{b}_1^m+m_2\boldsymbol{b}_2^m,\alpha\rangle \tag{6.115}$$

例如，如果研究这些状态（为了简单起见，将去掉晶矩动量 $\boldsymbol{q}$ 和亚晶格指数 α）

$$\begin{gathered}|1,(0,0)\rangle,|2,(0,0)\rangle,|2,(0,1)\rangle\,|2,(-1,0)\rangle\\ |1,(0,-1)\rangle,|1,(1,0)\rangle,|1,(0,1)\rangle,|1,(1,1)\rangle,|1,(-1,0)\rangle,|1,(-1,-1)\rangle\end{gathered} \tag{6.116}$$

会得到以下矩阵，即

$$\mathbf{H}_{10,\mathrm{tBLG}}^K(\boldsymbol{q}) = \begin{bmatrix} \mathbf{H}_1^K & T_{q_b} & T_{q_{tr}} & T_{q_{tl}} & 0 & 0 & 0 & 0 & 0 & 0 \\ T_{q_b}^\dagger & \mathbf{H}_2^K & 0 & 0 & T_{q_{tr}}^\dagger & T_{q_{tl}}^\dagger & 0 & 0 & 0 & 0 \\ T_{q_{tr}}^\dagger & 0 & \mathbf{H}_2^K & 0 & 0 & 0 & T_{q_b}^\dagger & T_{q_{tl}}^\dagger & 0 & 0 \\ T_{q_{tl}}^\dagger & 0 & 0 & \mathbf{H}_2^K & 0 & 0 & 0 & 0 & T_{q_b}^\dagger & \mathrm{T}_{q_{tr}}^\dagger \\ 0 & T_{q_{tr}} & 0 & 0 & \mathbf{H}_1^K & 0 & 0 & 0 & 0 & 0 \\ 0 & T_{q_{tl}} & 0 & 0 & 0 & \mathbf{H}_1^K & 0 & 0 & 0 & 0 \\ 0 & 0 & T_{q_b} & 0 & 0 & 0 & \mathbf{H}_1^K & 0 & 0 & 0 \\ 0 & 0 & T_{q_{tl}} & 0 & 0 & 0 & 0 & \mathbf{H}_1^K & 0 & 0 \\ 0 & 0 & 0 & T_{q_b} & 0 & 0 & 0 & 0 & \mathbf{H}_1^K & 0 \\ 0 & 0 & 0 & T_{q_{tr}} & 0 & 0 & 0 & 0 & 0 & \mathbf{H}_1^K \end{bmatrix} \tag{6.117}$$

为了更紧凑，不展开$\mathbf{H}_{1/2}^K$的动量讨论，则$\mathbf{H}_1^K$表达为 $\boldsymbol{q}+m_1\boldsymbol{b}_1^m+m_2\boldsymbol{b}_2^m$，$\mathbf{H}_2^K$表达为 $\boldsymbol{q}+\boldsymbol{q}_b+m_1\boldsymbol{b}_1^m+m_2\boldsymbol{b}_2^m$。通过计算本征值$\mathbf{H}_{10,\mathrm{tBLG}}^K(\boldsymbol{q})$，得到莫列 BZ 中电子能带结构的近似。指数 10 意味着考虑 10 个莫列倒易晶格向量，由于亚晶格自由度，这意味着$\mathbf{H}_{10,\mathrm{tBLG}}^K(\boldsymbol{q})$是一个 20×20 矩阵。通过研究更多的莫列倒易晶格向量$m_1\boldsymbol{b}_1^m+m_2\boldsymbol{b}_2^m$，可以改进这种近似。在这个矩阵结构中，指出了类似于在 6.2.1.4 小节中描述的 SLG 折叠能带。

图 6.12 给出了电子光谱和 DOS 的结果，包括接近 K 和 K'点的贡献。图 6.13 给出了 K 和 K'点是如何折叠成相同的莫列 BZ。很明显，在展开 K 点的情况下，在K_1（$\boldsymbol{k}=K_1+\boldsymbol{q}$）中测量出波向量 $\boldsymbol{q}$，而展开 K'点的情况下，是在 K'中测量的波向量。因此，为了在倒易空间中匹配莫列晶胞（紫色和绿色），在莫列 BZ 中将K_1和K'_2点标识为相同的点，使路径 $K_m\to K'_m\to M_m\to K_m$相同。通过这样做，在展开 K 和 K' 的情况下，在哈密顿算子中得到相应的$\mathbf{H}^K(\mathrm{q})\leftrightarrow\mathbf{H}^{K'}(\boldsymbol{q}+\boldsymbol{q}_b)$。

从光谱上发现，正负能带的对称性显然是存在的。正如前面一节所预测，我们还观察到费米速度的再归一化[10-11]。此外，还验证了低能 van Hove 奇点的出现。为了避免两层狄拉克锥交叉，产生了奇点，并出现在K_1点与K_2点之间的中间点。因此，可以通过改变扭角来调节这些 van Hove 奇点的能量位置。本章没有探讨了“魔法角度”，在这种情况下由于两个 van Hove 奇点的合并而导致费米速度消失。

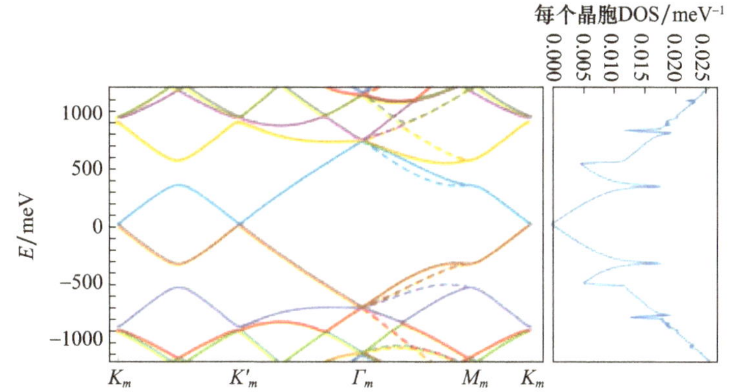

图 6.12 当 $\theta=5°$ 时 tBLG 的电子光谱和 DOS(光谱中的实线和虚线分别代表 K 和 K' 的展开;不同颜色表明了两个能带叠加的情况)

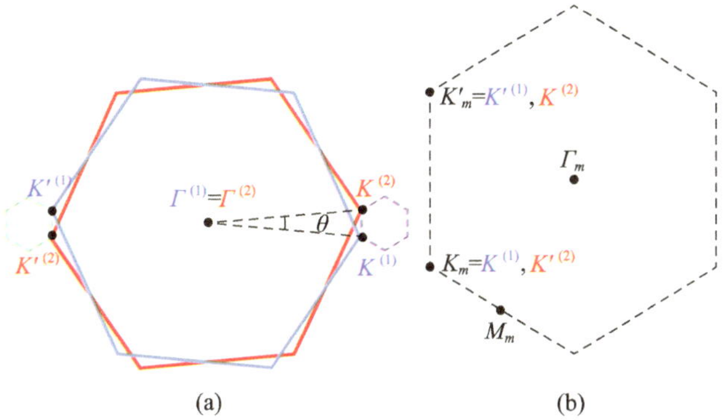

图 6.13 tBLG 上的 K 和 K' 展开图

(a)蓝色/红色六边形描述了层 1/2 的 BZ(紫色/绿色虚线六边形代表 K/K' 展开在倒易空间中的莫列晶胞);(b)图中展示了相关点的莫列 BZ。

图 6.14 给出了不同旋转角度 θ 下的 DOS 和载流子密度分布。通过查看图 6.14 确认,改变扭转角度,van Hove 奇点可以在实验上获得能量。对于载流子密度分布,观察到当接近小角度时,解耦石墨烯层的行为特征开始消失。

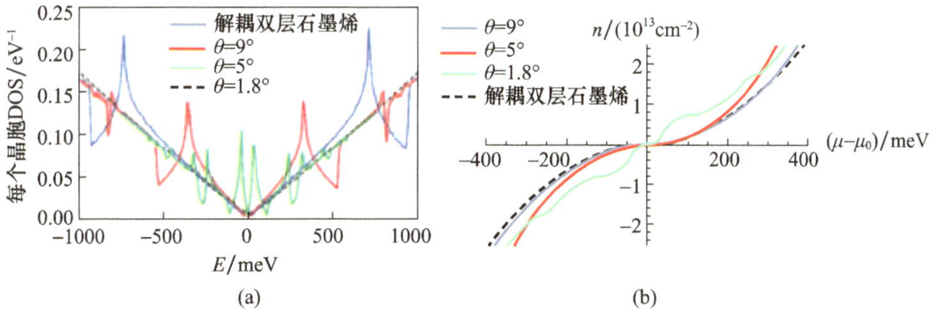

图 6.14 不同扭转角度下的 tBLG 的 DOS 和载流子密度分布(由于晶胞的大小随角度产生变化,所以 DOS 被标准化为石墨烯晶胞)

本节描述的方法是用于预估 tBLG 莫列能带结构,类似于形式的平面波展开式,即

$$\psi_{k,n}(\boldsymbol{r}) = \sum_{\boldsymbol{G}} u_{k,n}(\boldsymbol{G})\, e^{i(\boldsymbol{k}+\boldsymbol{G})\cdot \boldsymbol{r}} \tag{6.118}$$

它可以用来确定具有晶格$\{\boldsymbol{R}\}$和倒易晶格$\{\boldsymbol{G}\}$的周期系统的电子光谱。主要的区别是,在目前的情况下,展开式采用了 Bloch 波表达项。然而,还有另一个重要的区别。周期系统中平面波的展开表达式(6.118),总是包含无限数量的$\boldsymbol{G}$向量,然后被截断,导致以一定的数值精度评估电子能带。在式(6.113)中,tBLG 的展开可以是无限的也可以是有限的。对于一个公度系统,将存在特定$\boldsymbol{G}^m$,它与两个层的倒易晶格向量重合,从而使式(6.113)展开,并变得有限。对于一个非公度的结构,不存在$\boldsymbol{G}^m$,它与两层的倒易晶格向量重合,因此表达式(6.113)展开式是无限的。这也有一个重要的物理后果。在非公度的情况下,电子性质是独立于平面$\boldsymbol{\tau}_0$。这可以通过在基态中执行幺正变换来显示[11,13],即

$$|\ell,(m_1,m_2)\rangle \rightarrow e^{i(m_1\boldsymbol{b}_{2,1}+m_2\boldsymbol{b}_{2,2})\cdot\boldsymbol{\tau}_0}|\ell,(m_1,m_2)\rangle \tag{6.119}$$

这使得式(6.117)展开式独立于$\boldsymbol{\tau}_0$,可以设定$\boldsymbol{\tau}_0=0$,而不造成任何一般性的损失。这样的变换并不能消除公度结构中$\boldsymbol{\tau}_0$依赖关系,因为通过比较 AA 和 AB 堆叠双层石墨烯的哈密顿算子可以很容易地看出这一点。

最后,对模型的有效性进行了讨论。主要的修正包括跃迁振幅,由于动量守恒$K_1+\boldsymbol{q}_1+\boldsymbol{G}_1=K_2+\boldsymbol{q}_2+\boldsymbol{G}_2$,与$t_{\perp}(|K|)$相比是可以忽略的。我们也不应忘记,使用的是各层的狄拉克近似。因此,期望该模型能精确到约 1eV 的能量,使它仍然能够捕获在$\theta\leqslant10°$情况下的第一个低能带。在较大角度的情况下,仍然可以应用 6.3.2.2 节提出的技术,但必须考虑层间耦合(式(6.70))的一般表达式和各层的完全紧束缚哈密顿算子[13]。

6.4 光学响应

一般来说,光-物质相互作用的研究是人们感兴趣的一个科学话题,有各种各样的应用,如在光子学领域。对 tBLG 系统,由于它的光学电导率,可以表征它在电磁场的应用,并且已经通过实验测量[32-34]。在理论方面,着重于以下的工作:在文献[35]中,作者使用文献[12]中提到的简化模型,用来研究不同化学势水平下的动态(频率相关)电导率;Moon 和 Koshino[36]对动态电导率的紧束缚进行了从头计算法;用 Stauber 等[37]根据文献[10-11]中的连续低能模型,计算了实部和虚部。

在过去的几年里,石墨烯等离激元光子学已经成为一个新的研究课题。表面等离激元极化子(SPP)是耦合电荷密度调制和光子的集体激发,在表面发生局域化。2011 年 Ju 等[38]在太赫兹光谱范围内,对石墨烯表面等离激元极化子(graphene surface plasmon-polaritons,GSPP)进行了实验,这激发了人们对石墨烯等离激元的兴趣。石墨烯 SPP 的激发是通过将电磁辐射照射在由石墨烯微带组成的周期性网格上形成的,从而使周期网格提供了为激发等离激元光所缺乏的动量。其他的激发方法也是可能的,如图 6.15 所示,连续的石墨烯片被穿过金属网格的光照射。由于集体激励的二维性质,GSPP 等离激元比传统金属(特别是在太赫兹光谱范围内)受到的约束更大,使它成为在未来应用中的一个很有前景的替代品[39-41]。此外,使用石墨烯最重要的优点可能是 GSPP 等离激元的可调谐

性,因为石墨烯的载流子密度可以很容易地由电门和掺杂控制[38,42-46]。我们将看到,在半经典模型中,SPP 等离激元在石墨烯中的色散关系明显依赖于光学电导率,因此对它们的光谱研究可以直接进行应用。需要指出的是,Stauber 等首次研究了 tBLG 中的 SPP[37],这仍然是一个处于起步阶段的话题。若想深入了解石墨烯等离激元光子学领域,有兴趣的读者可参考文献[47]。

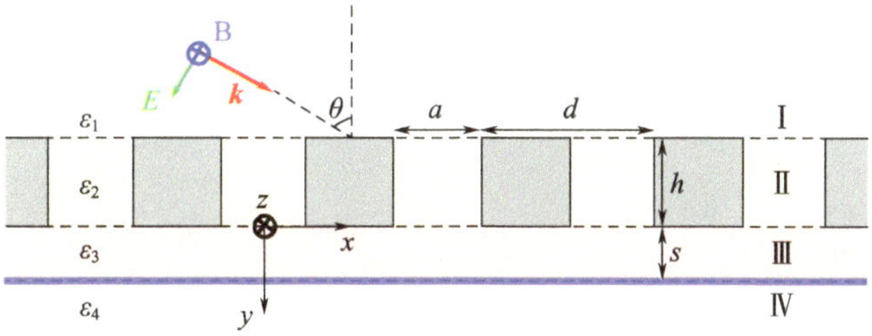

图 6.15 激发石墨烯 SPP 的可能方案(石墨烯层(蓝色线)位于两个电介质(III 和 IV)之间,顶部放置金属微带的周期性网格;偏振光来自外部(介质 I)。周期网格提供了动量,使入射光与激发 SPP 之间的能量动量守恒关系得以满足)

本节旨在研究 tBLG 系统对电磁刺激的响应。我们把前一节描述的评估为电子哈密顿的起点——光学电导率开始。利用线性响应理论,当已知哈密顿矩阵时,可推导出运用的表达式,并作为基准计算 SLG 的结果,然后将同样的方法应用到 tBLG 上。其次,研究了 tBLG 支持的 SPP 色散关系。我们考虑了嵌入电介质中的少层石墨烯,导出了描述二维表面横向磁场(transverse magnetic,TM)波传播的方程,其依赖于动态电导率。同样,我们对 SLG 和 tBLG 进行了计算。

6.4.1 电导率

6.4.1.1 线性响应理论

1. 一般紧束缚描述

通过回顾,描述 tBLG 的出发点是一个紧束缚的哈密顿算子,它通常可以写成式(6.5),即

$$H = \sum_{\boldsymbol{R},\boldsymbol{\delta},\alpha,\beta} c_\alpha^\dagger(\boldsymbol{R})\, h_{\boldsymbol{\delta}}^{\alpha\beta}\, c_\beta(\boldsymbol{R}+\boldsymbol{\delta}) \tag{6.120}$$

可以用最小耦合方法将这个哈密顿算子耦合到外部电磁场[48]。对于紧束缚模型,最小耦合减少到 Peierls 替代,其中当从原子中心跃迁到其他中心时,每一个跃迁$h_\delta^{\alpha\beta}$都乘以电子的相位。因此,哈密顿算子成为

$$H_A(t) = \sum_{\boldsymbol{R},\boldsymbol{\delta},\alpha,\beta} c_\alpha^\dagger(\boldsymbol{R})\exp\left[-\mathrm{i}\frac{e}{\hbar}\int_{\boldsymbol{R}+\boldsymbol{\delta}+\boldsymbol{\tau}_\beta}^{\boldsymbol{R}+\boldsymbol{\tau}_\alpha} \mathrm{d}\boldsymbol{r}\cdot\boldsymbol{A}(\boldsymbol{r},t)\right] h_{\boldsymbol{\delta}}^{\alpha\beta}\, c_\beta(\boldsymbol{R}+\boldsymbol{\delta}) \tag{6.121}$$

式中:$\boldsymbol{A}(\boldsymbol{r},t)$为电磁向量势;$e>0$ 为基本电荷。在下面,引起我们兴趣的是对同类电磁场的响应,前面的表达式简化为

$$H_A(t) = \sum_{\boldsymbol{R},\boldsymbol{\delta},\alpha,\beta} c_\alpha^\dagger(\boldsymbol{R})\exp\left[-\mathrm{i}\frac{e}{\hbar}\boldsymbol{A}(t)\cdot(\boldsymbol{\tau}_\alpha-\boldsymbol{\delta}-\boldsymbol{\tau}_\beta)\right] h_{\boldsymbol{\delta}}^{\alpha\beta}\, c_\beta(\boldsymbol{R}+\boldsymbol{\delta}) \tag{6.122}$$

可以得到同类电流算子,即

$$\mathbf{J} = -\frac{1}{A}\frac{\partial \mathbf{H}_A}{\partial \boldsymbol{A}} \tag{6.123}$$

如果是在一个周期系统中，可以大大简化这个算子的预估。根据式(6.40)，将生成(湮灭)算子改为生成(湮灭)Bloch 波的状态。

$$\mathbf{c}_\alpha^\dagger(\boldsymbol{R}) = \frac{1}{\sqrt{N}}\sum_{\boldsymbol{k}} \mathrm{e}^{-\mathrm{i}\boldsymbol{k}\cdot(\boldsymbol{R}+\boldsymbol{\tau}_\alpha)} c_\alpha^\dagger(\boldsymbol{k}) \tag{6.124}$$

得

$$\mathbf{H}_A = \sum_{\boldsymbol{k},\alpha,\beta} c_\alpha^\dagger(\boldsymbol{k})\,\mathbf{H}_0\left(\boldsymbol{k} + \frac{e}{\hbar}\boldsymbol{A}(t)\right) c_\beta(\boldsymbol{k}) \tag{6.125}$$

当 $\mathbf{H}_0(\boldsymbol{k}) = \sum_{\delta} h_{\boldsymbol{\delta}}^{\alpha\beta}\,\mathrm{e}^{\mathrm{i}\boldsymbol{k}\cdot(\boldsymbol{\delta}+\boldsymbol{\tau}_\beta-\boldsymbol{\tau}_\alpha)}$ 时，电流算子的矩阵元素可以写为

$$J_{\boldsymbol{k},\boldsymbol{k}}^{\alpha\beta} = \langle \boldsymbol{k},\alpha|\boldsymbol{J}|\boldsymbol{k},\beta\rangle = -\frac{e}{\hbar}\frac{1}{A}\frac{\partial \mathbf{H}_0\left(\boldsymbol{k}+\frac{e}{\hbar}\boldsymbol{A}(t)\right)}{\partial \boldsymbol{k}} \tag{6.126}$$

应注意，这个表示依赖于周期系统的存在。正如已经讨论过的，以前的 tBLG 通常不是周期性的。然而，我们将关注平面内电磁场的响应，它将被层间电子跃迁所主导。在这个近似中，电流算子将被分解，形成由两层贡献的总和，对于每一层(有周期性)，可以根据式(6.126)来预估电流算子。$\mathbf{H}_0(\boldsymbol{k})$是式(6.56)中的孤立石墨烯单层的紧束缚哈密顿算子。下面将重点研究低能物理和小的旋转角度，因此，将使用每一层表达式(6.58)的狄拉克近似。在这种情况下，还必须将状态下的和分为两个在莫列 BZ 中以 K 和 K' 为中心的 $\boldsymbol{q}$ 的和。比如，根据式(6.117)中的哈密顿算子，得出了 tBLB 的电流算子，用块对角矩阵给出

$$\boldsymbol{J}_{\boldsymbol{q},\boldsymbol{q}}^{K} = -ev_{\mathrm{F}}\begin{bmatrix} \boldsymbol{\sigma}^{\theta_1} & 0 & 0 & 0 & 0 & 0 & 0 & 0 & 0 & 0 \\ 0 & \boldsymbol{\sigma}^{\theta_2} & 0 & 0 & 0 & 0 & 0 & 0 & 0 & 0 \\ 0 & 0 & \boldsymbol{\sigma}^{\theta_2} & 0 & 0 & 0 & 0 & 0 & 0 & 0 \\ 0 & 0 & 0 & \boldsymbol{\sigma}^{\theta_2} & 0 & 0 & 0 & 0 & 0 & 0 \\ 0 & 0 & 0 & 0 & \boldsymbol{\sigma}^{\theta_1} & 0 & 0 & 0 & 0 & 0 \\ 0 & 0 & 0 & 0 & 0 & \boldsymbol{\sigma}^{\theta_1} & 0 & 0 & 0 & 0 \\ 0 & 0 & 0 & 0 & 0 & 0 & \boldsymbol{\sigma}^{\theta_1} & 0 & 0 & 0 \\ 0 & 0 & 0 & 0 & 0 & 0 & 0 & \boldsymbol{\sigma}^{\theta_1} & 0 & 0 \\ 0 & 0 & 0 & 0 & 0 & 0 & 0 & 0 & \boldsymbol{\sigma}^{\theta_1} & 0 \\ 0 & 0 & 0 & 0 & 0 & 0 & 0 & 0 & 0 & \boldsymbol{\sigma}^{\theta_1} \end{bmatrix} \tag{6.127}$$

式中：$\boldsymbol{\sigma}^\theta = (\sigma_x\cos\theta - \sigma_y\sin\theta, \sigma_x\sin\theta + \sigma_y\cos\theta)$是一个旋转的泡利向量。最后，强调在亚晶格$|\alpha\rangle$基础上，哈密顿算子不是对角的。

2. 最小耦合扰动处理

从式(6.125)哈密顿算子开始，并在$\boldsymbol{A}(t)$中展开，得到无扰动哈密顿算子和时间相关扰动的标准描述，即

$$\mathbf{H}_A(t) = \mathbf{H}_0 + V(t) \tag{6.128}$$

其中扰动给定为

$$V(t) = \sum_{k,\alpha,\beta}\left(\frac{e}{\hbar}\frac{\partial H_0(\boldsymbol{k})}{\partial k_{a_1}}A_{a_1}(t) + \frac{1}{2!}\left(\frac{e}{\hbar}\right)^2\frac{\partial H_0(\boldsymbol{k})}{\partial k_{a_1}\partial k_{a_2}}A_{a_1}(t)A_{a_2}(t) + \cdots\right)c^{\dagger}_{\boldsymbol{k},\alpha}c_{\boldsymbol{k},\beta} \tag{6.129}$$

上面的方程，说明使用了爱因斯坦的消声指数求和约定$a_j = x, y$。需要注意，在石墨烯的狄拉克近似，只有第一个项是非零。然而，**A** 位置的所有级的一般紧束缚的哈密顿项还是存在。

通过磁向量势场的势泛函导数，得出电流密度算子为

$$\mathbf{J}_{a_1}(t) = -\frac{1}{A}\frac{\partial V(t)}{\partial A_{a_1}} = -\frac{e}{\hbar A}\sum_{k,\alpha,\beta}\left(\frac{\partial H_0(\boldsymbol{k})}{\partial k_{a_1}} + \frac{e}{\hbar}\frac{\partial^2 H_0(\boldsymbol{k})}{\partial k_{a_1}\partial k_{a_2}}A_{a_2}(t) + \cdots\right)c^{\dagger}_{\boldsymbol{k},\alpha}c_{\boldsymbol{k},\beta} \tag{6.130}$$

式中：A 为系统的总体积（二维系统中的面积）。利用相互作用表示中的时间相关扰动理论，得到了平均电流密度。

$$\langle J^I_{a_1}(t)\rangle = \langle J^I_{a_1}(t)\rangle_0 + \left(-\frac{i}{\hbar}\right)\int_{t_0}^{t}\mathrm{d}t_1\langle[J^I_{a_1}(t), V_I(t_1)]\rangle_0 + \left(-\frac{i}{\hbar}\right)^2\int_{t_0}^{t}\mathrm{d}t_1\int_{t_0}^{t_1}\mathrm{d}t_2\langle[[J^I_{a_1}(t), V_I(t_1)], V_I(t_2)]\rangle_0 + \cdots \tag{6.131}$$

$\langle\quad\rangle_0$表示在未扰动状态下的热平均。这里假设系统的初始条件（$t = t_0$）是无扰动哈密顿的热状态H_0。

现在希望在相互作用背景中写出式（6.129）和式（6.130）。首先，转换到基$|\lambda\rangle$，它与本征值$\epsilon_\lambda = \hbar\omega_\lambda$（$\omega$ 为角频率）呈现对角化$H_0(\boldsymbol{k})$，并在相互作用背景中写出生成和湮灭算子，即

$$\mathbf{c}_{\boldsymbol{k},a} = \sum_{\lambda}\langle\alpha|\lambda\rangle\,\mathrm{e}^{-\mathrm{i}\omega\lambda(t-t_0)}\,\mathbf{c}_{\boldsymbol{k},\lambda}, \mathbf{c}^{\dagger}_{\boldsymbol{k},\alpha} = \sum_{\lambda}\langle\lambda|\alpha\rangle\,\mathrm{e}^{-\mathrm{i}\omega\lambda(t-t_0)}\,\mathbf{c}^{\dagger}_{\boldsymbol{k},\lambda} \tag{6.132}$$

然后，将式（6.132）代入式（6.129）和式（6.130），并利用封闭关系$\sum_\gamma|\gamma\rangle\langle\gamma| = 1$，获得

$$V_I(t) = \sum_{k,\lambda,\lambda'}\left\langle\lambda\left|\left(\frac{e}{\hbar}\frac{\partial H_0(\boldsymbol{k})}{\partial k_{a_1}}A_{a_1}(t) + \frac{1}{2!}\left(\frac{e}{\hbar}\right)^2\frac{\partial^2 H_0(\boldsymbol{k})}{\partial k_{a_1}\partial k_{a_2}}A_{a_1}(t)A_{a_2}(t) + \cdots\right)\right|\lambda'\right\rangle \mathrm{e}^{\mathrm{i}\omega\lambda\lambda'(t-t_0)}\,\mathbf{c}^{\dagger}_{\boldsymbol{k},\lambda}\,\mathbf{c}_{\boldsymbol{k},\lambda'} \tag{6.133}$$

$$J^{\mathrm{I}}_{a_1}(t) = -\frac{e}{\hbar A}\sum_{k,\lambda,\lambda'}\left\langle\lambda\left|\frac{\partial H_0(\boldsymbol{k})}{\partial k_{a_1}} + \frac{e}{\hbar}\frac{\partial^2 H_0(\boldsymbol{k})}{\partial k_{a_1}\partial k_{a_2}}A_{a_2}(t) + \cdots\right|\lambda'\right\rangle \mathrm{e}^{\mathrm{i}\omega\lambda\lambda'(t-t_0)}\,c^{\dagger}_{\boldsymbol{k},\lambda}\,c_{\boldsymbol{k},\lambda'} \tag{6.134}$$

这里使用符号，$\omega_{\lambda\lambda'} = \omega_\lambda - \omega_{\lambda'}$。

3. 平衡电流

从式（6.131）所示的平均电流中收集零级项（在领域中），得到所谓的平衡电流，即

$$J^0_{a_1}(t) = -\frac{e}{\hbar A}\sum_{k,\lambda\lambda'}\left\langle\lambda\left|\frac{\partial H_0(\boldsymbol{k})}{\partial k_{a_1}}\right|\lambda'\right\rangle \mathrm{e}^{\mathrm{i}\omega\lambda\lambda'(t-t_0)}\langle c^{\dagger}_{\boldsymbol{k},\lambda}\,c_{\boldsymbol{k},\lambda'}\rangle_0 \tag{6.135}$$

在上面的方程中，热平均简单计算为$\langle c^{\dagger}_{\boldsymbol{k},\lambda}c_{\boldsymbol{k},\lambda'}\rangle = \delta_{\lambda,\lambda'}n_{\mathrm{F}}(\epsilon_\lambda(\boldsymbol{k}))$，$n_{\mathrm{F}}$代表费米－狄拉克函数，$n_{\mathrm{F}}(\epsilon) = (\mathrm{e}^{\frac{\epsilon-\mu}{k_{\mathrm{B}}T}} + 1)$，$k_{\mathrm{B}}$为 Boltzmann 常数，$T$ 为绝对温度，μ 为费米能级。

考虑到倒易空间中的时间反转对称性，可以证明平衡电流为零，$J^0_{a_1}(t) = 0$。由此指出，

即使在 tBLG 模型中，时间反转对称性也没有被打破：可以清楚地看到，在 $K(\boldsymbol{k}=K+\boldsymbol{q})$ 周围以莫列 BZ 为中心的每一点 $\boldsymbol{q}$，在 $-\boldsymbol{k}=-K-\boldsymbol{q}$ 都有一个完全等价的点，它对应于在 $K'=-K$ 周围以莫列 BZ 为中心的每一个点 $-\boldsymbol{q}$。

4. 线性响应电流和电导率

现在收集第一个级的项，得到以下线性响应电流，即

$$J_{a_1}^1(t) = -\frac{e^2}{\hbar^2 A}\sum_{\boldsymbol{k},\lambda\lambda'}\left\langle\lambda\left|\frac{\partial^2\mathbf{H}_0}{\partial k_{a_1}\partial k_{a_2}}\right|\lambda'\right\rangle A_{a_2}(t)\,\mathrm{e}^{\mathrm{i}\omega\lambda\lambda'(t-t_0)}\langle c_{\boldsymbol{k},\lambda}^{\dagger}c_{\boldsymbol{k},\lambda'}\rangle_0 + \frac{\mathrm{i}e^2}{\hbar^3 A}\sum_{\boldsymbol{k},\lambda_1\lambda_2}\sum_{k',\lambda_3\lambda_4}\left\langle\lambda_1\left|\frac{\partial\mathbf{H}_0}{\partial k_{a_1}}\right|\lambda_2\right\rangle\left\langle\lambda_3\left|\frac{\partial\mathbf{H}_0}{\partial k'_{a_2}}\right|\lambda_4\right\rangle\langle[c_{\boldsymbol{k},\lambda_1}^{\dagger}c_{k',\lambda_2},c_{\boldsymbol{k},\lambda_3}^{\dagger}c_{k',\lambda_4}]\rangle_0\times\int_{t_0}^{t}\mathrm{d}t_1\,\mathrm{e}^{\mathrm{i}\omega\lambda_1\lambda_2(t-t_0)}\,\mathrm{e}^{\mathrm{i}\omega\lambda_3\lambda_4(t_1-t_0)}A_{a_2}(t_1) \tag{6.136}$$

使用费米子交换关系，可以得出

$$\langle[c_{\boldsymbol{k},\lambda_1}^{\dagger}c_{\boldsymbol{k},\lambda_2},c_{\boldsymbol{k},\lambda_3}^{\dagger}c_{\boldsymbol{k},\lambda_4}]\rangle_0=\delta_{\boldsymbol{k},\boldsymbol{k}'}\delta_{\lambda_1\lambda_4}\delta_{\lambda_2\lambda_3}(n_{\mathrm{F}}(\epsilon_{\lambda_1}(\boldsymbol{k}))-n_{\mathrm{F}}(\epsilon_{\lambda_2}(\boldsymbol{k}))) \tag{6.137}$$

用它来简化式(6.136)，得出

$$J_{a_1}^1(t) = -\frac{e^2}{\hbar^2 A}\sum_{\boldsymbol{k},\lambda}\left\langle\lambda\left|\frac{\partial^2 H_0}{\partial k_{a_1}\partial k_{a_2}}\right|\lambda\right\rangle n_{\mathrm{F}}(\epsilon_\lambda)A_{a_2}(t) + \frac{\mathrm{i}e^2}{\hbar^3 A}\sum_{\boldsymbol{k},\lambda_1,\lambda_2}\left\langle\lambda_1\left|\frac{\partial H_0}{\partial k_{a_1}}\right|\lambda_2\right\rangle\left\langle\lambda_2\left|\frac{\partial H_0}{\partial k'_{a_1}}\right|\lambda_1\right\rangle(n_{\mathrm{F}}(\epsilon_{\lambda_1})-n_{\mathrm{F}}(\epsilon_{\lambda_2}))\times\int_{t_0}^{t}\mathrm{d}t_1\,\mathrm{e}^{\mathrm{i}\omega_{\lambda_1\lambda_2}(t-t_1)}A_{a_2}(t_1) \tag{6.138}$$

这里为了简单起见，已经减少了所有量的动量的有关讨论。在这一点上，把向量势写成傅里叶变换，即

$$A_a(t) = \int_{\mathbb{R}}\frac{\mathrm{d}\omega}{2\pi}A_a(\omega)\,\mathrm{e}^{-\mathrm{i}\omega t} \tag{6.139}$$

利用磁矢势的傅里叶振幅 $A_a(\omega)$ 与电场的傅里叶振幅 $E_a(\omega)$ 之间的关系，有

$$E_a(t) = -\frac{\mathrm{d}A_a(t)}{\mathrm{d}t}\Rightarrow A_a(\omega)=\frac{E_a(\omega)}{\mathrm{i}\omega} \tag{6.140}$$

得出

$$A_a(t) = \int_{\mathbb{R}}\frac{\mathrm{d}\omega}{2\pi}\frac{E_a(\omega)}{\mathrm{i}\omega}\mathrm{e}^{-\mathrm{i}\omega t} \tag{6.141}$$

在绝热状态下，得出 $\omega\to\omega+\mathrm{i}\gamma,\gamma\to0^+$，这意味着是以慢速打开电磁场。

将式(6.141)代入式(6.138)，可以得出

$$J_{a_1}^1(t) = \int_{\mathbb{R}}\frac{\mathrm{d}\omega}{2\pi}\frac{e^2}{\hbar^2 A}\sum_{\boldsymbol{k},\lambda}\left\langle\lambda\left|\frac{\partial^2 H_0}{\partial k_{a_1}\partial k_{a_2}}\right|\lambda\right\rangle\frac{\mathrm{i}n_{\mathrm{F}}(\epsilon_\lambda)}{\omega}E_{a_2}(\omega)\,\mathrm{e}^{-\mathrm{i}\omega t} + \frac{\mathrm{i}e^2}{\hbar^3 A}\sum_{\boldsymbol{k},\lambda_1,\lambda_2}\left\langle\lambda_1\left|\frac{\partial H_0}{\partial k_{a_1}}\right|\lambda_2\right\rangle\left\langle\lambda_2\left|\frac{\partial H_0}{\partial k_{a_2}}\right|\lambda_1\right\rangle(n_{\mathrm{F}}(\epsilon_{\lambda_1})-n_{\mathrm{F}}(\epsilon_{\lambda_2}))\times\int_{t_0}^{t}\mathrm{d}\,t_1\mathrm{e}^{\mathrm{i}\omega_{\lambda_1\lambda_2}(t-t_1)}\int_{\mathbb{R}}\frac{\mathrm{d}\omega}{2\pi}\frac{E_{a_2}(\omega)}{\mathrm{i}\omega}\mathrm{e}^{-\mathrm{i}\omega t_1} \tag{6.142}$$

可以及时计算积分,即

$$\int_{t_0}^{t}\mathrm{d}t_1\ \mathrm{e}^{\mathrm{i}\omega_{\lambda_1\lambda_2}(t-t_1)}\ \mathrm{e}^{-\mathrm{i}\omega t_1} = \mathrm{e}^{\mathrm{i}\omega_{\lambda_1\lambda_2}t}\int_{t_0}^{t}\mathrm{d}t_1\ \mathrm{e}^{-\mathrm{i}(\omega_{\lambda_1\lambda_2}+\omega)t_1} = \frac{\mathrm{i}\mathrm{e}^{-\mathrm{i}\omega t}}{\omega\lambda_1\lambda_2+\omega}+\cdots \tag{6.143}$$

通过使$t_0\to-\infty$,消除了最后一个项,这表示已经等待了足够长的时间可以忽略非稳态项。利用该结果,将线性响应电流表达式简化为

$$J^1_{a_1}(t) = \int_{\mathbb{R}}\frac{\mathrm{d}\omega}{2\pi}\frac{\mathrm{i}e^2}{\hbar^2 A}\sum_{k,\lambda}\left\langle\lambda\left|\frac{\partial^2 H_0}{\partial k_{a_1}\partial k_{a_2}}\right|\lambda\right\rangle\frac{n_{\mathrm{F}}(\epsilon_\lambda)}{\omega}E_{a_2}(\omega)\,\mathrm{e}^{-\mathrm{i}\omega t} + \int_{\mathbb{R}}\frac{\mathrm{d}\omega}{2\pi}\frac{\mathrm{i}e^2}{\hbar^3 A}\sum_{k,\lambda_1,\lambda_2}\left\langle\lambda_1\left|\frac{\partial H_0}{\partial k_{a_1}}\right|\lambda_2\right\rangle\left\langle\lambda_2\left|\frac{\partial H_0}{\partial k_{a_2}}\right|\lambda_1\right\rangle\frac{n_{\mathrm{F}}(\epsilon_{\lambda_1})-n_{\mathrm{F}}(\epsilon_{\lambda_2})}{\omega(\omega_{\lambda_1\lambda_2}+\omega)}E_{a_2}(\omega)\,\mathrm{e}^{-\mathrm{i}\omega t} \tag{6.144}$$

仔细研究最后一个表达式,确定了电导率(2级)张量$\boldsymbol{\sigma}$,它导致响应电场的电流产生(矩阵表达式中,$\boldsymbol{J}=\boldsymbol{\sigma}\boldsymbol{E}$),即

$$\sigma_{a_1a_2}(\omega) = \frac{\mathrm{i}4\,\sigma_0}{NA_{\mathrm{u.c.}}}\sum_{k,\lambda_1}\left(\left\langle\lambda_1\left|\frac{\partial^2 H_0}{\partial k_{a_1}\partial k_{a_2}}\right|\lambda_1\right\rangle\frac{n^{\mathrm{F}}_{\lambda_1}}{\hbar\omega} + \sum_{\lambda_2\neq\lambda_1}\left\langle\lambda_1\left|\frac{\partial H_0}{\partial k_{a_1}}\right|\lambda_2\right\rangle\left\langle\lambda_2\left|\frac{\partial H_0}{\partial k_{a_2}}\right|\lambda_1\right\rangle\frac{n^{\mathrm{F}}_{\lambda_1}-n^{\mathrm{F}}_{\lambda_2}}{\hbar\omega(\epsilon_{\lambda_1\lambda_2}+\hbar\omega)}\right) \tag{6.145}$$

$\sigma_0=e^2/(4\hbar)$为石墨烯的普遍导电性,则$\epsilon_{\lambda_1\lambda_2}=\epsilon_{\lambda_1}(\boldsymbol{k})-\epsilon_{\lambda_2}(\boldsymbol{k})$和$n_{\mathrm{F}}(\epsilon_\lambda(\boldsymbol{k}))\equiv n^{\mathrm{F}}_\lambda$。这里我们忽略了自旋的和。因此,由于没有任何自旋依赖关系,所以应该在电导率上增加一个系数2,这将在后面的章节中考虑。

5. Drude 和正则电导率

在一个 Drude 贡献和一个常规项中分离电导率,是很普遍的。得出

$$\frac{1}{\hbar\omega(\epsilon_{\lambda_1\lambda_2}+\hbar\omega)} = \frac{1}{\hbar\omega\,\epsilon_{\lambda_1\lambda_2}} - \frac{1}{\epsilon_{\lambda_1\lambda_2}(\epsilon_{\lambda_1\lambda_2}+\hbar\omega)},\ \epsilon_{\lambda_1\lambda_2}\neq 0 \tag{6.146}$$

把电导率写成两个项的和,即

$$\sigma_{a_1a_2}(\omega) = \sigma^{\mathrm{D}}_{a_1a_2}(\omega) + \sigma^{\mathrm{reg}}_{a_1a_2}(\omega) \tag{6.147}$$

$\sigma^{\mathrm{D}}_{a_1a_2}(\omega)$为 Drude 的电导率,表达式为

$$\sigma^{\mathrm{D}}_{a_1a_2}(\omega) = \frac{8\,\sigma_0 i}{NA_{\mathrm{u.c.}}\hbar\omega}\sum_{k,\lambda_1}\left(\left\langle\lambda_1\left|\frac{\partial^2 H_0}{\partial k_{a_1}\partial k_{a_2}}\right|\lambda_1\right\rangle n^{\mathrm{F}}_{\lambda_1} + \sum_{\lambda_2\neq\lambda_1}\left\langle\lambda_1\left|\frac{\partial H_0}{\partial k_{a_1}}\right|\lambda_2\right\rangle\left\langle\lambda_2\left|\frac{\partial H_0}{\partial k'_{a_2}}\right|\lambda_1\right\rangle\frac{n^{\mathrm{F}}_{\lambda_1}-n^{\mathrm{F}}_{\lambda_2}}{\epsilon_{\lambda_1\lambda_2}}\right) \tag{6.148}$$

且$\sigma^{\mathrm{reg}}_{a_1a_2}(\omega)$为正则电导率,写为

$$\sigma^{\mathrm{reg}}_{a_1a_2}(\omega) = \frac{-8\sigma_0\mathrm{i}}{NA_{\mathrm{u.c.}}}\sum_{k,\lambda_1\neq\lambda_2}\left\langle\lambda_1\left|\frac{\partial H_0}{\partial k_{a_1}}\right|\lambda_2\right\rangle\left\langle\lambda_2\left|\frac{\partial H_0}{\partial k_{a_2}}\right|\lambda_1\right\rangle\frac{n^{\mathrm{F}}_{\lambda_1}-n^{\mathrm{F}}_{\lambda_2}}{\epsilon_{\lambda_1\lambda_2}(\epsilon_{\lambda_1\lambda_2}+\hbar\omega)} \tag{6.149}$$

利用数学关系得出

$$\frac{1}{x\pm\mathrm{i}\eta} = P\left(\frac{1}{x}\right)\mp\mathrm{i}\pi\delta(x),\ \eta\to 0^+ \tag{6.150}$$

在P表示 Cauchy 主值时,可以重写绝热状态中 Drude 电导率的表达式,即

$$\sigma^{\mathrm{D}}_{a_1a_2}(\omega) = \frac{\mathrm{i}}{\pi}\frac{D_{a_1a_2}}{\hbar\omega+\mathrm{i}\Gamma}\to D_{a_1a_2}\left(\delta(\hbar\omega)+P\left(\frac{\mathrm{i}}{\pi\hbar\omega}\right)\right) \tag{6.151}$$

得出 $\Gamma = \hbar\gamma \to 0^+$，Drude 量为

$$D_{a_1a_2} = \frac{8\pi\sigma_0}{NA_{\text{u.c.}}}\sum_{k,\lambda_1}\left(\left\langle\lambda_1\left|\frac{\partial^2 H_0}{\partial k_{a_1}\partial k_{a_2}}\right|\lambda_1\right\rangle n_{\lambda_1}^{\text{F}} + \sum_{\lambda_2\neq\lambda_1}\left\langle\lambda_1\left|\frac{\partial H_0}{\partial k_{a_1}}\right|\lambda_2\right\rangle\left\langle\lambda_2\left|\frac{\partial H_0}{\partial k_{a_2}}\right|\lambda_1\right\rangle\frac{n_{\lambda_1}^{\text{F}} - n_{\lambda_2}^{\text{F}}}{\epsilon_{\lambda_1\lambda_2}}\right) \tag{6.152}$$

得出，$\boldsymbol{\sigma}^{\text{D}}$实部对应于典型的 Drude 峰金属的特征 $\omega = 0$[49]。因此，把这个贡献解释为一个能带内项（动量不守恒），它反映了电子对静电场的回响。正则电导率也因此被理解为一个能带内项，对应于电子带跃迁（在同一个 $\boldsymbol{k}$ 点内），能量为 $\hbar\omega$，由一个应用的谐波电场诱导 $\boldsymbol{E} \sim \mathrm{e}^{-\mathrm{i}\omega t}$。还注意到，可以从经验上解释无序效应，研究有限 Γ，是一个加宽参数（通常被解释为散射率），可能依赖于内在和外在方面，如杂质、电子－电子相互作用和基底。

此时，已经有了计算光学电导率的表达式。可以澄清数值计算，方法是表示出以前省略的所有依赖项。对于 Drude 电导率，用式（6.152）计算 Drude 量。

$$D_{a_1a_2} = \frac{8\pi\sigma_0}{NA_{\text{u.c.}}}\sum_{k,\lambda_1}\left[\left\langle\lambda_1,\boldsymbol{k}\left|\frac{\partial^2 H_0(\boldsymbol{k})}{\partial k_{a_1}\partial k_{a_2}}\right|\lambda_1,\boldsymbol{k}\right\rangle n_{\text{F}}(\epsilon_{\lambda_1}(\boldsymbol{k})) + \sum_{\lambda_2\neq\lambda_1}\left\langle\lambda_1,\boldsymbol{k}\left|\frac{\partial H_0(\boldsymbol{k})}{\partial k_{a_1}}\right|\lambda_2,\boldsymbol{k}\right\rangle\left\langle\lambda_2,\boldsymbol{k}\left|\frac{\partial H_0(\boldsymbol{k})}{\partial k_{a_2}}\right|\lambda_1,\boldsymbol{k}\right\rangle\frac{n_{\text{F}}(\epsilon_{\lambda_1}(\boldsymbol{k})) - n_{\text{F}}(\epsilon_{\lambda_2}(\boldsymbol{k}))}{\epsilon_{\lambda_1}(\boldsymbol{k}) - \epsilon_{\lambda_2}(\boldsymbol{k})}\right] \tag{6.153}$$

然后应用式（6.151），Γ 是有限值，有

$$\sigma_{a_1a_2}^{\text{D}}(\omega) = \frac{\mathrm{i}}{\pi}\frac{D_{a_1a_2}}{\hbar\omega + \mathrm{i}\Gamma} \tag{6.154}$$

对于正则电导率，使用式（6.149）中的 $\hbar\omega \to \hbar\omega + \mathrm{i}\Gamma$，有

$$\sigma_{a_1a_2}^{\text{reg}}(\omega) = \frac{-8\sigma_0\mathrm{i}}{NA_{\text{u.c.}}}\sum_{k,\lambda_1\neq\lambda_2}\left\langle\lambda_1,\boldsymbol{k}\left|\frac{\partial H_0(\boldsymbol{k})}{\partial k_{a_1}}\right|\lambda_2,\boldsymbol{k}\right\rangle\left\langle\lambda_2,\boldsymbol{k}\left|\frac{\partial H_0(\boldsymbol{k})}{\partial k_{a_2}}\right|\lambda_1,\boldsymbol{k}\right\rangle \times \frac{n_{\text{F}}(\epsilon_{\lambda_1}(\boldsymbol{k})) - n_{\text{F}}(\epsilon_{\lambda_2}(\boldsymbol{k}))}{[\epsilon_{\lambda_1}(\boldsymbol{k}) - \epsilon_{\lambda_2}(\boldsymbol{k})][\epsilon_{\lambda_1}(\boldsymbol{k}) - \epsilon_{\lambda_2}(\boldsymbol{k}) + \hbar\omega + \mathrm{i}\Gamma]} \tag{6.155}$$

当在完整的 BZ 中定义了完整的哈密顿算子时，这些表达式可以发挥作用。然而，对于有效的哈密顿算子，这些表达式可能并不适用。特别是，当计算 Drude 量时，期望所有来自费米能级附近的电子存在依赖性，它们可以回应静电场。然而，这在我们的表达式中并不明确，这些表达式表明应该取消其他项。出于这个原因，将研究式（6.152）的更方便形式。关于正则电导率，观察到实部在费米能级 $\hbar\omega$ 内被强约束为本征态；因此，这种计算不应该有问题，将保留这种方法。对于虚部，可以看到，即使 ω 小，也无法避开所有能带总和的论点。因此，将利用 Kramers－Kronig（KK）关系，使用实部的结果来计算虚部。

6. Drude 量——第二种方法

这里导出了一个预估 Drude 量的替代表达式。利用部分积分，在描述 Drude 量的式（6.152）中的第二个项，可写成

$$\sum_{\lambda_1\neq\lambda_1}\left\langle\lambda_1,\boldsymbol{k}\left|\frac{\partial H_0(\boldsymbol{k})}{\partial k_{a_1}}\right|\lambda_2,\boldsymbol{k}\right\rangle\left\langle\lambda_2,\boldsymbol{k}\left|\frac{\partial H_0(\boldsymbol{k})}{\partial k_{a_2}}\right|\lambda_1,\boldsymbol{k}\right\rangle\frac{n_{\lambda_1}^{\text{F}} - n_{\lambda_2}^{\text{F}}}{\epsilon_{\lambda_1\lambda_2}}$$

$$= \sum_{\lambda_1\neq\lambda_1}\left\langle\lambda_1,\boldsymbol{k}\left|\frac{\partial H_0(\boldsymbol{k})}{\partial k_{a_1}}\right|\lambda_2,\boldsymbol{k}\right\rangle\left\langle\lambda_2,\boldsymbol{k}\left|\frac{\partial}{\partial k_{a_2}}\right|\lambda_1,\boldsymbol{k}\right\rangle(n_{\lambda_1}^{\text{F}} - n_{\lambda_2}^{\text{F}}) \tag{6.156}$$

显然,当$\lambda_2=\lambda_1$时,最后一个和可以扩展。接着进行下列操作,即

$$\begin{aligned}&\sum_{\lambda_1,\lambda_2}\left\langle\lambda_1,\boldsymbol{k}\left|\frac{\partial H_0(\boldsymbol{k})}{\partial k_{a_1}}\right|\lambda_2,\boldsymbol{k}\right\rangle\langle\lambda_2,\boldsymbol{k}\mid\partial k_{a_2}\lambda_1,\boldsymbol{k}\rangle(n^{\mathrm{F}}_{\lambda_1}-n^{\mathrm{F}}_{\lambda_2})\\
&=\sum_{\lambda_1}\left\langle\lambda_1\left|\frac{\partial H_0}{\partial k_{a_1}}\right|\partial_{k_{a_2}}\lambda_1\right\rangle n^{\mathrm{F}}_{\lambda_1}-\sum_{\lambda_1,\lambda_2}\left\langle\lambda_1\left|\frac{\partial H_0}{\partial k_{a_1}}\right|\lambda_2\right\rangle\langle\lambda_2\mid\partial_{k_{a_2}}\lambda_1\rangle n^{\mathrm{F}}_{\lambda_2}\\
&=\sum_{\lambda_1}\left\langle\lambda_1\left|\frac{\partial H_0}{\partial k_{a_1}}\right|\partial k_{a_2}\lambda_1\right\rangle n^{\mathrm{F}}_{\lambda_1}+\sum_{\lambda_1,\lambda_2}\left\langle\lambda_1\left|\frac{\partial H_0}{\partial k_{a_1}}\right|\lambda_2\right\rangle\langle\partial k_{a_2}\lambda_2\mid\lambda_1\rangle n^{\mathrm{F}}_{\lambda_2}\\
&=\sum_{\lambda_1}\left(\left\langle\lambda_1\left|\frac{\partial H_0}{\partial k_{a_1}}\right|\partial k_{a_2}\lambda_1\right\rangle+\left\langle\partial k_{a_2}\lambda_1\left|\frac{\partial H_0}{\partial k_{a_1}}\right|\lambda_1\right\rangle\right)n^{\mathrm{F}}_{\lambda_1}\end{aligned}\tag{6.157}$$

集合所有项,Drude 量可以表示为

$$\begin{aligned}D_{a_1a_2}&=\frac{8\pi\sigma_0}{NA_{\mathrm{u.c.}}}\sum_{\boldsymbol{k},\lambda_1}\left(\left\langle\lambda_1\left|\frac{\partial^2H_0}{\partial k_{a_1}\partial k_{a_2}}\right|\lambda_1\right\rangle+\left\langle\lambda_1\left|\frac{\partial H_0}{\partial k_{a_1}}\right|\partial k_{a_2}\lambda_1\right\rangle+\left\langle\partial k_{a_2}\lambda_1\left|\frac{\partial H_0}{\partial k_{a_1}}\right|\lambda_1\right\rangle\right)n^{\mathrm{F}}_{\lambda_1}\\
&=\frac{8\pi\sigma_0}{NA_{\mathrm{u.c.}}}\sum_{\boldsymbol{k},\lambda_1}\frac{\partial}{\partial k_{a_2}}\left\langle\lambda_1\left|\frac{\partial\mathbf{H}_0}{\partial k_{a_1}}\right|\lambda_1\right\rangle=\frac{8\pi\sigma_0}{NA_{\mathrm{u.c.}}}\sum_{\boldsymbol{k},\lambda_1}\frac{\partial^2\epsilon_{\lambda1}}{\partial k_{a_1}\partial k_{a_2}}n^{\mathrm{F}}_{\lambda_1}\\
&=\frac{8\pi\sigma_0}{NA_{\mathrm{u.c.}}}\sum_{\boldsymbol{k},\lambda_1}\left(\frac{\partial}{\partial k_{a_1}}\left(\frac{\partial\epsilon_{\lambda_1}}{\partial\epsilon_{\lambda_2}}n^{\mathrm{F}}_{\lambda_1}\right)-\frac{\partial\epsilon_{\lambda_1}}{\partial k_{a_2}}\frac{\partial n^{\mathrm{F}}_{\lambda_1}}{\partial k_{a_1}}\right)\end{aligned}\tag{6.158}$$

前面方程最后一行的第一个项被证明为无效,因为它是一个周期量的总导数,在整个 BZ 上被积分。

最后的表达式写为

$$\begin{aligned}D_{a_1a_2}&=-\frac{8\pi\sigma_0}{NA_{\mathrm{u.c.}}}\sum_{\boldsymbol{k},\lambda_1}\frac{\partial\epsilon_{\lambda_1}(\boldsymbol{k})}{\partial k_{a_2}}\frac{\partial n^{\mathrm{F}}_{\lambda_1}(\boldsymbol{k})}{\partial k_{a_1}}\\
&=-\frac{8\pi\sigma_0}{NA_{\mathrm{u.c.}}}\sum_{\boldsymbol{k},\lambda_1}\frac{\partial\epsilon_{\lambda}(\boldsymbol{k})}{\partial k_{a_1}}\frac{\partial\epsilon_{\lambda}(\boldsymbol{k})}{\partial k_{a_2}}\frac{\partial n_{\mathrm{F}}(\epsilon_{\lambda}(\boldsymbol{k}))}{\partial\epsilon}\end{aligned}\tag{6.159}$$

正如预期的那样,这个表达式只考虑了费米能级附近的电子。这可以直接通过费米-狄拉克函数的导数来检测。

7. 正则电导率的虚部——第二种方法

KK 关系将反应函数的实部与虚部联系起来,如果知道在频率上的其他组成部分,就能够找到其中的一个组成部分。在我们的例子中,想计算正则电导率的虚部。适当的关系为[50]

$$\operatorname{Im}\sigma^{\mathrm{reg}}(\omega)=-\frac{2\omega}{\pi}P\int_0^{+\infty}\mathrm{d}s\,\frac{\operatorname{Re}\sigma^{\mathrm{reg}}(s)}{s^2-\omega^2}\tag{6.160}$$

从这个表达式来看,对于有效模型使用这种方法没有明显优势,因为积分扩展到无穷大。此外,这个积分的定义是不明确的,因为在高频率下,扭转双层石墨烯的连续模型预计会产生一个常数 $\operatorname{Re}\sigma^{\mathrm{reg}}(\omega)=2\sigma_0$,根据文献[37],就可以执行式(6.160)的正则化,使用下列方程式,即

$$P\int_0^{+\infty}\mathrm{d}s\,\frac{1}{s^2-\omega^2}=0\tag{6.161}$$

最后的正则定义为

$$\operatorname{Im}\sigma^{\mathrm{reg}}(\omega)=--\frac{2\omega}{\pi}P\int_0^{+\infty}\mathrm{d}s\,\frac{\operatorname{Re}\sigma^{\mathrm{reg}}(s)-2\sigma_0}{s^2-\omega^2}\tag{6.162}$$

现在可以通过引入一个有限的截止点 Λ，从而使得 $\mathrm{Re}\{\sigma^{\mathrm{reg}}(\Lambda)\}\cong 2\sigma_0$，来取估计值。事实上，tBLG 模型在高频上产生一个常数，在我们所感兴趣的频率范围内是没有问题的。

6.4.1.2 单层石墨烯的结果

从 Drude 量开始，将结果展示在图 6.16 中。这里强调这两种方法——式(6.153)和式(6.159)，它们给出了相同的输出，得到了各向同性的结果，即$D_{xx}=D_{yy}$，$D_{xx}=0$。在 $T=0\mathrm{K}$ 时，$D_{xx}=D_{yy}\equiv D$ 的低能结果与 Drude 电导率的理论预测一致[47,51]，

$$\sigma^{\mathrm{D}}(\omega)=4\sigma_0\frac{\mathrm{i}}{\pi}\frac{\mu}{\hbar\omega+\mathrm{i}\Gamma} \tag{6.163}$$

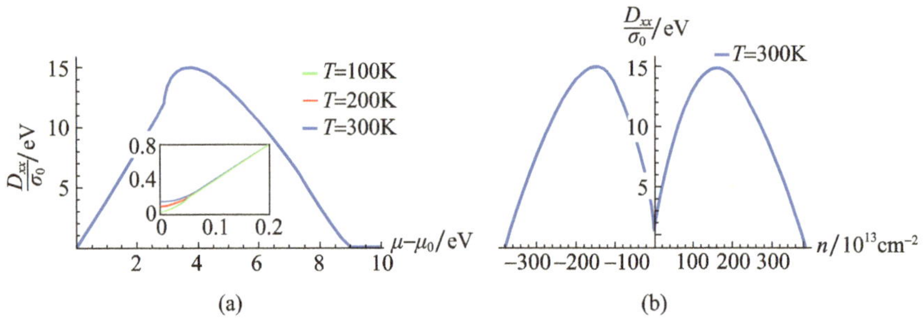

图 6.16 SLG 的 Drude 量结果

(a)作为费米能级的函数；(b)作为载流子密度的函数。

从这个表达式中，识别 Drude 量为 $D/\sigma_0=4\mu$，并将其与图 6.16(a)中的放大图进行比较。$\mu\sim\mu_0$附近的光滑行为可以用有限的温度来解释：由于热激活，只有可用来传输的电子。

现在移动到正则电导率（结果见图 6.17）。在这里以及下文按照文献[38]，设置了 $\Gamma=16\mathrm{meV}$。并且，这两种方法适用于实部和虚部的式(6.155)或适用于实部的式(6.155)以及适用于虚部的式(6.162)，产生相同的结果和各向同性的正则电导率。得到的各向同性（总）电导率与基于群论的预期结果相同，因为系统具有六边形对称性[52]。通过分析图 6.17(a)，将 $\hbar\omega=2t\simeq 6\mathrm{eV}$ 的峰值解释为从价带的 van Hove 奇点到传导带的 van Hove 奇点的电子迁移，如图 6.18(a)所示。这些迁移被增强了，因为电子的数量有一个峰值，可以占据初始和最终的能量状态。关于图 6.17(b)，还推断出在 $\hbar\omega<2\mu$ 时的禁止变化，这已经通过实验观察到了[53]。图 6.18(b)给出了解释。当把费米能级提高到$\mu>\mu_0$，$E<\mu$ 的态就会被占据。因此，由于泡利排除原则，这些态的变化会受到阻碍。由于发现了粒子－空穴对称，得出的结论是，只有当 $\hbar\omega>2\mu$ 时才会有变化。温度的升高被证实可以消除这种行为（图 6.17(b)）。

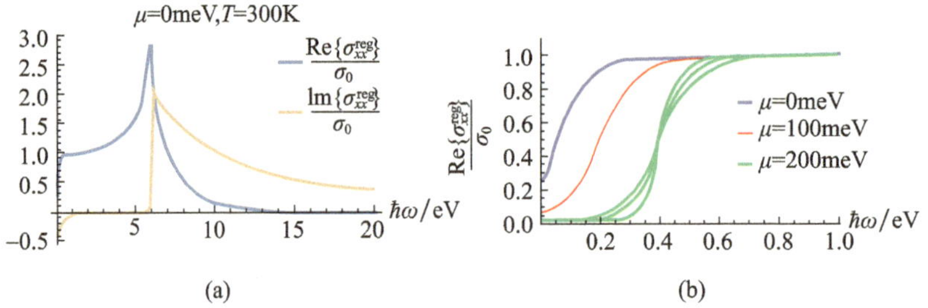

图 6.17 SLG 正则电导率的结果

(b)中，点虚线对应 $T=100\mathrm{K}$，虚线对应 $T=200\mathrm{K}$，实线对应 $T=300\mathrm{K}$。

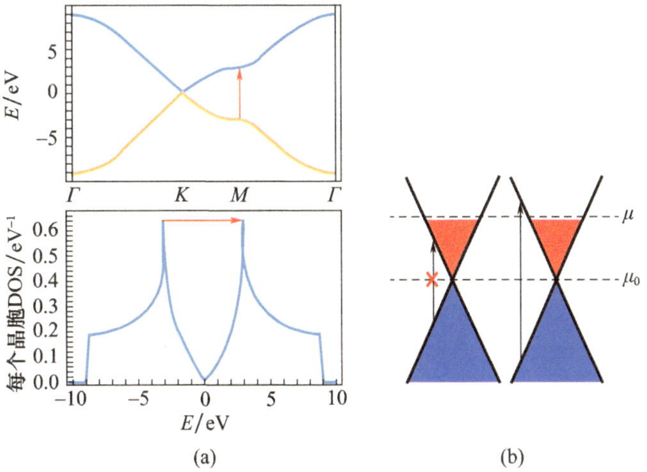

图 6.18 SLG 中的能带间变化图

(a)光谱和 DOS 被绘制出来,显示了 van Hove 奇点之间的(显性)变化;(b)Pauli 排除原理被用于描述低能状态(其中狄拉克锥有效)。

6.4.1.3 扭转双层石墨烯的结果

图 6.19 给出了 tBLG 系统的 Drude 量结果的总结。本书强调,只有第二种方法通过这些计算得到了验证。这是因为正如前面所讨论的那样,使用的是一个有效的哈密顿算子。这类似于在 SLG 中看到的结果,观察到电子或空穴掺杂的对称结果;这反映了 6.3.3.2 节提到的价带和导带的明显对称性。通过查看图 6.19(a)以及图 6.14(a),得出的结论是,当穿越 van Hove 奇点时,Drude 量曲线会发生剧烈的变化(与 SLG 或解耦 BLG 相比)。这一趋势与文献[37]中发现的情况相吻合,且曲线上的下降是由于当穿过 van Hove 奇点时,能量的一阶导数会降为零。像往常一样,增加温度可以使变化趋势更平滑。

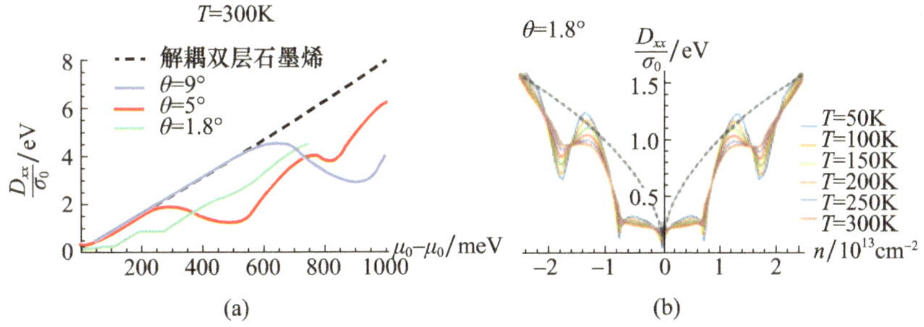

图 6.19 tBLG 的 Drude 量结果(第二种方法)(在(b)中,黑色虚线给出了 $T=300\text{K}$ 时的解耦双层石墨烯。验证了解耦 BLG(tBLG 模型,且 $t_{\perp}=0$)的结果,等于 SLG 的结果乘以 2)

(a)在不同角度上的费米能级的函数;(b)不同温度上的载流子密度的函数。结果是各向同性的。

在图 6.20(a)中,展示了在文献[34]中得到的 tBLG 直流电导率的最新实验结果。观察到电子和空穴掺杂的预期对称性。此外,在 $\omega=0$ 时,电导率主要由 Drude 贡献决定,可以将实验结果与图 6.19(b)的理论计算结果进行比较。注意到有必要包括无序展宽 Γ,以

获得与实验相同的数量级。此外,可以看到实验中在 $|n| \sim 7.5\times10^{12}\mathrm{cm}^{-2}$ 时电导率的下降,这与本书模型预测是一致的。这些绝缘状态被解释为发生在电子光谱 Γ_m 点的间隙中(图6.20(b))。然而,立即验证了绝缘行为在实验结果中更明显。在文献[34]完成的工作中,作者估计了 50~60meV 的带隙,比在电子光谱中观察到的要大很多,这可能是由于电子-电子相互作用所致。最后,还注意到实验结果和狄拉克点附近的理论之间的不一致(与 $n=0$ 相对应),特别是电导率在 $T_{\max}$ 值下,对低于 T 值不是很敏感(图6.20(a))。这是在石墨烯中观察到的一个预期特征,这是由于系统中的非均匀性(外质无序、波纹等)发生的现象,这使得无法获得狄拉克点[54]。

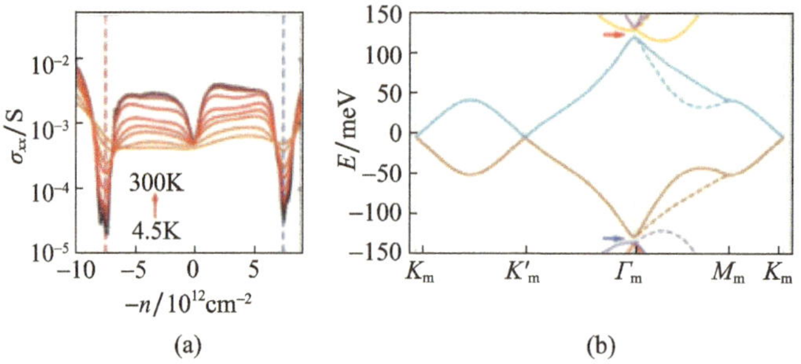

图6.20 $\theta=1.8°$的 tBLG

(a)直流光学电导率的实验结果(经授权转载自参考文献[34],2016 年美国物理学会版权所有);(b)能带结构。

图6.21 和图6.22 给出了具有代表性的结果,使得能够分析 tBLG 系统中的正则电导率。所得电导率结果均为各向同性。就像在 SLG 中,这个特性是从群体理论获得的预期结果,因为 tBLG 也有六边形对称性(莫列波纹)。在讨论结果之前,给出了实部的数值计算(虚部是用正则 KK 关系直接从实部计算出来的)。与其他计算——只需要考虑 $|E|\leqslant$ 1eV 的能带(模型很好地描述了能带)相比,在本例中,可以看到,对于给定的 μ 和 ω, $|E-\mu|\leqslant\hbar\omega$ 贡献了所有具有能量的能带。因此,根据费米能级 μ,最重要的是,根据想要捕获的带间变化的能量 $\hbar\omega$,可能需要考虑在模型中无法更好描述的更高能带。然而,这并不是一个大的问题,因为这些能带会引向一个研究成熟的常数值 $2\sigma_0$——典型的狄拉克锥近似。

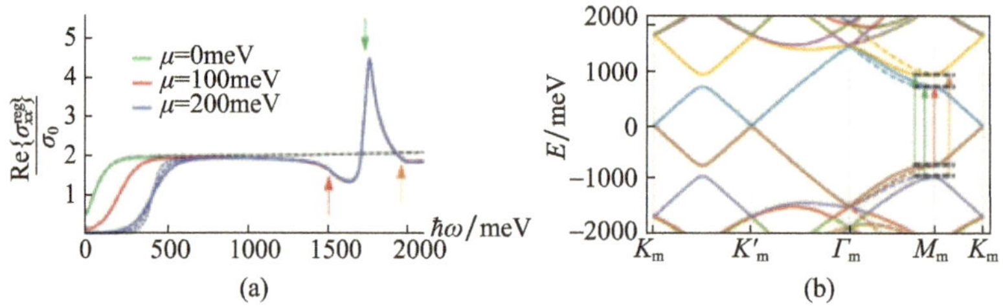

图6.21 $\theta=9°$的 tBLG(在(a)中,蓝色点线对应 $T=100\mathrm{K}$,蓝色虚线对应 $T=200\mathrm{K}$,实线对应 $T=300\mathrm{K}$;黑色虚线表示 $T=300\mathrm{K}$ 时候的解耦 tBLG(或 $2\times$SLG),且 $\mu=0$)

(a)正电导率的实部;(b)电子光谱。

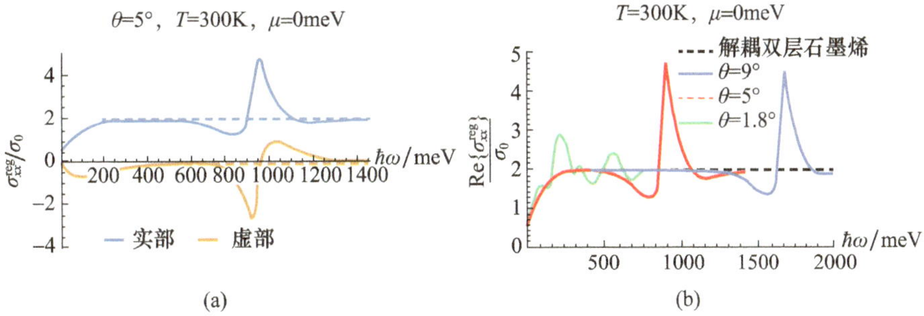

图 6.22 $\mu=0$ 的 tBLG 的正则电导率

(a)$\theta=5°$的实部和虚部;(b)不同 θ 的实部(虚线代表解耦的 BLG 或 $2\times$SLG)。

在图 6.21(a)中,首先注意到已经讨论过的费米能级和温度的依赖性。此外,观察到一个低能峰(用绿色箭头标记),图 6.21(b)中给出了对其的解释,即主导变化。需注意,还有其他变化(红色和橙色箭头),我们认为它们也具有主导作用,因为它们连接了不同的 van Hove 奇点;然而,这些变化是非光学活性的,这符合文献[35-36]的发现。这种光学选择规则的产生是由于有效哈密顿算子中的对称性,这使得在对称能量的能带中,式(6.155)中的矩阵元素仅在M_m点上为无效值。在图 6.22(a)中,突出了一个事实,即得到的解耦 tBLG 的结果具有无效的层间跃迁参数$t_\perp=0$,这个结果完全匹配 $2\times$SLG 的结果(SLG 的结果乘以 2)。虽然这微不足道,但只有当用第二种方法计算正则电导率的虚部时它才会实现。因此,它可以作为检验计算方法有效性的基准测试。此外,应该指出,在 $\mathrm{Im}\{\sigma^{\mathrm{reg}}(\omega)\}$深度大的区域上,发生了较低频率,这将是下一节的一个重要内容。关于最后一个图,即图 6.22(b),强调对于小角度,由于存在多个低能 van Hove 奇点,开始失去曲线的"特征"行为。

6.4.2 等离激元石墨烯表面等离-极化激元的光谱

6.4.2.1 色散关系——横磁模

关于衍生的问题,将密切跟随 Gonsalves 和 Peres 等[47]的研究。这里将研究由单石墨烯片组成的系统,覆盖在两个半无限介质中,并以实际介电常数(相对介电常数)$\varepsilon_1^{\mathrm{r}}$和$\varepsilon_2^{\mathrm{r}}$为特征,如图 6.23 所示。我们强调,虽然 tBLG 不是真正的二维表面,但它的厚度仍然可以忽略不计,因此可以把它看作一个单层。通常情况下,二维属性在少于 10 层时仍然占主导地位[55]。

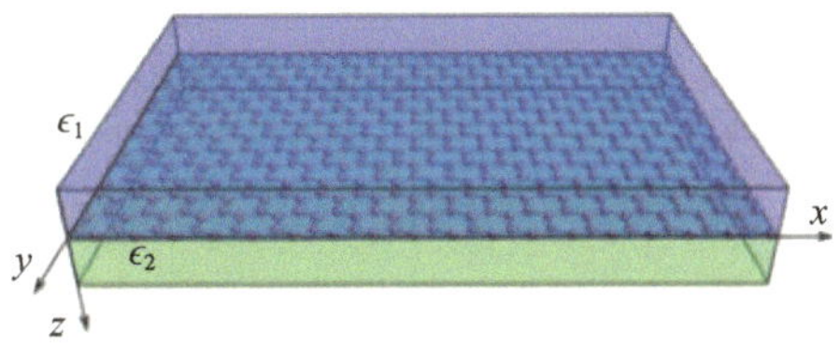

图 6.23 夹在两个半无限绝缘体之间的单石墨烯片(具有相对介电常数 $\epsilon\equiv\varepsilon_i^{\mathrm{r}}$(以此数学符号表示)。介质 1 占据 $z<0$ 半空间,介质 2 占据 $z>0$ 半空间;石墨烯片位于 $z=0$ 平面上)[47]

假设以 TM 波的形式求解麦克斯韦方程。对于介质 $j=1$、2 中的电场和磁场,使用以下拟设,即

$$\boldsymbol{E}_j=(E_{j,x}\hat{\boldsymbol{x}}+E_{j,z}\hat{\boldsymbol{z}})\mathrm{e}^{\mathrm{i}qx}\mathrm{e}^{-\kappa_j|z|},\boldsymbol{B}_j=B_{j,y}\mathrm{e}^{\mathrm{i}qx}\mathrm{e}^{-\kappa_j|z|}\hat{\boldsymbol{y}} \tag{6.164}$$

这个拟设描述了一种电磁波(TM 模),被限制在石墨烯片的附近(具有阻尼参数κ_j $\mathrm{Re}\kappa_j>0$),并沿$\hat{\boldsymbol{x}}$方向传播。由于平移不变对称性,沿传播方向的线性动量必须守恒,使我们能够得出 $q\equiv q_1=q_2$,其中$q_{1/2}$为电磁波在介质 1/2 中传播的动量。此外,注意到,只写出了场域的空间组成;下面将给出时间相依被假定为典型的调和形式,即 $\mathrm{e}^{-\mathrm{i}\omega t}$。

现在利用麦克斯韦方程。对于每一个介质,法拉第电磁感应定律和安培定律分别为

$$\nabla\times\boldsymbol{E}_j=-\frac{\partial\boldsymbol{B}_j}{\partial t} \tag{6.165}$$

$$\nabla\times\boldsymbol{H}_j=\boldsymbol{J}_j^{\mathrm{f}}+\frac{\partial\boldsymbol{D}_j}{\partial t} \tag{6.166}$$

考虑到各向同性线性电介质,我们可以写出电位移$\boldsymbol{D}_j=\varepsilon_0\varepsilon_j^{\mathrm{r}}\boldsymbol{E}_j$,其中$\varepsilon_0$是真空介电常数。假设各向同性线性磁介质具有统一的相对磁导率,也可以将磁场强度写成$\boldsymbol{H}_j=\dfrac{\boldsymbol{B}_j}{\mu_0\mu_j^{\mathrm{r}}}=\dfrac{\boldsymbol{B}_j}{\mu_0}$,$\mu_0$为真空磁导率。最后,如果自由电流密度为零,即$\boldsymbol{J}_j^{\mathrm{f}}=0$,将安培定律改写为

$$\nabla\times\boldsymbol{B}_j=\frac{\varepsilon_j^{\mathrm{r}}}{c^2}\frac{\partial\boldsymbol{E}_j}{\partial t} \tag{6.167}$$

$c=1/\sqrt{\mu_0\varepsilon_0}$为光速。将式(6.164)代入式(6.165)及式(6.167),获得下列有效关系,即

$$-\mathrm{sgn}(z)\kappa_jE_{j,x}=-\mathrm{i}q\,E_{j,z}=\mathrm{i}\omega\,B_{j,y} \tag{6.168}$$

$$\mathrm{sgn}(z)\kappa_jB_{j,y}=-\mathrm{i}\omega\frac{\varepsilon_j^{\mathrm{r}}}{c^2}E_{j,x} \tag{6.169}$$

$$\mathrm{i}qB_{j,y}=-\mathrm{i}\omega\frac{\varepsilon_j^{\mathrm{r}}}{c^2}E_{j,z} \tag{6.170}$$

从这些我们可以推断出

$$E_{j,x}=\mathrm{i}\,\mathrm{sgn}(z)\frac{\kappa_jc^2\omega\,\varepsilon_j^{\mathrm{r}}}{B_{j,y}} \tag{6.171}$$

$$E_{j,z}=-\frac{q\,c^2}{\omega\,\varepsilon_j^{\mathrm{r}}}B_{j,y} \tag{6.172}$$

$$\kappa_j^2=q^2-\frac{\omega^2\varepsilon_j^{\mathrm{r}}}{c^2} \tag{6.173}$$

在线性响应范围内,$z=0$ 时,耦合磁场的边界条件写为

$$E_{1,x}(x,z=0)=E_{2,x}(x,z=0) \tag{6.174}$$

$$B_{1,y}(x,z=0)-B_{2,y}(x,z=0)=\mu_0J_x(x)=\mu_0\sigma_{xx}E_{2,x}(x,z=0) \tag{6.175}$$

这保证了在界面上电场的切向分量的连续性和磁场的切向分量不连续。我们强调只考虑在边界条件下石墨烯的电导率。对于未应变的石墨烯(特别是对于聚焦系统),石墨烯的电导率是各向同性,并与频率相关,所以得出 $\sigma(\omega)\equiv\sigma_{xx}=\sigma_{yy}$。从式(6.174)和式(6.171)得到

$$B_{1,y}=-\frac{\kappa_2}{\kappa_1}\frac{\varepsilon_1^{\mathrm{r}}}{\varepsilon_2^{\mathrm{r}}}B_{2,y} \tag{6.176}$$

代入式(6.175)得到

$$\frac{\varepsilon_1^{\mathrm{r}}}{\kappa_1(q,\omega)}+\frac{\varepsilon_2^{\mathrm{r}}}{\kappa_2(q,\omega)}+\mathrm{i}\frac{\sigma(\omega)}{\omega\,\varepsilon_0}=0 \tag{6.177}$$

最后一个方程描述了石墨烯 TM 表面等离激元极化子的色散关系 $\omega(q)$。注意,这是一个隐式方程,所以需要用数值方法来求解。然而,可以看到,只有当 $\mathrm{Im}\{\sigma(\omega)\}>0$ 时它可解。

6.4.2.2 单层石墨烯的结果

在图 6.24 中给出了 SLG 中总电导率(Drude + 正则项)的结果,得到频率的函数 $f=\omega/(2\pi)$,在光谱区域,对 GSPP 的光谱 - 从太赫兹到中红外范围,已经设置了 $\Gamma=16\mathrm{meV}$;而且在下面的结果中,需要一直考虑室温,$T=300\mathrm{K}$。根据文献[56](图 6.25),还强调对 30THz 以上的频率需要避免,因为表面极性声子来自介质SiO_2,这是介质 2 的典型基底(图 6.25)。

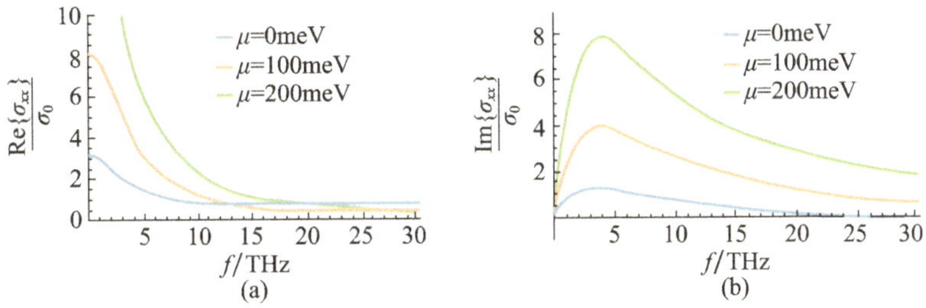

图 6.24 SLG 的总电导率

(a)实部;(b)虚部。

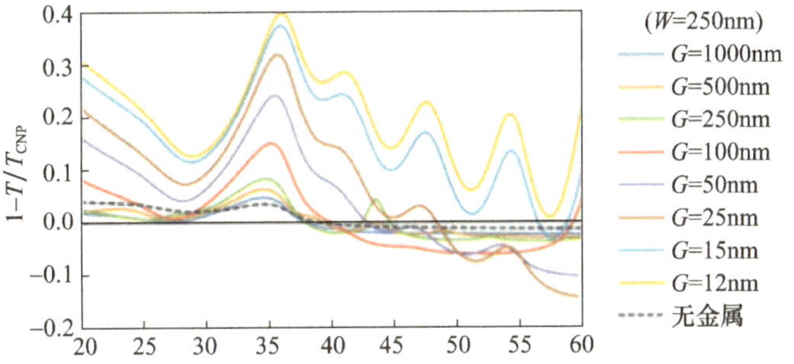

图 6.25 表面光学声子产生于 SiO/保护/保护$_2$基底的证据(图中的聚焦量为光学透射率 T,T_{CNP}是电荷中性点中的光学透射率。这个量是在理论计算中得到的,它考虑到介质的全介电常数SiO_2。在图 6.15 的方案中,参数 W 和 G 分别对应于 a 和 $d-a$。在 $f\sim30\mathrm{THz}$ 情况下,产生峰,被解释为是SiO_2光学声子的贡献)[56]

给出了在既定费米能级上的总电导率后,通过求解式(6.177)可以得到色散曲线。注意,如果只考虑 $\Gamma=0$ 的 Drude 贡献,有一个单纯假想电导率,可以用实际 q 来求解这个方程。如果不是,必须考虑一个复值波向量,它的虚部表示 SPP[57,47] 的衰减。在图 6.26 中给出了 $\mu=450\mathrm{meV}$ 的石墨烯表面等离 - 极化激元的光谱,这是通过考虑总电导率得到的结果。这个曲线与文献[47]中得到的结果是一致的,也就是在图 4.2 中,作者只考虑没有吸收($\Gamma=0$)的 Drude 贡献(在本例中是主导项),且在图 4.3 中,作者证实了考虑吸收($\Gamma\neq0$)只会影响低波向量区域的光谱。通过对光谱的分析,发现色散曲线位于光线的右侧,这表明,就像前面提到的那样,不能仅仅通过直接照射电磁辐射来激发 GSPP。事实上,如果仔细观察就会发现,色散曲线在某一点上穿过光线(这个现象的发生,是因为仅仅考虑了非零 Γ,这是更现实的情况)。然而,在过度阻尼框架下 $\omega_{spp}/\gamma<1$,这一点不适用,在这种情况下 SPP 无法维持[47]。对于为什么需要设置周期性网格这一点现在很清楚,如 6.4 节中所述(参见图 6.15)。

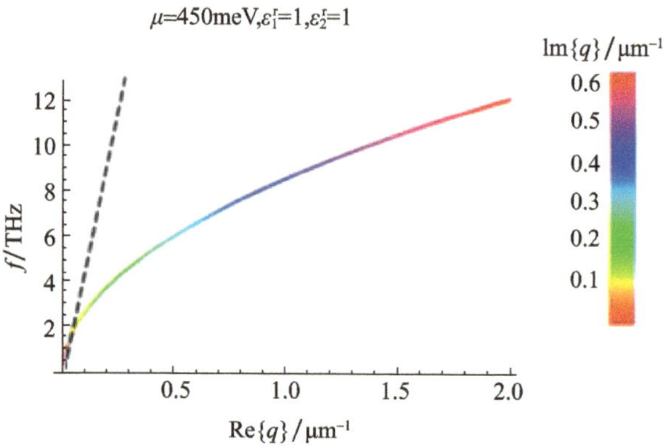

图 6.26 SLG 中 TM GSPP 的色散关系(虚线对应于光的色散 $\omega=cq$,其中 c 是介质中光的速度(在这种情况下介质为空气))

最后,可以从物理意义上修正一个波向量,如果将光线视为近似垂直,这相当于在周期网格中固定一个间隙,并研究色散曲线对费米能级(或载流子密度)的依赖性。结果如图 6.27 所示。由于温度有限,在图 6.27(a)中未得到 $f(n=0)=0$。

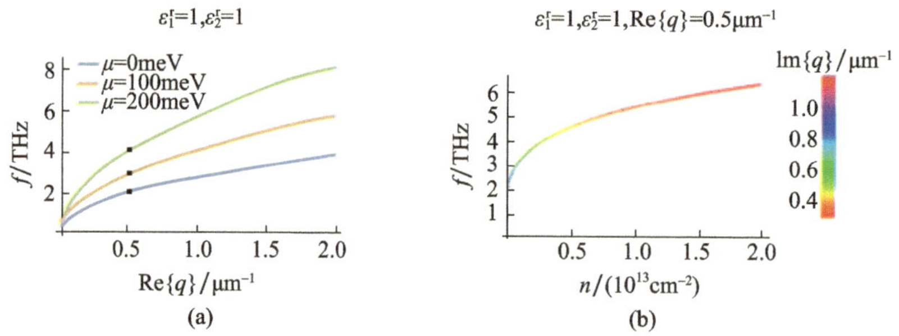

图 6.27 SLG 中 TM GSPP 的光谱(依赖于费米能级/载流子密度。图(a)用示意图显示了获取图(b)的程序)

6.4.2.3 扭转双层石墨烯的结果

在 tBLG 中,重复前面的分析,也就是图 6.27,我们认为它们极具代表性,因为它是对两个不同的扭曲角度进行分析的。此处从 $\theta=9°$开始,见图 6.28。

在这个角度下,可以看到曲线的特征与 SLG 的曲线特征没有很大的不同。这种情况的发生主要有以下两个原因。

(1) 在 $f\leqslant30\text{THz}\Leftrightarrow\hbar\omega\leqslant124\text{meV}$ 频率范围内,常规电导率基本上是 SLG 中获得数值

的2倍(图6.21(a))。此外,在$\mu \lesssim 250\text{meV}$情况下,Drude量也是SLG数值的2倍(图6.19(a))。因此,没有捕获任何杂化效应,只是恢复了一个解耦BLG的总电导率。

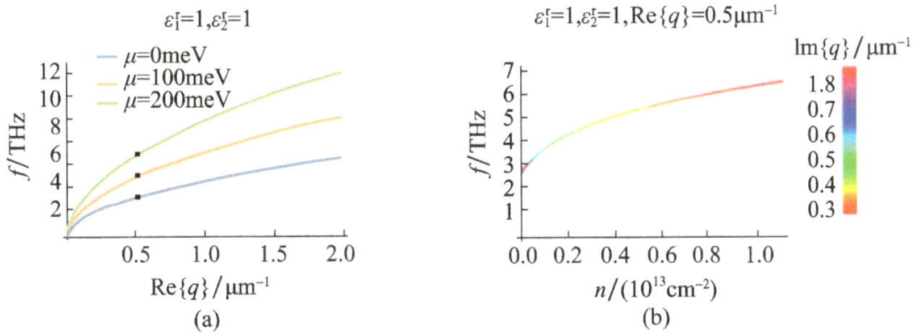

图6.28 $\theta=9°$下的tBLG中TM GSPP的光谱(依赖于费米能级/载流子密度。(a)中的黑点标记了(b)中的固定参数)

(2) 正如在图6.14(b)中看到的,在$\theta=9°$下的解耦BLG的曲线$n(\mu)$在焦点范围$\mu \lesssim 250\text{meV} \Leftrightarrow n \lesssim 1\times10^{13}\text{cm}^{-2}$内也非常接近。

再看一下$\theta=1.8°$的情况(图6.29)。

在这种情况下,不仅总电导率不同,而且$n(\mu)$关系也发生了剧烈的变化。这就引出了图6.29(b),强调这一点是因为它与之前得到的所有结果完全不同。作为一个即时应用,可以考虑使用这些结果作为确定扭转角的另一种方法。然而,随着θ的变化,对于这些曲线特征行为还有待进一步研究,以便研究更有前途的应用。

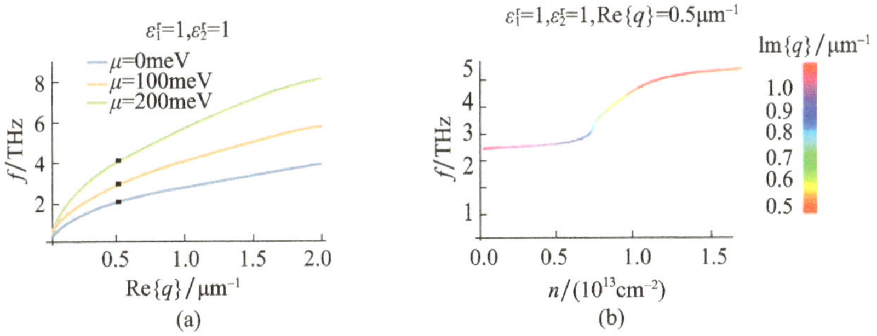

图6.29 $\theta=1.8°$下的tBLG中TM GSPP的光谱

依赖于费米能级/载流子密度,(a)中的黑点标记了(b)中的固定参数。

6.5 结论与未来展望

本章提供了关于扭转双层石墨烯的电子和光学性质的教学性介绍。在6.2节,首先介绍了单层石墨烯和完全对齐的Bernal堆叠双层石墨烯的紧束缚模型,以及单层石墨烯的低能狄拉克模型。由此,在6.3节讨论了扭转双层石墨烯的描述。了解到两个非对齐层的周期性之间的干扰产生莫列波纹的方式。还了解到电子进入莫列波纹中的性质描述,使用方法是紧束缚的哈密顿算子,用每一层的Bloch波表示电子波函数,并考虑广义的倒逆过程。利用该机制,研究了在弱耦合极限下层间耦合是如何导致单个石墨烯层的费米速度随扭转角的再归一化。还看到如何描述超出弱耦合极限的电子光谱，包括更多的广义倒逆过程。通过光谱重建，计算了 DOS 的分布和载流子密度。可以看到，电子光谱通过扭转角改变而发生剧烈改变，即将 van Hove 奇点引入较低的能量，从而很容易通过静电掺杂来获取。在确定 tBLG 的电子特性之后，在 6.4 节讨论了它的光学性能。计算了规则变化和 Drude 对 tBLG 同类导光率的贡献。可以观察到通过改变扭转角，即使在低频和/或很少的掺杂水平下，电导率分布也可以被极大地改变。然后利用这些结果研究了 tBLG 中表面等离激元极化子的色散关系。

对 tBLG 特性的研究是一个令人兴奋的研究领域，且仍存在一些有待研究的问题。其中最主要的是电子－电子相互作用的影响。我们期待在低能 van Hove 奇点上，态密度的增加以及在"魔法角度"上的平坦能带的出现都会增强相互作用的效果。然而，对这一课题的研究仍然很少。值得一提的是文献[34,58]的运输实验，揭示了能量间隙的特征，这不能用独立的电子模型来解释。同样相关的是文献[59－60]对 tBLG 和扭曲 3 层石墨烯扫描隧道显微镜的研究，揭示了 van Hove 奇点的分裂，这归因于电子－电子相互作用。在理论方面，文献[61]的早期研究表明，van Hove 奇点上掺入 tBLG，其铁磁状态应该不稳定。最近，有人提出相互作用可以在 tBLG 中实现伪量子自旋霍尔态[62]和螺旋磁序[63]。

我们期望 tBLG 的研究将继续揭示新的有趣的物理学以及潜在的应用，这些发现将进一步指导对其他类型的范德瓦耳斯结构的研究。

参考文献

[1] Geim, A. K., Graphene: Status and prospects. *Science*, 324, 5934, 1530 – 1534, 2009.

[2] Butler, S. Z. *et al.*, Progress, challenges, and opportunities in two – dimensional materials beyond graphene. *ACS Nano*, 7, 4, 2898 – 2926, 2013.

[3] Das, S. *et al.*, Beyond graphene: Progress in novel two – dimensional materials and van der Waals solids. *Annu. Rev. Mater. Res.*, 45, 1 – 27, 2015.

[4] Novoselov, K. S. and Neto, A. H. C., Two – dimensional crystals – based heterostructures: Materials with tailored properties. *Phys. Scr.*, T146, 014006, 2012.

[5] Novoselov, K. S. *et al.*, 2D materials and van der Waals heterostructures. *Science*, 353, 6298, aac9439, 2016.

[6] dos Santos, J. M. B. L., Peres, N. M. R., Neto, A. H. C., Continuum model of the twisted graphene bilayer. *Phys. Rev. B*, 86, 15, 155449, 2012.

[7] Latil, S., Meunier, V., Henrard, L., Massless fermions in multilayer graphitic systems with misoriented layers: *Abinitio* calculations and experimental fingerprints. *Phys. Rev. B*, 76, 20, 201402, 2007.

[8] Morell, E. S. *et al.*, Flat bands in slightly twisted bilayer graphene: Tight – binding calculations. *Phys. Rev. B*, 82, 12, 121407, 2010.

[9] de Laissardière, G. T., Mayou, D., Magaud, L., Numerical studies of confined states in rotated bilayer of graphene. *Phys. Rev.*, 86, 12, 125413, 2012.

[10] dos Santos, J. M. B. L., Peres, N. M. R., Neto, A. H. C., Graphene bilayer with a twist: Electronic structure. *Phys. Rev. Lett.*, 99, 25, 256802, 2007.

[11] Bistritzer, R. and MacDonald, A. H., Moire bands in twisted double – layer graphene. *PNAS*, 108, 30, 12233 – 12237, 2011.

[12] Gail, R. de *et al.*, Topologically protected zero modes in twisted bilayer graphene. *Phys. Rev. B*, 84, 4, 045436, 2011.

[13] Koshino, M., Interlayer interaction in general incommensurate atomic layers. *New J. Phys.*, 17, 1, 015014, 2015.

[14] Weckbecker, D. *et al.*, Low – energy theory for the graphene twist bilayer. *Phys. Rev. B*, 93, 3, 035452, 2016.

[15] Brihuega, I. *et al.*, Unravelling the intrinsic and robust nature of van Hove singularities in twisted bilayer graphene. *Phys. Rev. Lett.*, 109, 19, 196802, 2012. http://dx. doi. org/10. 1103/ PhysRevLett. 109. 196802.

[16] Geim, A. K. and MacDonald, A. H., Graphene: Exploring carbon flatland. *Phys. Today*, 60, 8, 35 – 41, 2007.

[17] Neto, A. H. C. *et al.*, The electronic properties of graphene. *Rev. Mod. Phys.*, 81, 1, 109, 2009.

[18] Reich, S., Maultzsch, J., Thomsen, C., Tight – binding description of graphene. *Phys. Rev. B*, 66, 3, 035412, 2002.

[19] Bena, C. and Montambaux, G., Remarks on the tight – binding model of graphene. *NewJ. Phys.*, 11, 9, 095003, 2009.

[20] Paul, I. and Kotliar, G., Thermal transport for many – body tight – binding models. *Phys. Rev. B*, 67, 115131, 2003.

[21] Eefetov, D. K. and Kim, P., Controlling electron – phonon interactions in graphene at ultrahigh carrier densities. *Phys. Rev. Lett.*, 105, 25, 256805, 2010.

[22] Das, A. *et al.*, Monitoring dopants by Raman scattering in an electrochemically top – gated graphene transistor. *Nat. Nanotechnol.*, 3, 4, 210 – 215, 2008.

[23] Mak, K. F. *et al.*, Observation of an electric – field – induced band gap in bilayer graphene by infrared spectroscopy. *Phys. Rev. Lett.*, 102, 25, 256405, 2009.

[24] Fleck, M., Oleś, A. M., Hedin, L., Magnetic phases near the van Hove singularity in s – and d – band Hubbard models. *Phys. Rev. B*, 56, 6, 3159, 1997.

[25] González, J., Kohn – Luttinger superconductivity in graphene. *Phys. Rev. B*, 78, 20, 205431, 2008.

[26] Nandkishore, R., Levitov, L. S., Chubukov, A. V., Chiral superconductivity from repulsive interactions in doped graphene. *Nat. Phys.*, 8, 2, 158 – 163, 2012.

[27] Li, G. *et al.*, Observation of van Hove singularities in twisted graphene layers. *Nat. Phys.*, 6, 2, 109 – 113, 2010.

[28] Rozhkov, A. V. et al., Electronic properties of graphene – based bilayer systems. Phys. Rep., 648, 1 – 104, 2016.

[29] San – Jose, P. *et al.*, Spontaneous strains and gap in graphene on boron nitride. *Phys. Rev. B*, 90, 075428, 2014.

[30] Slater, J. C. and Koster, G. F., Simplified LCAO method for the periodic potential problem. *Phys. Rev.*, 94, 6, 1498 – 1524, 1954.

[31] Kretinin, A. *et al.*, Quantum capacitance measurements of electron – hole asymmetry and next – nearest – neighbor hopping in graphene. *Phys. Rev. B*, 88, 16, 165427, 2013.

[32] Wang, Y. *et al.*, Stacking dependent optical conductivity of bilayer graphene. *ACS Nano*, 4, 7, 4074 – 4080, 2010.

[33] Zou, X. *et al.*, Terahertz conductivity of twisted bilayer graphene. *Phys. Rev. Lett.*, 110, 6, 067401, 2013.

[34] Cao, Y. *et al.*, Superlattice – induced insulating states and valley – protected orbits in twisted bilayer gra-

phene. *Phys. Rev. Lett.* ,117,11,116804,2016. http://dx. doi. org/10. 1103/PhysRevLett. 117. 116804.

[35] Tabert, C. and Nicol, E. , Optical conductivity of twisted bilayer graphene. *Phys. Rev. B*, 87, 12, 121402,2013.

[36] Moon, P. and Koshino, M. , Optical absorption in twisted bilayer graphene. *Phys. Rev. B*, 87, 20, 205404,2013.

[37] Stauber,T. ,San - Jose,P. ,Brey,L. ,Optical conductivity,Drude weight and plasmons in twisted graphene bilayers. *New J. Phys.* ,15,11,113050,2013.

[38] Ju,L. *et al.* ,Graphene plasmonics for tunable terahertz metamaterials. *Nat. Nanotechnol.* ,6,10,630 - 634,2011.

[39] Jablan,M. ,Buljan,H. ,Soljačić,M. ,Plasmonics in graphene at infra - red frequencies. *Phys. Rev. B*,80, 24,245435,2009.

[40] Koppens,F. H. L. ,Chand,D. E. ,Abajo,F. J. G. de,Graphene plasmonics:A platform for strong light - matter interactions. *Nano Lett.* ,11,8,3370 - 3377,2011.

[41] Luo,X. *et al.* ,Plasmons in graphene:Recent progress and applications. *Mater. Sci. Eng.* ,*R*,74,11,351 - 376,2013.

[42] Vakil,A. and Encheta,N. ,Transformation optics using graphene. *Science*,332,6035,1291 - 1294,2011.

[43] Fang,Z. *et al.* ,Plasmon - induced doping of graphene. ACS Nano,6,11,10222 - 10228,2012.

[44] Fei,Z. *et al.* ,Gate - tuning of graphene plasmons revealed by infrared nano - imaging. *Nature*,487,7405, 82 - 85,2012.

[45] Chen,J. *et al.* ,Optical nano - imaging of gate - tuneable graphene plasmons. *Nature*,487,7405,77 - 81,2012.

[46] Grigorenko, A. N. , Polini, M. , Novoselov, K. S. , Graphene plasmonics. *Nat. Photonics*, 6, 11, 749 - 758,2012.

[47] Gonçalves,P. A. D. and Peres,N. M. R. ,*An introducion to graphene plasmonics*,World Scientific Publishing Co. Pte. Ltd. ,2016.

[48] Doughty,N. A. ,Lagrangian interaction:*An introduction to relativistic symmetry in electro¬ dynamics and gravitation*,*Addison - Wesley*,*Sydney* 1990.

[49] Aschcroft,N. W. and Mermin,N. D. ,*Solid state physics*,Harcourt College Publishers,1976.

[50] Kittel,C. ,*Introduction to solid state physics*,John Wiley & Sons,N. J. ,1966.

[51] Stauber,T. ,Peres,N. M. R. ,Geim,A. K. ,The optical conductivity of graphene in the visible region of the spectrum. *Phys. Rev. B*,78,8,085432,2008.

[52] Nowick,A. S. ,*Crystal properties via group theory*,Cambridge University Press,1995.

[53] Li,Z. Q. *et al.* ,Dirac charge dynamics in graphene by infrared spectroscopy. *Nat. Phys.* ,4,7,532 - 535,2008.

[54] Morozov,S. V. *et al.* ,Giant intrinsic carrier mobilities in graphene and its bilayer. *Phys. Rev. Lett.* ,100,1, 016602,2008.

[55] Geim,A. K. and Novoselov,K. S. ,The rise of graphene. *Nat. Mater.* ,6,3,183 - 191,2007.

[56] Dias,E. J. C. ,*Plasmonic effects in unidimensional structures and graphene - based nanostructures*,*Master thesis—Universidade do Minho*,2016. Available at http://hdl. handle. net/1822/45575.

[57] Bludov,Y. V. *et al.* ,A primer on surface plasmon - polaritons in graphene. *Int. J. Mod. Phys. B*,27,10, 1341001,2013.

[58] Kim,K. *et al.* ,Tunable moirébands and strong correlations in small - twist - angle bilayer graphene. *Proc. Natl. Acad. Sci.* ,114,13,3364 - 3369,2017.

[59] Li, S. – Y. *et al.*, Splitting of van hove singularities in slightly twisted bilayer graphene. *Phys. Rev. B*, 96, 155416, 2017.

[60] Zuo, W. – J. *et al.*, Scanning tunneling microscopy and spectroscopy of twisted trilayer graphene. *Phys. Rev. B*, 97, 035440, 2018. American Physical Society.

[61] González, J., Magnetic and Kohn – Luttinger instabilities near a van hove singularity: Monolayer versus twisted bilayer graphene. *Phys. Rev. B*, 88, 125434, 2013. American Physical Society.

[62] Finocchiaro, F., Guinea, F., San – Jose, P., Quantum spin hall effect in twisted bilayer graphene. 2*DMaterials*, 4, 2, 025027, 2017.

[63] Gonzalez – Arraga, L. A. *et al.*, Electrically controllable magnetism in twisted bilayer graphene. *Phys. Rev. Lett.*, 119, 107201, 2017.

第7章 带电库仑杂质对石墨烯磁点和环低能谱的影响

C M. Lee
香港城市大学物理与材料科学系

摘　要　单层石墨烯和少层石墨烯是一种新型的碳基材料，由 Novoselov 研究组成功制备出来，并由此引发了广泛的研究，因为这种有趣的材料在环境条件下具有很高的迁移率和稳定性，被认为是未来的纳米电子器件材料。石墨烯具有特殊的量子特性，必须用石墨烯的电子结构来解释，因此理解石墨烯特性的一种有效方法是通过材料的能带或光谱。在本书团队中，过去10年的理论研究之一聚焦在石墨烯基磁点或环的电子能谱上，这些磁点/环的形状是由不均匀的磁场分布形成的，并得到一些定量的结果。本章将回顾适用于石墨烯的相对论狄拉克－外尔(Dirac－Weyl，DW)模型对这种磁点和环上的理论研究。首先给出了基于 DW 模型的总体形式，然后展示了 DW 模型下带电杂质对低能级光谱的影响以及不同磁场分布的能带内吸收光谱和强度的重要数值结果。

关键词　磁点，磁环，非相对论性薛定谔模式，相对论

7.1 引言

非均匀磁场在现代物理学的发展中扮演着重要的角色，从第二次世界大战后，在 Tokamak 基金会支持下人们取得了等离激元磁约束方面的早期成就[1]，再到历史上 Stern Gerlach 实验[3]对宏观物体的磁悬浮的有关研究[2]。非均匀磁场在凝聚态物理学中可以应用于零维纳米结构磁点或环，并从理论上引起了人们对传统半导体材料的广泛关注，如10年前新发现的石墨烯。磁点或环定义为二维少电子系统，其中电子表现出均匀的磁场，但在中心以环形或点状的形式施加零磁场除外。本章强调的是，目前的研究重点是磁点，而不是传统的量子点，前者的电子完全受磁场的限制，而传统的量子点受电场或/和磁场的限制。

在均匀磁场中，由非相对论性薛定谔模型和相对论 DW 模型得到的能谱在性质上有很大不同，见表7.1。前一模型适用于传统半导体，在能级间距相等的固定磁场 B 下，具有本征能 $E \propto B(N+1/2)$ 的低朗道能级(Landau level，LL)成线性，其中 N 是朗道能级(LL)指数。后一个模型适用于石墨烯，具有本征能 $E \propto \sqrt{BN}$ 的 LL 与能级间距不等的磁

场 B 的平方根成正比。

表 7.1 在磁场均匀的情况下薛定谔模型与 DW 模型的比较

参数	薛定谔模型	DW 模型
朗道能级	$\propto B(N+1/2)$	$E\propto\sqrt{BN}$
零点能量	存在	不存在
常数 B 下的能级分离	等间距	不等间距
与 B 场关系	$\propto B$	$\propto\sqrt{B}$

7.1.1 非相对论性薛定谔模型

关于磁点和磁环的早期理论研究主要集中在非相对论的薛定谔模型上，参见文献[4－6]，它们的建模是通过将磁场 B 分别设置为点和环区域内的零磁场，以及在其他区域的常数 B。对于磁点，Sim 等[7]研究了磁边缘态的形成以及相应的经典轨迹。利用能量和角动量守恒定律导出的一般规律得到了经典轨迹[8]。Mallon 和 Maksym[9]将上述工作推广到两个相互作用电子的情况下，并讨论了它们的稳定性。Reijnier 等[10]计算了在不同磁场分布下的两个模型系统的单电子低能级光谱，分别是在磁点的边缘有和没有磁场过冲的情况。关于磁环，Kim 等[11]研究了这些电子结构和磁边缘态，发现能量谱非常依赖于缺失的磁通量量子的数目，而不是结构的几何形状或磁场的陡度。在上述磁点和磁环模型的基础上[4]，Lee 等对两个不同磁场形成的磁点和磁环进行了修正，并对有趣的数值结果进行了详细的分析。用角动量的本征值 l，$I_{nl}=1/\hbar\partial E_{nl}/\partial l$ 的导数计算了各态的概率电流。总体上，通过波函数及其导数在不同磁场区域边界上的连续性，用传统方法求解了上述系统的哈密顿算子。磁边缘态，详细地研究了带电杂质存在下磁点和磁环的能谱和光强[5－6]。以上的研究表明，对于薛定谔模型，磁环而非磁点存在由磁场引起的基态跃迁角动量(L)，它也依赖于正电荷杂质的库仑力或磁环中心测量的杂质位置(d)。本章详细讨论了这些基态跃迁，并从磁场与杂质位置($B-d$)相位图[6]的角度进行了总体描述。

7.1.2 相对论性狄拉克－外尔模型

石墨烯的能带结构很独特，在布里渊区 K 和 K' 谷附近，低能量条件下其能量－动量色散呈线性。自 Novoselov 等[13,17]分离单层和多层石墨烯以来，文献[12]报道了其奇妙的量子性质，包括特殊的最小电导率[13]、室温弹道传输[14]和不寻常的量子霍尔效应[13,15－16]等。我们可以将石墨烯的带电狄拉克粒子定义为无质量相对论费米子，并由 DW 模型而不是非相对论性薛定谔模型来控制。由于 Klein 隧穿[18]的影响，石墨烯的带电电子不能被静电屏障所限制。因此，学者采用 DW 模型研究了石墨烯磁点的性质。在过去的研究中[19－26]，考虑了各种非均匀磁场的结构，包括指数衰减场[23]、圆磁点非零场[24]、对应各种势的场[25]和旋转磁场[26]。所有这些研究都集中在低能谱的场依赖性和通过磁场屏障传输概率的能量依赖性，以及包括束缚、准束缚和散射态的电子态。总地来说，他们都认为电子可以被石墨烯的磁垒所限制。尽管存在 Klein 效应，静电屏障对 DW 模型的影响也将成为量子性质研究的热点之一，因为它对纳米电子器件的应用有着不可替代的重要性[27－31]。在电场和磁场的综合作用下，可以通过适当的设计将它们作为近似线性控制的频率滤波器或开关[31]。例如，通过机械将石墨烯样品切割成合适的形状[32]，通过大小合适的栅极，并采用合适的磁场和电场，以此克服 Klein 效应，使它们有机会成为纳米电子器件的组成部分。

7.1.3 本章指南

本章简要回顾了过去使用数值对角化方法从理论上研究带电杂质对石墨烯磁点和磁环的影响[33-39]。我们开始构造二维单层石墨烯片的无质量 DW 模型[38]的基本形式，描述在不均匀磁场产生的磁点或磁环中与电荷库仑杂质结合的单电子。对于包括高斯场分布[37]在内的其他磁场构型，只给出数值结果，而没有给出它们的形式。由于光谱技术为探索整个系统的电子态提供了方便的工具，本章以高斯场分布为例，说明了杂质对这类电子相互作用系统的光谱和强度的影响。最后，本章进行了总结。

7.2 本理论研究形式体系框架

7.2.1 哈密顿算子无质量狄拉克－外尔模型的哈密顿算子

本节使用了无质量 DW 模型的框架，研究了在嵌入二维单层石墨烯的非均匀磁场中产生的磁点，并描述了与带电库仑杂质相互作用系统结合的单电子的哈密顿算子，写为

$$\hat{\mathrm{H}} = v_{\mathrm{F}}\boldsymbol{\sigma}\cdot(\boldsymbol{P}+e\boldsymbol{A})+V(d)\boldsymbol{I} = \begin{pmatrix} V(d) & v_F((P_x+eA_x)-\mathrm{i}(P_y+eA_y)) \\ v_{\mathrm{F}}((P_x+eA_x)+\mathrm{i}(P_y+eA_y)) & V(d) \end{pmatrix} \tag{7.1}$$

且

$$V(d)=\eta\frac{e^2}{4\pi\epsilon\sqrt{x^2+y^2+d^2}} \tag{7.2}$$

式中：v_{F}为电子的费米速度，而不是传统狄拉克方程中的光子速度；$\boldsymbol{\sigma}[=(\sigma_x,\sigma_y)]$和$\boldsymbol{I}$分别是伪自旋空间中的 2×2 泡利矩阵和矩阵等式；$\boldsymbol{P}[=(P_x,P_y)]$和$\boldsymbol{A}[=(A_x,A_y)]$分别为二维空间中的动量算子和向量势。末项的对角矩阵元表示带电粒子与带电杂质之间的库仑相互作用强度，这取决于杂质与石墨烯片平面之间的分离距离 d 以及参数 $\boldsymbol{\eta}$，要么是排斥力的正相互作用强度，要么是吸引力的负相互作用强度。注意，在没有库仑相互作用项的情况下，哈密顿算子可以解耦成为两个方程[33]。由这两个非耦合方程得到的本征能是成对的，具有相同大小的相反符号，其中正负符号分别对应于类电子态和类空穴态。为了数学上的简单性，这里忽略了电子自旋与磁场耦合的电子－电子相互作用和 Zeeman 项。

以一个电子－磁环相互作用系统的圆对称模型为例，给出了该形式的细节。磁环由一个不均匀磁场产生：在磁环区域内垂直于 xy 平面的磁场为零，即 $B(r)=0$ 时，$r_{01}\leqslant r\leqslant r_{02}$，磁环外的常数 B 为 $B(r)=B_0\hat{\boldsymbol{e}}_z$，其中$\hat{\boldsymbol{e}}_z$是 z 方向的单位向量，r_{01} 和 r_{02} 分别是磁环的内半径和外半径。在变化温度下，将相同形状的超导材料置于石墨烯顶部，使磁场从超导材料中排出，导致在石墨烯上形成不均匀的磁场分布，从而形成这样的一个磁场分布。在圆对称的情况下，利用向量势 $\boldsymbol{A}$（路径由 $\boldsymbol{l}$ 表示）线性积分与磁场 $\boldsymbol{B}$ 面积积分（由 $\boldsymbol{S}$ 表示）之间的关系，即磁通量为

$$\Phi(r) = \oint \boldsymbol{A} \cdot \mathrm{d}\boldsymbol{l} = \int \boldsymbol{B} \cdot \mathrm{d}\boldsymbol{S} \tag{7.3}$$

然后文献[33,38]给出了在极坐标表示中对应的向量势$\boldsymbol{A}$,其单位向量$\hat{\boldsymbol{e}}_z$在z方向上,为

$$\boldsymbol{A} = \begin{cases} \dfrac{B_0}{2}\hat{\boldsymbol{e}}_z \times \boldsymbol{r} & (0 \leqslant r < r_{01}) \\ \dfrac{B_0 r_{01}^2}{2r^2}\hat{\boldsymbol{e}}_z \times \boldsymbol{r} & (r_{01} \leqslant r < r_{02}) \\ \dfrac{B_0 r^2 - (r_{02}^2 - r_{01}^2)}{2r^2}\hat{\boldsymbol{e}}_z \times \boldsymbol{r} & (r > r_{02}) \end{cases} \tag{7.4}$$

当半径r_{01}趋于零的情况下,则所得到的向量势可以减小到磁点,磁点半径为r_{02},即

$$\boldsymbol{A} = \begin{cases} 0 & (0 \leqslant r \leqslant r_{02}) \\ \dfrac{B_0(r^2 - r_{02}^2)}{2r^2}\hat{\boldsymbol{e}}_z \times \boldsymbol{r} & (r > r_{02}) \end{cases} \tag{7.5}$$

7.2.2 推导数值对角化方程

在数值对角化之前,首先将 DW 哈密顿算子(式(7.1))简化并分成两部分,即

$$\hat{\mathbf{H}} = \hat{\mathbf{H}}_0 + \hat{\mathbf{V}} \tag{7.6}$$

从$\hat{\mathbf{H}}$提取出来的未扰动的哈密顿算子$\hat{\mathbf{H}}_0$是 2×2 矩阵,$\hat{\mathbf{H}}_0$可以描述不存在库仑杂质的情况下,电子在均匀场B_0运动的情况,可表示为

$$\hat{\mathbf{H}}_0 = v_{\mathrm{F}}\begin{pmatrix} 0 & \hat{\pi}_0^- \\ \hat{\pi}_0^+ & 0 \end{pmatrix} \tag{7.7}$$

且

$$\hat{\pi}_0^{\pm} = \pm \mathrm{j}\exp(\pm \mathrm{j}\theta)\left[\mp \hbar\frac{\partial}{\partial r} + \frac{l\hbar}{r} + \frac{erB_0}{2}\right] \tag{7.8}$$

可以解析求解$\hat{\mathbf{H}}_0$,已知的二维谐波乘积基态是旋量本征函数的两个分量。用径向量子数n、轨道角动量$l\hbar$和虚数 j,可以表示两个分量旋量,即

$$\boldsymbol{\Psi}_{nl}^{\mathrm{T}} = (\phi_{N-1,l-1}\,\mathrm{j}\phi_{N,l}) \tag{7.9}$$

其中非负整数朗道能级指数为$N = [\equiv n + (l + |l|)/2]$,且

$$\phi_{N,l} = 1/\sqrt{2\pi}\,\mathrm{e}^{\mathrm{j}l\theta}\left[\frac{n!}{a^2 n + |l|!}\right]^{1/2} \times \left(\frac{r}{\sqrt{2}a}\right)^{|l|} L_n^{|l|}\left(\frac{r^2}{2a^2}\right)\mathrm{e}^{-r^2/4a^2} \tag{7.10}$$

在能量单位$\hbar\omega\left(\equiv\dfrac{\sqrt{2}v_{\mathrm{F}}\hbar}{a}\right)$中,相应的两个本征值分别为$E_{n,l} = \pm N^{\frac{1}{2}}$。值得注意的是,这个本征值与薛定谔模型的本征值不同,后者的本征值为$E_{N,l} = N + 1/2$,与零点能量的存在有关,见表 7.1。在式(7.10)中,θ是xy平面上的方位角。$L_n^{|l|}$和$a(\equiv\sqrt{\hbar/eB_0})$分别是相关的 Laguerre 多项式和磁长。这里值得注意的是,从均匀场的本征值可以看出,$\hat{\pi}_0^-$和$\hat{\pi}_0^+$分别可以看作下降算子和上升算子,即$\hat{\pi}_0^+\phi_{N-1,l-1} = \sqrt{N}\phi_{N,l}$,$\hat{\pi}_0^-\phi_{N,l} = \sqrt{N}\phi_{N-1,l-1}$。根据式(7.9),在 LL 指数$N = 0$的情况下,第一个分旋量设置为零,因为它是一个非负整数。值得注意的是,在均匀磁场中,每个整体朗道能级出现简并,根据它们的朗道能级指数N,

由无限量子态组成，且有不同的轨道角动量(l)。为了将它们和整体朗道能级区分开，在非均匀磁场中，从整体朗道能级中分离的量子态被称为角动量态。

在式(7.6)中，哈密顿算子$\hat{\mathbf{V}}$剩余部分的2×2矩阵块，剩余电位可表示为

$$\hat{\mathbf{V}} = \begin{pmatrix} \hat{V}_{\text{coul}} & \hat{V}_{+} \\ \hat{V}_{-} & \hat{V}_{\text{coul}} \end{pmatrix} \tag{7.11}$$

其中，4个矩阵元素为

$$\hat{V}_{\text{coul}} = C\frac{1}{\sqrt{r^2+d^2}} \tag{7.12}$$

$$\hat{V}_{\pm} = \mp \text{j}\exp(\mp \text{j}\theta) \times \begin{cases} 0 & (0 \leqslant r < r_{01}) \\ -\dfrac{1}{2\sqrt{2}r}(r^2 - r_{01}^2) & (r_{01} \leqslant r \leqslant r_{02}) \\ -\dfrac{1}{2\sqrt{2}r}(r_{02}^2 - r_{01}^2) & (r > r_{02}) \end{cases} \tag{7.13}$$

在对角项中(式(7.12))，库仑参数C表示电子与杂质的相互作用强度，表示为

$$C = \eta\frac{e^2}{2\sqrt{2}\epsilon v_{\text{F}} h} \tag{7.14}$$

单位为磁长。相位因子$\exp(\pm \text{j}\theta)$将在相应的矩阵元素的积分中被取消，因为涉及的两个分旋量的轨道角动量相差1(式(7.9))。

7.2.3 两态间转换的吸收系数公式

实验中的光谱学研究为探索量子点的电子态提供了方便的工具。为了计算在电偶极子近似下的光转换强度，将两种态转换的吸收系数定义为[40-41]

$$\alpha(\hbar\omega) = \sum_{f} \left|\langle n_{\text{f}}, l_{\text{f}} | r\exp(\pm \text{j}\theta) | n_{\text{i}}, l_{\text{i}}\rangle\right|^2 \hbar\omega\delta(\hbar\omega - |E_{\text{f}} - E_{\text{i}}|) \tag{7.15}$$

根据洛伦兹函数[42]，寿命宽度为Γ_f，表示为

$$\delta(\hbar\omega - |E_{\text{f}} - E_{\text{i}}|) = \frac{\Gamma_{\text{f}}}{\pi(\hbar\omega - |E_{\text{f}} - E_{\text{i}}|)^2 + \Gamma_{\text{f}}^2} \tag{7.16}$$

式中：$\hbar\omega$为入射光子能量；$|n_{\text{i}}, l_{\text{i}}\rangle$和$|n_{\text{f}}, l_{\text{f}}\rangle$分别为初始状态和最终状态；$E_{\text{i}}$和$E_{\text{f}}$分别为状态的相应能量本征值；±符号是指光的左/右的圆偏振。注意，在式(7.15)中，存在相位因子指数曲线($\pm \text{j}\theta$)产生了下列选择规则：矩阵元素$|\langle n_{\text{f}}, l_{\text{f}} | r\exp(\pm \text{j}\theta) | n_{\text{i}}, l_{\text{i}}\rangle|$在转换中与零元素不同，它的角动量被一个单位改变，即$\Delta l = \pm 1$，径向量子数n的变化不受任何限制。

在7.3节，给出了低能级光谱以及基于DW模型的石墨烯基磁点和磁环的光谱和强度。

7.3 利用狄拉克-外尔模型的磁点/环结果

7.3.1 形式框架的物理学基础

在此形式的基础上，本书中的数值结果仅限于几个最低量子态(n,l)，其中$n=0,1$和

$|l|\leqslant 3$。根据对基础物理学的观察讨论了数值结果。

(1) 通过均方轨道半径$\langle\phi_{nl}|r^2|\phi_{nl}\rangle\propto 2n+|l|+1=2N-l+1$,得出了电子绕中心运动的平均轨道尺寸。对于一个固定的径向量子数 n,角动量$|l|$越高,电子轨道离中心越远。

(2) 磁场的作用是把电子推向系统的中心。在式(7.10)中,可以从相位因子指数曲线($-r^2/4a^2$)看出。磁场越强,磁长就越短,从而使电子波函数接近系统的中心。

(3) 不同磁场中的点或环区域存在不同的角动量态,导致角动量态偏离相应的整体 LL。

(4) 在带电杂质存在的情况下,本征能的增加或减少以及整个光谱的向上或向下移动取决于带电杂质和电子之间的排斥或吸引库仑力。

7.3.2 磁点及环无杂质的低能谱

现在研究 WY 模型[38]。根据式(7.2)举例,关于中心区杂质,杂质与点/环平面的分离 $d=0$。对于磁环,外半径与内半径的比值为$r_{02}/r_{01}=1.5$。图 7.1 显示了无带电杂质的磁点和磁环的低能级光谱。在图 7.1 所示的无杂质情况下($\eta=0$),低能级光谱显示了水平轴附近的电子-空穴对称结构,零能级在无能级分裂的情况下保持高度简并,与磁场分布和磁场强度无关。上半部分和下半部分分别表示正(或电子)和负(或空穴)能量状态,而处于零能量状态的能量状态除外,这种状态用上标"0"表示。值得注意的是,根据现在的形式所得到的整个低能级光谱与使用两个非耦合哈密顿算子的光谱完全一样[33]。

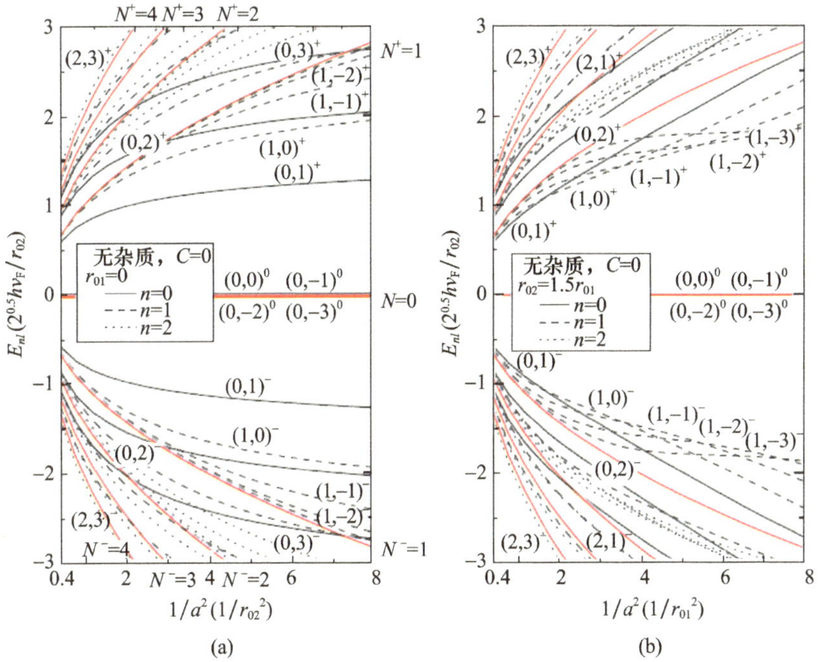

图 7.1 磁点和磁环的低能级光谱(其函数为 $1/a^2$,与磁场($\propto B_0$)成正比,无杂质,文献[38]注意到用红色的实曲线画出了最低的一些整体朗道能级(从 0 到 $N=4$),以供比较)
(a)磁点;(b)磁环。

对于相邻的朗道能级，从图 7.1(a) 中的磁点出发，表明随着磁场的增加，这些高度简并的朗道能级分裂为无限的角动量态，而对于特定的朗道能级，则由量子数 n 和 l 的混合来确定。这种能级分裂是由于物理事实所造成，即磁场将电子推向没有磁场存在的点区域。因此，角动量态的本征值比它们对应的原始朗道能级要低。在一个特定的朗道能级中，角动量 $|l|$ 越高，角动量态距离磁点越远，从而导致从原来的朗道能级中分离出的空间也就越小。由于 x 轴的磁场是按磁点半径 r_{02} 来确定尺寸，所以可以预期，当磁点尺寸越大，将电子推入磁点区域所需要的磁场就越弱。

在磁环的情况下（图 7.1(b)），在定质方面，低能状态与磁点状态完全不同。对于高朗道能级的磁环（$N \geqslant 1$），存在由磁场引起的角动量转换。对于合格的弱磁场，角动量态一般远离磁环区域，当磁环外的区域在均匀磁场中时，电子就像在均匀磁场中运动。因此，角动量态类似于整体朗道能级，它们的能量接近整体朗道能级能量。随着磁场的增加，磁场的限制效应将电子推向磁场为零的磁环区域。因此，电子能量低于整体朗道能级能量。当磁场进一步增大时，磁场限制效应将电子推向磁环的中心，在磁环中磁场为非零，电子再次在均匀磁场中运动。然后电子能级向整体朗道能级移动。换句话说，当磁场逐渐增大时，角动量态的本征能在不同的磁场中开始偏离整体朗道能级，然后在较大的磁场中再次向整体朗道能级移动，导致整体的角动量转换。根据环内半径 r_{01} 的 x 轴刻度，可以推断出当磁环区域离磁环心较远时，每个转换点都转向较弱磁场。

7.3.3 磁点及环带负电杂质的低能波谱

当电子与负电荷杂质之间的斥力参数为 $\eta = +1$ 且库仑参数为 $C = 0.5$ 时，图 7.2 显示了中心区域杂质的磁点和磁环的低能级光谱。由于电子和杂质之间的斥力，磁点和磁环的整个光谱都向上移动。由于电子－杂质的排斥作用，原高度简并的朗道能级（$N = 0$）变为非简并状态，并分裂为离散角动量态或类电子态。与其他角动量态相比，$(0,0)^0$ 态明显高于其邻近态，因为该态没有离心屏障，且电子离杂质中心更接近。对于正能态，在磁场 $r_{02}^2/a^2 \approx 4.5$ 的各态 $(1,0)^+$、$(1,-1)^+$、$(1,-2)^+$ 和 $(1,-3)^+$ 之间，磁点存在明显的能级交叉点。对于磁环，也可以观察到水平交叉效应，但由于磁场分布更为复杂，很难定义一个临界点（图 7.2(b)）。在电子－杂质相互作用系统中，存在两个相互作用能对给定朗道能级的角动量态的能级有相反的影响；一个是中心杂质的库仑力，另一个是相互竞争的非均匀磁场。在临界场下的能级与零 LL 很相似，其中库仑效应占主导地位。当磁场超过这个临界值时，角动量态的能级又恢复到无杂质态的能级。

7.3.4 磁点带正电杂质的低能谱

当负电荷的杂质被正电荷的杂质所取代时，正电荷态和负电荷态的光谱正好相反，零能态转化为空穴态。以正电荷杂质的磁点为例（式(7.2)中 $\eta = -1$）[37]，在这种情况下，根据以下的高斯型略微修改磁场分布，而不影响磁点的主要物理性质。

$$\boldsymbol{B} = \begin{cases} 0 & (0 \leqslant r < r_c) \\ B_0[1 - \exp(-(r-r_c)^2/r_0^2)\hat{\boldsymbol{e}}_z] & (r \geqslant r_c) \end{cases} \tag{7.17}$$

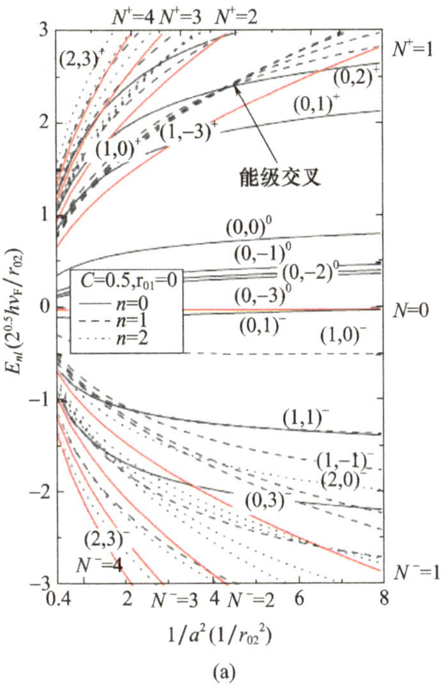

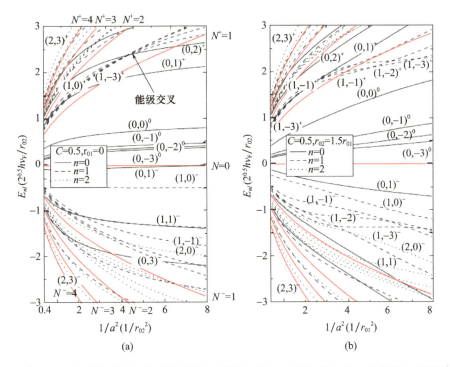

图 7.2 中心区域杂质的磁点和磁环的低能级光谱(与图 7.1 相同,具有中心杂质磁点和磁环[38])
(a)磁点;(b)磁环。

在这样的分布中,磁点上的磁场值为零,半径为 r_c,在 $r=r_c$ 时从 0 呈指数增加,在 r 足够的时候到达最大值 B_0,有效磁点半径 r_c+r_0 可以描述总体磁点的大小。极坐标上的对应圆对称向量势 $\boldsymbol{A}$ 的表达式为

$$\boldsymbol{A}=\begin{cases}0 \quad (0\leqslant r<r_c)\\ \left\{\dfrac{B_0}{2}\dfrac{(r^2-r_c^2)}{r}\right.\\ -\dfrac{B_0r_0^2}{2r}\left[1-\exp\left(-\dfrac{(r-r_c)^2}{r_0^2}\right)\right]\\ \left.-\dfrac{B_0r_cr_0\sqrt{\pi}}{2r}\mathrm{erf}\left(\dfrac{r-r_c}{r_0}\right)\right\} \quad (r\geqslant r_c)\end{cases} \tag{7.18}$$

为了简化,假设 $r_c=0$,库仑参数 $C=0.5$,杂质与磁点平面的分离为 $d=0.5a$,给出了低能级谱作为磁场和磁点尺寸的函数。图 7.3 和图 7.4 显示了无杂质和带杂质磁点的低能级光谱。对于无杂质情况(图 7.3(a)),具有高斯场分布磁点的低能级光谱性质与图 7.1(a)相同。

在图 7.3(b)中,磁点尺寸的增加使电子状态更容易在低磁场中移动,它的本征能变得更低,远离整体朗道能级。与图 7.3(a)相似,无论磁点大小,零能量状态仍然是简并。

如图 7.4 所示,初始的高度简并零能量状态现在转为向下类似空穴状态。它们变成非简并状态,并分裂成分立的角动量态。在这些状态中,$(0,-3)^0$ 态比相邻态更接近零能量,并且受影响最小,因为这种态距离磁点中心最远,并对杂质的排斥最小。此外,由于带电杂质远离磁点,杂质对空穴的库仑效应较弱。在弱磁场$r_0^2/a^2 \approx 2$中(图7.3(a))的空穴状态下,磁点尺寸为$r_0/a \approx 2$(图7.3(b))的情况下,存在各态之间$(1,0)^+$、$(1,-1)^+$、$(1,-2)^+$和$(1,-3)^+$的能级交叉临界点。

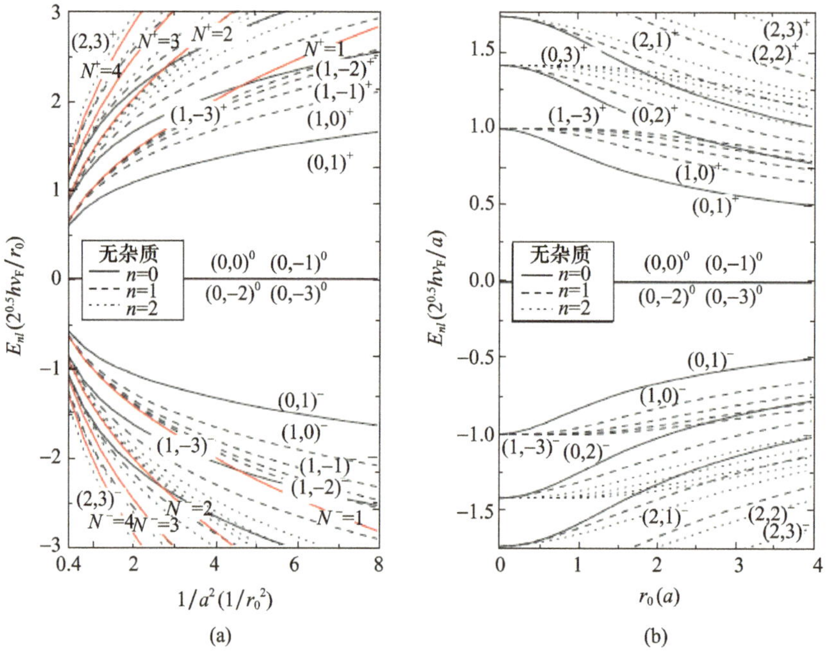

图7.3　无杂质磁点的低能级光谱为磁场和磁点尺寸的函数(磁场分布是高斯型[37])

(a)磁场$\frac{1}{a^2}(\propto B_0)$;(b)磁点。

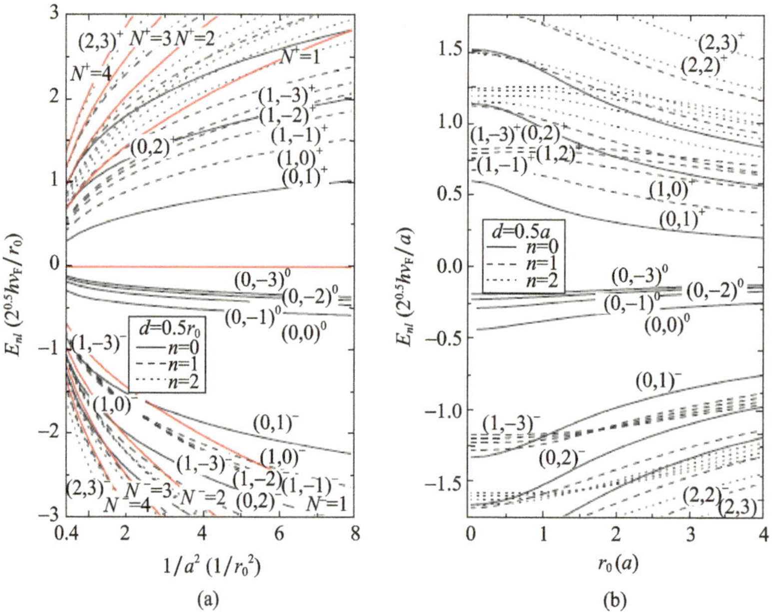

图7.4　有杂质磁点的低能光谱为磁场和磁点尺寸的函数[37]

(a)磁场;(b)磁点。

7.3.5 磁点带负电杂质时两态间转换的吸收系数

以离中心的负电荷杂质的磁点系统为例[36]，仍然能使用式(7.17)中的高斯型，且 $r_c=0$表示磁场分布。用式(7.15)计算了吸收系数。图7.5和图7.6显示了在不同库仑参数 $C=0.5$ 和0.8的情况下，一个特殊的LL($N=1$)的4种典型低能级态 $|n,l\rangle$ 引起的吸收光谱的演化。

电子(图7.5)和空穴(图7.6)态的吸收系数的变化有很大的不同。根据以上对不同场分布的分析，在电子状态下可能会出现一个特殊的LL的能级交叉，并且存在临界场($C=0.5$ 时，$\frac{r_0^{\ 2}}{a^2}\approx 2$ 和 $C=0.8$ 时，$\frac{r_0^{\ 2}}{a^2}\approx 3$，见图7.5(a)的插图)，且在临界磁点尺寸($C=0.5$ 时，$r_0\approx 1.75a$ 和 $C=0.8$ 时，$r_0\approx 2.5a$，见图7.5(b)的插图)，由于两个能级存在的能量差，$\Delta E_{n,l}$为零。在这样的临界值下，吸收系数就变成了零。而在空穴状态(图7.6)下，可以很好解决相同LL之间能带内转变的峰，并且在很大程度上受到库仑强度的影响。当库仑参数增大时，峰转移到较高的光子能量。从整体上看，因为出现了相应的消失值，吸收系数的变化可以有效地确定逆向能级，光学光谱学是验证磁点系统中带电杂质存在的合适工具。

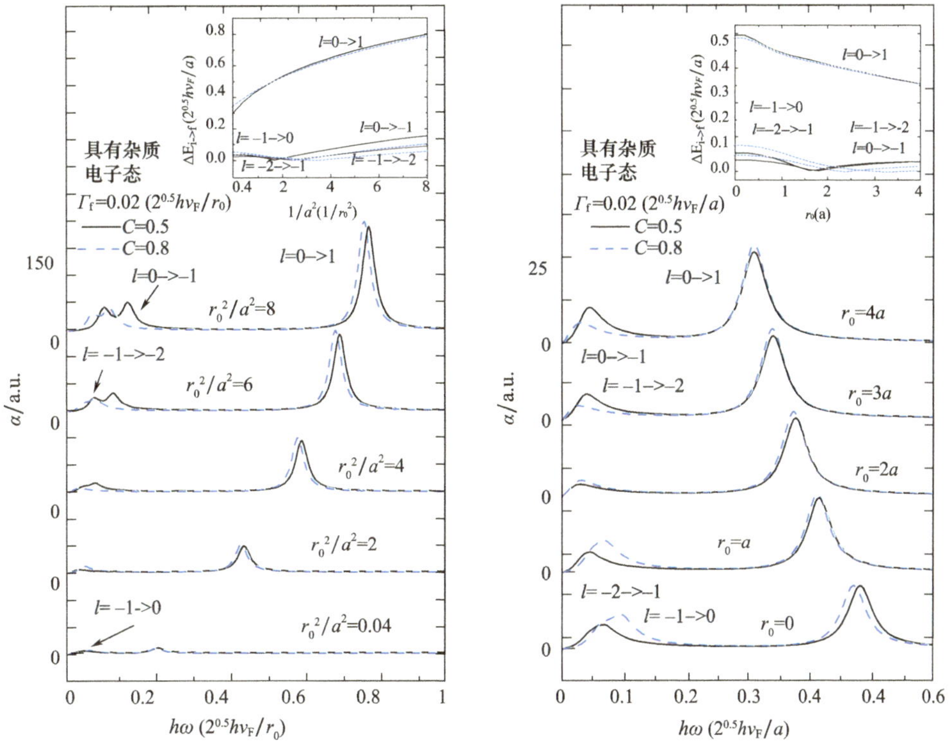

(a) (b)

图7.5 高斯场分布的磁点中由于离中心负电荷杂质电子态的能带内 $|1,0\rangle\to|1,1\rangle$，$|1,0\rangle\to|1,-1\rangle$ 和 $|1,-1\rangle\to|1,-2\rangle$ 转变下，(a)不同的磁场和(b)不同的磁点尺寸的吸收光谱(使用了两个库仑参数，$C=0.5$ 和 $C=0.8$。请注意，插图显示了两个转变状态之间的能量差异[36])

(a)不同磁场；(b)不同磁点尺寸。

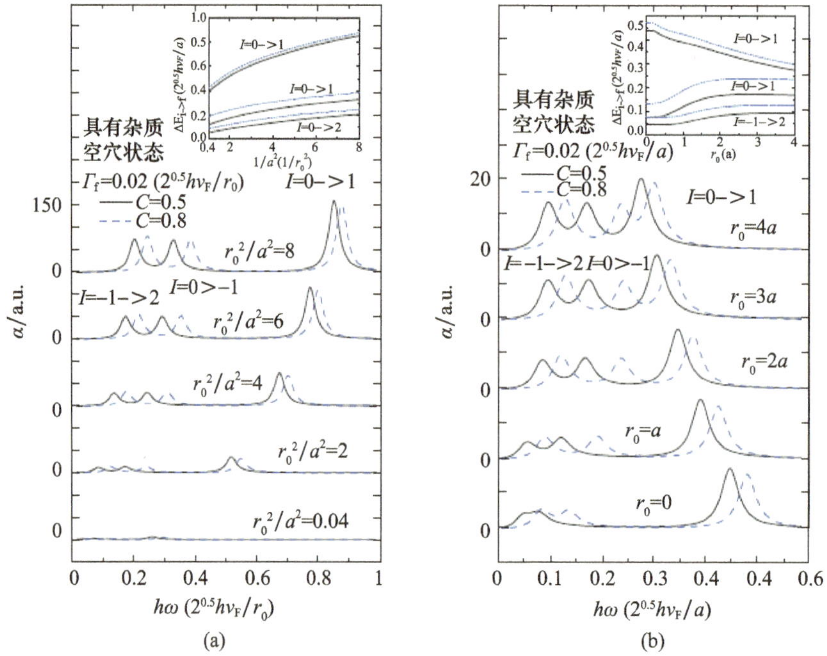

图 7.6 （与图 7.5 相同）空穴状态下(a)不同磁场和(b)不同磁点尺寸吸收光谱[36]

7.3.6 内、外半径间具有不同磁场的磁点

最后，利用与上述不同的磁场成像，讨论与中心区域的正电荷杂质结合的磁点系统的低能级谱。由以下组成精确的磁场分布：磁点内和磁点外的磁场有不同的常数值和比值 α。文献[35]表示为：当 $0 \leqslant r < r_0$ 时，内磁场为 $B(r) = B_{in}[=\alpha B_0]$ 而当 $r \geqslant r_0$，外磁场为 $B_{out}[=B_0]$。当磁场比 α 为负时，内、外磁场的方向相反。$\alpha = 1$ 时，整个系统上的磁场一致，而 $\alpha = 0$ 时，磁点内的磁场为零。然后给出具有圆对称的相应向量势 $\boldsymbol{A}$，即

$$\boldsymbol{A} = \begin{cases} \dfrac{\alpha B_0 r}{2} & (0 \leqslant r < r_0) \\ \dfrac{B_0(r^2 - (1-\alpha)r_0^2)}{2r} & (r \geqslant r_0) \end{cases} \tag{7.19}$$

在图 7.7(a)和图 7.8(a)中，分别用不同的磁点尺寸，即 $r_0 = 2a$ 和 $4a$ 为例，无杂质情况下的低光谱作为 α 的函数。这两种光谱都显示了水平轴附近的电子－空穴对称结构。当 α 从 1 开始变化时，在零能量下的零能量状态保持高度简并。由于电子－空穴对称性，这里只讨论了正能态的光谱。上述两图表明，在 $\alpha = 1$ 的所有对应整体朗道能级($N > 0$)时，因为整个系统处于均匀磁场中，角动量态高度简并。随着 α 从 1 开始增大和减小，光谱在不同磁点尺寸上表现出不同的特征。这里集中讨论($n, l \leqslant 0$)态。在图 7.7(a)中，磁点尺寸较小时($r_0 = 2a$)，相应的整体朗道能级是非简并状态，并在 $\alpha = 1$ 的逆序能级下分裂成离散的角动量状态。当 $\alpha > 1$ 时 B_{in} 更强，($n, l \leqslant 0$)态被推到磁点中心，电子在均匀场 B_{in} 中运动。它们的本征能将显著增加，因为相应的 LL 的本征值与 $\sqrt{B_{in}}$ 或 $\sqrt{\alpha}$ 成正比。此外，在给定的 LL 值下，如果 $|l|$ 越高，态离磁点中心越远，离磁点边缘或甚至是边缘外的区域越近，导致它的本征能向更远的方向偏离相应的整体朗道能级。从图 7.7(a)可以看出，与第一个 LL

($N=1$)的相邻整体朗道能级相比，最接近磁点中心的状态(1,0)偏离整体朗道能级最小。在磁点尺寸较大时($r_0=4a$)，如图 7.8(a)所示，因为所有的角动量状态，包括给定的朗道能级的($n,l>0$)，远离磁点边缘并更接近磁点中心。电子在均匀的内磁场中运动。所有的态在相应的整体朗道能级下都是高度简并，且它们的本征能随$\sqrt{\alpha}$单调增加。

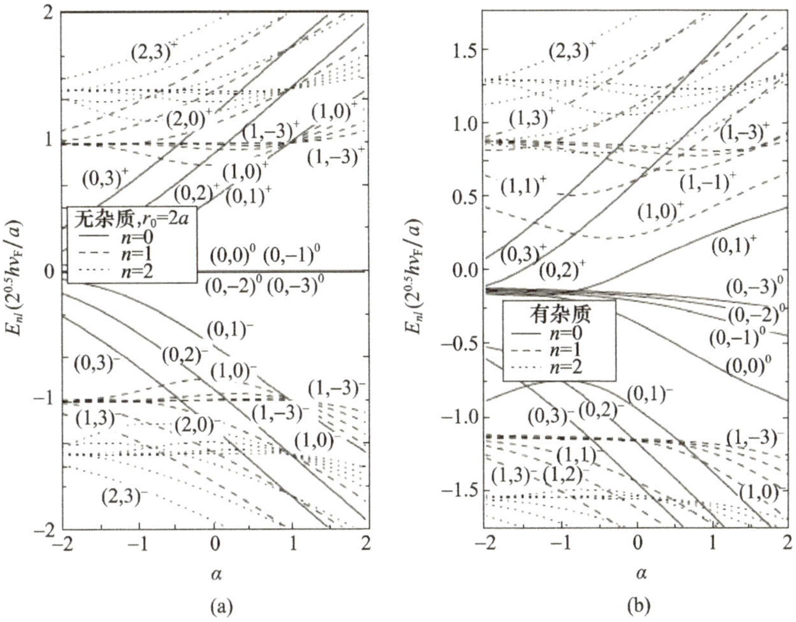

图 7.7　磁点大小为$r_0=2a$ 时的低能级光谱(作为磁场比 α 的函数)

(a)无杂质;(b)有杂质[35]。

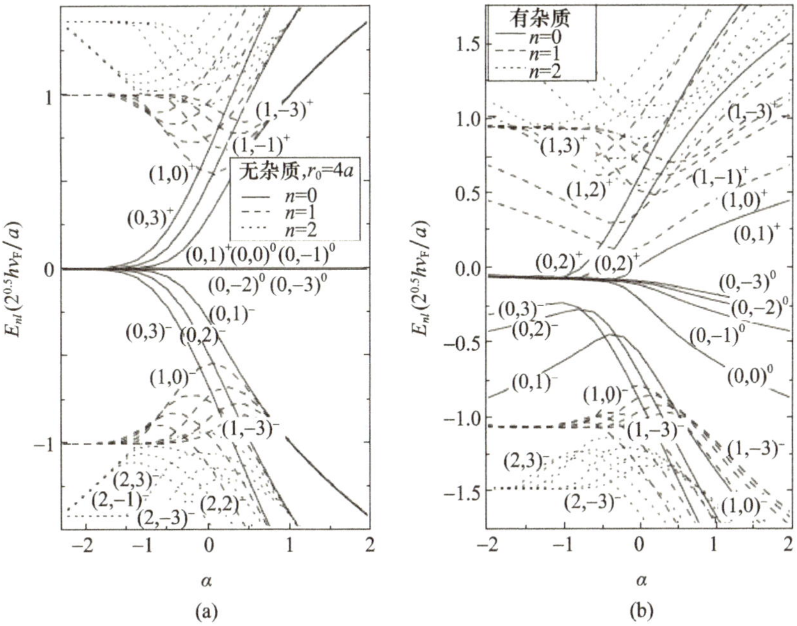

图 7.8　(与图 7.7 相同)磁点大小为$r_0=4a$ 时低能级光谱

(a)无杂质;(b)有杂质[35]。

相反，当 α 从1减小到0时，分别从图7.7(a)和图7.7(b)中的小磁点和大磁点可以看到，B_{in} 会变得较弱，并且使态远离磁点中心，甚至远离磁点边缘。当它的值由零进一步变为负值时，状态被 B_{in} 排斥，使它远离磁点边缘，最终电子将在均匀的外磁场 B_{out} 中运动。它的本征能趋于由常数 B_{out} 引起的对应朗道能级的常数值，但与 α 无关。在这些状态中，以第一个朗道能级为例，状态(1, -3)离磁点边缘最近，磁边缘的非均匀磁场作用最小。因此，在 α 范围非常大的情况下，甚至在整个系统的均匀磁场中，即 $\alpha=1$ 时，这种状态距离整体朗道能级最近。

对于这些正角动量态，这里需要注意3种情况：①在磁场中运动的态($n,l>0$)等于方向相反的磁场中的($n,-l$)态，②因此，当 α 减小到 -2 时，可以看到图7.8(a)中的较大的磁点($r_0=4a$)，这些态(0,1)和(0,2)及(0,3)都合并到磁点外面的零朗道能级，尽管正 α 值较大，它们趋于磁点内部的不同朗道能级，③对于图7.7(a)中的较小的磁点($r_0=2a$)，这些正角动量态仍然是非简并，尽管磁点非常小，并且需要足够大的负 α 值使它们合并到相应的整体朗道能级。换句话说，磁点越小，角动量态下的逆向 B_{in} 越小，并且需要较大逆向 B_{in} 将它们合并到简并态。

现在研究下中心区域正电荷杂质的情况。在图7.7(b)和图7.8(b)中分别绘制了相应的小磁点和大磁点的低能级光谱。从图中可以看出，整个光谱向下移动，电子-空穴对称结构明显断裂。初始高度简并零能量态开始为非简并状态，并在一定的 α 下分裂为离散角动量态。由于正电荷杂质的库仑势吸引电子，零能态现在变成了类空穴态。在这些状态中，$(0,-3)^0$ 是离零能量最近的状态，也是最稳定的状态，因为它离磁点中心最远，而且它与正电荷杂质的相互作用最小。当 α 为负值时，这些状态包括那些正角动量态，即 $(0,1)^+$、$(0,2)^+$、$(0,3)^+$ 将合并到简并状态，且与无杂质情况相比较，本征能降低到一定数量。这意味着尽管电子离磁点很远，但库仑效应仍然很重要。

对于大磁点(图7.8(b))，在负能量状态下，每个朗道能级为正 α 值时，存在一个逆向能级的临界点。在临界点 α 之上，能级类似于零能级态。这意味着库仑效应仍然很重要。在临界点以下，能级回归到无杂质情况下的态，磁约束成为主导。对于负 α，由于库仑势，与整体朗道能级相比，这些状态包括 $(n\geqslant1,l>0)^-$ 与相应的简并本征能合并，并按一定数量下移，但状态 $(0,l>0)^-$ 除外。对于这些特殊状态，它们的本征能表现出随着 $|\alpha|$ 明显的增加，意味着它们更接近磁点中心，因此主要受 B_{in} 而不是 B_{out} 的影响。在正能量状态下，由于库仑势和磁约束对电子态的影响相似，不能观测到与负能量状态类似的临界点的逆向能级。相反，如果是 α 为正值，给定朗道能级的正能量状态会单独增加。

图7.7(b)显示小磁点($r_0=2a$)的光谱在性质上与大磁点($r_0=4a$)光谱相似。不过还是有一些区别：①即使在正能量状态下，在第一个朗道能级($N=1$)存在逆向能级序点；②在负能量的状态下，在第一个朗道能级($N=1$)不存在逆向能级序点，而在 $\alpha\approx0.5$ 时，这些高度简并态开始非简并，因为此时库仑效应与磁约束相比更强。

7.4 小结

综上所述，利用球对称DW模型，研究了单电子相互作用石墨烯系统的低能和能带内转变强度，它们与不同磁性的纳米结构的带电杂质相结合，并由磁场的各种非均匀分布所决定,即磁点和磁环。下面列出几个关键数值结果的结论。

(1) 将 DW 模型适用于石墨烯,低能本征能的朗道能级与固定场下不等间距磁场的平方根成正比,而对于薛定谔模型,朗道能级与等间距磁场呈线性关系。

(2) 对于没有带电杂质的磁点或磁环分布,在 DW 模型中,当磁场增大时,朗道能级变为非简并状态,并分裂为离散角动量态,但零能量基态 $N=0$ 仍然高度简并且没有能级分裂,无论磁场强度有多大。磁环的 $N>0$ 时能量谱有能级交叉,而磁点没有能级交叉。在使用薛定谔模型时,零能基态在磁点和磁环系统中都成为非简并态,并且磁环具有基态能级交叉。

(3) 无论磁点还是磁环,电荷杂质产生的库仑势破坏了光谱中的电子-空穴对称性。初始的高简并零基态变为简并,分裂成具有正本征能的类电子态或带负本征能的类空穴态,取决于杂质的负电荷或正电荷。

(4) 对于相邻较高的朗道能级,由于带电杂质的库仑力与均匀磁场强度之间的竞争,存在一个临界磁场强度,其中低能级序正好相反。

(5) 与电荷相反的库仑杂质相比,正能电子态和负能空穴态的能量谱正好相反,零能量态转化为正电荷和负电荷的杂质相应的类空穴态和电子态。

参考文献

[1] Smirnov, V. P., Tokamak foundation in USSR/Russia 1950 – 1990. *Nucl. Fusion*, 50, 014003, 2010.

[2] Berry, M. V. and Geim, A. K., Of flying frogs and levitrons. *Eur. J. Phys.*, 18, 307, 1997.

[3] Gerlach, W. and Stern, O., Das magnetische Moment des Silberatoms. *Z. Phys.*, 9, 353, 1922.

[4] Lee, S. J., Souma, S., Ihm, G., Chang, K. J., Magnetic quantum dots and magnetic edge states. *Phys. Rep.*, 394, 1, 2004.

[5] Lee, C. M., Ruan, W. Y., Li, J. Q., Lee, R. C. H., Magnetic – field dependence of low – lying spectra in magnetic quantum rings and dots. *Phys. Rev. B*, 71, 195305, 2005.

[6] Lee, C. M., Ruan, W. Y., Li, J. Q., Lee, R. C. H., Optical spectra and intensities of a magnetic quantum ring bound to an off – center neutral donorD^0. *Phys. Rev. B*, 73, 212407, 2006.

[7] Sim, H. S., Ahn, K. H., Chang, K. J., Ihm, G., Kim, N., Lee, S. J., Magnetic edge states in a magnetic quantum dot. *Phys. Rev. Lett.*, 80, 1501, 1998.

[8] Lent, C. S., Edge states in a circular quantum dot. *Phys. Rev. B*, 43, 4179, 1991.

[9] Mallon, G. P. and Maksym, P. A., Stability of interacting electrons in a magnetic quantum dot. *Physica B*, 186, 256 – 258, 1998.

[10] Reijnier, J., Peeters, F. M., Matulis, A., Quantum states in a magnetic antidot. *Phys. Rev. B*, 59, 2817, 1999.

[11] Kim, N., Ihm, G., Sim, H. S., Chang, K. J., Electronic structure of a magnetic quantum ring. *Phys. Rev. B*, 60, 8767, 1999.

[12] For reviews, C. W. J., Beenakker, Colloquium: Andreev reflection and Klein tunneling in graphene. *Rev. Mod. Phys.*, 80, 1337, 2008.

Castro Neto, A. H., Guinea, F., Peres, N. M. R., Novoselov, K. S., Geim, A. K., The electronic properties of graphene. *Rev. Mod. Phys.*, 81, 109, 2009.

Abergel, D. S. L., Apalkov, V., Berashevich, J., Ziegler, K., Chakraborty, T., Properties of graphene: A theoretical perspective. *Adv. Phys.* ,59,261,2010.

N. M. R. Peres, Colloquium: The transport properties of graphene: An introduction. *Rev. Mod. Phys.* ,82, 2673,2010.

Goerbig, M. O. , Electronic properties of graphene in a strong magnetic field. *Rev. Mod. Phys.* , 83, 1193,2011.

Kotov, V. N. ,Uchoa, B. ,Pereira, V. M. ,Guinea, F. ,Castro Neto, A. H. ,Electron – electron interactions in graphene: Current status and perspectives. *Rev. Mod. Phys.* ,84,1067,2012.

[13] Novoselov, K. S. ,Geim, A. K. ,Morozov, S. V. ,Jiang, D. ,Katsnelson, M. I. ,Grigorieva, I. V. ,Dubonos, S. V. ,Firsov, A. A. ,Two – dimensional gas of massless Dirac fermions in graphene. *Nature (London)*, 438,197,2005.

[14] Gunlycke, D. ,Lawler, H. M. ,White, C. T. ,Room – temperature ballistic transport in narrow graphene strips. *Phys. Rev. B*,75,085418,2007.

[15] Novoselov, K. S. ,Jiang, Z. ,Zhang, Y. ,Morozov, S. V. ,Stormer, H. L. ,Zeitler, U. ,Maan, J. C. ,Boebinger, G. S. ,Kim, P. ,Geim, A. K. ,Room – temperature quantum Hall effect in graphene. *Science*,315, 1379,2007.

[16] Zhang, Y. ,Tan, Y. W. ,Stormer, H. L. ,Kim, P. ,Experimental observation of the quantum Hall effect and Berry's phase in graphene. *Nature(London)*,438,201,2005.

[17] Novoselov, K. S. ,Geim, A. K. ,Morozov, S. V. ,Jiang, D. ,Zhang, Y. ,Dubonos, S. V. ,Grigorieva, I. V. , Firsov, A. A. ,Electric field effect in atomically thin carbon films. *Science*,306,666,2004.

[18] Klein, O. ,Die Reflexion von Elektronen an einem Potentialsprung nach der relativis – tischen Dynamik von Dirac. *Z. Phys.* ,53,157,1929.

[19] De Martino, A. ,Dell' Anna, L. ,Egger, R. ,Magnetic confinement of massless dirac fermions in graphene. *Phys. Rev. Lett.* ,98,066802,2007.

[20] De Martino, A. ,Magnetic barriers and confinement of Dirac – Weyl quasiparticles in graphene. *Solid State Commun.* ,144,547,2007.

[21] Dell' Anna, L. and De Martino, A. , Multiple magnetic barriers in graphene. *Phys. Rev. B*, 79, 045420,2009.

[22] Martino, A. D. and Egger, R. ,On the spectrum of a magnetic quantum dot in graphene. *Semicond. Sci. Technol.* ,25,034006,2010.

[23] Ghosh, T. K. ,Exact solutions for a Dirac electron in an exponentially decaying magnetic field. *J. Phys: Condens. Matter*,21,045505,2009.

[24] Wang, D. L. and Jin, G. J. ,Bound states of Dirac electrons in a graphene – based magnetic quantum dot. *Phys. Lett. A*,373,4082,2009.

[25] Kuru, S. ,Negro, J. M. ,Nieto, L. M. ,Exact analytic solutions for a Dirac electron moving in graphene under magnetic fields. *J. Phys: Condens. Matter*,21,455305,2009.

[26] Ramezani Masir, M. ,Matulis, A. ,Peeters, F. M. ,Quasibound states of Schrödinger and Dirac electrons in a magnetic quantum dot. *Phys. Rev. B*,79,155451,2009.

[27] Chen, H. Y. ,Apalkov, V. ,Chakraborty, T. ,Fock – Darwin states of dirac electrons in graphenebased artificial atoms. *Phys. Rev. Lett.* ,98,186803,2007.

[28] Matulis, A. and Peeters, F. M. ,Quasibound states of quantum dots in single and bilayer graphene. *Phys. Rev. B*,77,115423,2008.

[29] Hewageegana, P. and Apalkov, V. , Electron localization in graphene quantum dots. *Phys. Rev. B*,77, 245426,2008.

[30] Wang, D. L. and Jin, G. J., Combined effect of magnetic and electric fields on Landau level spectrum and magneto – optical absorption in bilayer graphene. *Europhys. Lett.*, 92, 57008, 2010.

[31] Song, Y. and Guo, Y., Electrically induced bound state switches and near – linearly tunable optical transitions in graphene under a magnetic field. *J. Appl. Phys.*, 109, 104306, 2011.

[32] Silvestrov, P. G. and Efetov, K. B., Quantum dots in graphene. *Phys. Rev. Lett.*, 98, 016802, 2007.

[33] Lee, C. M., Lee, R. C. H., Ruan, W. Y., Chou, M. Y., Low – lying spectra of massless Dirac electron in magnetic dot and ring. *Appl. Phys. Lett.*, 96, 212101, 2010.

[34] Lee, C. M., Lee, R. C. H., Ruan, W. Y., Chou, M. Y., Energy spectra of a single – electron magnetic dot using the massless Dirac – Weyl equation. *J. Phys. Condens. Matter*, 22, 355501, 2010.

[35] Lee, C. M. and Chan, K. S., Coulomb impurity effect on Dirac electron in graphene magnetic dot. *J. Appl. Phys.*, 114, 143708, 2013.

[36] Lee, C. M. and Chan, K. S., Optical spectra and intensities of graphene magnetic dot bound to a negatively charged Coulomb impurity. *J. Appl. Phys.*, 116, 043712, 2014.

[37] Lee, C. M. and Chan, K. S., Effect of off – center positively charged Coulomb impurity on Dirac states in graphene magnetic dot. *Solid State Commun.*, 185, 52, 2014.

[38] Lee, C. M., Chan, K. S., Johnny, Y. H., Chung, Effect of negatively charged impurity on grapheme magnetic rings. *J. Phys. Soc. Jpn.*, 83, 034007, 2014.

[39] Lee, C. M. and Chan, K. S., Coulomb impurity effect on electrically induced Dirac bound states in graphene. *Int. J. Mod. Phys. B*, 29, 1550037, 2015.

[40] Amado, M., Lima, R. P. A., Gonzalez – Santander, C., Dominguez – Adame, F., Donor – bound electrons in quantum rings under magnetic fields. *Phys. Rev. B*, 76, 073312, 2007.

[41] Lima, R. P. A. and Amado, M., Electronic states of on – and off – center donors in quantum rings of finite width. *J. Lumin.*, 128, 858, 2008.

[42] Sahin, M., Photoionization cross – section and intersublevel transitions in a one – and two – electron spherical quantum dot with a hydrogenic impurity. *Phys. Rev. B*, 77, 045317, 2008.

第8章　生物电子学中的石墨烯

B. K. Sahoo[1*], S. Sahoo[2]
[1]印度恰蒂斯加尔邦赖布尔国立理工学院物理系
[2]印度西孟加拉邦杜尔加普尔国立理工学院物理系

摘　要　生物电子学是应用电子学来解决生物学、医学和环境中的一些基本问题的科学。目前研究人员正在研究一种用于生物电子器件的高灵敏度和优异性能的材料。石墨烯杰出和独特的特性吸引了科学界将其开发用于生物医学应用的生物电子设备。本章讨论了石墨烯在生物电子学领域潜在应用的最新进展。

高表面积对生物分子的吸附能力强且高效，因此石墨烯可用于生物传感器中作为生物分子识别元件。其具有优异的光学性能可被用于生物电子显示系统的LCD触摸屏。其优异的电子性能（电导率、迁移率、量子霍尔效应、跨导和室温弹道传输）使其成为纳米电子学中应用于场效应晶体管的潜在材料，可以用于更快操作和采集数据。由于石墨烯具有显著的生物相容性和化学惰性，可以用于检测心脏细胞中的动作电位，并能与神经元和其他传递神经冲动的细胞相接触。石墨烯强大的机械强度为下一代仿生技术中的医疗修复设备提供了广阔的应用前景。石墨烯无与伦比的热导率可以解决生物电子器件中的自热问题。目前，研究人员对石墨烯在生物电子学的研究还处于起步阶段，然而，对其特殊性质的研究将促使其成为一种潜在的材料。

关键词　石墨烯，生物电子学，生物相容性，导电性，迁移率

8.1　引言

碳是周期表中最有趣的元素之一，它有不同的同素异形体。石墨烯是最近发现的碳的二维同素异形体。在石墨烯之前，已知三维（钻石和石墨）、一维（碳纳米管）和零维（富勒烯）碳同素异形体（图8.1）[1]。三维异极体已经被人们所熟知并广泛使用了几个世纪。1985年发现富勒烯[2]，1991年发现碳纳米管[3]，2004年发现石墨烯[4-5]。碳表现出一些显著的矛盾性质。例如，钻石是已知最硬的自然生成的物质，而石墨是已知的最柔软的物质之一。钻石就像绝缘体，而石墨是很好的电导体。两者都是碳的三维形式。石墨烯的名字来自“石墨＋－烯”；石墨本身由许多石墨烯片组成，由微弱的范德瓦耳斯力耦合。自发现石墨烯以来，石墨烯已成为材料科学、物理和化学领域研究的热点之一。

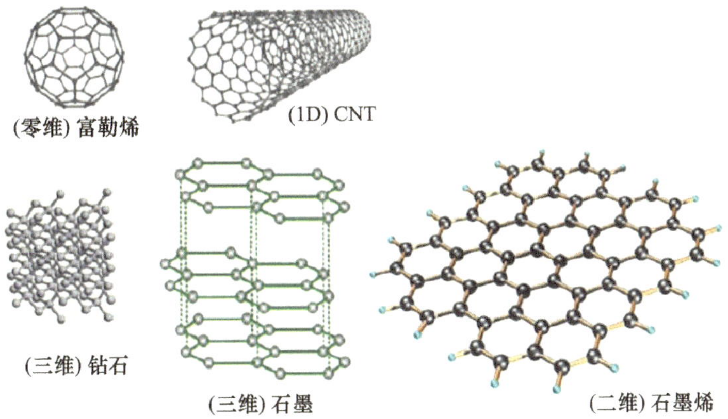

图 8.1 不同的碳同素异形体[1]

石墨烯是单层碳原子填充的密集蜂窝状晶体结构[6-7]。石墨烯片为单原子厚,是 sp^2 键合碳组成的二维层。在石墨烯中,碳原子以六边形结构排列。每个原子都有 4 个价电子:1 个 s 和 3 个 p 轨道。s 轨道和两个 p 轨道在平面上杂化形成强的共价键。离面 p 轨道贡献了电导率[1]。p_x 和 p_y 轨道各包含一个电子,剩下的 p_z 只有一个电子。p_z 轨道与相邻碳原子的 p_z 轨道重合,形成 pi(π)键,其余的轨道与相邻碳原子形成 σ 键。因此,石墨烯中的每个碳原子通过 σ 键和一个单 π 键与相邻的 3 个碳原子键合。每一个 π 键都是由一对在自然界中运动的自由电子组成的。它们是石墨烯导电性能较高的原因,而 σ 键决定石墨烯的固态特性。石墨烯每晶胞有两个原子。石墨烯的 C—C 键长度约为 1.42Å, 1Å(angstrom) = 0.1nm 或 1×10^{-10}m。石墨烯是迄今为止测试的最薄且最强的材料。石墨烯的一个不寻常的特性是,即使电荷载流子浓度 n 趋于零,它的电导率仍然有限;而且,它的值接近导电量子 $4e^2/h$。石墨烯的电荷载流子(电子)在费米速度上($v_F \sim c/300 = 10^6$m/s)具有很大的迁移率。这些粒子被称为狄拉克费米子,服从相对论物理学。这种独特的特性使石墨烯成为现代科学技术的一颗新星。

石墨烯中的电子服从线性色散关系,即 $E = \hbar k v_F = p v_F$,其中 $p = \hbar k$ 为动量和 v_F 是电子在石墨烯中的速度,称为费米速度。这里,$E \alpha p = \sqrt{p^2 + 0}$ 意味着有效静止质量为零(因为,具有静止质量 m_0 并在介质中随速度 u 运动的粒子的能量为 $E = \sqrt{p^2 u^2 + m_0^2 u^4}$])。因此,石墨烯的电荷载流子具有零有效质量,并以恒定速度运动。石墨烯中的电子实际上并不是没有质量的。有效质量是一个参数,可以描述电子在特定波向量上如何响应外加力。由于限制在石墨烯上的电子速度一直为常数,这表明参数(有效质量)消失。

石墨烯被认为是所有石墨材料之母,因为它是所有其他维度碳材料的基石[8-12]。石墨是通过石墨烯层的叠加而得到的。通过将二维 sp^2 键转化为三维 sp^3 键,可以在极端压力和温度下从石墨烯中得到钻石。碳纳米管是由向上卷起石墨烯合成所得。也可以通过系统地将六边形修饰成五边形和七边形而从石墨烯中得到富勒烯。

石墨烯是半导体还是金属? 对于这个问题,人们有不同的看法:①石墨烯经常被称为零间隙半导体,因为态密度由 $D(E) = |E|/2\pi \hbar^2 v_F^2$ 决定,在 $E = 0$ 时态密度消失。但只要忽略有效散射强度的变化,就能发现石墨烯的电导率与费米能和电子浓度无关。因此,石

墨烯被认为是一种金属[13]而不是零间隙半导体。②通常只需要一个能带来描述金属，而半导体则需要两个能带(导带和价带)以及它们之间的能隙来描述。石墨烯有两个能带：一个能带是空的，填充物为粒子；另一个能带是填充的反粒子(空穴)，但这两个能带之间没有空隙。这就是为什么石墨烯被认为是金属和半导体的混合体[14]。

由于石墨烯在光谱上没有间隙，对于许多设备应用来说，在需要大通断电流比率的情况下，这是个缺点。为了在石墨烯能带中形成一个间隙，着重对石墨烯领域进行了大量研究工作。由此得到最简单的方法是：若认为蜂窝晶格是由两个完全相同的互穿三角形晶格构成的，就没有能带隙，若两个亚晶格不同，就会产生一个间隙。本章在讨论石墨烯的一些独特性能和应用之后，又讨论了石墨烯在生物电子学中的潜在应用方面的最新发展，在这些应用中以不同的方式利用石墨烯的特性。

8.2 石墨烯的独特性能

石墨烯被称为“奇迹材料”[15]，因为它拥有诸多非凡和独特的特性。以下讨论了其中一些问题。

1. 无质量电荷粒子

在普通金属或半导体中，电子能量可以写成 $E=\hbar^2\boldsymbol{k}^2/2m^*$，其中 $\hbar=h/2\pi$，h 是普朗克常数，$\boldsymbol{k}$ 是波向量，$m*$ 是电子的有效质量。但在石墨烯电子服从线性色散关系(即电子能量与波向量呈线性比例关系，即 $E=\hbar\boldsymbol{k}v_F$)的情况下，石墨烯电子表现为无质量相对性粒子，称为狄拉克费米子。v_F是电子在石墨烯中的费米速度。这个性质意味着电子在石墨烯中的速度是一个常数，与动量无关，就像光子的速度是一个常数 c。人们发现，石墨烯的电子速度约为 10^6 m/s。这个速度很大，但仍然比真空 c 中光速慢 300 倍。由于电子相对于它们相互作用时交换的快速光子而言是缓慢的，因此石墨烯的电子 - 电子相互作用的物理学不同于量子电动力学(quantum electrodynamics，QED)中费米子之间的光子介导的相互作用。在石墨烯中，电子之间的相互作用非常强，石墨烯的无量纲耦合常数 $\alpha_{GR}=e^2/\hbar v_F\approx1$ 大于量子电动力学的无因次耦合常数 $\alpha=e^2/\hbar c\approx1/137$。$c$ 和 v_F之间的巨大差异意味着石墨烯片中的相互作用的电子并不像 QED 的二维类型。

2. 大迁移率和最低电阻率

石墨烯在室温下具有很高的电子迁移率，其数值为 25000cm²/(V·s)。石墨烯片对应的电阻率为 $10^{-6}\Omega\cdot$cm，小于银的电阻率，这也是室温下已知的电阻率最低的物质。

3. 零电荷浓度非零电导率

在载流子电荷浓度为零的情况下，石墨烯表现了量子单位为 $4e^2/h$ 的最低有序电导率。但在普通系统中，当电荷浓度为零时，电导率为零。至今仍不清楚这种特殊特性的来源。

4. 量子反常霍尔效应

石墨烯在低温的强垂直磁场下表现出非常有趣的特征。在垂直磁场 B 存在的情况下，束缚在二维空间中的电子(空穴)被约束在紧密的回旋轨道上运动，在量子力学中为量子化[16]。回旋轨道的量子化反映在能级的量子化中：在有限磁场 B 时，当 $B=0$，色散被一组离散的能级所取代，称为朗道能级(LL)。换句话说，由于电子的量子化轨道，电子占据了离散的 LL。量子行为在测量到的电流的横向电导中显示为平台。当一个朗道能级充满时,电导是平的,在下一个朗道能级临近填满之前,它不会随载流子密度的增加而增加。电导值[17]为$\sigma_{xy}=ve^2/h$时,出现该平台,其中v是朗道能级填充因子,在 IQHE 的情况下具有整数值。填充因子被定义为电荷数与磁力线数的比值。在石墨烯中,其无质量手性狄拉克费米子的朗道能级光谱导致一种新的整数量子霍尔效应[18-19]和在 10T 电场强度、1.6K 温度下的霍尔电导率$\sigma_{xy}=\pm 4e^2/h\left(n+\frac{1}{2}\right)$,其中$n$是朗道能级指数,而因子 4 则解释了石墨烯的双自旋和双谷简并。当无质量狄拉克粒子执行回旋运动时,由于伪自旋(或谷)进动,从 Berry 相位开始[20-21]发生$\frac{1}{2}$的移动。

这种非常规的 QHE 形成了一系列填充因子$v=\pm 2,\pm 6,\pm 10\cdots$[而对于非相对论性的二维电子系统(two - dimensional electron system,2DES)或标准的 2DES,霍尔电导率为$\sigma_{xy}=\pm 4ne^2/h$]。这解释了原因:它的特征是半整数量子霍尔效应或量子反常霍尔效应。附加的$\frac{1}{2}$是狄拉克在石墨烯中缺乏的手性性质的特征。第一个平台期发生在$2\,e^2/h$ $\left(=\frac{1}{2}\frac{4\,e^2}{h}\right)$,并且不在 2DES 中。当朗道能级$n=0$时,对于无质量费米子来说,这是特殊状态:它的一半态是空态,另一半是电子态。这种反常 QHE 是狄拉克费米子存在于石墨烯中的直接证据。此外,在石墨烯中还观察到室温下 QHE[22]。在室温下对石墨烯进行 QHE 的观测为应用石墨烯的量子器件开辟了新的视角。

许多科学家预计石墨烯中的电子是强相互作用,因此显示出 FQHE。整数量子霍尔效应(integer quantum Hall effect,IQHE)只能从电子在磁场中的个体行为来理解,而 FQHE 可以通过研究所有电子的集体行为来理解。与 IQHE 相比,FQHE 要求更低的温度、更高的磁场和更高的迁移率。FQHE 涉及电子之间的强库仑相互作用和相互关联,从而产生具有分数基元电荷的准粒子。在超精悬浮石墨烯的[23-24]实验中观察到了 FQHE。在六边形氮化硼(h - BN)基底上制备的单层石墨烯样品中也观察到了 FQHE[25]。其中一位作者和他的合著者[26-28]从理论上研究了石墨烯的 FQHE。FQHE 反映了与所有电子的集体行为有关的新物理学,电子的 FQHE 可以看作复合粒子的 IQHE。

5. 其他特性

石墨烯在室温下的热导率在$(4.48\pm 0.44)\times 10^3\sim(5.30\pm 0.48)\times 10^3\,\mathrm{W/(m\cdot K)}$之间[29],是石墨的 100 倍。

直到今天,石墨烯仍然是自然界中实验过的最强的材料。测量表明,石墨烯的断裂强度是钢的 200 倍[30]。其弹簧常数在 1~5N/m 范围内,杨氏模量为 1.1TPa[31],与整体石墨不同。这些高数值使得石墨烯非常坚硬。

8.3 石墨烯的应用

石墨烯有大量应用方式。下面介绍了其中一些应用。

(1) 电子学中的石墨烯。石墨烯优良的电学特性,如它的高电子迁移率与适度的电流调制的耦合,使它非常适合用于无线通信、雷达、安全系统、成像和其他非常快的模拟电子应用。在未来，石墨烯的研究人员需要提高合成石墨烯的质量，并在与技术有关的条件下研究其性能和石墨烯在电子学和光子学中的未来，并期望有更多的新应用的发展。

石墨烯可以用开关取代晶体管，像光束一样引导电子。这些晶体管可用于无线电频率（radio frequency，RF）电路，如混频器的 RF 放大器。已经提出了许多关于（非挥发性）石墨烯开关的概念，即在经典半导体场效应以外的机制上运行。石墨烯还可用作光电探测器、光调制器、锁模激光器/太赫兹发生器、光偏振控制器等。

（2）航空航天中的石墨烯。很多潜在的航空航天应用中都可以使用石墨烯。

① 更轻的电子显示器。有望通过引入柔性显示屏实现石墨烯在电子工业中的应用。这对于生产更薄、更轻的飞行中娱乐（in - flight entertainment，IFE）座椅靠背显示屏来说可能是一个有趣的应用，可以大大减少飞机的重量。新型的玻璃座舱显示器和电子飞行包也可能会减少重量。

② 加固材料。石墨烯优良的力学、化学、电子和阻隔性能使其在复合材料中具有应用价值。如果石墨烯作为复合基体聚合物的添加剂，可以提高复合材料的抗压强度，具有较高的抗温能力，减少水分吸收，而且（由于石墨烯具有优良的导电性能）可以减轻雷击造成的伤害，而不需要将金属材料与复合结构结合。石墨烯的热导率也可以用于改进飞机除冰系统组件。

③ 涂层。石墨烯可以作为一种理想的超薄涂料和涂层，不仅提供了保护，而且增强了原始材料。石墨烯基涂料可用于防静电、电磁干扰屏蔽和气体屏障的应用。轻型气体不透水薄膜和涂层在航空航天领域的应用可以推行开来，有可能用于飞机的轻重量涂料、改进燃料密封系统、增强飞艇或气球气体密封系统，以及用于航天器的轻重量、气密材料。

薄膜保护石墨烯涂层也可用于提高现有航空航天材料的质量。例如，可以用于高温航空部件的钛铝（titanium aluminide，TiAl）合金。钛铝虽然具有体积小、耐腐蚀、耐高温等优点，但在恶劣的环境条件和温度超过 800℃ 的情况下，钛铝也存在脆性或延展性有限、性能不足等问题。

（3）石墨烯的生物医学应用。石墨烯在医学上有许多应用，如药物传递、基因治疗、癌症治疗等。

（4）生物传感及生物成像。石墨烯衍生物，包括原始石墨烯、氧化石墨烯、化学还原氧化石墨烯和掺杂石墨烯，因其在生物传感和检测中的广泛应用，如凝血酶、ATP、寡核苷酸、氨基酸和多巴胺等。氧化石墨烯可用于光学和磁性生物成像。

（5）石墨烯纳米带。石墨烯纳米带（graphene nanoribbon，GNR）是单层的石墨烯，按特定的模式切割，以赋予它一定的电性质。由于 GNR 的二维结构、高电导率、高热导率、低噪声等特点，可以替代集成电路互连中的铜。最近还发现，可以通过改变色带上选定点的 GNR 宽度来产生量子点。

（6）超电容。由于石墨烯的表面积与质量比很高，它被用来制造能量储存密度较大的超电容。

（7）其他用途。石墨烯可用于能源的产生和储存、传感器和计量等。麻省理工学院建立了实验石墨烯，即人们所知的倍频器，它可以产生多个输入频率。预计石墨烯微处理器将在 10 年内问世。石墨烯粉末也可用于电池。

8.4 生物电子学中的石墨烯

生物电子学用电子学来解决生物学、医学和环境安全方面的一些基本问题。半导体材料在生物电子器件中起着重要的作用。不同的半导体材料根据各自不同的功能而被选用。当下学者正在研究生物电子器件的高灵敏度和优异性能的单一材料。在这个方向上，石墨烯的超越和独特的特性（如8.3节所讨论的）引起了科学界的广泛兴趣，特别是用于生物医学领域的生物电子器件的发展。

由于石墨烯的六边形环结构，它对生物分子具有强大稳定且高效的吸附作用，因此石墨烯可作为生物分子识别元素，提高吸附效率。石墨烯在可见光区只反射不到0.1%的入射光。由于最大折射指数变化，石墨烯的优异光学性能改变了SPR生物传感器的灵敏度和性能。由于石墨烯具有完全的透明度和高导电性质，将很好地应用于生物电子显示系统的LCD触摸屏。石墨烯超常的载流子迁移率和高速载流子为生物电子器件提供了更快的操作和数据采集，这与室温下的近弹道传输相结合，使得石墨烯成为纳米和生物电子学的潜在材料，特别是在高频中的应用。

神经修复术的发展可以恢复如听力、视力、脑部疾病等受损能力，这是生物电子学领域的一个主要挑战[32]。为此，必须在生物系统和电子设备之间建立合适的接口。学者已经证明可以将场效应晶体管（field effect transistor，FET）用于记录神经细胞和组织的电子活性。但目前使用的场效应晶体管存在一些缺点：在不和谐的生物系统中许多材料稳定性差、高电荷载流子运动和低电子噪声等。在生物系统中，我们知道坚硬和锋利的假肢会导致设备周围的散射和损伤周围的组织。因此，需要用具有良好电子性能的化学稳定材料研制传感器。石墨烯具有很高的电子迁移率，数值为25000$cm^2/(V \cdot s)$。石墨烯的化学特性允许在没有任何固体介质的情况下制造晶体管。因此，石墨烯比其他材料具有更高的跨导性能。由于载流子迁移率高，且具有跨导和化学惰性，石墨烯可用于生物电子器件场效应晶体管（FET），并可检测心脏细胞的动作电位。它可以与神经元和其他细胞通过神经冲动进行交流。其特性可以产生新一代的神经装置[33]。这表明石墨烯可以作为医疗修复工具的基础，也是下一代仿生技术中的一个潜在的候选材料。石墨烯基的FET[34]应以使它有选择地与目标细胞相互作用的制造方式，而不受到其他材料的干扰。虽然已经证明了化学修饰的石墨烯能够对目标材料进行选择性检测，但石墨烯的质量应该得到优化，以实现对目标细胞的实时选择性响应。高质量石墨烯的发展有望在不久的将来取得新的进展。

人们发现石墨烯可用于多种生物传感方案[35]。石墨烯可作为生物场效应晶体管、电化学生物传感器、阻抗生物传感器、电化学发光和荧光生物传感器。石墨烯可用于酶生物传感、DNA检测和免疫检测。FET是感应带电分子的理想器件。由于DNA具有带电的磷酸盐主干，基于石墨烯的FET可以用于DNA检测。荧光可用于生物分子检测。石墨烯可作为荧光猝灭检测系统的基底。

生物电子器件以半导体制造的IC为控制单元，其有着自热过高的弊端。石墨烯可以取代IC，因为石墨烯的热导率高，因此可以解决自加热问题，并延长寿命。虽然石墨烯基生物电子学的研究还处于起步阶段，但是石墨烯特殊性质的研究将使其成为生物电子学的潜在材料。

8.5 结论与展望

由于石墨烯具有独特的纳米结构和特殊的性能，近年吸引了很多理论和实验科学界的关注。石墨烯是 sp^2 - 键合碳原子组成的单层，并按蜂窝晶格排列。石墨烯的电子表现为就像失去剩余质量或中微子获得电荷[18,36]。像光子或声子能量动量关系是线性的，但系数是费米速度而不是 c 或 c_s，其中 c 是光速，c_s 是声子的速度，等于声速。它有一些特殊的特点：它是具有线性能谱的无间隙半导体，即使在无电荷载流子、半整数量子霍尔效应、分数量子霍尔效应等缺乏的情况下，电导率也是最小。同时还发现，石墨烯可以诱导超导性。石墨烯的电子在被不完美散射之前可以移动到千分尺[37]。石墨烯具有作为一种优良电子材料的潜力，可以用来代替硅，制造超快和稳定的晶体管。据报道[38]石墨烯由于具有高反射率，可以表现得像透明体。最近，研究表明在涡轮叶片上采用石墨烯涂层可以提高不同 Pelton 涡轮的效率，增强机械稳定性，减少摩擦损失[39]。由于石墨烯的优异性能，它被称为一种奇特的材料。石墨烯作为一种有前途的材料，可以应用于电子学、自旋电子学、航空航天和生物医学。石墨烯具有一些不同于普通金属和半导体的特殊性质。因此，有必要建立一个新的广义理论。它提供了凝聚物质物理学和量子电动力学之间的桥梁。

石墨烯片具有一个大的连续的传感/界面，为大面积的微生物和生物细胞提供了稳定的界面[40]。石墨烯具有优异的化学、电子、力学性能，可用于生物电子器件的制造。近年来，学者在生物电子学的石墨烯研究主要集中在 DNA、蛋白质、病毒和细胞检测等方面。石墨烯的灵敏度取决于量子电容、约束掺杂和功能化。今后，高质量石墨烯的发展将对传感应用有所帮助。未来以恰当控制的方法进行表面修正，也将更好地在生物传感器和生物电子学中应用石墨烯。基于石墨烯的 FET 有潜力在生物电子学中建立一个新的范式。由于该领域刚刚起步，预计未来许多应用可以满足社会在安全、保健和清洁环境方面的需要。

参考文献

[1] Atta, N. F., Galal, A., El - Ads, E. H., *Graphene - A Platform for Sensor and Biosensor Applications*, INTECH Open Science, London. http://dx.doi.org/10.5772/60676.

[2] Kroto, H. W., Heath, J. R., O'Brein, S. C., Curl, R. F., Smalley, R. E., C_{60}: Buckminster fullerene, *Nature*, 318, 162, 1985.

[3] Iijima, S., Helical microtubules of graphitic carbon, *Nature*, 354, 56 - 58, 1991.

[4] Novoselov, K. S. *et al.*, Electric field effect in atomically thin carbon films, *Science*, 306, 666 - 669, 2004.

[5] Novoselov, K. S. *et al.*, Room - temperature electric field effect and carrier - type inversion in graphene films, *Phys. Rev. B*, 72201401, 2005[arXiv: cond - mat/0410631].

[6] Geim, A. K. and MacDonald, A. H., Graphene: Exploring carbon flatland, *Physics Today*, 60(8), 35, 2007.

[7] Morozov, S. V., Novoselov, K. S., Geim, A. K., Electron transport in graphene, *Physics Uspekhi*, 51(7), 744 - 748, 2008.

[8] Srinivasan, C., Graphene: Mother of all graphitic materials, *Curr. Sci.*, 92, 1338 - 1339, 2007.

[9] Geim, A. K. and Novoselov, K. S. , The rise of graphene, *Nature Mater.* ,6,183,2007.
[10] Aoki, H. and Dresselhaus, *Physics of Graphene*, Springer International Publishing, Switzerland, 2014.
[11] Katsnelson, M. I. , Graphene: Carbon in two dimensions, *Mater. Today*, 10, 20 – 27, 2007.
[12] Singh, R. , Kumar, D. , Tripathi, C. C. , Graphene: Potential material for nanoelectronics applications, *Ind. J. Pure & Appl. Phys.* ,53,501,2015.
[13] Ando, T. , The electronic properties of graphene and carbon nanotubes, *NPG Asia Mater.* ,1(1),17,2009.
[14] Castro Neto, The carbon new age, *Materialstoday*, 13(3), 1, 2010.
[15] Novoselov, K. S. *et al.* , A roadmap for graphene, *Nature*, 490, 192, 2012.
[16] Das Sarma, S. , Adam, S. , Hwang, E. H. , Rossi, E. , Electronic transport in two – dimensional graphene, *Rev. Mod. Phys.* ,83,407,2011.
[17] Levi, B. G. , Graphene reveals the Hall – mark of strongly interacting electrons, *Physics Today*, 63(1), 11, 2010.
[18] Zhang, Y. , Tan, Y. W. , Stormer, H. L. , Kim, P. , Experimental observation of the quantum Hall effect and Berry's phase in grapheme, *Nature*, 438, 201 – 204, 2005.
[19] Novoselov, K. S. *et al.* , Two – dimensional gas of massless Dirac fermions in graphene, *Nature*, 438, 197 – 200, 2005.
[20] Yang, K. , Spontaneous symmetry breaking and quantum Hall effect in grapheme, *Solid Stat. Comm.* ,143, 27, 2007.
[21] Yang, K. , Das Sarma, S. , MacDonald, A. H. , Collective modes skyrmion excitations in grapheme SU(4) quantum Hall ferromagnets, *Phys. Rev. B.* ,74,075423,2006.
[22] Novoselov, K. S. *et al.* , Room – temperature quantum Hall effect in graphene *Science*, 315, 1379, 2007.
[23] Du, X. *et al.* , Fractional quantum Hall effect and insulating phase of Dirac electrons in graphene, *Nature*, 462, 192 – 195, 2009.
[24] Bolotin, K. I. *et al.* , Observation of the fractional quantum Hall effect in graphene, *Nature*, 462, 196 – 199, 2009.
[25] Dean, C. R. *et al.* , Multicomponent fractional quantum Hall effect in graphene, *Nature Phys.* 7, 693, 2011.
[26] Sahoo, S. and Das, S. , Fractional quantum Hall effect in graphene, *Indian J. Pure & Appl. Phys.* ,47,658 – 662, 2009.
[27] Sahoo, S. and Das, S. , Supersymmetric structure of fractional quantum Hall effect in grapheme, *Indian J. Pure & Appl. Phys.* ,47,186 – 191, 2009.
[28] Sahoo, S. , Quantum Hall effect in grapheme: Status and prospects, *Indian J. Pure & Appl. Phys.* ,49,367 – 371, 2011.
[29] Balandin, A. A. , Superior thermal conductivity of single – layer graphene, *Nano Letter*, 8(3), 902, 2008.
[30] Kuila, T. *et al.* , Chemical functionalization of graphene and its applications, *Prog. Mater. Sci.* ,57,1061 – 1105, 2012.
[31] Cracium, M. , Russo, S. , Yamamoto, M. , Tarucha, S. , Tunable electronic properties in graphene, *Nano Today*, 6, 42 – 60, 2011.
[32] Hess, L. H. , Seifert, M. , Garrido, J. A. , Graphene transistors for bioelectronics, *Proc. IEEE*, 101(7), 1780, 2013.
[33] Schmidt, C. , The bionic material, *Nature*, 483, S37, 2012.
[34] Choi, J. *et al.* , Graphene bioelectronics, *Biomed. Eng. Lett.* ,3,201 – 208, 2013.
[35] Pumera, M. , Graphene biosensing, *Mater. Today*, 14(7 – 8), 308 – 315, 2011.
[36] Wang, Z. , Graphene, neutrino mass and oscillation, arXiv:0909. 1856[physics. ge – ph], 2009.

[37] Sung,C. –Y. and Lee,J. U. ,The ultimate switch,*IEEE Spectrum*,49(2),32,2012.
[38] Das,D. K. and Sahoo,S. ,Graphene as a white body,*Advanced Science Letters*,22(1),253 –255,2016.
[39] Das, D. K. , Swain, P. K. , Sahoo, S. , Graphene in turbine blades, *Mod. Phys. Lett. B*, 30 (20), 1650262,2016.
[40] Berry,V. ,*Bioelectronics on Graphene* in Biosensors Based on nanomaterials and Nanodevices,CRC Press – Taylor and Francis,New York,2013.

第9章 石墨烯超材料电子光学的激发过程与电光调制

A. D. Boardman[1], Yu. G. Rapoport[2], D. E. Aznakayeva[3], E. G. Aznakayev[4], V. Grimalsky[5]

[1]英国索尔福德大学计算机工程学院

[2]乌克兰基辅国立塔拉斯舍甫琴科大学物理学院

[3]英国曼彻斯特曼彻斯特大学物理和天文学学院

[4]乌克兰基辅国立航空大学电子系

[5]墨西哥莫雷洛斯自治大学

摘　要　本章主要描述了石墨烯超材料"3层次"方法。该方法除了研究层状石墨烯-介电超材料结构中的电磁波/等离激元外,还包括二维非均质石墨烯的二维电子波束(beams of electron,BE)的"超材料处理"。本章探讨了沿光束传播方向二维衍射光栅准周期内,电子分布函数分量共振行为的可能性,还研究了利用外加电场控制二维电子波束衍射光栅的可能性。在电场和磁场的二维非均匀性、交换和自旋轨道相互作用中,针对石墨烯二维电子波进行建模,并提出了一种新的理论方法。特别是描述了电子波束通过系统"均匀区-非均质石墨烯区域-均匀区"的传播。为了描述电子波束穿过这些区域边界的情况,使用了狄拉克-外尔方程。具有准周期二维衍射光栅结构(特别是"电垒")的二维电子波束在系统中传输,对此传输过程进行了建模。传输电子波函数的高可控性和电磁特性对于传感器、调制器和其他基于石墨烯器件的结构都有益。石墨烯中可控电子波束可以作为固态石墨烯超材料电子光学的基础。本章介绍了双层石墨烯激发过程和吸收振动光谱的量子理论。吸收振动光谱中绝大多数能带对应于同时发生的光诱导电子激发和分子内振动(振动带)。在电子激发与分子内振荡相结合的情况下,研究了双层石墨烯的振动光谱。这种方法可以将一个声子描述为多个声子的振动激发。采用了密度矩阵法和格林函数法。计算了吸收振动光谱及其强度、频率和极化。数值计算表明,通过分子相互作用参数的某些值,可以观察到被研究对象的连续或线性吸收光谱。为了实际应用,通过使用表面反射和表面等离激元共振技术,在理论上实现了应用于生物制剂检测领域的石墨烯纳米传感器的建模并提供了其结构。本章还介绍了基于石墨烯的高效低损耗光电调制器的制备和表征,此光电调制器可在近红外到可见光范围工作。此外,基于石墨烯的光电调制器的调制体积较低,由低栅极电压和波长为670nm的光调制控制。氧化铪介质的选择使得在简单的光学异质结构中获得显著的电光效应成为可能。在高 $kHfO_2$ 栅介质中观察到了超电容效应，可以制造自由空间 CMOS 兼容调制器且能使其具有显著的电光调制效应、低功耗和小调制体积等特征。这些器件功耗低，在光电子工业中具有广泛的应用前景。

关键词 超材料，电子光学，双层石墨烯，调制，激发过程，振动光谱，纳米传感器，电子光学调制器

9.1 非均质石墨烯超材料中的线性二维电子波及固态石墨烯超材料电子光学

最近提出的一种关于机械电子学的新概念包括在纳米尺度上超材料激发光电路的应用[1]。这个概念与创建基于石墨烯的超材料的想法相统一。石墨烯超材料中的电磁化等离激元效应是研究的实际方向；使用这些超材料的过程可由外加电场和磁场控制[2-7]。并利用介观系统研究了电子流的产生和操纵，此系统包括散射在介观系统中的电子源极或漏极的交界或边界[8]。

这里提出了一种基于石墨烯超材料的一般方法，包括 3 个层次的研究[9-12]。这种方法包括对石墨烯电子态的波或电子概率波的超材料方法；理想的电子石墨烯透镜[13-15]可以作为一个很好的例子。因此，对电子波的操纵导致诸如电导率或电压－电流特性等电磁特性的控制[16]。最后，可在相应的周期结构、波导、谐振器等方面实现可控的电磁化等离激元效应。此外，还需要强调的是，石墨烯的受控电子波还可以看作形成理想的宏观电磁特性的中间物体。事实上，电子态的波本身也很有趣。基于这个想法提出了可以利用石墨烯电子波过程作为二维固体石墨烯超材料电子光学（graphene metamaterial electron optics，GMEO）的基础[9-11,17-20]。这包括各种方法[16,21-22]，用来控制电子状态波的传播特性、被动和主动元件，这是典型的电子光学和纳米电子学，如正负相位波导、透镜、衍射光栅等。

可以使用外部的电场和磁场产生受控的电子波束，就像在电子光学和具有周期性化学势、交换和自旋轨道相互作用的超晶格中一样。下面在上述 3 层次方法的框架内还研究了几个问题，并确定了电子态波的运输特性。在电场和磁场中，系数决定了交换和自旋轨道相互作用，以及磁化能拥有相应的非均匀性或周期性。具体来说，在准一维和二维电场和磁势中形成电子波的衍射光栅和磁电谐振器，对有可能捕获的二维电子波束进行了研究。由于石墨烯结构也具有很强的非线性电磁特性[23]，因此还应该提出控制非线性电磁特性的另一种可能性。

本节介绍了电子态线性波的基本方程，对石墨烯在一维准周期外折积场控制二维电子波束的发现，以及二维非均匀非均质石墨烯层中电子控制二维电子波束的研究。具体来说，介绍了二维电子和磁环谐振器以及衍射光栅被用作二维非均匀性。

9.1.1 非尺度和典型的空间、时间及电磁尺度

表 9.1 给出了石墨烯超材料中电子波的归一化、尺度和数量级。表的第二列给出了归一化的量级，n 为分指数。

表 9.1 石墨烯超材料中电子波的归一化、尺度和数量级

参数	数值
距离	$l_n = 10\text{nm}$
时间	$t_n = l_n/V_F = 10^{-14}\text{s}$
电势	$\phi_n = V_F\hbar/l_n e = 0.06\text{V}$
向量磁势	$A_n = \hbar c/l_n e$
磁场	$B_n = A_n/l_n = 6\text{T}$
电场	$E_n = \phi_n/l_n = 6\times10^4\text{V/cm}$
输入电子能	$E_{el} = \hbar\omega_n = 0.06\text{eV}$
谐振频率	$\omega = 0.75$(非量纲)

9.1.2 二维石墨烯电子超材料中二维电子波束的一般方法

本节介绍了一维非均匀性石墨烯电子超材料中二维电子波束的研究细节,包括二维非均匀性石墨烯层中固定和非固定电子波束的哈密顿算子和相应的薛定谔方程。

这里考虑使用二维电子波束的空间动力学。

在 K 谷的狄拉克点附近的石墨烯的单电子近似中,使用了哈密顿算子[24];应用了独立狄拉克点的近似(K 和 K'谷)[24]。该算子包括单层石墨烯的假自旋描述、自旋轨道相互作用、电场和磁外场,最后一个是正常的石墨烯层表面(图 9.1)。这种哈密顿算子的表达式为[24-30](无 Zeeman 项)

$$\hat{\mathbf{H}} = v_F\hbar\left(-\mathrm{i}\boldsymbol{\nabla} + \frac{e\boldsymbol{A}(x)}{\hbar c}\right)\cdot\boldsymbol{\tau} + \lambda(x)(\boldsymbol{\tau}\times\boldsymbol{\sigma})_z + \Delta(x)\tau_z\sigma_z + M(x)\hat{I}\hat{\sigma}_z + U(x)\hat{I} \tag{9.1}$$

式中:x 为二维电子波束在一维非均匀介质中传播的方向,即式(9.1)中的系数;v_F为费米速度;e 为电子电荷;c 为光速;$\hbar$ 为 Planck 常数;$\boldsymbol{A}(x) = (0, A_y(x), 0)$是向量势,用以描述石墨烯的空间调制磁场法线,在 xy 平面中,即$\boldsymbol{\nabla} = (\partial_x, \partial_y, 0)$;向量矩阵$\boldsymbol{\tau} = (\hat{\boldsymbol{\tau}}_x, \hat{\boldsymbol{\tau}}_y, \hat{\boldsymbol{\tau}}_z)$描述亚晶格自由度;$\hat{\boldsymbol{\tau}}_{x,y,z}$为相应的泡利矩阵;$\boldsymbol{\sigma} = (\hat{\boldsymbol{\sigma}}_x, \hat{\boldsymbol{\sigma}}_y, \hat{\boldsymbol{\sigma}}_z)$是包含自旋泡利矩阵的矩阵向量(注意,$\hat{\boldsymbol{\tau}}_{x,y,z}$ 和$\hat{\boldsymbol{\sigma}}_{x,y,z}$ 为由 4 个分量的自旋泡利矩阵的向量版本[31]);$\Delta(x)$、$\lambda(x)$为自旋-轨道相互作用的参数;$M(x)$为磁化基底,用于描述交换相互作用的对应项;$U(x)$为外部静电场的标量势(图 9.1)。

$$\hat{\boldsymbol{\tau}}_{x,y} = \begin{pmatrix} \hat{\mathbf{0}}^{(2)} & \hat{\boldsymbol{\tau}}^{(2)}_{x,y} \\ \pm\hat{\boldsymbol{\tau}}^{(2)}_{x,y} & \hat{\mathbf{0}}^{(2)} \end{pmatrix},\quad \hat{\boldsymbol{\tau}}_z = \begin{pmatrix} \hat{\boldsymbol{I}}^{(2)} & \hat{\mathbf{0}}^{(2)} \\ \hat{\mathbf{0}}^{(2)} & -\hat{\boldsymbol{I}}^{(2)} \end{pmatrix}$$

$$\hat{\boldsymbol{\sigma}}_{x,y} = \begin{pmatrix} \hat{\boldsymbol{\sigma}}^{(2)}_{x,y} & \hat{\mathbf{0}}^{(2)} \\ \hat{\mathbf{0}}^{(2)} & \hat{\boldsymbol{\sigma}}^{(2)}_{x,y} \end{pmatrix},\quad \hat{\boldsymbol{\sigma}}_z = \begin{pmatrix} \hat{\boldsymbol{\sigma}}^{(2)}_z & \hat{\mathbf{0}}^{(2)} \\ \hat{\mathbf{0}}^{(2)} & \hat{\boldsymbol{\sigma}}^{(2)}_z \end{pmatrix} \tag{9.2}$$

式中:符号 ± 分别对应于矩阵$\hat{\boldsymbol{\tau}}_x$ 和$\hat{\boldsymbol{\tau}}_y$;指数(2)对应于(2×2)矩阵;$\hat{\boldsymbol{I}}^{(2)}$ 和$\hat{\mathbf{0}}^{(2)}$ 为单位矩阵和零矩阵。

$$\hat{\boldsymbol{\tau}}^{(2)}_{x,y} = \begin{pmatrix} 1;-i & 0 \\ 0 & 1;-i \end{pmatrix},\ \hat{\boldsymbol{\sigma}}^{(2)}_{x,y} = \begin{pmatrix} 0 & 1;-i \\ 1;i & 0 \end{pmatrix},\ \hat{\boldsymbol{\sigma}}^{(2)}_z = \begin{pmatrix} 1 & 0 \\ 0 & -1 \end{pmatrix} \tag{9.3}$$

式(9.2)和式(9.3)中,$\hat{\boldsymbol{\sigma}}^{(2)}_{x,y,z}$ 为标准(2×2)泡利矩阵[31];而在向量函数$\boldsymbol{\Psi}$. $\lambda(x)$中,矩阵的结构$\hat{\boldsymbol{\tau}}_{x,y,z}$与选择的各分量能序相连;$\Delta(x)$为外部系数或 Rashba 效应,和内禀自旋轨

道相互作用[25-29]，量级 $M(x)$ 与耦合系数和基底的磁化成正比，它可以包括不均匀周期铁磁结构；$\hat{\boldsymbol{I}}$ 为单位矩阵，$U(x)$ 为标量静电势，通常用来描述非均匀或周期外固定电场。在哈密顿式(9.1)中，当 $[\hbar/2\,m_e v_F]\ll l_A$，$m_e$ 和 l_A 是 $A_y(x)$ 的电子质量和典型的不均匀标度（它分别决定了石墨烯层外磁场法线），可以忽略 Zeeman 项[22,30]。在建模中，这种不等式成立，因为条件是有效的 $[\hbar/2\,m_e v_F]\ll l_n<l_A$。

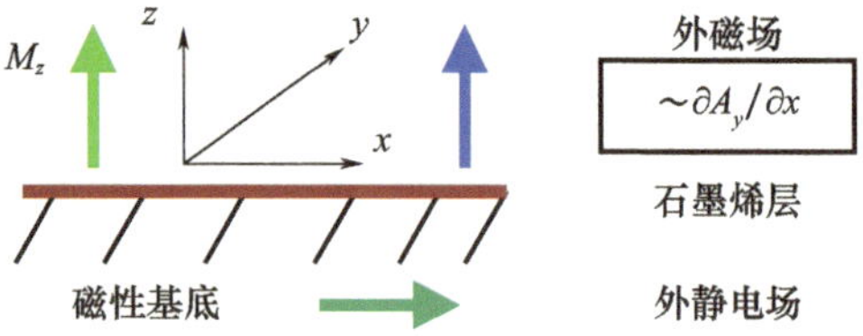

图 9.1　放置在外部电场和磁场中石墨烯层－基底的结构

以表达式 $\hat{\mathbf{H}}\boldsymbol{\Psi}=E\,\boldsymbol{\Psi}$ 研究固定狄拉克－外尔方程，排除波函数分量 $\boldsymbol{\Psi}_{A\uparrow}$，$=\boldsymbol{\Psi}_{B\downarrow}$，可以得到两个二阶常微分方程的稳定集，即

$$\left\{-[\bar{\Delta}^2(x)-(\bar{M}(x)\pm\bar{E}\mp\bar{U}(x))^2]\mp\frac{\mathrm{i}\partial_x(\bar{\Delta}(x)+\bar{U}(x))}{(\bar{\Delta}_{\mp}(x)-\bar{E}+\bar{U}(x))}\times\right.$$

$$\left.[(\mp\mathrm{i}\partial_x+\partial_y)+\mathrm{i}S_0F_A(x)]+\left[\partial_x^2+\partial_y^2-S_0^2F_A(x)^2+2\,\mathrm{i}S_0F_A(x)\partial_y\mp S_0\frac{\mathrm{d}F_A(x)}{\mathrm{d}x}\right]\right\}$$

$$\boldsymbol{\Psi}_{A\downarrow;B\uparrow}\pm2\mathrm{i}\,\bar{\lambda}(x)[\bar{\Delta}_{\mp}(x)-\bar{E}+\bar{U}(x)]\boldsymbol{\Psi}_{B\uparrow;A\downarrow}=0 \tag{9.4}$$

式中：$\bar{\Delta}_{\mp}(x)=\bar{\Delta}(x)\mp\bar{M}(x)$，$\partial_{(x,y)}\equiv\mathrm{d}/\mathrm{d}(x;y)$，坐标 x、y 被归一化到空间尺度（表 9.1），$l_x=l_y$；$\bar{\Delta}(x)$、$\bar{M}(x)$、$\bar{U}(x)$、$\bar{\lambda}(x)$ 和 $\bar{E}$ 分别是 $\Delta(x)$、$M(x)$、$U(x)$、$\lambda(x)$ 和 E 归一化的量级；这 5 个值被归一化为 $(\hbar v_F/l_x)$；$S_0=[(v_F e/c)A_{y0}l_x]/(\hbar v_F)$，$A_y(x)=A_{y0}F_A(x)$，$A_{y0}$ 和 $F_A(x)$ 是标度，被用于向量势的 y 坐标上的分量 $A_y(x)$ 的归一化，并用于无量纲函数，以此描述坐标上的适当依赖性。

下面给出了用于 y 方向的傅里叶变换。假定式(9.4)中，在 $0\leqslant x\leqslant L_x$ 区域内，发生了不均匀性系数，而在该区域之外则不存在不均匀性。当 $x=0$ 和 $x=L_x$ 时，边界条件可以分别表示为 $\mathrm{d}\boldsymbol{A}/\mathrm{d}x+\mathrm{i}\,\hat{\boldsymbol{Q}}_0\boldsymbol{A}+\mathrm{i}\,\hat{\boldsymbol{Q}}_2\boldsymbol{U}=0$ 和 $\mathrm{d}\,\boldsymbol{A}/\mathrm{d}x+\mathrm{i}\,\hat{\boldsymbol{Q}}_1\boldsymbol{A}=\boldsymbol{0}$，$\boldsymbol{U}$ 是 $x=0$ 时的入射电子量子波或者电子态的波，$\hat{\boldsymbol{Q}}_{0,1,2}$ 是相应的矩阵，这里未说明。

在下面的内容中给出了模拟电子波束的传输通过准周期电位或屏障、谐振器和衍射光栅的一些结果。

9.1.3　二维非均质石墨烯中二维固定和非固定电子波束传播的基本方程

由下式（代替式(9.4)）可得到四分量电子波分量的函数，即

$$\left\{-[\Delta^2-(M-\boldsymbol{Q})^2]+\frac{1}{\boldsymbol{Q}_1}\left(\mathrm{i}\,\frac{\partial(\Delta_1+U)}{\partial x}-\frac{\partial(\Delta_1+U)}{\partial y}\right)\left(\mathrm{i}\,\frac{\partial}{\partial x}+\frac{\partial}{\partial y}+\mathrm{i}F\right)+\right.$$

$$\left.\left[\frac{\partial^2}{\partial x^2}+\frac{\partial^2}{\partial y^2}-F^2+2\mathrm{i}F\,\frac{\partial}{\partial y}+\frac{\partial F}{\partial x}+\mathrm{i}\,\frac{\partial F}{\partial y}\right]\right\}B-2\mathrm{i}\lambda\boldsymbol{Q}_1A=0$$

$$\left\{-[\Delta^2-(M+Q)^2]-\frac{1}{Q_2}\left(\mathrm{i}\,\frac{\partial(\Delta_2+U)}{\partial x}+\frac{\partial(\Delta_2+U)}{\partial y}\right)\left(-\mathrm{i}\,\frac{\partial}{\partial x}+\frac{\partial}{\partial y}+\mathrm{i}F\right)+\right.$$

$$\left[\frac{\partial^2}{\partial x^2}+\frac{\partial^2}{\partial y^2}-F^2+2\mathrm{i}F\frac{\partial}{\partial y}-\frac{\partial F}{\partial x}+\mathrm{i}\frac{\partial F}{\partial y}\right]\Big\}A+2\mathrm{i}\lambda Q_2 B=0$$

$$Q\equiv E-U;\Delta_{1,2}\equiv\Delta\pm M;Q_{1,2}\equiv\Delta_{1,2}-Q;G_1\equiv\frac{1}{Q_1}\left(\mathrm{i}\frac{\partial(\Delta_1+U)}{\partial x}-\frac{\partial(\Delta_1+U)}{\partial y}\right)$$

$$G_2\equiv-\frac{1}{Q_2}\left(\mathrm{i}\frac{\partial(\Delta_2+U)}{\partial x}+\frac{\partial(\Delta_2+U)}{\partial y}\right)$$

$$\left\{-[\Delta^2-(M-Q)^2]+G_1\left(\mathrm{i}\frac{\partial}{\partial x}+\frac{\partial}{\partial y}+\mathrm{i}F\right)+\left[\frac{\partial^2}{\partial x^2}+\frac{\partial^2}{\partial y^2}-F^2+2\mathrm{i}F\frac{\partial}{\partial y}+\frac{\partial F}{\partial x}+\mathrm{i}\frac{\partial F}{\partial y}\right]\right\}$$
$$B-2\mathrm{i}\lambda Q_1 A=0$$

$$\left\{-[\Delta^2-(M+Q)^2]+G_2\left(-\mathrm{i}\frac{\partial}{\partial x}+\frac{\partial}{\partial y}+\mathrm{i}F\right)+\left[\frac{\partial^2}{\partial x^2}+\frac{\partial^2}{\partial y^2}-F^2+2\mathrm{i}F\frac{\partial}{\partial y}-\frac{\partial F}{\partial x}+\mathrm{i}\frac{\partial F}{\partial y}\right]\right\}$$
$$A+2\mathrm{i}\lambda Q_2 B=0 \tag{9.5}$$

在式(9.5)中,符号为$\boldsymbol{A}\equiv\begin{pmatrix}A\\B\end{pmatrix}=\begin{pmatrix}\Psi_{A\downarrow}\\\Psi_{B\uparrow}\end{pmatrix}$。电子波函数的另外两个分量函数为

$$A_2=\frac{1}{Q_1}\left(\mathrm{i}\frac{\partial B}{\partial x}+\frac{\partial B}{\partial y}+\mathrm{i}FB\right);B_2=\frac{1}{Q_2}\left(\mathrm{i}\frac{\partial A}{\partial x}-\frac{\partial A}{\partial y}-\mathrm{i}FA\right);\boldsymbol{A}\equiv\begin{pmatrix}A\\B\end{pmatrix};\begin{pmatrix}A_2\\B_2\end{pmatrix}=\begin{pmatrix}\Psi_{A\uparrow}\\\Psi_{B\downarrow}\end{pmatrix} \tag{9.6}$$

式(9.5)可以以更紧凑的形式表示,即

$$(\hat{\boldsymbol{L}}_x+\hat{\boldsymbol{L}}_y+\hat{\boldsymbol{L}}_\lambda)\boldsymbol{A}=0 \tag{9.7}$$

$$\hat{\boldsymbol{L}}_x\equiv\begin{pmatrix}\dfrac{\partial^2}{\partial x^2}-\mathrm{i}\,G_2\dfrac{\partial}{\partial x};0\\0;\dfrac{\partial^2}{\partial x^2}+\mathrm{i}\,G_1\dfrac{\partial}{\partial x}\end{pmatrix};\qquad\hat{\boldsymbol{L}}_y\equiv\begin{pmatrix}\dfrac{\partial^2}{\partial y^2}+G_2\dfrac{\partial}{\partial y}+2\mathrm{i}F\dfrac{\partial}{\partial y};0\\0;\dfrac{\partial^2}{\partial y^2}+G_1\dfrac{\partial}{\partial y}+2\mathrm{i}F\dfrac{\partial}{\partial y}\end{pmatrix}$$

$$\hat{\boldsymbol{L}}_\lambda\equiv\begin{pmatrix}-[\Delta^2-(M+Q)^2]+\mathrm{i}\,G_2F-F^2-\dfrac{\partial F}{\partial x}+\mathrm{i}\dfrac{\partial F}{\partial y};2\mathrm{i}\lambda\,Q_2\\-2\mathrm{i}\lambda\,Q_1;-[\Delta^2-(M-Q)^2]+\mathrm{i}\,G_1F-F^2+\dfrac{\partial F}{\partial x}+\mathrm{i}\dfrac{\partial F}{\partial y}\end{pmatrix}$$

由于石墨烯的二维性质,在$x=0$和$x=L_x$时(x是沿传播方向的电子波脉冲的坐标(图9.1),L_x是石墨烯层的长度),对于横坐标y上的展开波函数的傅里叶分量的振幅,其边界条件可以简化为一阶$\mathrm{d}/\mathrm{d}x$的耦合平稳微分方程组(在$0<y<L_y$区域中,L_y是石墨烯层的宽度)。假设电子波脉冲发生在$x<0$区域的系统上,该区域的系统参数不依赖于横向坐标y。

对于非固定问题,使用以下薛定谔方程[31],即

$$\mathrm{i}\hbar\frac{\partial\boldsymbol{\psi}}{\partial t}=\hat{\mathbf{H}}\boldsymbol{\psi} \tag{9.8}$$

式中:$\hat{\mathbf{H}}$使用的形式为式(9.1),并考虑到上述的规范化,系数在x、y轴上的依赖性是二维;$\boldsymbol{\psi}$为四分量波函数。

9.1.4 一维和二维非均质石墨烯的二维电子波束

该方法包括单粒子哈密顿算子和四分量波函数$\boldsymbol{\psi}=(\psi_{A\uparrow},\psi_{A\downarrow},\psi_{B\uparrow},\psi_{B\downarrow},)^{\mathrm{T}}$,指数T表示转置,$A$、$B$对应两个非等效亚晶格之一,即伪自旋[25]。箭头↑和↓对应的方向为“自旋向上”和“自旋向下”外部函数或Rashba效应,以及内在自旋轨道相互作用和磁化的影

响，即非均匀或周期性铁磁结构，并考虑外部电场的标量静电势[25,27,29,32-34]（图9.1）。

下面使用了各种方法。在第一种方法中，求解了固定狄拉克－外尔方程，这导致了新的二元方程组[9,17-18,35]。当电子波沿 x 方向传播，在方程组中得到的系数依赖于 X 时，利用傅里叶变换对横坐标 Y 进行二维电子波数值模拟。在 x 方向有限的系统中，在 $x=0$ 和 $x=L_x$ 时，长度为 L_x，边界条件可以简化为向量波函数及其导数与 x 的线性组合。对于二维非均质石墨烯层中的固定和非固定电子波束，采用狄拉克－外尔和薛定谔方程[9-11,17-19,36]的直接模拟。

9.1.5 在石墨烯层中的一维准周期外场对二维电子波束的控制

这里给出了使用哈密顿式(9.1)和式(9.4)得到的模拟结果，即对电子波束通过双磁垒的模拟。磁垒的特征是电位 $F_A(x)=F_{A0}\{\exp[-((x-x_1)/x_0)^2]+\exp[-((x-x_2)/x_0)^2]\}$[34]。

假设在哈密顿式(9.1)中，参数为 $\overline{\Delta}$、$\overline{M}$、$\overline{U}$、$\overline{\lambda}$，量级以上的线代表着归一化，是常数。磁垒的形状如图9.2(a)所示。入射电子波归一化为1，具有高斯形状：$\psi_{A\downarrow}^{\mathrm{inc}}(0,y)=\exp[-((y-50)/10)^2]$。

电子波束的传输具有共振特性（图9.2(b)），即只有第一屏障 x_1 位置变化时，透射系数具有明显的共振特性。如图9.2(b)所示，屏障之间存在最佳距离，对应于传输系数最大值。这里使用的参数为 $\overline{\Delta}=0.2$、$\overline{M}=1$、$\overline{\lambda}=0.1$、$\overline{E}=0.5$，$\overline{U}=0$、$x_0=0.5$、$x_2=22=\mathrm{const}$，最大传输系数达到 $x_1=16.26$。

电子波函数 $|\psi_{A\downarrow}(x,y)|^2$ 分量的相应分布如图9.2(c)所示。它还证明了结构中心附近 y 方向上，$\psi_{B\uparrow}(x,y)$ 扩展的二维效应（图9.2(d)）。图9.2(e)～(h)。展示了电子态概率函数的滤波，通过不同类型的准周期磁垒传输的电子波束得到（图9.2(e)和图9.2(g)）。根据准周期磁垒的类型，通过准周期结构系统的电子波函数可以是谐振型（图9.2(g)）或开关型（图9.2(h)）（更多细节可见图9.2(e)～(h)的图形标题）。

9.1.6 非均质石墨烯中的二维电子波束用于衍射光栅法制备二维谐振器和滤波

在石墨烯电子波束的基础上，可以实现谐振器、衍射光栅和其他器件 GMEO[9-11,17-19]。本节研究了二维谐振器和衍射光栅对石墨烯中的量子电子波，或电子态波的有效控制。由于外加电场和磁场对电子波的影响，这些应用具有高度调谐的特点。

对于光束传播方向上的准周期准一维衍射光栅，这里给出了共振传播结果[20]（图9.3(a)和图9.3(b)），并指出了衍射光栅周期的共振值（图9.3(a)～(c)）。

在图9.4(a)～(d)中，可以看到捕获二维电（图9.4(a)、(b)）和电磁（图9.4(c)～(f)）环形谐振器[10,20]的可能性的结果[11]，并得到了电子波的共振载波频率的有效值，见图9.4(b)和图9.4(c)中的峰值频率。重要的是，使用组合电磁谐振器捕捉电子波的效果要比使用纯电子谐振器更好，比较图9.4(e)与图9.4(a)可以看出对应的电子波函数分量；而比较图9.4(c)和图9.4(b)，证明了这些谐振器的质量。

如图9.4(c)所示，可以有效地控制四分量电子波函数的最大分量，也可以参见图9.4(a)～(g)，在图9.4(g)中可见通过自旋轨道相互作用的参数来控制这些分量之间的关系。在建立静止状态前，通过非固定薛定谔方程式(9.8)和狄拉克－外尔式(9.1)的哈密顿算子得到了结果[11]。

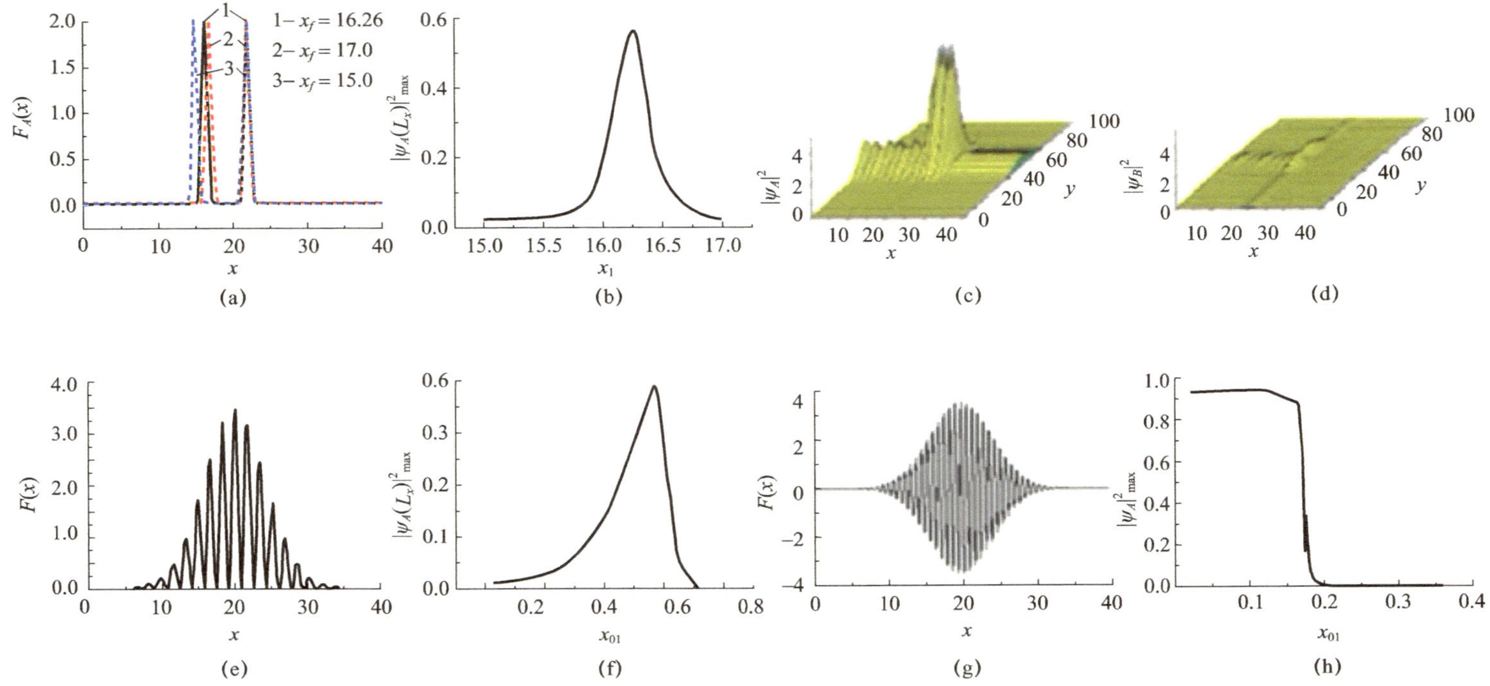

图 9.2 电子态波通过屏障的传输

(a)双屏障;(b)共振传输;(c)和(d)最大传输 $|\psi_{A\downarrow}(x,y)|^2$ 和 $|\psi_{B\uparrow}(x,y)|^2$ 的空间分布;(e)~(h)准周期磁垒(势)$F(x)$,周期为 X_{01}(为几纳米级)[36](如果磁垒是带常数符号(e)的函数,则函数 $|\psi_{A\downarrow}(L_x)|^2(X_{01})$ 具有共振值(f)。如果 $F(x)$ 改变了符号(g),则 $|\psi_{A\downarrow}(L_x)|^2(X_{01})$ 是类似开关函数(h)的函数)。

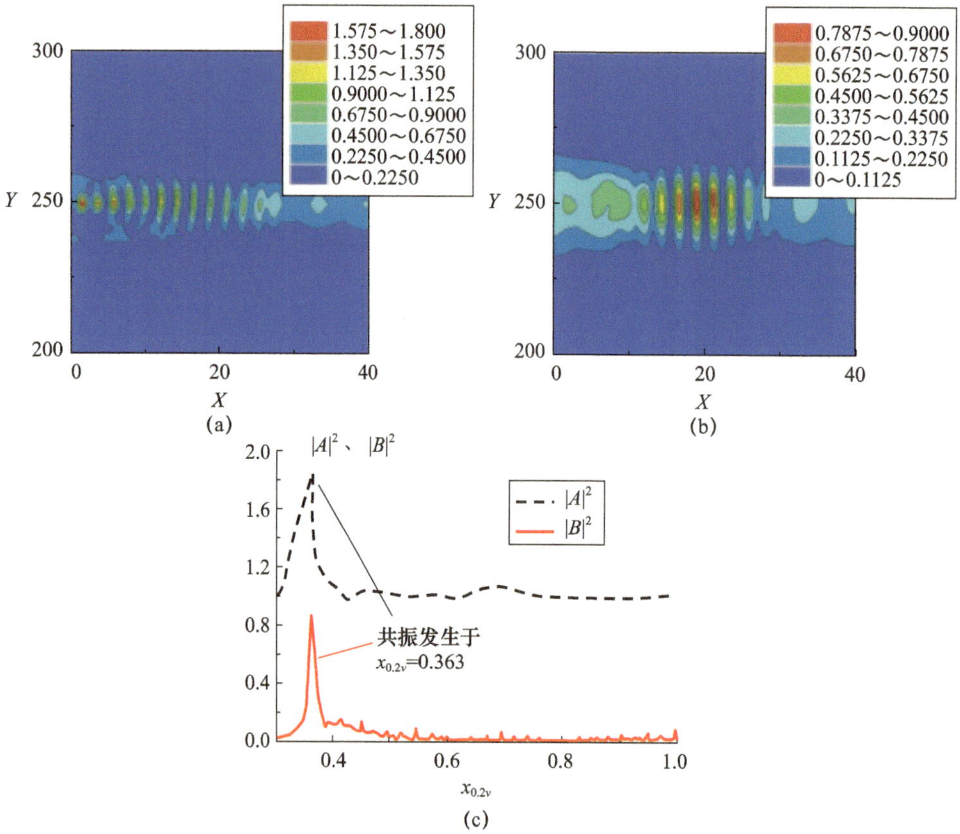

图 9.3　在二维准周期电势或衍射光栅的石墨烯中二维电子束的共振传输和捕获[36]
（自旋轨道和交换相互作用不存在：$\lambda=0$，$M=0$，电子波函数为两分量）

(a)和(b)给出了 $|A|^2\equiv|\psi_A|^2$ 和 $|B|^2\equiv|\psi_B|^2$ 的空间分布，对应于衍射光栅共振周期 $x_{02V}=0.363$；(c)给出了在衍射光栅周期，$|A|^2\equiv|\psi_A|^2$ 和 $|B|^2\equiv|\psi_B|^2$ 的空间分布的最大值的依赖性(磁向势 $A_y(x)\sim F$ 和标量电势 U 的分量与坐标 $F=F_0\exp\left[-(x/x_{01f})^4\right]\exp\left[-\left(\frac{y-y_0}{y_{0f}}\right)^4\right]\cos\left(\frac{x}{x_{02f}}\right)$ 和 $U=U_0\exp\left[-(x/x_{01v})^4\right]\exp\left[-((y-y_0)/y_{0v})^4\right]\cos(x/x_{02v})$ 有关，x_{02f} 和 x_{02v} 为磁势和电势周期，$x_{01f,01v}$，$y_{0f,0v}$ 是特征性的空间标度；当 $F_0=0$ 时实现模拟)。

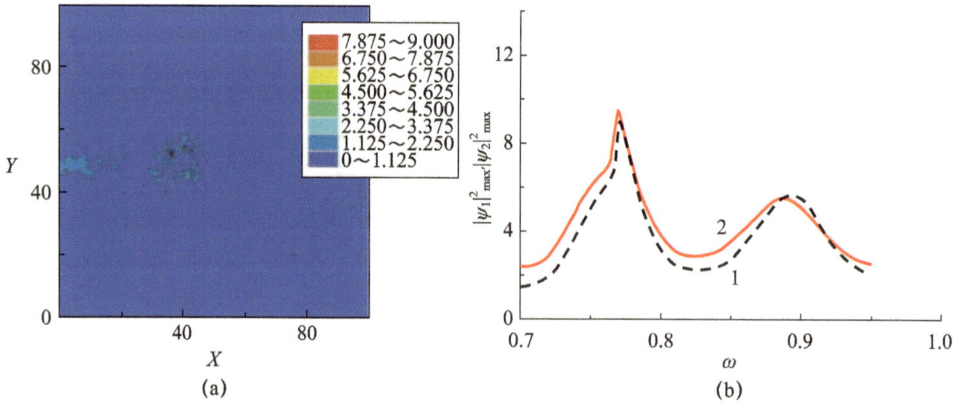

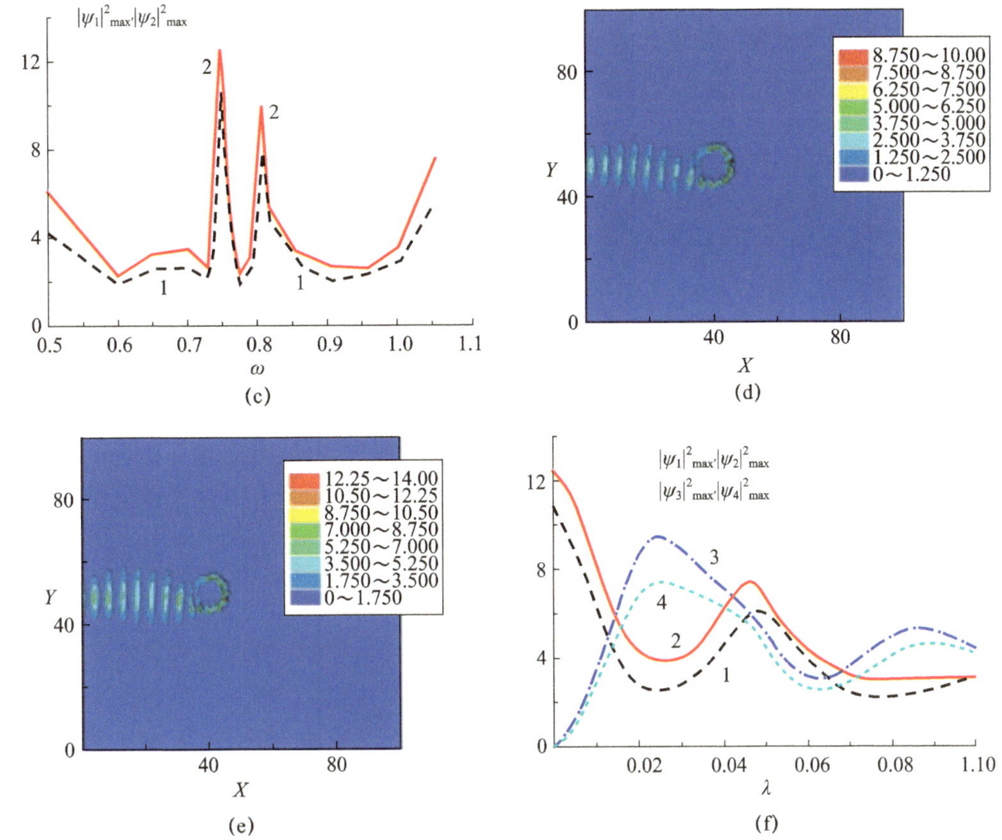

图 9.4　通过环形谐振器捕获电子波束或电子态波并通过自旋轨道 Rashba 相互作用[11]的参数 λ 对它们进行控制

(a)和(b)给出了只使用电子谐振器的情况;(c)~(f)给出了使用组合电磁谐振器的情况;(a)~(e)给出 $\lambda=0$ 的情况,波函数为二分量:$|\psi_1|^2\equiv|\psi_A|^2$,$|\psi_2|^2\equiv|\psi_B|^2$;(f)给出了 $\lambda\neq0$ 情况,波函数为四分量 $|\psi_1|^2\equiv|\psi_{A\uparrow}|^2$、$|\psi_2|^2\equiv|\psi_{B\uparrow}|^2$、$|\psi_3|^2\equiv|\psi_{A\downarrow}|^2$、$|\psi_4|^2\equiv|\psi_{B\downarrow}|^2$;(b)和(c)给出了环形电谐振器和电磁谐振器的二分量分布函数的最大依赖性;(a)(d)(e)给出了电子波函数各分量的空间分布;(a)给出了共振频率为 $\omega=0.765$ 的情况,得到 $|\psi_2|^2\equiv|\psi_B|^2$(图 9.4(b));(d)及(e)给出了共振频率 $\omega=0.748$ 的情况,得到 $|\psi_1|^2\equiv|\psi_A|^2$ 和 $|\psi_2|^2\equiv|\psi_B|^2$(图 9.4(c));(f)展示了通过 Rashba 自旋轨道相互作用的参数 λ,控制四分量波函数各分量空间分布的最大值之间的关系。

假设 $\lambda=0$ 时,在均匀区域的电子波发生在非均质石墨烯层上,所以当 $x=0$ 时,仍然得出 $\lambda=0$,λ 随着坐标 x 逐渐增加,并达到图 9.4(f)中横轴上指出的相应值。这证明了固定的或已建立的解法。

当 $\lambda\neq0$ 时,沿着波传播的 x 方向上的电子波函数分量 $\psi_{1,3}$ 的边界条件,给出了 $x=0$;L_x(图 9.4(f))为系统的长度(图 9.4)。当 $x=0$ 时,在这些条件下采取表达式为

$$\psi_1(x=0,y,t)=\psi_{10}\exp\left[-\left(\frac{(y-y_1)}{y_{10}}\right)^2\right]\tanh\left(\frac{t}{t_0}\right)e^{-i\omega t}$$

$$\psi_3(x=0,y,t)=\psi_{30}\exp\left[-\left(\frac{(y-y_1)}{y_{10}}\right)^2\right]\tanh\left(\frac{t}{t_0}\right)e^{-i\omega t}$$

在系统的输出 $x = L_x$ 和 $y = 0$；L_y 上也包括了有效耗散。ω、y_{10}、t_0 是电子波的载流子频率、横向空间标度以及在系统输入处电子波开关的时间矩。对于电子波函数的另一个分量 $\psi_{2,4}$，当 $x = 0$ 时，不存在独立的边界条件。在图 9.4 中给出了固定的或已建立的解法。

因此，层状石墨烯 - 介质结构中有关波过程的 3 层次方法包括研究电子态的量子波、电磁波以及在电子波的基础上控制电磁特性。还提出了一种新方法，即利用外加磁场和电场、交换和自旋轨道相互作用，模拟二维非均匀性石墨烯的二维电子波。

模拟了具有准周期结构的二维电子波束在系统中的传输过程，包括带磁垒的结构。根据非固定狄拉克 - 外尔方程，求解电子波脉冲，用建立的方法得到固定结果。通过外自旋轨道相互作用的 Rashba 系数，在非均匀电场和磁场形成的环形谐振腔中，可以有效地控制电子波函数分量的传输和捕获。

这里证明了伪自旋的不同值对应的电子波函数分量的共振捕获的可能性。在外部电场的准周期电位的不同空间区域，可以分离这些分量。已经表明，外电场和磁场的非均匀性可以作为电子波束的谐振器和衍射光栅。通过控制电子态的波，可以实现电子波谐振器、衍射光栅、滤波器和石墨烯超材料固体电子光学（graphene metamaterial solid - state electron optics，GMEO）的其他元件。

9.2 双层石墨烯的激发过程

石墨烯是一种二维单原子薄膜。基于石墨烯器件结构的器件理论，石墨烯及其纳米结构在自旋电子学、光子学、质体学和电子学方面[40-46]具有潜在应用价值。

A. S. Davydov 院士首次提出了与电子和分子内振荡激发相关的振动态理论[37]。准粒子振子对应于结构上的振动激发传递。

本节基于文献[38]提出的方法，在不对称分子内振荡的电子激发中，将双层石墨烯作为二维物质，本书研究了石墨烯的振动光谱[39]。这种情况可以描述为晶胞中含有两个分子的物质。

将双层石墨烯的振动光谱描述为二维物质，这意味着基态电子态为 $f=0$，单电子激发态表示为 $f=1$，并且只考虑一种振荡模式。Heitler - London 近似的哈密顿算子表达式为

$$\mathbf{H}_0 = \Omega_0 \sum_{n,\alpha} a^+_{n\alpha} \cdot a_{n\alpha} + \sum_{n,\alpha} \left[\varepsilon + \Delta\Omega\left(a^+_{n\alpha} \cdot a_{n\alpha} + \frac{1}{2}\right)\right] \cdot A^+_{n\alpha} A_{n\alpha} + \sum_{\substack{n,\alpha;\\ m,\beta}} M^{(1)}_{\substack{n,\alpha;\\ m,\beta}} \cdot \left(a^+_{n\alpha} a_{m\beta} + a^+_{m\beta} a_{n\alpha}\right) \cdot A^+_{n\alpha} A_{m\beta} + \sum_{\substack{n,\alpha;\\ m,\beta}} D^{(1)}_{\substack{n,\alpha;\\ m,\beta}} \cdot \left(a^+_{n\alpha} a_{m\beta} + a^+_{m\beta} a_{n\alpha}\right) \cdot A^+_{n\alpha} A_{n\alpha} \tag{9.9}$$

第三和第四项总和的附录描述了原子在电子激发交换和声子交换中的共振相互作用。$A_{n\alpha}$、$a_{n\alpha}$ 是电子激发和声子消失的湮灭算子；$A^+_{n\alpha}$、$a^+_{n\alpha}$ 是电子激发和声子生成的埃尔米特共轭算子。$\varepsilon = \Delta\varepsilon + D^{(0)}$ 是原子的总能量，$\Delta\varepsilon = \varepsilon_1 - \varepsilon_0$ 是原子在晶体中激发态和基态电子项的最小值的差值；Ω_0 是原子在基态电子态的振荡频率。$\Delta\Omega \equiv \Omega_1 - \Omega_0$ 是核振动在基态和激发电子状态的频率差。在激发电子态变化 $D^{(0)}$ 中，一个原子与其他原子在转变中的相互作用可表达如下：

$$D^{(0)} \equiv \sum_{n,\alpha;m,\beta} D^{(0)}_{n\alpha,m\beta} = \sum_{n,\alpha;m,\beta} \left\{ \int \left(|\Psi^{(1)}_{n\alpha}|^2 W_{n\alpha,m\beta} |\Psi^{(0)}_{m\beta}|^2 - |\Psi^{(0)}_{n\alpha}|^2 W_{n\alpha,m\beta} |\Psi^{(0)}_{m\beta}|^2 \right) \right\} \mathrm{d}\boldsymbol{r}_{m\beta} \mathrm{d}\boldsymbol{r}_{n\alpha},$$

式中：$W_{n\alpha,m\beta}$为原子相互作用的算子；$\boldsymbol{n}$ 和 $\boldsymbol{m}$ 为数量；α 和 β 为晶胞中的种类；$\Psi_{n\alpha}^{f_{n\alpha}}(\boldsymbol{r}_{n\alpha})$为绝热近似下的电子波函数。

描述 Condon 近似修正的原子矩阵元素的共振相互作用为

$$M_{n\alpha,m\beta}^{(1)} \equiv \frac{1}{2}\cdot\left(\frac{\partial^2 M_{n\alpha,m\beta}}{\partial\xi_{0,m\beta}\cdot\partial\xi_{0,n\alpha}}\right)_{\xi_{0,m\beta}=\xi_{0,n\alpha}=0};\quad D_{n\alpha,m\beta}^{(1)} \equiv \frac{1}{2}\cdot\left(\frac{\partial^2 \mathrm{D}_{n\alpha,m\beta}}{\partial\xi_{0,m\beta}\cdot\partial\xi_{0,n\alpha}}\right)_{\xi_{0,m\beta}=\xi_{0,n\alpha}=0}$$

对应于基态电子项的无量纲核坐标为 $\xi_{0,n\alpha}\equiv\sqrt{\dfrac{\Omega_0 M}{\hbar}}\cdot q_{n\alpha}$，$M$ 是有效质量，对应于正常核坐标$q_{n\alpha}$，$\hbar$ 为普朗克常数。

振幅E_0和频率 ω 与晶体相互作用的电磁波的哈密顿算子$\mathbf{H}_{\text{int}}$可以记为[39]

$$\mathbf{H}_{\text{int}} = -\boldsymbol{E}_0\cdot\sum_{m,\beta}\{u_{m\beta}(t)\cdot \mathrm{e}^{-\mathrm{i}\omega t+\eta t} + \text{herm. conj}\}$$

$$u_{\beta m}(t) = \exp\left\{\frac{\mathrm{i}}{\hbar}\mathbf{H}_0 t\right\}\cdot u_{m\beta}\cdot\exp\left\{-\frac{\mathrm{i}}{\hbar}H_0 t\right\}$$

$$u_\alpha = \frac{ie\boldsymbol{E}_0}{m\omega}\cdot \mathrm{e}^{\mathrm{i}\boldsymbol{Q}\cdot r_\alpha}\cdot\boldsymbol{P}_\alpha, \boldsymbol{r}_\alpha = \Sigma_i\boldsymbol{r}_{i\alpha}, \hat{\boldsymbol{P}}_\alpha = \Sigma_i\hat{\boldsymbol{P}}_{i\alpha}$$

式中：$\mathbf{H}_0$为晶体算子，且没有电磁波作用（式(9.9)）；η 为一个小参数；t 为时间，$\boldsymbol{Q}$为波向量；m 为电子的质量；e 为电子的电荷；$\boldsymbol{r}$为空间坐标；$\hat{\boldsymbol{P}}_\alpha = e\cdot\hat{\boldsymbol{r}}_\alpha$为电偶极矩算子。

在$\mathbf{H}_{\text{int}}$的作用下，在晶体中 t 时间产生的平均比电偶极矩$\langle\boldsymbol{P}_n\rangle$可写为[2]

$$\langle\boldsymbol{P}_n(t)\rangle = -\frac{\sqrt{1-X^2}}{2v}\sum_{\alpha,\beta}\{\boldsymbol{d}'_\alpha(\boldsymbol{d}'^*_\beta\cdot\boldsymbol{E}_0)\cdot(G_r^{\alpha\beta}(\boldsymbol{Q},\omega)-G_r^{\alpha\beta+}(-\boldsymbol{Q},-\omega))\cdot\mathrm{e}^{\mathrm{i}(\boldsymbol{Q}\boldsymbol{\rho}_{n\alpha}^0-\omega t)+\eta t} + \text{herm. conj.}\}$$

式中：$G_r^{\alpha\beta}(\boldsymbol{Q},\omega)$为延迟格林函数；$v$ 为晶体晶胞的体积。

平均比电偶极矩$\langle\boldsymbol{P}_n\rangle$通过横截面介电常数张量$\boldsymbol{\varepsilon}_{xy}^\perp$表示，表征了晶体对外部扰动的响应[37]，有

$$\langle\boldsymbol{P}_n(t)\rangle = \left\{\frac{\boldsymbol{\varepsilon}^\perp(\boldsymbol{Q},\omega)-1}{8\pi}\cdot\boldsymbol{E}_0\cdot\mathrm{e}^{\mathrm{i}(\boldsymbol{Q}\cdot\rho_n^0-\omega t)+\eta t} + \text{herm. conj.}\right\}$$

张量$\boldsymbol{\varepsilon}_{xy}^\perp$的分量的表达式可写成[3]

$$\boldsymbol{\varepsilon}_{xy}^\perp = \delta_{xy} + \frac{4\pi}{\nu}\cdot\sqrt{1-X^2}\sum_{\alpha,\beta}\{G_r^{\alpha\beta+}(-\boldsymbol{Q},-\omega)-G_r^{\alpha\beta}(\boldsymbol{Q},\omega)\}\cdot|\boldsymbol{d}'_\alpha|^2$$

式中：δ_{xy}为 delta 函数；ν 为晶胞体积；$X=\dfrac{\Omega_0-\Omega_1}{\Omega_0+\Omega_1}$；$\boldsymbol{Q}$ 为波向量；$\boldsymbol{P}_{1,0'\alpha}(q)$为量子转变 1→0 的偶极矩，$\left(\dfrac{\partial}{\partial q_{0\alpha}}\boldsymbol{P}_{1,0\alpha}\right)_{q_{0\alpha}=0}\equiv\boldsymbol{d}'_\alpha$，$\hat{q}_{0\alpha}$是无量纲核坐标，$q_{0\alpha}^0$是核平衡状态的坐标。

延迟格林函数的傅里叶分量可写为

$$G_r^{\alpha\beta}(\boldsymbol{Q},\omega) = \sum_{n,\alpha}\mathrm{e}^{-\mathrm{i}\boldsymbol{Q}\cdot\boldsymbol{\rho}_{n\alpha}^0}\cdot G_r^{\alpha\beta}(\boldsymbol{n},\omega);\ G_r^{\alpha\beta}(\boldsymbol{n},\omega) = \int_{-\infty}^{\infty}\mathrm{e}^{-\mathrm{i}\omega t-\eta t}\cdot G_r^{\alpha\beta}(\boldsymbol{n},t)\,\mathrm{d}t$$

这里得出

$$G_r^{\alpha\beta}(\boldsymbol{n},t) = -\mathrm{i}\theta(t-\tau)\,\mathrm{sp}\{\boldsymbol{\rho}_0[\hat{A}_{n\alpha}(t)\hat{a}_{n\alpha}(t),\hat{A}_{o\beta}^+(0)\hat{a}_{o\beta}^+(0)]\}$$

式中：i 为虚单位数；$\theta(t-\tau)$为 teta 函数；$\boldsymbol{\rho}_0$为具有相互作用前的平衡密度矩阵。

格林函数的表达式为

$$G_r^{\alpha\beta}(\boldsymbol{n},t)=\langle\langle A_{n\alpha}\cdot a_{n\alpha};A_{o\beta}^{+}\cdot a_{o\beta}^{+}\rangle\rangle_t\equiv \mathrm{i}\theta(t)\cdot\langle\{0,0\}|A_{n\alpha}(t)\cdot a_{n\alpha}(t),A_{o\beta}^{+}(0)\cdot a_{o\beta}^{+}(0)|\{0,0\}\rangle$$

函数$|\{0,0\}\rangle$表示系统的真空状态。

用函数$G_r^{\alpha\beta}(\boldsymbol{Q},\omega)$描述了振动激发产生的光子吸收过程。这些过程贡献了晶体与电磁波的相互作用。介电常数的虚部表示了晶体在这些频率下吸收光的特征。

这里只考虑晶体的单电子激发态，并考虑声子总量的附加态；有

$$\left(\sum_{n,\alpha}B_{n\alpha}^{+}B_{n\alpha}=1;f=0,1\right)$$

通过计算延迟格林函数的傅里叶变换，可以建立晶体的振动吸收光谱。

对于双层石墨烯（一个基本晶胞模型中的两个相同原子），得到关系为

$$G_r^{11}=g_{0(\omega)}^{1111}=g_{0(\omega)}^{2222}=G_r^{22},G_r^{12}=g_{0(\omega)}^{1122}=g_{0(\omega)}^{2211}=G_r^{21}$$

对于两极上的格林函数的分解，用函数$g_{0(\omega)}^{1111}=g_{0(\omega)}^{2222}$表示为

$$\frac{(\omega-\omega_0+L)\cdot(2(\omega-\omega_0)+L))}{2(\omega-\omega_1)\cdot(\omega-\omega_2)\cdot(\omega-\omega_3)}=\frac{A}{(\omega-\omega_1)}+\frac{B}{(\omega-\omega_2)}+\frac{C}{(\omega-\omega_3)}$$

式中：$g_{0(\omega)}^{1111}=g_{0(\omega)}^{2222}$减去$\omega_0=2\pi\nu_0$，$\omega_1$、$\omega_2$、$\omega_3$为格林函数的极点；$L$为一个亚晶格中原子之间的共振相互作用；$L_3$是一个晶胞内不同亚晶格中原子之间的共振相互作用，$h$是一个声子在电子振荡转变过程中一个亚晶体中原子之间的共振偶极子相互作用。所以，可以写出下面的关系，即

$$A=\frac{(3l y_1+2l^2+y_1^2)}{(y_1-y_3)\cdot(y_1-y_2)},B=\frac{(3l y_2+2l^2+y_2^2)}{(y_2-y_3)\cdot(y_2-y_1)}$$

$$C=\frac{(3l y_3+2l^2+y_3^2)}{(y_3-y_1)\cdot(y_3-y_2)},y_i=\frac{\omega_i}{|h|}$$

通过这种方式，可以为函数$g_{0(\omega)}^{1122}=g_{0(\omega)}^{2211}$写出下一个关系，即

$$g_0^{1122}=g_0^{2211}=\frac{K}{(\omega-\omega_1)}+\frac{D}{(\omega-\omega_2)}+\frac{F}{(\omega-\omega_3)}$$

这里得出

$$K=\frac{l_3(l+y_1)}{(y_1-y_3)\cdot(y_1-y_2)},D=\frac{l_3(l+y_2)}{(y_2-y_3)\cdot(y_2-y_1)},F=\frac{l_3(l+y_3)}{(y_3-y_1)\cdot(y_3-y_2)}$$

通过方程式，确定了格林函数极点的表达式为

$$y^3+5l y^2+y(4l^2-l_3^2-0.5)+l(4l^2-l_3^2-1)=0$$

$$y=\omega_{(i)}|h|)^{-1}=\frac{\omega-\omega_0}{|h|};l=\frac{L}{|h|};l_3=\frac{L_3}{2|h|}$$

参数$h=0$，实现了在晶体中只有电子激发的情况，而格林函数极点的表达式（减少至$\hbar$）为

$$\omega_{1,2}=\varepsilon-2L\pm L_3$$

不同极化方向对应于这些极点：第一个是沿总和方向；第二个是沿转变偶极矩的差值方向。

如果单层系统（晶胞中的一个原子）$h=0$和$L_3=0$，则$\omega=\varepsilon-2L$，这是格林函数极点的电子激发的表达式，然后吸收线为非极化。

在$L_3=0$的情况下(在一个晶胞的框架中,亚晶格之间没有相互作用),在频率上实现两个非偏振极点。

$$\omega_{1,2}=\omega_0-\frac{3L}{2}\pm\frac{\sqrt{L^2+2h^2}}{2}$$

因此,在双层石墨烯片之间发生共振相互作用h,导致光谱线分裂。包括以参数h为特征的共振相互作用消除简并和光谱线分裂。

当$L=0$时,频率上有两个极点:$\omega_{1,2}=\omega_0\pm\sqrt{L_3^2+\frac{h^2}{2}}$。当$h\gg L_3$,则$\omega_{1,2}=\omega_0\pm\frac{h}{\sqrt{2}}$,且在两个极化中有两个极点,且强度为$I_{\text{I}}$和$I_{\text{II}}$。当$L_3\gg h$,则$\omega_{1,2}=\omega_0\pm L_3$,且在不同极化中有两个极点。

因此,在频率$\omega=\omega_0+\omega_i$下,定义带的极化为

$$\varepsilon_{\text{II}}^{\perp}=1+\frac{a(1+\varphi)}{(y-y_i)}\left\{\frac{3ly_i+2l^2+y_i^2+l_3(l+y_i)}{(y_i-y_j)\cdot(y_i-y_k)}\right\}$$

$$\varepsilon_{\text{II II}}^{\perp}=1+\frac{a(1-\varphi)}{(y-y_i)}\left\{\frac{3ly_i+2l^2+y_i^2-l_3(l+y_i)}{(y_i-y_j)\cdot(y_i-y_k)}\right\}$$

式中:i、j、k为1、2、3的指数。

图9.5~图9.9显示了在两层结构中发挥带隙作用的能隙,给出了不同相互作用参数的结果。这是由于位于两层结构的一个单元内原子的偶极矩p的相互作用,且外部场有不同方向的偶极矩(即两层结构的不同层中原子的偶极矩方向相反)。发挥带隙作用的这种能隙的量级决定于两层结构中各层的相互作用,并以参数l_3为特征。

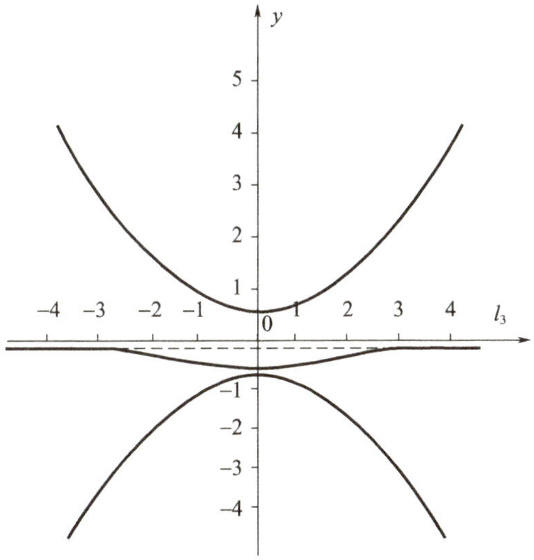

图9.5 参数为$l=0.1$时且不同层分子的共振相互作用为l_3时双层石墨烯振动激发的降低频率y与降低值的关系

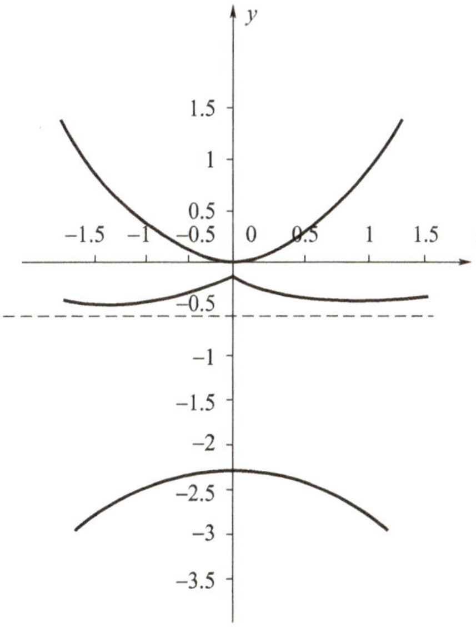

图9.6 参数为$l=0.5$时且不同层分子的共振相互作用为l_3时双层石墨烯振动激发的降低频率y与降低值的关系

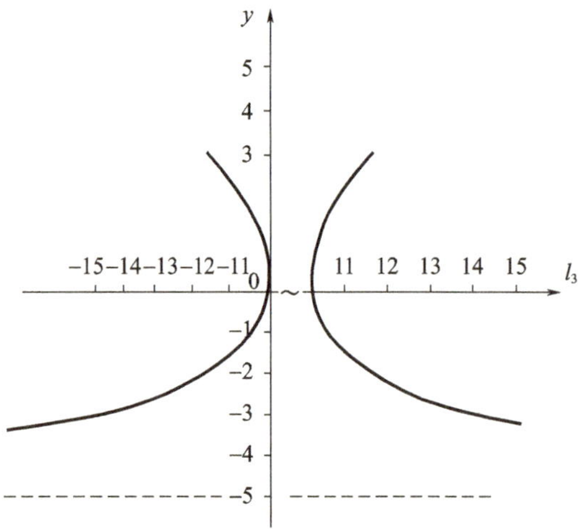

图9.7 参数为 $l=5$ 时且不同层分子的共振相互作用为 l_3 时双层石墨烯振动激发的降低频率 y 与降低值的关系

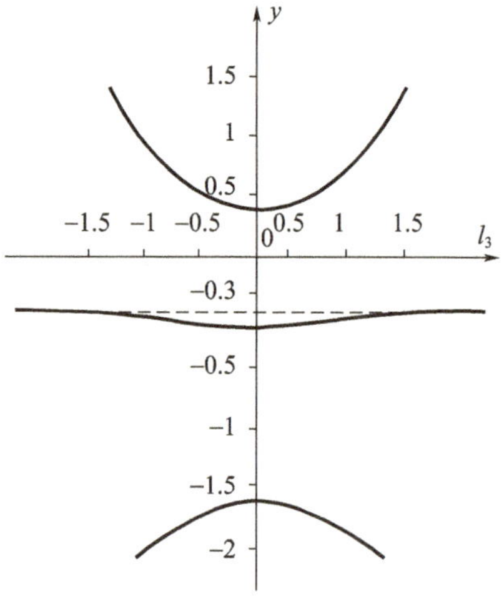

图9.8 参数为 $l=0.3$ 时且不同层分子的共振相互作用为 l_3 时双层石墨烯振动激发的降低频率 y 与降低值的关系

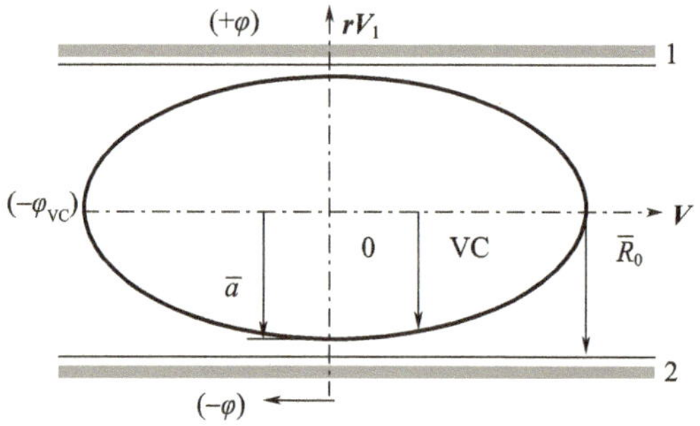

图9.9 试管内生物分子细胞运动方案

1—具有正电势（$+\varphi$）的上石墨烯电极；2—具有负电势（$-\varphi$）的下石墨烯电极；VC—具有负电势（$-\varphi_{vc}$）的生物细胞；$\boldsymbol{V}$—生物细胞进入试管的速度；$\boldsymbol{V}_1$—在试管中生物细胞垂直于电极方向上的速度；$\overline{R}_0$—从试管的轴线到电极的距离；$\overline{a}$—生物细胞的直径；$\boldsymbol{r}$—垂直于电极的径向向量。

在这种情况下，单层结构的下部能级在结构（晶体）的能阶上向下移动，得到能量位移的负值 $\Delta\varepsilon_1=\boldsymbol{p}_1\cdot\boldsymbol{E}=-p_1E$，其中 $\boldsymbol{E}$ 是电场强度向量的模型。单层结构的上部能级沿着结构（晶体）的能阶向上移动，得到正能量位移 $\Delta\varepsilon_2=\boldsymbol{p}_2\cdot\boldsymbol{E}=p_2E$。这些能级的能量值的差异形成了两层结构的能量间隙。

在理论上可以将一维锯齿形纳米级薄膜看作两层结构，因为锯齿形纳米级薄膜在几何上是由两个多向平行段的子系统组成。这些子系统可以被认为是相互作用的并行层。通过改变这种类锯齿形的纳米级薄膜的几何形状，可以改变这种结构的能隙宽度（带隙的宽度）。

扭曲的纳米带可以看作两个相对平行的层（双层），彼此相对位移。这些层之间的相互作用导致了能量间隙，能量间隙的量级也受到这种结构几何的控制。

因此，在两层结构中激发传播的主要规律和性质可以延展到包括石墨烯在内的奇异结构中。

不同的传染源是疾病的源头。利用基于表面等离激元共振(SPR)现象的检测器,可以检测出少量的病毒、细菌、蛋白质和核酸物质[47-48]。表面敏感方法如表面反射(SR)和表面等离激元共振(SPR)等非常适合于不同的生物分子检测。在被检测的生物分子和纳米传感器表面之间,它们的分子结合允许无标记检测受检生物材料。

细菌和病毒细胞的外壳有负电荷。当正电压施加到电极板上时,这些细胞将被吸引到电极板上。因此,这种电极板的物理性质(介电通透性、反射指数和吸收特性)在与不同的生物分子结合时发生了变化。

我们研究了基于等离激元极化子共振现象的石墨烯生物传感器的实现,以此遥感不同的生物制剂。提出了石墨烯纳米传感器由带有两个电极板的试管组成。上电极板是石墨烯薄膜。上石墨烯电极板的光学性质随与该石墨烯电极板结合的生物分子数量而变化。病毒的常规大小从 10 ~ 100nm 不等。

在上石墨烯电极板的底部,由于上面生物细胞的凝结,形成介质层。按照被吸收的生物细胞的种类,定义了该介质层的介电通透性及其相应的等离激元特性。表面等离激元极化子波沿着该表面传播。本章的检测方法是采用表面等离激元极化子共振效应,利用表面等离激元极化子波的散射对生物细胞进行分类。

生物细胞的散射光强度大小与细胞大小呈线性关系。病毒细胞由一个稳定的蛋白质外壳组成,内含病毒基因组。病毒细胞具有很高的极化率。

通过在带电的生物细胞(病毒或细菌细胞)上的电极之间的静电作用$\boldsymbol{F}_{vc} = q_{vc} \cdot \boldsymbol{E}$,将生物细胞吸引上电极的表面,$q_{vc}$是生物细胞(病毒或细菌细胞)外壳上的负电荷(病毒或细菌细胞)。$\boldsymbol{E}$是石墨烯电极之间的电场强度,有

$$\boldsymbol{E} = -\frac{\Delta\varphi}{\Delta \boldsymbol{r}};\boldsymbol{E} = -\frac{\Delta\varphi}{d}$$

式中:$\Delta\varphi = \varphi_1 - \varphi_2$为上石墨烯电极 1 的电位$\varphi_1$与下电极 2 的电位$\varphi_2$之间的电位差;$d$ 为试管的直径(或电极之间的距离)。

图 9.1 给出了试管内生物细胞运动的方案[49]。

系数 K 表征单位生物细胞的质量或生物制剂的种类,有

$$K = \tan\alpha = \frac{(F_{vc})_{\text{tr}}}{m_{vc}}$$

式中:m_{vc}为生物细胞的质量[49]。

如文献[49]所示,试管n_{vc}中生物细胞(病毒或细菌细胞)的浓度为

$$n_{vc} = \frac{N_{vc}}{V_0} = \frac{C_0 \cdot \Delta \varphi_0}{V_0 q_{vc}}\left(1 - \frac{\widetilde{C}}{C_0} \cdot \frac{\Delta \widetilde{\varphi}}{\Delta \varphi_0}\right) = \frac{\varepsilon_0 \varepsilon_2 \Delta \varphi_0}{q_{vc} \cdot d^2}\left(1 - \frac{\widetilde{C}}{C_0} \cdot \frac{\Delta \widetilde{\varphi}}{\Delta \varphi_0}\right) \quad (9.10)$$

式中:V_0 为试管的体积;N_{vc} 为被吸附到上电极上的病毒或细菌细胞的数量;$\Delta \varphi_0 = (\varphi_1 - \varphi_2)_0$为试管中没有生物制剂时电极之间的电势差;$\Delta \widetilde{\varphi}$为电极之间在生物制剂吸收时的电势差;$C_0$为试管中没有生物制剂时的电容;$\widetilde{C}$为在试管中有生物制剂时可测量的有效电容量;$q_{vc}$为单个细菌细胞(病毒或细菌细胞)的负电荷。所有这些参数都可以测量,而且V_0和q_{vc}都是已知的值。

生物制剂(病毒和细菌)分类的另一个可确定的特征参数是其单位细胞的体积ν_{vc} =

$\frac{S \cdot d_1}{n_{vc}}$，其中 S 是冷凝器板的面积，d_1 是吸附在上电极上的生物细胞(病毒或细菌细胞)层的厚度：

$$d_1 = \frac{n_{vc} \cdot \nu_{\nu c}}{S}$$

生物试剂的介电通透性是由实现等离激元极化子共振的条件决定的[50-51]，有

$$\sqrt{\varepsilon_p} \cdot \sin\theta_{res} = \sqrt{\frac{\varepsilon_g \cdot \varepsilon_1}{\varepsilon_g \cdot \varepsilon_1}} \tag{9.11}$$

式中：θ_{res} 为测量的等离激元极化子共振的共振角；ε_g 为石墨烯的介电渗透率；ε_p 为光学材料在石墨烯电极1上的介电渗透率。生物试剂 ε_1 的介电通透性也是一个特性参数，可以确定可检测的生物试剂的类型。参数 ε_1 也是病毒或细菌分类的特征参数。

等离激元极化子波的频率 ω_p 根据以下关系确定[50]，即

$$\omega_p = e\sqrt{\frac{n}{m \cdot \varepsilon_0}} \tag{9.12}$$

式中：e 为电子的电荷；n 为价电子在石墨烯的密度；m 为电子的质量。

当等离激元极化子共振实现时，在某种生物制剂固有的特征频率 ν_1 和 ν_2 上，根据拉曼光谱，观察到从石墨烯表面反射的上光电极强度的两个极小值。

9.3 在近红外至可见光谱范围内工作的石墨烯光电调节器

现代技术是实现小型化，即在集成电路中放置更多的电子或光学元件，从而提高器件的效率和性能。随着小型化的不断发展，需要利用数微米量级或更小材料中的电光现象。可以使用一种众所周知的化学方法来观察电光效应，即在特定阶段选择具体材料的种类，以及其能达到的最大浓度和在限制范围内允许的组合物。自从石墨烯及其特殊的特性[52]发现以来，有关人员对石墨烯的电子、光子和光电子领域都产生了极大的兴趣，希望创造基于二维材料的新型杂化器件，不仅能够与 CMOS 兼容还具有快速高效。石墨烯是一种带隙半导体，其电子作为无质量粒子，带电体迁移率超过 200000 $cm^2/(V \cdot s)$[53-56]。此外，石墨烯还具有热性能[57-58]、化学性能[59]和机械稳定性[58]、强光物相互作用[60]、不透性[61-62]和宽带光谱范围内的光学吸收调谐[63]。因此，基于石墨烯的器件在宽光谱范围内的工作带宽可达 500 GHz。此外，石墨烯产生于带间转变的光吸收常数为 2.3%[64]，主要作用于中红外波段到可见光波段[65-66]。可以通过化学掺杂或外加电场控制石墨烯的带间光转变，从而改变石墨烯费米能级的位置，产生泡利阻塞。

使用 Kubo 形式主义，根据以下公式可以描述石墨烯的动态光学响应[67]，即

$$\sigma_{total}(\lambda) = \sigma'_{interband}(\lambda) + i\,\sigma''_{interband}(\lambda) + \sigma_{intraband}(\lambda) \tag{9.13}$$

$$\sigma_{total}(\lambda) = \frac{e^2}{4\hbar}\left(\frac{1}{2} + \frac{1}{\pi}\arctan\left(\frac{\hbar\omega - 2E_F}{2k_BT}\right) - \frac{i}{2\pi}\ln\left(\frac{(\hbar\omega + 2E_F)^2}{(\hbar\omega - 2E_F)^2 + 4k_B^2T^2}\right)\right) + \frac{i}{\pi\hbar}\frac{8k_BT}{(\omega + i\gamma)}\ln\left(\frac{2\cosh E_F}{2k_BT}\right) \tag{9.14}$$

式中：E_F为费米能；ω 为光学频率；T 为温度；γ 为电子的碰撞率。式(9.14)的最后一部分表示了石墨烯电导率的 Drude 响应，在近红外对电磁光谱可见部分的贡献很小。

图 9.10 描述了费米能量位置的变化如何影响石墨烯的带间光转变。石墨烯光学响应根据E_F变化在 0.4～0.7eV 范围内进行计算模拟。

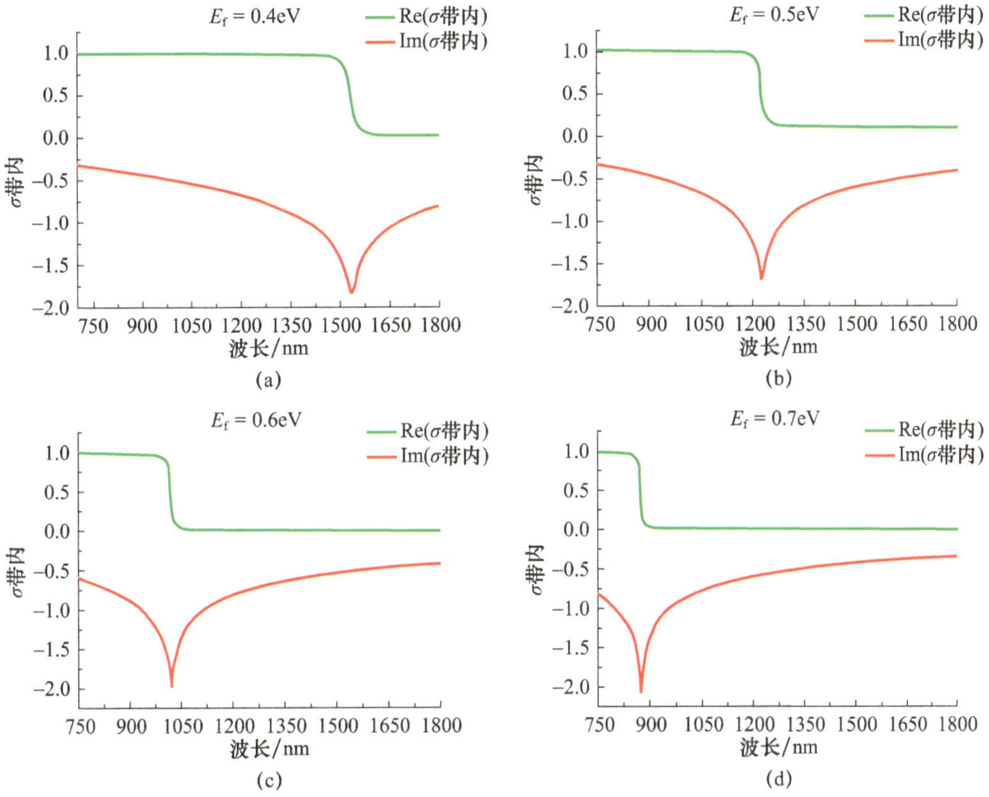

图 9.10　石墨烯带内光导系数作为费米能量的函数

(a)在E_f = 0.4eV 时带间电导率实部和虚部的依赖性；(b)E_f = 0.5eV 时带间电导率实部和虚部的依赖性；(c)E_f = 0.6eV 时带间电导率实部和虚部的依赖性；(d)E_f = 0.7eV 时带间电导率实部和虚部的依赖性。

尽管单层石墨烯具有显著的光吸收价值，但为了制造基于石墨烯的高效光电器件，如电光调制器，仍有必要进一步增加石墨烯光物的相互作用。如今几种构型可以利用杂化石墨烯基波导[68]、石墨烯基等离激元槽波导[69]和自由空间石墨烯调制器[70]远距离增强与石墨烯的电磁场相互作用。然而目前在小栅极电压下的近红外到可视光谱范围内，要实现具有显著光调制深度的石墨烯基快速电光调制器仍有很大的挑战性。另外，本章为了克服这些障碍，提出了石墨烯基电光调制器的结构。Fabry－Perot 光学谐振腔和高 k 金属氧化物介质 HfO_2表示了石墨烯电吸收调制器的几何结构。氧化铪具有非常优异的特性，如极高的热稳定性、宽的透明窗、5.68eV 的带隙能量[71]和电阻率可逆开关性质。有些出版物已经指出，因为氧化铪具有可逆的开关性质，它可以作为随机存取存储单元的一部分[72]。非化学氧化铪在横向外加电场的影响下，具有流动氧离子储集体的特征，能够与栅极石墨烯单层接触形成电双层。

图 9.11(a)给出了基于石墨烯的电吸收调制器的构型，该调制器基于 Fabry－Perot 几

何结构。Fabry – Perot 光学谐振腔由透明石英基底和薄底铜电极组成，具有反射镜和栅电极的功能，非化学计量的高 k 金属氧化物介质 HfO_2 位于石墨烯的下方和上方，其厚度为 $d=\frac{\lambda}{4n}$，n 为折射指数，λ 为石墨烯调制器的波长。优质无缺陷石墨烯单层直接位于光腔中心，与金属电极接触（图 9.11(b)）。然后石墨烯完全覆盖顶部的非化学计量高 k 金属氧化物介质 HfO_2 和顶部金属电极。由于氧化铪介质层的 $\lambda/4$ 厚度和腔内多次反射的影响，在石墨烯层上形成了具有电场最大值的驻波一阶模态。这导致石墨烯光物相互作用的增加，从而导致其光学吸收。

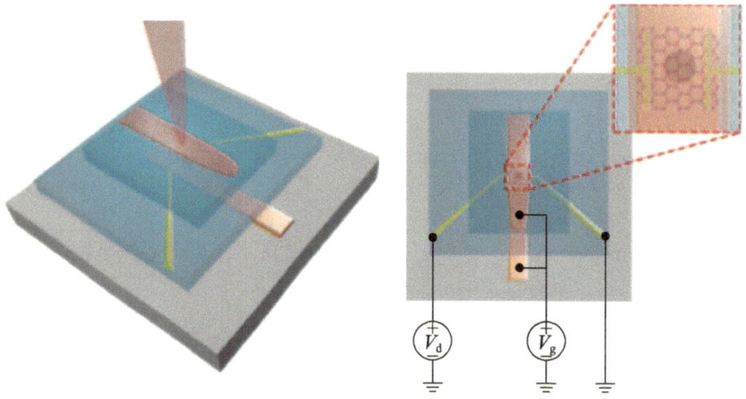

图 9.11　Fabry – Perot 石墨烯电光调制器

(a)调制器异质结构的三维示意图(由石英基底、顶部和底部金属反射镜、$\lambda/4$ 非化学氧化铪和位于 Fabry – Perot 光学腔中央的高质量石墨烯组成。相关人员对石墨烯调制器进行了优化，使其在 $\lambda=1100nm$ 和 $\lambda=670nm$ 时都能在反射和透射模式下运行)；(b)调制器的二维示意图(说明了石墨烯层及金属栅使用的电压极性)。

设定波长为 $\lambda=1000nm$ 的石墨烯调制器，由厚度为 30nm 的底部铜电极、厚度为 100nm 的非化学氧化铪、厚度为 0.335nm 的优质石墨烯单层和厚度为 30nm 的顶部金栅极组成。波长为 $\lambda=670nm$ 的石墨烯调制器由 30nm 厚度的铜底栅、65 nm 的非化学氧化铪、0.335 nm 的石墨烯单层和 30nm 厚度的顶部银栅组成。为了防止银氧化及其性能恶化，在银门顶部沉积了一层 10nm 的氧化铪。所制造的调制器可以在反射模式和透射模式下工作。

制造装置的原始材料是石英基片，通过在丙酮和异丙醇(IPA)中清洗装置获得了干净表面。Si_3N_4 荫罩用于在石英晶圆片上沉积 2 nm 厚度铬层和 30 nm 厚度铜的电子波束。然后用厚度为 100 nm 或 65 nm 的电子波束沉积系统沉积高 k 氧化铪介质层。使用透明胶带方法从高度定向的热解石墨单晶中机械剥离石墨烯单层，并放置在 SiO_2 – Si 基底上(图 9.12)。相关人员利用拉曼光谱仪对石墨烯层的质量进行了评价。

将高质量的石墨烯单层通过湿转技术转移到 HfO_2 表面，如图 9.12 所示。首先，聚甲基丙烯酸甲酯(poly methyl methacrylate，PMMA)抗蚀剂薄层在石墨烯 SiO_2 – Si 基底上进行了旋转涂层。然后将基底放置在热板上，在 120℃ 加热 10min，以防止去除了 PMMA 抗蚀溶剂。黏面的胶带窗口位于石墨烯薄片周围，并附着在 PMMA 抗蚀剂上(图 9.13(c))。在 KOH 溶液中，为了使石墨烯 – PMMA 更容易脱离 SiO_2 – Si 基底，对胶带窗口的外部边界进行划蹭。3% KOH 溶液用于蚀刻SiO_2 - Si 晶圆片，为此，将样品放入含有 3% KOH 溶液的烧杯中浸泡几个小时。如果需要加快刻蚀过程，将烧杯放置在热板上，在 40℃ 加热。当石墨烯 - PMMA 层分离过程完成后，石墨烯 - PMMA 层的胶带窗口被转移到有 DI 水的烧杯中，并冲洗几次，以去除残留的 KOH 溶液。然后，将带有石墨烯 - PMMA 层的胶带窗口从烧杯中取出，并采用高精度传送机将其放置在HfO_2层上。当传输程序完成后，在丙酮、IPA 和水中冲洗样品，以去除 PMMA 层中的残留物。

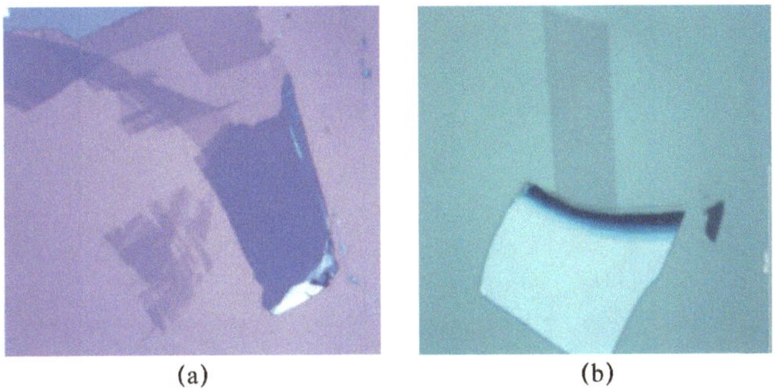

图 9.12 通过显微机械剥蚀法在热解石墨单晶获得石墨烯单层光学图像

(a)单层和多层石墨烯放置在 SiO_2(290nm) - Si 基底上；(b)单层和多层石墨烯放置在SiO_2(90nm) - Si 晶片上。

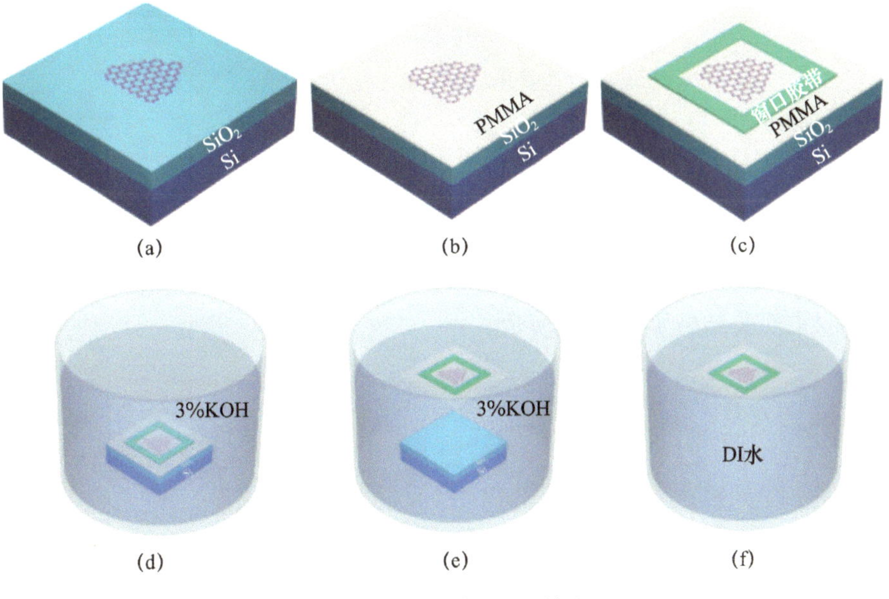

图 9.13 石墨烯单层的湿转流程

(a)石墨烯置于SiO_2(290nm) - Si 晶片上；(b)在石墨烯单层上 PMMA 层旋转涂层；(c)胶带窗口设置在石墨烯薄片上；(d)样品放置在含有 3% KOH 溶液的烧杯中；(e)从晶片释放出石墨烯 - PMMA 膜；(f)在 DI 水中转移石墨烯 - PMMA 膜并进一步冲洗。

使用光刻工艺获得接触电子的石墨烯。通过软荫罩将顶层氧化铪沉积在石墨烯上，以支持金属接触。在金或银金属的电子波束蒸发作用下，采用光刻技术实现了顶栅电极的几何构型。为了保护银免受氧化，在银电极的顶部沉积一层厚度为 10 nm 的氧化铪薄层，然后进行剥离处理。图 9.14 给出了基于石墨烯的电光调制器的光学图像。

利用 Bruker Vertex 80 傅里叶变换红外光谱仪和 Hyperion 3000 显微镜，在反射模式和透射模式下对工作的 $\lambda = 1100\text{nm}$ 石墨烯调制器进行了电光表征。函数发生器连接到调制器的顶部和底部电极上，执行石墨烯的电栅极，同时锁定放大器与石墨烯电极耦合，以此测量其电阻。

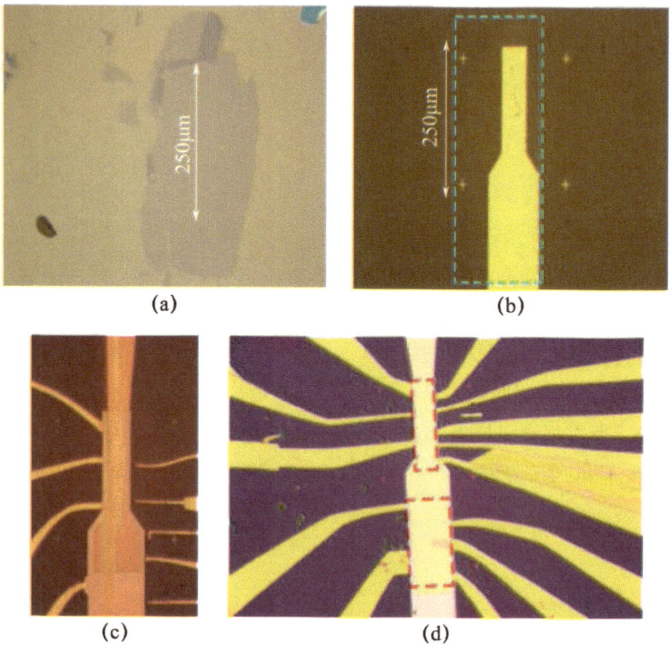

图 9.14　石墨烯基调制器的光学图像

(a)在SiO_2(90nm)－Si 基底上尺寸为 300pm × 200pm 的石墨烯单层的光学观察；(b)在HfO_2 －Cu－Cr－Quartz 晶片上转移石墨烯；(c)及(d)制作的 Fabry－Perot 电光调制器的光学影像(红色虚框是在同一基底上制作的调制器的区域)。

电光测量的实验结果如图 9.15 所示。

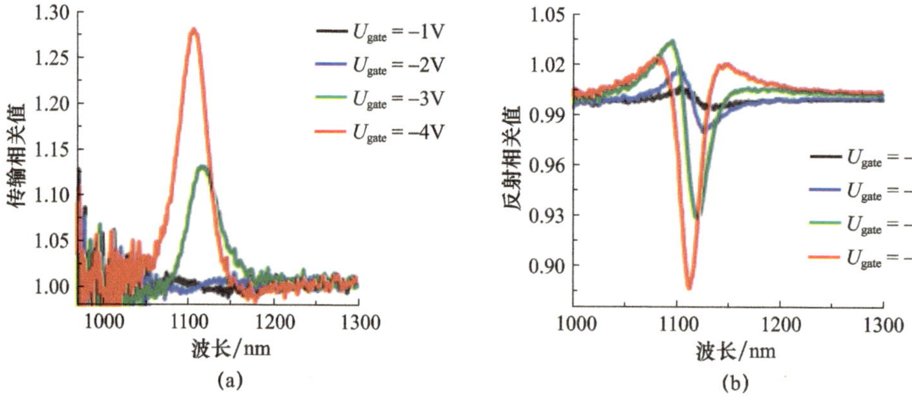

图 9.15　Fabry－Perot 调制器的电光测量结果

(a)调制器响应为 0V 时设备在栅极电压为 －4 ～ －1V 范围内光传输的相对变化；(b)设备为 0V 时调制器在栅极电压为 －4 ～ －1V 范围内光反射的相对变化。

图9.15展示了这项工作的重要结果,即利用小栅极上的固态介电层施加到调制器异质结构上,石墨烯有可能获得显著的光调制深度。在 $\lambda=1100$ nm 的传输模式下,光调制深度相当于 -4V 栅极电压下的30%[73]。反射模式下的光调制深度为 -4V 电压下的10%。更重要的是,图9.16展示了实验的电光结果,即使在可见光波长 $\lambda=670$nm 也能实现光调制。本装置的工作原理是基于电栅极的石墨烯费米能量变化的便捷性。利用 Fabry-Perot 调制器的金属门以及非化学氧化铪的超电容效应[70],可以显著改变费米能级,并在小栅极电压下获得泡利阻塞。

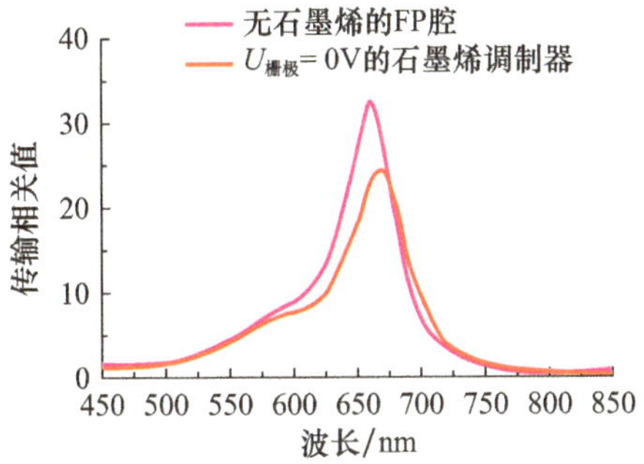

(a)

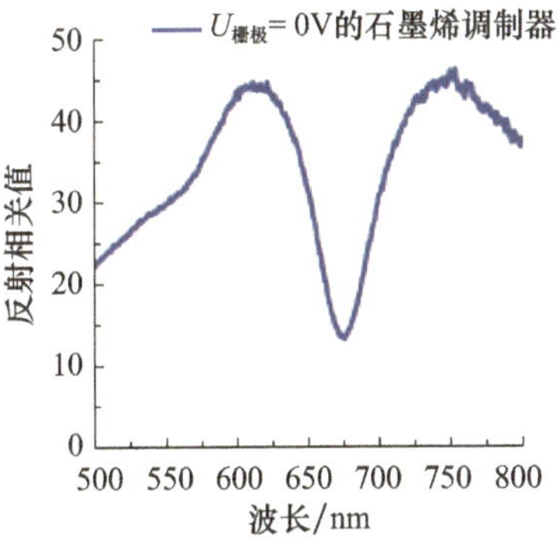

(b)

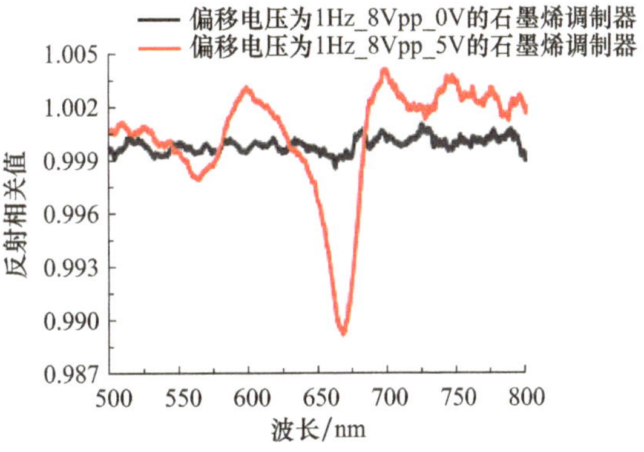

(c)

图9.16 波长 $\lambda=670$nm 的石墨烯光调制器

(a)调制器在0V栅极电压下光传输的相对变化;(b)调制器在0V栅极电压下光反射的相对变化;(c)设备光反射的相对变化(应用于调制器的栅极电压为1 Hz 8Vpp 0V(暗色)和1Hz 8Vpp 5V(红色))。

当石墨烯被静电屏蔽时,Fabry-Perot 腔共振被改变。这是因为石墨烯复介电常数对施加栅极电压的依赖性[73],有

$$\varepsilon(\lambda)=1+\frac{\mathrm{i}\sigma_{\text{total}}(\lambda)}{\varepsilon_0\omega d_{\text{graphene}}} \tag{9.15}$$

式中:ε_0为自由空间介电常数;ω 为光的角频率;d_{graphene} 为单层石墨烯厚度,$d_{\text{graphene}}=0.335$nm。

由于石墨烯静电掺杂,其费米能量随电荷数的变化而变化[73-74],即

$$E_{\mathrm{F}}=\hbar v_{\mathrm{F}}\sqrt{\pi n} \tag{9.16}$$

式中:E_{F}为费米能量;$\hbar$ 为普朗克常数;ν_{F} 为费米速度10^6 m/s;n 为电荷载流子密度[73],可表达为

$$n = \frac{k\,\varepsilon_0}{de}U_{gate} \tag{9.17}$$

式中：k 为 HfO_2 的相对介电常数；ε_0 为自由空间介电常数；d 为 HfO_2 的介电厚度；e 为电子电荷，U_{gate} 为栅极电压。

此外，非化学计量氧化铪的超电容效应可能来源于晶格中存在的缺陷点[75-76]。这些缺陷是由于制造条件的影响而形成的。众所周知，在高 k 介质中如 HfO_2、Ta_2O_5、ZnO、TiO_2 等，缺陷在设备操作中执行关键部分。根据作者的理论计算[77-78]，氧空位（V_o）和氧间隙（O_i）是存在于 HfO_2 和如 TiO_2、Ta_2O_5 等高 k 材料中的主要缺陷。氧空位作为电荷的陷阱中心，负责电介质的导电性。此外，实验结果[79-82]和理论计算[83]表明，氧阴离子和正电荷氧空位被认为是在 HfO_2 和许多其他高 k 金属氧化物中的流动种类。文献[84]提出高 k 电介质中的离子渗滤方式存在缺陷，即晶粒边界[85-87]和位错[88]，这些缺陷对离子的扩散具有较低的扩散能量。直流或交流电压在该器件上的应用加速了氧离子和介质内部的空位运动，如

$$v = \eta E \exp\left(\frac{E}{E_0}\right) \tag{9.18}$$

式中：ν 为流动种类的漂移速度；η 为离子迁移率；E_0 为流动电荷的特征场；E 为高 k 介质中的电场。

将直流或交流电压施加在调制器上在高 k 的 HfO_2 介质中产生焦耳加热。由于高电场和焦耳加热，正电荷氧空位移动到石墨烯层，并保持在负栅极电压下。由于石墨烯具有不透性特性[61-62,89]，正电荷氧空位堆积在石墨烯界面旁，形成了正空间电荷层[90]。由于石墨烯处于负栅极电压下，HfO_2 与石墨烯之间形成了双电层。

图 9.17 所示为 λ = 670nm 的石墨烯调制器所进行的电光测量的示意图。由透镜将光纤耦合光源的工作光束波长聚焦到膜片上，然后落到光束分束器上，以此将光束重定向到铟砷化镓放大光电探测器上，最终目的是将光聚焦在基于石墨烯的电光调制器上。相关人员对石墨烯调制器进行了优化，使石墨烯调制器可以在反射模式下工作。将石墨烯电极连接到锁定放大器后测量石墨烯通道的电阻，同时在调制器上施加交流电压。与石墨烯调制器金属栅电极连接的波形函数发生器可以控制交流电压。在 1Hz 正弦信号和 8V 峰值电压下调制栅极电压，偏移电压范围为 0 ~ 5V。

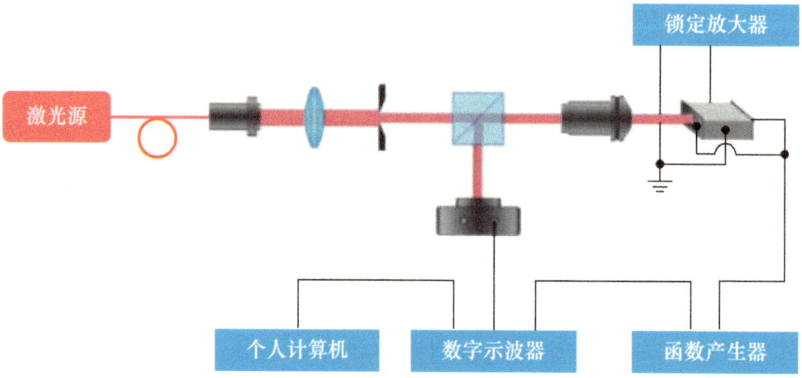

图 9.17　电光测量系统的示意图

反射调制光信号穿过目标,并指向铟砷化镓放大光电探测器。该光电探测器连接到数字示波器的 CH1 通道,并在时域中消除了光调制信号。数字示波器的 CH2 通道连接到波形函数发生器上,并在时间尺度上描述了调制器交流电压输入信号的应用。PC 连接到波形函数发生器,记录输出信号。

通过利用氧化铪的超电容效应和石墨烯单分子层的优良特性,在调制器异质结构施加前所未有的小电压,制造的高效的 Fabry – Perot 石墨烯基电光调制器在电磁光谱的近红外和可见部分可以让光调制达到显著深度。

参考文献

[1] Engheta, E., Taming light at the nanoscale. *Phys. World*, 23, 09, 31, 2010.

[2] Grigorenko, A. N., Polini, M., Novoselov, K. S., Graphene plasmonics. *Nat. Photonics*, 6, 749, 2012.

[3] Avouris, P. and Freitag, M., Graphene photonics, plasmonics, and optoelectronics. IEEE *J. Sel. Top. Quantum Electron.*, 20, 6000112, 2014.

[4] Otsuji, T., Popov, V., Ryzhii, V., Active graphene plasmonics for terahertz device applications. *J. Phys. D: Appl. Phys.*, 47, 094006, 2014.

[5] Ju, L., Gengl, B., Horng, J., Girit, C. *et al.*, Graphene plasmonics for tunable terahertz metamaterials. *Nat. Nanotechnol.*, 6, 630, 2011.

[6] Coletti, C., Forti, S., Principi, A., Emtsev, K. V. *et al.*, Revealing the electronic band structure of trilayer graphene on SiC: An angle – resolved photoemission study. *Phys. Rev. B*, 88, 155439, 2013.

[7] Iorsh, I. V, Shadrivov, I. V, Belov, P. A., Kivshar, Yu. S., Tunable hybrid surface waves supportedby a graphene layer. *JETP Lett.*, 97, 249, 2013.

[8] Moskalets, M. V., *Scattering Matrix Approach to Non – Stationary Quantum Transport*, Imperial College Press, London, 2011.

[9] Rapoport, Yu. G., Grimalsky, V. V., Nefedov, I. S., Graphene as electron wave density metamarerial and modeling 2D electron dynamics. *Proc. XXXII International Science Conference on Electronics and Nanotechnology (ELNANO)*, Kyiv, Ukraine, 10 – 12 April, vol. 86, 2012.

[10] Rapoport, Y., Kalinich, N., Grimalsky, V. V., Nefedov, I., Malnev, V. N., Three – level approach to graphene metamaterials: Electron density waves and linear and nonlinear electrodynamics. *Conference Proc. IEEE 33rd International Scientific Conference Electronics and Nanotechnology (ELNANO)*, Kyiv, Ukraine, vol. 169, 2013.

[11] Rapoport, Y. G., Grimalsky, V. V., Koshevaya, S. V., Castrejon, M. C., 2D Electron dynamics in single layer graphene with spin – orbital interaction and resonator – like external fields. *Proceedings of the International Conference on Microelectronics, ICM (MIEL). 29th International Conference on Microelectronics (MIEL)*, Belgrade, Serbia, 12 – 14 May, vol. 201, 2014.

[12] Rapoport, Yu., Grimalsky, V., Kivshar, Yu., Koshevaya, S., Castrejon, M. C., Nonlinear switching of terahertz pulses in the structures with graphene layers. *Proc. of International Kharkov Symposium on Physics and Engineering of Microwaves, Millimeter and Submillimeter Waves (MSMW)*, Kharkiv, Ukraine, June 23 – 28, vol. 253, 2013.

[13] Pendry, J. B., Negative refraction makes a perfect lens. *Phys. Rev. Lett.*, 85, 3966, 2000.

[14] Cheianov, V. M., Falko, V., Altshuler, B. L., The focusing of electron flow and a Veselago lens. *Science*, 315, 1252, 2007.

[15] Zhuang, H. W. , Kong, F. M. , Li, K. , Yue, Q. Y. , A gating tunable planar lens based on graphene. Opt. *Quantum Electron.* ,47,1139,2015.

[16] Zolotaryuk, A. V. and Zolotaryuk, Y. O. , Controllable resonant tunneling through single – point potentials: A point triode. *Phys. Lett.* , *Sect. A*: *General*, *Atomic and Solid State Phys.* ,379,511,2015.

[17] Rapoport, Yu. G. , Grimalsky, V. V. , Nefedov, I. S. , Kalinich, N. A. ,2D solid – state graphene metamaterial electron optics and electrodynamic characteristics in the system "carbone nanotube – graphene – dielectric(CNTGD). *Proc.* 13*th International Young Scientists Conference "Optics and High Tehnology Material Science"* (*SPO* – 2012), Taras Shevchenko National University of Kyiv(Ukraine), November, vol. 29, Book of Abstracts,2012.

[18] Rapoport, Yu. G. , Grimalsky, VV. , Nefedov, I. S. , Kalinich, N. A. , Graphene metamaterials: Electron density waves and carbone nanotube – graphene – dielectric(CNTGD) electrodynamic characteristics. *Proc. of Research Symposium*: *Progress In Electromagnetics*, Moscow, Russia, vol. 364,2012.

[19] Rapoport, Yu. G. , Grimalsky, V. V. , Boardman, A. D. , Malnev, V. N. , Controlling nonlinear wave structures in layered metamaterial. *Gyrotropic and Active Media*, *Proc. of IEEE* 34*th International Scientific Conference Electronics and Nanotechnology*(*ELNANO*), Kyiv, Ukraine, April 15 – 18, vol. 46,2014.

[20] Rapoport, Y. G. , Grimalsky, V. V. , Castrejon, M. C. , Koshevaya, S. V. , Reshaping and capturing nonlinear electromagnetic and linear electron 2D waves in lossy graphene metamaterials. Graphene solid – state electron optics. *Proc.* 20*th International Conference on Microwaves*, *Radar and Wireless Communications* (*MIKON*), Gdansk, Poland, 16 – 18 June, No. 6899943,2014.

[21] Ghosh, S. and Sharma, M. , Electron optics with magnetic vector potential barriers in grapheme. *J. Phys. Condens. Matter.* ,21,292204 – 1,2009.

[22] Dell' Anna, L. and De Martino, A. , Multiple magnetic barriers in graphene. *Phys. Rev. B*,79,045420 – 1,2009.

[23] Mikhailov, S. A. , Non – linear electromagnetic response of graphene. *Europhys. Lett.* ,79,27002,2007.

[24] Allain, P. E. and Fuchs, J. N. , Klein tunneling in graphene: Optics with massless electron. *Eur. Phys. J.* , 83,301,2011.

[25] Bai, C. , Wang, J. , Jia, S. *et al.* , Spin – orbit interaction effects on magnetoresistance in graphene based ferromagnetic double junctions. *Appl. Phys. Lett.* ,96,223102,2010.

[26] Bai, C. , Wang, J. , Yuan, S. , Yang, Y. , Wavevector filtering in graphene with the spatially modulated strength of spin – orbit interaction. *Physica E*,43,398,2010.

[27] Bercioux, D. and De Martino, A. , Spin – resolved scattering through spin – orbit nanostructures in graphene. *Phys. Rev. B*,81,165410,2010.

[28] Park, G. H. , Tan, L. Z. , Loui, S. G. , Theory of the electronic and transport properties of graphene under a periodic electric or magnetic field. *Physica E*,43,651,2011.

[29] Stauber, T. and Schliemann, J. , Electronic properties of graphene and graphene nanoribbons with "Pseudo – Rashba" spin – orbit coupling. *New J. Phys.* ,11,115003,2009.

[30] Nomura, K. and MacDonald, A. H. , Quantum hall ferromagnetism in graphene. *Phys. Rev. Lett.* ,96, 256602 – 1,2006.

[31] Landau, L. and Lifshitz, E. , *Quantum Mechanics*(*Non – Relativistic Theory*), Pergamon, London,1977.

[32] Snymann, I. , Gaped state of a carbon monolayer in periodic magnetic and electric fields. *Phys. Rev. B*,80, 054303,2009.

[33] Saito, R. , Dresselhouse, G. , Dresselhouse, M. S. , *Physical Properties of Carbon Nanotubes*, Imperial College Press, London,1998.

[34] Liu, J. F., Deng, W., Ji, Xia, K. *et al.*, Transport of spin - polarized electrons in a magnetic super - lattice. *Phys. Rev. B*, 73, 155309, 2006.

[35] Grimalsky, V. V., Nefedov, I. S., Rapoport, Yu. G., 2D electron dynamics in single layer "Graphene Metamaterial". *Proc. of the Fourth Int. Workshop on Theoretical and Computational Nanophotonic* (*TACONA2011*), vol. 1398, AIP Publ., p. 138, 2011.

[36] Rapoport, Yu. G., Grimalsky, V. V., Koshevaya, S. V., Boardman, A. D., Malnev, V. N., New method for modeling nonlinear hyperbolic concentrators. *Proc. of IEEE 34th International Scientific Conference on Electronics and Nanotechnology* (*ELNANO*), Kyiv, Ukraine, vol. 35, 2014.

[37] Davydov, A. S., *Quantum Mechanics*, Nauka Publ., Moscow, 1973.

[38] Serikov, A. A., Vibronic spectra of molecular crystals with participation of non - totally symmetrical vibrations. *Phys. Status Solidi*, 44, 733, 1971.

[39] Aznakayev, E. G. and Aznakayeva, D. E., Excitation processes modeling in two - layer graphene, in: *Electronics and Nanotechnology*'ELNANO 2013', pp. 195 - 199, IEEE, Kiev, Ukraine, 2013.

[40] Novoselov, K. S. and Geim, A. K., Two - dimensional gas of massless Dirac fermions in graphene. *Nature*, 438, 197, 2005.

[41] Raza, H., *Graphene Nanoelectronics*, Berlin - Heidelberg, Springer - Verlag Publ. 2012.

[42] Avouris, P., Graphene: Electronic and photonic properties and devices. *Nano Lett.*, 10, 4285, 2010.

[43] Sutter, P., Epitaxial graphene: How silicon leaves the scene. *Nat. Mater.*, 8, 171, 2009.

[44] Gu, G., Nie, S., Feenstra, R. M., Devaty, R. P., Choyke, W. J., Chan, W. K., Kane, M. G., Field effect in epitaxial graphene on a silicon carbide substrate. *Appl. Phys. Lett.*, 90, 253507, 2007.

[45] Fiori, G. and Iannaccone, G., Simulation of graphene nanoribbon field - effect transistor. *IEEE Electron Device Lett.*, 28, No. 8, 2007.

[46] Kim, K., Shepard, L., Hone, J., Boron nitride substrates for high - quality graphene electronics. *Nat. Nanotechnol.*, 5, 722, 2010.

[47] Hoaa, X. D., Kirkb, A. G., Tabriziana, M., Towards integrated and sensitive surface plasmon resonance biosensors: A review of recent progress. *Biosens. Bioelectron.*, 23, 151, 2007.

[48] Homola, J., Surface plasmon resonance sensors for detection of chemical and biological species. *Chem. Rev.*, 108, 462, 2008.

[49] Aznakayev, E. G. and Aznakayeva, D. E., Classification, identification and detection of biological agents with graphene nanosensor, in: *Microwaves, Radar and Remote Sensing 'MRRS - 2014'*, *pp.* 107 - 110, IEEE, Kiev, 2014.

[50] Maier, S. A., *Plasmonics: Fundamentals and Applications*, Springer, Germany, 2007.

[51] Bonod, N. and Enoch, S., *Plasmonics: From Basics to Advanced Topics*, Springer - Verlag, Berlin Heidelberg, 2012.

[52] Geim, A. K. and Novoselov, K. S., The rise of graphene. *Nat. Mater.*, 6, p. 183, 2007.

[53] Novoselov, K. S., Geim, A. K., Morozov, S. V. *et al.*, Two - dimensional gas of massless Dirac fermions in graphene. *Nature*, 438, 7065, 2005.

[54] Chen, J. - H., Jang, C., Xiao, S. *et al.*, Intrinsic and extrinsic performance limits of graphene devices on SiO_2. *Nat. Nanotechnol.*, 3, p. 206, 2008.

[55] Zhang, Y., Tan, Y. - W., Stormer, H. L. *et al.*, Experimental observation of the quantum Hall effect and Berry's phase in graphene. *Nature*, 438, 7065, 2005.

[56] Bolotin, K. I., Sikes, K. J., Jiang, Z. *et al.*, Ultrahigh electron mobility in suspended graphene. *Solid State Commun.*, 146, 9, 2008.

[57] Yan,N. H. ,Hua,N. Z. ,Jun,W. *et al.* ,The thermal stability of graphene in air investigated by Raman spectroscopy. *J. Raman Spectrosc.* ,44,7,2013.

[58] Galashev,A. E. and Rakhmanova,O. R. ,Mechanical and thermal stability of graphene and graphene – based materials. *Phys. Usp.* ,57,10,2014.

[59] Suzuki,S. and Yoshimura,M. ,Chemical stability of graphene coated silver substrates for surface – enhanced raman scattering. *Sci. Rep.* ,7,1,2017.

[60] Koppens,F. H. L. ,Chang,D. E. ,García de Abajo,F. J. ,Graphene plasmonics:A platform for strong light – matter interactions. *Nano Lett.* ,11,8,2011.

[61] Berry,V. ,Impermeability of graphene and its applications. *Carbon*,62,p. 2458,2013.

[62] Kidambi,P. R. ,Terry,R. A. ,Wang,L. *et al.* ,Assessment and control of the impermeability of graphene for atomically thin membranes and barriers. *Nanoscale*,9,24,2017.

[63] Bao,Q. and Loh,K. P. ,Graphene photonics,plasmonics,and broadband optoelectronic devices. *ACS Nano*,6,5,2012.

[64] Mak,K. F. ,Sfeir,M. Y. ,Wu,Y. *et al.* ,Measurement of the optical conductivity of graphene. *Phys. Rev. Lett.* ,101,19,2008.

[65] Mak,K. F. ,Ju,L. ,Wang,F. *et al.* ,Optical spectroscopy of graphene:From the far infrared to the ultraviolet. *Solid State Commun.* ,152,15,2012.

[66] Leandro,M. M. ,KinFai,M. ,Neto,A. H. C. *et al.* ,Observation of intra – and inter – band transitions in the transient optical response of graphene. *New J. Phys.* ,15,1,2013.

[67] Falkovsky,L. A. ,Optical properties of graphene. *J. Phys. Conf. Ser.* ,129,p. 012004,2008.

[68] Hu,Y. T. ,Pantouvaki,M. ,Brems,S. *et al.* ,Broadband 10Gb/s graphene electro – absorption modulator on silicon for chip – level optical interconnects,in:2014 IEEE *International Electron Devices Meeting*,pp. 5. 6. 1 –5. 6. 4,IEEE,San Francisco,CA,2014.

[69] Chen,X. ,Wang,Y. ,Xiang,Y. *et al.* ,A Broadband optical modulator based on a graphene hybrid plasmonic waveguide. *J. Lightwave Technol.* ,34,21,2016.

[70] Aznakayeva,D. E. ,Rodriguez,F. J. ,Marshall,O. P. *et al.* ,Graphene light modulators working at near – infrared wavelengths. *Opt. Express*,25,9,2017.

[71] Balog,M. ,Schieber,M. ,Michman,M. *et al.* ,The chemical vapour deposition and characterization of ZrO_2 films from organometallic compounds. *Thin Solid Films*,47,2,1977.

[72] Yanyan,L. ,Zhangtang,L. ,Tingting,T. ,Resistive switching behavior of hafnium oxide thin film grown by magnetron sputtering. *Rare Met. Mater. Eng.* ,43,1,2014.

[73] Rodriguez,F. J. ,Aznakayeva,D. E. ,Marshall,O. P. et al. ,Solid – state electrolyte – gated graphene in optical modulators. *Adv. Mater.* ,29,19,2017.

[74] Wang,F. ,Zhang,Y. ,Tian,C. *et al.* ,Gate – variable optical transitions in graphene. *Science*,320,5873,2008.

[75] Soerensen,O. T. (Ed.),*Nonstoichiometric Oxides*,Academic Press,Amsterdam,1981.

[76] Smart,L. E. and Moore,E. A. ,*Defects and Nonstoichiometry*,*Solid State Chemistry*:*An Introduction*,p. 494,CRC Press,Boca Raton,Florida,2012.

[77] Kaneta,C. and Yamasaki,T. ,Oxygen vacancies in amorphous HfO_2 and SiO_2,in:*Materials Science of High – K Dielectric Stacks – From Fundamentals to Technology*,p. 72,Cambridge University Press,Cambridge,2008.

[78] Kar,S. ,De Gendt,S. ,Houssa,M. *et al.* ,(Eds.),*Physics and Technology of High – K Gate Dielectrics* 5,Electrochemical Society,Pennington,New Jersey,USA,2007.

[79] Kumar, S., Graves, C. E., Strachan, J. P. *et al.*, Direct observation of localized radial oxygen migration in functioning tantalum oxide memristors. *Adv. Mater.*, 28, 14, 2016.

[80] Kumar, S., Graves, C. E., Strachan, J. P. *et al.*, In – operando synchronous time – multiplexed O K – edge x – ray absorption spectromicroscopy of functioning tantalum oxide memristors. *J. Appl. Phys.*, 118, 3, 2015.

[81] Kumar, S., Wang, Z., Huang, X. *et al.*, Conduction channel formation and dissolution due to oxygen thermophoresis/diffusion in hafnium oxide memristors. *ACS Nano*, 10, 12, 2016.

[82] Suhas, K. A., Wang, Z. W., Huang, X. P. *et al.*, Oxygen migration during resistance switching and failure of hafnium oxide memristors. *Appl. Phys. Lett.*, 110, 10, 2017.

[83] Guo, Y. and Robertson, J., Materials selection for oxide – based resistive random access memories. *Appl. Phys. Lett.*, 105, 22, 2014.

[84] Hu, S. G., Wu, S., Jia, W. *et al.*, Review of nanostructured resistive switching memristor and its applications. *Nanosci. Nanotechnol. Lett.*, 6, p. 279, 2014.

[85] He, H., Fu, Y., Zhao, T. *et al.*, All – solid – state flexible self – charging power cell basing on piezo – electrolyte for harvesting/storing body – motion energy and powering wearable electronics. *Nano Energy*, 39, p. 590, 2017.

[86] Lanza, M., Bersuker, G., Porti, M. *et al.*, Resistive switching in hafnium dioxide layers: Local phenomenon at grain boundaries. *Appl. Phys. Lett.*, 101, p. 193502, 2012.

[87] Lee, M. J., Han, S., Jeon, S. H. *et al.*, Electrical manipulation of nanofilaments in transition – metal oxides for resistance – based memory. *Nano Lett.*, 9, 4, 2009.

[88] Melo, A. H. and Macedo, M. A., Permanent data storage in ZnO thin films by filamentary resistive switching. *PLoS One*, 11, 12, 2016.

[89] Tsetseris, L. and Pantelides, S. T., Graphene: An impermeable or selectively permeable membrane for atomic species? *Carbon*, 67, p. 58, 2014.

[90] Kamel, F. E., Electrical active defects in HfO_2 based metal/oxide/metal devices. *J. Phys. D: Appl. Phys.*, 49, 1, 2016.

第10章 从一维卡拜到除石墨烯外的二维 sp－sp^2 杂化纳米线性碳结构

A. Milani[1], A. Li Bassi[1], V. Russo[1], M. Tommasini[2], C. S. Casari[1]*
[1]意大利米兰理工大学能源系
[2]意大利米兰理工大学化学、材料与化工系

摘　要　碳是一种多功能元素，具有多种同素异形体和纳米结构，其中 sp、sp^2 和 sp^3 杂化形成了线性、平面和三维系统。此外，还发现和产生了一些奇异的低维相位，包括富勒烯、碳簇、纳米金刚石、纳米管等准零维和准一维系统，以及其他真正的二维材料，如石墨烯及其相关系统，它们的特殊性质在物理、化学、纳米科学和纳米技术、材料科学和工程等领域引起了极大的兴趣。

这里将重点介绍线性碳结构作为新型 sp－sp^2 杂化碳结构的功能构件，包括石墨烯以外的二维晶体。sp 杂化的碳原子形成理想的无限链，即所谓的"卡拜链"，而有限系统是碳原子线（carbon atomic wire，CAW），其终端为合适的端基。CAW 显示了理想的多聚（—C ≡C—）和积聚（═C ═C ═）结构之间可调谐的电子和光学性能，对应于半导体或金属行为，并为开发定制功能纳米结构提供了契机。此外，CAW 还可以集成在二维系统中，像杂化 sp－sp^2－碳纳米结构（如石墨炔和石墨二炔），这在科学和技术上仍有广泛未开发的潜力。

关键词　线性碳链，多聚，积聚，石墨炔，石墨二炔，拉曼光谱，第一性原理模拟，碳同素异形体

10.1 引言

碳基系统是我们日常生活中广泛使用的材料，具有复杂性和通用性。碳在其生物化学中扮演重要角色并不是偶然。一些碳基材料，如钻石和石墨，自古以来就为人所知并使用，而炭黑、类钻石（diamond like carbon，DLC）和碳纤维复合材料（carbon fiber composite，CFC）则被广泛应用于许多技术中。令人惊讶的是，碳原子的集合体能够基于不同的杂化状态显示出非常广泛的性质。事实上，仅仅通过改变杂化、手性、拓扑和维度，简单的"纯碳"就能产生一个由许多不同系统组成的庞大家族。除了对物理、化学性质的基础研究外，碳基材料一直是当前材料纳米科学和纳米技术的主要角色，在这一领域中颁发的诺贝

尔奖数量就是其重要性的一种体现。从 Ziegler 和 Natta 等在高分子领域的发现（1963 年诺贝尔化学奖），以及 Heeger、Shirakawa 和 MacDiarmid 等[1]在导电聚乙炔的成就（2000 年诺贝尔化学奖），再到 Kroto、Smalley 和 Curl 等[2]发现富勒烯（1996 年诺贝尔化学奖），最后到 Geim 和 Novoselov 等[3]关于石墨烯的开创性实验（2004 年诺贝尔物理学奖），这些都是意义非常的里程碑，并在 2010 年，A. Hirsch 将之称为“碳同素异形体时代”[4]。在有机化学中，碳原子的 3 种可能的杂化状态导致烷烃、烯烃和炔烃家族的诞生，一个简单的例子是两个碳原子分别形成乙烷C_2H_6、乙烯C_2H_4和乙炔C_2H_2（图 10.1）。相反地，只有两种碳的同素异形体，即sp^3杂化的金刚石和sp^2杂化的石墨。第三个同素异形体是一个难以捉摸的系统，对应于固体纯 sp 杂化碳，有些人认为其非常不稳定，有些人甚至认为它不可能存在（见 10.2 节）[5-13]。

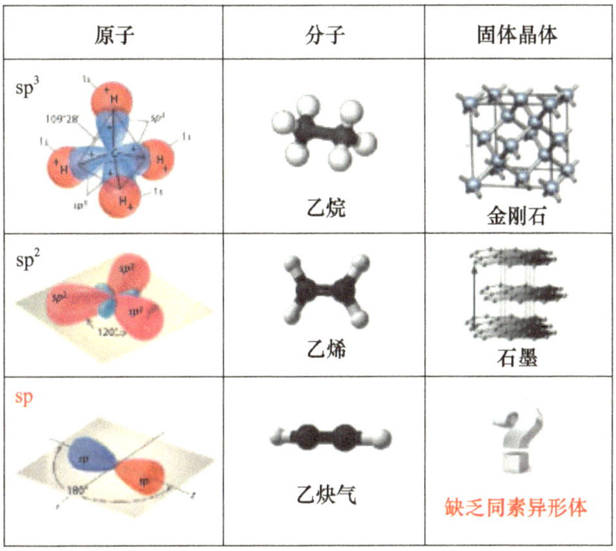

图 10.1　碳原子的 3 种杂化状态以及它们如何影响简单有机分子和固体晶体的几何形态和维度

在该系统基础上的一般模型，即一维碳原子无限链（卡拜链）构成了理想的第三同素异形碳的构成块，因此在 sp 碳基材料的基本描述中起着重要的作用。根据杂化状态可对碳纳米结构分类，如图 10.2 所示的三相图。除了碳团、富勒烯、纳米管、纳米钻石、杂化 sp^2－sp^3团簇和石墨烯（厚度只有一个原子的最终二维材料）等低维碳结构外，CAW 是最终一维碳系统，由直径只有一个原子[14-15]的原子线组成。即使真正的无限卡拜链仍然是一个理想和具有挑战性的系统，现已经产生了大量的有限长系统，相关人员对此进行了广泛地研究[6,14]。通过在不同的科学群体之间建立联系，虽然有时建立的联系很少，但已经打开了一个未完全可知的研究领域，它的重要性超出了对碳异位体的研究。由于 π－共轭程度较高，CAW 是多共轭低聚物的最简单例子，可以根据化学家的一般观点对其进行分析。同时，CAW 也是用一维单原子直径链分析（基于物理方法）整体性质和所有相关的电子、光学、力学和热性质的理想情况，由此可以将化学家通常采用的分子方法与物理学家的凝聚态方法结合起来。

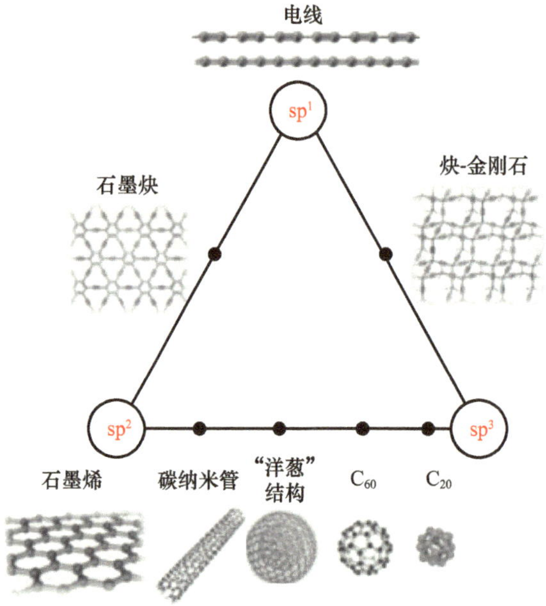

图 10.2 按杂化状态分类的碳纳米结构的三相图[14]

石墨烯的出现激发了人们对二维碳基晶体的兴趣，如混合 sp－sp^2碳系统，其中 CAW 是基本单位（图 10.2）。自从 30 多年前出版的第一篇著作以来，包括石墨炔（GY）、石墨二炔（GDY）和混合卡拜－石墨网，甚至是 sp－sp^3碳系统（炔－金刚石），相关人员已经通过理论和计算两方面对它们进行了广泛研究。

特别是关于 GY 和 GDY 的许多研究中，石墨烯都是用于比较的参考系统，实际上假设了石墨烯采用的典型研究角度，重点研究了能带结构特性（带隙、狄拉克锥、电子迁移率、电导率、限制效应等）。另外，GY 和 GDY 也可以被认为是相互联系的 CAW，从而使研究 sp－碳的观点扩展到这些杂化材料中。

本章提出了卡拜和 CAW 科学的历史背景，然后概述性描述 sp 碳链作为一个理想的无限系统和实验可用的碳链的分子性质。通过对端基的合理选择分析了 CAW 性能的可调性和它对 π 共轭度的影响，然后将这一观点延展到 GY、GDY 及其他杂化 sp－sp^2碳体系的分析中。讨论的形式为：首先从历史的角度介绍 sp 碳线及其相关系统，然后从理想卡拜的模型系统开始着重于 sp 碳线性质的研究，以了解有限系统的行为。将有限 sp－碳原子线作为连接sp^2碳域的基本单位，提出并讨论了二维 sp－sp^2杂化结构。

10.2 从一维卡拜到石墨烯外的二维 sp－sp^2杂化纳米结构的历史回顾

钻石和石墨自古已为人所知，但人们在 1772 年才了解到它们是由相同"物质"构成的，Lavoisier 对此提出了争论，在 1797 年 S. Tennan 进行了第一个实验证明[16]。自那时起，寻找新形式的碳一直是一条漫长而富有成效的道路，包括基于 sp 杂化碳的线性结构。在 1870 年 Glaser 和 1885 年 Baeyer 出版了第一批研究线性碳合成的著作[5]。Baeyer

(1905 年,因他在有机化学方面的研究获得诺贝尔化学奖)的结论是,线性聚合形式的碳并不稳定,因此对进一步的合成带来了严重的阻碍。在 20 世纪 60 年代,人们对线性碳的兴趣是由于发现了缺乏的第三碳同素异形体[5-9]。Kudryavtsev 和他的同事[17-18]在苏联发明和发现委员会(俄罗斯专利局)登记了一种新的碳同素异形体。同一时期,在德国的诺德林格里斯流星陨石坑发现的一种矿物形式的碳显示出一种特殊的衍射模式(这种矿物形式称为“白碳”或素碳)。这一发现没有得到进一步证实,在 20 世纪 80 年代,正如发表在《科学》杂志上的评论和回复所见证的那样,也是争论的对象[10-12]。

同时,1985 年 Kroto、Smalley 和 Curl 宣布发现一种新的碳同素异形体,即富勒烯C_{60}。这种发现是由 sp 碳驱动。事实上,当时 Kroto 正在寻找小型线性碳团,它对天体物理学家研究宇宙中碳聚集的起源非常重要[19]。

1995 年,R. Lagow 等[20]报道了含有 28 个碳原子的碳链的合成,表明有可能达到 300 个碳原子。F. Cataldo[6,21-23]报道了通过液体中埋弧放电合成溶液中孤立聚炔的方法。2002 年报道了通过超声速聚光束沉积首次在纯无定型碳系统中观测到 sp－碳[24],2003 年通过 HRTEM 观测到碳纳米管芯线[25]。2006 年,两个研究团队独立报道了对孤立多烯的第一次 Raman 和 SERS 的研究[26-27],其中包括对特定尺寸电线的研究[28]。从 2004 年开始,石墨烯的开创性研究重新激发了人们对 sp－碳系统的兴趣[4,13]。例如,Jin 等[29]在 2009 年通过观察 HRTEM 和在石墨烯边缘的悬丝。2010 年,Tykwinski 等[30]报道了一个含有 44 个碳原子的孤立链的合成,这是有史以来报道过作为孤立系统的最长碳丝。最近在双壁碳纳米管的中心发现了一根碳丝,它有 6000 多个原子,长度约 600 nm[31]。

1987 年,Baughman、Eckhardt 和 Kertesz[32]从理论上研究了由 sp－和sp^2－碳组成的二维晶体的存在,显示各种各样的结构可以通过组合 sp－和sp^2－杂化碳原子来形成。Haley 和她的同事[33-37]已经报道了分子碎片是这些结构的基石。2012 年 D. Malko 等[38-39]报道了石墨炔系统的理论研究,显示存在于多个狄拉克锥,提出这些系统是石墨烯的竞争者。近年来,Qiang Sun 等[40]利用表面合成制备了扩展的二维 sp－sp^2碳系统。

不同领域的科学家正在进行碳基材料的研究,通常采用不同的方法,并从不同的背景开始。实际上,半导体聚合物、纳米管、石墨、石墨烯和分子石墨等吸引了多领域科学家的兴趣,如固体物理学家、有机化学家、工程师和材料科学家,但他们并不总是相互联系,也没形成统一的科学“语言”。这不仅适用于sp^2－碳原子系统,也适用于 sp－碳原子链,即所谓的卡拜链、碳原子线、聚炔、积聚或线性碳链。这些年来,科学家曾使用多种名称来定义 sp－碳链,有时会产生混乱,这些系统在不同的情况下具有的不同性质会将差别放大。在过去,“卡拜”(Carbyne)一词用来描述 sp 异位异构体,而卡拜结构表示含有 sp－碳形式的物质。最近,“卡拜”这个术语用来描述一维无限长线性链,代表链的两个可能结构的无限多炔链和聚积链,有时称为 α－或 β－卡拜。卡拜链是通过一般处理实现线性碳链的理想系统,并从理论上描述了线性碳链。然而,有限长链所产生的约束效应会产生与无限长模型有很大偏差的性质。这些系统有时被认为是分子,有时被认为是纳米结构,并无统一的名称:线性碳链(linear carbon chain,LCC)、类卡拜系统、卡拜、卡拜系统或多炔/累积多烯,以表示特定的结构构型。这里把理想的无限长线称为“卡拜”,有限长 sp－碳链家族的总名是碳原子线(CAW)[14]。

10.3 卡拜的结构与性能

考虑到无限卡拜只可能存在两种不同的理想结构(图 10.3)："多炔"对应的是一个具有交替单键和三重键的链(—C ≡C—C ≡C—)；而"累积多烯"则代表了相反情况，对应的是完全双键(=C =C =C =C =)形成的平衡几何结构。键长交替(bond length alternation, BLA)定量描述了这种差异：它可以定义为两个相邻键之间的长度差，因此 BLA =0 表示完美的累积多烯和 BLA≠0 的多炔(图 10.4)。通过 CAW 显示的 π - 电子共轭的高度展现出 BLA 参数的重要性：这些系统的半导体/金属行为的调制确实与它们的结构有直接关系，即具有很强的结构 - 性质关系。在这些基础上，卡拜直接遵循了聚乙炔的性质，因此可以被认为是一种聚共轭聚合物的最简单原型。因此，与聚乙炔直接类比，累积多烯由于 Peierls 畸变而变得不稳定，而由准单和准三共轭键形成的聚炔结构有望成为稳定的形式[41-42]。在双原子模型的基础上，讨论了 sp 碳链的电子、光学和振动性质，其中不仅包括碳链，也包括有限长链、Peierls 畸变无限链(含晶胞参数 c)，与累积单原子碳链相反(含 $a = c/2$ 的单元参数)，这两种链都可以用简单的固态物理方法进行分析。在图 10.3 中显示了这两种情况下的电子能带结构教科书样的示例[43]，文献[44]给出了能带结构，可以通过赝势 DFT 计算得到这种结构，计算方法是在双原子碳链上调制键长交替值。

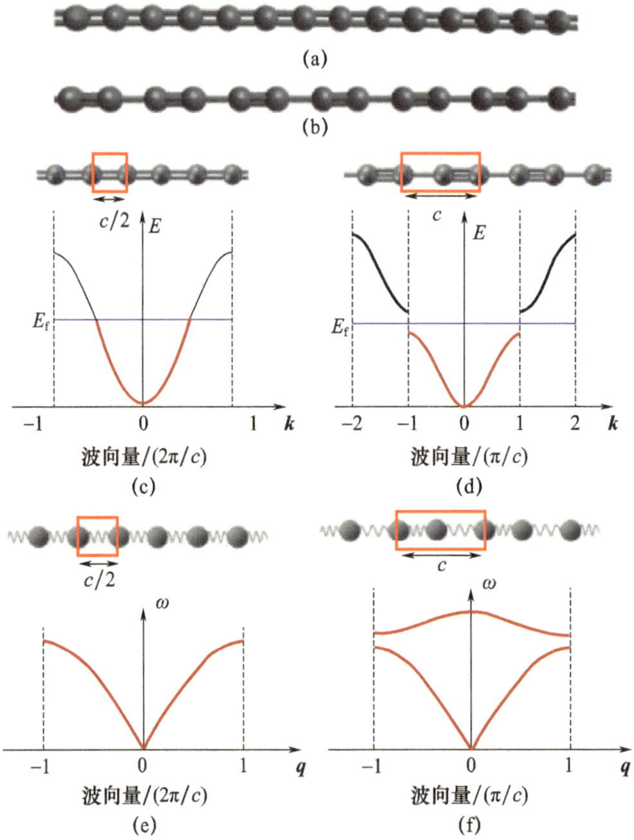

图 10.3 卡拜的两种结构构型[14]

(a)累积多烯；(b)多炔(分别给出了累积多烯((c)~(e))和多炔((d)和(f))的电子能带结构和声子色散关系)。

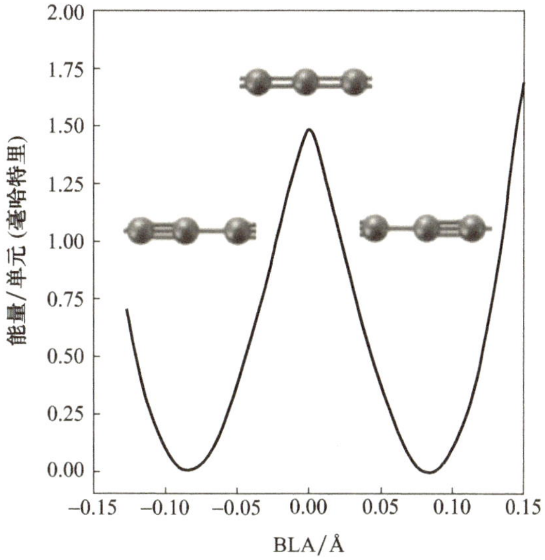

图 10.4　卡拜构型的能量与键长交替(BLA)的函数关系(显示了多炔结构的两个极小值和累积多烯构型的不稳定性)[14]

图 10.4 清楚地显示了带结构是如何与 BLA 直接相关的,以及经优化的几何是如何预测 BLA 值与在 Peierls 畸变影响下而导致为零的不同。

在这种情况下,带隙存在于完全填充价带和空导带之间,因此结构具有半导体特性,这种特性直接遵循了上述双原子链的行为。值得注意的是,由于 π - 电子共轭作用,无法用精确的单键/三键来描述这种交替结构,但与乙炔(≈1.2 A)或乙烷(≈1.5 A)的理想情况相比,这种结构的三键更长,而单键更短。BLA 与电子结构有明显联系,可以推动半导体向金属特征过渡:实际上,由于有效的电子离域的影响,通过调制 BLA 可以调谐带隙,在累积多烯几何的情况下带隙变成零。在这种情况下,多炔的晶胞只有一半,布里渊区加倍,单原子链的能带结构恢复(图 10.5),这表明理想的累积多烯是含有半填充价带/导带的金属。为了更好地凸现 π - 共轭现象并了解分子结构与电子间隙的关系,基于简单的 π - 电子紧束缚模型,提出了关于电子性质的研究,即物理、化学中的 Hückel 哈密顿算子[45-48]。对含有 C—C 键r_1和r_2的两个碳原子形成的一个晶胞,对于其无限链,最近邻近似下的哈密顿算子可以描述为

$$\mathbf{H}(\boldsymbol{k}) = \begin{bmatrix} \alpha & -\beta_1 - \beta_2 e^{-ikc} \\ -\beta_1 - \beta_2 e^{ikc} & \alpha \end{bmatrix}$$

式中:α 为位点能量;β_1和β_2为与r_1和r_2相关的跃迁积分;$\boldsymbol{k}$ 为电子波向量;c 为晶胞的大小。

其中:

$$\alpha = \langle p_i | \mathbf{H} | p_i \rangle$$

$$-\beta_{1,2} = \langle p_i | \mathbf{H} | p_j \rangle$$

在 α 的定义中,p_i表示同一碳原子的$2p_z$轨道,而在β_1和β_2定义中,p_i和p_j是相邻碳原子的$2p_z$轨道,分别涉及三键和单键。

1 毫哈特里(mhartee) = 2625.5kJ/mol

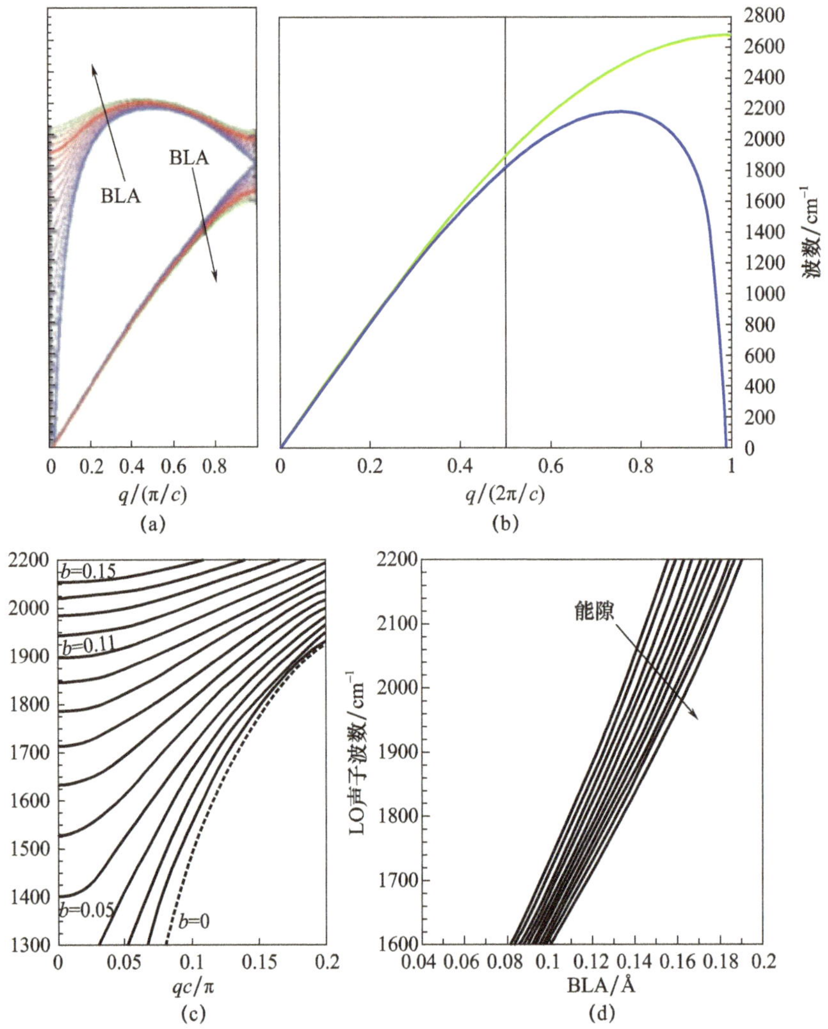

图 10.5 碳原子线声子色散关系是 BLA 函数[14,45]

(a)无限链的纵向光学(longitudinal optical,LO)及纵向声学(longitudinal acoustic,LA)声子色散分支;(b)在最近邻近似下(绿线)和无最近邻近似下(蓝线),比较碳原子线的声子色散;(c)靠近布里渊区中心的图(a)的细节;(d)LO 声子波数(ECC 模式)与键长交替(BLA)之间电子能隙不同值的相关函数(方法是在线性无限碳链上应用 Hückel 理论)。

通过引入二聚化参数 b:

$$b=\frac{\Delta\beta}{\beta_0}$$

和一个平均跃迁积分β_0、β_1和β_2,可以写成

$$\begin{cases}\beta_1=\beta_0(1+b)\\ \beta_2=\beta_0(1-b)\end{cases}$$

在此基础上,通过得到能量本征值 $\varepsilon(k)$ 可以解决这个问题,并发现了在区域边界 $k=\pi/c$ 的带隙为

$$\varepsilon(k)=\alpha\pm\beta_0\left|(1+b)+(1-b)\mathrm{e}^{ikc}\right|$$

$$\Delta E = 4\beta_0 b$$

通过假设跃迁积分的线性关系，并引入电子 - 声子耦合参数β'，即

$$\beta' = \frac{\partial\beta}{\partial r} \approx \frac{\Delta\beta}{\Delta r}$$

BLA 可以写成

$$\text{BLA} = \Delta r = |r_1 - r_2| = \frac{2\beta_0 b}{\beta'} = \frac{\Delta E}{2\beta'}$$

这些方程揭示了 BLA 和带隙之间的关系，并解释了这两个量是如何通过相同的电子参数产生关联[47]。此外，参数 b 还可以描述在累积多烯($b=0$)到多炔结构 $b\neq 0$ 的 BLA 调制，其中伴随着带隙开口和金属 - 半导体 - 绝缘体转变。

相关 π - 电子共轭的影响使这些系统显示出相关程度的电子 - 声子耦合，因此认为 BLA 与声子结构有直接的联系。这种关系为振动光谱技术，特别是拉曼光谱技术为 sp - 碳性质表征中的应用铺平了道路，因此具有重要意义。事实上这并不是个案，这种技术在表征多共轭材料方面也起了重要作用[49-50]，提供了比其他技术更准确和更丰富的信息，包括直接探测电子结构的技术（如紫外/可见吸收光谱）。

可以参考无限单原子和双原子振荡器的理想情况，它类似于电子结构的描述，其声子色散带如图 10.3 所示。

累积多烯称得上是简单的教科书示例，其声子性质可以简化描述为单原子一维链。在这种情况下，累积多烯不显示任何类型的光学声子活性，因为在声子波向量等于 0 时，它只能显示具有零波数的声子分支。另外，理想多炔与 C—C 键双原子同核无限链的情况类似，它具有不同的键强度，因此振动力常数不同。由于一维晶体的晶胞由两个原子组成，因此产生了 3 个声子和 3 个光学声子分支，系统会具有一个可测量的振动转变强度。由于 π - 电子离域效应，卡拜的声子性质更加有趣。利用适当参数化的赝势 DFT 计算[44]和 Hückel 理论[45]，计算了声子色散分支，给出了电子共轭的精确描述。通过调制 BLA，声子分支已经被计算为优化的 Peierls 畸变结构，如图 10.5 所示。

对无限链的 BLA 值进行调制可以看作引入所有这些效应的方法（外加力的应用、不同端基引起的结构修饰或电荷转移效应），这些效应可以调制链的平衡几何，从而影响电子和振动性质。图 10.5 显示 LO 分支受 BLA 显著影响，当 BLA 在 0.038 ~ 0.142Å 范围内增加时，它从 1200cm^{-1}增加到 2000cm^{-1}以上[44]。文献[42,44-45,47,51]详细地证明了这种调制是由沿链条发生的长程振动相互作用所引起，随着 BLA 的减小（即共轭值较高），强度增加，直到累积多烯发生 Kohn 异常（BLA = 0），使得声子色散在 $q=0$ 点发散，类似于石墨和碳纳米管[52-53]。Kohn 异常是长程振动相互作用的最终结果，在有限的或不存在 π - 电子共轭的情况下观察不到 Kohn 异常。为了描述累积多烯的 Kohn 异常，应该采用只有一个原子组成的晶胞。实际上，有两个原子组成的晶胞（图 10.5(a)），在 $q=0$ 时会发现 Kohn 异常，否则会在布里渊区边界处发现 Kohn 异常（图 10.5(b)）。

在上面介绍的 Hückel 模型的基础上，力常数F_{ij}用来描述卡拜振动状态，可用键—键极化率Π_{ij}表示，即

$$F_{ij} = \delta_{ij} k_i^{\sigma} + 4\left(\frac{\partial\beta}{\partial r}\right)^2 \Pi_{ij}$$

式中：k_i为局域 σ 对键的力常数 $i(i=1、2)$ 的贡献，$\frac{\partial\beta}{\partial r}$是上面介绍的电子－声子耦合参数。

可以在本征向量的基础上计算出这些键—键极化率，哈密顿算子(即 LCAO 系数)，也是跃迁积分描述中引入的参数的函数。因此，通过调制二聚化参数 b，可以在金属－半导体跃迁中跟踪声子色散分支的调制，包括累积多烯 $b=0$ 时的 Kohn 异常的发生，如图 10.5 所示[45]。

上述电子和声子性质具有类似的相同物理起源，即 π 共轭材料的典型电子－声子耦合。Hückel 理论进一步解释了结构、电子和振动性质与调制之间的最终联系。图 10.5 展示了 BLA、LO 波数和电子带隙的联系[47]。该图的主曲线总结了碳原子线的一般性质和相关趋势，为实际系统的研究提供了统一的框架并解释了实验数据。10.4 节讨论有限长链，包括许多实验可用的系统，以验证周期性边界条件的弛豫对选择规则的相关重要性，并允许研究端基、电荷转移和非平凡电子效应是如何影响这类系统的有趣行为。

应该注意的是，卡拜模型也被用来预测电子和振动特性以外的其他性质。实际上通过第一性原理计算，Liu 等[54]采用了该模型，研究了碳链的特殊力学性能、输运性质和化学稳定性。其他学者[54-55]也模拟了力学性质，而 Yakobson 及其同事[56]研究了带隙对机械应变的依赖性来分析金属－绝缘体的转变。有趣的是，他们证实了在无扰动(无应变)的情况下，零点振动能克服由于多炔和累积多烯之间 Peierls 畸变所造成的屏障，这意味着未受扰动的系统将表现为具有金属性质的累积多烯。另外，能调节这个屏障的应变比零点振动能量大，从而改变了绝缘体中的链[54,56]。Tongay 等[57]基于无限大的累积多烯线也研究了应变和掺杂对输运性质的影响，他们发现无应变导线表现出了量子弹道输运的特征，在费米能级附近的大范围内呈现电子能量恒定电导 $2G_0$，而应变将产生与电子能量呈函数关系的振荡行为的导电值。

10.4 从卡拜到纳米结构的碳原子线

10.3 节描述了理想卡拜的一般性质，这种性质吸引了相关人员将作为有限长系统的 CAW 用于技术领域。事实上，通过控制链分子结构，可以将它们的电子和光学性能从绝缘体调制到金属行为。

如 10.3 节所述，目前已经合成和表征了大量的 CAW。Chalifoux 和 Tykwinski[30]研究发现，CAW 都是有限长的链，最长的是含有 44 个 sp－碳原子的孤立系统的链。sp－碳的高反应性有利于解决生产长链的艰难任务，因为借助这种反应性可以很容易地通过交联反应形成更稳定的sp^2－碳体系[58-59]。为了避免交联，可以使用特殊的端基团，如具有很大位阻的巨大的化学基团，它可以阻止 sp－碳域之间的相互作用和化学反应，从而将链隔离开来，并提高稳定性。虽然有时将端基作为合适的稳定剂，但通常是通过在不同环境中以物理制备技术获得端基，并且没有对最终链进行初步设计。在此基础上，相关人员以类似于其他多共轭聚合物的方式对首个有限长 CAW 进行了分析和表征，可参考 Peierls 畸变影响下的无限共轭链模型。在这种情况下，相关人员通常认为应首先考虑由逐步增加链的长度引起的两个反作用效应：一方面，随着链长的 π－电子共轭的增加，减少了 HOMO－LUMO 间隙和 BLA[44,51,60-64]；另一方面，由于 Peierls 畸变，当 BLA＝0 时，无法实现链的金属特性。如果将这种观点应用到 CAW 的具体案例中，意味着永远无法产生一个累积多烯链。事实上,有限长交替(Peierls 畸变)的多炔链比累积多烯更为常见[65]。这种解释适用于无限链模型,这也是唯一可以定义 Peierls 畸变模型的方法,这种方法远远不能定义链长极其有限的合成系统(通常多达几十个碳原子)。研究人员实施了一个有趣的关于长度增加的无限长累积多烯C_n链的计算研究[63],他们证明了这个链有多达 52 个 sp - 碳原子,并显示了均等的累积多烯几何形状,而只有当长度超过 52 个碳原子时(即在无限模型近似下非常长的链),才会发生 Peierls 畸变,并诱导一个交替的多炔类几何形状。相反,在短系统中,交替的程度不是由 Peierls 畸变控制,而是受到特定的端基及其化学性质的直接影响,如图 10.6 所示。因此,用于潜在应用中的所有有趣的功能特性由链长和终端群直接调制,在较短的链中,终端群的影响更为显著[66]。另一项计算研究[67]进一步证明了端基的选择对链状结构的影响,并表明了端基对 CAW 的振动性质及其光谱表征也有影响。这些基团的化学性质会影响链的整体结构、BLA 以及所有相关的电子、光学和振动性质。这些发现改变了学者分析和设计 CAW 的观点,因为对端基进行适当的化学设计不仅可以稳定链,而且可以调节电子性能。正如理论预测所建议,这种新的方法为 CAW 的发展及其在纳米尺度设备上的应用开辟了新的道路[56-57,68-69]。

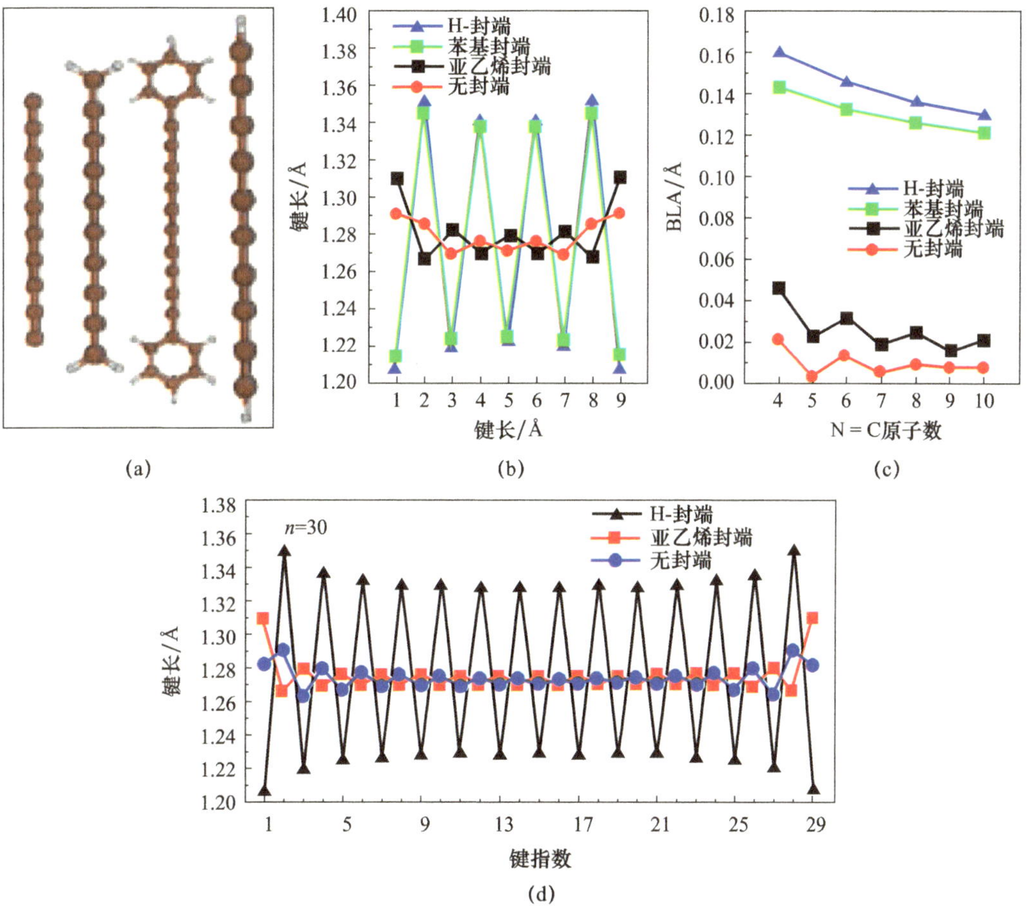

图 10.6 短系统中交替程度受到特定的端基及其化学性的影响[14]

(a)无封 CAW 和覆盖亚乙烯、苯基和氢的 CAW 的结构;(b)在不同末端的 10 个原子线上的键长分布;(c)BLA 与原子线长度(即碳原子数)的函数有关;(d)不同末端上长原子线(30 个原子)的键长。

相关人员首次使用电弧放电法合成了 CAW，在其中一个案例中使用的氢封聚炔[6,21]便于更好地理解一个适当的端基如何调制 BLA：末端 C—H 单键在相邻的 C—C 键上诱导一个单键，而下一个键则被迫接近一个三键，并依次类推，这促进并改变了多炔类几何形状。另外，计算表明，亚乙烯 > CH_2 基团迫使其 sp^2 – 碳原子与相邻的 sp – 碳原子形成双键，在“多米诺骨牌”效应中生成一个均等的累积多烯几何形状[67]。最近 Tykwinsky 及其同事[70-73]合成了累积多烯类的 CAW，他们证明 CAW 中确实有类似配位的化学基团，可以促进均衡的结构。端基对链长调制有主导影响：通过大量增加链长可以降低 BLA，但这不能轻松获得最小值的 BLA，而只要选择合适的端基，即使在非常短的链上，也可以得到极小值的 BLA。然而，一旦固定了选择的端基，就可以在 sp – 碳链的长度上作进一步调制，就像 π 共轭系统一样[44,51,60-64,67]。

这些例子表明，有限长度的 CAW 不能直接与理想的卡拜比较，这是因为通过化学设计可以有效调谐其性能。然而，通过研究具有相同 BLA 值的无限链，并对依赖于其理想无限长度模型的相关性质（电子、振动和光学）进行合理化，可以将每一个有限长度的 CAW 与理想卡拜联系起来。从有限长度到无限长度再反推的外推过程对理解电子行为和解释实验光谱确实非常重要[44,51]。这里描述的方法可以直接扩展到二维杂化 sp – sp^2 碳系统，将在 10.5 节中对此进行阐述。实际上，在一些情况下通常采用自顶向下方法，如扩展参考系统以及分析 sp – sp^2 碳纳米结构等特殊情况。实际上，在嵌入碳纳米管的 CAW 中，学者通常将无限卡拜描述为直径为零的碳纳米管简并[74]，或将石墨炔和石墨二炔作为与石墨烯关联的特殊例子[32]。然而根据上面所述发现，自顶向下方法将改变我们的观点：在 sp^2 共轭端基终止时或者端基成为不同 CAW 之间的连接单元时，GY、GDY 或由 sp 碳域连接的石墨烯可以被描述为 CAW。此外，到目前为止，相关人员已经采取了分子内方法去讨论了 CAW 及单原子的相关性质，只有化学取代基团或拓扑的作用被认为是调整 CAW 性质的主要因素。分子间或环境效应可以发挥重要作用，如二苯基封多炔与金属纳米粒子的相互作用，或纳米管内部的 CAW 相互作用，其中分子间电荷转移效应和分子间范德瓦耳斯相互作用已被证明在决定系统行为方面有起着重要作用[61,74-75]。所有这些影响将在 10.5 节讨论。

10.5 二维 sp – sp^2 杂化系统

适当利用基端可以提高 CAW 的稳定性并调节其性能，这引起了人们对 sp^2 – 碳分子基团的关注。特别是那些与 sp^2 – 碳纳米结构结合在一起的系统，如纳米管和石墨烯（图 10.7）已经研究了许多不同的系统。2003 年学者已经实现了将碳纳米管作为长导线的保护壳的可能性[25]。从 2006 年开始合成了以苯基和萘基为末端的稳定 CAW[61,76-80]。学者首次发现石墨烯边缘之间存在 sp – 碳链，杂化 sp – sp^2 结构将 CAW 和石墨烯结合起来，这种结构引起了人们的兴趣。在许多计算研究中，考虑了由石墨烯铅连接的 CAW 制造的原型量子器件，并在 2015 年由 F. Banhart 及其同事通过实验实现[81]。石墨烯和 CAW 完全集成的理想情况是石墨炔或石墨二炔种类，它们是 sp – sp^2 结杂化的二维晶体，并利用了线性链接和 sp^2 碳原子的组合。下面从 CAW 的角度讨论了 sp – sp^2 异质结系统的性质，首先描述具有增大尺寸 sp^2 端基（从单个苯基到石墨烯）的 CAW，以及它们对整个线、碳纳米管内部线，最后到石墨炔和石墨二炔以及相关结构的影响。

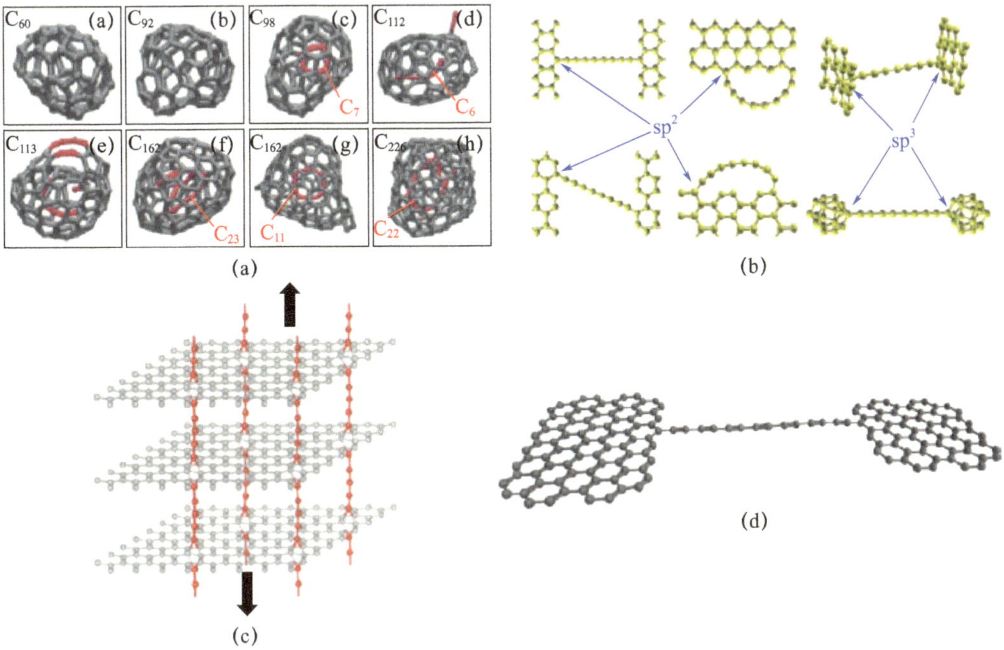

图 10.7 sp² －碳纳米结构结合在一起的系统示例

(a)通过碳蒸气淬火获得的 sp－sp²结碳簇分子动力学模拟简介[162]；(b)通过连接碳线和 sp²碎片获得的 sp－sp²结系统[138]。(c)通过连接石墨烯层叠和垂直碳原子线获得的 sp－sp²结构[86]；(d)石墨烯边缘之间悬挂碳丝的表示。

10.5.1 sp²碳端基及碳原子线连接石墨烯域的效应

近年来，基于石墨烯基材料的成功，sp－碳链引起了人们的兴趣，这是因为它可能与 sp²－碳纳米结构结合。图 10.8 给出了其中一些例子。在此基础上，研究了由 CAW 互连石墨烯形成的系统，将石墨烯作为链的自然终端，使其具有一个稳定的纯全碳系统，适合于理想的器件制作。石墨烯或 sp²－共轭端基对 CAW 性质的调制具有双重影响。首先，根据与链的化学配位的类型，石墨烯可以诱导一个定义良好的结构，促进类似于其他端基的累积多烯类或多炔类的组织。然而，现在引入了更深远的影响：由于石墨烯和 CAW 中的 π 电子离域作用，sp²－碳端基可以改变电子的共轭程度，扩展共轭路径，在不同域之间实现真正的“电子通信”，还可能促进非常独特的电子和光学性质。

这样的结构是非常有趣的。最近，通过基于 TEM 的方法已经实现了这种结构并形成图像[15,29,82]，即使有 TEM 图像，还是不能详细研究链是否有一个可替换或等同的结构。在石墨烯边缘悬置的 CAW 中给出了更多关于键交替的分析，也进行了不同的理论和计算研究[82]。通过晕苯部分终止了 CAW，并使用第一性原理对它制模，或利用苯基和萘基端基作为模型系统，揭示了新的特殊物理、化学现象的发生[76-78,83]。从理论上论证了在二聚体和拓扑缺陷边缘，通过拉动石墨烯片在石墨烯中形成多炔类线，并在理论上研究了连接石墨烯薄片的 CAW 的垂直生长[84-86]。在此基础上，一些文章采用实验和计算相结合的方法，研究了以 sp²基团为末端封端的 CAW 及其特点。在第一部分中，使用拉曼光谱、SERS 和 DFT 计算，对不同链长的新型二苯基封端多炔进行了合成和表征(详细内容参见

10.7节）。拉曼和SERS光谱的比较揭示了当导线与金属纳米粒子相互作用时的特殊差异，通过DFT计算将其解释为电荷传递效应。电离势和电子亲和力的计算证明，金属会将电子电荷贡献给二苯基封端多炔，并且随着链长的增加，这一过程会变得容易。这种相互作用的结果是，过量的电子电荷极大地影响了链的BLA，使它变得更加均衡（即累积多烯类），表明分子间的电荷转移效应原则上可以调节CAW的结构，从而调节光学和电子性能[61,84]。应该注意的是，对带电氢封端多炔的DFT计算是不稳定的，这表明由于苯基封端的存在，电荷转移使得可能可以容纳电子电荷。

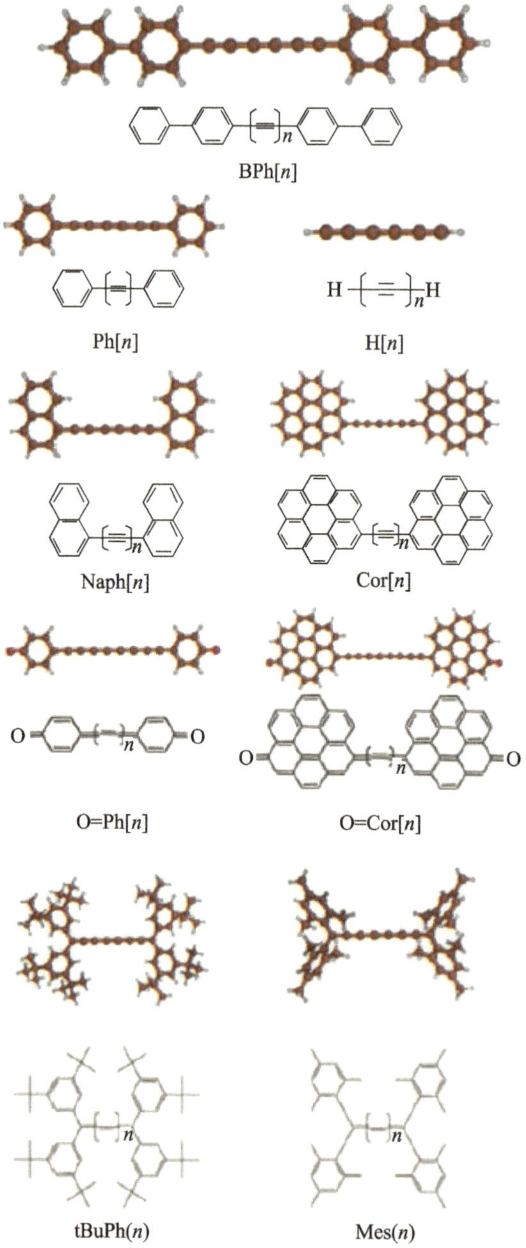

图10.8 不同类型的CAW的结构（以sp^2芳香基团终止，其尺寸越来越大。在某些情况下，端基被氧原子官能化[87]

以该研究情况和 Rivelino 等的工作为基础[83]，使用 DFT 计算研究了不同 sp^{2}共轭基团终止 CAW，并逐渐接近石墨烯结构域，同时包括实验可用的分子[70－71,77－78,87]。图 10.8 显示了不同种类的 CAW，并考虑了在每个家族中，由 4～12 个 sp 碳原子组成的不同链长的情况。

CAW 与石墨烯连接的第一个相关特征是通过利用越来越大的 sp^{2}共轭端基而得到的 π－电子离域的扩展。实际上，由于 sp 与 sp^{2}域之间可能的共轭关系，以及端基尺寸离域的增加，在整个系统中或者如果在终端的共轭程度上独立达到饱和，那么共轭长度会有多大，理解这一点是非常重要的。考虑到 sp－sp^{2}碳纳米结构材料及其电子光学行为和其技术应用的可调性，这确实是一个基本方面。为了达到这个目的，在图 10.9 中给出了不同的端盖 CAW 的 BLA 值和 HOMO－LUMO（H－L）间隙，也是链长的函数。在所有的情况下，这些参数随着长度的增加而减小，并且随着 π－电子共轭的增加而趋于一致，这通常在所有其他的多共轭分子中都能观察到。另外，学者着重研究不同端基的影响，首先以氢封端多聚为参考示例，再到苯基到双苯、萘基和冠烯封端的 CAW，当键长固定时 BLA 和 H－L间隙减小，但随着 sp^{2}共轭域尺寸的增大，这种变化很小。因此，在 π－电子离域过程中存在快速饱和的现象，并且仍然存在具有显著 BLA 的线。在此基础上，通过将 CAW 连接到大的石墨化域，也许能找到与 3/3.5eV 带隙相关的交替模式。因此第一个结论是，这些计算表明选择越来越大的 sp^{2}域并不太可能显著调整 CAW 的特性。

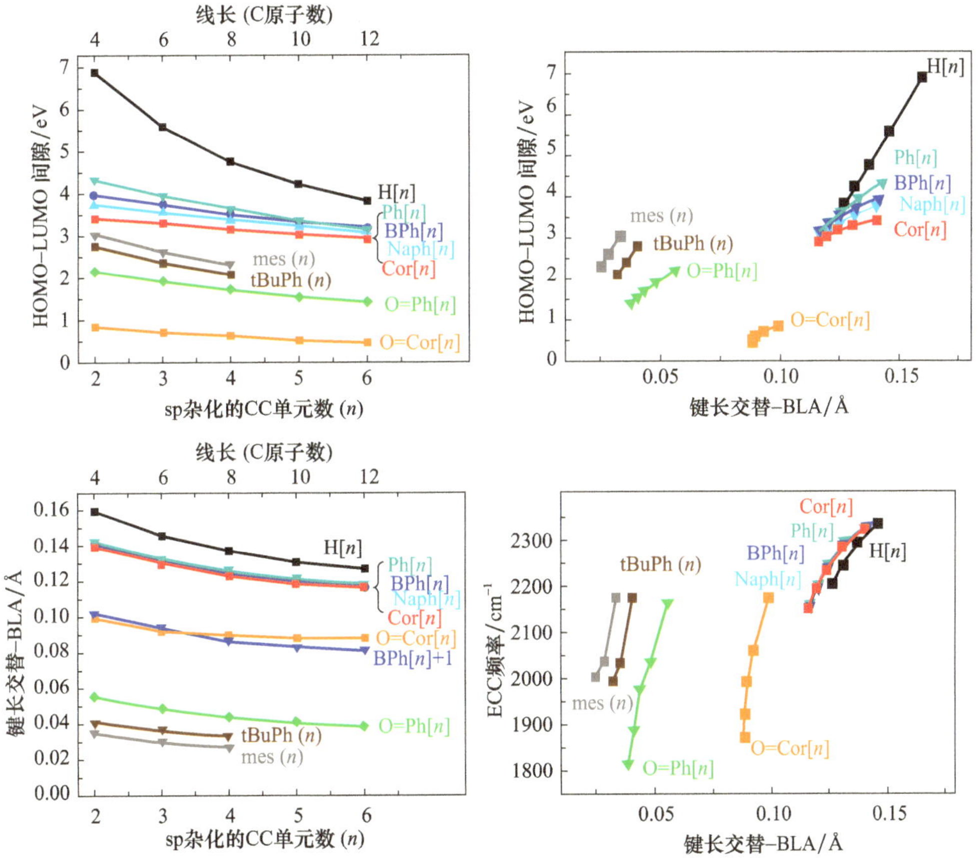

图 10.9　HOMO－LUMO 间隙和 BLA 与图 10.8 中系统线长的函数关系（对于相同的系统，还给出了 HOMO－LUMO 间隙和 ECC 频率随 BLA 的变化）[87]。

图 10.9 还报告了“化学掺杂”苯基和晕苯封端多炔的趋势，我们发现氧原子在分子两端已经取代了氢原子。在这种情况下，BLA 和 H – L 间隙的大调制产生了一种特殊的键长模式。实际上，氧原子与相邻的 sp^2 – 碳原子和双键形成了真正的双键，这些双键通过多米诺效应扩展并穿越端基最后到达 sp – 碳域，并迫使链具有累积多烯类几何形状。这就解释了 BLA 的低值和电子间隙的低值。在最近合成的累积多烯上也发现了类似的情况，在这个情况下有两个取代的苯基被用作链两端的末端。由此发现了类似于亚乙烯基 – CAW 的情况：由两个单键将第一个 sp^2 – 碳连接到端基，而与链中的第一个 sp – 碳形成的键被迫接近双键，然后沿着整个链延伸到均衡累积多烯结构。图 10.9 给出了根据 BLA、H – L 间隙、最强烈的拉曼线的计算值（它与前面讨论的参数直接相关，下面将详细讨论），据此可以绘制出 “主曲线”来描述我们研究的不同分子家族的这 3 个参数之间的关系。

这些曲线很好地再现了将 Hückel 理论应用于卡拜无限模型的一般趋势，前面已经对此进行了讨论。在许多合成和生产的化学系统中，这样的图可以说明无限长和有限长 CAW 之间的一般联系，包括有限长度的效应和由末端的特殊选择引起的调制。这也为设计和表征基于 CAW 的新型 sp – sp^2碳纳米结构提供了一个可能的起点。Tykwinski 和同事[70-71]已经进一步观察了这种特点对合成累积多烯的特殊影响。实际上，在这种情况下，学者设计了化学连接的端基，这样可以沿着链产生累积多烯模式，正如上文所述，这对应于一个小的 BLA 和 HOMO – LUMO 间隙。在有关拉曼效应的章节可查询到更多细节，这种平衡结构将对应于 BLA 振荡的纵模，其具有很低的拉曼活性。然而，在实验和 DFT 计算中都发现，这些分子具有强烈的拉曼光谱活性[88]，产生了交替多炔的典型行为。使用 DFT 计算分析分子轨道表明，这些趋势确实与前沿轨道在 sp – 碳链上离域有关，但也与端基群的 sp^2 – 碳原子有关，如图 10.10 所示。

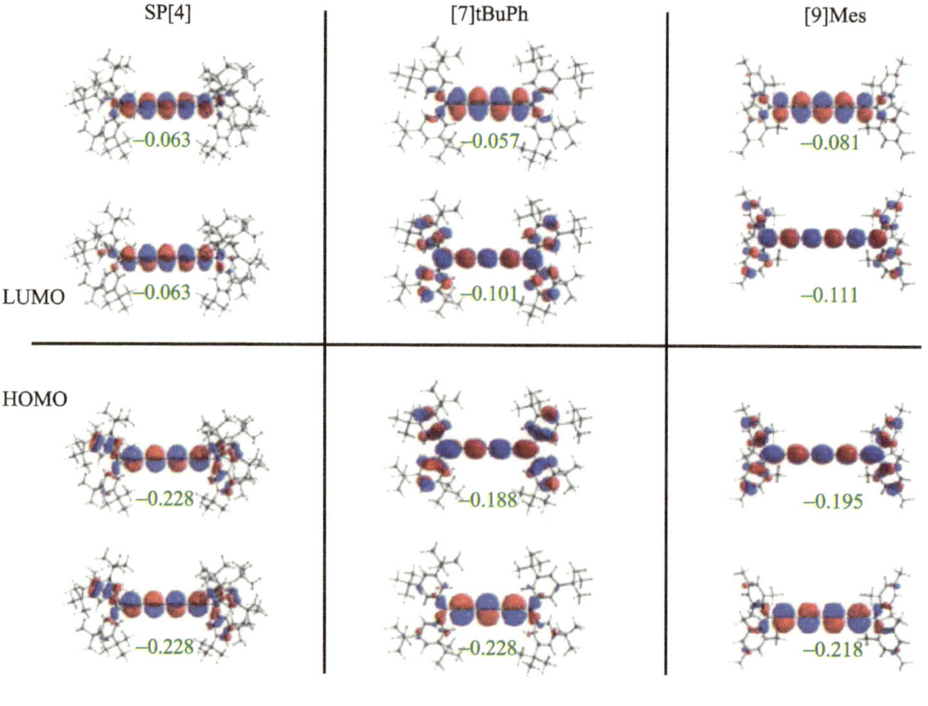

图 10.10 不同多炔/累积多烯 CAW 的 HOMO（顶部）和 LUMO（下部）轨道[88]

10.5.2 纳米管内部的碳原子线

自从开始研究碳原子线(CAW)以来，吸引大量关注的杂化系统就是碳纳米管(carbon nanotubes,CNT)嵌入 CAW。2003 年，Zhao 等[25]在有关该内容的最相关论文之一中，通过 HRTEM 和拉曼测量方法，证明了碳纳米管核心中线性碳链的存在。同时，学者对 CNT 内的碳结构(包括链)进行了计算研究[92]。在进一步的研究中通常采用拉曼光谱，不同的基团显示了 CAW 的存在，主要表现为在单壁或多壁 CNT 内有限长度的氢封端多烯[93-97]。在这种情况下，理论计算也被用来研究这个杂化的复合系统的特性，其中通过非键合相互作用，$sp-sp^2$ 域产生了相互作用[74-75,92,98-99]。

CNT 的壁作为线性碳链的保护笼，能够稳定非常长的碳链，其对应的长度可能也达到数百甚至数千 sp-碳原子。事实上，Shi 等[31]最近报道了迄今为止观察到的最长的线：在 DWCNT 的核心中发现了一条 600nm 长的线(大约 6000 个碳原子)。此外，短聚炔可以插入 CNT 中，通过高温处理系统可以转化为长聚炔[97]。管子的直径被证实对长线的形成起到有利的作用[100]。

除了实验验证这些杂化系统的存在外，计算工作还研究了 CAW 和 CNT 之间的相互作用以及这对整个系统一般性质的影响。有趣的是，我们发现电荷转移效应在调节整个系统的性能方面起到相关的作用[74]，类似于 SERS 测量显示的 CAW 和金属表面之间的相互作用[61]。

最近，有理论研究进一步揭示了电荷转移效应和范德瓦耳斯力相互作用如何解释 CAW 的电子和振动性质[75]。这吸引了人们去探索 sp-碳系统这块处女地，研究目标旨在探知环境相互作用在调节和调整其性能方面的相关性，包括可能的技术应用的后果和结果。

10.5.3 石墨炔、石墨二炔及其相关系统

从末端基团效应的角度对 CAW 物理、化学性质的研究也可以推广到由 sp-和 sp^2-碳原子所形成的有趣系统中，这些系统由于其独特的潜力越来越引起人们的兴趣[101-102]。石墨炔、石墨二炔以及与之相关的系统，如纳米带或纳米管、有限维子系统等，都引起了固体态科学家、计算化学家、有机化学家、材料学家、纳米技术学家和工程师的兴趣，因为预计它们具有很好的性能。实际上，GY 和 GDY 可以被认为是相互关联的 CAW，而端基是链之间的链接。因此，以上所采用的观点可以直接扩展到这些案例中。比如在碳原子线的一维案例中，将它们作为构建块，创建二维甚至三维系统(如炔-金刚石)。然而，据我们所知，GY 和 GDY 从来没有采用过这种方法，这些系统通常被认为是石墨烯的一种修改，仅在比较中作为参考。

虽然最近 10 年人们才对 GY 和 GDY 产生兴趣，但对这些系统的开创性研究可以追溯到 1987 年，当时 Baughman、Eckhardt 和 Kertesz 预测了这些系统的有趣性质，也就是被认为的石墨烯衍生结构(基于完全理论和计算的方法)[32]。本书通过调整 sp-碳原子和 sp^2-碳原子的相对量以及键合的拓扑结构，提出了许多不同的体系，还给出了一个通用的命名，即为 x,y,z-GY 或 x,y,z-GDY，其中 x 是形成最小环的碳原子数，y 是环中的碳原子数，它通过线性—C≡C—键直接连接到第一个原子，z 是环中碳原子数，它与前面的

碳原子以正位连接。可以先验地设计许多不同的系统，但是文献中已经考虑到了3种主要的形式，并被标记为α-、β-和γ-GY（或GDY），后者是最稳定结构。图10.11给出了这3种形式的示意图：γ-GY（γ-GDY）是由—C≡C—（或—C≡C—≡C—）链相连的苯基基团形成的，对应于6,6,6-GY；α-GY是蜂窝状结构，由连接的sp^2-碳原子连接的链所形成，对应于18,18,18-GY，而β-GY则对应于12,12,12-GY。表10.1给出了几种具有不同sp/sp^2比值的结构。

尽管有理论上的预测，家族中现有的大多数分子系统已经被合成为理想的无限2DGY或GDY的子碎片。Haley及其同事[33-36]基于GDY能够合成的不同碎片率先假设了GDY中存在无限二维系统，将在下一节中介绍这部分内容。Haley等报道，γ-GDY是最稳定的形式，这正是人们对这种结构感兴趣和充满期待的原因。Ivanovskii[101]和Li等[102]对GY、GDY和相关系统最前沿的内容进行了两项评论，他们在2014年以前就对这些材料进行了详细研究。目前所提出的大部分研究都是完全的理论研究和计算研究，这是因为尽管Li等[103]做了大量的工作，且近年来有机金属合成技术的应用取得了进展[40,104-105]，但是有关GDY大膜的制备仍然存在争论和挑战。此外，在这些论文中，没有人研究局部拓扑和子碎片之间的连通性对这些系统最终性质的决定作用。基于此，Tahara等[106]和Wang[107]进行了细致的调查，研究了不同杂化$sp-sp^2$碳有限维体系的拉曼响应。

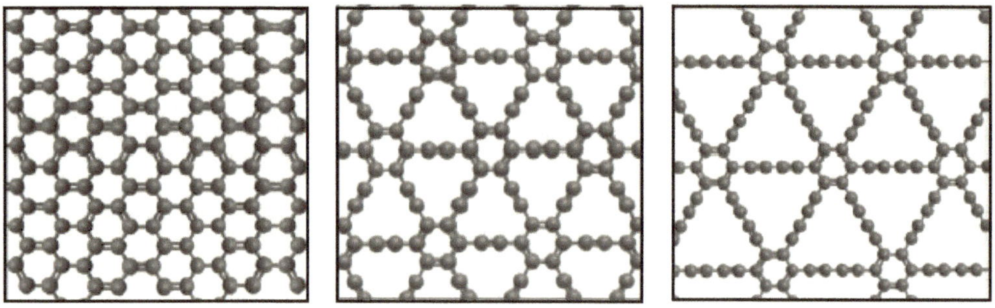

图10.11 石墨烯、石墨炔和石墨二炔的二维碳晶体的结构
（a）石墨烯；（b）石墨炔；（c）石墨二炔。

表10.1 不同类型石墨烯的sp/sp^2比值、晶胞碳原子和层密度的比较[32]

结构	sp/sp^2比值	每晶胞原子数	层密度/（原子/Å²）
石墨烯	0	2	0.3812
6,6,6石墨炔	1:1	12	0.295
6,6,12石墨炔	5:4	18	0.277
6,6,14石墨炔	7:5	48	0.269
12,12,12石墨炔	2:1	18	0.232
14,14,14石墨炔	2:1	12	0.252
14,14,18石墨炔	5:2	14	0.213
18,18,18石墨炔	3:1	16	0.191

理论预测表明，GY 和 GDY 是非常有趣的材料，其电子、光学的力学性能和相关技术成果引起了人们的广泛兴趣。实际上，还提出了许多其他有趣的应用（10.8 节）。与卡拜的情况相似，不同作者对其极限力学性能进行了研究[101-102]，相对于石墨烯，线性 C—C 键的存在使 GY 和 GDY 具有高杨氏模量和强度，提高了泊松比，降低了平面内刚度，同时保持了相当大的弯曲刚度。

从电子性质来看，GY 和 GDY 类似于石墨烯，是具有有限带隙的直接半导体，Görling 及其同事[38-39]证实了 α－GY 在 K 和 K' 点、γ－GY 在 Γ 以及 β－GY 沿 ΓM 方向在低对称点存在狄拉克锥，这引起了人们广泛的关注。图 10.12 显示了 GY 和 GDY 的能带结构、态密度（DOS）和狄拉克锥[102]。

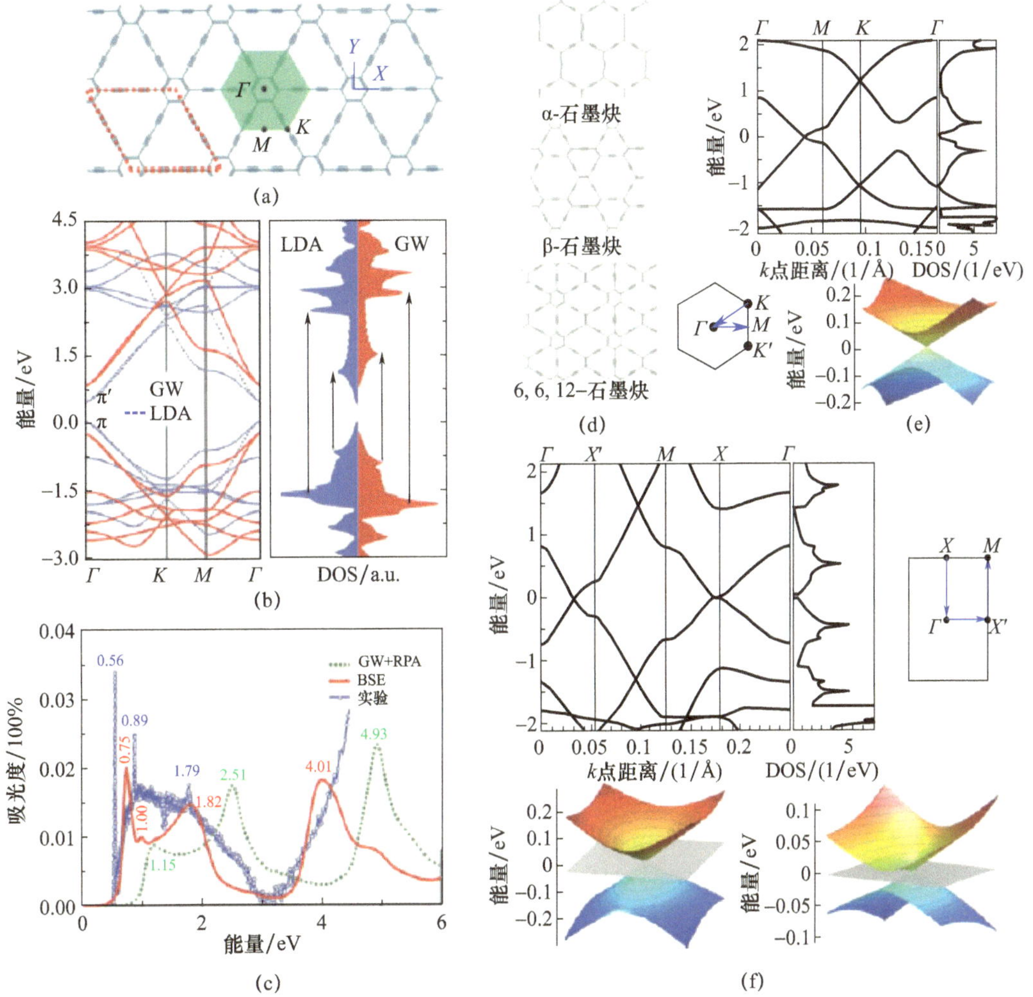

图 10.12 GY 和 GDY 的能带结构、态密度（DOS）和狄拉克锥[102]

（a）～（c）石墨二炔的晶体结构、电子能带结构、态密度和石墨炔的紫外－可见吸收；（d）－（e）不同石墨炔的能带结构和狄拉克锥。

类似于 CAW 的情况[56]，当系统出现应变时，GY 和 GDY 显示了间隙和带结构的调制，正如其他作者报道的那样[102]。在电子能带结构中出现狄拉克锥，引起了人们特别的兴趣，并且发现在异质原子或非六边形GY(如6,6,12-石墨炔)中也存在狄拉克锥，这说明了六边形对称并不是它们存在的强制性要求[38-39]。这些特殊的电子特性使其具有高电荷载流子迁移率，其值$\mu = 3 \times 10^5 cm^2/(V \cdot s)$与石墨烯相当，而6,6,12-石墨炔的电子和空穴迁移率都优于石墨烯。

除了研究“纯”系统的特性外，官能化系统也受到了极大的关注。GY和GDY的官能化作用主要通过氢、氧、氟以及第一过渡系金属来实现，这是几篇论文的重点[102]。特别是氢原子通过产生C—H键在sp-碳链中引入杂化缺陷，从而将sp-碳转化为sp^2或sp^3-碳。这明显阻碍了π-电子的离域，影响了带隙，降低了系统的电导率。另一个例子是，在数值模拟的基础上，提出了一种用钙原子修饰的线网作为氢原子存储的有效材料[108]。

基于此，杂化中的局部缺陷也可以成为创建GY和GDY的起点，通过链或其他原子结构连接，以生成真正的共价键合(交联)三维系统，就像互连线-石墨烯系统那样。为了研究GY/GDY片的整体性能，以及分子间的整体相互作用如何影响材料的电子性能，三维系统也得到了广泛的研究。

在对石墨烯的广泛研究之后，人们又在科学和技术领域开展了进一步研究。科学家们对约束系统产生了更广泛的兴趣，如石墨烯纳米带、纳米管、其他类型的有限维系统(多环碳氢化合物、富勒烯类笼状结构等)，甚至其他特异系统。将此观点延伸到石墨烯类系统，从理论上研究了GY(GDY)纳米带，以确定约束效应在调控系统性能中的作用。如预期的那样，当存在约束并且扩展π-共轭被阻止，能隙随着能带宽度的减小而逐渐增大。同样，GY(GDY)纳米管也根据其手性表现出金属/半导体的行为[109-111]。

将有限维GY和GDY的构成部分合成为扩展体系的模型体系，并对其他sp-sp^2分子如碳苯和碳丁二烯进行了研究，方法是利用扫描隧道显微镜断裂结技术在单分子水平上测量电导率[112]。在碳苯的情况下，单分子的电导约为100nS，这对于同类别的分子碎片，如hex-abenzocoronene来说是很高的，该碎片在使用同样的技术在较短的距离(是1.4nm而不是1.94 nm)上表现出14 nS的电导[112]。

正如已经指出的那样，大多数对GY和GDY进行的研究都是基于理论计算，在很多情况下利用了周期性二维系统上的固体物理方法。自下而上的基于碎片的调查很少在文献中出现。除了Li等[103]的论文外，只有少数著作(如文献[106,113])通过计算作为GDY亚单位的一维链和具有不同的构型和与苯基基团的连通性，去分析GY和GDY。到目前为止，根据我们的了解，并没有将GY和GDY当作相互关联的CAW的研究产生，这有利于扩展对sp线性碳链通常抱有的观点。

总的结论是，虽然sp-sp^2碳混合体系很明显是非常有前途的纳米技术应用系统，但现在需要通过实验结果和设计系统的准备来证实计算预测。10.6节总结了这一领域在过去几年中取得的许多进展，但在填补理论与实验之间的巨大差距方面，仍有重要的工作要做。

10.6 碳原子线和sp-sp^2碳系的合成

为大量制备CAW和sp-sp^2碳杂化体系，许多方法被提出来。大多数方法都是基于自下而上的方法，而目前已经采用了一些自上而下的方法。自上而下的方法采用纳米管和石墨烯作为起始材料，加上通过除去过多原子获得的线，可以产生所需的系统。这是通过机械拉动纳米管或石墨烯来揭示线的形成[114]。更准确的方法是利用 HRTEM 的电子波束，选择性地从石墨烯中除去原子，直到石墨烯边缘之间悬浮的 CAW 形成[29]。

自下而上的方法可以分为化学方法和物理方法。第一种方法有许多化学步骤，包括缩聚反应、聚合物的脱氢或脱卤反应和烷基的偶联，如 Glaser 或 Cadiot - Chodkiewicz 反应。这些方法虽然复杂和耗时，但确保了合理地合成了大小合适和明确定义的 CAW，主要的例子是以孤立形式发现的最长的 CAW，即由 Tykwinski 和同事合成的 44 个 C 原子长的多炔[30]。

许多不同的物理方法有一个共同普遍的方法，即基于碳蒸气的产生，然后快速淬火进而形成由 sp - 碳结构组成的亚稳态相。碳蒸气可以通过激光烧蚀或电弧放电来产生，而淬火可以在气体或液相中进行。关于这些技术的例子之一是脉冲激光沉积（pulsed laser deposition，PLD），通过飞秒或纳秒激光脉冲烧蚀石墨靶[115-119]。P. Milani 将电弧放电应用于脉冲微等离子体团簇源（pulsed microplasma cluster source，PMCS）中，能够产生碳团的超音速离子束，其中含有 sp - 碳相成分[24,120-123]。

同样，也可以通过纳秒或飞秒激光脉冲在液体环境中烧蚀碳基材料[27-28,124]或在溶剂中进行电弧放电。后一种生产聚炔的技术是由 F. Cataldo[6,21]在 2003 年开发的。他们在液体中使用固体靶（如石墨）、分散体（如富勒烯和纳米金刚石颗粒）以及硫进行激光烧蚀[124]。这些方法已经被证明可以产生含有 30 个 C 原子的长多炔，并被 H、S 或 CN 基团（即氰基）终止。Cataldo 报告了通过使用选定的溶剂（如CS_2）形成短累积多烯类结构[23]。正如最近的论文所报道的那样，脉冲激光也用于直接烧蚀有机溶剂[125]。在某些情况下，当银存在时，通过 PTFE 的激光辐照，可以观察到 sp - 碳的形成，这有利于 PTFE 分解后形成碳线性结构[126]。

化学合成以不同的策略为基础，一般是烷烃基团的脱氢缩聚。一个例子是 Glaser 反应，基于金属离子对乙炔基的氧化偶联反应。对于其他方法，提到了卤化物的缩聚反应和聚合物的脱氢卤化，如聚（亚乙烯基卤化物，PVDH）的化学碳化。正如 Gladysz 等[127]所报道的，所有这些化学技术已被用于合成被不同分子基团终止的大量 sp - 碳链。R. Tykwinski 等[30,65,70-73]报道了较长且稳定的多炔和累积多烯的合成。

最近，Wei Xu 及其同事们报道了线性碳线的表面合成。在铜（110）表面形成乙炔分子合成了长金属碳丝，实现了由铜原子介导的脱氢偶联，形成了可通过扫描隧道显微镜成像的长金属碳丝[104]。用类似的方法，同一基团显示了积累积多烯丝的形成以及研究[105]。

关于石墨炔和石墨二炔的合成研究的著作较少（如文献[128]）。一项研究报告了扩展石墨二炔膜的合成，尽管没有直接证据表明系统的有序结构[103]。相反，Haley 及其同事[33-36]、Diederich 和其同事[37,129]以及其他团队[130]已经生产出了用于扩展石墨炔和石墨二炔的 sp - sp² - 碳分子构建块。

有关人员采用表面合成碳丝成功地开发了石墨炔类系统，他们以卤化前体入手，在金（111）表面上通过金催化了同质耦合反应。STM 图像清晰地显示了扩展和有序的二维晶体（图 10.13）[40,131]。

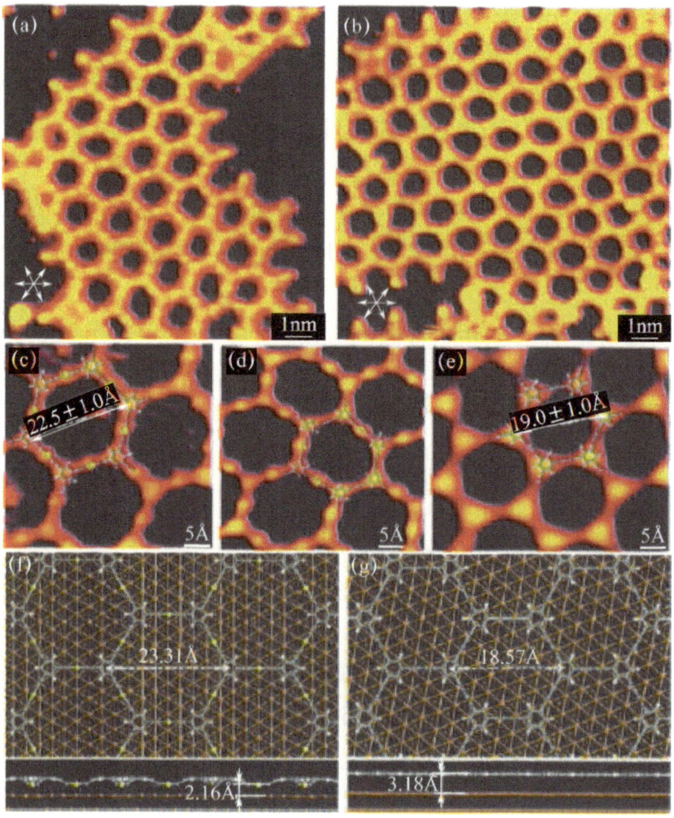

图 10.13 扩展和有序的二维晶体 STM 图像[40]

(a)~(e)在金(111)上不同尺度 sp−sp^{2}有序网格的 STM 图像(由炔烃前体的去卤化同质耦合得到)；(f)~(g)结构顶部和侧面视角的模拟。

稳定体系的合成具有特别重要的意义，因为人们普遍认为 sp−碳的稳定性较差。交联反应通常促进 sp−碳向更稳定的 sp^2−碳的重组，这体现在了不同的系统中[58-59]。近年来，人们提出了许多方法去改善稳定性[77,122,132]。本书提出了一种基于通过大块基团来终止碳线的方法，这种方法可以促进立体阻碍和提高稳定性。以苯基终止的碳线在空气和室温下表现出良好的稳定性[61,87]，这为合成具有很好稳定性的 sp−sp^2 系统开辟了道路。

10.7 sp−碳的拉曼光谱

除了用于表征 CAW 的各种技术外，振动光谱学(尤其是拉曼光谱)也发挥了重要作用。事实上，拉曼光谱学是研究碳纳米结构和碳膜的技术选项之一，因为它在杂化、化学键和局部结构顺序上具有敏感性。拉曼光谱的独特特征可以识别金刚石、石墨、纳米晶石墨的晶体域大小和无定形碳、富勒烯和富勒石的相关长度，以及碳纳米管的直径和石墨烯的层数。如图 10.14 所示，不同的碳体系显示了特征光谱，特别是 sp−碳在 1800~2200cm^{-1} 光谱区域显示了典型的特征，在所有 sp^2−碳基结构和 sp^3−碳基结构中都是独一无二的。

通过对 CNT 中 sp－sp^2 碳膜和 CAW 的研究表明，拉曼光谱是应用最广泛和最强的表征技术[25,31,94－96]。

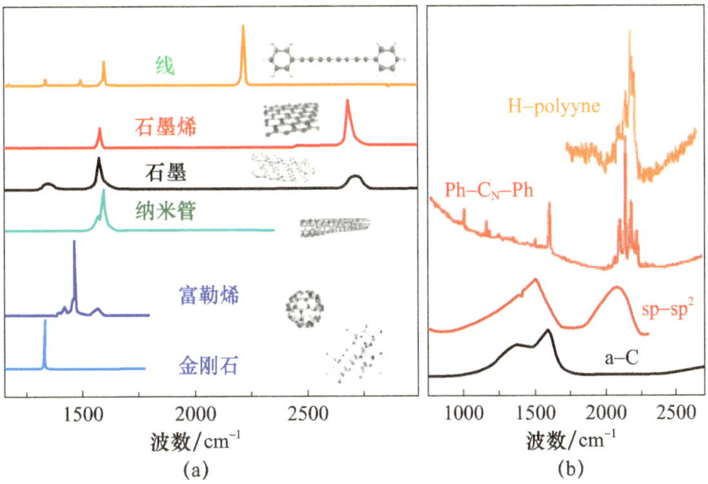

图 10.14 不同碳固体和纳米结构的拉曼光谱[14]

卡拜中 π 电子共轭在振动、电子和结构性质之间产生耦合，而从拉曼光谱中获得的丰富信息也使这项技术在多共轭材料中具有重要意义[49－50,133－134]。

π 共轭聚合物的拉曼光谱通常具有一些强烈的拉曼线，这与 BLA 振荡有关，且随链长而呈现明显的频率和强度调制。实际上，随着链长的增加和 π 电子离域的增加，与所谓的 R 模或"有效共轭坐标"（effective conjugation cooordinate，ECC）模式相关的强拉曼带逐渐转移到较低的波数，并且变得越来越强烈[49－50,133]，成为 π 电子共轭的光谱标志。基于 ECC 或"振幅模式理论"[134]的拉曼光谱解释，发现了许多不同的 π 共轭低聚物和聚合物的应用。ECC 模式是一个集体正常振动模式，在 CAW 的情况下，描述为单键的同相位收缩和三键的延长，从而允许描述为 BLA 振荡。

由于多炔和累积多烯类结构 CAW 都是 π 共轭材料，因此为多共轭聚合物开发的 ECC 理论可以直接应用，而且发现线性碳链是最简单的原型模型。

从卡拜无限长模型出发，可以在 $q=0$ 的 LO 声子中识别 ECC 模型，它表示一个静止波，其中两个 C—C 键 r_1 和 r_2 的振动可以用集体 BLA 振荡来识别。在文献[44－45,51,62]中，学者利用卡拜模型对线性碳链的振动特性进行了研究，分析了在 $q=0$ 附近的声子色散分支的 BLA 调制，这是与 π 电子离域促进的长程振动相互作用。

通过将 Wilson GF 方法推广到周期系统，当 $q=0$ 时，可以得到卡拜 LO 模式（ECC 模式）的声子频率的简单表达式[44－45,51]，即

$$\omega=\sqrt{\frac{4F_R}{m}}$$

其中，集体力常数 F_R 可以写为几个键－力常数的函数，即

$$F_R=\frac{k_1+k_2}{2}+\sum_{n\geq 1}[f_1^n+f_2^n-2f_{12}^n]$$

式中：k_1 和 k_2 为单元内键 r_1 和 r_2 的对角拉伸力常数；f^n 为沿着链上增加距离 n 时的相互作用

拉伸力常数。由于等价键之间的相互作用，变量f_1^n和f_2^n属于不同单元；f_{12}^n描述了非等价键之间在距离 n 处的相互作用。

这个方程表明了 π 共轭效应调节 CAW 振动响应的方法，类似于其他的多共轭，如多烯和石墨烯。事实上，对卡拜来说，沿着链连续的 C—C 键的相互作用力常数序列显示了 CAW 的交替信号[44,51]。因此，前文中给出的总和为负值，并且越来越重要：总和中的项越高，π-电子共轭越高，而 BLA 越低。这解释了与 BLA 相关的波数转移到较低频率并下移到理想的累积多烯卡拜后 LO 分支中显示了 Kohn 异常的原因。如前所述，这种行为是 CAW 强电子耦合的结果，因此，可以将先前引入的 Hückel 模型扩展到描述卡拜的 LO 声子色散分支以及与 BLA 的调制。值得注意的是，在 2000cm^{-1}左右的光谱区域，CAW 呈现不同的能带，没有出现其他碳材料的光谱信号，因此可以被认为是 sp-碳纳米结构的特定区域。如前文所分析，当移动到有限长度 CAW 时，应评估它们的振动谱与卡拜无限模型振动性质之间的任何对应关系，因为限制长度会产生新的影响。首先，不同的有限长度的 CAW 确实应该与具有相同 BLA 值的卡拜相对应，并与电子性质的情况对等。这种方法特别适用于氢封端多炔[44,51]。

在实验中，它们确实是第一批有选择生产的 CAW，可以控制长度并利用拉曼光谱学进行表征，并且已经成为下一步研究的参考系统。当 BLA≠0 时，与多烯及其他多共轭材料相似，H-封端多烯的拉曼光谱表现出显性强烈能带，在文献[27-28]中被称为 α-线，它对应于 ECC 理论中的 R 模型[44,51]。此外，还观察到另一个强度较低的带，称为 β-线，特别是短链上的。这两个信号都存在于典型 CAW 的光谱区域 1800～2300cm^{-1}中，可以与母卡拜的 LO 声子分支对应：α-线可以描述为 ECC 模式（BLA 振荡），对应于 $q=0$ 的声子，β-线可以描述为链上不同的 CC 拉伸法线模式，对应于 $q\neq0$ 声子[51]。无限链的选择规则意味着，只有 $q=0$ 的模式会产生非零的振动活动，这就是为什么 β-线随着链长的增加强度变小。然而对于短链，并不严格保持卡拜的选择规则，不同的纵向法线模式会随着不可忽略的拉曼活动出现。在 CAW 中，卡拜振动规则的松弛是无限链模型的第一次偏差，对于解释累积多烯的拉曼光谱具有重要的意义。为了将有限长 CAW 的振动与卡拜的 LO 声子联系起来，可以应用晶体聚合物振动动力学的方法[135-137]，将离散 q 点的低聚物振动频率放置在相应的无限链的声子色散支上。在这些情况下，离散 q 点通过以下选择规则来确定[135]，即

$$q_j=\frac{\pi c^{-1}j}{N+1}\quad(j=1,2,3,\cdots,N)$$

式中：N 为低聚物的晶胞数。

这个过程已经应用于 H-封端多炔的纵向振动，其中分子正常模式的计算频率已经位于无限卡拜的（LO,LA）声子色散支上，如图 10.15 所示，一个链包含 7 个三重键。

在任何情况下，如涉及 CAW，应谨慎采用这种程序，原因有两个：①假设端基对 sp-碳链振动动力学的影响有限，但在 sp^2 共轭终止的累积多烯中并不总是这种情况；②有限链与母体聚合物之间的对应关系在 CAW 中不是多对一，而是一对一，因为一个链只对应于一个特殊的卡拜，即具有相同的 BLA 的卡拜。实际上，对于任何 π-共轭系统，不同长度的低聚体具有不同程度的共轭，这意味着不同的 BLA 和不同的长程振动存在相互作用，不能用相同的无限长卡拜来描述。

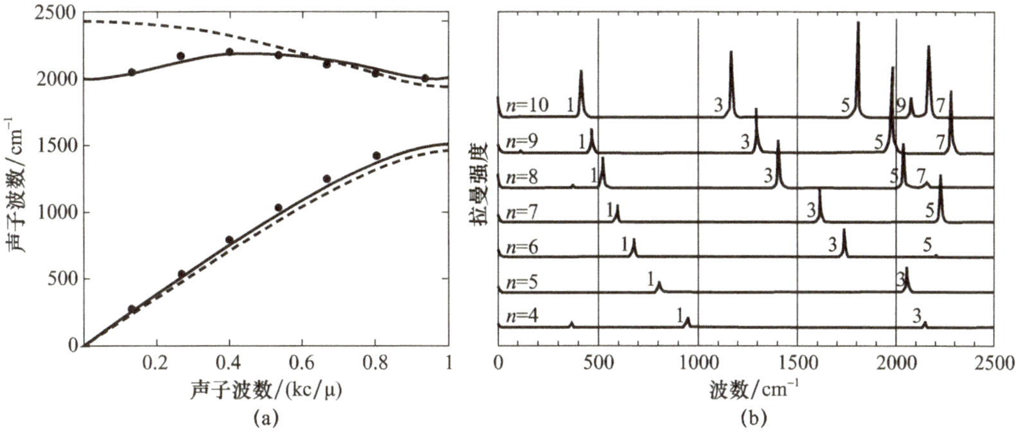

图 10.15　H－封端多炔的纵向振动过程[51,67]

(a)碳原子线的声子色散关系；(b)不同长度碳原子线的模拟拉曼光谱(n 是 CC 单位的数量)。

如果正确地考虑了这些特性，可以成功地采用无限模型来分配 CAW 的拉曼光谱，就类似于在不同长度的 H－封端多炔[44,51]和以大块基团封端的多炔[90]中采取的方法。链越长，ECC 模式的频率就越接近在相关卡拜上的 $q=0$ 声子[44,71]。当增加链长时，α－线表现出一致的红移，与较低的 BLA 有关，并与在卡拜中发现的 LO 分支的调制一致，这是受到大的电子－声子耦合的影响[45]。拉曼光谱学得到了 DFT 计算的进一步支持，因此成为一个非常有用的技术，可以研究所有影响的结构和电性能的 CAW，包括调谐半导体到金属跃迁[87]。原则上，调节这些系统间隙的作用也会影响 BLA，这又会影响分子的振动行为。图 10.6 和图 10.9 中显示了卡拜和不同种类的 CAW 的这种对应关系。结构、电子和振动性质之间复杂的关联，说明 CAW 的拉曼光谱成为一个非常重要的问题，而且只有通过量子化学模拟，才有可能建立一个统一的解释。不同的文献研究了链构型对拉曼光谱的影响[61,90－91,138]，证明了联合实验/理论方法的可靠性，而一些理论论文[45,47,51]则致力于拉曼光谱的详细分配和 CAW 振动力场的分析。同样的方法也被推广到具有不同端基的线性碳链的表征上，其中大部分也被化学家合成。人们特别关注了累积多烯的 CAW 以及低电子能隙和它们表现出的金属类行为。如上所述，通过采用无限链模型，将以一个原子单元来描述累积多烯，没有显示光学活性。这就是为什么一些作者批评使用拉曼光谱观察累积多烯的行为，即使在杂化 sp－sp^{2}碳纳米结构的拉曼光谱中，发现这些种类可能有光谱特征[24,59,138]。我们注意到，在有限长链的情况下，位于不同 $q\neq0$ 点的振动可能是拉曼活性，一维晶体的选择规则是松弛原则(只能观察到 $q=0$ 的声子)。在此基础上，利用 DFT 计算研究了由累积多烯诱导端基终止的 CAW[67]：首先从无盖层C_n链可以获得累积多烯几何，发现许多不同的法线模式具有明显的拉曼强度，这说明有限的累积多烯可以产生可测量的拉曼信号。这些能带确实与 $q\neq0$ 的声子联系有关，描述了不同类型的纵向 C—C 拉伸发现模型，它们的拉曼活性可以根据法线模式Q_k的极化率张量导数来合理化。这个项可以用键合贡献写为 $\frac{\partial\alpha}{\partial Q_k}=\sum_i\frac{\partial\alpha}{\partial R_i}L_{ik}$，$L_{ik}$ 是在 C—C 拉伸坐标的基础上描述法线模Q_k的特征向量分量，R_i和 $\partial\alpha/\partial R_i$是沿链上的单 C—C 拉伸($R_i$)的极化率导数。由于 C—C 键在累积多烯中几乎是相同的，所以 $\partial\alpha/\partial R_i$参数都非常相似。ECC 模式被描述为

BLA 振荡(即相邻 C—C 键的相位收缩和延长)，与无限链模型一致，它显示了一个可忽略的拉曼强度，因为几乎相等的 $\partial\alpha/\partial R_i$ 是被相对符号的值 L_{ik} 在总和上的加权。但是，对于其他法线模式，由于向量 $\boldsymbol{L}_k$ 与 ECC 模式不同，且总和表示一个不可忽略的值，所以这种项的取消不会发生。因此，相关的拉曼谱线可以被检测到，如图 10.16 所示[67]。

本研究证明在分析有限长度 CAW 时，卡拜选择规则松弛性的重要性。此外，由于末端基团的存在，可以与 sp 域相互作用，以此产生其他效应来调节链的光谱响应。基于此，一个特殊的例子是具有特定端基的累积多烯，这已经在上节讨论过。在这种情况下，为末端基团设计的化学连接引入了 sp－碳链上的平衡结构。然而，实验和 DFT 拉曼光谱揭示了一个具有强烈 ECC 模式，典型的 CAW 表现出多炔类结构，但位于低频率，典型的 CAW 具有非常低的 BLA，如图 10.9 所示。

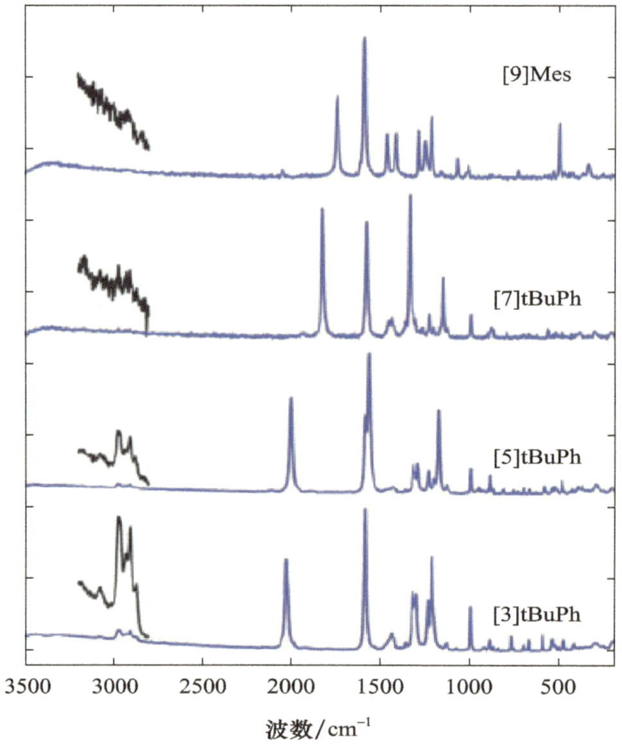

图 10.16　不同长度的 CAW 的拉曼光谱[88]

通过分析 $\partial\alpha/\partial R_i$ 值，令人惊讶的是出现的一个交替的模式又是常见的多炔链指纹。这些系统确实揭示了一种相互矛盾的行为：BLA、ECC 频率和带隙通常相关，并且这个系统描述了一个累积多烯链行为，而另一方面，ECC 强度和相关参数则描述了一个典型的多炔行为。末端基团和 sp 域之间的电子相互作用说明了这种趋势：虽然末端基团的化学连通性导致非常低的 BLA 和相关的累积多烯性质，但在前沿分子轨道上发现的 sp^2 末端基团和 sp－碳链之间的电子耦合(图 10.10)是引起拉曼活性多炔特征的原因。

这个例子展示了末端基团的化学特性如何通过多重效应对 CAW 的行为产生显著的影响，这正是这些系统非常有趣和奇异的原因。

到目前为止，通过选择不同链长或末端基团，产生了分子内效应，以此来描述 CAW 的振动响应。然而，分子间的影响，如电荷转移或范德瓦耳斯力相互作用也可以起到一定的作用，就像 CNT 中的链或与金属纳米粒子相互作用一样。图 10.17 展示了增加长度的二苯基-多炔的拉曼光谱和 SERS 光谱：在拉曼光谱中，在频率为低值时，由于 π-电子共轭的增大，可以很容易地通过长链的 ECC 模式识别 ECC 模式预测的一般趋势，DFT 计算直接证实了此点[61]。另外，SERS 光谱具有完全不同的外观，在频率值较低的情况下具有优势能带。

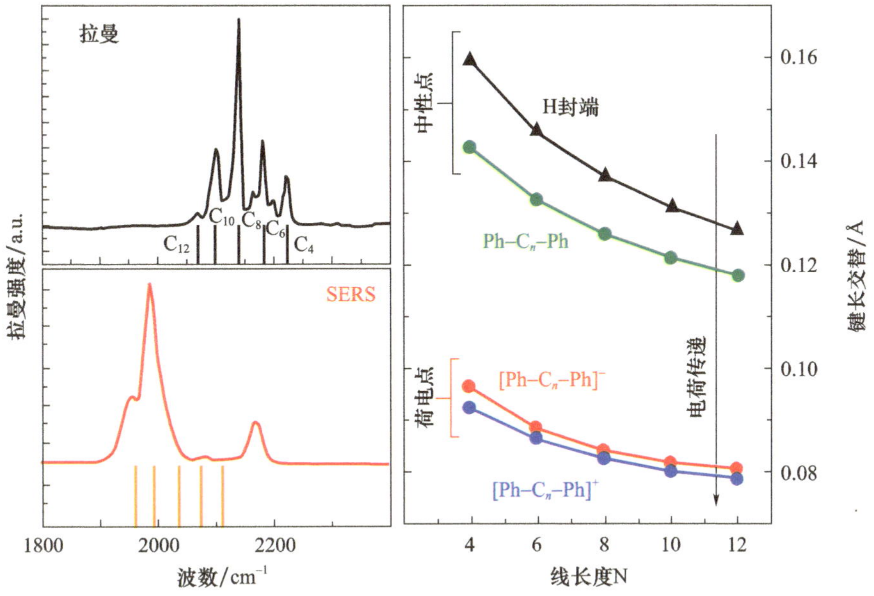

图 10.17 不同长度的二苯基多炔的拉曼光谱和 SERS 光谱[14]
还给出了 BLA 为中性和带电系统线长度的函数。

DFT 计算表明，拉曼光谱中的这种模式可以被复制，假设 CAW 之间发生电荷转移，且在 SERS 实验中涉及了金属纳米粒子表面。在金属到 CAW 时，会优先发生电荷转移，这与累积多烯几何转变有因果关系。

这些例子证明了振动光谱学和拉曼散射的相关性，提供了有关 CAW 系统的重要信息：通过拉曼光谱不仅可以研究它们的结构和振动性质，而且还可以研究所有能调节它们电子行为的分子内效应和分子间效应。从技术应用的角度来看，通过适当的分子设计和超分子设计来调整半导体到金属的转变，并利用非破坏性光谱技术直接进行研究，无疑具有重要的意义。

在此背景下，可以直接分析 GY 和 GDY，因为可以应用苯基相连的 CAW 和目前总结的所有方法，包括通过拉曼光谱进行的光谱研究。然而到目前为止，关于 GY 和 GDY 的拉曼光谱的研究还很少，并没有应用多共轭材料方法和上述的其他方法。Popov 和 Lambin[139] 提出了基于完全计算方法在不同的 α-型、β-型和 γ-型石墨炔（图 10.18）中进行了首次拉曼光谱研究，发现并讨论了这 3 种结构的拉曼标识能带的振动法线模式。α-GY 在 $1012cm^{-1}$ 和 $2022cm^{-1}$ 上给出了两条线，都与 E_{2g} 模式有关，前者描述为 G 型声子，后者描述为三键的键伸展声子。β-GY 在 $1196cm^{-1}$ 和 $2157cm^{-1}$ 上再次显示 A_{1g} 对称的两个主要能带，它们与 sp-碳原子的苯基呼吸模式和键伸展有关，而 γ-GY 在

1221cm^{-1}(苯基呼吸模式,A_{1g})、1518cm^{-1}(类G模式,E_{2g})和2258cm^{-1}(sp碳原子伸展模式,A_{1g})上显示3条能带。这些拉曼光谱揭示了拓扑对GY多态性的结构和振动光谱的重要影响,并产生独特的标记带。涉及sp域的振动通常在2000cm^{-1}以上发现,而类G模式在1582cm^{-1}处的石墨烯或石墨上表现出一致的软化。

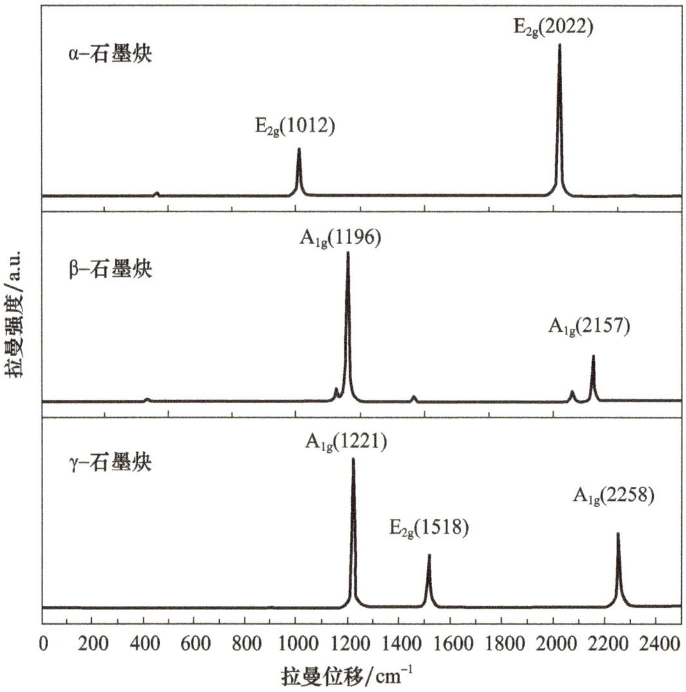

图10.18 计算了石墨炔的不同形态的拉曼光谱[139]

以GDY为实例,Li等[103]提出了首次对铜箔表面的GDY薄膜进行了拉曼光谱表征。在1382cm^{-1}、1569cm^{-1}、1926cm^{-1}和2190cm^{-1}处发现了4种主要的标记带,描述为sp^2环呼吸模式(1382cm^{-1})、类G模式(1569cm^{-1})和sp域振动模式(1926cm^{-1}和2190cm^{-1})。Zhou等[140]也发现,当1384cm^{-1}、1569cm^{-1}、1940cm^{-1}和2181cm^{-1}处的4个标记带来表征GDY纳米壁并与文献[103]一致时,出现了类似模式。在这两种情况下,在1930/1940cm^{-1}分配的能带仍然不清楚和存在疑点。

Wang等[107]对一些低聚物和GDY碎片的拉曼光谱进行了首次计算研究,Zhang等[141]最近基于DFT伪电位计算,对γ-GY和γ-GDY的拉曼光谱进行了详细的表征,包括应变效应。这样计算的GY和GDY的拉曼光谱如图10.19所示。Popov等[139]报道了GY光谱具有相似模式,即使频率值由于采用了不同的计算方法而出现了显著的变化。另外,GDY的光谱表现为6个拉曼谱线,标记为B、G、G'、G"、Y和Y'。在956cm^{-1}的B模式被描述为sp^2环的呼吸模式,G是类G模式,G'被描述为$sp-sp^2$碳键的键拉伸,G"是sp^2环的变形模式,而Y和Y'带与sp-域有关,并描述了具有不同相位的集体C—C拉伸。对于GY和GDY,类G模式的频率要比石墨烯低很多,这反映了杂化$sp-sp^2$材料表现出较大的共轭性。由于缺乏GY的实验样品,基于Li[103]所发表的GDY的拉曼光谱,对实验光谱和理论谱进行了比较。

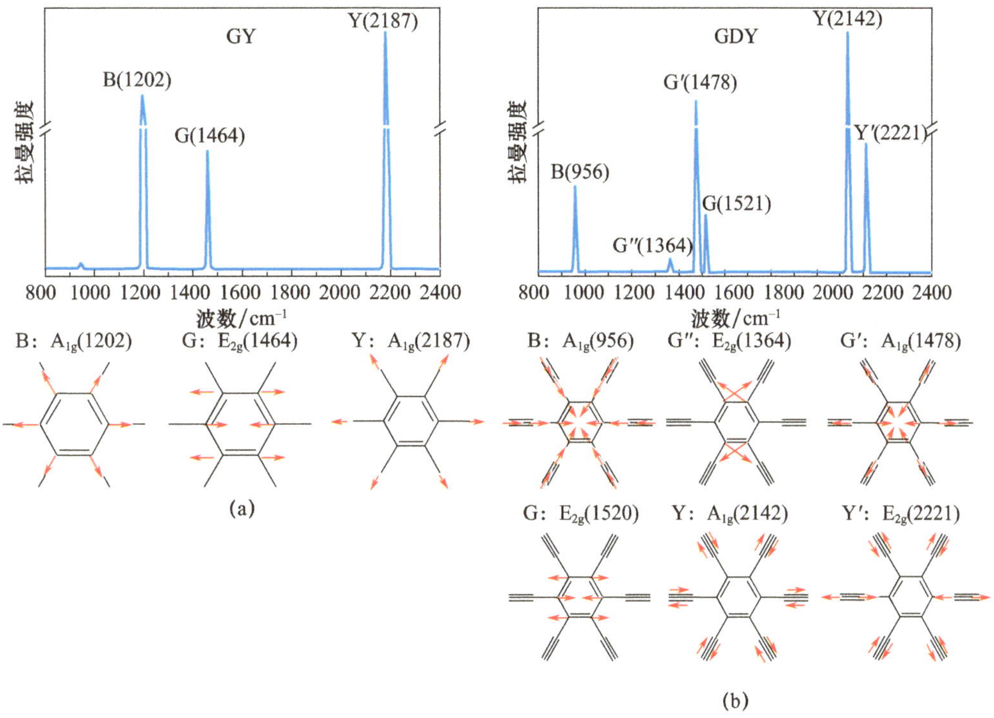

图 10.19　石墨炔和石墨二炔的拉曼光谱计算比较(给出了活跃的源振动模式)[141]

记录在 1380cm^{-1} 和 1570cm^{-1} 的峰值与 DFT 计算的 G、G' 和 G" 能带大致相关，而 2190cm^{-1}的峰与 Y 和 Y′有关。没有发现标记带可以解释 1930/1940cm^{-1}的峰，这可能是由于累积多烯，也可能是文献[141]中所示由于在生产过程中不可控的副反应而产生的副产品[103]。

最近，Zhao 等[141]发表了最后一篇论文，解释基于 DFT 计算的 GDY 片的振动特性，重点研究了 sp－碳结构域的红外光谱和与 C—C 键延伸相关的分子尺寸，但是，据我们所知，目前还没有在更广泛的基础上用其他光谱和多共轭材料的模型研究 GDY。

10.8 线性碳潜在应用

有学者预计卡拜具有令人惊讶的性能，可以与任何其他现有的材料相媲美，这使卡拜在未来的应用中将非常有吸引力。事实上，Yakobson 等[54]最近已经表明，卡拜具有极高的杨氏模量，它是有史以来最坚硬的材料。卡拜的平行热传导率预计要比钻石和石墨烯大得多[142]。卡拜极大化的 π－共轭行为使其具有很高的电子迁移率，可以成为一种理想的电荷转移电缆。

通过学者们对卡拜相关性能的预测，我们认为卡拜将成为许多应用的理想候选材料，如用于纳米和分子电子学、光电子、传感和能源存储。此外，CAW 属性的可调制性可以增加其在潜在应用中功能性控制的自由度。然而，至今对这些性质的实验测量还很少，且尚未证明是否存在，因此这个主题在碳科学领域是一个潜在的新方向。

这里将讨论最近文献中提到的对潜在应用的功能特性进行预测、测量和/或预见的一些例子(表10.2)。我们提到了Yakobson及其同事关于储能应用的一项工作,他们通过模拟研究了sp碳线组成的三维网络,这是由钙原子修饰的一个储氢系统,这个系统非常有应用前景。该系统有望提供13000m^2/g的有效表面,这是石墨烯理论值的4倍。预计H的存储容量将超过8%(质量分数)[108]。

从器件实现的角度来看,电子性能是学者们研究最多的内容。许多作者从理论上研究了由金属或碳导线连接的CAW构成的理想器件的输运性质,他们指出这种器件具有量子弹道输运、负微分电阻及其他特殊效应,如偶数链的行为不同于奇数链行为的振荡电导。Zanolli等[144]研究了自旋依赖运输,并概述了自旋电子装置的有趣特性。

表10.2 由理论预测或实验测量发现的卡拜或碳原子线的性质

性质	值	文献
有效表面	13000 m^2/g	[108]
电子行为	金属/半导体	[57]
电子迁移率	>10^5 cm^2/(V·s)	[143]
热传导	80~200kW/(m·K)	[142]
杨氏模量	32 TPa	[54]
光学吸收	7.5×10^5 L/(mol·cm)	[89]

许多讨论输运性质的理论计算的论文都只进行了少量实验研究。一些著做报告了采用机械或STM破断结法进行单线电导测量。结果通常显示了一个很低的电导,在理论上为2G_0相($G_0=2e^2/h$是电导的量子)。低电导的原因是导线和金属触点之间的接触电阻[145-148]。F. Banhart和他的同事[149-150]报告了在石墨烯边缘之间悬挂的导线上有关TEM制作的过程,然后在现场测量电导,并将其当作应变的函数。有趣的是,我们观察到了应变诱导金属到半导体的转变。结果表明,在1.5V下,单根导线的载流能力达到6.5μm。相关人员还提出了一种基于石墨烯碳丝的形成和断裂的存储设备。忆阻器的工作原理是在石墨烯中连接裂纹的碳线存在或缺失时电阻的变化。通过在石墨烯边缘施加合适的电压,导致石墨烯的形成或破裂[151]。

Tykwinski和同事[152-157]研究了一些特殊CAW的光学性能,包括非线性效应。最近,相关人员使用一组结构不同的多炔获得一组拉曼频率:该系统用于生物分子识别,并通过组合条形码实现光学数据的存储和识别[158]。

相关人员在理论计算和一些概念验证实验的基础上,提出了有关GY和GDY在不同领域的潜在应用。由于这些材料有趣的电子特性(包括高电子迁移率、多狄拉克锥和半导体带隙),它们在晶体管器件和光电材料中具有广阔的应用前景。特别是对石墨二炔与不同金属导线接触的GDY晶体管的计算表明,采用铝的场效应晶体管(FET),其通道长度为10nm,通断比可达10^4,导通电流为1.3×10^{4}mA/mm[159]。用扫描隧道显微镜破结法对GDY分子碎片的电学特性进行了实验测量[112]。在这种情况下,对锂离子电池的模拟表明,GDY比GY或石墨烯具有更高的性能,这可能是由于sp-碳相比例较大而得到的密度较低[160]。乙酰化单位不同长度的sp-sp^{2}晶体被认为是海水净化的膜(图10.20)。分子动力学模拟表明,与传统膜相比,石墨二炔膜的拒盐率能达到100%,透水性大大提高[161,163]。

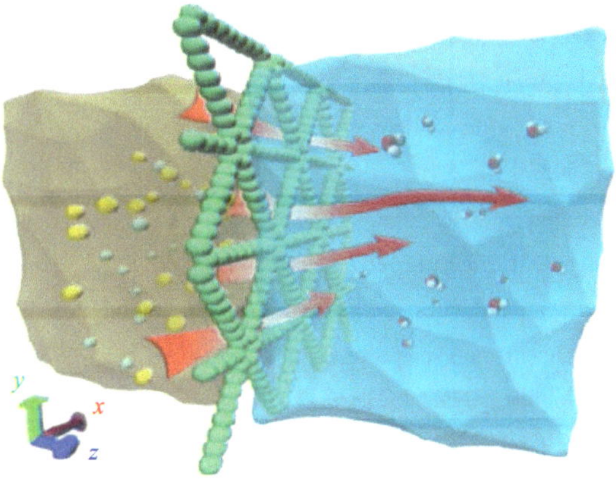

图 10.20 石墨二炔过滤海水的分子动力学模型[162]

参考文献

[1] Shirakawa, H., Louis, E. J., MacDiarmid, A. G., Chiang, C. K., Heeger, A. J., Synthesis of electrically conducting organic polymers: Halogen derivatives of polyacetylene, (CH) x. *J. Chem. Soc. Chem. Commun.*, 0, 578, 1977.

[2] Kroto, H. W., Heath, J. R., O' Brien, S. C., Curl, R., Smalley, R. E., C60: Buckminsterfullerene. *Nature*, 318, 162, 1985.

[3] Geim, A. K. and Novoselov, K. S., The rise of graphene. *Nat. Mater.*, 6, 183, 2007.

[4] Hirsch, A., The era of carbon allotropes. *Nat. Mater.*, 9, 868, 2010.

[5] Heimann, R. B., Evsyukov, S. E., Kavan, L., *Carbyne and Carbynoid Structures*, Kluwer Academic, Dordrecht, 1999.

[6] Cataldo, F., *Polyynes: Synthesis, Properties, and Applications*, CRC, Boca Raton, 2005.

[7] El Goresy, A. and Donnay, G., A new allotropic form of carbon from ries crater. *Science*, 161, 363, 1968.

[8] Whittaker, A. G. and Kintner, P. L., Carbon—Observations of new allotropic form. *Science*, 165, 589, 1969.

[9] Whittaker, A. G., Carbon—New view of its high - temperature behavior. *Science*, 200, 763, 1978.

[10] Smith, P. P. K. and Buseck, P. R., Carbyne forms of carbon—Do they exist. *Science*, 216, 984, 1982.

[11] Whittaker, A. G., Carbyne forms of carbon—Evidence for their existence. *Science*, 229, 485, 1985.

[12] Smith, P. P. K. and Buseck, P. R., Carbyne forms of carbon—Evidence for their existence - Response. *Science*, 229, 486, 1985.

[13] Baughman, R. H., Dangerously seeking linear carbon. *Science*, 312, 1009, 2006.

[14] Casari, C. S., Tommasini, M., Tykwinski, R. R., Milani, A., Carbon - atom wires: 1 - D systems with tunable properties. *Nanoscale*, 8, 4414, 2016.

[15] Banhart, F., Chains of carbon atoms: A vision or a new nanomaterial? *Beilstein J. Nanotechnol.*, 6, 559, 2015.

[16] Tennant, S., On the nature of diamond. *Philos. Trans. R. Soc. London A*, 87, 123, 1797.

[17] Kudryavtsev, Y. P., Heimann, R. B., Evsyukov, S. E., Carbynes: Advances in the field of linear carbon chain compounds. *J. Mater. Sci.*, 31, 5557, 1996.

[18] Kudryavtsev, Y. P., Evsyukov, S. E., Guseva, M. B., Babaev, V. G., Khvostov, V. V., Carbyne—The 3rd

allotropic form of carbon. *Russ. Chem. Bull.* ,42,399,1993.

[19] Kroto,H. ,Symmetry,space,stars and C60. *Rev. Mod. Phys.* ,69,703,1997.

[20] Lagow,R. J. ,Kampa,J. J. , Wei,H. C. , Battle,S. L. , Genge,J. W. , Laude,D. A. , Harper,C. J. , Bau, R. ,Stevens,R. C. ,Haw,J. F. ,Munson,E. ,Synthesis of linear acetylenic carbon:The "sp" carbon allotrope. *Science*,267,362,1995.

[21] Cataldo,F. ,Simple generation and detection of polyynes in an arc discharge between graphite electrodes submerged in various solvents. *Carbon*,41,2671,2003.

[22] Cataldo,F. ,Polyynes and cyanopolyynes synthesis from the submerged electric arc:About the role played by the electrodes and solvents in polyynes formation. *Tetrahedron*,60,4265,2004.

[23] Cataldo,F. ,Carbon subsulphide polymer(C3S2)(x)formation by arcing carbon disulphide with the submerged carbon arc. *J. Inorg. Organomet. Polym. Mater.* ,16,15,2006.

[24] Ravagnan,L. ,Siviero,F. ,Lenardi,C. ,Piseri,P. ,Barborini,E. ,Milani,P. ,Casari,C. S. ,Li Bassi,A. , Bottani,C. E. ,Cluster – beam deposition and*in situ* characterization of carbyne – rich carbon films. *Phys. Rev. Lett.* ,89,285506,2002.

[25] Zhao,X. ,Ando,Y. ,Liu,Y. ,Jinno,M. ,Suzuki,T. ,Carbon nanowire made of a long linear carbon chain inserted inside a multiwalled carbon nanotube. *Phys. Rev. Lett.* ,90,187401,2003.

[26] Lucotti,A. ,Tommasini,M. ,Del Zoppo,M. ,Castiglioni,C. ,Zerbi,G. ,Cataldo,F. ,Casari,C. S. ,Li Bassi,A. , Russo, V. , Bogana, M. , Bottani, C. E. , Raman and SERS investigation of isolated sp carbon chains. *Chem. Phys. Lett.* ,417,78,2006.

[27] Tabata,H. ,Fujii,M. ,Hayashi,S. ,Surface – enhanced Raman scattering from polyyne solutions. *Chem. Phys. Lett.* ,420,166,2006.

[28] Tabata,H. ,Fujii,M. ,Hayashi,S. ,Doi,T. ,Wakabayashi,T. ,Raman and surface – enhancedRaman scattering of a series of size – separated polyynes. *Carbon*,44,3168,2006.

[29] Jin,C. ,Lan,H. ,Peng,L. ,Suenaga,K. ,Iijima,S. ,Deriving carbon atomic chains from graphene. *Phys. Rev. Lett.* ,102,205501,2009.

[30] Chalifoux,W. A. and Tykwinski,R. R. ,Synthesis of polyynes to model the sp – carbon allotrope carbyne. *Nat. Chem.* ,2,967,2010.

[31] Shi,L. ,Rohringer,P. ,Suenaga,K. ,Niimi,Y. ,Kotakoski,J. ,Meyer,J. C. ,Peterlik,H. ,Wanko,M. ,Cahangirov,S. ,Rubio,A. ,Lapin,Z. J. ,Novotny,L. ,Ayala,P. ,Pichler,T. ,Confined linear carbon chains as a route to bulk carbyne. *Nat. Mater.* ,15,634,2016.

[32] Baughman,H. ,Eckhardt,H. ,Kertesz,M. ,Structure – property predictions for new planar forms of carbon:Layered phases containing sp^2 and sp atoms. *J. Chem. Phys.* ,87,6687,1987.

[33] Haley,M. M. ,Brand,S. C. ,Pak,J. J. ,Carbon networks based on dehydrobenzoannulenes:Synthesis of graphdiyne substructures. *Angew. Chem. Int. Ed.* ,36,835,1997.

[34] Wan, WB. , Brand, S. C. , Pak, J. J. , Haley, M. M. , Synthesis of expanded graphdiyne substructures. *Chem. Eur. J.* ,6,2044,2000.

[35] Haley,M. M. ,Synthesis and properties of annulenic subunits of graphyne and graphdiyne nanoarchitectures. *Pure Appl. Chem.* ,80,519,2008.

[36] Kehoe,J. M. ,Kiley,J. H. ,English,J. J. ,Johnson,C. A. ,Petersen,R. C. ,Haley,M. M. ,Carbon networks based on dehydrobenzoannulenes. 3. Synthesis of Graphyne Substructures. *Org. Lett.* ,2,969,2000.

[37] Diederich,F. and Kivala,M. ,All – carbon scaffolds by rational design. *Adv. Mater.* ,22,803,2010.

[38] Malko,D. ,Neiss,C. ,Viñes,F. ,Görling,A. ,Competition for graphene:Graphynes with direction – dependent dirac cones. *Phys. Rev. Lett.* ,108,086804,2012.

[39] Malko, D., Neiss, C., Görling, A., Two - dimensional materials with Dirac cones: Graphynes containing heteroatoms. *Phys. Rev. B*, 86, 045443, 2012.

[40] Sun, Q., Cai, L., Ma, H., Yuan, C., Xu, W., Dehalogenative homocoupling of terminal alkynyl bromides on Au (111): Incorporation of acetylenic scaffolding into surface nanostructures. *ACSNano*, 10, 7023, 2016.

[41] Peierls, R. E., *Quantum Theory of Solids*, Oxford University Press, 2001.

[42] Milani, A., Tommasini, M., Fazzi, D., Castiglioni, C., Del Zoppo, M., Zerbi, G., First - principles calculation of the Peierls distortion in an infinite linear carbon chain: The contribution of Raman spectroscopy. *J. Raman Spectrosc.*, 39, 164, 2008.

[43] Ashcroft, N. W. and Mermin, N. D., *Solid State Physics*, Saunders, 1976.

[44] Milani, A., Tommasini, M., Del Zoppo, M., Castiglioni, C., Zerbi, G., Carbon nanowires: Phonon and π - electron confinement. *Phys. Rev. B*, 74, 153418, 2006.

[45] Milani, A., Tommasini, M., Zerbi, G., Carbynes phonons: A tight binding force field. *J. Chem. Phys.*, 128, 064501, 2008.

[46] Tommasini, M., Milani, A., Fazzi, D., Del Zoppo, M., Castiglioni, C., Zerbi, G., Modelingphonons of carbon nanowires. *Physica E*, 40, 2570, 2008.

[47] Milani, A., Tommasini, M., Zerbi, G., Connection among Raman frequencies, bond length alternation and energy gap in polyynes. *J. Raman Spectrosc.*, 40, 1931, 2009.

[48] Tommasini, M., Fazzi, D., Milani, A., Del Zoppo, M., Castiglioni, C., Zerbi, G., Effective hamiltonian for pi electrons in linear carbon chains. *Chem. Phys. Lett.*, 450, 86, 2007.

[49] Del Zoppo, M., Castiglioni, C., Zuliani, P., Zerbi, G., *Handbook of Conductive Polymers*, 2nd edn, T. Skotheim, R. L. Elsembaumer, J. Reynoilds (Eds.), p. 765, Dekker, 1998.

[50] Castiglioni, C., Tommasini, M., Zerbi, G., Raman spectroscopy of polyconjugated molecules and materials: Confinement effect in one and two dimensions. *Philos. Trans. R. Soc. London A*, 362, 2425, 2004.

[51] Tommasini, M., Fazzi, D., Milani, A., Del Zoppo, M., Castiglioni, C., Zerbi, G., Intramolecular vibrational force fields for linear carbon chains through an adaptative linear scaling scheme. *J. Phys. Chem. A*, 111, 11645, 2007.

[52] Piscanec, S., Lazzeri, M., Mauri, F., Ferrari, A. C., Robertson, J., Kohn anomalies and electron - phonon interactions in graphite. *Phys. Rev. Lett.*, 93, 185503, 2004.

[53] Di Donato, E., Tommasini, M., Castiglioni, C., Zerbi, G., Assignment of the G(+) and G(-) Raman bands of metallic and semiconducting carbon nanotubes based on a common valence force field. *Phys. Rev. B*, 74, 184306, 2006.

[54] Liu, M., Artyukhov, V. I., Lee, H., Xu, F., Yakobson, B. I., Carbyne from first principles: Chain of C atoms, a nanorod or a nanorope. *ACS Nano*, 7, 10075, 2013.

[55] Troiani, H. E., Miki - Yoshida, M., Camacho - Bragado, G. A., Marques, Rubio, A., Ascencio, J. A., Jose - Yacaman, M., Direct observation of the mechanical properties of single - walled carbon nanotubes and their junctions at the atomic level. *Nano Lett.*, 3, 751, 2003.

[56] Artyukhov, V. I., Liu, M., Yakobson, B. I., Mechanically induced metal - insulator transition in carbyne. *Nano Lett.*, 14, 4224, 2014.

[57] Tongay, S., Senger, R. T., Dag, S., Ciraci, S., *Ab - initio* electron transport calculations of carbon based string structures. *Phys. Rev. Lett.*, 93, 136404, 2004.

[58] Lucotti, A., Casari, C. S., Tommasini, M., Li Bassi, A., Fazzi, D., Russo, V., Del Zoppo, M., Castiglioni, C., Cataldo, F., Bottani, C. E., Zerbi, G., sp Carbon chain interaction with silver nanoparticles probed by

surface enhanced raman scattering. *Chem. Phys. Lett.* ,478,45,2009.

[59] Casari, C. S. ,Li Bassi, A. ,Ravagnan, L. ,Siviero, F. ,Lenardi, C. ,Piseri, P. ,Bongiorno, G. ,Bottani, C. E. ,Milani, P. ,Chemical and thermal stability of carbyne – like structures in cluster – assembled carbon films. *Phys. Rev. B*,69,075422,2004.

[60] Kertesz, M. ,Ho Choi, C. ,Yang, S. ,Conjugated polymers and aromaticity. *Chem. Rev.* ,105,3448,2005.

[61] Milani, A. ,Lucotti, A. ,Russo, V,Tommasini, M. ,Cataldo, F. ,Li Bassi, A. ,Casari, C. S. ,Charge transfer and vibrational structure of sp – hybridized carbon atomic wires probed by surface enhanced Raman spectroscopy. *J. Phys. Chem. C*,115,12836,2011.

[62] Yang, S. ,Kertesz, M. ,Zolyomi, V. ,Kurti, J. ,Application of a novel linear/exponential hybrid force field scaling scheme to the longitudinal Raman active mode of polyyne. *J. Phys. Chem. A*,111,2434,2007.

[63] Yang, S. and Kertesz, M. ,Linear Cn clusters: Are they acetylenic or cumulenic? *J. Phys. Chem.* A,112, 146,2008.

[64] Yang, S. and Kertesz, M. ,Bond length alternation and energy band gap of polyyne. *J. Phys. Chem. A*,110, 9771,2006.

[65] Chalifoux, W. A. , McDonald, R. , Ferguson, M. J. , Tykwinski, R. R. , tert – Butyl – End – Capped polyynes: CrystallographiceVidence of reduced bond – length alternation. *Angew. Chem. Int. Ed.* ,48,7915, 2009.

[66] Milani, A. ,Tommasini, M. ,Russo, V,Li Bassi, A. ,Lucotti, A. ,Cataldo, F. ,Casari, C. S. ,Raman spectroscopy as a tool to investigate the structure and electronic properties of carbon – atom wires. *Beilstein J. Nanotechnol.* ,6,480,2015.

[67] Innocenti, F. ,Milani, A. ,Castiglioni, C. ,Can Raman spectroscopy detect cumulenic structures of linear carbon chains? *J. Raman Spectrosc.* ,41,226,2010.

[68] Lang, N. D. and Avouris, P. ,Carbon – atom wires: Charge – transfer doping, voltage drop, and the effect of distortions. *Phys. Rev. Lett.* ,84,358,2000.

[69] Lang, N. D. and Avouris, P. , Oscillatory conductance of carbon – atom wires. *Phys. Rev. Lett.* , 81, 3515,1998.

[70] Januszewski, J. A. ,Wendinger, D. ,Methfessel, C. D. ,Hampel, F. ,Tykwinski, R. R. ,Synthesis and structure of tetraarylcumulenes: Characterization of bond – length alternation versus molecule length. *Angew. Chem. Int. Ed.* ,52,1817,2013.

[71] Januszewski, J. A. and Tykwinski, R. R. ,Synthesis and properties of long [n]cumulenes(n > =5). *Chem. Soc. Rev.* ,43,3184,2014.

[72] Wendinger, D. and Tykwinski, R. R. ,Odd [n]Cumulenes(n = 3,5,7,9): Synthesis, characterization, and reactivity. *Acc. Chem. Res.* ,50,1468,2017.

[73] Prenzel, D. ,Kirschbaum, R. W,Chalifoux, WA. ,McDonald, R. ,Ferguson, M. J. ,Drewello, T. ,Tykwinski, R. R. ,Polymerization of acetylene: Polyynes, but not carbyne. *Org. Chem. Front.* ,4,668,2017.

[74] Rusznyak, A. ,Zolyomi, V. ,Kurti, J. ,Yang, S. ,Kertesz, M. ,Bond – length alternation and charge transfer in a linear carbon chain encapsulated within a single – walled carbon nanotube. *Phys. Rev. B*,72,155420, 2005.

[75] Wanko, M. ,Cahangirov, S. ,Shi, L. ,Rohringer, P. ,Lapin, Z. J. ,Novotny, L. ,Ayala, P. ,Pichler, T. ,Rubio, A. ,Polyyne electronic and vibrational properties under environmental interactions. *Phys. Rev. B*,94, 195422,2016.

[76] Cataldo, F. ,Ursini, O. ,Angelini, G. ,Tommasini, M. ,Casari, C. S. ,Simple Synthesis of α,ω – Diarylpolyynes Part 1: Diphenylpolyynes. *J. Macromol. Sci. A*,47,1,2010.

[77] Cataldo, F., Ursini, O., Milani, A., Casari, C. S., One－pot synthesis and characterization of polyynes end－capped by biphenyl groups (alpha, omega－biphenylpolyynes). *Carbon*, 126, 232, 2018.

[78] Cataldo, F., Ravagnan, L., Cinquanta, E., Castelli, I. E., Manini, N., Onida, G., Milani, P., Synthesis, characterization, and modeling of naphthyl－terminated sp carbon chains: Dinaphthylpolyynes. *J. Phys. Chem. B*, 114, 14834, 2010.

[79] Cinquanta, E., Ravagnan, L., Castelli, I. E., Cataldo, F., Manini, N., Onida, G., Milani, P., Vibrational characterization of dinaphthylpolyynes: A model system for the study of end－capped sp carbon chains. *J. Chem. Phys.*, 135, 194501, 2011.

[80] Fazzi, D., Scotognella, F., Milani, A., Brida, D., Manzoni, C., Cinquanta, E., Devetta, M., Ravagnan, L., Milani, P., Cataldo, F., Lueer, L., Wannemacher, R., Cabanillas－Gonzalez, J., Negro, M., Stagira, S., Vozzi, C., Ultrafast spectroscopy of linear carbon chains: The case of dinaphthylpolyynes. *Phys. Chem. Chem. Phys.*, 15, 9384, 2013.

[81] La Torre, A., Botello－Mendez, A., Baaziz, W., Charlier, J. C., Banhart, F., Strain－induced metal－semiconductor transition observed in atomic carbon chains. *Nat. Commun.*, 6, 6636, 2015.

[82] Casillas, G., Mayoral, A., Liu, M., Ponce, A., Artyukhov, V. I., Yakobson, B. I., Jose－Yacaman, M., New insights into the properties and interactions of carbon chains as revealed by HRTEM and DFT analysis. *Carbon*, 66, 436, 2014.

[83] Rivelino, R., dos Santos, R. B., de Brito Mota, F., Gueorguiev, G. K., Conformational effects on structure, electron states, and Raman scattering properties of linear carbon chains terminated by graphene－like pieces. *J. Phys. Chem. C*, 114, 16367, 2010.

[84] Hobi, E., Pontes, R. B., Fazzio, A., da Silva, A. J. R., Formation of atomic carbon chains from graphene nanoribbons. *Phys. Rev. B*, 81, 201406, 2010.

[85] Wang, Y., Ning, X. J., Lin, Z. Z., Li, P., Zhuang, J., Preparation of long monatomic carbon chains: Molecular dynamics studies. *Phys. Rev. B*, 76, 165423, 2007.

[86] Ataca, C. and Ciraci, S., Perpendicular growth of carbon chains on graphene from first－principles. *Phys. Rev. B*, 83, 235417, 2011.

[87] Milani, A., Tommasini, M., Barbieri, V., Lucotti, A., Russo, V., Cataldo, F., Casari, C. S., Semiconductor－to－metal transition in carbon－atom wires driven by sp^2 conjugated end groups. *J. Phys. Chem. C*, 121, 10562, 2017.

[88] Tommasini, M., Milani, A., Fazzi, D., Lucotti, A., Castiglioni, C., Januszewski, J. A., Wendinger, D., Tykwinski, R. R., π－conjugation and end group effects in long cumulenes: Raman spectroscopy and DFT calculations. *J. Phys. Chem. C*, 118, 26415, 2014.

[89] Tykwinski, R. R., Chalifoux, W., Eisler, S., Lucotti, A., Tommasini, M., Fazzi, D., Del Zoppo, M., Zerbi, G., Toward carbyne: Synthesis and stability of really long polyynes. *Pure Appl. Chem.*, 82, 891, 2010.

[90] Lucotti, A., Tommasini, M., Fazzi, D., Del Zoppo, M., Chalifoux, W. A., Ferguson, M. J., Zerbi, G., Tykwinski, R. R., eVidence for solution－state nonlinearity of sp－carbon chains based on ir and raman spectroscopy: Violation of mutual exclusion. *J. Am. Chem. Soc.*, 131, 4239, 2009.

[91] Agarwal, N. R., Lucotti, A., Fazzi, D., Tommasini, M., Castiglioni, C., Chalifoux, W. A., Tykwinski, R. R., Structure and chain polarization of long polyynes investigated with infrared and Raman spectroscopy. *J. Raman Spectrosc.*, 44, 1398, 2013.

[92] Liu, Y., Jones, R. O., Zhao, X., Ando, Y., Carbon species confined inside carbon nanotubes: A density functional study. *Phys. Rev. B*, 68, 125413, 2003.

[93] Wang, Y., Huang, Y., Yang, B., Liu, R., Structural and electronic properties of carbon nanowires made of

linear carbon chains enclosed inside zigzag carbon nanotubes. *Carbon*,44,456,2006.

[94] Cazzanelli,E. ,Castriota,M. ,Caputi,L. S. ,Cupolillo,A. ,Giallombardo,C. ,Papagno,L. ,High – temperatureeVolution of linear carbon chains inside multiwalled nanotubes. *Phys. Rev. B*,75,121405R,2007.

[95] Nishide,D. ,Dohi,H. ,Wakabayashi,T. ,Nishibori,E. ,Aoyagi,S. ,Ishida,M. ,Kikuchi,S. ,Kitaura,R. , Sugai,T. ,Sakata,M. ,Shinohara,H. ,Single – wall carbon nanotubes encaging linear chain $C_{10}H_2$ polyyne molecules inside. Chem. Phys. Lett. ,428,356,2006.

[96] Nishide,D. ,Wakabayashi,T. ,Sugai,T. ,Kitaura,R. ,Kataura,H. ,Achiba,Y. ,Shinohara,H. ,Raman spectroscopy of size – selected linear polyyne molecules $C_{2n}H_2$ ($n = 4 - 6$) encapsulated in single – wall carbon nanotubes. *J. Phys. Chem. C*,111,5178,2007.

[97] Zhao,C. ,Kitaura,R. ,Hara,H. ,Irle,S. ,Shinohara,H. ,Growth of linear carbon chains inside thin double – wall carbon nanotubes. *J. Phys. Chem. C*,115,13166,2011.

[98] Kertesz,M. and Yang,S. ,Energetics of linear carbon chains in one – dimensional restricted environment. *Phys. Chem. Chem. Phys.* ,11,425,2009.

[99] Shi,L. ,Rohringer,P. ,Wanko,M. ,Rubio,A. ,Waßerroth,S. ,Reich,S. ,Cambré,S. ,Wenseleers,W. , Ayala,P. ,Pichler,T. ,Electronic band gaps of confined linear carbon chains ranging from polyyne to carbyne. *Phys. Rev. Mater.* ,1,075601,2017.

[100] Scuderi,V. ,Bagiante,S. ,Simone,F. ,Russo,P. ,D' Urso,L. ,Compagnini,G. ,Privitera,V. ,Controlled synthesis of carbon nanotubes and linear C chains by arc discharge in liquid nitrogen. *J. Appl. Phys.* , 107,014304,2010.

[101] Ivanovskii,A. L. ,Graphynes and graphdyines. *Prog. Solid State Chem.* ,41,1,2013.

[102] Li,Y. ,Xu,L. ,Liu,H. ,Li,Y. ,Graphdiyne and graphyne:From theoretical predictions to practical construction. *Chem. Soc. Rev.* ,43,2572,2014.

[103] Li,G. ,Li,Y. ,Liu,H. ,Guo,Y. ,Li,Y. ,Zhu,D. ,Architecture of graphdiyne nanoscale films. *Chem. Commun.* ,46,3256,2010.

[104] Sun,Q. ,Cai,L. ,Wang,S. ,Widmer,R. ,Ju,H. ,Zhu,J. ,Li,L. ,He,Y. ,Ruffieux,P. ,Fasel,R. ,Xu, W. ,Bottom – up synthesis of metalated carbine. *J. Am. Chem. Soc.* ,138,1106,2016.

[105] Sun,Q. ,Tran,B. ,Cai,L. ,Ma,H. ,Yu,X. ,Yuan,C. ,Stohr,M. ,Xu,W. ,On – surface formation of cumulene by dehalogenative homocoupling of alkenyl gem – dibromides. *Angew. Chem. Int. Ed.* ,56,12165, 2017.

[106] Tahara,K. ,Yoshimura,T. ,Sonoda,M. ,Tobe,Y. ,Williams,R. V,Theoretical studies on gra – phyne substructures:Geometry,aromaticity,and electronic properties of the multiply fused dehydrobenzo[12] annulenes. *J. Org. Chem.* ,72,1437,2007.

[107] Wang,J. ,Zhang,S. ,Zhou,J. ,Liu,R. ,Du,R. ,Xu,H. ,Liu,Z. ,Zhang,L. ,Liu,Z. ,Identifying sp – sp^2 carbon materials by Raman and infrared spectroscopies. *Phys. Chem. Chem. Phys.* ,16,11303,2014.

[108] Sorokin,P. B. ,Lee,H. ,Yu. Antipina,Y. ,Singh,A. K. ,Yakobson,B. I. ,Calcium – decorated carbyne networks as hydrogen storage media. *Nano Lett.* ,11,2660,2011.

[109] Bai,H. ,Zhu,Y. ,Qiao,W. ,Huang,Y. ,Structures,stabilities and electronic properties of graphdiyne nanoribbons. *RSC Adv.* ,1,768,2011.

[110] Coluci,V. R. ,Braga,S. F. ,Legoas,S. B. ,Galvão,D. S. ,Baughman,R. H. ,Families of carbon nanotubes:Graphyne – based nanotubes. *Phys. Rev. B*,68,035430,2003.

[111] Coluci,V. R. ,Braga,S. F. ,Legoas,S. B. ,Galvao,D. S. ,Baughman,R. H. ,New families of carbon nanotubes based on graphyne motifs. *Nanotechnology*,15,S142,2004.

[112] Li,Z. ,Smeu,M. ,Rives,A. ,Maraval,V. ,Chauvin,R. ,Ratner,M. A. ,Borguet,E. ,Towards gra –

phyne molecular electronics. *Nat. Commun.* ,6,6321,2015.

[113] Kondo,M. ,Nozaki,D. ,Tachibana,M. ,Yumura,T. ,Yoshikawa,K. ,Electronic structures and band gaps of chains and sheets based on phenylacetylene units. *Chem. Phys.* ,312,289,2005.

[114] Yuzvinsky,T. D. ,Mickelson,W,Aloni,S. ,Begtrup,G. E. ,Kis,A. ,Zettl,A. ,Shrinking a carbon nanotube. *Nano Lett.* ,6,2718,2006.

[115] Hu,A. ,Lu,Q. B. ,Duley,W. W. ,Rybachuk,M. ,Spectroscopic characterization of carbon chains in nanostructured tetrahedral carbon films synthesized by femtosecond pulsed laser deposition. *J. Chem. Phys.* ,126,154705,2007.

[116] Hu,A. ,Rybachuk,M. ,Lu,Q. B. ,Duley,WW,Direct synthesis of sp – bonded carbon chains on graphite surface by femtosecond laser irradiation. *Appl. Phys. Lett.* ,91,131906,2007.

[117] Wakabayashi,T. ,Nagayama,N. ,Daigoku,K. ,Kiyooka,Y. ,Hashimoto,K. ,Laser induced emission spectra of polyyne molecules $C_{2n}H_2$ (n = 5 – 8). Chem. Phys. Lett. ,446,65,2007.

[118] Casari,C. S. ,Giannuzzi,C. S. ,Russo,V,Carbon – atom wires produced by nanosecond pulsed laser deposition in a background gas. *Carbon*,104,190,2016.

[119] Compagnini,G. ,Battiato,S. ,Puglisi,O. ,Baratta,G. A. ,Strazzulla,G. ,Ion irradiation of sp rich amorphous carbon thin films:A vibrational spectroscopy investigation. *Carbon*,43,3025,2005.

[120] Ravagnan,L. ,Piseri,P. ,Bruzzi,M. ,Miglio,S. ,Bongiorno,G. ,Baserga,A. ,Casari,C. S. ,Li Bassi,A. ,Lenardi,C. ,Yamaguchi,Y. ,Wakabayashi,T. ,Bottani,C. E. ,Milani,P. ,Influence of cumulenic chains on the vibrational and electronic properties of sp – sp² amorphous carbon. *Phys. Rev. Lett.* ,98,216103,2007.

[121] Ravagnan,L. ,Bongiorno,G. ,Bandiera,D. ,Salis,E. ,Piseri,P. ,Milani,P. ,Lenardi,C. ,Coreno,M. ,de Simone,M. ,Prince,K. C. ,QuantitativeeValuation of sp/sp(2) hybridization ratio in cluster – assembled carbon films by*in situ* near edge X – ray absorption fine structure spectroscopy. *Carbon*,44,1518,2006.

[122] Bettini,L. G. ,Della Foglia,F. ,Piseri,P. ,Milani,P. ,Interfacial properties of a carbyne – rich nanostructured carbon thin film in ionic liquid. *Nanotechnology*,27,115403,2016.

[123] Milani,P. and Iannotta,S. ,*Cluster Beam Synthesis of Nanostructured Materials*,Springer,1999.

[124] Tabata,H. ,Fujii,M. ,Hayashi,S. ,Laser ablation of diamond particles suspended in ethanol:Effective formation of long polyynes. *Carbon*,44,522,2006.

[125] Pan,B. T. ,Xiao,J. ,Li,J. L. ,Liu,P. ,Wang,C. X. ,Yang,G. W. ,Carbyne with finite length:The one – dimensional sp carbon. *Sci. Adv.* ,1,e1500857,2015.

[126] Ravagnan,L. ,Siviero,F. ,Casari,C. S. ,Li Bassi,A. ,Lenardi,C. ,Bottani,C. E. ,Milani,P. ,Photoinduced production of sp – hybridized carbon species from Ag – coated polytetrafluoro ethylene(PTFE). *Carbon*,43,1337,2005.

[127] Szafert,S. and Gladysz,J. A. ,Carbon in one dimension:Structural analysis of the higher conjugated polyynes. *Chem. Rev.* ,103,4175,2003.

[127a] Szafert,S. and Gladysz,J. A. ,Update 1 of:Carbon in one dimension:Structural analysis of the higher conjugated polyynes. *Chem. Rev.* ,106,PR1 – PR33,2006.

[128] Jia,Z. ,Li,Y. ,Zuo,Z. ,Liu,H. ,Huang,C. ,Li,Y. ,Synthesis and properties of 2D carbon— Graphdiyne. *Acc. Chem. Res.* ,50,2470,2017.

[129] Rivera – Fuentes,P. and Diederich,F. ,Allenes in molecular materials. *Angew. Chem. Int. Ed.* ,51,2818,2012.

[130] Gholami,M. ,Chaur,M. N. ,Wilde,M. ,Ferguson,M. J. ,McDonald,R. ,Echegoyen,L. ,Tykwinski,R. R. ,Radiaannulenes:Synthesis,electrochemistry,and solid – state structure. *Chem. Commun.* ,21,

3038,2009.

[131] Klappenberger, F., Zhang, Y. Q., Bjork, J., Klyatskaya, S., Ruben, M., Barth, J. V., On – surface synthesis of carbon – based scaffolds and nanomaterials using terminal alkynes. *Acc. Chem. Res.*, 48, 2140, 2015.

[132] Casari, C. S., Russo, V., Li Bassi, A., Bottani, C. E., Cataldo, F., Lucotti, A., Tommasini, M., Del Zoppo, M., Castiglioni, C., Zerbi, G., Stabilization of linear carbon structures in a solid Ag nanoparticle assembly. *Appl. Phys. Lett.*, 90, 013111, 2007.

[133] Castiglioni, C., Gussoni, M., Lopez – Navarrete, J. T., Zerbi, G., A Simple interpretation of the vibrational spectra of undoped, doped and photoexcited polyacetylene—Amplitude mode theory in the GF formalism. *Solid State Commun.*, 65, 625, 1988.

[134] Ehrenfreund, E., Vardeny, Z., Brafman, O., Horovitz, B., Amplitude and phase modes in transpolyacetylene—Resonant Raman – scattering and induced infrared activity. *Phys. Rev. B*, 36, 1535, 1987.

[135] Zbinden, R., *Infrared Spectroscopy of High Polymers*, Academic Press, 1964.

[136] Painter, P. C., Coleman, M. M., Koenig, J. L., *The Theory of Vibrational Spectroscopy and Its Application to Polymeric Materials*, Wiley & Sons, 1982.

[137] Zerbi, G., *Advances in Infrared and Raman spectroscopy*, vol. 11, R. J. H. Clark and R. R. Hester (Eds.), p. 301, Wiley, 1984.

[138] Ravagnan, L., Manini, N., Cinquanta, E., Onida, G., Sangalli, D., Motta, C., Devetta, M., Bordoni, A., Piseri, P., Milani, P., Effect of axial torsion on sp carbon atomic wires. *Phys. Rev. Lett.*, 102, 245502, 2009.

[139] Popov, VN. and Lambin, P., Theoretical Raman fingerprints of alpha –, beta –, and gamma – graphyne. *Phys. Rev. B*, 88, 075427, 2013.

[140] Zhou, J., Gao, X., Liu, R., Xie, Z., Yang, Y., Zhang, S., Zhang, G., Liu, H., Li, Y., Zhang, X., Liu, Z., Synthesis of graphdiyne nanowalls using acetylene coupling reaction. *J. Am. Chem.* Soc., 137, 7596, 2015.

[141] Zhang, S., Wang, J., Li, Z., Zhao, R., Tong, L., Liu, Z., Zhang, J., Liu, Z., Raman spectra and corresponding strain effects in graphyne and graphdiyne. *J. Phys. Chem. C*, 120, 10605, 2016.

[142] Wang, M. and Lin, S., Ballistic: Thermal transport in carbyne and cumulene with micron – scale spectral acoustic phonon mean free path. *Sci. Rep.*, 5, 18122, 2015.

[143] Zhu, Y., Bai, H., Huang, Y., Electronic property modulation of one – dimensional extended graphdiyne nanowires from a first – principle crystal orbital view. *Chemistry Open*, 5, 78, 2016.

[144] Zanolli, Z., Onida, G., Charlier, J. C., Quantum spin transport in carbon chains. *ACS Nano*, 4, 5174, 2010.

[145] Wang, C., A. S., Bryce, M. R., Martin, S., Nichols, R. J., Higgins, S. J., Garcia – Suarez, V. M., Lambert, C. J., Oligoyne single molecule wires. *J. Am. Chem. Soc.*, 131, 15647, 2009.

[146] Moreno – Garcia, P., Gulcur, M., Zsolt Manrique, D., Pope, T., Hong, W., Kaliginedi, V., Huang, C., Batsanov, A. S., Bryce, M. R., Lambert, C., Wandlowski, T., Single – molecule conductance of functionalized oligoynes: Length dependence and junctioneVolution. *J. Am. Chem. Soc.*, 135, 12228, 2013.

[147] Gulcur, M., Moreno – García, P., Zhao, X., Baghernejad, M., Batsanov, A. S., Hong, W., Bryce, M. R., Wandlowski, T., The synthesis of functionalised diaryltetraynes and their transport properties in single – molecule junctions. *Chem. Eur. J.*, 20, 4653, 2014.

[148] Ballmann, S., Hieringer, W, Secker, D., Zheng, Q., Gladysz, J. A., Görling, A., Weber, H. B., Molecular wires in single – molecule junctions: Charge transport and vibrational excitations. *Chem. Phys. Chem.*,

11,2256,2010.

[149] Romdhane, F. B., Adjizian, J. J., Charlier, J. C., Banhart, F., Electrical transport through atomic carbon chains: The role of contacts. *Carbon*, 122, 92, 2017.

[150] Cretu, O., Botello - Mendez, A. R., Janowska, I., Pham - Huu, C., Charlier, J. C., Banhart, F., Electrical transport measured in atomic carbon chains. *Nano Lett.*, 13, 3487, 2013.

[151] Standley, B., Bao, W., Zhang, H., Bruck, J., Ning Lau, C., Bockrath, M., Graphene - based atomic - scale switches. *Nano Lett.*, 8, 3345, 2008.

[152] Eisler, S., Slepkov, A. D., Elliott, E., Luu, T., McDonald, R., Hegmann, F. A., Tykwinski, R. R., Polyynes as a model for carbyne: Synthesis, physical properties, and nonlinear optical response. *J. Am. Chem. Soc.*, 127, 2666, 2005.

[153] Slepkov, A. D., Hegmann, F. A., Eisler, S., Elliott, E., Tykwinski, R. R., The surprising nonlinear optical properties of conjugated polyyne oligomers. *J. Chem. Phys.*, 120, 6807, 2004.

[154] Luu, T., Elliott, E., Slepkov, A. D., Eisler, S., McDonald, R., Hegmann, F. A., Tykwinski, R. R., Synthesis, structure, and nonlinear optical properties of diarylpolyynes. *Org. Lett.*, 7, 51, 2005.

[155] Fazio, E., Patanè, S., D'Urso, L., Compagnini, G., Neri, F., Enhanced nonlinear optical response of linear carbon chain colloid mixed with silver nanoparticles. *Opt. Commun.*, 285, 2942, 2012.

[156] Fazio, E., D'Urso, L., Consiglio, G., Giuffrida, A., Compagnini, G., Puglisi, O., Patane, S., Neri, F., Forte, G., Nonlinear scattering and absorption effects in size - selected diphenylpolyynes. *J. Phys. Chem. C*, 118, 28812, 2014.

[157] Lucotti, A., Tommasini, M., Fazzi, D., Del Zoppo, M., Chalifoux, W. A., Tykwinski, R. R., Zerbi, G., Absolute Raman intensity measurements and determination of the vibrational second hyperpolarizability of adamantyl endcapped polyynes. *J. Raman Spectrosc.*, 43, 1293, 2012.

[158] Hu, F., Zeng, C., Long, R., Miao, Y., Wei, L., Xu, Q., Min, W., Supermultiplexed optical imaging and barcoding with engineered polyynes. *Nat. Methods*, 15, 2018.

[159] Pan, Y., Wang, Y., Wang, L., Zhong, H., Quhe, R., Ni, Z., Ye, M., Mei, W. N., Shi, J., Guo, W., Yang, J., Lu, J., Graphdiyne - metal contacts and graphdiyne transistors. *Nanoscale*, 7, 2116, 2015.

[160] Sun, C. and Searles, D. J., Lithium storage on graphdiyne predicted by DFT Calculations. *J. Phys. Chem. C*, 116, 26222, 2012.

[161] Kou, J., Zhou, X., Lu, H., Wu, F., Fan, J., Graphyne as the membrane for water desalination. *Nanoscale*, 6, 1865, 2014.

[162] Bogana, M., Ravagnan, L., Casari, C. S., Zivelonghi, A., Baserga, A., Li Bassi, A., Bottani, C. E., Vinati, S., Salis, E., Piseri, P., Barborini, E., Colombo, L., Milani, P., Leaving the fullerene road: Presence and stability of sp chains in sp^2 carbon clusters and cluster - assembled solids. *New J. Phys.*, 7, 81, 2005.

[163] Xue, M., Qiu, H., Guo, W., Exceptionally fast water desalination at complete salt rejection by pristine graphyne monolayers. *Nanotechnology*, 24, 505720, 2013.

第11章 石墨烯之外的二维材料能带结构修饰

Abdul MajidSymbolj, Alia Jabeen, Amber Batool
巴基斯坦古杰拉特大学物理系

摘　要　当面对科学挑战和技术机遇时，石墨烯以外的二维材料世界备受关注。抛开其他问题不谈，相关人员寻找替代材料的最初动机是石墨烯的零能带隙限制了它在一些应用中的使用。在此背景下，替代物包括锗烯、硼苯、钨烯、六方硼烷、硅、锰、铋等。尽管这些层状材料有潜力，但主要的研究方向是过渡金属二硫化物MX_2（其中，M = Ti、W；X = S、Se、Te）。这些材料显示出与石墨烯相当的器件级特性和性能，以及无与伦比的潜力。能带图工程涉及掺杂、成分变化、外加电场的应用和应变的利用。材料厚度的缩小是改变材料能带图的另一种策略。块体材料逐渐减薄为原小级厚度层会引起能带图的演变，从而开创了新的功能。通过对改进后的能带结构进行如带隙、带边位置、间接到直接跃迁、反常霍尔效应、激子特性、谷和自旋物理等的观察，揭示了新现象。本章旨在提供石墨烯替代材料的概述。

关键词　二维材料，石墨烯外材料，过渡金属二硫化物，能带结构，电子性质

11.1 引言

近10年来，二维材料以其新颖的性能和应用潜力引起了相关人员极大的研究兴趣。二维材料包括石墨烯、氮化硼、蜂窝硅、层状过渡金属二硫化物等。虽然二维材料家族有几个成员，但自2010年Novoselov和Geim因发现石墨烯而获得诺贝尔物理学奖以来，石墨烯仍是最为人所知的一种材料。尽管石墨烯有着非凡的新颖性，但由于其存在一些问题，如零能隙，研究人员试图找到它的相近材料，以揭示石墨烯以外的材料光谱。

二维过渡金属二硫化物（transition metals dichalcogenides，TMD）具有3层结构，其中一个过渡金属（TM）原子层夹在两个硫族原子层之间。本章旨在根据现有的知识状态，探索石墨烯以外材料的其他可能应用。在过去的几年中有大量的著作是研究关于MoX_2和WX_2（X = S、Se、Te）的层状材料，其形式通常为MoS_2、$MoSe_2$、$MoTe_2$、WS_2和WSe_2等。MoS_2是这个材料家族的原型成员，它是一种代表性的材料。与石墨烯不同，单层MoS_2是直接带隙半导体，能隙为1.83eV（可见区）。因此，MoS_2是一个潜在的设备候选材料，并已被用于晶体管、LED、光电探测器、生物传感器、太阳能电池和高速逻辑

电路的应用。最近，MoS_2作为一种可能的半导体的重新发现，为替代可调谐光学和磁性半导体器件的新可能性带来了曙光。这种材料以地球上丰富的材料和元素为基础，因此被用作润滑剂，尽管到目前为止对这种材料的关注仅限于结构特性。和石墨烯一样，它具有层状结构，因此有从零维到三维不同的物理结构，但与石墨烯不同，人们已经知道，纯 MoS_2具有直接带隙，这保证了光学器件的可能用途。然而，由于实验条件的限制，相关人员对 MoS_2或 MoS_2 – 基材料的认识仍然有限。为了进一步挖掘该系列材料，从而在探索的基础上建立新的物理学，需要在相同的基础上对多种掺杂元素进行系统研究。

与其他材料一样，一些研究小组试图通过实验和第一原理的方法来修改过渡金属二硫化物的特性，以探索它们的附加功能。在本章的介绍中，这方面没有提出过多建议。掺杂过程和其他二次加工方法改变了材料的性质。物理性质的可调性揭示了材料在催化、运输、光电、等离激元、自旋电子学、生物传感等方面的其他潜力。下面介绍一些可实现的应用。

11.1.1 带隙工程

加工后形成的材料可以有效地改变(Mo、W)X_2的能带结构。带隙的新结构和带隙的价值将取决于掺杂物的性质或加工配方，因此在揭示器件和应用材料的其他方面，可调带隙是可预期的。

11.1.2 抑制光损伤

虽然MoS_2比石墨烯更耐光损伤，但仍然不能承受超过100mW 的激光照明。掺杂含有合适元素的化合物可以增强材料的抗光损伤能力。因此，在光子器件的应用中，预计掺杂(Mo、W)X_2可能会减少强激光照射的光损伤。

11.1.3 增强光吸收

单层MoS_2的吸光率为11%，优于石墨烯(即3.4%)，但由于其厚度超薄，所以吸光率仍然比较低，限制了其在光电探测器、光电晶体管和光电器件制造中的应用。通过在几种材料中掺杂引入杂质能带和激子效应后提高其光学吸收，与之相同的是，在适当的条件下掺杂可以提高MoS_2的光学吸收。

11.1.4 激光器中的可饱和吸收体

研究表明，在二维材料的情况下，完美晶格的偏差和缺陷状态的出现带来了新的特性。为了利用(Mo、W)S_2中的非线性光学效应作为红外激光的饱和吸收体，可以通过改变 Mo/W：S 比实现缺陷引起的带隙减小。利用这一过程，Wang 等提出了 MoS_2作为可饱和吸收体在被动调 Q 激光器中显示宽带吸收的潜力[2]。在不改变化学计量条件的情况下，缺陷的产生和带隙的减小可以使(Mo、W)S_2成为一种可用于激光应用的足量饱和吸收体。

11.1.5 光子上转换

镧系元素具有修改(Mo、W)X_2光学性质的潜力。这种材料的声子能量较小，可以掺入具有开放4 f子壳的元素，并以光子上转换而闻名，可用于光电学、光催化及其他光电应用。因此，由于MoS_2具有非常低的声子能量，为240 cm^{-1}[3]，虽然用于掺杂4f元素时的上转换还没有被测试，但它仍是一个理想的宿主。

11.1.6 Rashba 分裂的前景

实现自旋电子学应用半导体的主要障碍之一是缺乏丰富的Rashba自旋分裂。到目前为止，还没有实验证据表明在石墨烯、硅或MoS_2中观察到了Rashba效应。众所周知，较强的自旋轨道耦合会导致Rashba分裂增强。在这方面，在(Mo、W)X_2引入4 f原子是很有可能的。4f系列原子具有强的自旋-轨道耦合，因此这些材料的掺杂很可能促进自旋-轨道耦合，因此有望增强Rashba分裂。在稀土金属表面区域以及相关的一氧化物表面观察到的Rashba效应，进一步支持了此预期[4]。

11.1.7 稀释磁性半导体

与石墨烯、氮化硼和其他几种半导体不同的是，由于存在Mo或S空位等固有缺陷，在MoS_2内没有发现内禀磁性[5]。已经有关于3d掺杂MoS_2单层中铁磁性的报道，但是关于4f掺杂(Mo、W)X_2单层的报道很少。预计4f掺杂的(Mo、W)X_2单分子膜将成为自旋电子学器件中有吸引力的稀磁半导体，它具有相当高的磁矩和居里温度[6]。

在进一步详细介绍过渡金属二硫化物(TMD)二维材料之前，光对其他常见的层状材料进行研究应该会有所帮助。

11.2 石墨烯外的材料

本节专门讨论石墨烯以外的二维材料，但并不包括TMD。

11.2.1 锗烯

与石墨烯对应的锗被命名为锗烯，由于主流的元素半导体依赖于锗和硅，因此锗具有极大的吸引力[7]。人们还推测，这些令人惊讶的材料可以与现有的技术结合在一起。当外加电场存在时，锗烯具有与石墨烯相同的电子特性，如载流子的有效质量、狄拉克费米子、迁移率、量子霍尔效应、能带结构的可调谐性和能带间隙。当锗烯掺杂过渡金属(transition metal，TM)或稀土(rare earth，RE)离子时，有望成为高居里温度的稀释磁性半导体。它更倾向于应变片式结构，带有单原子厚锗涂层的蜂窝状结构。

锗烯的主要生产方式尚未可知。已经报道了在Pt(111)表面和Au(111)表面上合成锗烯的方法[8]。选择Pt(111)是因为其六方对称性和弱界面相互作用。锗烯的表面制备是由于二维连续层与弯曲结构共同作用的结果。在一个晶胞中，两个原子之间的垂直距离被称为相对高度，锗烯的值是0.68Å。在GaAs(0001)基底上也观察到了锗烯的生长。

相关人员已经报道了在 Pt(111)基底上用电子波束蒸发形成弯曲锗烯的方法[8]。利用基于密度泛函理论(DFT)的初始计算对材料的结构和其他性能进行了详细研究,揭示了材料的性能。周期表征包括 4 层 Pt、1 层 Ge 和 1 层 15Å 的真空层。除了底部的两层基底外,当施加的力低于 0.01eV/Å 时,所有原子都完全松弛。采用 LEED 和 STM 表征合成的结构发现,这种结构的基底上每($\sqrt{19}\times\sqrt{19}$)有 18 个原子。计算表明该材料具有蜂窝结构。

锗烯被认为是与石墨烯平行的材料。与碳相比,它有更大的离子半径,更倾向于sp^3杂化。锗烯相对高度的大小是 0.68Å,这是由于锗烯的sp^3 和sp^2 杂化。可调带隙是由相对高度引起的。石墨烯与锗烯相比,其内禀自旋轨道相互作用较弱。锗烯的自旋-轨道相互作用大小为 46.3meV,石墨烯的自旋-轨道相互作用大小为 1μeV。该结构是一个双粒子晶格,包含两个相互贯穿的锗原子三角形晶格。在锗烯中,锗原子的 π 键比碳原子的弱。石墨烯性质为金属,而锗烯性质为半导体,带隙为 24.3meV。

11.2.2 硼烯

硼烯是硼烷的一种同素异形体,通常由硼薄片制成。它被认为是多态物质,代表着不同的二维单层硼。相关人员已经在 Ag(111)薄片上合成二维硼烯,如图 11.1 所示[9]。结果表明,硼原子与银基体原子的相互作用非常微弱,这表明了薄片的惰性。在另一项研究中,通过第一性原理计算研究了硼烯的传输、热力和力学性能[10]。结果表明,该层具有各向异性的热导率。此外,其力学性能与石墨烯相当。研究表明,该材料的热膨胀系数为负值。

硼烯被揭示具有各向异性金属的性质,包括具有高电子传导性,并且有着在红外-可见光区呈低光学电导率的性质。由于硼烯具有良好的光电特性,如电子传递特性和传输性质,它是二维家族系列中的重要材料。在另一项由第一性原理计算进行的研究中,硼烯表现出各向异性的晶体结构[11]。计算结果表明,硼烯具有各向异性波纹的平面构型。它是高度各向异性构型,具有 Pmmn 空间群。在 a 方向上没有发现波纹,但在 b 方向上有明显的弯曲。弯曲高度为 0.911Å,B_1-B_1、B_2-B_2键长为 1.613Å,B_1-B_2的键长为 1.879Å。费米能量在这 3 个能带附近相交,其中一个能带沿 $s-y$ 方向,其余能带沿 $\gamma-x$ 方向相交,其方向对应的带隙为 9.66eV 和 4.34eV,表现出它的金属性质和各向异性行为。

结果发现,这种键合强度比弯曲硅烯强,但比石墨烯弱。由于高电导率、高光学透明度、各向异性等特点,该材料有望成为未来技术的潜在候选材料。

在硼烯中,原子轨道为 sp^3 杂化,比 sp^2 更好。sp^3 杂化的稳定性是由沿 b 方向的弯曲引起的。此外,硼烯的磁性结构与二维反铁磁(M-硼)是不同的。这是因为自旋向上状态被限制在上平面的顶部和下平面的底部。在靠近硼的地方汇集为自旋向下的特性。各向异性构型是造成光学各向异性值较大的原因。

研究现状表明,由于硼烯的各向异性特性,硼烯具有重要的应用价值。它在空气中很快就会降解[12]。当在超高真空下沉积一层薄如纸的非固态硅封端层时,这种反应可能会减慢。由于氧的氧化作用,硼烯在水中会被进一步降解。

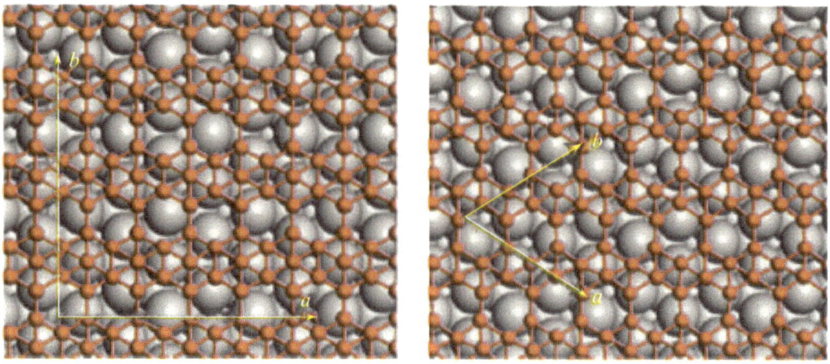

(a) (b)

图 11.1 Ag(111)基底上的2D硼薄片的顶部视图(橙色的球表示硼,而灰色的球表示银原子)[9]
(a)在S1相中;(b)在S2相中(经《自然化学》(2016年)*Springer Nature*杂志授权转载)。

11.2.3 锡烯

锡烯被认为是二维石墨烯,类似于锡的同素异形体。它由具有三角形亚晶格的锡(111)的双原子层同时堆积而成,并形成一个弯曲的蜂窝状晶格。锡烯被认为是"石墨烯的最新表亲"。在顶部和底部锡原子的高度差被称为相对高度,在化学环境中,它的值大约等于0.1nm。分子光束外延技术已应用于单层锡烯的制备。它代表 Bi_2Te_3 基板上的金属特性,这标志着基板应用的重要方面[13]。通过DFT研究详细预测了锡烯纳米带[14]。发现带隙的大小与具有蜂窝状结构的纳米带的大小有关。纳米带的光学性质是各向异性。

通过比较性的DFT方法,对不同二维材料的力学性能进行了调查,结果表明,拉伸强度按照硅烯、锗烯和锡烯的顺序降低[15]。在另一个类似的研究中,通过考虑自旋轨道耦合对锡烯纳米带进行了研究,发现了 K 点70meV的能隙[16]。进一步研究发现,当锡烯带尺寸增大时,纳米带的力学性能接近块体结构的力学性能。

关于锡烯合成的报道非常罕见,由于混合杂化,像其他二维材料一样,在生长过程中,在锡烯中原子的键是弯曲的,从而使其偏离完全平坦[17]。与当代二维材料相比,锡烯的弯曲行为如图11.2所示。

为了研究锡烯的力学特性和手性效应,通过DFT研究进行了拉伸载荷成像[18]。由于弱π—π键的存在,在平面结构中,锡烯的键长较大且高度不稳定,从而导致LB锡烯的自由波动。通过加入锡原子获得了二维稳定构型,这样就形成哑铃形,使其与锡的平面原子发生 sp^3 杂化。锡烯被认为可以作为带隙为0.3eV的量子自旋Hall绝缘体。锡烯具有许多有趣的特性,如较高的热电产率和接近室温下的量子反常霍尔效应。利用强自旋轨道耦合(spin orbit coupling,SOC)方法对其进行了研究,发现当忽略强SOC时,它具有半导体性质,且有间接带隙。在考虑强SOC时,4价简并态的价带被分裂,能带反转发生b/w $p_{x\pm iy}$ 和,p_z 次壳层的在伽马点附近的带隙为40meV。以锡烯为例,相关人员对几层中的超导性质进行了研究[19]。在另一份报告中,人们推测[20]这种材料可以传递电能,且不会因为产热损失任何能量。人们还认为,电路中的毛状电流可以在锡烯薄膜中完美通过。该材料尚处于研究的早期阶段,需要付出大量的努力来实现其合成和在未来技术中的应用。

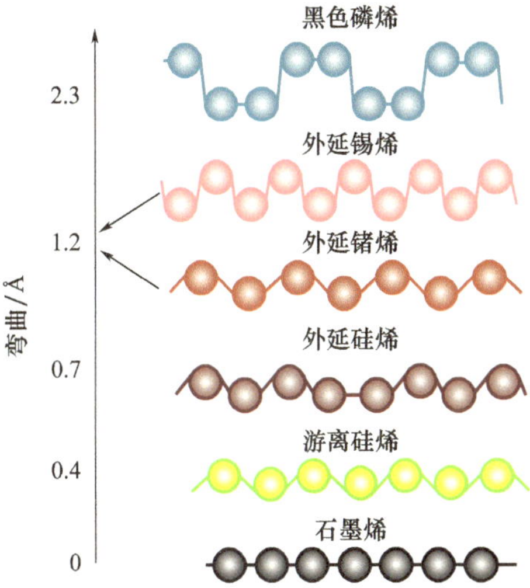

图 11.2 锡烯与其他表弯曲性二维材料的比较[17]（经开源期刊授权转载）

11.2.4 六方氮化硼

氮化硼以多种晶形存在，包括锌共混物和六方晶系等[21]。它有一个高熔点（melting point，MP），大于 3000K。六方氮化硼（h－BN）是一种[22]很有前途的材料，因为它具有与石墨烯相似的结构，并且具有非常重要的力学和热性能。它还具有化学稳定性，包含与石墨烯sp^2杂化结构相似的层状结构，在每一层内，B 和 N 原子按蜂窝状晶格中排列有序。对于石墨烯器件，它是优良的基底[23]。因此，为了准确地执行、运行和利用石墨烯器件的优点，制造高质量的 h－BN 是非常重要的。它沉积在铜箔上，用作石墨烯器件中的电介质层[24]。由于其被边缘氮封端，这种物质生长在一个三角形区域。此外，还观察到金刚石的形状，也可以通过 B 和 N 之间的反应和燃烧方法来制备这种物质。

通过制备具有异质结构的铁磁触点[25]证明了 h－BN 在石墨烯基自旋电子学中的应用，如图 11.3 所示。CVD 制备的隧道装置表现出良好的自旋注入性能，这表明了 h－BN 在将来对自旋电子学应用的潜力。此外，h－BN 的热导率很高，本质上是一种惰性化学物质，它耐氧化，通常是电绝缘体。它被用于许多电子器件，如光电子中的紫外线发射器。实验和理论结果表明，h－BN 的二维纳米管和纳米薄片在拉伸至内部强度的过程中表现为非线性弹性变形。

11.2.5 硅烯

硅烯是一种类似于石墨烯的新型同素异形体[26]，它只由一个原子厚的硅片组成，是二维低波纹蜂窝结构。它的晶体由含有两个原子的晶胞组成，并显示了混合 sp^3 和 sp^2 杂化。它的电子行为类似于狄拉克锥，具有可调谐的带隙。与石墨烯不同，硅烯是带隙 1.6meV 的半导体材料。由于硅烯在电子半导体器件中的广泛应用，它被认为是石墨烯的卓越替代品。0.46Å 的相对高度决定了硅烯的可调谐带隙[27]。此外，硅烯的内在自旋轨道耦合比石墨烯大 4meV。电子结构的修饰导致特定浓度 TM 掺杂的硅烯能够被诱导产生磁性。硅烯比石墨烯更适合作为基于 TM 元件的器件结构。3dTM 与硅烯的键合会产生反常的量子霍尔态，并有望成为自旋电子学中一个合适的潜在候选。

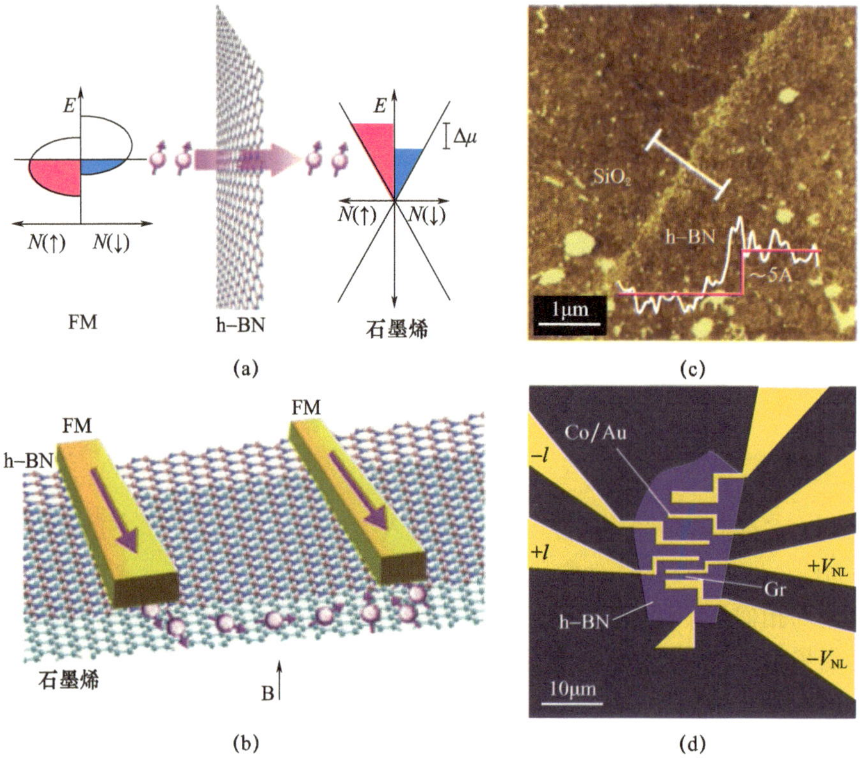

图 11.3　h－BN 隧道屏障用于基于石墨烯的自旋电子器件（经开源期刊授权转载）
(a)使用 h－BN 利用自旋注入石墨烯的示意图；(b)显示石墨烯自旋电子学的隧道屏障结构；
(c)在 Si/SiO_2 基底上 h－BN 使用 AFM 的图像；(d)异质结构的图像[25]。

独立单层的硅烯尚未通过实验合成。然而，在合适的衬底上，如银和铱表面，合成了硅烯弯曲单层膜，如图 11.4 所示[28]。蜂窝状晶格中的弯曲畸变，使硅烯能够通过化学反应进行功能化，并且用于催化等新应用领域。本章提到了在 220～260℃ 的银衬底上，硅晶格在适当的高真空蒸发条件下，硅烯纳米带在银衬底上的生长情况。利用 LDA 和 GGA 近似和交换相关势，通过 DFT 计算了硅烯的理论参数[29]。同样，用经验方法研究强耦合和总能量，可以预测电子结构和能带结构。在 1000K 时，4 × 4 超级单元的低弯曲结构比其他结构更稳定。随后发现，3 × 3、5 × 5 和 7 × 7 硅烯的晶体结构在硅树脂不同表面上较为稳定。硅烯能带在布里渊区 *K* 点附近的费米能量附近重叠。在狄拉克谷的晶体结构中，亚晶格 A 和 B 产生两个简并带。在没有自旋轨道耦合的情况下，计算了硅烯和石墨烯的双生成带。然而，由于亚晶格参数不同，硅烯具有明显的能带隙特性。弯曲硅烯的晶胞由两个垂直排列和相互置换的晶胞组成，更适合于平面结构。在有限温度下，高弯曲和平面结构的几何形状优化比低弯曲的硅烯结构稳定性差。

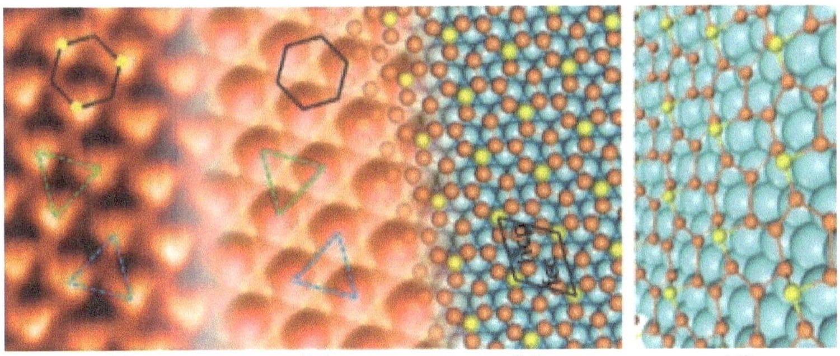

图 11.4 硅层扫描隧道显微镜(STM)图像(经美国化学学会(2013 年)授权转载)
(a)向上、向下三角形和蜂窝状结构;(b)硅模拟图像;(c)松弛模型显示硅烯/红外结构;(d)波状硅烯/红外结构[28]。

在碳素板而不是硅烯板基层拉伸晶格距离的过程中,发现了由sp^3杂化向sp^2杂化转变状态。由于硅烯的比表面积大,可以作为制造的构件块。硅烯的特性表明了它在未来替代石墨烯方面的应用潜力。

11.2.6 二维过渡金属碳(氮)化物

由过渡金属碳化物、氮化物或碳氮化物组成的二维材料被称为 MXenes[30]。这些材料可以被称为 MAX 相,是过渡金属(由 M 代表)、除 IIIA/IVA 外其他 sp 元素和碳/氮元素的复合物,并以分子式单元的形式 $M_{n+1}AX_n$表达[31]。由于它们具有器件级应用潜质,目前已合成的 MAX 相的名单正在迅速增加。二维过渡金属碳(氮)化物提供了大量的器件级应用。已经报道了制备二维过渡金属碳(氮)化物/氧化石墨烯纳米片柔性膜的方法[32]。通过该方法获得了组织良好的层状结构,这些层被用作超级电容器的电极而进行测试,并显示出优异的导电性。此外,电极具有良好的循环稳定性。二维过渡金属碳(氮)化物的进一步应用包括催化、海水淡化、电磁屏蔽、药物等。图 11.5 给出了二维过渡金属碳(氮)化物制备的时间表。从首次合成二维过渡金属碳(氮)化物以来,Alhabeb 等[33]提出了二维过渡金属碳(氮)化物的综合历史。该材料的最早制备方法是用 HF 酸蚀刻 Ti_3AlC_2,制成 $Ti_3C_2T_x$粉末[34]。然后它引起了人们对生产类似材料的极大研究兴趣,从而制备出Ti_2CT_x、$(Ti、Nb)_2CT_x$、Ti_3CNT_x、$Ta_3C_3T_x$、$(V、Cr)_3C_2T_x$、Nb_2C、Nb_4C_3、Ti_2C、Ti_3C_2等[31-35]。改进的合成方法使研究人员能够生产大规模的二维过渡金属碳(氮)化物。因此,在 2015 年合成了 $Mo_2TiC_2T_x$和 $Mo_2Ti_2C_3T_x$[36]等双过渡金属碳化物。

最近,理论研究预测了纳米结构中含有过渡金属、碳化物和氮化物的金属-碳-角质烯的存在[37]。与石墨烯不同,纯 Ti_3C_2的金属行为及其衍生物,如 $Ti_3C_2(OH)_2$和$Ti_3C_2F_2$,在 0.05eV 和 0.1eV 时表现出半导体行为。半导体材料的电子构型具有特殊性质,可通过改变过渡金属的表面浓度而在二维过渡金属碳(氮)化物中调谐。

11.2.7 铋烯

铋烯是铋的二维结构,是石墨烯的交替二维材料。Martin Pumera 曾在较高温度下研究单层或波纹状铋烯的稳定性，它属于含有菱形金属铋的VA族元素，称为氮族元素[38]。10个价电子的存在和平面结构的π和π*的明显配对物预测了铋烯在较高室温下的稳定性。高光响应的带隙使其具有更好的热稳定性。块状铋以层状菱面体结构存在，最少3层即可表现出金属性质，但在亚稳形中存在正向修正。显然，众所周知的单层和二维双层铋烯具有与大块铋对应的特殊形状和性质。自旋轨道耦合提供了单层铋烯带隙、晶体晶格和亚稳态之间的桥梁连接[39]。在限制效应下，从半金属铋的三维晶体中转化为二维单层半导体铋烯。从菱形结构合成的单层铋烯分为两类：一类是α-铋烯；另一类是从单层铋烯中获得的，即β-铋烯，是在两层或3层之前得到的铋烯。从单层铋烯到双层铋烯，带隙轻微扩展，这是一种新现象。单层α-铋烯和双层β-铋烯的带隙计算值分别为0.30eV和0.32eV。铋烯的低维结构具有特殊的带隙范围，即0.18~0.32eV。分别在使用SOC和不使用SOC的情况下，用DFT计算了整体和单层铋烯的广义梯度，去测量其能量、频率和声子色散关系[40]。单层铋烯的对称型和不对称型波纹具有不同的振动频带间隙。考虑到不对称铋烯行为，在Γ点附近的所有振动频率都是虚设。

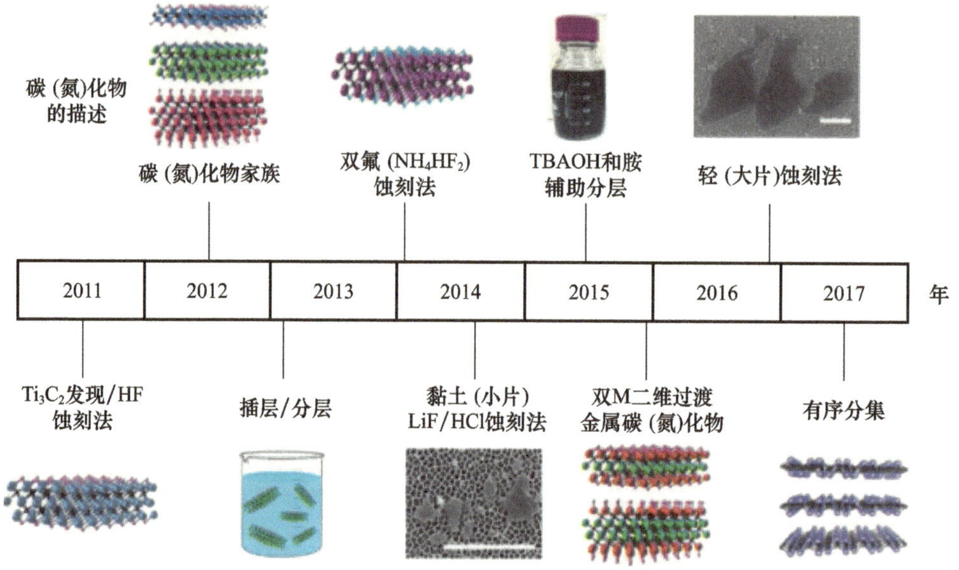

图11.5 显示二维过渡金属碳(氮)化物的合成时间线[33]（经美国化学学会(2017年)授权转载）

通过改变二维片大小使其变为一维，系统（纳米带和纳米条纹）的带隙增加。二维单层蜂窝结构具有窄的带隙，表现为半导体结构。锯齿形边缘的纳米带被认为具有直接的间隙性质，并且具有巨大的磁矩。这些材料最近得到了广泛的认可，因为它们提供了各种各样的应用。从石墨烯及其衍生物开始，如过渡金属二硫化物和BP，在最近铋烯已经成为人们关注的焦点。这些单层元素的性质波动很大，完全取决于晶体结构以及掺杂层的范围。

11.2.8 Si_2BN

2016年，在研究单层分子过程中，合成了一种III-IV-V等电子化合物Si_2BN[41]。

类似原子之间的键合，如 Si—Si(2.13Å)和 B—B，与通过 B—N(1.47Å)键合优化的几何结构相比是不利的。Si_2BN 的结构特性可以像石墨烯一样在纳米尺度上进行研究。将第一行和第二行元素以周期方式结合在一起，可能使得单层材料能够在远端的石墨烯上找到新的物理现象。这种材料的带隙范围在 0.0 ~ 0.74eV 之间，取决于原子构型。通过刺激，预测到Si_2BN 结构保持其反对称性，这是其金属行为的主要原因。在费米能级附近的态密度的贡献来自于硅和氮的 p 能态。Si_2BN 显示了非常新颖的性质，能够以稳定的形式存在单层。材料的二维特性，如高电子迁移率和柔韧性，使其成为合成纳米结构的理想材料。材料经过热化处理后，Si_2BN 结构中没有出现键的断裂，这表明单层的强稳定性[42]。此外，仅用较低形成能即可合成单层结构，使其有望成为制备未来器件的新材料。车用的水裂解或氢气储存是这个时代的一个热门话题。Si_2BN 中硅的存在可以产生额外的表面反应，使其成为水裂解后氢气储存的候选材料。

11.3 过渡金属二硫化物

此外，在寻找替代的二维材料时，调查还指出，在上面提到的若干不同材料中，很少有代表性的类别。除了石墨烯以外，调查过程中还发现了一些二维材料，其中过渡金属二硫化物(TMD)引起了人们广泛的研究兴趣。TMD 在寻找石墨烯以外的二维材料方面也发挥着同样的作用，而石墨烯是材料科学家在研究硅以外的体半导体时，化合物半导体所扮演的角色。TMD 是MX_2贡献的层状半导体材料，通常由 Mo 或 W 的阳离子亚晶格和阴离子 S、Se 或 Te 组成。TMD 过渡金属是层状材料，相邻的平面通过范德瓦耳斯力相互作用连接在一起[43]。这些相互作用是单原子层从大块晶体上微观机械性剥落的主要原因，这就像石墨制造石墨烯一样。由于 TMD 在“晶体管、发光器件、储氢和基于自旋电子学的器件”的生产中具有独特的特点，因此具有重要的意义[44]。

尽管在其他二维材料方面进行了广泛地研究，但由于 TMD 具有优异的性能和潜在的应用前景，近年来备受人们的关注。TMD 的一个新特性是当层状材料缩小到单层时，间接带隙会过渡到直接带隙。TMD 与光的强相互作用，并涉及高电荷载流子，为太阳能电池、电池、超薄场效应晶体管、谷极化、催化等新应用提供了性能特点。下面将重点介绍 TMD 的特性和主要研究工作，并对这些材料进行详细的描述，重点介绍它们的合成和应用的性能。

11.3.1 二硫化钼

二硫化钼(MoS_2)是一种二维化合物，通常被当作 TMD 的原型[45]。其强大的共价键作用力将原子束缚在 MoS_2层中，而微弱的范德瓦耳斯力作用于层间。在这类材料中，由于 MoS_2的特点以及在大功率电池、电子、光电等领域中的催化、电极等广泛的应用，引起了人们极大的研究兴趣[46]。在晶体形式上，可以通过各种不同的化学和物理方法合成 MoS_2，如变位反应、热还原法、CVD 法以及 γ - 辐照法等。以 MoO_3和 S 为引发剂，通过微域反应机理可以制备出它的纳米片。这种纳米片的长度和宽度分别为 100nm 和 10nm 左右，对基体具有很强的附着力，可用于扩展摩擦学特性。MoS_2 有可调带隙来显示量子限制，从大块物质的 1.2eV 间接带隙到单层 MoS_2的 1.9eV 的直接带隙[47]。MoS_2单层玻尔半径约为0.93nm,具有较高的激子束缚能,约为0.9eV[43]。人们发现掺杂有钴和镍原子的 MoS_2 活性明显大于钼、钴或镍硫化物的活性[48]。下面介绍 MoS_2 的性质。

11.3.1.1 结构性能

单层 MoS_2 构型包括具有二维六方晶格的钼平面,它被插入两个具有类似二维六方晶格的单原子硫平面之间[49]。钼和硫在蜂窝构型中保持六边形的交替边缘。利用GGA计算得出,1H-MoS_2 具有15.55eV内聚能。通过优化这种构型,得到一个六方晶格常数,a等于3.20Å,并给出了内部构型参数,$d_{Mo-S}=2.42$Å是b/w硫和钼的键长,b/w 2个硫原子的键长是 $d_{S-S}=3.13$Å,$\Theta_{S-Mo-S}=80.69°$是b/w硫-钼-硫的角度。研究还表明,对于大块相,平面中和平面外的结构参数为3.13Å和11.89Å($c=12.29$Å),分别偏离实验值1%和3%。

11.3.1.2 电子性能

我们一直在研究 MoS_2 的电子、光学和磁性的相关特性,利用第一性原理计算探索它在未来应用中的潜力。为了模拟块状 MoS_2 和二维 MoS_2,研究了几种构型,使用不同 c 轴长度和层间距来研究平衡结构。计算方法是采用广义梯度近似(GGA)的交换相关泛函,包括Perdew、Burke和Ernzerhof(PBE)的参数化。选择了具有在六边形对称的单个晶胞结构类型,初始晶格参数 $a=b=3.169$Å和 $c=12.224$Å。在冻芯方案下选择原子的电位,导致Mo-5s和S-3s、3p轨道为价态。能量收敛准则为 10^{-6},确保其结构松弛。然而,原子可以保持松弛,直到力小于0.001eV/Å。采用共轭梯度算法实现了较好的离子松弛。计算了应力张量,可以允许在有或没有单元体积中存在松弛。利用Monkhorst-Pack方法计算以 Γ 点为中心的 $7\times7\times1$ 个 Γ 点的优化值,对第一布里渊区进行了积分。在 MoS_2 半导体中,为了便于 K 点的收敛和布里渊区积分的精度采样,采用Blöchl修正的四面体方法。图11.6给出了 MoS_2 单层的计算能带图和态密度。

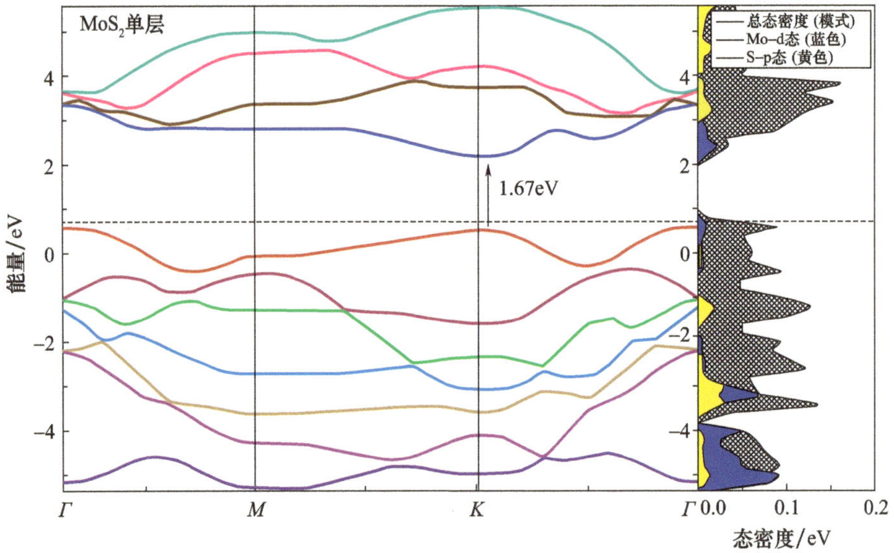

图11.6 计算了单层 MoS_2 的能带结构和态密度

结果表明,MoS_2 作为直接能带半导体,通过GGA计算的 K 点的带隙为1.67eV。导带的下半部分和价带的上半部分受轨道S-3p和Mo-4d的成键和反键的影响。由于没有范德瓦耳斯力的相互作用，当与 c 轴的实验值相比时，晶格参数被高估了12.324Å。使用LDA方法进行的类似计算与实验值吻合较好。

MoS_2是具有间接带隙的半导体，它涉及具有六边形构型的S－Mo－S片，且与范德瓦耳斯力相互作用[50]。单层MoS_2是直接带隙半导体，带隙为1.6～1.86eV，实验值为1.9eV，大块MoS_2带隙为1.29eV[26]。由于其独特的电子性能，它在许多电子、光电和光伏应用中得到了广泛的应用。通过实验和理论分析表明，单层MoS_2可被用于导电沟道中以实现低功率场效应管。它也被用于垂直平面显示器，作为在石墨烯层之间的隧道屏障。硅中的载流子迁移率比MoS_2中的载流子迁移率大。在大块材料和单层中值较小（在0.1～10cm^2/(V·s)范围内），通过在MoS_2通道的上部使用一个大k介质，可以将范围提高到(200～500cm^2/(V·s))，但获得的迁移率值仍然不适合在MOS器件中使用。

11.3.1.3 力学性能

与上述性质类似，讨论了外加拉伸和压缩应变对两种拉曼活跃模式（E^1_{2g}和A_{1g}）振动频率和趋势的影响[50]。结果表明，拉应变的作用使拉曼活跃模式变柔软。相反，随着压缩应变的应用，无论在平面上还是在平面外，它们都变得紧致。在施加应变的情况下，A_{1g}模式的偏差是线性的，在大于3%的情况下，E^1_{2g}模式的偏差不是线性的。这意味着线性度存在于3%以下。在应变值大的情况下，通过增加压缩应变和拉伸应变，E^1_{2g}振动模态恒定，斜率增加。结果表明，两种拉曼模式之间的频率差异随拉伸力的增大而增大，而压缩应变的频率差异是恒定的。

单层MoS_2和双层MoS_2对于应变的尺寸和方向过于敏感[51]。这导致键长的变化，影响单层和双层MoS_2半导体的直接和间接性质。此外，利用双轴应变，降低了单层MoS_2的带隙能量，并由直接带隙向间接带隙转变。如果拉伸应变和压缩应变分别在10%和15%的范围内，就可以推测得到了一种半导体过渡金属。对于单层MoS_2，空穴、电子和拉伸应变的有效质量降低了60%、25%和5%。在TFET和许多光子器件中，可调谐带隙可以通过应变来实现。

11.3.1.4 磁性

1H－MoS_2具有抗磁性，是非磁性半导体[49]。由于TMD的电子结构不包括开壳层，因此没有发现磁序。然而，在MoS_2非磁性晶格中，可以通过插入过渡原子、稀土原子和点缺陷等来实现铁磁序，一些实验和计算著作对此进行了报道。

由于纳米片的棱边具有自旋性，考虑了零维和一维MoS_2的磁特性[52]。由于MoS_2存在缺陷，因此建立了二维MoS_2磁性。这些缺陷可能是由于杂质原子造成的。相关人员研究了过渡金属二硫化物取代阳离子的磁化现象。假设掺杂Mn（小于5%）后，MoS_2含有长程铁磁性。通过综合应用应变力，可以使磁矩增大或减小[51]。对于MoS_2纳米带，磁性可以计算为$E^{nonM}-E^{M}$[53]。

(1)椅型纳米带为非磁性，这是因为在考虑或忽略氢饱和时，能量差都为零，这是指考虑或忽略自旋极化时计算的相似边缘能量。

(2)在锯齿形纳米带的情况下，非磁性态的能量大于磁性态，这说明它们为磁性，而这又表明随着自旋极化计算出的边缘能量较低。

可以通过氢饱和而增加这种能量的差异，这是因为在氢的边界上有相当多的电荷向原子转移，这表明在边界上的氢饱和可能会提高跃迁温度和磁态的稳定性。但在 zz - MoS_2 - NR - u 的情况下，则会下降。

通过加入稀土原子对 MoS_2 铁磁性的研究非常有限。我们已经报道了钐、铕、钆、铽和镝的掺杂，以探索单层 MoS_2 的结构、电子和磁性的改变[6]。MoS_2 的钼位上掺杂铕、钆、铽和镝的磁矩计算值别为 $3.3\mu_B$、$8.1\mu_B$、$8.5\mu_B$、$6.8\mu_B$ 和 $6.4\mu_B$。在钐掺杂的情况下，发现了一种被低估的磁性，这种磁性被解释为掺杂的 4f 屏蔽态。然而，在铕和钆掺杂的情况下，注意到一个被高估的磁矩，它是通过 5d 或 6s 电子分配给间接相互作用的 4f 态。

11.3.2 二硒化钼

层状半导体过渡金属二硫化物属于 VI 族，如二硒化钼（$MoSe_2$）和 WSe_2，由于它们在可见光和红外区域可以接收光，因而在光电化学中具有特殊的吸引力[54]。$MoSe_2$ 的主要应用涉及插层化合物和光电化太阳能电池的长寿命。此外，人们倾向于多晶电极，因为它在太阳能电池中的使用成本效益高，且在大面积基底区域必须要使用多晶电极。因此，在这种情况下，薄膜更有效。

在导电玻璃基底涂上 SnO_2，而后通过电沉积形成了形貌均匀的（$MoSe_2$）薄膜[55]。这些薄膜本质上是多晶六边形构型。在另一份报告中，已经建立了在水悬浮液中制备微小 $MoSe_2$ 的方法[56]。光热疗材料（photo thermal therapy，PTT）具有副作用小、效益高等优点，是一种较好的癌症治疗方法。光热疗材料因子还需要更好的生物相容性和超小尺寸，这是最主要的要求，即接收属于近红外区域的光，并提高光热转换的有效性。还报道 $MoSe_2$ 的 CVD 制备[57]，以及垂直结构形式的边缘端 MoS_2 和 $MoSe_2$ 纳米片的制备[58]。形成的材料具有良好的催化活性和氢演化性能。合成的薄膜如图 11.7 所示。

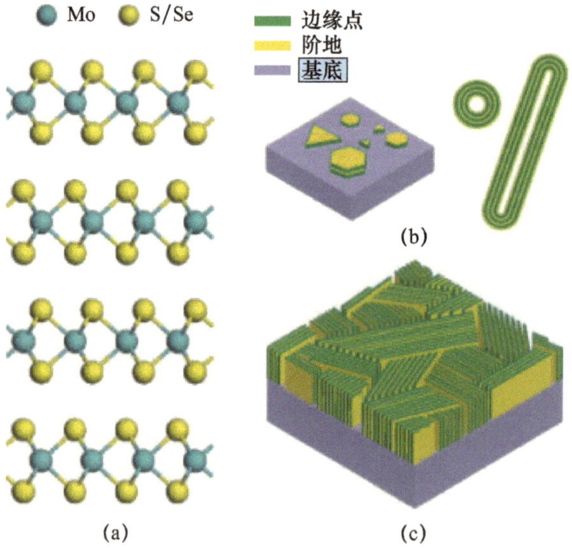

图 11.7 MoS_2 和 $MoSe_2$ 层状结构图（经美国化学学会（2013 年）授权转载）

（a）TMD 显示 S - Mo - S 或 Se - Mo - Se MoS_2；（b）基底上材料的类血小板形态也显示了纳米管和富勒烯类纳米结构；（c）边缘端 $MoSe_2$ 薄片垂直分布在基底上。[58]

11.3.2.1 $MoSe_2$的性质

$MoSe_2$具有非常有趣的特性，适合于设备级的应用。晶体构型指出材料的层状结构，其中三方棱镜配位单位不断重复，这样使得钼被放置在中间，硒放置在顶部[59]。实验发现，$MoSe_2$具有六角形结构，其晶格参数 $c=1.280$nm，$a=0.330$nm。

一般来说，$MoSe_2$的结构与 MoS_2类似，原子像硒－钼－硒一样紧密地堆积在六边形构型中。有趣的是，单层 $MoSe_2$的晶体结构与大块 $MoSe_2$相同，但内部的结构性质除外[60]。在这里，钼满足 +4 原子价，并与邻近原子形成 4 个键。对于 2H－$MoSe_2$，折射率为 n 和 x 的光学常数值在温度 290K 和 77K 时为 0.5～3.5eV[61]。DFT 计算的能带图和态密度如图 11.8 所示[62]。1H 几何条件下单层 $MoSe_2$的带隙为 1.58eV。

室温下 $MoSe_2$ 电子特性表现为半导体性质[63]。它们的电导率和活化能分别为 0.000012Ω/m 和 0.124eV。金属 d 块元素受到了强杂化，包含共价性的特性。这是由于 d 轨道和 p 轨道中的硫原子的轨道重叠。由于过渡金属上的自旋密度被消除，$MoSe_2$具有抗磁性。

由于各层具有明显的电负性，在混合层情况下，带隙的能量明显降低。在多层情况下，$MoSe_2$薄片占据近似简并的直接带隙和间接带隙[64]。这种行为与光致发光现象中的膨胀相似，是受到量子禁带效应影响而产生，这是因为间接带隙向直接带隙过渡。由于这种独特的特性，它在光电和光伏领域有着广泛的应用。通过在原子位置自旋－轨道相互作用，产生了自旋分裂，导致不对称位势梯度[65]。这种现象在基于自旋电子学的器件中得到了广泛的应用。在第二个变化过程中考虑了自旋－轨道耦合，并以标量相对轨道耦合为基础。

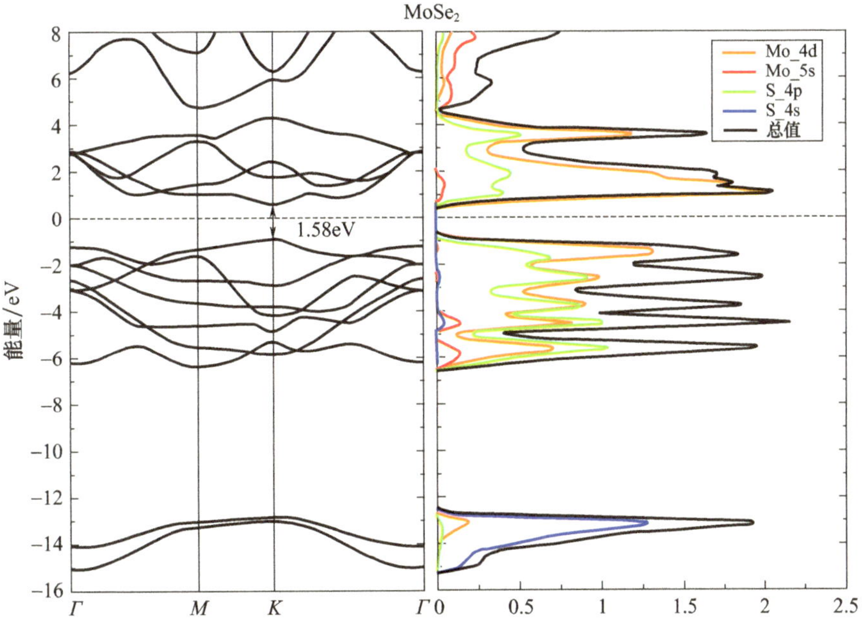

图 11.8　计算单层 $MoSe_2$的能带图和态密度[62]（经施普林格自然（2012 年）授权转载）

在自旋极化计算中，考虑了 SOC 和非共线磁性的影响[64]。在 2H－MoX_2(X=Se)情况下，由于时间反转和反演对称，因此自旋向下和自旋向上的(能量相等的)价带是简并性。MoX_2在单层 1H－$MoSe_2$中，由于自旋－轨道相互作用，简并被提升，但同时失去了反演对称性。因此，在 DFT 计算中，必须考虑自旋－轨道耦合相互作用，这是确定能带结构的必要条件。另外，实验方法和第一性原理方法发现的带隙值存在一定的差异，其原因是目前理论水平不准确。大块 $MoSe_2$在 $\gamma \sim \gamma - K$ 时展现的间接带隙是 0.84eV，在 $K \sim \gamma - K$ 时为 1.10eV，在 $K \sim K$ 上的直接带隙为 1.34eV。在价带模型中，由于 SOC 出现了自旋分裂，高达 456×10^{-3}eV[65]。这是因为当考虑单层 $MoSe_2$的情况时，大块 $MoSe_2$的反演对称性已经丢失。

11.3.3 二硫化钨

二硫化钨(WS_2)是 TMD 的家族成员，可以以层状的形式合成，与石墨烯有许多相似之处。它具有电子结构和可调谐带隙等特点，是新一代电子设备的理想选择。与基于钼的 TMD 相比，有关WS_2的著作有限。WS_2多层的合成，尤其是单层的合成，是材料科学家面临的技术挑战。

Song 等[64]报道了一种合成方法，可以生产可控的、化学计量的和均匀的WS_2纳米管以及纳米片，方法是利用WO_3膜的硫化。与 CVD 法制备的材料相比，合成的薄片质量更好。用生长的WS_2制备的场效应管展示了 3.9cm^2/(V·s)电子迁移率。图 11.9 给出了用原子层沉积(atomic layer deposition，ALD)方法生长纳米片的过程。

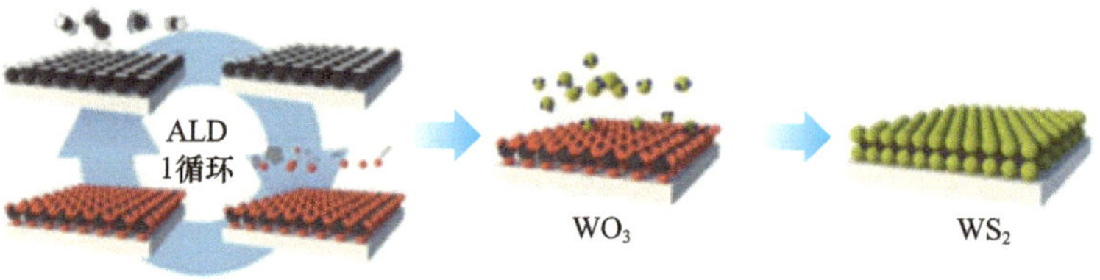

图 11.9 WS_2纳米片的原子层沉积[66](经美国化学学会(2013 年)授权转载)

近年来，学者报道了利用低沸点溶剂制备WS_2纳米片[67]。结果表明，该材料的剥离率与溶剂性质和类型密切相关。该材料的剥离效率取决于溶剂的分子大小。在另一项工作中，建立了一种通过$Mo_{1-x}W_xO_y$硫化制得$Mo_{1-x}W_xS_2$合金的合成方法[68]。结果表明，钼和钨原子的良好混合能产生可调的合金谐带隙。

下面着重介绍使用不同技术制备的单层WS_2的重要特性。

11.3.3.1 结构性能

WS_2的晶体结构构成了三棱柱配位，其中金属原子位于中心点，非金属原子位于结构的边缘[59]。WS_2和它的化合物引起了人们的兴趣。Bromley 等报道了WS_2电子结构的半经验紧束缚键合计算。单层WS_2由一个 S－W－S 叠加构成，并在 3 个旋转轴中发现。由于三维空间基团描述的对称性，W 原子的平面位于镜像平面中。具有间接能带半导体行为的单层WS_2，在布里渊区附近具有最大的价键浓度。然而，在 K 和 Γ 点它具有最小导带值，范围为 1.2eV[69]。计算出 S－W－S 原子之间的晶格距离和键角分别为 3.184Å 和

82.39Å。利用平面波截止法 PBE 泛函计算了与单层过渡金属二硫化物有关的结构参数、晶格常数和优化层。WS_2层状结构表现出新颖的光电特性[70]。

11.3.3.2 力学性能

人们报道了利用WS_2提高不同材料力学性能的研究，还有富勒烯材料，如WS_2纳米材料对环氧树脂韧性的影响[71]。在不同的环氧树脂上进行了详细的研究，得出了不同的结果，其增韧效果取决于固化剂的数量和种类。在另一项工作中，Sahu 等报道了利用WS_2纳米片改善环氧纳米复合材料的断裂性能、力学性能、热稳定性和表面相互作用[72]。与纯环氧树脂相比，环氧树脂的断裂韧性提高了 0.94 ~ 1.72MPa/$m^{1/2}$，而储存模量提高了60% ~90%。

11.3.3.3 电子性能

学者对使用 LDA 的单层WS_2进行了详细的第一性原理计算[45]。结果发现电子带隙为1.18eV。单层WS_2的独特性隐藏于它的电子结构和直接带隙，以及在 K 点具有高度对称性的 CBM 和 VBM。WS_2电子的能带结构和态密度可分为 3 个能区。这个区域为 -15 ~ -12eV，这是由于硫的 s 态，而在 6 ~ 8eV 的区域与硫 s 轨道和钨 d 轨道有关。VBM 和 CBM 周围的区域包含与金属 d 态有关的平坦带[62]。图 11.10 显示了硫的 s 态和金属的 d 态的强杂化。

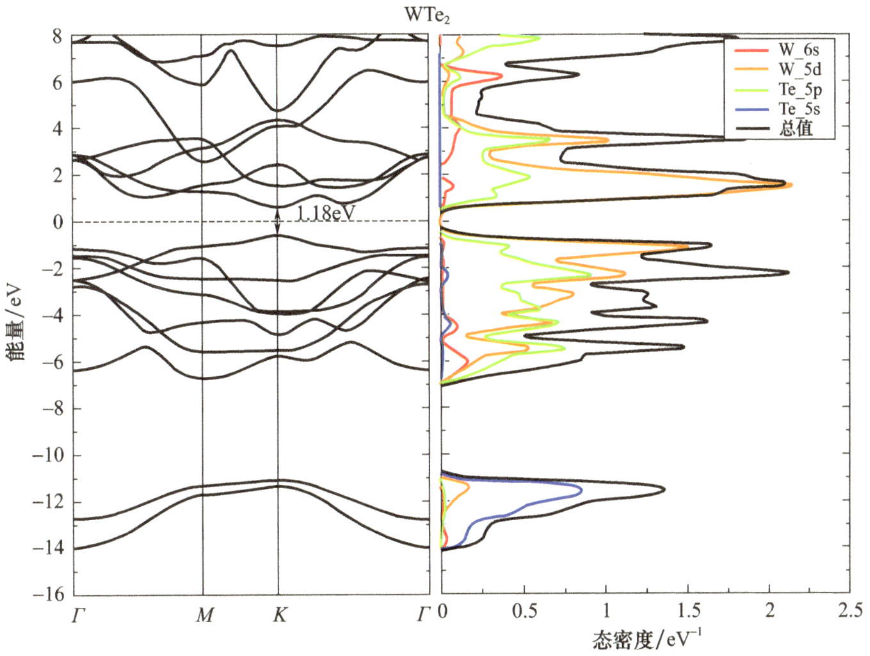

图 11.10 WS_2单层的能带图和态密度[62]（经施普林格自然(2012 年)授权转载）

由于 W 原子的尺寸较大，WS_2价态存在合理的重叠。能带宽度和密度被 5d 和 6s 轨道态支配。主量子数的增加导致 nd 和(n+1)s 能级的能量分离降低。

11.3.3.4 磁性

在所报告的第一性原理计算中，学者详细阐述了含WS_2的纯掺杂非金属氢、硼、碳、氮、氧、氟以及空位的电子结构和磁性能[60]，并对该层中杂质原子的掺杂进行了几何形状优化的结构计算。为了研究表面改性，不同杂质原子在 WS_2 层表面的吸附过程通过其合适的位置加以区分，具有优化的能量值。这些杂质在室温下吸附在 WS_2 层的表面，扭曲了结构性质和磁性行为。由于自旋向上和自旋向下态密度具有相等的能量，所以氧原子在 WS_2 层中的吸附没有磁性效应。然而，同样计算了氢原子和氟原子的吸收效应，在掺杂原子氢和氟的吸附中，计算了最小浓度的长程磁性，自旋极化态的形式比自旋非极化态的形式更稳定。无磁性 WS_2 单层表现为无磁性行为。研究发现，非金属的表面修正引入了自旋极化，从而使氢和氟吸附的 WS_2 单层具有反铁磁性。

11.3.3.5 催化性能

WS_2 是催化应用的候选材料。除了其他可能的应用外，它也是制氢的潜在候选材料。它可以替代昂贵的铂用于催化应用，这不仅在经济方面很重要，而且对未来实现清洁能源生产也很重要。为了探索 WS_2 作为催化剂的潜力，用化学剥离法合成了这种材料的纳米片[73]。本研究结果有助于提高该材料的电催化活性。这项工作指出了利用 WS_2 纳米薄片进行制氢的可能性。在另一份报告中已经报道了 WS_2 催化潜力。本章研究了以三元 $CO_xW_{(1-x)}S_2$ 为结构的 WS_2 纳米薄片在合金钴基底上制备的方法[74]。研究结果表明，121mV 的过电位将有助于达到材料中的电流密度 $10mA/cm^2$。在电解 2h 时，该材料表现出良好的稳定性，且活性略有下降。报道的实验结果表明，该材料具有很强的析氢反应潜力。

学者利用第一性原理的计算探索可持续 WS_2 催化剂的制氢规律[75]。人们对生产具有催化特性的高结晶 WS_2 层产生了兴趣。近年来，学者对 WS_2 作为电催化剂用于水力反应进行了计算研究。在不同温度范围内合成的 WS_2 基电极可以详细说明电流密度，即取决于制氢过程中催化电极的几何形状。在 1000℃ 下制备 WS_2 以此提高 HER 趋势，其计算值几乎为 $23mA/cm^2$，电流密度优于 200℃ 下的 $0.1mA/cm^2$。学者使用 DFT 计算氢结合能，在 S 和 W 点的 WS_2 具有相同的结合能值 0.22eV。在能源生产过程中，WS_2 催化反应的显著变化催动了新型 TMD 催化剂的应用。

11.3.4 MoS_2/ WS_2 异质结构

基于 TMD 的异质联结可通过制备不同 TMD 的组合来实现，用于太阳能电池、发光器件和光电探测器。虽然可以制备基于 TMD 的异质结构，但由于范德瓦耳斯作用堆积、外延、取向、晶格匹配等原因，大规模生产可能存在问题。学者以 WS_2 异质结构和其他如 MoS_2 的过渡金属二硫化物等形式制备 TMD，它们在不同的应用中表现出优异的性能。利用层间异质结构改变过渡金属二硫化物的光学性能，使其从重建的双层结构转变为单层结构。MoS_2/WS_2 双层异质结构在不同结构层中影响了价带最大值（valance band maxima，VBM）和导带最小值的位置。具有不同几何参数的异质结构的形成提供了带隙工程。

为研究层间松弛和光学性质，本章讨论了垂直排列异质结构 MoS_2-WS_2 的产生[77]。异质结构的 PL 强度降低了两个量级。结果表明，与终端产物的线性叠加结构相比，材料的吸收性能得到了改善。研究指出了存在的问题并提出制备具有改进光学性质的复杂二维异质结构存在的策略，一些团体也报道了类似的工作。Xue 等[78]提出了硫化过程中垂直排列的周期异质结构WS_2/MoS_2的制备。本章建立了两步 CVD 策略，避免了 TMD 元素在层中的混合，这对材料的大规模生产有一定的帮助。制备的异质结构在 450nm 波长的激发下进行测试，具有良好的光响应性能，为 2.3A/W。

本章讨论了用于电子、光电和光电器件的MoS_2-WS_2异质结构的合成[79]。通过利用异质结构，垂直排列晶体管显示出良好的整流和光开关特性。值的开关比率高于10^5，电子迁移率为$65cm^2/(V\cdot s)$，光响应率为 1.42A/W，比孤立的纳米薄片结构的值要高。

11.3.4.1 电子结构

Komsa 等报道了两种被取代的单分子膜的局域态的电子行为。在Γ点上，VBM 状态在层中表现出明显的作用[80]。然而，结果发现在K点附近的状态能在任何单层结构上局域化，而WS_2在K点的 VBM 完全局域化，MoS_2的 CBM 也完全局域化。在Γ点上，能级的最大分裂在结构中被分配给原子混合和元素相互作用。结果发现直接带隙变为间接带隙，这是因为将能量态从K点推到Γ点，其能量值比布里渊区中的其他点高出近 0.15eV。VBM 在Γ点附近的重要性质可以通过波函数的个别特性来理解。此外，硫原子在Γ点的 VBM 中表现为可数扩张，这些裂片与过渡金属相互作用良好。

11.3.4.2 光学性能

学者在实验数据和理论研究的基础上，报道了MoS_2-WS_2双层异质结构的光学响应[81]。根据 GW + BSE 理论水平的计算发现，该结构的光学性质与各层或过渡态的吸附特性有关。计算结果表明，结构的带隙变窄，电子和空穴对出现局域化。与内跃迁和间接带隙有关的吸附峰几乎可以忽略不计，这表明在K点存在直接带隙。计算表明，在堆多层内，MoS_2和WS_2的K和K'点分别向相反方向极化。

11.3.5 硒化钨

硒化钨(WSe_2)是一种重要的 TMD，具有二维金属半导体特征，以及卓越的光学、电子和传输特性[82]。类似于螺线管形的钨与硫化物相比，其带隙小，载流子迁移率大。与其他 TMD 相似，如WTe_2，WSe_2具有六方对称的三角结构。由于 TMD 在块体内具有相似的层间相互作用($20meV/Å^2$)，从大块中通过剥离获得单层WSe_2成为可能。学者通过对WSe_2电子结构的计算研究，预测其直接带隙值为 0.9 ~ 2.5eV。虽然，关于这种材料的实验工作不多，但是有许多基于第一性原理的报告可以指出它的各种应用。学者为了研究光学带隙，通过局域 d 电子特性，对WSe_2进行了详细的计算研究[83]。作者按照计算策略，考虑了WSe_2的 4×4 晶胞，其晶格间距为 3.316Å。计算了高对称布里渊区中$\Gamma-M-K-\Gamma$点的能带结构和密度态[59]。在电子－空穴对形成过程中，基态向激发态的转变需要 0.43eV，即键能。M—M 键之间的层间距离为 3.28Å，由于WSe_2中硒原子的尺寸较大，它的距离明显大于WS_2。

利用WO_3硒化大规模合成WSe_2单层片的方法[84]已有报道。它具有$90cm^2/(V\cdot s)$和$7cm^2/(V\cdot s)$的电子迁移率。合成的薄膜适用于逻辑电路的应用。在另一项工作中，采用自限制合成方法在SiO_2基底上沉积WSe_2单层[85]。除了利用化学方法外，还报道了用物理方法制备WSe_2层。他们利用脉冲激光路线在 *r* 面蓝宝石上沉积了WSe_2薄膜[86]。金属源取自钨，采用激光烧蚀法制备了薄膜，由单层到8层等不同层数组成。除了纳米片的合成外，他们还报道了WSe_2纳米棒的合成。Chakravarty 等[87]报道了利用微波辅助和水热合成技术制备WSe_2纳米棒的方法。钨的来源为钨酸。对所制备的材料进行了超电容器的测试，显示出良好的结构和光学性能。

下面简要概述WSe_2的特性。

11.3.5.1 电子性能

在带隙工程的研究中，发现其大块WSe_2的间接带隙为0.97eV，转换为直接带隙为1.61eV，材料缩小为单层。Kumar 等[62]详细研究了六方 TMD 的电子性能。在费米能级附近发现的光带表现为WSe_2硫原子和金属原子 s 和 d 轨道的杂化。图11.11 描述了WSe_2单层计算的能带结构和部分态密度。通过 DFT 研究带隙表明，在5eV 附近钨原子具有独特的行为。这导致它没有确定的态密度，从而使导带中 W 的5d 和6s 轨道之间发生最大重叠。在 *K* 点计算的1.61eV 的直接带值位于自旋轨道耦合价带和双简并导带之间，如图11.11所示。

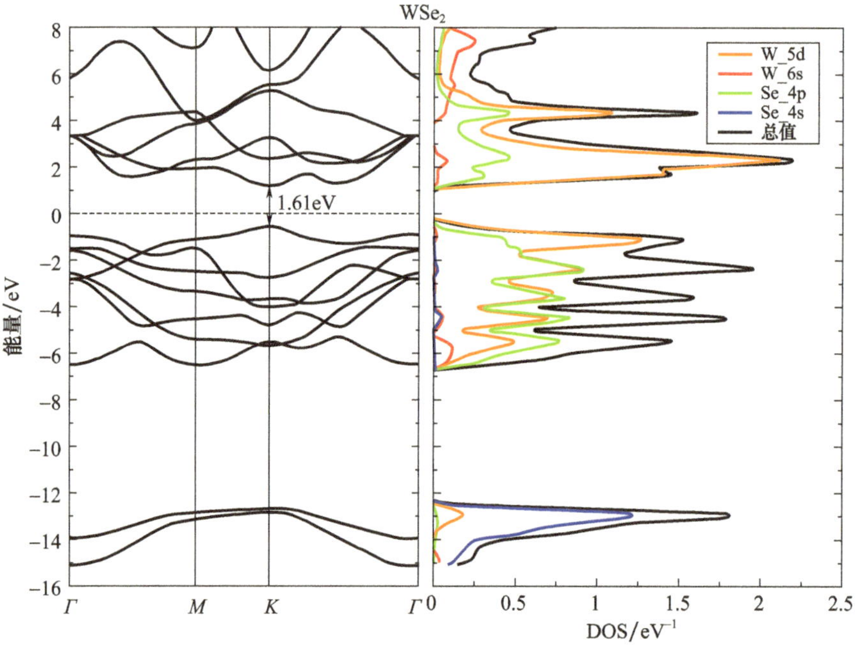

图11.11 在高度对称点 *K* 上WSe_2计算的带图和 PDOS[62]（经施普林格自然(2012年)授权转载）

11.3.5.2 WSe_2的磁性

在二维材料中探索磁性是一个令人兴奋的课题，它有望对未来的应用产生深远的影响。单层的WSe_2是反磁性半导体性质。然而，在掺杂某些类型的开壳层原子后，WSe_2可以引入铁磁行为[88]。学者观察到在WSe_2层每单位空穴掺杂原子的感应铁磁矩($0.1\mu_B$)，使费米能级由导带变为价带区。在WSe_2纳米片的情况下，铁磁自旋极化边缘显示了不饱和钨原子和硫系原子之间的 SOC。在锯齿形WSe_2纳米带和原子团上进行的实验研究涉及不同浓度的硒原子，它们具有不成对的电子，在诱导材料的铁磁性中起着重要作用[89]。此外，某些表面性质和量子限制对磁性大小产生影响，如在边缘上，在减少层的厚度后被观察到的铁磁行为增强。用标量相对论效应在PBE水平上使用DFT计算，结果表明有助于预测WSe_2层状结构的边缘磁性。学者在1-T吸引场下观察到自然可见吸引现象，在室温和低温下记录了定义良好的铁磁滞后性。这表明WSe_2纳米片的边缘是铁磁性，磁性与厚度有关[89]。WSe_2纳米片的磁矩随磁场的增加而增加，当相关的磁场超过3000Oe时，磁性就会在纳米片中饱和。学者引入硒原子后在边缘发现了WSe_2团的磁性。WSe_2团边缘终端具有100%硒和50%硒，分别表现出特殊的磁矩10.00μ_B和2.01μ_B。在分布100%硒的情况下，在边缘能够观察到未配对p轨道的自旋密度。而在分布50%硒的情况下，在边缘没有观察到引入磁性的未配对p电子。

11.3.5.3 光学性能

此前讨论了WSe_2电子行为和带隙转换，发现它在剥离过程中从间接半导体材料转变为直接带隙材料，并在此转换过程中观察到光致发光特性的修正[85]。高分辨率拉曼光谱仪用于研究声子的吸收和发射，这与WSe_2层的厚度有很大关系。Philipp Tonndorf及其同事们[90]对WSe_2片的不同模式的拉曼光谱进行了深入研究。随着层厚度的变化，振动模态、能量和能带宽度都有较大的变化。观测结果表明，平面内存在4种拉曼活性模式，而平面外有1种拉曼活性模式，存在于基面上。然而，实验工作只揭示了光谱中观察到的两种活性模式，另外两种模式存在禁隙中或具有最低频率。

在248.0 cm^{-1}和250.8 cm^{-1}的情况下观察到大块WSe_2的两个特征信号。这些信号证实了在室温下，WSe_2层中E_{2g}^1和A_{1g}之间的距离很窄[91]。虽然对WSe_2单层进行了相同的计算，但只发现了单层极大值，这取决于薄片的数量。目前还没有明确的证据证明这种模式的特殊性质，只有单模贡献或两个双简并模，显示了光谱上的最大峰。这些活性点对WSe_2层的光致发光具有很大的影响，在752nm附近得出的值为1.65eV。同样，发现了双层和3层有不同的波长位置。

11.3.5.4 析氢过程中的WSe_2催化

利用与水的催化反应，在半导体催化剂作用下转化为氢和氧，是未来能源需求和可持续氢燃料的推荐策略[92]。二维WSe_2是一种用于水分离中可持续的电催化剂，它的超低热导率为0.05W/(m·K)，且带隙最小。然而，WSe_2的催化行为与层状结构的边缘有关，最近有报道称，WSe_2纳米结构为改进的HER提供了更多的活性边缘。Tan等利用CVD方法在具有枝晶结构的纳米薄片上合成了三维导电层，并揭示了高活性模式。但为了更好地改进HER，还需要更满意的方法来合成具有更多活性边缘的WSe_2层。

11.3.6 二碲化钨

二碲化钨(WTe_2)在正交晶态中生长为扭曲的Td结构，是Weyl半金属。与其他硫系钨化合物和TMD相比，WTe_2显示了不同的几何形状和结构性质。然而，由于它的变形八面体结构决定了它的特性，为了简化，通常研究WTe_2单层的六方对称结构[93]。WTe_2的这个特定行为倾向于相位切换特性。同样地，从WS_2性质到WTe_2性质，观察到它的带隙值减少。导致这种行为有几个可能的原因，如原子轨道半径的电负性或增强。

在WTe_2中，金属d轨道的作用比这个系列的其他成员更加突出[94]。WTe_2新颖的电子特性与电子的高迁移率有关，这是因为其金属类导电性，基于二维材料的导电性质，使这种材料成为可以应用的候选材料。此外，压力引起的磁阻和超导电性也是这种材料的独特性能。

大块WTe_2晶体通常采用CVD法制备，其中溴用于输送目的。学者报道了用机械剥离方法在Si/SiO_2基底上制备薄片[94]。作者通过考虑结构对空气的敏感性，讨论了具有不同层结构的稳定性。

11.3.6.1 结构性能

研究发现这些层的结构与最小能构型一样，为扭曲的结构1T[94]。学者在GGA－PBE理论的水平上应用PAW波法，计算研究了WTe_2电子和结构性质[95]。WTe_2结构的晶格常数和键长分别为3.55Å和3.63Å。碲－钨－碲层由3层原子面组成，它们相互共价键合。半金属钨－钨之间的距离值为2.849Å，大于大块钨金属的距离。报道了进行的实验研究，用于调查压力对WTe_2层结构的影响[96]。在6～15.5GPa范围内，压力增加后，由于碲－钨－碲层的滑动，发生了从Td到单斜相的结构转变。

11.3.6.2 电子性能

通过DFT计算，预测的WTe_2带隙为0.21eV，它的间接性质表现了半金属特性[94]。图11.12显示了WTe_2的2H和Td结构的电子性质的比较[94]。TMD中存在带隙工程或可调谐带隙现象，在WTe_2策略不同的情况下，观察到从大块移动到单层的现象[97]。

DFT计算表明，大块WTe_2在传导带Γ点的能量差小于K点的最大价带，其能量值约为0.06eV。文献[98]介绍了材料的弹性性能与TMD从单层到双层的叠加顺序非常相似。在寻找WTe_2磁性的过程中，发现磁性能与层的结构和厚度有关。在单层WTe_2情况下，在晶格中引入开壳层原子，可以诱导铁磁性。结构内部WTe_2层的自旋轨道耦合展现了半金属结构的性质。

11.4 过渡金属二硫化物的霍尔效应

自旋霍尔效应产生于材料中的自旋轨道现象，以此产生自旋极化横向电流，可用于自旋电子学应用[99]。

学者通过对过渡金属二硫化物（TMD）单层自旋霍尔效应的研究，发现当带隙增大时，自旋霍尔效应被抑制[100]。在掺杂和相关因素的基础上，可以实现谷间散射和电导率的调谐。T. Habe等[101]报道了在铁磁衬底影响下的TMD自旋霍尔效应的综合结果。铁磁衬底表面生长的WTe_2层改变K和K'点的自旋极化带，自旋谷改变了它的方向，导致反常的霍尔效应。TMD的价带受诱导霍尔效应的影响，产生自旋分裂带。变带结构的霍尔电导率揭示了变化。例如，在K点，由于诱导磁场与平面对称杂化，导致自旋向下和自旋向上的能带结构混合。诱导霍尔效应导致与材料费米能量相关的尖锐峰，Berry相位混合法解释了此现象。近年来，在TMD中探索了诱导霍尔效应，但Berry相位混合法的细节特征和霍尔效应仍有待进一步研究。

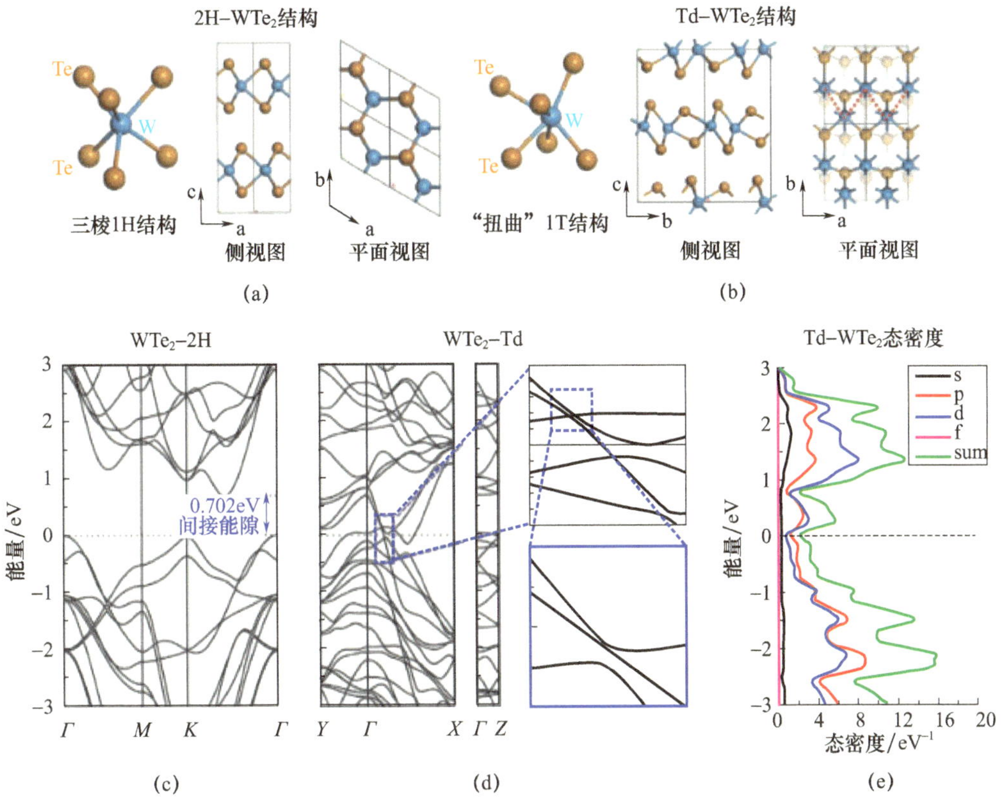

图 11.12 材料的在电子特性(Ⓒ授权转载)

(a)2H 中 WTe_2结构;(b)Td 扭曲的 WTe_2;(c)2H 大块结构中的WTe_2;(d)a 0.21eV 间接带隙;(e)态密度[94]。

11.5 小结

二维材料的世界是不完整的,正面临着日新月异的变化。文献调查表明,在这些材料上进行研究工作的数量和质量没有类似例子。世界已经见证了一种科学体制,科学家们逐渐把注意力从硅转向复合半导体,现在已经不仅仅是关于硅的时代了。它给人类提供了大量的可能性。当今时代是世界寻求复合二维材料的时代,它将提供无限的可能性。研究人员已经及时地转向石墨烯以外的材料,TMD 拥有所有的属性使其完全能充当替代品。本章详细介绍了 TMD 的电子、结构、磁性和光学性能,它是半导体、自旋电子学器件以及电化学应用的激发材料[102]。相对材料的结构性能在单层材料中得到了较好的提高,引入的较大表面积使 TMD 材料的性能得到了提高。分子的拉曼光谱和振动模式与材料中原子结构对称性有关,这带来了新的光电子行为[103]。拓扑、光传感器件是带隙工程中的热点领域,其中 TMD 是最适合的材料。WS_2具有的催化行为让研究人员为之兴奋,并将其用于未来可持续能源应用。研究人员对 TMD 更感兴趣,他们正致力于高效生产 TMD,而不是石墨烯,以此去改变当前世界,实现人类更美好的未来。

参考文献

[1] Yagi, S., Noguchi, S., Hijikata, Y., Kuboya, S., Onabe, K., Okada, Y., Yaguchi, H., Enhancedoptical absorption due to E+ – related band transition in GaAs: N δ – doped superlattices. *Appl. Phys. Express*, 7, 10, 102301, 2014.

[2] Wang, S., Yu, H., Zhang, H., Wang, A., Zhao, M., Chen, Y., Wang, J., Broadband few – layer MoS_2 saturable absorbers. *Adv. Mater.*, 26, 21, 3538 – 3544, 2014.

[3] Zeng, H., Dai, J., Yao, W., Xiao, D., Cui, X., Valley polarization in MoS_2 monolayers by optical pumping. *Nat. Nanotechnol.*, 7, 8, 490, 2012.

[4] Krupin, O., Bihlmayer, G., Döbrich, K. M., Prieto, J. E., Starke, K., Gorovikov, S., Kaindl, G., Rashba effect at the surfaces of rare – earth metals and their monoxides. *New J. Phys.*, 11, 1, 013035, 2009.

[5] Huang, B. and Lee, H., Defect and impurity properties of hexagonal boron nitride: A first – principles calculation. *Phys. Rev. B*, 86, 24, 245406, 2012.

[6] Majid, A., Imtiaz, A., Yoshiya, M., A density functional theory study of electronic and magnetic properties of rare earth doped monolayered molybdenum disulphide. *J. Appl. Phys.*, 120, 14, 142124, 2016.

[7] Nijamudheen, A., Bhattacharjee, R., Choudhury, S., Datta, A., Electronic and chemical properties of germanene: The crucial role of buckling. *J. Phys. Chem. C*, 119, 7, 3802 – 3809, 2015.

[8] Li, L., Lu, S. Z., Pan, J., Qin, Z., Wang, Y. Q., Wang, Y., Gao, H. J., Buckled germanene formation on Pt (111). *Adv. Mater.*, 26, 28, 4820 – 4824, 2014.

[9] Feng, B., Zhang, J., Zhong, Q., Li, W., Li, S., Li, H., Wu, K., Experimental realization of two – dimensional boron sheets. *Nat. Chem.*, 8, 6, 563, 2016.

[10] Sun, H., Li, Q., Wan, X. G., First – principles study of thermal properties of borophene. *Phys. Chem. Chem. Phys.*, 18, 22, 14927 – 14932, 2016.

[11] Peng, B., Zhang, H., Shao, H., Xu, Y., Zhang, R., Zhu, H., The electronic, optical, and thermodynamic properties of borophene from first – principles calculations. *J. Mater. Chem.* C, 4, 16, 3592 – 3598, 2016.

[12] Mannix, A. J., Kiraly, B., Hersam, M. C., Guisinger, N. P., Synthesis and chemistry of elemental 2D materials. *Nat. Rev. Chem.*, 1, 2, 0014, 2017.

[13] Zhu, F. F., Chen, W. J., Xu, Y., Gao, C. L., Guan, D. D., Liu, C. H., Jia, J. F., Epitaxial growth of two – dimensional stanene. *Nat. Mater.*, 14, 10, 1020, 2015.

[14] Fadaie, M., Shahtahmassebi, N., Roknabad, M. R., Gulseren, O., First – principles investigation of armchair stanene nanoribbons. *Phys. Lett. A*, 382, 4, 180 – 185, 2018.

[15] Mortazavi, B., Rahaman, O., Makaremi, M., Dianat, A., Cuniberti, G., Rabczuk, T., First – principles investigation of mechanical properties of silicene, germanene and stanene. *Physica E*, 87, 228 – 232, 2017.

[16] Modarresi, M., Kakoee, A., Mogulkoc, Y., Roknabadi, M. R., Effect of external strain on electronic structure of stanene. *Comput. Mater. Sci.*, 101, 164 – 167, 2015.

[17] Vogt, P., Silicene, germanene and other group IV 2D materials. *Beilstein J. Nanotechnol*, 9, 2665 – 2667, 2018.

[18] Tang, P., Chen, P., Cao, W., Huang, H., Cahangirov, S., Xian, L., Rubio, A., Stable two – dimensional dumbbell stanene: A quantum spin Hall insulator. *Phys. Rev. B*, 90, 12, 121408, 2014.

[19] Liao, M., Zang, Y., Guan, Z., Li, H., Gong, Y., Zhu, K., He, K., Superconductivity in few – layer stanene. *Nat. Phys.*, 1, 2018.

[20] Cesare, C., Physicists announce graphene's latest cousin: Stanene. *Nature*, 524, 18, 2015.

[21] Ooi, N., Rajan, V., Gottlieb, J., Catherine, Y., Adams, J. B., Structural properties of hexagonal boron nitride. *Modell. Simul. Mater. Sci. Eng.*, 14, 3, 515, 2006.

[22] Kim, K. K., Hsu, A., Jia, X., Kim, S. M., Shi, Y., Dresselhaus, M., Kong, J., Synthesis and characterization of hexagonal boron nitride film as a dielectric layer for graphene devices. *ACS Nano*, 6, 10, 8583 – 8590, 2012.

[23] Xue, J., Sanchez – Yamagishi, J., Bulmash, D., Jacquod, P., Deshpande, A., Watanabe, K., LeRoy, B. J., Scanning tunnelling microscopy and spectroscopy of ultra – flat graphene on hexagonal boron nitride. *Nat. Mater.*, 10, 4, 282, 2011.

[24] Kim, K. K., Hsu, A., Jia, X., Kim, S. M., Shi, Y., Hofmann, M., Kong, J., Synthesis of monolayer hexagonal boron nitride on Cu foil using chemical vapor deposition. *Nano Lett.*, 12, 1, 161 – 166, 2011.

[25] Kamalakar, M. V., Dankert, A., Bergsten, J., Ive, T., Dash, S. P., Enhanced tunnel spin injection into graphene using chemical vapor deposited hexagonal boron nitride. *Sci. Rep.*, 4, 6146, 2014.

[26] Xu, M., Liang, T., Shi, M., Chen, H., Graphene – like two – dimensional materials. *Chem. Rev.*, 113, 5, 3766 – 3798, 2013.

[27] Jose, D. and Datta, A., Structures and chemical properties of silicene: Unlike graphene. Acc. *Chem. Res.*, 47, 2, 593 – 602, 2013.

[28] Meng, L., Wang, Y., Zhang, L., Du, S., Wu, R., Li, L., Gao, H. J., Buckled silicene formation on Ir (111). *Nano Lett.*, 13, 2, 685 – 690, 2013.

[29] Lin, C. L., Arafune, R., Kawahara, K., Tsukahara, N., Minamitani, E., Kim, Y., Kawai, M., Structure of silicene grown on Ag (111). *Appl. Phys. Express*, 5, 4, 045802, 2012.

[30] Naguib, M., Mochalin, V. N., Barsoum, M. W, Gogotsi, Y., 25th anniversary article: MXenes: A new family of two – dimensional materials. *Adv. Mater.*, 26, 7, 992 – 1005, 2014.

[31] Lei, J. C., Zhang, X., Zhou, Z., Recent advances in MXene: Preparation, properties, and applications. *Front. Phys.*, 10, 3, 276 – 286, 2015.

[32] Yan, J., Ren, C. E., Maleski, K., Hatter, C. B., Anasori, B., Urbankowski, P., Gogotsi, Y., Flexible MXene/graphene films for ultrafast supercapacitors with outstanding volumetric capacitance. *Adv. Funct. Mater.*, 27, 30, 2017.

[33] Alhabeb, M., Maleski, K., Anasori, B., Lelyukh, P., Clark, L., Sin, S., Gogotsi, Y., Guidelines for Synthesis and Processing of Two – Dimensional Titanium Carbide (Ti_3C_2T x MXene). *Chem. Mater.*, 29, 18, 7633 – 7644, 2017.

[34] Naguib, M., Kurtoglu, M., Presser, V., Lu, J., Niu, J., Heon, M., Barsoum, M. W, Two – dimensional nanocrystals produced by exfoliation of Ti_3AlC_2. *Adv. Mater.*, 23, 37, 4248 – 4253, 2011.

[35] Halim, J., Lukatskaya, M. R., Cook, K. M., Lu, J., Smith, C. R., Naüslund, L. Å., Barsoum, M. W., Transparent conductive two – dimensional titanium carbide epitaxial thin films. *Chem. Mater.*, 26, 7, 2374 – 2381, 2014.

[36] Naguib, M., Unocic, R. R., Armstrong, B. L., Nanda, J., Large – scale delamination of multi – layers transition metal carbides and carbonitrides "MXenes". *Dalton Trans.*, 44, 20, 9353 – 9358, 2015.

[37] Anasori, B., Shi, C., Moon, E. J., Xie, Y., Voigt, C. A., Kent, P. R., Gogotsi, Y., Control of electronic properties of 2D carbides (MXenes) by manipulating their transition metal layers. *Nanoscale Horiz.*, 1, 3, 227 – 234, 2016.

[38] Pumera, M. and Sofer, Z., 2D monoelemental arsenene, antimonene, and bismuthene: Beyond black phosphorus. *Adv. Mater.*, 2017.

[39] Kong, X., Liu, Q., Zhang, C., Peng, Z., Chen, Q., Elemental two – dimensional nanosheets beyond gra-

phene. *Chem. Soc. Rev.* ,46,8,2127 - 2157,2017.

[40] Aktürk, E. , Aktürk, O. Ü. , Ciraci, S. , Single and bilayer bismuthene: Stability at high temperature and mechanical and electronic properties. *Phys. Rev. B*,94,1,014115,2016.

[41] Andriotis, A. N. , Richter, E. , Menon, M. , Prediction of a new graphenelike Si_2BN solid. *Phys. Rev. B*,93, 8,081413,2016.

[42] Singh, D. , Gupta, S. K. , Sonvane, Y. , Ahuja, R. , High performance material for hydrogen storage: Graphenelike Si_2BN solid. *Int. J. Hydrogen Energy*,42,36,22942 - 22952,2017.

[43] Shi, H. , Yan, R. , Bertolazzi, S. , Brivio, J. , Gao, B. , Kis, A. , Huang, L. , Exciton dynamics in suspended monolayer and few - layer MoS_2 2D crystals. *ACS Nano*,7,2,1072 - 1080,2013.

[44] Ma, Y. , Dai, Y. , Guo, M. , Niu, C. , Zhu, Y. , Huang, B. , eVidence of the existence of magnetism in pristine VX_2 monolayers (X = S, Se) and their strain - induced tunable magnetic properties. *ACS Nano*,6,2, 1695 - 1701,2012.

[45] Ramakrishna Matte, H. S. S. , Gomathi, A. , Manna, A. K. , Late, D. J. , Datta, R. , Pati, S. K. , Rao, C. N. R. , MoS_2 and WS_2 analogues of graphene. *Angew. Chem. Int. Ed.* ,49,24,4059 - 4062,2010.

[46] Wu, Z. , Wang, D. , Wang, Y. , Sun, A. , Preparation and tribological properties of MoS_2 nanosheets. *Adv. Eng. Mater.* ,12,6,534 - 538,2010.

[47] Zhao, G. , Hou, J. , Wu, Y. , He, J. , Hao, X. , Preparation of 2D MoS_2/graphene heterostructure through a monolayer intercalation method and its application as an optical modulator in pulsed laser generation. *Adv. Opt. Mater.* ,3,7,937 - 942,2015.

[48] Raybaud, P. , Hafner, J. , Kresse, G. , Kasztelan, S. , Toulhoat, H. , Structure, energetics, and electronic properties of the surface of a promoted MoS_2 catalyst: An *ab initio local density functional study. J. Catal.* ,190,1,128 - 143,2000.

[49] Ataca, C. , Sahin, H. , Akturk, E. , Ciraci, S. , Mechanical and electronic properties of MoS_2 nanoribbons and their defects. *J. Phys. Chem. C*,115,10,3934 - 3941,2011.

[50] Scalise, E. , Houssa, M. , Pourtois, G. , Afanas, V. V. , Stesmans, A. , First - principles study of strained 2D MoS_2. *Physica E*,56,416 - 421,2014.

[51] Lu, P. , Wu, X. , Guo, W. , Zeng, X. C. , Strain - dependent electronic and magnetic properties of MoS_2 monolayer, bilayer, nanoribbons and nanotubes. *Phys. Chem. Chem. Phys.* ,14,37,13035 - 13040,2012.

[52] Andriotis, A. N. and Menon, M. , Tunable magnetic properties of transition metal doped MoS_2. *Phys. Rev. B*,90,12,125304,2014.

[53] Pan, H. and Zhang, Y. W. , Edge - dependent structural, electronic and magnetic properties of MoS_2 nanoribbons. *J. Mater. Chem.* ,22,15,7280 - 7290,2012.

[54] Anand, T. J. S. , Sanjeeviraja, C. , Jayachandran, M. , Preparation of layered semiconductor ($MoSe_2$) by electrosynthesis. *Vacuum*,60,4,431 - 435,2001.

[55] Dukstiene, N. , Kazancev, K. , Prosicevas, I. , Guobiene, A. , Electrodeposition of Mo - Se thin films from a sulfamatic electrolyte. *J. Solid State Electrochem.* ,8,5,330 - 336,2004.

[56] Yuwen, L. , Zhou, J. , Zhang, Y. , Zhang, Q. , Shan, J. , Luo, Z. , Wang, L. , Aqueous phase preparation of ultrasmall $MoSe_2$ nanodots for efficient photothermal therapy of cancer cells. *Nanoscale*, 8, 5, 2720 - 2726,2016.

[57] Hu, S. Y. , Liang, C. H. , Tiong, K. K. , Lee, Y. C. , Huang, Y. S. , Preparation and characterization of large niobium - doped $MoSe_2$ single crystals. *J. Cryst. Growth*,285,3,408 - 414,2005.

[58] Kong, D. , Wang, H. , Cha, J. J. , Pasta, M. , Koski, K. J. , Yao, J. , Cui, Y. , Synthesis of MoS_2 and $MoSe_2$ films with vertically aligned layers. *Nano Lett.* ,13,3,1341 - 1347,2013.

[59] Bromley, R. A., Murray, R. B., Yoffe, A. D., The band structures of some transition metal dichal - cogenides. III. Group VIA: Trigonal prism materials. *J. Phys. C: Solid State Phys.*, 7, 759, 1972.

[60] Ma, Y., Dai, Y., Guo, M., Niu, C., Lu, J., Huang, B., Electronic and magnetic properties of perfect, vacancy - doped, and nonmetal adsorbed $MoSe_2$, $MoTe_2$ and WS_2 monolayers. *Phys. Chem. Chem. Phys.*, 13, 34, 15546 - 15553, 2011.

[61] Evans, B. L. and Hazelwood, R. A., Optical and structural properties of $MoSe_2$. *Phys. Status Solidi A*, 4, 1, 181 - 192, 1971.

[62] Kumar, A. and Ahluwalia, P. K., Electronic structure of transition metal dichalcogenides monolayers 1H - MX_2 (M = Mo, W; X = S, Se, Te) from ab - initio theory: New direct band gap semiconductors. *Eur. Phys. J. B*, 85, 6, 186, 2012.

[63] Lee, C., Hong, J., Lee, W. R., Kim, D. Y., Shim, J. H., Density functional theory investigation of the electronic structure and thermoelectric properties of layered MoS_2, $MoSe_2$ and their mixed - layer compound. *J. Solid State Chem.*, 211, 113 - 119, 2014.

[64] Tongay, S., Zhou, J., Ataca, C., Lo, K., Matthews, T. S., Li, J., Wu, J., Thermally driven cross - over from indirect toward direct bandgap in 2D semiconductors: $MoSe_2$ versus MoS_2. *Nano Lett.*, 12, 11, 5576 - 5580, 2012.

[65] Zhu, Z. Y., Cheng, Y. C., Schwingenschlogl, U., Giant spin - orbit - induced spin splitting intwo - dimensional transition - metal dichalcogenide semiconductors. *Phys. Rev. B*, 84, 15, 153402, 2011.

[66] Song, J. G., Park, J., Lee, W, Choi, T., Jung, H., Lee, C. W., Lansalot - Matras, C., Layer - controlled, wafer - scale, and conformal synthesis of tungsten disulfide nanosheets using atomic layer deposition. *ACS Nano*, 7, 12, 11333 - 11340, 2013.

[67] Sajedi - Moghaddam, A. and Saiever - Iranized, E., High - yield exfoliation of tungsten disulphide nanosheets by rational mixing of low - boiling - point solvents. *Mater. Res. Express*, 5, 015045, 2018.

[68] Kim, Y., Song, J. G., Park, Y. J., Ryu, G. H., Lee, S. J., Kim, J. S., Jung, H., Self - limiting layer synthesis of transition metal dichalcogenides. *Sci. Rep.*, 6, 18754, 2016.

[69] Rasmussen, F. A. and Thygesen, K. S., Computational 2D materials database: Electronic structure of transition - metal dichalcogenides and oxides. *J. Phys. Chem. C*, 119, 23, 13169 - 13183, 2015.

[70] Cong, C., Shang, J., Wu, X., Cao, B., Peimyoo, N., Qiu, C., Yu, T., Synthesis and optical properties of large - area single - crystalline 2D semiconductor WS_2 monolayer from chemical vapor deposition. *Adv. Opt. Mater.*, 2, 2, 131 - 136, 2014.

[71] Haba, D., Brunner, A. J., Barbezat, M., Spetter, D., Tremel, W., Pinter, G., Correlation of epoxy material properties with the toughening effect of fullerene - like WS_2 nanoparticles. *Eur. Polym. J.*, 84, 125 - 136, 2016.

[72] Sahu, M., Narashimhan, L., Prakash, O., Raichur, A. M., Noncovalently functionalized tungsten disulfide nanosheets for enhanced mechanical and thermal properties of epoxy nanocomposites. *ACS Appl. Mater. Interfaces*, 9, 16, 14347 - 14357, 2017.

[73] Voiry, D., Yamaguchi, H., Li, J., Silva, R., Alves, D. C., Fujita, T., Chhowalla, M., Enhanced catalytic activity in strained chemically exfoliated WS_2 nanosheets for hydrogeneVolution. *Nat. Mater.*, 12, 9, 850, 2013.

[74] Shifa, T. A., Wang, F., Liu, K., Xu, K., Wang, Z., Zhan, X., He, J., Engineering the electronic structure of 2D WS2 nanosheets using Co Incorporation as $Co_xW_{(1-x)}S_2$ for conspicuously enhanced hydrogen generation. *Small*, 12, 28, 3802 - 3809, 2016.

[75] Sun, M., Nelson, A. E., Adjaye, J., A DFT study of WS_2, NiWS, and CoWS hydrotreating catalysts: Ener-

getics and surface structures. *J. Catal.* ,226,1,41 - 53,2004.

[76] Chen,T. Y. ,Chang,Y. H. ,Hsu,C. L. ,Wei,K. H. ,Chiang,C. Y. ,Li,L. J. ,Comparative study on MoS_2 and WS_2 for electrocatalytic water splitting. *Int. J. Hydrogen Energy*,38,28,12302 - 12309,2013.

[77] Yu,Y. ,Hu,S. ,Su,L. ,Huang,L. ,Liu,Y. ,Jin,Z. ,Cao,L. ,Equally efficient interlayer exciton relaxation and improved absorption in epitaxial and nonepitaxial MoS_2/WS_2 heterostructures. *Nano Lett*. ,15,1,486 - 491,2014.

[78] Xue,Y. ,Zhang,Y. ,Liu,Y. ,Liu,H. ,Song,J. ,Sophia,J. ,Zheng,J. ,Scalable production of a few - layer MoS_2/WS_2 vertical heterojunction array and its application for photodetectors. *ACS Nano*,10,1,573 - 580,2015.

[79] Huo,N. ,Kang,J. ,Wei,Z. ,Li,S. S. ,Li,J. ,Wei,S. H. ,Novel and enhanced optoelectronic performances of multilayer MoS_2 - WS_2 heterostructure transistors. *Adv. Funct. Mater.* ,24,44,7025 - 7031,2014.

[80] Komsa,H. P. andKrasheninnikov,A. V. ,Electronic structures and optical properties of realistic transition metal dichalcogenide heterostructures from first principles. *Phys. Rev. B*,88,8,085318,2013.

[81] Kośmider,K. and Fernάndez - Rossier,J. ,Electronic properties of the MoS_2 - WS_2 heterojunction. *Phys. Rev. B*,87,7,075451,2013.

[82] Zhao,W,Ghorannevis,Z. ,Chu,L. ,Toh,M. ,Kloc,C. ,Tan,P. H. ,Eda,G. ,eVolution of electronic structure in atomically thin sheets of WS_2 and WSe_2. *ACS Nano*,7,1,791 - 797,2012.

[83] Coehoorn,R. ,Haas,C. ,De Groot,R. A. ,Electronic structure of $MoSe_2$, MoS_2, and WSe_2. II. The nature of the optical band gaps. *Phys. Rev. B*,35,12,19876203.

[84] Huang,J. K. ,Pu,J. ,Hsu,C. L. ,Chiu,M. H. ,Juang,Z. Y. ,Chang,Y. H. ,Li,L. J. ,Large - area synthesis of highly crystalline WSe_2 monolayers and device applications. *ACS Nano*,8,1,923 - 930,2013.

[85] Park,K. ,Kim,Y. ,Song,J. G. ,Kim,S. J. ,Lee,C. W. ,Ryu,G. H. ,Kim,H. ,Uniform,large - area self - limiting layer synthesis of tungsten diselenide. *2D Mater.* ,3,1,014004,2016.

[86] Mohammed, A. , Nakamura, H. , Wochner, P. , Ibrahimkutty, S. , Schulz, A. , Müller, K. , Takagi, H. , Pulsed laser deposition for the synthesis of monolayer WSe_2. *Appl. Phys. Lett.* ,111,7,073101,2017.

[87] Chakravarty,D. and Late,D. J. ,Microwave and hydrothermal syntheses of WSe_2 micro/nanorods and their application in supercapacitors. *RSC Adv.* ,5,28,21700 - 21709,2015.

[88] Manchanda,P. and Skomski,R. ,2D transition - metal diselenides: Phase segregation,electronic structure,and magnetism. *J. Phys. : Condens. Matter*,28,6,064002,2016.

[89] Tao,L. ,Meng,F. ,Zhao,S. ,Song,Y. ,Yu,J. ,Wang,X. ,Sui,Y. ,Experimental and theoreticaleVidence for the ferromagnetic edge in WSe_2 nanosheets. *Nanoscale*,9,15,4898 - 4906,2017.

[90] Tonndorf,P. ,Schmidt,R. ,Böttger,P. ,Zhang,X. ,Böttger,J. ,Liebig,A. ,de Vasconcellos,S. M. ,Photoluminescence emission and Raman response of monolayer MoS_2, $MoSe_2$, and WSe_2. *Opt. Express*,21,4, 4908 - 4916,2013.

[91] Sahin,H. ,Tongay,S. ,Horzum,S. ,Fan,W. ,Zhou,J. ,Li,J. ,Peeters,F. M. ,Anomalous Raman spectra and thickness - dependent electronic properties of WSe_2. *Phys. Rev. B*,87,16,165409,2013.

[92] Wang,X. ,Chen,Y. ,Zheng,B. ,Qi,F. ,He,J. ,Li,Q. ,Zhang,W. ,Graphene - like WSe2 nanosheets for efficient and stable hydrogeneVolution. *J. Alloys Compd.* ,691,698 - 704,2017.

[93] Dawson,WG. and Bullett,D. W. ,Electronic structure and crystallography of $MoTe_2$ and WTe2. *J. Phys. C: Solid State Phys.* ,20,36,6159,1987.

[94] Lee,C. H. ,Silva,E. C. ,Calderin,L. ,Nguyen,M. A. T. ,Hollander,M. J. ,Bersch,B. ,Robinson,J. A. , Tungsten Ditelluride: A layered semimetal. *Sci. Rep.* ,5,10013,2015.

[95] Jana,M. K. ,Singh,A. ,Late,D. J. ,Rajamathi,C. R. ,Biswas,K. ,Felser,C. ,Rao,C. N. R. , *J. Phys.* :

Condens. Matter ,27,285401,2015.

[96] Zhou,Y.,Chen,X.,Li,N.,Zhang,R.,Wang,X.,An,C.,Yang,W,Pressure - induced Td to 1T structural phase transition in WTe2. *AIP Adv.* ,6,7,075008,2016.

[97] Fan,Z.,Wei - Bing,Z.,Bi - Yu,T.,Electronic structures and elastic properties of monolayer and bilayer transition metal dichalcogenides MX_2 (M = Mo,W; X = O,S,Se,Te): A comparative first - principles study. *Chin. Phys. B*,24,9,097103,2015.

[98] Song,Y.,Wang,X.,Mi,W.,Spin splitting and reemergence of charge compensation in monolayer WTe_2 by 3d transition - metal adsorption. *Phys. Chem. Chem. Phys.* ,19,11,7721 - 7727,2017.

[99] Sinova,J.,Valenzuela,S. O.,Wunderlich,J.,Back,C. H.,Jungwirth,T.,Spin hall effects. *Rev. Mod. Phys.* ,87,4,1213,2015.

[100] Shan,W. Y.,Lu,H. Z.,Xiao,D.,Spin hall effect in spin - valley coupled monolayers of transition metal dichalcogenides. *Phys. Rev. B*,88,12,125301,2013.

[101] Habe,T. andKoshino,M.,Anomalous Hall effect in 2 H - phase M X_2 transition - metal dichal - cogenide monolayers on ferromagnetic substrates (M = Mo,W,and X = S,Se,Te). *Phys. Rev. B*,96,8,085411,2017.

[102] Zhou,J.,Liu,F.,Lin,J.,Huang,X.,Xia,J.,Zhang,B.,Wang,X.,Large - area and high - quality 2D transition metal telluride. *Adv. Mater.* ,29,3,2017.

[103] Chhowalla,M.,Lin,Z.,Terrones,M.,Themed issue on 2D materials. *J. Mater. Chem. C*,5,43,11156 - 11157,2017.

第12章 化学改性二维材料的生产和应用

Izcoatl Saucedo - Orozco[1], ildred Quintana[1,2]
[1]墨西哥圣路易斯波托西自治大学物理研究所
[2]墨西哥圣路易斯波托西自治大学健康科学与生物医学研究中心

摘　要　二维材料是由多种松散固体化合物衍生而来，如石墨、六方氮化硼(h-BN)、黑磷(BP)、二硫化钨(WS_2)、二硒化钼($MoSe_2$)和二硫化钼(MoS_2)等。另外，相关人员通过计算机模拟，设计了具有激发性能的新型二维合成材料，并促进了材料的实验合成。二维材料为发现原子级物理现象提供了极大的可能性，为新的高技术应用的发展奠定了基础。本章综述了二维材料的主要合成方法、分析中常用的表征技术、单层和功能化材料的性能，最后总结了二维材料提高新型功能器件性能的主要领域。二维材料的性质是可调节性，用不同方法打开了一个巨大的跨学科研究领域。现在正开始构建新的二维结构，结构组合无限。从基础科学、高级电子学到环境修复和生物医学等众多领域，二维材料涉及理论、计算机模拟和实验工作，无疑是令人兴奋的研究领域。

关键词　二维材料，化学功能化，性能，应用

12.1 引言

二维材料是高度有序的晶体化合物，其原子结构决定了它的物理、化学、力学、电、光学和热性质。这种多功能性使它成为解决许多全球性难题的有力工具。例如，由原子薄层组成的二维材料在制造用于清洁能源生产的分子装置、先进的能源储存、环境修复、柔性电子、生物医学和安全探测器方面表现出极大的潜力，所有这些材料都具有降维特性和可接受的成本[1]。

传统的二维材料来源于多种结块固体物质，如石墨、六方氮化硼(h-BN)、黑磷(BP)、二硫化钨(WS_2)、二硒化钼($MoSe_2$)和二硫化钼(MoS_2)。另外，通过计算机模拟，设计了具有激发性能的新型二维合成材料[1-2]。一般来说，二维材料具有10层或10层以下的结构，在平面上表现出原子尺寸高度和层间微弱的范德瓦耳斯力相互作用或静电力[1]。因此，二维层状材料具有弱层间相互作用、强平面内化学键和不同的结构及其复合物。

二维材料除了适用于许多技术应用外，还非常有可能发现原子尺度上的物理现象新

知识。二维材料作为实验平台来证实理论预测[2]，并为研究固体在两个表面的化学反应性奠定了基础[3]。单层、双层和多层二维材料在尺寸、形态、缺陷、掺杂、组成、外部应用领域和化学功能化等方面拥有大量的物理和化学性质，从而产生了大量的潜在应用[4-8]。最近学者在关于二维材料的研究中使用了不同的技术，可以合成或生产这些材料，其中一些方法主要集中在单层的生产上，而另一些方法则是寻求复合材料的生产以此增强光学、电子、化学、热学或力学性能。二维材料的最终应用主要与其原子结构有关，如复合材料或无缺陷或掺杂的单层材料。

本章综述了二维材料的主要合成方法、分析中常用的表征技术、单层和功能化材料的性能，最后总结了二维材料提高新型功能器件性能的主要领域。

12.2 二维材料生产

12.2.1 二维材料分类

一般来说，材料的分类与其内部结构、性质和尺寸有关。纳米结构材料被定义为在一个维度、二个维度或3个维度为纳米范围内的固体，并形成薄膜、圆柱体、卷轴、管、棒或点。零维材料是3个维度均在纳米范围内的材料，由化学和物理方法产生，它像粒子、量子点、阵列和空心球一样被广泛地研究，用于生物医学、能源和催化方面的基础科学研究和应用[9]。一维材料具有两个维度的纳米范围，它的表面相关效应有利于电子学、催化、光子学、生物学、医学和能源的发展[10]。最后，二维材料是由原子厚单层或多面体厚单层组成的结构。在此基础上，二维材料分为层状范德瓦耳斯固体、层状离子固体和表面辅助的非层状固体。

在发现石墨烯后，人们迅速开始寻找新的二维材料，如MoS_2和WS_2等二维过渡金属二硫化物(TMD)等被认为是层状范德瓦耳斯二维材料。这些材料具有强烈的平面共价键或离子键，及较弱的平面范德瓦耳斯力或氢键相互作用[2]。弱范德瓦耳斯力的能量值在40～70meV之间，表面张力在60～90mJ/m²之间。由于二维材料的可剥落性，它尺寸为微米级，且厚度为纳米大小。最常见的分层范德瓦耳斯力的二维材料是石墨烯、MoS_2、$MoSe_2$、h-BN和WS_2。

层状离子固体由带电多面体层组成，在静电力的作用下夹在氢氧化物或硫化物层之间[1]。离子固体有铕氢氧化物、钙钛矿型氧化物，如$La_{0.90}Eu_{0.05}Nb_2O_7$[11]、$K_{1.5}Eu_{0.5}Ta_3O_{10}$[12]、$KCa_2Nb_3O_{10}$[13]、KLn Nb_2O_7[14]、$K_2Ln_2Ti_3O_{10}$[15]、$BbLnTa_2O_7$[16]，其中的镧元素是指镧系离子。通过离子交换法剥离一些层状材料得到金属氢氧化物，如$Eu(OH)_{2.5}(DS)_{0.5}$、$Co_{2/3}Fe_{1/3}(OH)_2^{1/3+}$[17]。氧化物和氢氧化物层状材料的质量与制备的剥离过程有关。内在因素包括层的化学组成、层间的离子以及将各层结合在一起的静电力。溶剂的介电常数和表面张力被认为是外在因素[18]。混合钙钛矿是二维绝缘体的一种，具有较高的光吸收系数和强发光特性[19]。金属氧化物晶体具有层状结构，包括PBO、MoO_3、$Pb_2O(SO_4)$、磷氧化物和磷酸盐、钼和钒氧化物。在这种二维材料中，它的层由弱共价键、氧桥或插层离子与非化学计量结构连接。例如，研究了MoO_3和V_2O_5应用于电池正极材料的发展[20]，而铜和钴层状氧化物则表现出超导性[21]。

最后，二维材料形状和结构的重要性引发了人们的迫切探索，去研究控制非层状纳米材料的合成，使其具有更好的物理和化学性能。通过化学气相沉积（CVD）或外延生长、固态煅烧、自组装湿化学或水热方法，在基底上可以人工合成表面辅助非层状固体这种薄层材[22]，如在不同基底上沉积产生的硅和锗就是完美的表面辅助非层状固体[23]。可以预测，非层状二维固体会具有更好的物理和化学性能。例如，研究表明，在原子二维尺度下[24]，如 MoO_2这样的非层状二维固体的锂离子储存能力显著增强，而在超薄二维光催化剂上，电荷的短暂迁移距离降低了分子重组的概率，促进了水的裂解[23]。

12.2.2 液相剥离技术

二维材料的合成和制备方法很多，不同的方法在制备单层或多层（few layer，FL）材料方面存在着一定的缺点。微机械法是第一种获得无缺陷单层石墨烯的方法。遗憾的是，这种方法只能为基础研究和概念装置的证明提供样本，因为它的量产率很低[2]。三维大块材料的液相剥离是微机械剥离的替代方法，它是成功方法的集合，以在合理规模下生产分散在包括水在内的不同溶剂中的单层材料和多层二维材料。液相剥离成功地将范德瓦耳斯固体分散成石墨烯、MoS_2、WS_2、BN 等单层[25]。

二维层状材料的特点是弱平面键合和大的表面积，这两个特点使二维材料基面之间存在或包含分子和离子。这个过程通常用来辅助剥离三维的大块材料[26]。插层离子或小分子能够弱化层间附着力并增加层间间距，使剥离的二维材料产量更高，更不用说还可以直接应用在电分析技术和生物电分析传感装置上[27-28]。可以利用液相剥离法生产出多层二维材料，由于二维材料具有稳定的色散关系，它可以合成，因此能与其他种类的离子、有机分子、生物分子或纳米粒子结合，成为发展新一代分子技术的完美候选材料。

超声剥离是从三维大块材料中生产单层材料和多层材料的有效方法。溶剂是确定产品质量的关键参数。在超声剥离过程中，当溶剂表面和二维材料的张力和表面能量处于相同范围时，单层或多层纳米片仍然悬浮在上清液分散中。超声波作用是将超声波注入溶剂中，产生空泡。当气泡在溶剂中压破时，局部的高温和高压会对固体产生压力，引起剥落和碎裂[29-30]。如前所述，选择正确的溶剂是良好剥离的关键因素。某些溶剂具有特定的表面张力，能够最大限度地实现剥离，这取决于块状前驱体。当溶剂表面张力接近于层状二维材料表面能量时，可以产生最佳的剥落效果，减少空泡造成的损伤。一般情况下，用于超声剥离不同二维材料的溶剂包括 N-甲基-2-吡咯烷酮（NMP）、二甲基对丙胺（DMF）、二甲基亚砜（DMSO）、异丙醇（IPA）等[31]。图 12.1 概述了一些不同的液体剥离过程。

三维块体材料的其他剥离方法包括化学氧化[32]，使用硫酸、磷酸、硝酸等氧化剂化学种类的混合物，以及分子添加剂辅助的球磨机[33]。用这些方法产生的二维材料主要是化学功能化层。氧化层很容易集成在复合材料中或与另一种分子结合，从而降低了生物医学应用的毒性。

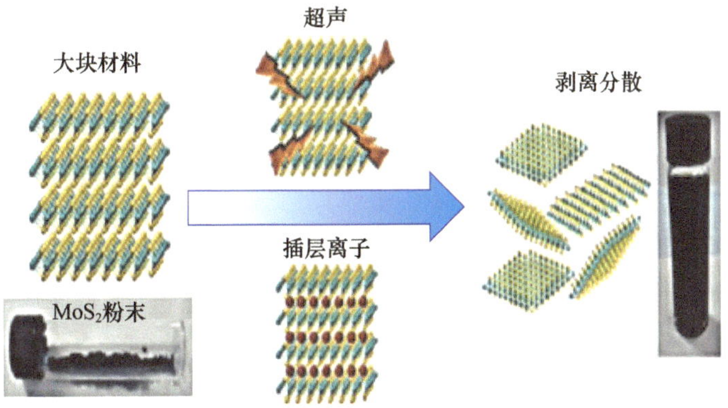

图 12.1 液体剥离技术概述(2017 年版权,经 RSC 出版社授权转载)

(a)大块层状二维材料(MoS_2)的晶体结构的照片,显示大块 MoS_2 粉末;(b)显示两种常见的液体剥离技术——溶剂中直接超声技术和插层离子技术(这两种技术都可用于大规模生产,能够生产大量的剥离分散的二维材料);(c)溶剂稳定剥离 MoS_2 的晶体结构的照片(显示 MoS_2)[37]。

12.2.3 非液相剥离技术

生产二维材料有精确的方法。化学气相沉积 CVD 技术需要高温(大于 700℃)和超高真空才能正确操作化学气相沉积系统[34-35]。CVD 的主要优点是制备出的单层膜具有高精密度。该技术可以产生原子厚度且均匀的二维层状表面。CVD 法以在不同基底上单层或多层沉积的形式广泛用于制备大面积的二维材料表面。CVD 制备的二维材料是基础科学研究和光学、电子和传感器应用概念装置探测的优秀平台[36-37]。

CVD 是指与从气相沉积固体层有关的一系列过程。该技术涉及的过程有常压化学气相沉积(APCVD)、低压化学气相沉积(LPCVD)、金属-有机化学气相沉积(MOCVD)、等离激元辅助化学气相沉积(PACVD)、激光化学气相沉积(LCVD)等。基于衬底和气体的相互作用并按照顺序采取步骤来运作 CVD。前驱体气体被输送到气体室,然后前驱体与加热过的基底接触,形成固相,导致分子相互作用。基底的温度对单层二维材料的生长至关重要。在纳米薄片沉积过程中,前驱体必须具有挥发性和稳定性。前驱体气体可能提供一个或多个元素,使二维材料在基底上沉积,减少过程中需要的反应数量[38-39]。前驱气体包括金属有机化合物、金属羰基、氢化物、硫化物等。CVD 的能量来源有电阻加热、辐射加热、激光和射频加热。利用该技术可以获得任何金属或陶瓷化合物、金属和合金、氮化物、氧化物、碳化物和金属间化合物。CVD 二维材料在电阻、高温、腐蚀、防腐涂层等领域有着广泛的应用。CVD 的其他重要应用与半导体和电子设备的制造有关。CVD 用于在特殊应用领域生产单层或多层二维材料膜,如电信用的光学薄膜、陶瓷基体化合物、纳米薄膜等[40]。

范德瓦耳斯外延生长是制备二维材料的一种方法。这种方法广泛用于 MoS_2[41] 原子尺寸和 h-BN[42] 的层状材料的生长。CVD 与范德瓦耳斯外延生长技术的主要区别是在 CVD 中,基底表面起催化剂的作用,而在范德瓦耳斯外延生长技术中基底起晶种的作用。二维层状材料的范德瓦耳斯外延生长允许生产大型定向层板,而这些层板是不可能通过液体剥离的。该技术的主要优点是,在正确选择沉积温度时,可以制备具有特定定向的基底。基底化学组成和定向是获得所需层状材料以及预期物理、光学和力学性能的关键因素[43-44]。

水热合成方法是指水或有机溶液在高温和高蒸汽压下的物质结晶。这一程序用于制作单层二维材料[45]。MoS_2水热合成的示意图如图12.2所示。

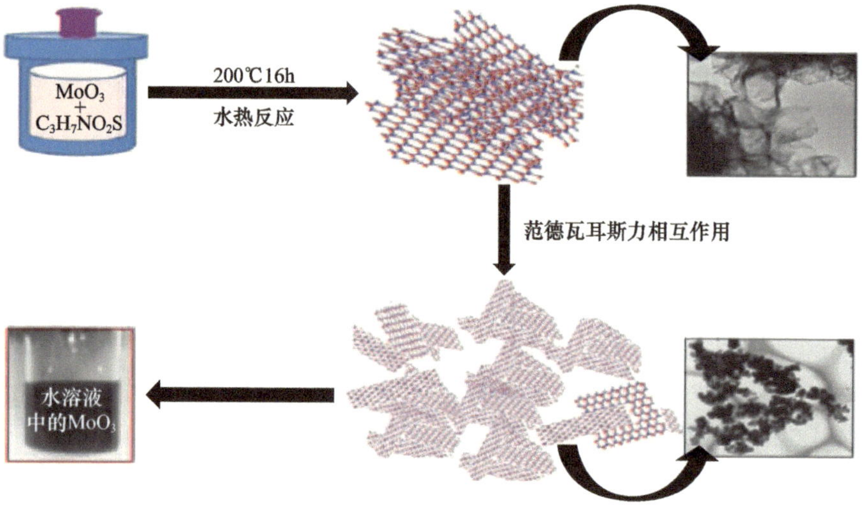

图12.2 MoS_2层生长机制示意图[45]（2016年版权，经爱思唯尔出版社授权转载）

12.2.4 表征技术

显微技术是观察二维材料形态和结构组成最常用的技术。原子力显微镜（AFM）、扫描电子显微镜（SEM）、透射电子显微镜（TEM）、扫描透射电子显微镜（STM）、扫描隧道光谱（STEM）和显微拉曼光谱等是用于分析二维材料结构表征的技术。

AFM使用的尖头是纳米半径尺寸。当尖头靠近样品表面时，静电力作用于尖头，在与二维层状材料相互作用时，根据胡克定律使悬臂弯曲。当悬臂通过表面位移时，入射光束随着形态的变化而偏转。通过二维表面结构信息散射激光光束，通过光电二极管探测器系统采集输出光束。AFM在二维材料中的应用非常广泛，它的主要应用是测量二维材料的厚度和层数。图12.3显示了使用AFM表征技术分析MoS_2层厚度和层数的数据，得出的结果与显微拉曼分析的结果互补[46]。

在电子显微技术中，电子衍射可以全面说明单层或多层二维材料的结晶性质、层间关系、层片大小、元素构型、层形态、形貌和电子结构。普通光学显微镜的衍射极限在1μm左右，电子显微镜的分辨率大大超过了这个极限。电子具有较小的德布罗意波长，因此以Å为单位的空间分辨率较高。在TEM中，电子束由钨/LaB6离子枪阴极产生，并对准样品表面。荧光屏收集样品与光束相互作用产生的输出光束，将强度转换为样品的图像。TEM的分辨率取决于分析中涉及的高压，从80KV到400KV不等。由最大电压产生的光束具有较短的波长，因此最终分辨率增加。TEM的分辨率可以说明二维材料的结晶性质。在电子束曝光过程中，电子与样品的原子相互作用，然后向收集器偏转，以此进行之后的图像重建。图12.4显示了TEM分析的多用性。图12.4(a)～(d)显示丙酮中的BF降解，图12.4(e)和图12.4(f)显示了在N-环己基-2-吡咯烷酮在2周后的降解[47]。

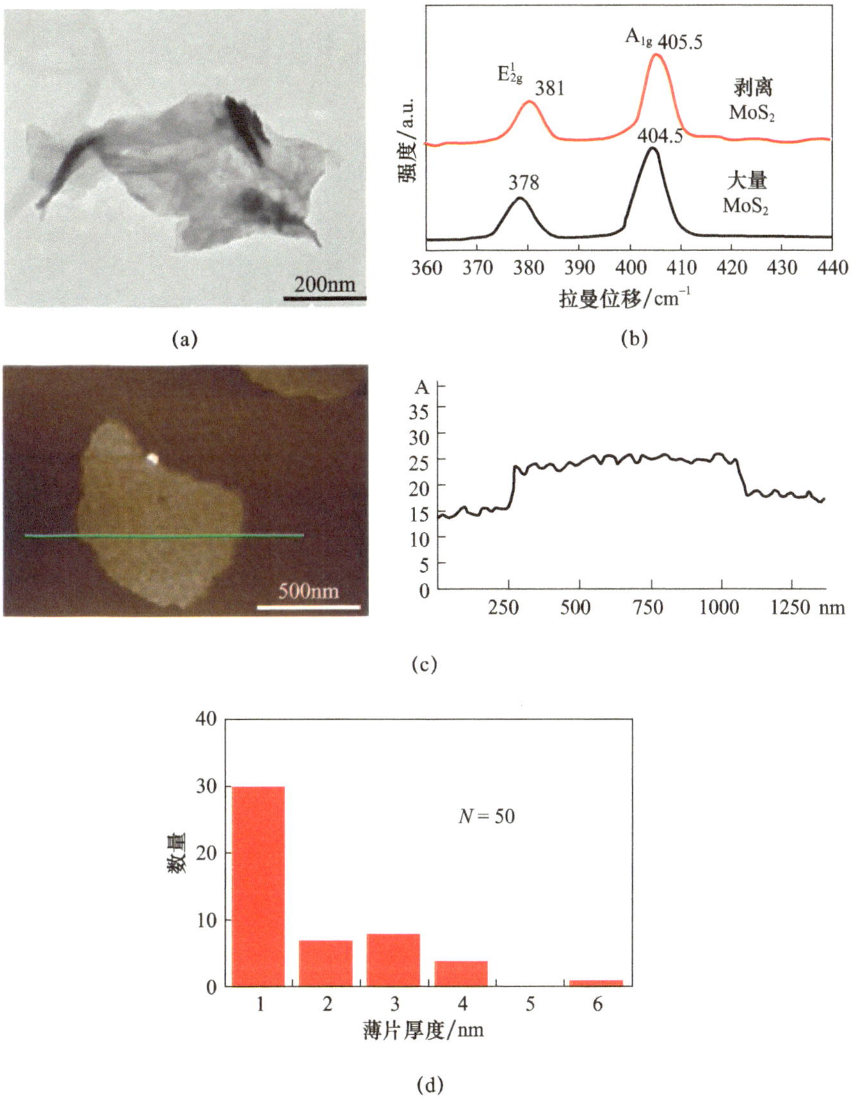

图 12.3 显示了使用 AFM 表征技术分析 MoS_2层厚度和层数的数据
(2018 年版权,经爱思唯尔出版社授权转载)

(a)从 $MoS_2-IPA-K_4Fe(CN)_6$获得的 MoS_2纳米片的透射电子显微镜图像;(b)从 $MoS_2-IPA-K_4Fe(CN)_6$获得的 MoS_2块和剥离 MoS_2纳米片的拉曼光谱;(c)从 $MoS_2-IPA-K_4Fe(CN)_6$获取的 MoS_2纳米片的原子力显微镜图像,以及沿绿线得到的相应的线剖面;(d)运用 AFM 测量技术从 $MoS_2-IPA-K_4Fe(CN)_6$获取的 MoS_2纳米片厚度的统计分析。

在 STEM 中,光束通过样品与二维材料的电子相互作用,在单层上产生单个原子的图像。为了获得高分辨率的 STEM 图像,必须消除振动、温度波动、电磁波和声波。在 STEM 中,当电子与样品的电子碰撞时,电子通过非弹性散射相互作用而失去能量。这种现象的量化产生了一种不同的电子显微镜技术,即电子损失能量谱(electron loss energy spectroscopy,EELS)。EELS 是用电子分光计测量,其中可以识别出来元素电离态,产生二维表面的化学和元素映射[48]。通过扫描隧道光谱分析,发现带有 S 或 Se 原子层合金的$MoTe_2$和

WTe_2出现2H相向1T′相转移，保持了各向同性的2H相，而在1T′相中发现了高度各向异性的S和Se原子序[49]。重要的是，DFT计算已经证实了这些结果，为相位转换和其他高科技应用的设计铺平了道路。

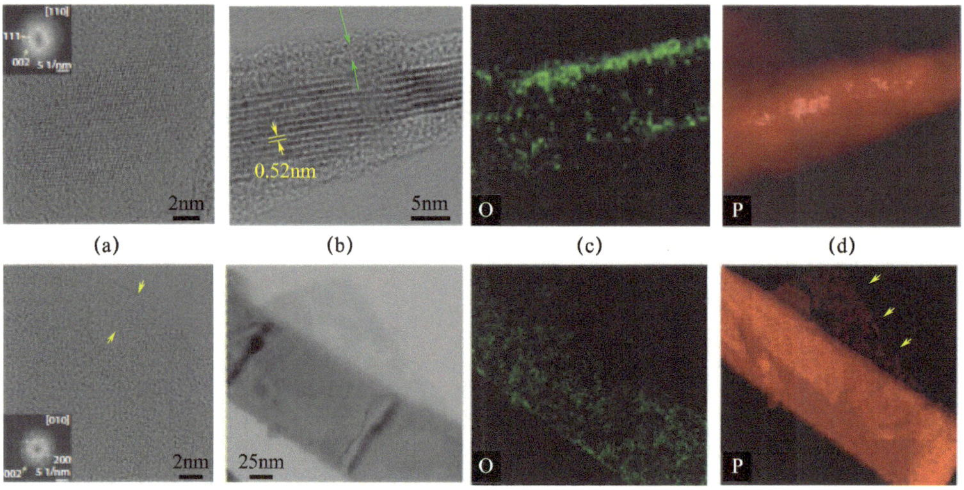

(a) (b) (c) (d)

(e) (f) (g) (h)

图12.4 显示了TEM分析的多用性（(a)~(d)FL－$BP_{acetone}$和(e)~(h)FL－BP_{CHp}片在不同溶剂中储存12周后结构退化的研究）（2018年版权，经ACS出版社授权转载）

(a)在110区轴上的FL－BP丙酮片显示散装BP的结构（其中显示了相应的FT插图）。(b)一个边缘为8层厚的薄片，可以溶解厚度约为0.52nm的单个磷化单层。同样的薄片在表面上也显示了一个非晶层（见绿色箭头），相应的(c)氧和(d)磷的EFTEM元素图表明该层是富氧性。在FL－BPCHP薄片上也存在一个厚的非晶层（见e中的箭头）。(e)显示的薄片存在于010区域轴，并显示了相应的FT插图。此外，一个较薄的薄片(f)中的透射电子显微镜图像对比度更亮）重叠在(e)中显示的薄片上，显示了明显的结构退化的迹象。相应的(g)氧，特别是(h)磷的EFTEM元素图清楚地显示了较薄的薄片((h)中的黄色箭头）的碎裂[47]。

SEM是一种散射电子显微技术，通过这一技术，电子与样品表面原子相互作用，产生包含二维材料信息的散射光束。SEM的分辨率通常小于50nm。可以通过既定区域电子衍射技术（selected area electron diffraction，SAED）来研究二维材料，该技术显示了单层和多层二维材料之间的区别。层状材料产生的衍射强度在任何单层和多层二维材料中都有明显的差异。

STM提供了二维单层的形貌和电子结构的图像，方法是依靠尖头和样品的电子波函数有效重叠产生的隧道电流。通过超高真空（ultra high vacuum，UHV）STM可以定量地了解二维材料的结构和性能。例如，在剥落的石墨烯上旋转存在固有结构缺陷的CVD生长单层MoS_2在剥落的石墨烯上，并通过UHV－STM表征，从而获得5种类型的点缺陷，如原子空位和间隙，为工程上控制二维材料的缺陷提供了基本的见解[50]。

显微拉曼光谱是全面分析二维材料的重要工具。二维材料分析方法是基于单色光的非弹性散射。在两个非弹性散射情况下，拉曼光谱技术所涉及的现象分为两类，即Stokes散射和反Stokes散射。Stokes散射是入射光束的输出能量小于输入能量；反Stokes散射是输出能量大于输入能量。入射强度和输出强度之间的差别提供了对应的特定材料的振动模态信息。拉曼光谱技术是用于二维材料最简单且快速的无创表征技术。该技术提供了二维材料在环境条件和外加力作用下的化学组成、结构性质、层数、层间堆叠、层间扭转、缺陷的性质以及光学、电子和振动特性等信息。图 12.5 总结了石墨烯缺陷类型,如空位、晶界和化学sp^3缺陷及其相应的拉曼光谱[51]。

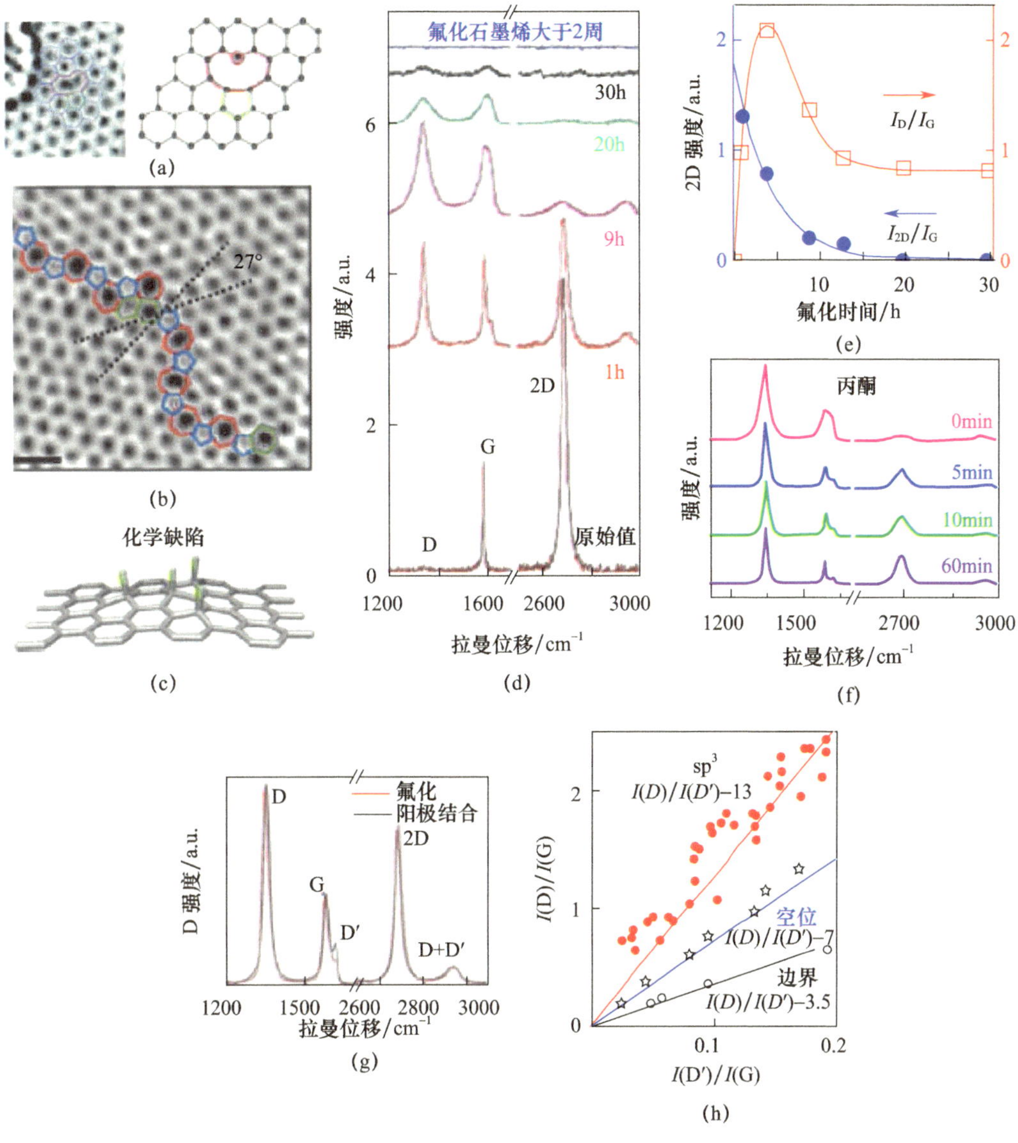

图 12.5 石墨烯缺陷类型(2018 版权,经 ACS 出版社授权转载)

(a)空位缺陷示意图;(b)晶界缺陷示意图;(c)化学缺陷(sp^3类型缺陷)典型示意图;(d)不同氟化次数下暴露于XeF_2的制备氟化石墨烯的拉曼光谱。为了清晰度,抵消了拉曼光谱;(e)$I(D)/I(G)$和$I(2D)/I(G)$作为氟化时间的函数;(f)经过不同溶剂(如丙酮)处理后,制备氟化石墨烯(SF_6、25 W、2min)和氟化石墨烯的拉曼光谱;(g)由阳极键合(黑色)产生的含氟(红色)缺陷石墨烯的拉曼光谱,显示相同的 D、G 和 2D 强度,但不同的 D 强度;(h)$I(D)/I(G)$与比率$I(D0)/I(G)$的关系,显示在低缺陷浓度下这两个参数之间的线性关系,不同类型的缺陷有不同的$I(D)/I(D0)$(数据来自离子轰击石墨烯,16,66 氧化石墨烯,131 和不同粒度的石墨。236 实线起视觉引导作用[51])。

最后,利用 X 射线光电子能谱(X - ray photoelectron spectroscopy,XPS)对二维材料

进行分析，确定了任何层状材料的晶相和结构。在XPS中，X射线光束与样品相互作用，产生入射角和散射角、光束的偏振态、波长位移和强度变化。小角度X射线衍射（small angle X-ray diffraction，SAXS）被广泛使用，以此获得单层厚度、二维材料的掺杂和化合物材料的分布。

例如，利用高分辨XPS对α-MoO_3纳米晶和MoO_3-Sn纳米晶的元素组成、含量和化学状态进行表征，结果表明，插入的零价锡原子与α-MoO_3氧原子结合产生电子输运，达到接近4价的状态，即锡失去电子[52]。这为阳极材料的设计提供了一条新的途径。

12.2.5 性质预测

随着新材料的出现，二维材料的合成方法也在增加。用第一性原理计算预测了稳定的新的二维化合物。例如：①发现了RuS_4八配位五边形二维化合物，它具有可发展的特性，能用于室温下二维材料量子自旋霍尔（quantum spin Hall，QSH）绝缘子[53]；②应用于非挥发性存储器、场效应晶体管和传感器的In_2Se_3和III_2-VI_3范德瓦耳斯材料，具有二维本征铁电性[54]；③预期Sc_2C二维材料在环境条件下具有大容量储氢和可逆吸附释放特性[55]。此外，通过光学、显微、接触和机械技术对二维材料展开研究，增加了它的适用范围，因为随着表征材料出现了许多新的特性。通过不同技术合成的二维材料开辟了一个新的知识分支，专注于二维材料与其他化合物、表面或纳米粒子的相互作用。二维材料与纳米粒子和光敏或氧化还原分子的结合，使二维层状材料在光伏、电子和储能应用中得到广泛的应用，引起了人们对缩小设备尺寸、增加设备灵活性和达到可接受成本的浓厚兴趣[56]。在生物医学应用中，二维材料与生物分子的结合有望改善不同疾病的早期检测系统和治疗方案[57]。

12.3 二维材料的化学改性

12.3.1 掺杂

掺杂物是指插入到二维材料原子结构中的一组杂质元素。将掺杂物引入二维材料的主要目的是诱导其电子、力学、热学或光学性质的变化。不同掺杂过程引起的变化与合成方法直接相关，合成材料的物理和化学性质有望得到显著的改善。拉曼光谱和XRD与HR-TEM的结合是用于表征掺杂材料的常用技术。

硼和氮是石墨烯最常见的掺杂物[58]。二维材料掺杂的合成技术有化学气相沉积、等离激元处理和电弧放电。单原子厚度和二维几何的石墨烯层的掺杂过程通过量子输运得到了增强的电子性质[59]。在纳米多孔石墨烯薄膜中，氮和氧掺杂对电导率和赝电容有不同的作用[60]。

不同的元素掺杂MoS_2导致其电子电导率的变化[61-62]。掺杂物与单层二维材料之间的相互作用增加了它从电子到传感器的不同研究领域的适用性。数学模型可以提供MoS_2等掺杂二维材料的行为信息和可能的优势，如钒（V）、铌（Nb）和钽（Ta）能作为单层MoS_2上的掺杂物。该掺杂材料具有较好的吸附性能、化学活性和较高的气体分子检测灵敏度。图 12.6 显示了掺杂钒、铌和钽的单层 MoS_2的示意图。掺杂 K 的 MoS_2和WSe_2半导体具有高的电子层密度和低的接触电阻[63]。

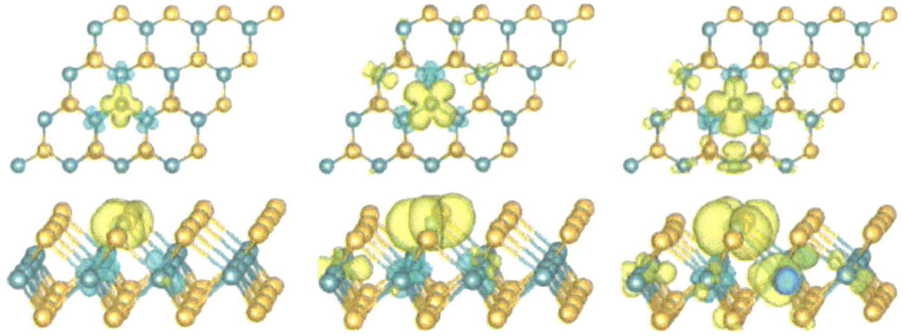

图 12.6 S 空位中掺杂钒、铌和钽的单层 MoS_2的自旋电荷密度的顶部和侧面视图。钼、硫、钒、铌、钽原子分别用深绿色、黄色、浅灰色、浅绿色和蓝色球表示[63](2017 年版权,经爱思唯尔出版社授权转载)
(a)钒;(b)铌;(c)钽。

12.3.2 共价键修饰

氧化石墨烯(GO)是石墨烯杂化材料中应用最广泛的石墨材料。GO 是单层结构,在芳香区域(sp^2碳原子)和氧化脂肪区域(sp^3碳原子)存在变化,含有羟基、环氧、羰基和羧基官能团。此外,石墨烯是具有芳香特性的六边形晶格的二维材料,应用了有机化学的基本原理。石墨烯在有机溶剂中的分散使二维表面可以用一些官能团进行化学改性。在石墨烯上进行了许多有机反应,引入了侧基官能团,以增强其电子、光学、传感和吸附性能[64-66]。化学功能化允许石墨烯薄膜的润湿性从亲水性到高疏水性[67]。然后,功能化的石墨烯很容易与另一个功能种类结合,成为用于水分裂的多金属氧酸盐[68]或用于光动力疗法的氯 e_6[69]。

石墨烯的有机共价反应包括形成自由基或偶联剂之间的共价键和原始石墨烯的 C ═C 键。另一个不同的策略是在边缘上或缺陷的石墨烯薄片上的有机官能团与含氧碳基团之间形成共价键[70]。石墨晶格中碳原子间sp^2和sp^3杂化的比率说明了氧化或共价键修饰的程度,可通过拉曼光谱表征。一些自由基和二聚体与石墨烯晶格中的sp^2碳发生反应,带来的化学反应产生了有机衍生物,可以在生物技术、纳米电子学和太阳能电池中应用[71-72]。图 12.7 显示了应用于石墨烯薄片分散上的 4 种有机反应。

遵循类似的石墨烯有机功能化策略,MoS_2等二维过渡金属二硫化物(TMD)最近已与 1,2-戊环类共价键修饰,成为能量转化中的供体-受体杂化物[73]。现存的含有硫醇基团的大分子为 MoS_2二维材料的化学功能化开辟了一个有吸引力的新领域,能够用于生物医学、光电、电化学和传感器设备的发展[74]。剥离 BP,即层状半导体,是一种在环境条件下迅速降解的高活性材料。基于芳基重氮化反应的 BP 共价键修饰抑制了在环境条件下暴露数周后的化学降解,产生了强可调谐的 p 型掺杂,能够改善场效应晶体管迁移率和开关电流比[75]。

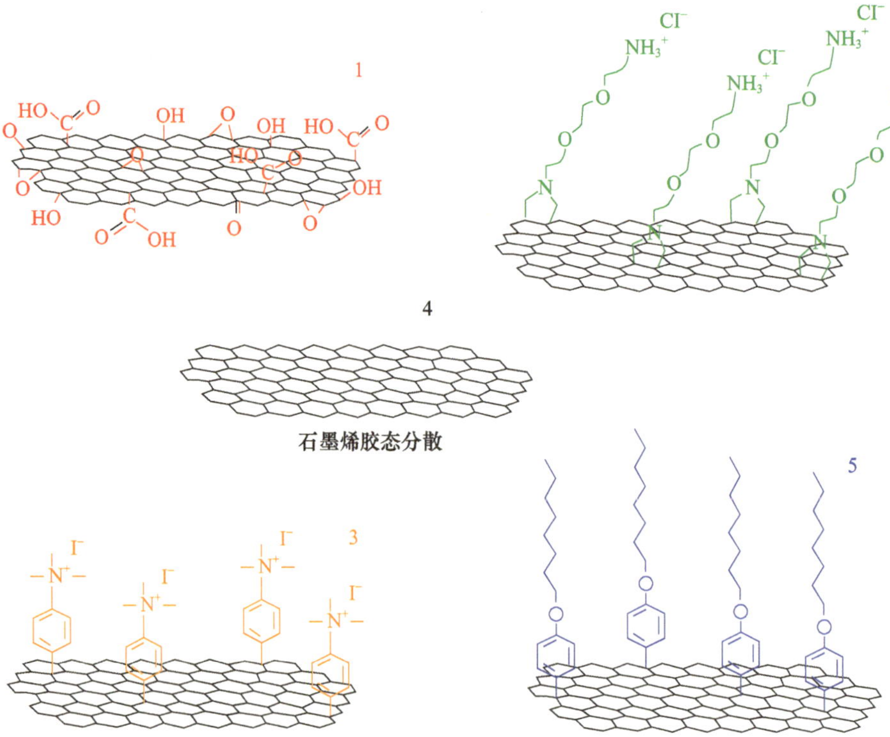

图 12.7 有机功能化的石墨烯特定润湿特性的示意图

(2017 年版权，经爱思唯尔出版社授权转载)

1—氧化石墨烯；2—1,3-偶极环加成；3,4—芳基化反应[67]；5—烷基化反应。

12.3.3 超分子修饰

超分子组装是形成复杂系统的一种途径，复杂系统是指通过非共价相互作用连接，允许形成可逆的动态结构。π—π 键的非共价键修饰是一种潜在技术，包含石墨烯芳香晶格的功能化。石墨烯单层间的 π—π 相互作用导致多层石墨烯或较大的聚集体的形成。在离子、分子或生物分子等其他功能种类和石墨烯薄片之间形成合适的接口，可以避免 π—π 堆叠。π-系统的非共价分子间相互作用是稳定蛋白质、酶-药物复合物、DNA-蛋白复合物、有机超分子和功能性纳米材料的基础[69,76]。π-系统的相互作用为纳米材料的设计提供了可能，从而有望构建新型的动态可逆纳米系统。

多环芳烃(PAH)是具有有趣的物理和化学性质的分子。例如，光活性和电子转移，可以用作 π-去污剂，用于稳定石墨烯，以此产生功能化石墨烯。这些材料是光电和生物标记等应用的极好平台[77]。通过对石墨烯的研究，可以用 STM 和 AFM 表征苝衍生物功能化的 MoS_2 和 h-BN 层，显示了具有双分子基多孔结构[78]。近年来，采用水平浸渍法，称为 Langmuir-Schaefer 转移法，通过共价键修饰制备了具有 10,12-二十五烷有机酸(PCDA)的二维材料的分层模式[79]，在微观尺度上控制分子自组装。由非共价相互作用产生的功能化 BN 纳米片的三维导电水凝胶，通过牺牲性氢键和 π-π 相互作用，表现出强大的力学性能和自愈能力。水凝胶可能在传感器、组织工程和柔性器件中得到应用[80]。

12.3.4 修饰金属和半导体纳米粒子修饰

石墨烯与金属或半导体纳米粒子的结合已被广泛研究并应用于杂化系统的制造，为超级电容器、燃料电池、传感、生物医学和电子设备提供了新的平台[81]。

将二维单层材料作为基底用于纳米粒子的沉积和生长，能够提供大面积表面以及力学稳定的导电平台，见图12.8。例如，紫外光照射下直接在剥离了稳定分子层的GO层生长的金纳米粒子，产生了电化学、力学、光学和热学稳定平台，用于生物分子表面增强拉曼光谱[82]。

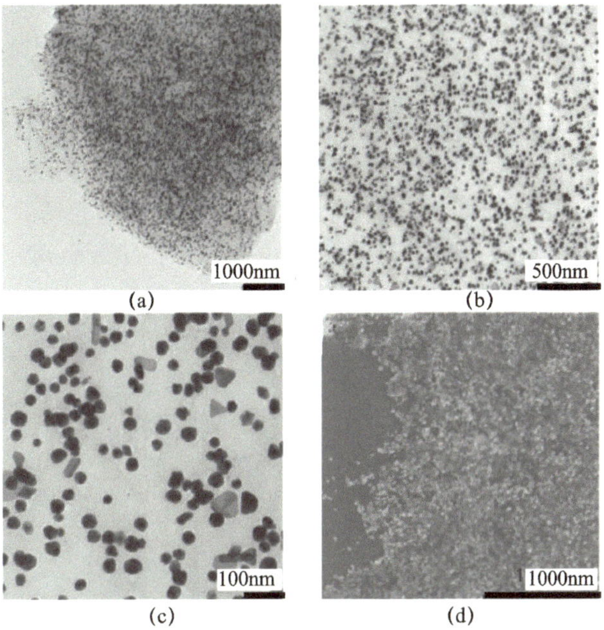

图12.8 在不同放大程度上TEM和SEM观察到的AuNP@石墨烯氧化物杂化的显微图
（观察到了不同形态的金纳米粒子(c)[82]，2018年版权，经RCS出版社授权转载）
(a)~(c)TEM；(d)SEM。

在石墨烯纳米粒子杂化材料基础研究的推动下，不同的二维纳米粒子材料应运而生。最近报道的一些例子涉及WS_2液相剥离时的$AuCl_3$自发还原。还原过程主要发生在WS_2边缘，可以提高对析氢反应的电催化活性，同时保持其光致发光性能。此外，金纳米粒子的重量集中在WS_2边缘，允许通过离心产生定制纯化[83]。用铂纳米粒子修饰的MoS_2层，成功地用于制造低功耗湿度传感器。该传感器长期表现出稳定的线性响应，是制造低成本超快传感器的理想材料[84]。利用高能球磨生产的稀二硫化物(SnS_2)可以用作NO_2传感器，在250°C的条件下，以超快线性响应和高灵敏度的方式，可以实现μg/L到mg/L级的检测[85]。

12.4 二维材料的相关应用

12.4.1 光电应用

二维材料从紫外线到太赫兹的宽光谱范围内呈现光学响应[86]。二维材料对入射光束的光学响应是由其介电常数或复折射率决定的。这些数值通过外部光场、磁场、温度变化、材料杂质、入射光束入射角、探测器和压力的添加来修正。然后，通过修正实际折射率和复折射率对二维材料的光学响应进行修正。这些改变是在样品的相位调制和吸收过程中观察到的[87-89]。

观察二维材料引起的光调制有3种形式，即加热、光激励和电栅极。材料中温度的增加直接影响二维材料的折射率，由此产生的光场在光束的相位中包含调制。电子光束与实际复杂的折射指数直接相互作用，其中输出光束包含振幅和相位调制。输入光束与样品之间的入射角被用于接口之间不同的光学响应。偏振态的不同可能性增加了样品与输入光束之间的相互作用，导致样品产生的输出光束的相位和振幅调制[86]。图12.9展示了石墨烯阵列的相关角度测量的实验装置。

可以用为充分理解光调制器而开发的不同理论来解释二维材料的光电子响应。Franz – Keldys 效应描述了在外加电场的影响下材料的光学跃迁的变化，其原因是材料能带结构的变化[89]。巨大的 stark 效应描述了一维和二维材料与光场的相互作用。在量子阱中，外光束诱导减少了吸收或发射光频，在理论上研究了石墨烯、BN 和 MoS_2 等二维材料的 Stark 效应。通过光学光谱和扫描隧道显微镜测量也观察到了 Stark 效应[90]。Pockels 效应是指产生2阶非线性效应光束的相互作用[91]。Kerr 效应是指产生3阶非线性效应光束的相互作用[92]。

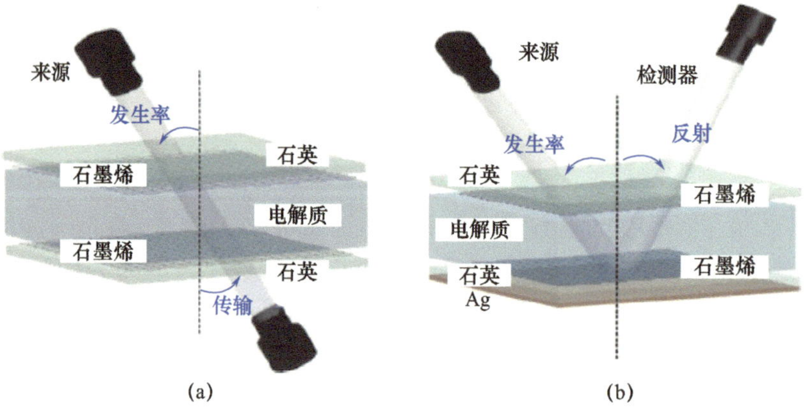

图12.9 石墨烯阵列角相关测量实验装置的示意图(2018年版权，经爱思唯尔出版社授权转载)
(a)透射结构;(b)反射结构[86]。

在二维层状材料中，电子以垂直于二维平面的方向强制定向。电子分布是由外电场所修正，改变了复折射指数[93-94]。通常，二维材料的光调制是基于3阶非线性光响应，其中 Kerr 电光效应是一种3阶非线性效应，其特征是瞬时光诱导的折射率变化，这个变化与电场的平方成正比，并表现为自聚焦、自相位调制和不稳定调制等非线性现象[95-97]。

在光学系统中引入二维材料产生了不同的新的应用。正确选择波长、强度、入射角和二维材料，可以改进现有技术或产生新技术。利用单片石墨烯单层与太赫输入光束相互作用，研制了一种光调制器。纳米片被放置在反射材料的顶部，可以满足干涉条件。在单层上施加一个电压来增加其宽带调制。然后，光激发石墨烯，诱导了3阶非线性效应。直接调制的表面发射显示了100MHz 带宽源的操作[96]。二维材料光调制的另一个应用是光开关,它是光通信中必不可少的功能,调制器通常是基于具有振幅或相位调制器的光纤[98]。基于二维材料的光调制增加了具体应用的理论数量、实验模型和调制构型。基于石墨烯的光调制器被广泛制造[99]。增加 TMD 为纳米材料的不同组合开辟了新的机会[97-99]。异质结构具有确定的层间距离和可变带隙结构,可以为高级光调制提供新的可能性[97]。

12.4.2 电子应用

除了石墨烯外,结构学上的薄二维材料也具有特殊的热学和力学性能,使它们能够拉伸、应变和折叠并诱导新的电子特性。另外,二维材料层的数量、质量纯度和组成是保持其电子性能的重要问题。因此,用不同的方法保护不稳定的二维材料不受腐蚀、氧化和降解。通过计算技术,可以预测硅与多层磷烯的相互作用会导致高稳定性的二维 SiP 和二维 SiP_2 化合物,具有弱层间相互作用,能够决定它们的电子性质[100]。预测到硅和锗单磁性材料是一类新型半导体材料,具有良好的动态和热稳定性及突出的各向异性[101]。在量子自旋霍尔(quantum spin Hall,QSH)效应的基础上,锡烯表现出与石墨烯相似的电子结构,其自旋轨道间隙更大,是室温电子学的理想选择。在锑化铟(InSb)的(111)B-面上生长的锡烯显示了 0.44 eV 的间隙,显示了它在电子霍尔应用中的潜在用途[102]。

12.4.3 能源应用

二维材料在清洁能源的生产和储存方面具有重要的有用性能。在储能方面,超级电容器和电池的主要区别是功率和能量密度。由于氧化还原反应中的离子流较低,电池具有较高的能量,但功率较低[103]。石墨烯具有独特的二维结构和高电子导电率,被广泛地研究,由于其高比表面积、力学、电学和电化学稳定性,被应用为柔性储能器件的电极材料。由于二维材料如 TMD 是制造存储设备和下一代电池的天然半导体材料,如锂离子电池(LIB)、锂硫电池(LSB)和钠离子电池(SIB),因此最近该研究被推广到其他二维材料中[104]。

二维材料在储能器件中的引入,极大地增加了其化学活性和导电性,展示了额外的优势。例如,理想的柔性电子设备需要弯曲、折叠和拉伸,而没有明显的能量损失。目前用于制造电池的大部分材料都不能满足这一要求。二维材料具有比表面积大、电化学活性高且离子传输距离减小等特点,可实现柔性、耐用的光电器件。石墨烯具有与尺寸相关的电化学活性和较高的灵活性,即二维石墨烯纤维、二维石墨烯薄膜和三维石墨烯泡沫[105-106]。石墨烯与杂原子掺杂是改变其结构、形态和性能的有效策略,可以实现柔性超级电容器需要的二维杂化薄膜和三维系统[107]。石墨烯氧化物和还原氧化石墨烯(reduced GO,rGO)是在电极弯曲或拉伸时用作柔性超级电容器电极的材料[108-109]。金属氧化物和导电聚合物的使用产生了 MnO_2 纳米线纳米棒/石墨烯杂化纤维等伪电容电极。MnO_2/石墨烯/聚酯复合电极的最大比电容为 332F/g[110]。Ti_3C_2 是一个具有亲水表面的二维导电碳化物层,其中 Na^+、K^+、NH_4^+、Mg_2^+ 和 Al_3^+ 可以被电化学插入,从而产生高电容材料[111]。文献[112]清楚地阐述了柔性存储设备的最新进展。图 12.10 在条形图中总结了基于石墨烯的柔性超级电容器研究。

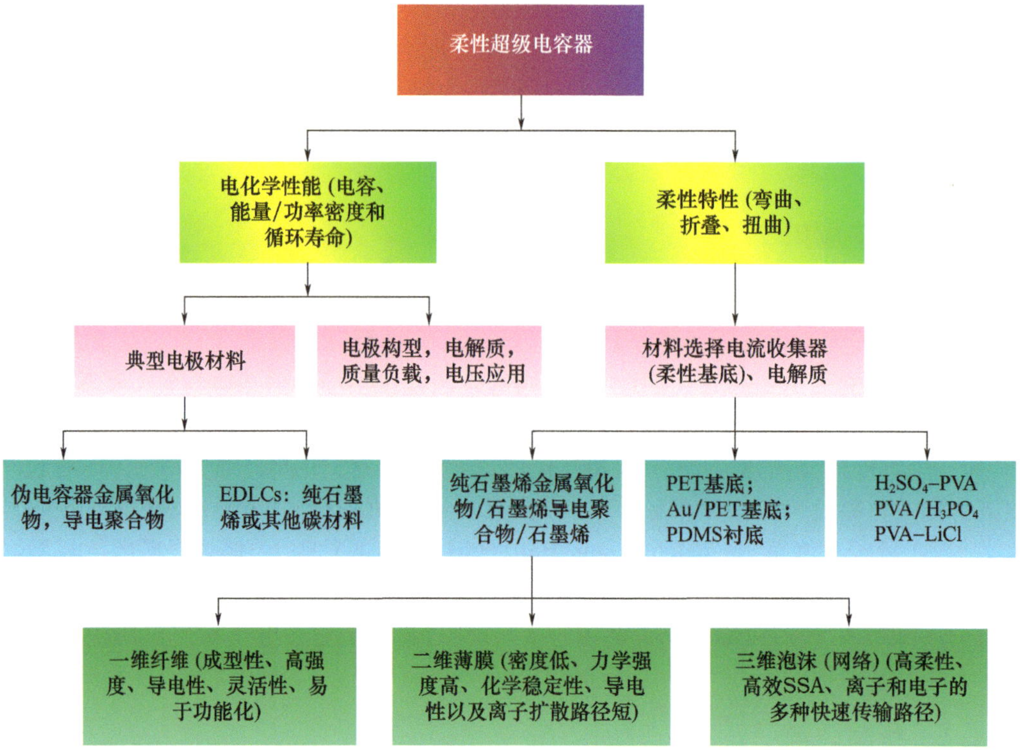

图 12.10　基于石墨烯的柔性超级电容器的框图(包括电化学性能和柔性特性的因素、材料种类与性能的关系(电化学性能和柔性特性)[112]。2017 年版权,经爱思唯尔出版社授权转载)

12.4.4　环境应用

人口和大型工业的增加、农业的过度开发活动以及药物和洗涤剂等污染物的生产和消费,这些污染物很难从地球、水和空气中清除,全球迫切需要创造发展新技术。新技术必须明确地致力于减少水、空气、城市、食物等污染,同时不会减少能源和消耗品的生产。二维材料提供了以低成本、可重复使用、灵活和环保材料为导向的改善制造的机会。

金属是来自采矿和工业废料污染水生环境和饮用水的常见物。以碳纳米管和石墨烯为基础的碳质吸附剂可以显著减少这种污染[113]。图 12.11 显示了从水溶液中去除金属离子的石墨烯吸收剂的主要策略。

二维材料作为非均相光催化剂可以对水体进行去污,这是在光能存在的前提下,基于半导体催化剂产生高氧化种或自由基。石墨烯作为光催化剂最重要的特性之一时,它能够调节半导体的带隙能量。

例如,TiO_2纳米粒子与石墨烯的结合大大提高了 TiO_2的光催化性能[114]。这些催化剂膜通过接触介导的作用方式延缓消耗或释放杀菌剂到环境中,可以用作抗菌设备[115]。以阳光为驱动力的水过滤膜是一种极其价值的环境修复材料。具有分层石墨化碳氮化物片($g-C_3N_4$)的生物惰性化二氧化钛(TiO_2)纳米粒子,插入到 GO ($GO/g-C_3N_4@TiO_2$)中,在油/水分离和阳光驱动的自清洗过程中,实现了高渗透通量,经过 10 周的过滤,保持通量开采[116]。

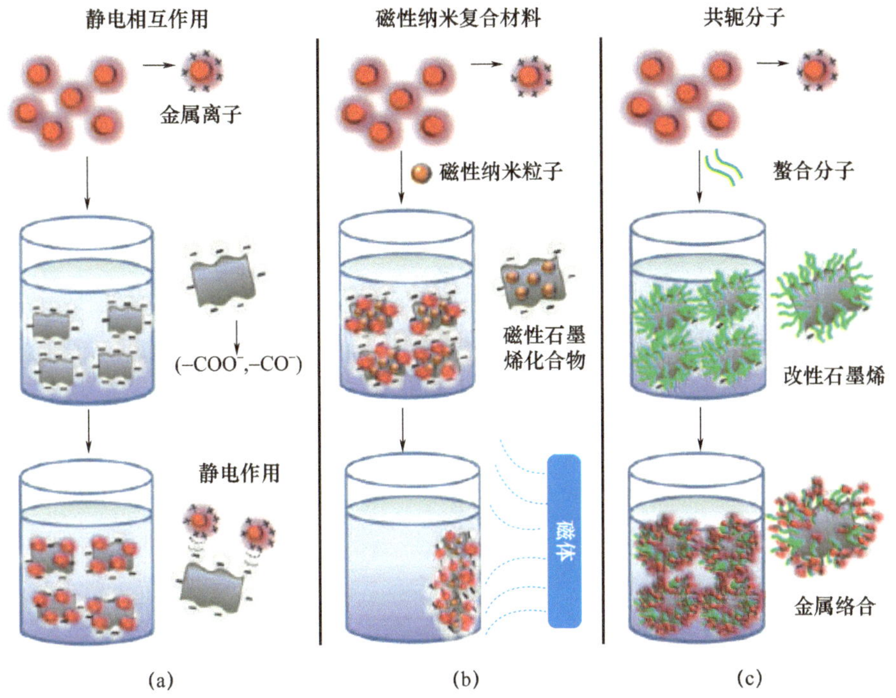

图12.11 应用石墨烯材料作为吸附剂去除水溶液中金属离子的主要策略
(2017年版权,经英国皇家化学学会出版社授权转载)

(a)吸附过程可使用非改性的氧化石墨烯(GO)、石墨烯或还原氧化石墨烯(rGO),吸附机制主要是由于带负电荷的GO片与带正电荷的金属离子之间的静电相互作用;(b)石墨烯薄片可与磁性纳米粒子产生功能化以提高吸附能力,由于GO纳米复合材料具有磁性,可通过磁吸引从水中去除金属离子;(c)用有机分子改性石墨烯片,可用于高效制备石墨烯基吸附剂,其吸附机制归因于石墨烯片有机分子的螯合特性与吸附能力之间的协同作用[113]。

气体污染物,如二氧化碳(CO_2)会导致温室效应和全球变暖。为了减少CO_2对气候变化的影响而开发纳米结构材料是非常有必要的。具有气体吸附性能和存储能力的材料是各种工业活动应优先考虑的,包括先进的石油开采和页岩气开采。二维材料具有较高的表面积和官能团的可调谐性,如石墨烯基膜,可广泛适用于吸附气体污染物的吸附剂。利用平面波密度泛函理论对MO_2CO_2和V_2CO_2进行研究,表明了非常适用于NO,而Nb_2CO_2和Ti_2CO_2适用于NH_3。这些材料为气体分离/捕获、储存和传感提供了潜在的性能,因为它们具有结构稳定性和SO_2耐受性[117]。

12.4.5 生物医学应用

正如前面已经叙述,二维材料的化学和生物特性与它们的内部结构原子组成有关。例如,由于石墨烯前所未有的力学强度、导电性、生物相容性和导热性,石墨烯在组织工程中的应用迅速扩大[118-119]。虽然GO的电导率比石墨烯低很多,但它的生物活性和局部电导性使它成为产生新的活性生物界面的良好掺杂纳米复合材料[115]。碳纳米管(CNT)和二维石墨烯纳米片用于干细胞分化和增殖,这是由于它们具有优异的导电性和强大的机械电阻,以及生物材料表现出刚度和电导率的调制。图12.12显示了石墨烯和石墨烯衍生物在生物医学应用中的用途。

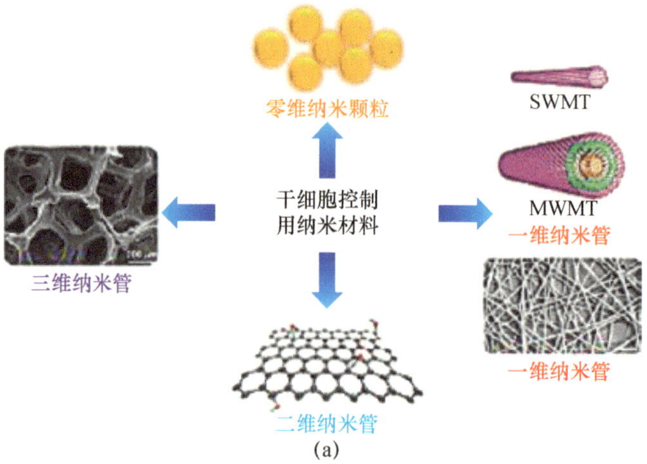

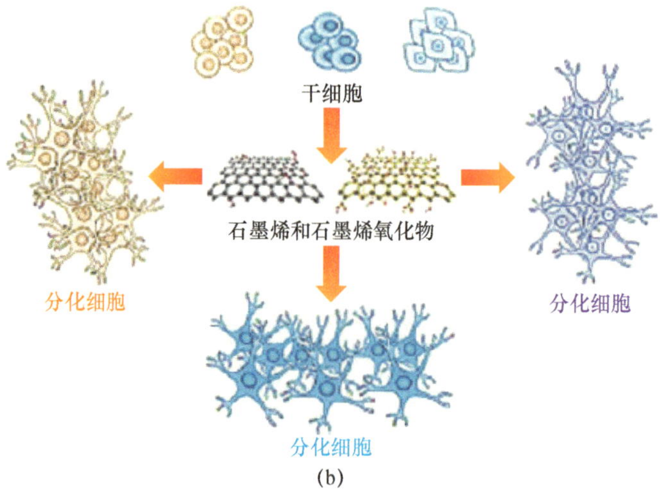

图 12.12 选择性控制干细胞生长和分化的纳米材料(2017 年版权,经爱思唯尔出版社授权转载)

(a)用于干细胞控制和分化的不同纳米级材料(零维纳米粒子,一维纳米管和纳米纤维,二维纳米片和三维纳米泡沫);(b)石墨烯和氧化石墨烯(GO)用作培养各种干细胞的支架材料(研究表明,不同类型干细胞向特定组织谱系的生长、增殖和分化受到了基于石墨烯纳米材料的支持和加强[119])。

如MoS_2、WS_2和二硫化钛(TiS_2)等 TMD 与其他化合物结合,显示出更好的物理和化学特性,这是由于直接带隙和高耐磨性可用于生产催化、光致发光和光学生物材料。例如,二维 TMD 纳米片显示了在肿瘤成像方面的优势,如 X 射线 CT 检查、磁共振成像和光声成像[120]。

12.4.6 纳米流体器件

纳米流体科学领域研究了至少一维下小于 100nm 的孔洞中的质量和电荷输运过程[121]。纳米流体输运主要是由孔洞的物理和化学表面性质决定,产生独特的输运现象。例如,①在电化学电容器中,使用具有亚纳米孔的碳电极可显著提高器件性能,人们观察到,在小于溶剂化离子的孔中,离子去溶剂化的速度更快,从而增强了电荷迁移率[122];②在先进的分离纯化系统中,在液相或气相中鉴别大小类似分子尺度,需要依赖于选择的膜熵，这可以通过孔结构的化学表面优化获取[123]；③在应用科学中，纳米流体器件是研究基本物理和电化学现象的理想平台，如浓度极化、非线性电动流、离子聚焦、纳米毛细等。这些基础研究预测了单分子操作和分析、DNA 电泳、实时探测生物分子、离子转运和生物分子分离的熵捕获等生物医学研究的发展。

在纳米流体中，孔洞的相对长度尺度必须与表面和接口分子力的范围相当，即静电、范德瓦耳斯力和空间熵力[124]。二维材料为制备纳米流体器件的薄膜提供了重要的优势。胶体二维原子层的简单真空过滤过程产生层状通道。这个过程导致质量和电荷传输的垂直（孔洞）或水平（通道）传导。新技术正在寻求提高膜材料的结构稳定性，同时保持渗透性和分离性之间的平衡。原子上少许层膜具有较高的渗透率，但分离性较低，而较厚的膜具有较低的渗透率，但分离性较高。为了实现膜的通透性－分离性平衡，表面化学设计是优化纳米尺度流体性质的关键，可以通过二维材料的基本组分及其分级化学功能化进行精细调整。功能部分的联结是共价或非共价或两者结合的策略，连同二维材料优良的力学、电学、光学、热学等性能，可以形成新颖的人工智能膜。超分子和动态化学的最新进展为刺激反应官能群的可逆集合的定制设计提供了机会。在孔洞/通道中加入这种刺激响应的碎片，可以作为响应温度、pH 值、电场和磁场的功能栅极，生物或氧化还原剂为根据需要制备智能的二维材料膜提供了新的机会。鉴于此，目前的建议集中在智能人工二维材料膜的设计上，用于水的清洁、绿色能源的收集和储存应用。由液相剥离产生的二维表面材料的大家族提供了电气、光学、热和力学性能，这能集成在纳米流体器件中，将为未来的智能应用开辟道路[125]。

12.5 展望和结论

生产可控制和可扩展的二维材料对于开发新的应用非常重要，目标是使用生产安全、快速、低成本和环保的技术。重要的是，通过不同的方法，二维材料的性质明确可调，这打开了一个巨大的跨学科研究领域。不同尺寸、形状和片数的二维材料可以与活性分子或纳米粒子进行化学功能化或共轭，从而产生大量的新特性。相关人员正在开始建设新的二维结构，结构组合是无限的。二维材料无疑是一个令人兴奋的研究领域，涉及大量领域的理论、计算机模拟和实验工作，范围包括先进的电子到环境修复领域。二维材料在分子设计定制建筑方面的可能应用，为智能、自愈合、自清洁和动态材料的生产铺平了道路。

参考文献

[1] Mannix, A. J., Kiraly, B., Hersam, M. C., Guisinger, N. P., Synthesis and chemistry of elemental2Dmaterials. *Nat. Rev.*, 14, 1, 2017.

[2] Novoselov, T., Jiang, D., Scheding, F., Booth, T. J., Khotkevich, V. V., Morozov, S. V., Geim, A. K., Two－dimensional atomic crystals. *PNAS*, 102, 10451, 2005.

[3] Denis, P. A., Cooperative behavior in functionalized graphene: Explaining the occurrence of 1,3 cycloaddition of azomethine ylides onto graphene. *Chem. Phys. Lett.*, 550, 111, 2012.

[4] Chen, L., Zhou, G., Liu, Z., Ma., X., Chen, J., Zhang, Z., Ma, X., Li, F., Cheng, H. M., Ren, W., Scalable clean exfoliation of high－quality few－layer black phosphorus for a flexible lithium ion battery. *Adv.*

Mater. ,28,510,2016.

[5] Wang,X. ,Yanfei Yang,Y. ,Jiang,G. ,Yuan,Z. ,Yuan,S. ,A facile synthesis of boron nitride nanosheets and their potential application in dye adsorption. *Diam. Relat. Mater.* ,81,89,2018.

[6] Turchanin,A. and Gölzhäuser,A. ,Carbon nanomembranes. *Adv. Mater.* ,1,2016.

[7] Liu,Y. ,Zhang,N. ,Kang,H. ,Shang,M. ,Jiao,L. ,Chen,J. ,WS_2 nanowires as a high - performance anode for sodium - ion batteries. *Chem. Eur. J.* ,21,11878,2015.

[8] Afsahi,S. ,Lerner,M. B. ,Goldstein,J. M. ,Lee,J. ,Tang,X. ,Bagarozzi,D. ,Pan,D. ,Locascio,L. ,Walker,A. ,Barron,F. ,Goldsmith,B. R. ,Novel graphene - based biosensor for early detection of Zika virus infection. *Biosens. Bioelectron.* ,100,85,2018.

[9] Hai,X. ,Lin,X. ,Chen,X. ,Wang,J. ,Highly selective and sensitive detection of cysteine with a graphene quantum dots - gold nanoparticles based core - shell nanosensor. *Sens. Actuators,B*,257,228,2018.

[10] Frye,C. W. and Rybolt,T. R. ,Nanohashtag structures based on carbon nanotubes and molecular linkers. *Surf. Sci.* ,669,34,2018.

[11] Zhong,J. S. ,Gao,H. B. ,Yuan,Y. J. ,Chen,L. F. ,Chen,D. Q. ,Ji,Z. G. ,Eu^{3+} - doped double perovskite - based phosphor - in - glass color converter for high - power warm w - LEDs. *J. Alloys Compd.* ,735, 2303. 2018.

[12] Yang,W. ,Xi,J. ,Zhou,G. ,Jiang,D. ,Lia,Q. ,Wang,S. ,Zheng,X. ,Li,X,Li,X. ,Shen,Y. ,Luminescent oxygen - sensing film based on β - diketone - modified Eu(Ⅲ) - doped yttrium oxide nanosheets. *Sens. Actuators,B*,257,340,2018.

[13] Hou,J. ,Cao,S. ,Wu,Y. ,Liang,F. ,Ye. ,L. ,Lin,Z. ,Sun,L. ,Perovskite - based nanocubes with simultaneously improved visible - light absorption and charge separation enabling efficient photocatalytic CO_2 reduction. Nano Energy,30,59,2016.

[14] Deng,M. ,Ye,M. ,Li,T. ,Huang,H. ,Yuan,W. X. ,Jiang,H. ,Lin,P. ,Zeng,X. ,Ke,S. ,Synthesis of ferroelectric $KNbO_3$ nanosheets by liquid exfoliation of layered perovskite K_2NbO_3F. J. Alloys *Compd.* , 698,357,2017.

[15] Wang,W,Tade,M. O. ,Shao,S. ,Research progress of perovskite materials in photocatalysis - and photovoltaics - related energy conversion and environmental treatment. *Chem. Soc. Rev.* ,44,5371,2015.

[16] Ida,S. ,Ogata,C. ,Eguchi,M. ,Youngblood,W. J. ,Mallouk,T. E. ,Matsumoto,Y,Photoluminescence of perovskite nanosheets prepared by exfoliation of layered oxides,K2 $Ln_2Ti_3O_{10}$,KLnN b_2O_7,and RbLn Ta_2O_7(Ln: Lanthanide Ion). *J. Am. Chem. Soc.* ,130,7052,2008.

[17] Elshof,J. E. ,Yuan,H. ,Gonzalez Rodriguez,P. ,Two - dimensional metal oxide and metal hydroxide nanosheets: Synthesis,controlled assembly and applications in energy conversion and storage. *Adv. Energy Mater.* ,1600355,1,2016.

[18] Luo,S. ,Dong,S. ,Lu,C. ,Yu,C. ,Ou,Y. ,Luo,L. ,Sun,J. ,Sun,J. ,Rational and green synthesis of novel two - dimensional WS_2/MoS_2 heterojunction via direct exfoliation in ethanol - water targeting advanced visible - light - responsive photocatalytic performance. J. Colloid Interface Sci. ,513,389. 2018.

[19] Chen,L. C. ,Tseng,Z. L. ,Chen,S. Y. ,Yang,S. ,An ultrasonic synthesis method for high - luminance perovskite quantum dots. *Ceram. Int.* ,43,16032,2017.

[20] Cui,Y. ,Zhao,Y. ,Chen,H. ,Wei,K. ,Ni,S. ,Cui,Y. ,Shi,S. ,First - principles study of MoO_3/graphene composite as cathode material for high - performance lithium - ion batteries. *Appl. Surf. Sci.* ,443, 1083,2018.

[21] Houben,K. ,Menéndez,E. ,Romero,C. P. ,Trekels,M. ,Picot,T. ,Vantomme,A. ,Temst,K. ,Van Bael, M. J. ,Coexistence of superconductivity and ferromagnetism in cluster - assembled Sn - Co nanocompos-

ites. *J. Alloys Compd.* ,637,509,2015.

[22] Su,T. ,Shao,Q. ,Qin,Z. ,Guo,Z. ,Wu,Z. ,Role of Interfaces in two – dimensional photocatalyst for water splitting. ACS Catal. ,8,2253,2018.

[23] Lin,X. ,Lu,J. ,Zhu,H. ,The stability and electronic properties of a new allotrope of silicene and silicon nanotube. *Superlattices Microstruct.* ,101,480,2017.

[24] Xia,C. ,Zhou,Y. ,Velusamy,D. B. ,Farah,A. A. ,Li,P. ,Jiang,Q. ,Odeh,I. N. ,Wang,Z. ,Zhang,X. ,Alshareef,H. N. ,Anomalous Li storage capability in atomically thin two – dimensional sheets of nonlayeredMo O_2 – *Nano Lett.* ,18,1506,2018.

[25] Niu,L. ,Coleman,J. N. ,Zhang,H. ,Shin,H. ,Chhowalla,M. ,Zheng,Z. ,Production of two – dimensional nanomaterials via liquid – based direct exfoliation. *Small*,12,272,2016.

[26] Haar,S. ,Ciesielski,A. ,Clough,J. ,Yang,H. ,Mazzaro,R. ,Richard,F. ,Conti,S. ,Merstorf,N. ,Cecchini,M. ,Morandi,V. ,Casiraghi,C. ,Samorì,P. ,A supramolecular strategy to leverage the liquid – phase exfoliation of graphene in the presence of surfactants: Unraveling the role of the length of fatty acids. *Small*,11,1691,2015.

[27] Bonaccorso,F. ,Bartolotta,B. ,Coleman,J. N. ,Backes,C. ,2D – crystal – based functional inks. *Adv. Mater.* ,28,6136,2016.

[28] Carbone,M. ,Gorton,L. ,Antiochia,R. ,An overview of the latest graphene – based sensors for glucose detection: The effects of graphene defects. *Electroanalysis*,27,16,2015.

[29] Huo,C. ,Yan,Z. ,Song,X. ,Zeng,H. ,2Dmaterials via liquid exfoliation: A review on fabrication and applications. *Sci. Bull.* ,1,443,2017.

[30] Gai,Y. ,Wang,W. ,Xiao,D. ,Zhao,Y. ,Ultrasound coupled with supercritical carbon dioxide for exfoliation of graphene: Simulation and experiment. *Ultrason. Sonochem.* ,41,181,2016.

[31] Skaltsas,T. ,Mountrichas,G. ,Zhao,S. ,Shinohara,H. ,Tagmatarchis,N. ,Pispas,S. ,Single – step functionalization and exfoliation of graphene with polymers under mild conditions. *Chem. Eur. J.* ,21,18841,2015.

[32] Parveza,K. ,Yanga,S. ,Fengb,X. ,Müllena,K. ,Exfoliation of graphene via wet chemical routes. *Synt. Met.* ,210,123,2015.

[33] León,V. ,Quintana,M. ,Herrero,M. A. ,Fierro,J. L. G. ,de la Hoz,A. ,Prato,M. ,Vázquez. ,E. ,Few layers graphenes from ball – milling of graphite with melanine. *Chem. Commun.* ,47,10936,2011.

[34] Ramnani,P. ,Neupane,R. M. ,Ge,S. ,Balandin,A. A. ,Lake,R. K. ,Mulchandani,A. ,Raman spectra of twisted CVD bilayer graphene. *Carbon*,123,302,2017.

[35] Murdock,A. T. ,van Engers,C. D. ,Britton,J. ,Babenko,V. ,Meysami,S. S. ,Bishop,H. ,Crossley,A. ,Koos,A. A. ,Grobert,N. ,Targeted removal of copper foil surface impurities for improved synthesis of CVD graphene. *Carbon*,122,207,2017.

[36] Serra,F. C. ,Silva,J. A. ,Vallera,A. ,Serra,M. J. ,CVD silicon film growth on powder substrates using an inline optical system. *Energy Procedia*,124,781,2017.

[37] Gawlik,G. ,Ciepielewski,P. ,Baranowski,J. M. ,Jagielski,J. ,Ion beam induced defects in CVD graphene on glass. *Surf. Coat. Technol.* ,306,119,2016.

[38] Jiang,Y. ,Sun,Y. ,Song,J. ,Fabrication and tribological properties of nanogrids on CVD – grown graphene. *Micron.* ,97,29,2017.

[39] Kalam,A. A. ,Park,S. ,Seo,Y. ,Bae,J. ,High – efficiency supercapacitor electrodes of cvd – grown graphenes hybridized with multiwalled carbon nanotubes. *Bull. Korean Chem. Soc.* ,36,2111,2017.

[40] Kasikov,A. ,Kahro,T. ,Matisen,L. ,Kodu,M. ,Tarre,A. ,Seemen,H. ,Alles,H. ,The optical properties

of transferred graphene and the dielectrics grown on it obtained by ellipsometry. *Appl. Surf. Sci.* ,437,410,2018.

[41] Park,S. J. ,Pak,S. W. ,Qiu,D. ,Kang,J. H. ,Song,D. Y. ,Kim,E. K. ,Structural and optical characterization ofMoS_2 quantum dots defined by thermal annealing. *J. Lumin.* ,183,82,2017.

[42] Chen,C. ,Avila,J. ,Wang,S. ,Wang,Y. ,Kruczyński,M. M. ,Shen,C. ,Yang,R. ,Nosarzewski,B. ,Devereaux,T. P. ,Zhang,G. ,Asensio. ,M. C. ,Emergence of interfacial polarons from electron – phonon coupling in graphene/h – BN Van der Waals heterostructures. *Nano Lett.* ,18,1082,2018.

[43] Walsh,L. A. and Hinkle,C. L. ,Van der Waals epitaxy: 2Dmaterials and topological insulators. *Appl. Mater. Today*,9,504,2017.

[44] Winter, A. , George, A. , Neumann, C. , Tang, Z. , Mohn, M. J. , Biskupek, J. , Masurkar, N. , Reddy, Weimann,T. ,Hubner,U. ,Kaiser,U. ,Turchanin,A. ,Lateral heterostructures of twodimensional materials by electron beam induced stitching. *Carbon*,128,106,2018.

[45] Veeramalai,C. P. ,Li,F. ,Liu,Y. ,Xu,Z. ,Guo,T. ,Kim,T. W. ,Enhanced field emission properties of molybdenum disulphide few layer nanosheets synthesized by hydrothermal method. *Appl. Surf. Sci.* ,389,1017,2016.

[46] Liu,H. ,Xu,L. ,Liu,W. ,Zhou,B. ,Zhu,Y. ,Zhu,L. ,Jiang,X. ,Production of mono – to few – layer MoS2 nanosheets in isopropanol by a salt – assisted direct liquid – phase exfoliation method. *J. Colloid Interface Sci.* ,515,27,2018.

[47] Del Rio – Castillo,A. E. ,Pellegrini,V,Su,H. ,Buha,J. ,Dinh,D. A. ,Lago,E. ,Ansaldo,A. ,Capasso,A. ,Manna,L. ,Bonaccorso,F. ,Exofoliation of few – layer black phosphorus in low – boiling – point solvents and its applications in Li – ion batteries. *Chem. Mater.* ,30,506,2018.

[48] Bachmatiuk,A. ,Zhao,J. ,Gorantla,S. M. ,Gonzalez Martinez,I. G. ,Wiedermann,J. ,Lee,C. ,Eckert,J. ,Rummeli,M. H. ,Low voltage transmission electron microscopy of graphene. *Small*,5,515,2015.

[49] Lin,J. ,Zhou,J. ,Zulunga,S. ,Yu,P. ,Gu,M. ,Liu,Z. ,Petelides,S. T. ,Suenaga,K. ,Anisotropic ordering in 1T'Molybdenum and tugsten ditelluride layers alloyed with sulfur and selenium. *ACS Nano*,12,894,2018.

[50] Liu,X. ,Balla,I. ,Bargeron,H. ,Hersam,M. C. ,Point defects and grain boundaries in rotationally commensurateMoS_2 on epitaxial graphene. *J. Phys. Chem. C*,120,20798,2016.

[51] Wu,J. –B. ,Lin,M. –L. ,Cong,X. ,Liu,H. –N. ,Tan,P. –H. ,Raman spectroscopy of graphene – based materials and its applications in related devices. *Chem. Soc. Rev.* ,2018.

[52] Wu,C. ,Xie,H. ,Li,D. ,Ding,S. ,Tao,S. ,Chen,H. ,Liu,Q. ,Chen,S. ,Chu,W. ,Zhang,B. ,Song,L. ,Atomically intercalating tin ions into the interlayer of molybdenum oxide nanobelt toward long – cycling lithium battery. *J. Phys. Chem. Lett.* ,9,817,2018.

[53] Yuan,S. ,Zhou,Q. ,Wu,Q. ,Shang,Y. ,Chen,Q. ,Hou,J. –M. ,Wang,J. ,Prediction of a room – temperature eight – coordinate two – dimensional topological insulator: Penta – RuS_4 monolayer. *2DMat. Appl.* ,29,1,2017.

[54] Ding,W,Zhu,J. ,Wang,Z. ,Gao,Y. ,Xiao,D. ,Gu,Y. ,Zhang,Z. ,Zhu,W. ,Prediction of intrinsic two – dimensional ferroelectrics in In_2Se_3 and other III_2 – VI_3 Van der Waals materials. Nat. *Commun.* ,8,14956,2017.

[55] Hu,Q. ,Wang,H. ,Wu,Q. ,Ye,X. ,Zhou,A. ,Sun,D. ,Wang,L. ,Liu,B. ,He,J. ,Two – dimensional Sc_2C: A reversible and high capacity hydrogen storage material predicted by first – principles calculations. *Int. J. Hydrogen Energy*,39,10606,2014.

[56] Qiu,H. ,Wang,M. ,Li,L. ,Li,J. ,Yang,Z. ,Cao,M. ,HierarchicalMoS_2 – microspheres decorated with 3D

AuNPs arrays for high - efficiency SERS sensing. *Sens. Actuators, B: Chem.*, 255, 1407, 2018.

[57] Parlak, O., incel, A., Uzun, L., Turner, A. P. F., Tiwari, A., Structuring Au nanoparticles on two - dimensional MoS_2 nanosheets for electrochemical glucose biosensors. *Biosens. Bioelectron.*, 89, 545, 2017.

[58] Xu, H., Ma, L., Jin, Z., Nitrogen - doped graphene: Synthesis, characterizations and energy applications. *J. Energy Chem.*, 27, 146, 2018.

[59] Qin, K., Kang, J., Li, J., Liu, E., Shi, C., Zhang, Z., Zhang, X., Zhao, N., Continuously hierarchical nanoporous graphene film for flexible solid - state supercapacitors with excellent performance. *Nano Energy*, 24, 158, 2016.

[60] Wanga, L., Qina, K., Li, J., Zhaoa, N., Shi, C., Maa, L., Hea, C., Hea, F., Liua, E., Doping andcontrollable pore size enhanced electrochemical performance of free - standing 3D graphene films. *Appl. Surf. Sci.*, 427, 598, 2018.

[61] Zhang, K., Feng, S., Wang, J., Azcatl, A., Lu, N., Addou, R., Wang, N., Zhou, C., Lerach, J., Bojan, V., Kim, M. J., Chen, L. Q., Wallace, R. M., Terrones, M., Zhu, J., Robinson, J. A., Manganese doping of monolayerMoS_2: The substrate is critical. *Nano Lett.*, 15, 6586, 2015.

[62] Fang, H., Tosun, M., Seoli, G., Chang, T. C., Takei, K., Guoi, J., Javey, A., Degenerate n - doping of few layer transition metal dichalcogenides by potassium. *Nano Lett.*, 13, 1991, 2013.

[63] Zhu, J., Zhang, H., Tong, Y., Zhao, L., Zhang, Y., Qiu, Y., Lin, X., First - principles investigations of metal (V, Nb, Ta) - doped monolayerMoS_2: Structural stability, electronic properties and adsorption of gas molecules. *Appl. Surf. Sci.*, 419, 522, 2017.

[64] Georgakilas, V., Otyepka, M., Bourlinos, A. B., Chandra, V., Kim, N., Kemp, K. C., Hobza, P., Zboril, P., Kim, K. S., Functionalization of graphene: Covalent and non - covalent approaches, derivatives and applications. *Chem. Rev.*, 112, 6156, 2016.

[65] Greenwood, J., Phan, T. H., Fujita, Y., Li, Z., Ivasenko, O., Vanderlinden, W., Gorp, H. V., Frederickx, W., Lu, G., Tahara, K., Tobe, Y., Uji - I, H., Mertens, S. F. L., De Feyter, S., Covalent modification of graphene and graphite using diazonium chemistry: Tunable grafting and nanomanipulation. ACS Nano, 5, 5520, 2015.

[66] Quintana, M., Vάzquez, E., Prato, M., Organic functionalization of graphene in dispersions. *Acc. Chem. Res.*, 46, 138, 2013.

[67] Mata - Cruz, I., Vargas - Caamal, A., Yañez - Soto, B., López - Valdivieso, A., Merino, G., Quintana., M., Mimicking rose petal wettability by chemical modification of graphene platforms. *Carbon*, 121, 472, 2017.

[68] Quintana, M., Montellano, A., Rapino, S., Toma, F., Iurlo, M., Carraro, M., Santorel, A., Maccato, C., Ke, X., Bittencourt, C., Da Ros, T., Van Tendeloo, G., Marcaccio, M., Paolucci, F., Bonchio, M., Prato, M., Knitting the catalytic pattern of artificial photosynthesis to a hybrid graphene nano - texture. *ACS Nano*, 7, 811, 2013.

[69] Hernάndez - Sάnchez, D., Scardamaglia, M., Saucedo - Anaya, S., Bittencourt, C., Quintana, M., Exfoliation of graphite and graphite oxide in water by chlorine e6. *RCS Adv.*, 6, 66634, 2016.

[70] Quintana, M., Montellano, A., del Rio, A. E., Van Tendeloo, G., Bittencourt, C., Prato., M., Selective organic functionalization of bulk or graphene edges. *Chem. Commun.*, 47, 9330, 2011.

[71] Zeng, J., Chen, K. Q., Tong, X. Y., Covalent coupling of porphines to graphene edges: Quantum transport properties and their applications in electronics. *Carbon*, 127, 611, 2018.

[72] Shazali, S. S., Mohd, A. A., Zubir, N. M., Rozali, S., Zabri, M. Z., Mohd Sabri, M. F., Colloidal stability measurements of graphene nanoplatelets covalently functionalized with tetrahydro - furfuryl polyethylene

glycol in different organic solvents. *Curr. Appl. Opt.* ,18,209,2018.

[73] Canton - Vitoria, R. , Sayed - Ahmad - Baraza, Pelaez - Fernández, Y. , Arenal, R. , Bittencourt, C. , Ewels, C. P. , Tagmatarchis, N. , Functionalization ofMoS_2 with 1,2 - dithiolanes: Towards donor - acceptor nanohybrids for energy conversion. *2D Mat. Appl.* ,1,2017.

[74] Presolski, S. and Pumera, M. , Covalent functionalization ofMoS_2. Mater. Today, 19,1,2016.

[75] Ryder, C. R. , Wood, J. D. , Wells, S. A. , Yang, Y. , Jariwala, D. , Marks, T. J. , Schatz, G. C. , Hersam, M. C. , *Nat. Chem.* ,8,597,2016.

[76] Quintana, M. and Aranda - Espinoza. , S. , Interactions of Carbon Nanotubes with Lipid Membranes: A Nano - Bio Interface, in: *Biomaterials Mechanics*, H. N. Hayenga and H. Aranda - Espinoza (Eds.), pp. 117 - 147, Taylor & Francis, 2017.

[77] Marcia, M. , Hirsch, A. , Hauke, F. , Perylene - based non - covalent functionalization of 2Dmaterials. *FlatChem*, 1,89,2017.

[78] Korolkov, V. V. , Svatek, S. , Allen, S. , Roberts, C. J. , Tendler, S. J. B. , Taniguchi, T. , Watanabe, K. , Champness, N. R. , Beton, P. H. , Bimolecular porous supramolecular networks deposited from solution on layered materials: Graphite, boron nitride and molybdenum disulphide. *Chem. Commun.* ,50,8882,2014.

[79] Davis, T. C. , Bang, J. J. , Brooks, J. T. , McMillan, D. G. , Claridge, S. A. , Hierarchically patterned noncovalent functionalization of 2Dmaterials by controlled Langmuir - Schaefer Conversion. *Langmuir*, 34,1353, 2018.

[80] Tong, X. , Du, L. , Xu, Q. , Tough, adhesive and self - healing conductive 3D network hydrogel of physically linked functionalized - boron nitride/clay/poly (Nisopropylacrylamide). *J. Mater. Chem. A*, 6, 3091,2018.

[81] Vélez, G. Y. , Encinas, A. , Quintana, M. , Immobilization of metal and metaloxide nanoparticles on graphene, in: *Functionalization of Graphene*, Chapter 3, V. Georgakilas (Ed.), pp. 219 - 254, Willey - VCH Verlag GmbH & Co. KGaA, 2015.

[82] Hernández - Sánchez, D. , Villabona - Leal, G. , Saucedo - Orozco, I. , Bracamonte, V. , Pérez, E. , Bittencourt, C. , Quintana, M. , Stable graphene oxide - gold nanoparticle platforms for biosensing applications. *Phys. Chem. Chem. Phys.* ,20,1685,2018.

[83] Dunklin, J. R. , Lafargue, P. , Higgins, T. M. , Forcherio, G. T. , Benamara, M. , McEvoy, N. , Roper, D. K. , Coleman, J. N. , Vaynzof, Y. , Backes, C. , Production of monolayer - rich gold - decorated2H - WS_2 nanosheets by defect engineering. *2D Mat. Appl.* ,43,2018.

[84] Burman, D. , Santra, S. , Pramanik, P. , Guha, P. K. , Pt decoratedMoS_2 nanoflakes for ultrasensitive resistive humidity sensor. *Nanotechnology*, 29,115504,2018.

[85] Kim, Y. - H. , Phan, D. - T. , Ahn, S. , Nam, K. - H. , Park, C. - H. , Jeon, K. - J. , Two - dimensional SnS_2 materials as high - performance NO_2 sensors with fast response and high sensitivity. *Sens. Act. B: Chem.* ,255,616,2018.

[86] Wang, H. , Zhou, Y. , Xu, X. , Zhu, L. , Xia, W. , Qi, M. , Bai, J. , Ren, Z. , Optical modulation characteristics of graphene supercapacitors at oblique incidence in visible - infrared region. *Solid - State Electron.* , 131,1,2017.

[87] Yu, S. , Wu, X. , Wang, Y. , Guo, X. , Tong, L. , 2Dmaterials for optical modulation: Challenges and opportunities. *Adv. Mater.* ,29,1,2017.

[88] Miller, O. D. , Ilic, O. , Christensen, T. , Reid, M. T. H. , Atwater, H. A. , Joannopoulos, J. D. , Soljačič M. , Johnson, S. G. , Limits to the optical response of graphene and two - dimensional materials. *Nano Lett.* ,17, 5408,2017.

[89] Qayyum, H. A., Al - Kuhaili, M. F., Durrani, S. M. A., Hussain, T., Ikram, M., Blue shift in the optical transitions of ZnO thin film due to an external electric field. *J. Phys. Chem. Solids*, 112, 94, 2018.

[90] Zhou, B., Liu, P., Zhou, G., The giant Stark effect in armchair - edge phosphorene nanoribbons under a transverse electric field. *Phys. Lett.*, 382, 193, 2018.

[91] Katti, A., Yadav, R. A., Prasad, A., Bright optical spatial solitons in photorefractive waveguides having both the linear and quadratic electro - optic effect. *Wave Motion*, 77, 64, 2018.

[92] Kampfrath, T., Wolf, M., Sajadi, M., The sign of the polarizability anisotropy of polar molecules is obtained from the terahertzKerr effect. *Chem. Phys. Lett.*, 692, 319, 2018.

[93] Margulis, A., Muryumin, E. E., Gaiduk, E. A., Quadratic electro - opticKerr effect in doped graphene. *J. Opt.*, 19, 2040, 2017.

[94] Li, L. J., Gong, S. S., Liu, Y. L., Xu, L., Li, W. X., Ma, Q., Ding, X. Z., Guo, X. L., Temperature - induced effect on refractive index of graphene based on coated in - fiber Mach - Zehnder interferometer. *Chin. J. Chem.*, 26, 116504, 2017.

[95] Wu, Y. L., Zhu, L. L., Wu, Q., Sun, F., Wei, J. K., Tian, Y. C., Wang, W. L., Bai, X. D., Zuo, X., Zhao, J., Electronic origin of spatial self - phase modulation: Evidenced by comparing graphite with C_{60} and graphene. *Appl. Phy. Lett.*, 108, 241111, 2016.

[96] Eliasson, B. and Liu, C. S., Nonlinear plasmonics in a two - dimensional plasma layer. *New J. Phy.*, 18, 053007, 2016.

[97] Dong, N., Li, Y., Zhang, S., McEvoy, N., Zhang, X., Cui, Y., Zhang, L., Duesberg, G. S., Wang, J., Dispersion of nonlinear refractive index in layered WS_2 and WSe_2 semiconductor films induced by two - photon absorption. *Opc. Lett.*, 41, 3936, 2016.

[98] Tang, P., Tao, Y., Mao, Y., Wu, M., Huang, Z., Liang, S., Chen, S., Qi, S., Huang, B., Liu, J., Zhao, C., Graphene/MoS2 heterostructure: A robust mid - infrared optical modulator for Er3 + - doped ZBLAN fiber laser. *Chin. Opt. Lett.*, 16, 020012, 2018.

[99] Wang, R., Li, D., Jiang, M., Wu, H., Xu, X., Ren, Z., All - optical intensity modulation based on graphene - coated microfibre waveguides. *Opt. Commun.*, 410, 604, 2018.

[100] Malyi, O. I., Sopiha, K. V., Radchenko, I., Wu, P., Persson, C., Tailoring electronic properties of multilayer phosphorene by siliconization. *Phys. Chem. Chem. Phys.*, 20, 2075, 2018.

[101] Chen, A. - Q., He, Z., Zhao, J., Zeng, H., Chen, R. - S., Monolayer silicon and germanium monopnictide semiconductors: Excellent stability, high absorbance, and strain engineering of electronic properties. ACS Appl. Mater. Interfaces, 10, 5133, 2018.

[102] Xu, C. Z., Chan, Y. - H., Chen, P., Wang, X., Flötotto, D., Hlevyack, J. A., Bian, G., Mo, S. - K., Chou, M. - Y., Chiang, T. - C., Gapped electronic structure of epitaxial stanene on InSb (111). *Phys. Rev. B*, 97, 035122, 2018.

[103] Zhang, L. L. and Zhao, X. S., Carbon - based materials as supercapacitor electrodes. *Chem. Soc. Rev.*, 38, 2520, 2009.

[104] Mei, J., Liao, T., Kou, T., Sun, Z., Two - dimensional metal oxide nanomaterials for next - generation rechargeable batteries. *Adv. Mater.*, 1, 2017.

[105] Wan, S., Peng, J., Jiang, L., Cheng, Q., Bioinspired graphene - based nanocomposites and their application in flexible energy devices. *Adv. Mater.*, 1, 2016.

[106] Wen, L., Li, F., Cheng, H. M., Carbon nanotubes and graphene for flexible electrochemical energy storage: From materials to devices. *Adv. Mater.*, 28, 4306, 2016.

[107] An, H., Li, Y., Gao, Y., Cao, C., Han, J., Feng, Y., Feng, W., Free - standing fluorine and nitrogen co

– doped graphene paper as a high – performance electrode for flexible sodium – ion batteries. *Carbon*, 116,338,2017.

[108] Ramadoss, A., Yoon, K. Y., Kwak, M. J., Kim, S. I., Ryu, S. T., Jang, J. H., Fully flexible, lightweight, high performance all – solid – state supercapacitor based on 3 – Dimensional – graphene/graphite – paper. *J. Power Sources*, 337, 159, 2017.

[109] Xu, L., Li, Y., Jia, M., Zhao, Q., Jin, X., Yao, C., Synthesis and characterization of free – standing activated carbon/reduced graphene oxide film electrodes for flexible supercapacitors. *Chem.* Soc. Rev., 7, 45066, 2017.

[110] Ma, W, Chen, S., Yang, S., Chen, W, Cheng, Y., Guo, Y., Peng, S., Ramakrishna, S., Zhu, M., Hierarchical MnO_2 nanowire/graphene hybrid fibers with excellent electrochemical performance for flexible solid – state supercapacitors. *J. Power Sources*, 306, 841, 2016.

[111] Lukatskaya, M. R., Mashtalir, O., Ren, C. E., Dall'Agnese, Y., Rozier, P., Taberna, P. L., Cation Intercalation and high volumetric capacitance of two – dimesional titanium carbide. *Science*, 341, 1502, 2013.

[112] Guo, X., Zheng, S., Zhang, G., Xiao, X., Li, X., Xu, J., Xue, H., Pang, H., Nanostructured graphene – based materials for flexible energy storage. *Energy Storage Mater.*, 9, 150, 2017.

[113] Yu, J. G., Yu, L. Y., Yang, H., Qi Liu, Q., Chen, X. H., Jiang, X. Y., Chen, X. Q., Jiao, F. P., Graphene nanosheets as novel adsorbents in adsorption, preconcentration and removal of gases, organic compounds and metal ions. *Sci. Total Environ.*, 502, 70, 2015.

[114] Perreault, P., Fonseca de Faria, A., Elimelech, M., Environmental applications of graphene – based nanomaterials. *Chem. Soc. Rev.*, 44, 5861, 2017.

[115] Guo, Z., Xie, C., Zhang, P., Zhang, J., Wang, G., He, X., Ma, Y., Zhao, B., Zhang, Z., Toxicity and transformation of graphene oxide and reduced graphene oxide in bacteria biofilm. *Sci. Total Environ.*, 580, 1300, 2017.

[116] Liu, Y., Guan, J., Cao, J., Zhang, R., He, M., Gao, K., Zhou, L., Jiang, Z., 2Dheterostructure membranes with sunlight – driven self – cleaning ability for highly efficient oil – water separation. *Adv. Funct. Mater.*, 1706545, 2018.

[117] Junkaew, A. and Arroyave, R., Enhancement of selectivity of MXenes (M_2C, M = Ti, V, Nb, Mo) via oxygen – functionalization: Promising materials for gas – sensing and – separation. *Phys. Chem. Chem. Phys.*, 1, 2018.

[118] Chimene, D., Alge, D. L., Gaharwar, A. K., Two – dimensional nanomaterials for biomedical applications: Emerging trends and future prospects. *Adv. Mater.*, 27, 7261, 2015.

[119] Kenry, Lee, WC., Loh, K. P., Lim, C. T., When stem cells meet graphene: Opportunities and challenges in regenerative medicine. *Biomaterials*, 155, 236, 2018.

[120] Chen, H., Liu, T., Su, Z., Shang, L., Wei, G., 2Dtransition metal dichalcogenide nanosheets for photo/thermo – based tumor imaging and therapy. *Nanoscale Horiz.*, 1, 2018.

[121] Bocquet, L. and Charlaix, E., Nanofluidics, from bulk to interfaces. *Chem. Soc. Rev.*, 39, 1073, 2010.

[122] Simon, P. and Gogotsi, Y., Materials for electrochemical capacitors. *Nat. Mater.*, 7, 845, 2008.

[123] Koros, W. J. and Zhang, C., Materials for next – generation molecularly selective synthetic membranes. *Nat. Mater.*, 16, 289, 2017.

[124] Weerakoon – Ratbatake, K. M., O' Neil, C. E., Uba, F. I., Soper, S. A., Thermoplastic nanofluidic devices for biomedical applications. *Lab Chip*, 17, 362, 2017.

[125] Gao, J., Feng, Y., Guo, W., Jiang, L., Nanofluidics in two – dimensional layered materials: Inspiration from nature. *Chem. Soc. Rev.*, 46, 5400, 2017.

第 13 章　用于产生被动锁模脉冲的黑鳞饱和吸收体

Anas Abdul Lati[1,3*], Sulaiman Wadi Harun[2], Muhammad Farid Mohd Rusdi[2], Harith Ahmad[3]

[1]马来西亚马六甲榴莲通加尔杭图雅雅，马来西亚梅拉卡大学电子与计算机工程学院

[2]马来西亚吉隆坡，马来亚大学工程学院电子工程系光电学工程实验室

[3]马来西亚吉隆坡，马来亚大学光电学研究中心

摘　要　黑磷(black phosphorus, BP)归类为二维材料。大块 BP 的直接带隙能量为 0.3eV，提供了广泛的吸收光谱，使其成为近红外、中红外光电应用的理想材料。随着层的数量减少到单层状态，BP 的带隙增加到 2eV，这意味着可以通过调整 BP 层的数量来控制带隙。当电子迁移速率在 1000cm^2/(V·s)以上时，BP 具有 24fs 的快速弛豫时间。BP 具有小的带隙和快速松弛时间，这提供了一个潜在的应用，特别是在产生超短脉冲激光器时。本章通过引入新的 BP 薄片作为可饱和吸收体(saturable absorber, SA)，实验实现了 1μm、1.55μm 和 2μm 区域的锁模操作。在不包含任何化学合成的情况下，用透明胶带从商用 BP 晶体中机械剥离制备了 BP 薄膜。利用掺铒光纤激光器(erbium – doped fiber laser, EDFL)、掺镱光纤激光器(ytterbium – doped fiber laser, YDFL)、掺铥光纤激光器(thulium – doped fiber laser, TDFL)和掺铥钬光纤激光器(thulium holmium co – doped fiber laser, THDFL)腔，显示了锁模激光器的产生。在信噪比(signal – to – noise ratio, SNR)大于 35 dB 的兆赫兹范围内，获得了稳定的锁模脉冲重复率。所产生的激光器在几飞秒内具有可达到的脉冲宽度。

关键词　超快激光器，锁模技术，光纤激光器，饱和吸收体，黑磷

13.1 引言

超短脉冲激光器是通过锁模技术产生的一种非常有用的激光器。锁模在兆赫范围内产生一个相位相干脉冲序列，带有重复频率，脉冲宽度在纳秒到飞秒范围内。锁模一词是指为了实现这种类型的激光器，需要锁相多个不同的频率模式。这种锁定机制诱导激光器产生一系列超短脉冲，而不是光的连续波(continuous – wave, CW)。这种系统的实用性在于它能够产生巨大的峰值功率。这些激光器的应用范围从金属微细加工[1]一直到促进有史以来最精确的频率测量[2]。很明显，通过使用新技术开发锁模激光器，将使这类激光器在未来的技术应用中成为有用的工具。

锁模脉冲的制作有主动和被动两种技术。主动锁模技术通常使用外部控制的器件，

如声光调制器可以主动调制腔内的光[5]，而被动锁模技术不使用外部信号。相反，被动锁模技术是通过在激光腔中放置一个饱和吸收体（SA）或另一个被动元件来实现，这导致腔内光线的变化产生脉冲激光[5]。当饱和吸收体调制每一腔往返一次的损耗时，就会发生被动锁模，这主要受到一系列超短脉冲（ps～fs 持续时间）的控制，其重复频率与腔的自由光谱范围相对应（几米光纤激光器为兆赫）[6]。与主动锁模相比，被动锁模技术结构紧凑、操作简单且灵活[7]。

利用 SA 产生脉冲光纤激光器已经成为当今越来越多研究人员的首选方法[4,8-9]。利用非线性极化旋转（nonlinear polarization rotation，NPR）等人工技术和半导体饱和吸收镜（semiconductor saturable absorber mirror，SESAM）[10]、碳纳米管（carbon nano - tube，CNT）[11]、离子掺杂晶体[12]和碳材料（石墨烯纳米片、纳米尺度石墨、炭粉）[13-15]等真实 SA，已经发展了许多 SA 机制。NPR 和 SESAM 是两种常用的 SA，因为它们具有较高的灵活性、稳定性和较快的调幅性能。然而，SESAM 更昂贵，需要复杂的制造和包装过程，并且光响应带宽有限[16]。其他材料制作的 SA 具有高性能、低成本的特点，并且能宽带操作，已经得到了该领域专家的关注。

最流行的 SA 是由石墨烯制作，因为它们在很低的光强度下可表现出饱和吸收，这是因为它们具有与波长无关吸收的第三阶非线性[17-18]。石墨烯的成功引导了新的二维材料的发现，如拓扑绝缘体（topological insulators，TI）和过渡金属二硫化物（transition - metal dichalcogenide，TMD），它们能够塑造光纤激光器的未来方向[19]。此外，石墨烯还存在缺乏带隙和低吸收共效率的问题。拓扑绝缘体材料如碲化铋（Bi_2Te_3）[20-21]和 TMD 材料，如二硫化钨（WS_2）[18-22]和二硫化钼（MoS_2）[23]引起了广泛的关注，这是因为它们在超快激光应用中的独特吸收性能[24]。

近年来正在探索 BP 在 SA 中的应用。BP 具有可控的带隙大小，可以通过调整材料中层的数量进行微调。它也是最稳定的热动力学同素异形体[25]。人们已经发现并报道了它的独特电子性质的许多有趣结果[26-27]。然而，除了 BP 的各向异性特性决定了其偏振相关的光学响应外，对其光学性质的研究较少[28-29]。BP 中的宽带非线性光学响应在红外和中红外光电子学中具有广阔的应用前景[30]。

受到石墨烯和 BP 在单元组件和直接带隙方面的相似性影响，可以很自然地发现 BP 是否可以作为用于 Q 开关和锁模应用的 SA。与石墨烯相似，范德瓦耳斯力吸引了 BP 的单个原子层，使其成为最稳定的磷同位体[26-27,31]。Lu 等[30]制备了嵌入聚甲基丙烯酸甲酯（methacrylate，PMMA）多层 BP 膜，具有 12.4% 调制深度和 334.6GW/cm^2 饱和强度。同时，Luo 等将多层 BP 溶液沉积在微纤维上[32]。该 BP SA 有 1～3 层，具有 9% 的调制深度和 25MW/cm^2 饱和强度。Lu 和 Luo 等都采用液相去角质法（LPE）制备了 BP 溶液，其中涉及复杂的化学过程。作为 SA 的薄（15 层）和厚（25 层）的 BP 片使用机械方法从商业 BP 大块中剥离[31]。薄层 BP 的调制深度和饱和强度分别为 6.55MW/cm^2 和 8.1%。本章中，其光学性能相对接近于合成的 BP SA。然而，BP 片中层数量很多。

通常，激光可以根据增益介质的形式分为固态、染料或气体。本章介绍了以镱、铒、铥、钬等稀土元素为活性介质，在 1～2μm 范围内运行的新型锁模光纤激光器的发展情况。这些激光器以其低成本、低功耗、长期稳健性和易于远距离传输（通过标准石英单模光纤）等优点而备受关注。本章所述的标准稀土元素可以在1μm、1.55μm和2μm区域光谱内产生激光发射。

在这项工作中，BP作为SA设备被集成在激光腔中，以产生锁模脉冲，如图13.1所示。BPSA将CW激光转化为高功率超短脉冲激光。

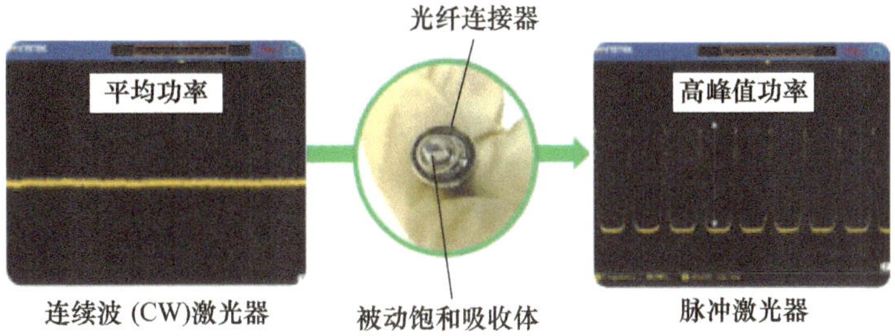

图13.1 使用被动SA设备将CW激光转换为脉冲激光

13.2 饱和吸收体机制

在饱和吸收体（SA）材料中，光的吸收随入射光强度的增加呈非线性下降。它被集成到光纤激光腔中，用于产生超短脉冲。大多数的SA是用半导体材料制造，其中谐振非线性涉及载流子从价带过渡到导带，产生饱和吸收效应。为解释这种现象，人们经常使用基于两级电子模型的简单定性论证，用于使饱和吸收对称，从而获得饱和。图13.2说明了基于粒子形式两级模型的饱和吸收体的完整过程。当光子能量与两个能级之间的差相同时，处于较低能级或价带（E_1）基态的电子可以吸收光子，如果在较高能级上没有电子，则可以激发到较高能级或导带（E_2）。

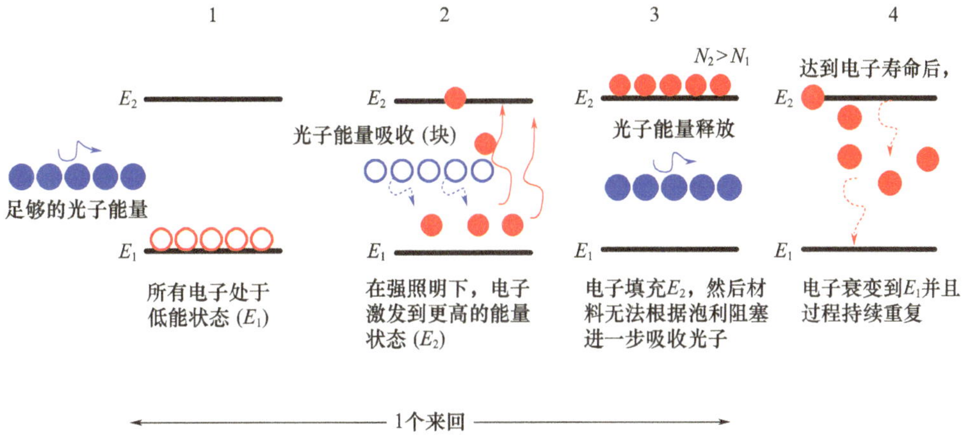

图13.2 基于粒子形式的两级模型的饱和吸收体运行机制示意图

在直接间隙材料的带隙能量附近的波长处，随强度的变化，吸收和折射率特别大。饱和吸收的主要来源是能带填充。随着强度的增加，强光激发导致填充边缘附近的导带和价带状态，阻止进一步吸收。能带填充发生的原因是没有两个电子能够填充相同的状态。由于基态电子数减少，使得上态未填充态减少，导致吸收率大大降低。在强度足够大的情况下，材料的光子能量在能带边缘上方变得透明。这个过程也称为泡利阻塞或相位空间填充，最早在1969年被预测到[33]。因此，吸收饱和，光可以通过材料传输而不被吸收。在达到特定电子寿命后，上态电子衰减到基态，并且过程不断重复。基于此简单框架，以下简单的二级SA模型，光学非线性与入射光强度直接相关[34-36]，有

$$\alpha(I) = \frac{\alpha_s}{\left(1 + \frac{I}{I_{sat}}\right)} + \alpha_{ns} \tag{13.1}$$

式中：$\alpha(I)$为吸收系数；α_s为低强度（或有时称为线性）吸收系数；I为入射光强度；I_{sat}为饱和强度，这是一个唯象参数，在低入射光强度下，α降低到其值的一半（$\alpha(I_{sat}) = \alpha_s/2$）。饱和强度是决定饱和吸收体性能的重要参数。

13.3 黑磷

黑磷（BP）是用于光电和电子应用的各向异性材料[37]。大块BP晶体是磷最稳定的同位体，因为它具有独特的正交晶体结构，如图13.3所示。在BP中每个磷原子与3个相邻的磷原子相连，形成一个稳定的链环结构，每个环由6个磷原子组成。BP具有二维原子结构。一般情况下，二维材料层状结构在层间具有强的平面内耦合和弱的范德瓦耳斯力耦合。因此，通过机械剥离或化学剥离方法，可以很容易地制备完美的单层或多层二维样品[19,38-39]。大多数二维材料表现为导带和价带这两个简单的能带结构。比带隙能量高的光可以激发载流子从价带到导带。如果激发具有较大的强度（噪声尖峰），所有可能的初始状态都会耗尽，最后的状态会根据泡利阻塞效应被部分占据，这样吸收就会饱和[40]。

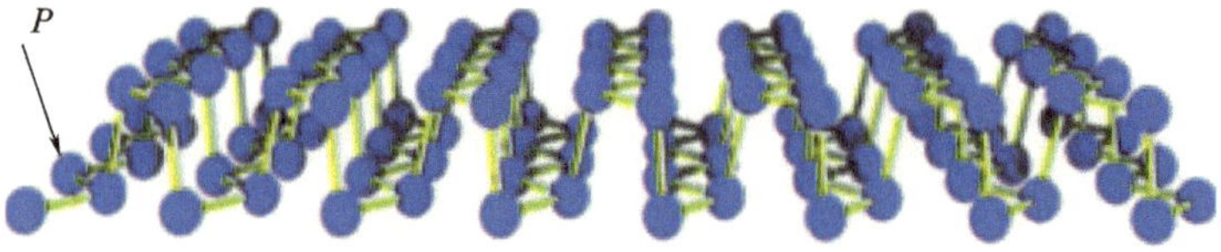

图13.3 BP的原子结构

在可饱和吸收体应用中，能量带隙是最重要的性质之一。材料的光子比带隙能量大时，容易被吸收。因此，饱和吸收体的带隙能量至少应该与激光腔产生的光子能量相匹配。对于间接带隙半导体材料，光子吸收过程的效率要低得多，因为必须吸收额外的声子来满足动量上的差异。对于直接带隙，光子吸收过程很容易，因为价带到导带具有相同的动量值，这两个能带的电子激发并不需要很大的动量，因为电子伏特单元的光子能量可由谐振腔的工作波长转换为以下方程，即

$$E = h\frac{c_0}{\lambda} \tag{13.2}$$

式中：λ为工作波长；h为普朗克常数；c_0为真空光速。根据这个公式，长波长需要少量的带隙能量。在相反的情况下，较短的波长需要大量的带隙能量。与1μm、1.55μm和2μm匹配的带隙能量分别为1.24eV、0.8eV和0.62eV。

BP的窄带隙（0.3eV）可以填补零带隙石墨烯和大带隙TMD过渡金属二硫化物之间的空间，这使得它成为近红外光电和中红外光电的理想材料[37]。BP的单层带隙可达2eV。由

于层间耦合，BP 的带隙与层数密切相关。这意味着可以通过控制 BP 层的数量来调整带隙。

饱和吸收体的另一个重要特征是弛豫时间。弛豫时间越快，脉冲宽度越短。材料的电子迁移率也可以表示材料的快速弛豫时间。随着弛豫时间的延长，脉冲宽度的形成将在纳秒到皮秒之间。为了实现有效的脉冲形貌，饱和吸收体应该在短时间内恢复到初始状态（从几皮秒到飞秒）。在 1000 $cm^2/(V \cdot s)$ 以上的电子迁移率表明 BP 具有 24fs 的快速弛豫时间[41]。因此，BP 作为一种可饱和吸收体可以产生更短的脉冲。

13.4 BP 薄片制备

图 13.4 概述了机械剥离法制备多层 BP 样品。一种类似的方法被广泛应用于超短脉冲激光的石墨烯饱和吸收体的制备[42-43]。该技术的优势主要在于它的简单和可靠性，在整个制造过程中没有复杂的化学程序和昂贵的仪器。如图 13.4 所示，相对较薄的薄片是用透明胶带从商业用途的大块 BP 晶体（纯度为 99.995%）中剥离出来的。然后，反复在透明的塑料表面上压片，使 BP 薄片变得足够薄，以高效率传输光。最后，切割一小片的 BP 薄片，并使用指数匹配的凝胶将其附着在标准的 FC/PC 光纤卡套端表面上。用标准法兰适配器把它连接到另一个 FC/PC 光纤套圈后，基于全光纤 BP 的 SA 制备完成。BP 材料非常亲水，因此 SA 暴露在氧气和水分子中容易损伤。因此，需要在 2min 内快速完成整个制备过程。图 13.4 显示了在光纤套圈表面顶部 BP 薄膜的位置，它完全覆盖了光纤的核心。

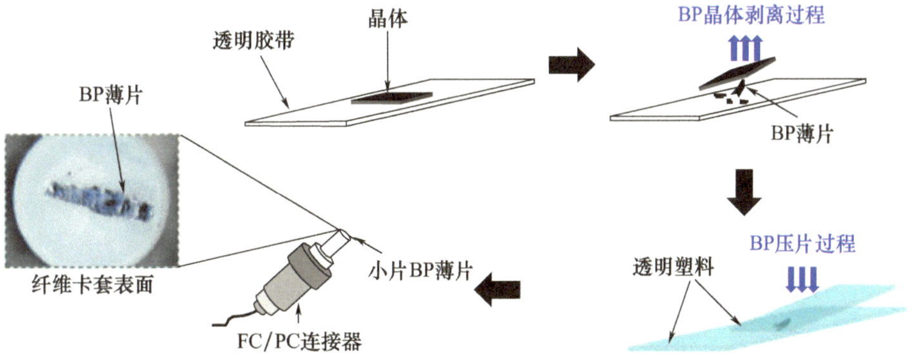

图 13.4　机械剥离 BP 的机制图

13.5 BP 薄片表征

本节讨论了用机械剥离法制备 BP 薄膜的表征。图 13.5(a)显示了 100nm 尺度下的 BP 薄片的场发射扫描电子显微镜（FESEM）图像。图像显示了存在均匀层，并证实了复合材料饱和吸收体中不存在大于 1μm 的聚集或空隙；否则会造成非饱和散射损失。图 13.5(b)所示的 FESEM 图像上显示了能量色散谱（energy dispersive spectroscopy，EDS），证实了转移层的组成。图 13.5(b)所示的光谱数据显示了磷峰值的存在，这证实了样品薄片上存在 BP 材料。

图 13.6 显示了用拉曼光谱和非线性吸收检测的 BP 光学性能。当 514nm 氩激光在薄片上照射 10s，且曝光功率为 50mW 时，光谱仪记录了此时的拉曼光谱。在 $360cm^{-1}$、$438cm^{-1}$ 和 $465cm^{-1}$ 处很明显观察到 3 个独特的拉曼峰，对应于分层 BP 的 A_g^1、B_{2g} 和 A_g^2 振

动模式。A_g^2和B_{2g}这两种振动模式都对应于BP层中磷原子的平面内振荡，而A_g^1振荡模式与平面外振动有关。A_g^1和硅(Si)峰的比值预估了BP层厚度，其厚度为4~5nm[44]。由于单层BP厚度为0.6~0.8nm[28-32]，预计饱和吸收体有5~8层BP。Guo等发现的A_g^2峰值为$462cm^{-1}$，表明BP饱和吸收体有4层以上[45]。BP的带隙从0.3eV(大块)到1.51eV(单层)不等，3层BP和5层BP的带隙分别为0.8eV和0.59eV[32,45]。在本章中，当光子(1561nm)在各自的SA带隙(0.59eV)上方具有0.8eV带隙能量(0.8eV)时，就会达到饱和吸收的条件，这就产生了多余光子能量的电子空穴对。然后，多余的光子能量将诱导电子的动能，并可能以热量(声子)的形式耗散。

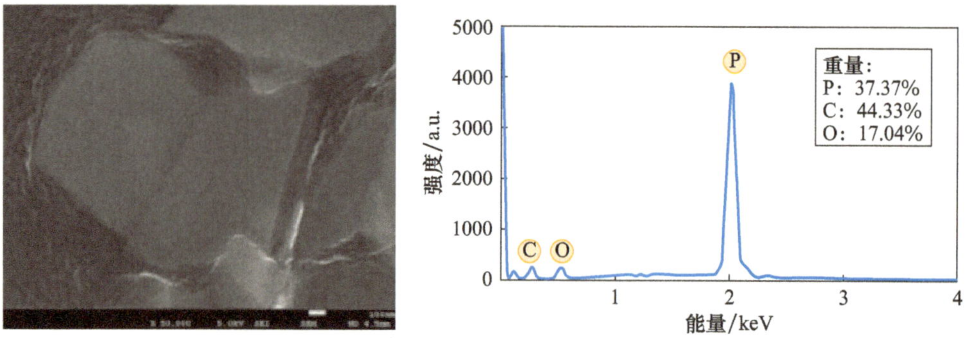

(a) (b)

图13.5 用机械剥离法制各BP薄片表征
(a)FESEM图像；(b)EDS剖面。

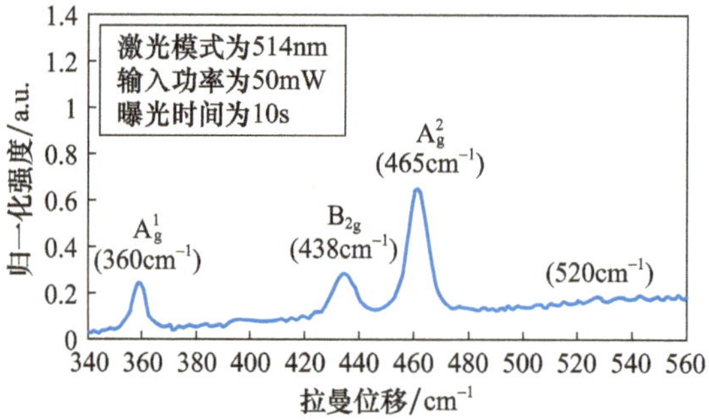

图13.6 BP薄片的拉曼光谱

利用平衡双探测器测量技术，研究了多层BP薄膜的非线性光学性能，确定了薄膜的饱和吸收。实验中，利用偏振控制器(polarization controller, PC)控制偏振态。采用自构建的锁模光纤激光器(波长1562nm，脉冲宽度1.05ps，重复频率16.3MHz)作为输入脉冲源。通过改变输入激光功率，将透射功率和归一化参考功率作为入射光强度的函数。随着峰值强度的增加，材料吸收降低，图13.7证实了饱和吸收。根据一个简单的两级SA模型拟合了吸收实验数据。图13.7中调制深度、非饱和强度和饱和强度分别为7%、58%和$100MW/cm^2$。考虑到在较低的通量下，获得了导致吸收饱和的非线性光学响应，机械剥离的BP满足光纤激光器被动SA的基本要求。从材料的角度看，BP是各向异性的晶体；它的线性吸收对光偏振态很敏感。利用PC将偏振态调整到不同角度，并对此作了进一步研究。研究发现，激光的输出强度只表示两种状态，即类似于图13.7的输出功率趋势以及低输出功率(几乎接近零读数)。这证明了基于 BP 的 SA 由于各向异性层状材料的特性而具有偏振依赖性[28]。因此,在该激光腔中采用偏振控制器调节振荡光的偏振,使振荡光与饱和吸收体传输轴相匹配。

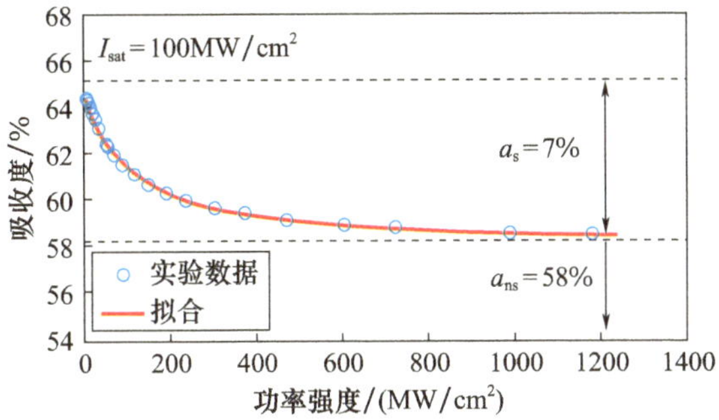

图 13.7　BP 薄片的非线性吸收特性

13.6 脉冲激光性能测量

时间和光谱特性,包括重复率、脉冲宽度、脉冲能量和峰值功率是使用激光脉冲时经常需要的一些基本量[46]。利用光谱分析仪对脉冲激光的光谱进行观测,通过热探测器利用激光功率计测量平均输出功率。通过光电探测器,用示波器和射频频谱分析仪分别将光信号中的激光脉冲转化为电信号,并能在时域和频域中观察到。图 13.8 显示了一组有规律的光脉冲,其重复频率为 $f=1/T$。

13.6.1 重复率及其稳定性

重复率(f)是每秒发射的若干脉冲或逆时脉冲形貌,如图 13.8 所示。对于锁模,重复频率是固定在激光腔的长度上。对于 Q 开关,功率的变化只影响重复率。重复率与脉冲宽度成反比。

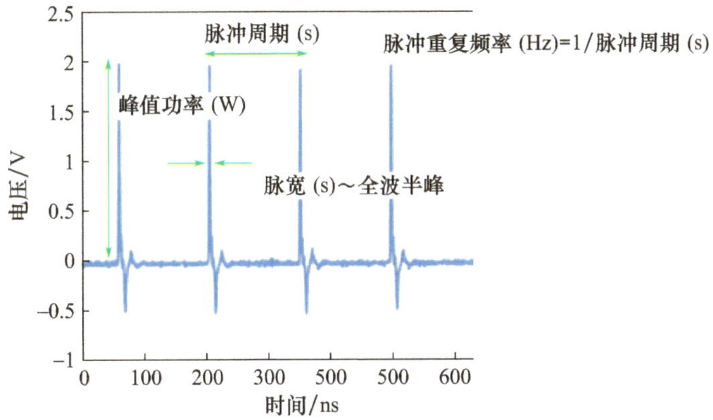

图 13.8　脉冲激光器的脉冲序列

通过频域观测,可以确定激光脉冲的稳定性。图 13.9 显示了使用快速光电探测器的频谱分析仪对脉冲序列记录的 RF 频谱。如图 13.9 所示,第一基频处的绿色颜色区域代表脉冲序列的重复率,随后的频率是谐波。光谱峰值和信号层的不同强度称为信噪比

(signal - to - noise ratio, SNR)。信噪比代表可达到脉冲的稳定性，其中超过30dB的信噪比被认为是稳定。

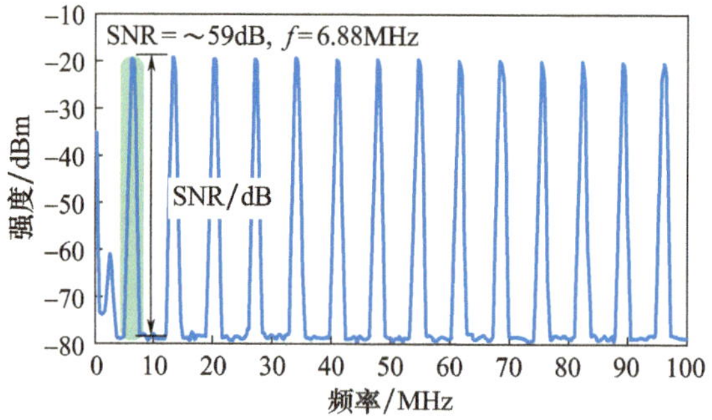

图 13.9 脉冲激光器的射频频谱

13.6.2 脉冲宽度或脉冲持续时间

脉冲宽度 τ 是指功率在半峰功率范围内的脉冲宽度。换句话说，即半峰全宽(full width at half maximum, FWHM)。一般来说，脉冲形状可以用钟形函数来表示，如高斯函数和双曲正割函数($sech^2$)。根据 Haus 主方程，反常色散区采用孤子型激光器等 $sech^2$ 脉冲形状，而正常色散区采用高斯脉冲形状。表 13.1 中包含了脉冲形状函数参数的细节，用脉冲的自相关函数拟合来描述脉冲的形状，其中 FWHM 强度自相关脉冲表示为 τ_{AC}。在 Q 开关技术中，脉冲宽度在 ns ~ ps 之间，而锁模脉冲则在ps ~ fs之间。

由于使用自相关器在实验上更容易测量实际的半最大量，因此可以将激光脉冲的脉宽与 3dB 光谱带宽之间的关系写成

$$\tau \cdot \Delta\lambda_{3dB} \geqslant TBP \tag{13.3}$$

式中：τ 为单脉冲包络的 FWHM；$\Delta\lambda_{3dB}$ 为以光学输出频谱 Hz 为单位测量的 3dB 光谱带宽；TBP 为傅里叶变换极限的时间带宽乘积。如果式(13.3)成立，测量的脉冲宽度达到变换极限，可达到的脉冲宽度满足在这种激光条件下可能产生的最小脉冲宽度。因此，为了在时域实现超短激光脉冲，本章中提到的激光应该产生宽光谱带宽激光。

在另一种情况下，通过给定 FWHM 光谱 $\Delta\lambda_{3dB}$、中心峰值波长 λ_o(nm)和光速是 c(m/s)，来计算脉冲的最小可能宽度，即

$$\tau \geqslant TBP \frac{\lambda_o^2}{\Delta\lambda_{3dB} \cdot c} \tag{13.4}$$

根据式(13.4)，由于实验室中没有可用的自相关器，在 1 ~ 2μm 范围内，用数学方法得到了锁模激光器的脉冲宽度。

表 13.1 脉冲特性

脉冲形状	$\tau \cdot \Delta\lambda_{3dB}$	τ/τ_{AC}
高斯	0.441	0.7071
$Sech^2$	0.315	0.6482

13.6.3 脉冲能量和峰值功率

图 13.10 显示了自相关脉冲包络，其中包含脉冲激光能量。脉冲能量 Q 是单个脉冲包络的总光能含量或随时间变化的光功率的积分。

对于 Q 开关，典型的脉冲能量在 μJ ~ mJ 的范围内，而锁模脉冲能量要低很多，是在 pJ ~ nJ 的范围内。通常，通过将平均输出功率除以重复频率来计算脉冲能量，有

$$Q = \frac{P_o}{f_r} \tag{13.5}$$

式中：P_o为平均输出功率；f_r为重复率；Q 为脉冲能量(J)。

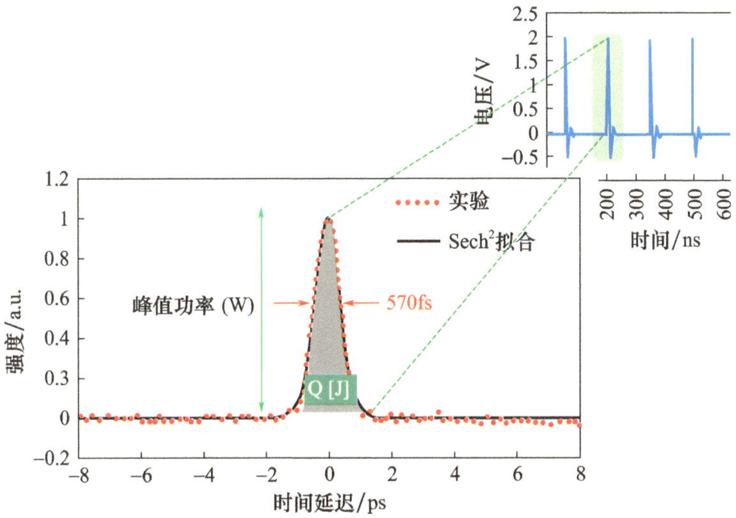

图 13.10 锁模激光器的自相关脉冲包络(插图是示波器序列)

峰值功率 P_p是脉冲中最高的瞬时光功率级。换句话说，它是每个脉冲包络中的能量流速率，如图 13.10 所示。即使对于中等能量的脉冲，较短的脉冲宽度也能产生较高的峰值功率。通过将脉冲能量除以脉冲宽度，峰值功率可以写成

$$P_p = \frac{Q}{\tau}(W) \tag{13.6}$$

式中：Q 为脉冲能量；τ 为脉冲宽度。峰值功率的转换取决于脉冲的时间形状。正如前面所讨论的那样，单包络的变换极限只能用高斯函数或sech^2函数表示。

13.6.4 时频关系

脉冲激光的时间特性可以在时域和频域上观察到。这些区域之间的强关系可以通过脉冲的傅里叶变换来解释，即

$$E(\omega) = \int_{-\infty}^{+\infty} \mathrm{E}(\omega)\mathrm{e}^{\mathrm{i}\omega t}dt \tag{13.7}$$

式中：$E(\omega)$为脉冲电场，频率 $\omega = 2\pi v$，v 为输出激光的频率。图 13.11 说明了激光脉冲的时域特性和频域特性。

在时域中，首先要确定脉冲序列的占空比。占空比 d 是激光在给定时间内“打开”时

的时间分数。占空比的计算是式为

$$d = \frac{\tau}{T} \tag{13.8}$$

式中：τ 为脉冲宽度；T 为脉冲周期。根据傅里叶级数方程，通过在零频率下给出振幅 A 和占空比 d 来计算直流分量 a_0，有

$$a_0 = Ad \tag{13.9}$$

余弦波a_n和正弦波b_n的振幅被写为

$$a_n = \frac{2A}{n\pi}\sin\left(\frac{n\pi}{2}\right) \tag{13.10}$$

$$b_n = 0 \tag{13.11}$$

通过组合这些方程，可以在频域形成激光脉冲的形状，如图13.11所示。在无限频率范围内的频域中形成恒定振幅，可以识别出时域内脉冲宽度较短的形成与脉冲波形相似。图13.12给出了基于傅里叶变换方程的模拟RF频谱，并通过实验得到了该频谱的时域。结果表明，模拟射频频谱得到的脉冲宽度与在时域中实验测量的脉冲序列的脉冲宽度基本一致。

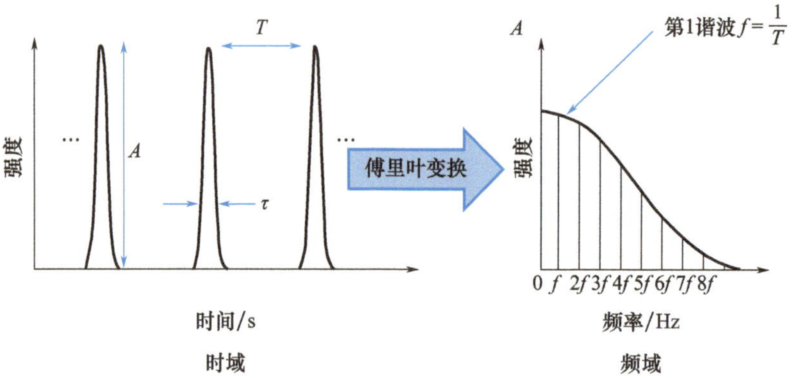

图13.11 激光脉冲在时域和频域的时间特征

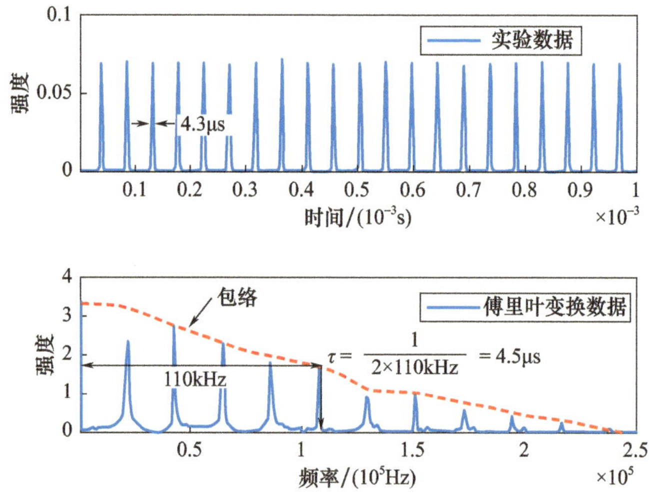

图13.12 模拟射频频谱

13.7 1.55μm 锁模掺铒－掺杂光纤激光器

图13.13显示了锁模激光器(erbium－doped fiber laser,EDFL)的示意图。为了实现锁模操作,将所得的BP薄片夹在两个光纤连接器之间,并用指数匹配凝胶作为黏剂。锁模EDFL的腔长为204m,这使其能够在$-4.44\ ps^2$的反常色散区运行。腔由2.4m长的EDF和6.6m长SMF组成,GVD分别为$27.6\ ps^2/km$、$-21.7\ ps^2/km$。在腔中加入了195m长的标准SMF,增加了导致光谱变宽的非线性效应,并允许产生稳定的锁模脉冲。通过980/1550nm的WDM使用980nm的LD启动光纤激光器。环形腔中的增益介质为掺铒光纤,铒浓度为2000mg/L。EDF在1550nm处的数值孔径为0.24,吸收量为24dB/m。采用偏振自由隔离器来保证光在腔内的单向传播,从而激发自启动激光器[47]。通过一个90/10输出耦合器获得激光输出,该机械允许输出和分析10%的激光。

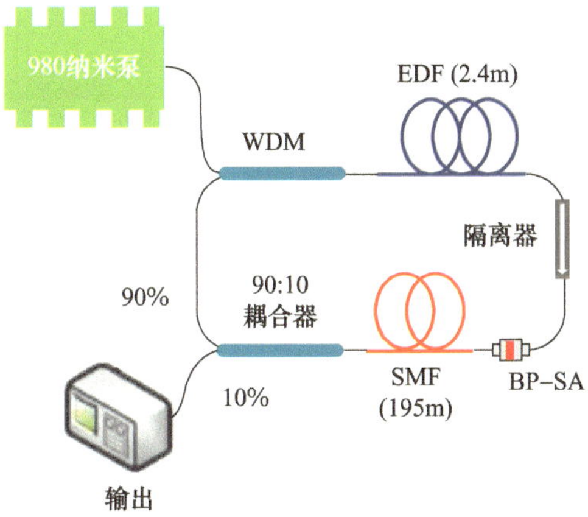

图13.13 采用BP饱和吸收体锁模掺铒光纤激光器的示意图

在实验中,在52mW泵功率下获得了自启动锁模脉冲。图13.14(a)显示了锁模脉冲的光谱。在约1561nm中心,3dB光谱的光谱带宽为0.985nm(121.19GHz)。在光谱中还观察到一个弱Kelly边带,这表明产生的脉冲处于孤子机制的边缘[48]。这对应于腔内的强反常色散($-4.44\ ps^2$)。进一步减小额外的SMF长度可以减小腔色散和压缩脉冲宽度[49]。然而,只有在适当腔长(附加195m长的SMF)的情况下,才能产生稳定的孤子锁模系统。图13.14(b)显示了输入泵功率下锁模激光器的平均输出功率和单脉冲能量,随着泵功率从52mW提高到250mW,输出功率由1.224mW增加到7.38mW。边坡效率在3.14%左右,这是较高值,原因是在SA低插入力减少。脉冲能量也随泵功率线性增加,最大泵功率为250mW时可以获得最大脉冲能量7.35nJ。

利用自动相关器和示波器研究了使用10dB耦合器后锁模EDFL的时间特性。图13.15(a)显示了一个稳定的锁模脉冲序列,其峰值间距为1ns,这与204m的腔相匹配。脉冲序列的峰值功率为53mV。示波器轨迹显示的脉冲宽度为88ps,但由于示波器分辨率的限制，实际脉冲宽度要小得多。可以通过自动相关器或基于时间带宽乘积(time - bandwidth product, TBP)的数学方法来测量脉冲宽度。然而，对于EDFL，自动相关器(Alnair Labs, HAC - 200)用来确定脉冲宽度。采用双光子吸收法测量到脉冲宽度在0.3～15ps之间。然后，实时显示测量的光脉冲的时间分辨率为25fs。假设脉冲形状的函数可以由FWHM自动相关器的跟踪宽度转换为FWHM脉冲宽度。图13.15(b)显示了测量的自动相关器脉冲轨迹，FWHM为4.13ps和脉冲剖面为$sech^2$形状。假设$sech^2$形状脉冲的实际FWHM约为2.66ps。因此，计算出的TBP为0.322，这表示脉冲轻微鸣叫。通过腔色散管理和提高SA调制深度，可以进一步压缩宽脉冲宽度。

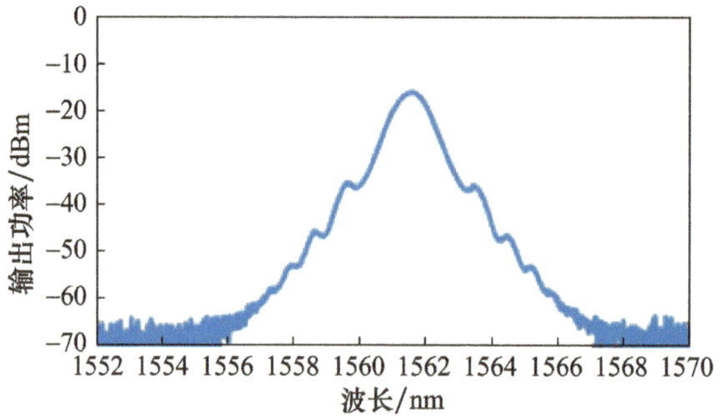

(a)

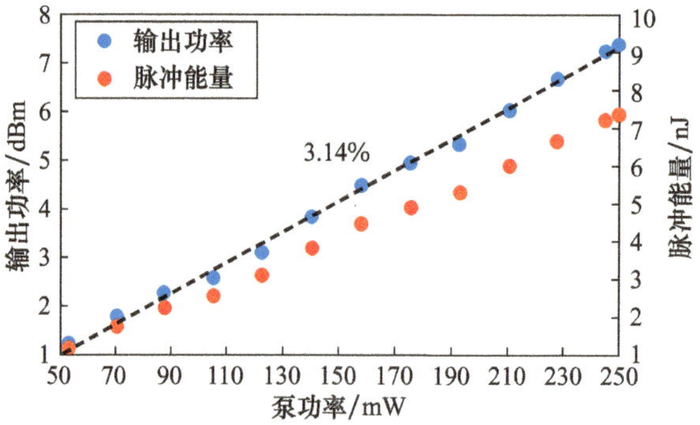

(b)

图13.14 自启动锁模脉冲

(a)孤子锁模EDFL的输出谱；(b)输出功率及脉冲能量的泵功率的函数。

在室温下观察到输出ps脉冲，输出非常稳定，与图13.16(a)所示的RF频谱相对应。这个激光腔在250mW的最大功率稳定状态下显示了清晰的连续锁模操作，并提供了1MHz的基频，并且没有观察到其他射频分量，SNR高达70dB。在本实验中，由于泵的最大工作功率限制在250mW，所以不能测量到脉冲破裂效应。总体来说，长期稳定有益，因为脉冲至少24h稳定。得到的70dB的SNR证实了该器件的稳定性。在锁模运行中(52～250mW泵电源)，仅在1MHz时获得此稳定脉冲。图13.16(b)展示了以泵功率和重复率为坐标轴的图，在线中没有波动。通过进一步的改进，这种开发的设备有商业化潜力。

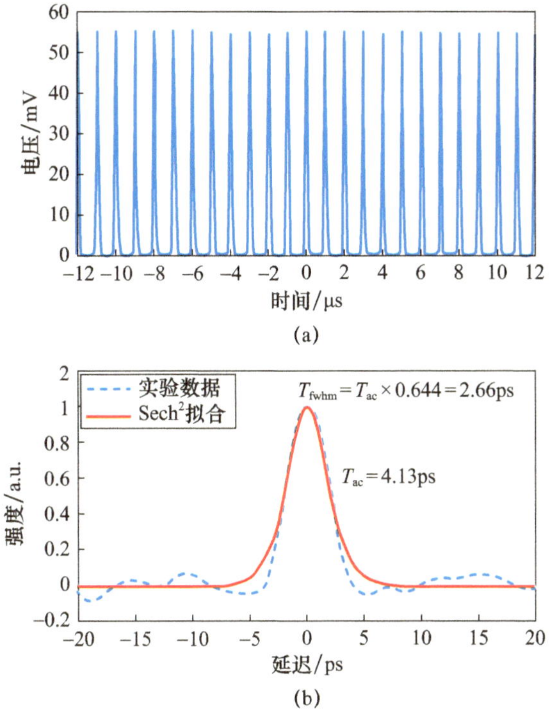

图 13.15 孤子锁模 EDFL 的时间性能

(a)单脉冲包络的示波器序列;(b)自相关迹。

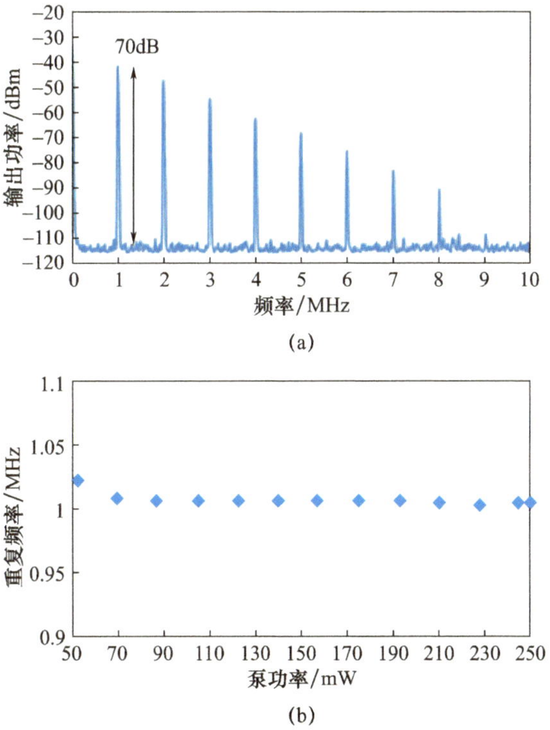

图 13.16 (a)在 10MHz 范围内的孤子锁模 YDFL 的 RF 频谱和(b)重复率的泵功率的函数

13.8 1μm锁模镜-掺杂光纤激光器

在本节中，设计了在1 μm波长范围内运行的光纤激光器腔，目的是为了评价它的锁模能力。图13.17所示为集成BP-SA锁模镜-掺杂光纤激光器(ytterbium-doped fiber laser, YDFL)的结构，并将所获得的基于BP薄片的SA作为锁模器。通过光纤连接器使用与折射率匹配的凝胶，将多层BP薄膜夹在FC/PC光纤之间，使得该SA集成到光纤激光腔中。在1μm范围内用10m的双包层YDF进行放大。在975nm处，包层吸收系数为3.95dBm，GVD为$-18ps^2/km$。用980nm多模LD经MMC抽运光纤。加入PC使得锁模运行时能够调整腔体中偏振态。采用10dB熔融光纤耦合器，从腔体中收集10%的能量，并在腔体中保留90%的光进行振荡。腔内的其他纤维是标准的SMF(GVD为$44.2ps^2/km$)，构成环的其余部分。总环形腔长度约为14.8m，在正常色散条件下，净腔色散约为$0.39ps^2$。使用13.7节中提及的测量设备监测和测量激光性能。利用OSA对锁模激光器进行频谱分析，用示波器通过光检测器对锁模操作的输出脉冲序列进行分析。

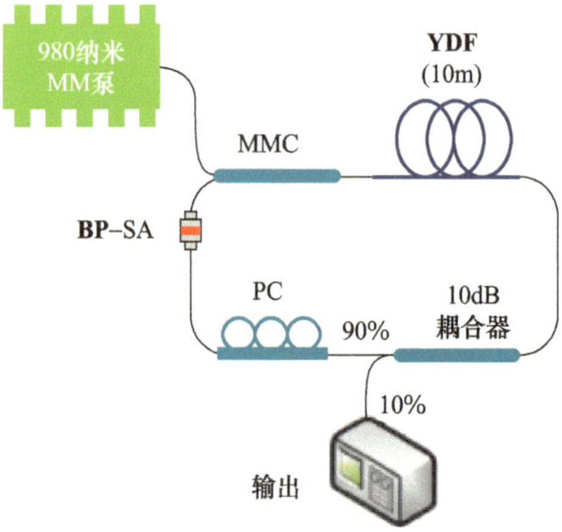

图13.17 集成BP-SA的锁模YDFL的示意图

在输入多模泵功率为816mW的情况下，锁模操作自启动，前提是能适当调整腔内PC。自启动锁模保持1322mW的泵功率，在13.5MHz腔的基本重复频率下运行。在阈值泵功率为816mW的情况下，运行10dB耦合器后得到的锁模YDFL输出谱如图13.18所示。该光谱的中心波长为1085.5nm，峰值功率为-17.7dBm，3dB光谱带宽为0.23nm(58.52GHz)，无Kelly边带。这证实了锁模脉冲可以在正常色散下工作。

图13.19(a)显示了一个稳定的锁模脉冲序列，峰值间距为74ns，与腔长14.8m相匹配。示波器轨迹显示的脉宽为26ns，比实际脉宽宽得多，这是由于示波器分辨率的限制。实际脉冲宽度可以用自动相关器或基于TBP的数学方法来测量。假设高斯脉冲波形的TBP为0.441，用数学方法估计可能的最小脉冲宽度约为7.54ps。如图13.19(b)所示，相应的射频频谱表明，如果基频(13.5MHz)具有较高的SNR(高达45dB)，这个激光腔可以在稳定的状态下运行。基频峰值在7次谐波前略有减小，因此确定锁模脉冲宽度较窄。在所有的泵功率水平下，当去除BP薄片时，没有观察到基频的存在。

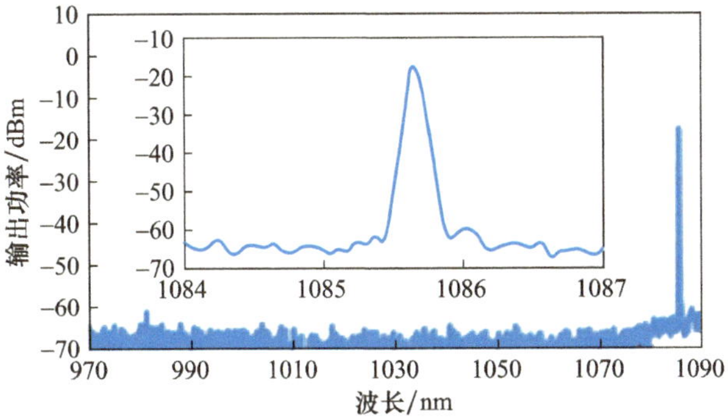

图 13.18 泵功率为 816 mW 下的锁模 YDFL 输出图

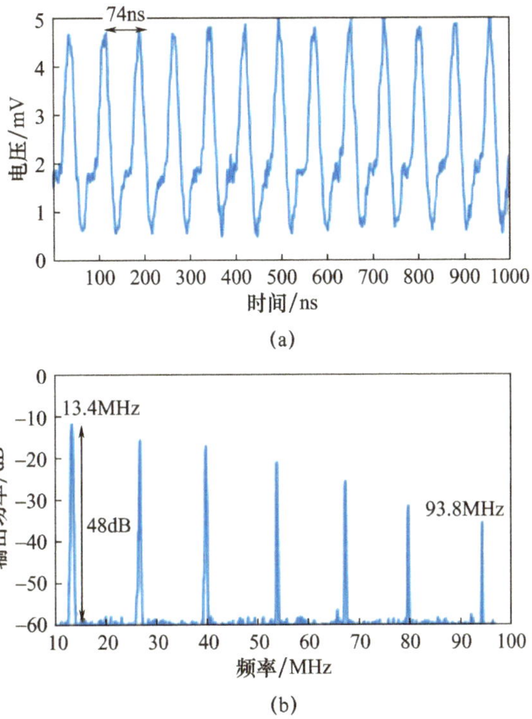

图 13.19 锁模 YDFL 的时间表征

(a)脉冲序列;(b)跨度 100 MHz 的 RF 频谱。

图 13.20 显示了输入泵功率与输出功率之间的关系,说明输出功率由 10mW 增加到 80mW 时,相应的泵功率由 816mW 提高到 1322mW。由于饱和吸收体的低插入损耗,使得光对光的效率相对较高(13.12%)。图 13.20 还给出了输入信号功率与计算脉冲能量之间的关系。结果表明,脉冲能量随泵浦功率呈线性增长,最大脉冲能量为 5.93nJ。由于 BP-SA 过度饱和,锁模 YDFL 输出不稳定,并在泵功率超过 1322mW 时突然消失。BP-SA 仍未被损坏,因为在一天多时间将泵功率调整到高达 1322mW。通过保持密闭容器,少暴露于氧气或水分子有助于保护 BP-SA 免受伤害。实验结果验证了新开发的基于多层 BPSA 的锁模能力。这表明,BP 可用于建立具有较高功率容限的光电器件,为高能激光锁模、非线性光调制和信号处理等更实际的应用提供了新的途径。

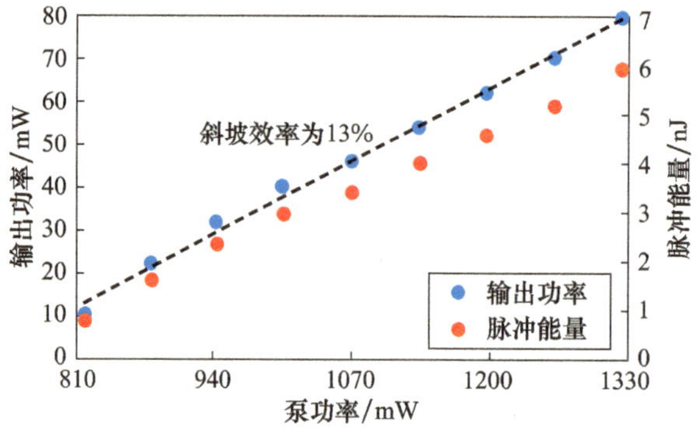

图 13.20 锁模 YDFL 的输出功率和脉冲能量

在第二次观察中，OSA 在 80min 内每 20min 扫描一次锁模 YDFL。进一步研究了锁模操作的稳定性，如图 13.21 所示。在 816mW 的泵功率下，稳定的工作波长保持在 47dB 信噪比，峰值振幅的变化在 ±1dB 内。

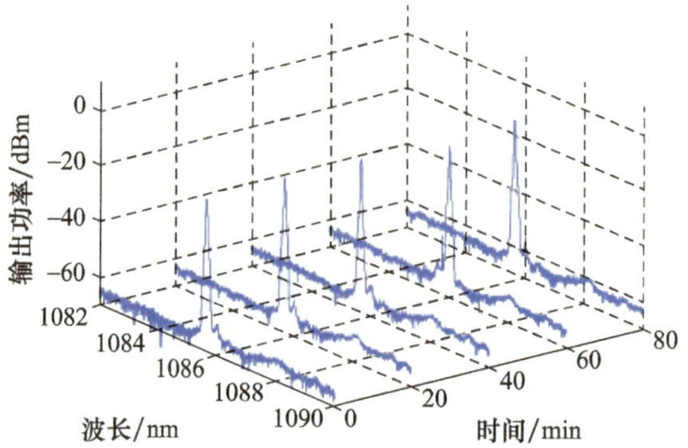

图 13.21 锁模 min 每 20min 输出频谱

13.9 2μm 锁模铥－掺杂光纤激光器

本节将 BP 薄片夹在掺铥光纤激光器(thulium - doped fiber laser，TDFL)的环形腔中，这可以将连续波运行模式转换为锁模工作激光器。TDFL 实验装置的示意图如图 13.22所示。环形谐振腔由 5m 长作为增益介质的 TDF 组成。TDF 的数值孔径分别为 0.15μm，核心直径和包壳直径分别为 9μm 和 125μm，在 1900nm 时损失小于 0.2dB/km，在 1180nm 和 793nm 时峰值吸收分别为 9.3dB/m 和 27dB/m。TDF 的 GVD 参数约为 $-84.6\ ps^2/km$。通过 1550/2000nm 的 WDM 使用 1552nm 的 EYDFL 抽运该光纤。腔中的其他光纤是标准的 SMF($-80ps^2/km$)，构成了环的其余部分。在腔中加入 15m 长的钪－掺杂光纤(ScDF)作为附加元件，通过提供足够的非线性效应来辅助锁模激光器的产生。本工作中使用的 ScDF 核心直径为 7.5μm，在 1285nm 时背景损耗为 50～75dB/km。数值孔径和 GVD 参数分别为 $0.12ps^2/km$ 和 $-127ps^2/km$。该腔体的总长度为 27m，腔体的净色散在 $-2.888ps^2$ 的反常色散条件下运行。该激光器的输出是通过一个 90∶10 耦合器从腔中收集，该耦合器在环形腔中保留了90%的光去振荡。用OSA分析了所提出的TDFL光谱，而结合使用示波器与光电探测器来捕获锁模发射的输出脉冲序列。光电探测器的上升时间约为50ps。

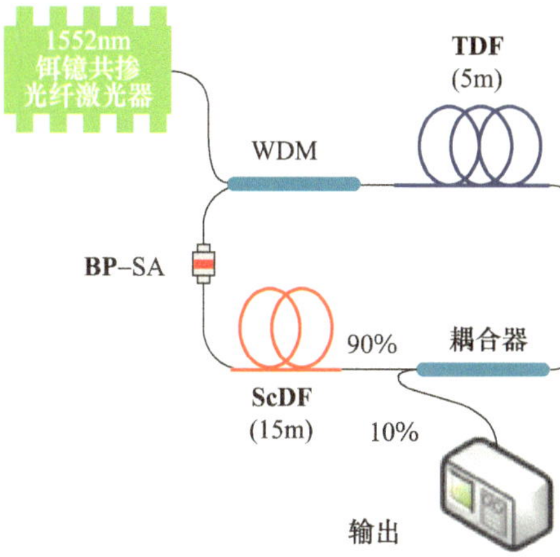

图13.22 锁模TDFL的示意图配置

锁模激光器在泵功率达到271mW时自动启动，并在泵功率提高到363mW时保持运行状态。图13.23(a)显示了锁模TDFL在阈值泵功率下的输出谱。在波长1989～1998nm范围内，1948nm处可获得的峰值波长为-20dBm，3dB光谱带宽为0.144nm(11.38GHz)。虽然从制备的BP薄片中获得的表面不完美，导致峰值激光出现小波痕，然而这种情况对激光时间特性的稳定性影响不大。图13.23(b)显示了锁模TDFL产生的基本重复率的RF频谱。图中，在7.17MHz时产生稳定的锁模操作，SNR为38dB。在7.17MHz时，重复频率不断产生，范围是271～363mW，如图13.23(c)所示。在锁模操作的泵功率水平下，只要去掉BP薄片，基本重复率就会被消除。

下一步是观测锁模TDFL脉冲序列剖面。图13.24显示了锁模TDFL的输出脉冲序列，振幅为8.5mV，脉冲周期为139.62ns。这个脉冲周期对应于所得到的重复率。直接从示波器来看，单个脉冲包络具有67.93ns的脉冲宽度，比实际脉冲宽度要宽得多。本工作中使用的示波器具有分辨率限制，通过TBP分析，可以对脉冲宽度进行数值计算。假设$Sech^2$脉冲拟合的TBP为0.315，通过数学计算确定了可能的最小脉冲宽度对应于3dB光谱带宽，约为27.68ps。基于傅里叶变换，这种脉冲大小与射频频谱中单次谐波的存在是一致的。还表明只有少数纵向模式是锁定模式。此外，加入ScDF增加了腔色散，从而导致脉冲变宽。没有脉冲扭曲。因此，预期激光具有较低的定时抖动和良好的锁模稳定性。

图13.25为泵功率与输出功率之间的关系，当输出功率由1.11mW增加到3.31mW时，相应的泵功率由271mW增加到363mW。输出功率的线性度决定了光对光的效率为2.4%。图13.25给出了泵功率与脉冲能量之间的关系。脉冲能量是相对于输出功率和重复率之间的区分而得到的。实验结果表明，脉冲能量随泵浦功率呈线性增长，最大脉冲能量为0.46nJ。在363mW泵级以上的情况下，当BP薄片过度饱和时，锁模状态变得不稳定并消失。在13.10节中，通过将增益介质改为铥、钬共掺光纤(thulium - holmium co - doped fiber，THDF)，证明锁模铥、钬共掺光纤激光器(thulium holmium co - doped fiber laser，THDFL)。

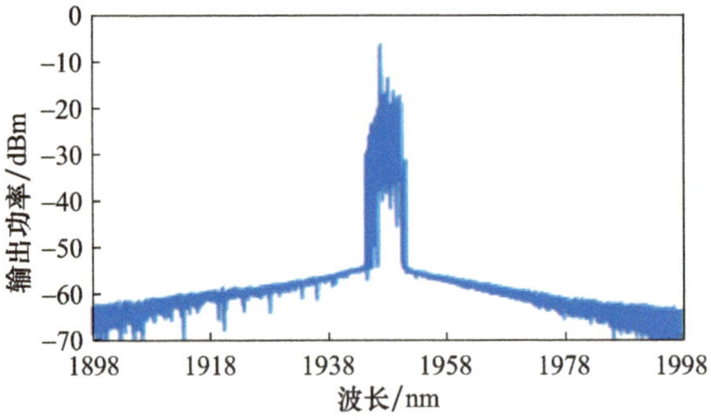

(a)

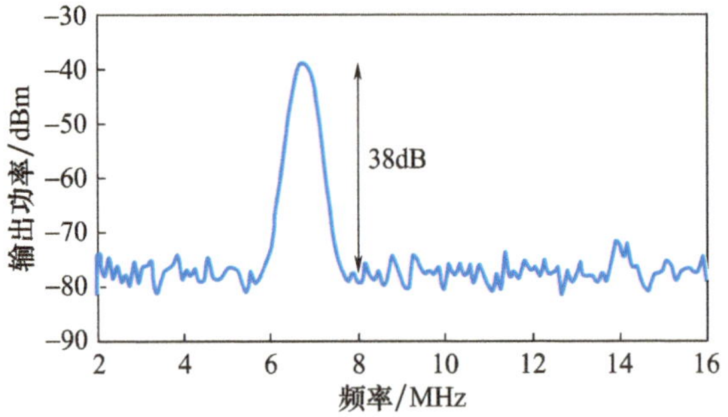

(b)

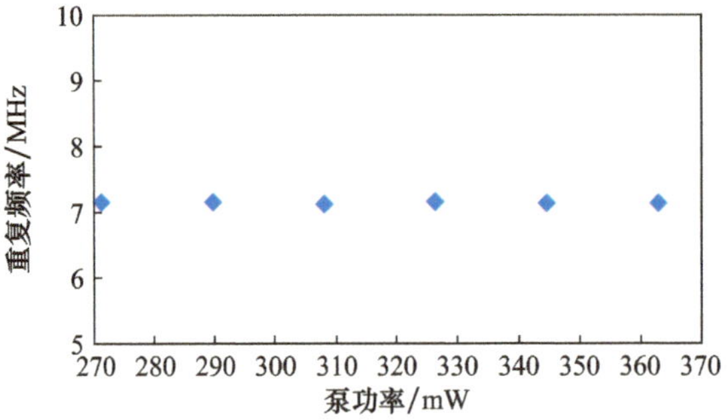

(c)

图 13.23　锁模 TDFL 的光谱和时间性能

(a)输出频谱;(b)射频频谱;(c)重复率稳定性的泵功率的函数。

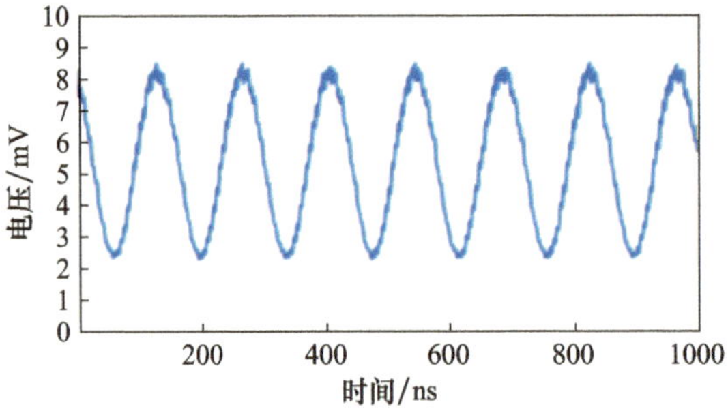

图 13.24　锁模 TDFL 输出脉冲序列

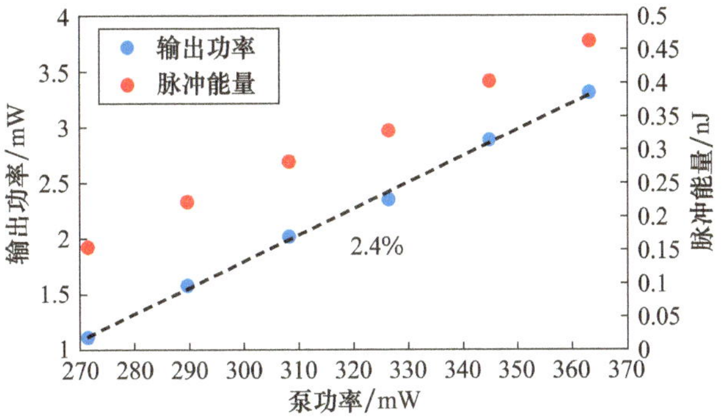

图 13.25 输出功率和脉冲能量的泵功率的函数

13.10 2μm 锁模铥、钬－共掺光纤激光器

在铥、钬－共掺光纤激光器(thulium holmium co－doped fiber laser,THDFL)配置中也可以产生 2μm 区域的锁模操作。图 13.26 所示的示意图说明了将 BP 薄片作为腔长为 22m 的锁模元件的环形腔。在 $-2.429\ \mathrm{ps}^2$ 的反常色散条件下,运行腔体中的净 GDD。该配置包括 1552nm 的 EYDFL、1550/2000 的 WDM、5m 长的 THDF($-72.8\mathrm{ps}^2/\mathrm{km}$ 的 GVD)、90:10 耦合器和两个带 FC/PC 适配器的光纤连接器。其余的腔是由标准的 SMF($-80\mathrm{ps}^2/\mathrm{km}$ 的 GVD)通过熔接连接而成。铒、镱共掺光纤激光器通过 WDM 将一个 1552nm 的单波长输出到 11.5μm 核直径的铥、钬共掺光纤中。铥、钬共掺光纤的数值孔径为 0.14,铥离子在 790nm 处的吸收率为 100dB/m。

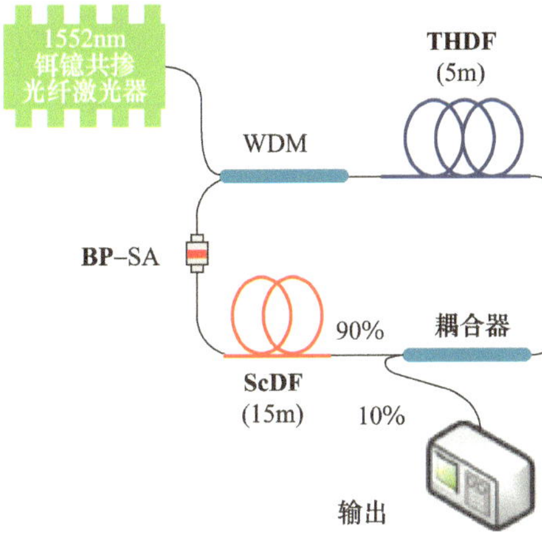

图 13.26 锁模 THDFL 环形腔的结构

在锁模状态下,用指数匹配凝胶将一块 BP 薄片粘在光纤套头上,然后夹在两根光纤连接器之间。同样,加入了 13.9 节中提及的类似的 15m 长的 ScDF($-127\mathrm{ps}^2/\mathrm{km}$ 的 GVD),以辅助产生锁模激光。大约 90% 的锁模激光器通过耦合器在腔内振荡。用 10% 的输出耦合器观察和测量激光性能。从腔中去除偏振相关隔离器(polarization dependent isolator,PDI)和偏振控制器(polarization controller,PC),可以避免由非线性偏振旋转效应

(nonlinear polarization rotation,NPR)驱动的锁模现象。

将 BP 薄片嵌入到 THDFL 器腔中,在泵功率 949 ~ 1114mW 范围大小不等的情况下实现锁模操作。图 13.27a 显示了在 1500 ~ 2100nm 锁模 THDFL 输出频谱,这可以从耦合器的输出端口(10%)获得。由于在 1.55μm 区域的铥离子强吸收,泵波长下降到 -55dBm 的峰值光谱。此外,可以清楚观察到增益剖面在 1900 ~ 2000nm 处高达 50dBm。在 1969nm 处存在一个单峰激光,峰值光谱为 -7dBm,相对于峰值泵波长相差 43dB。图 13.27(b)显示了在 20nm 跨度内,1969nm 的放大峰值激光。3 ~ dB 光谱带宽为 0.4nm(30.93GHz),具有绝对单峰激光。

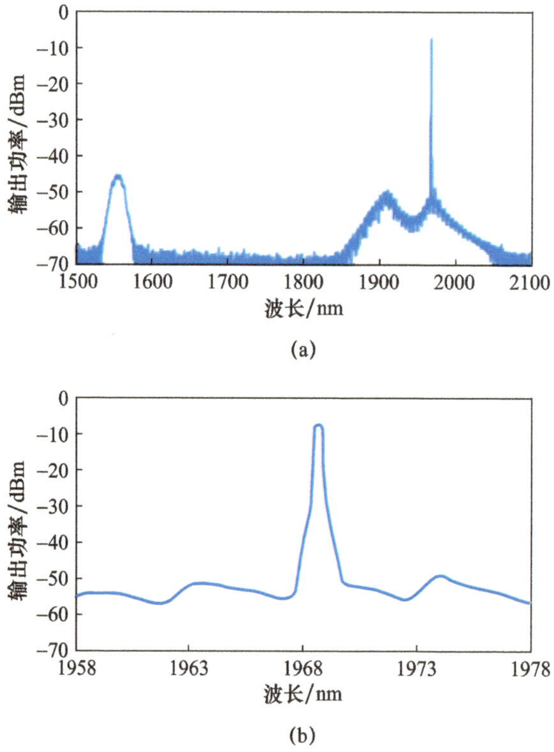

图 13.27 锁模 THDFL 的光谱性能

(a)在 1500 ~ 2100nm 之间的输出光谱;(b)在 1969nm 处的峰值激光放大。

接下来在时域和频域观察锁模系统的时间性能。图 13.28(a)显示了锁模 THDFL 的示波器序列。输出脉冲序列稳定,沿 2000ns 时间跨度可达 13.9mV。在 109.08ns 的情况下,不断地分离两个相邻的脉冲,如图 13.28(b)所示。这种分离相当于 9.17MHz 的重复频率。此外,单个脉冲包络 53.46ns 的 FWHM 并不是脉冲宽度的实际大小。通过$Sech^2$脉冲形状,TBP 为 0.315,可用于确定可能的最小脉冲宽度。因此,锁模 THDFL 的脉冲宽度为 10.18ps。

利用射频(RF)频谱分析仪,确定了该脉冲在频域中的存在。图 13.29 显示了锁模 THDFL 在 30MHz 跨度内的 RF 频谱。图中两个主峰出现在 9.17MHz 和 18.34MHz,分别代表基本重复频率和第二谐波。谐波的存在表明一些纵向模式被锁定在一起并在激光腔中振荡。与 3dB 光谱带宽变窄的输出谱和变宽的脉冲宽度有关。同时,傅里叶变换解释了示波器中脉冲宽度的大小与射频频谱中具有恒定振幅的谐波数有关。通过RF频谱分析仪测量SNR基本重复率,可以确定锁模工作的稳定性。所得脉冲稳定,SNR为54dB。用酒精擦去光纤套圈中的BP薄片后,在示波器和射频频谱分析仪上没有观察到脉冲序列。

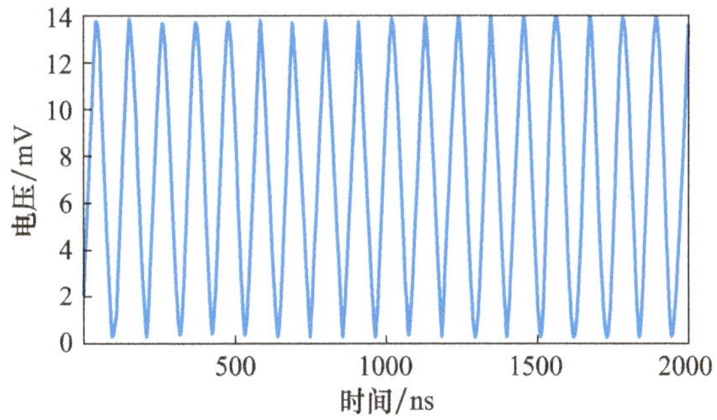

(a)

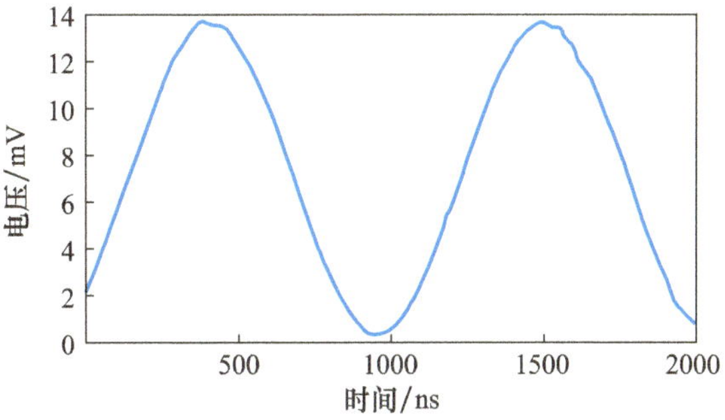

(b)

图 13.28 锁模系统的时间性能

(a)锁模THDFL输出脉冲序列;(b)峰值包络的放大。

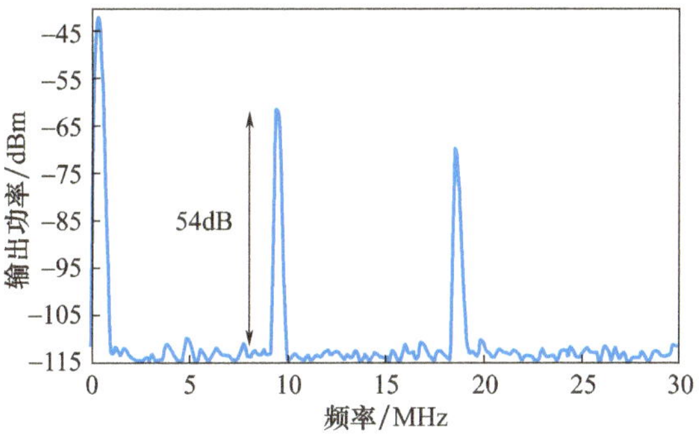

图 13.29 30MHz跨度的RF频谱

通过热探头利用光学功率计观察锁模操作的所有相关功率性能。图13.30显示了输出功率的泵功率的函数。随着泵功率由949mW上升到1114mW,输出功率由14mW线性上升到22mW。产出功率趋势线表示的光-光效率为4.79%。当脉冲重复频率为9.17MHz时,脉冲能量由1.56nJ增加到2.44nJ,这与泵功率增加时输出功率的增加相对应。当在激光腔注入1.1W的最大极限泵功率时，即使泵功率恢复到949mW，两个光纤套头之间夹着的BP薄片仍然会产生锁模操作。

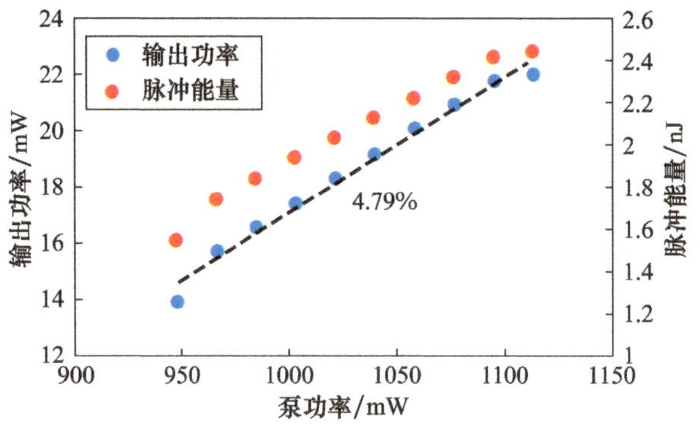

图13.30 在锁模状态下的泵功率输出功率和脉冲能量特性

13.11 小结

在1μm、1.55μm和2μm区域中，通过加入新的BP薄片产生的SA实现了锁模操作。在不包含任何化学合成的情况下，用透明胶带从商用BP晶体中通过机械剥离制备了BP薄膜。从胶带上只剥离一块BP薄片，然后反复按压透明塑料表面的BP薄片，使BP薄片变得足够薄，以高效率传输光。最后，将所得的BP薄片切成小片，并使用指数匹配的凝胶将其粘贴到标准FC/PC光纤套头上。由于BP材料拥有的亲水性，整个制备过程需要在2min内完成。利用EDFL腔，首次展示了锁模激光器的产生。锁模EDFL的腔长为204m，这使其能够在 $-4.44\ ps^2$ 的反常色散区运行。在1MHz的情况下，获得了稳定的锁模脉冲重复率，SNR为70dB。该激光器的脉冲宽度为2.66ps，TBP为0.322。锁模EDFL的峰值激光可以达到1561nm，3dB光谱带宽为0.985nm(121.19GHz)，能够提供7.35nJ的脉冲能量。

在YDFL腔中，于1085.5nm处发现稳定的锁模操作，且3dB光谱带宽为0.23nm(58.52GHz)。腔长度约为14.8m，在正常色散条件下，腔色散约为 $0.39ps^2$。在脉冲宽度为7.54ps的情况下，发现最大脉冲能量为5.93nJ，重复频率为13.5MHz，SNR为45dB。

在2μm锁模激光器中，将BP薄片放到两个不同的激光腔中，即TDFL和THDFL。稳定的锁模TDFL在 $-2.888\ ps^2$ 的反常色散条件下运行，重复频率为7.17MHz。脉冲宽度为27.68ps，在波长为1948nm的情况下，对应的脉冲能量为0.462nJ。得到的峰值激光的3dB光谱带宽为0.144nm(11.38GHz)。总时间性能稳定，SNR为38dB。在THDFL腔中，稳定重复频率为9.17MHz，SNR为54dB。THDFL在1969nm处的 $-2.429\ ps^2$ 的反常色散条件下运行，3dB光谱带宽为0.4nm(30.93GHz)。脉冲宽度为10.18ps时，最大输出功率为22mW，脉冲能量为2.44nJ。

参考文献

[1] Liu, X., Du, D., Mourou, G., Laser ablation and micromachining with ultrashort laser pulses. *IEEE J. Quantum Electron.*, 33, 1706 - 1716, 1997.

[2] Onae, A., Okumura, K., Yoda, J., Nakagawa, K., Kourogi, M., A frequency measurement system for an optical frequency standard at 1.5/spl mu/m. *Conference on Precision Electromagnetic Measurements. Conference Digest. CPEM* 2000 (*Cat. No.* 00*CH*37031), pp. 212 – 213, 2000.
[3] Sun, Z., Hasan, T., Torrisi, F., Popa, D., Privitera, G., Wang, F. *et al.*, Graphene mode – locked ultrafast laser. *ACS Nano*, 4, 803 – 810, 2010.
[4] Fermann, M. E. and Hartl, I., Ultrafast fibre lasers. *Nat. Photon.*, 7, 11, 868 – 874, 2013.
[5] Daud, N. M., Saidin, M. K., Bidin, N., Daud, Y. M., Laser Beam Modulation by an Acousto Optic Mode Locker.
[6] Woodward, R. I. andKelleher, E. J., 2Dsaturable absorbers for fibre lasers. *Appl. Sci.*, 5, 1440 – 1456, 2015.
[7] Mao, D., Liu, X., Sun, Z., Lu, H., Han, D., Wang, G. *et al.*, Flexible high – repetition – rate ultrafast fiber laser. *Sci. Rep.*, 3, 3223, 2013.
[8] Nishizawa, N., Ultrashort pulse fiber lasers and their applications. *Jpn. J. Appl. Phys.*, 53, 090101, 2014.
[9] Scholle, K., Lamrini, S., Koopmann, P., Fuhrberg, P., 2 μm laser sources and their possible applications, in: *Frontiers in Guided Wave Optics and Optoelectronics*, B. Pal (Ed.), InTech, Croatia, 2010.
[10] Zhang, L., Zhou, J., Wang, Z., Gu, X., Feng, Y., SESAM mode – locked, environmentally stable, and compact dissipative soliton fiber laser. *Photonics Technol. Lett.*, *IEEE*, 26, 1314 – 1316, 2014.
[11] Martinez, A. and Sun, Z., Nanotube and graphene saturable absorbers for fibre lasers. *Nat. Photon.*, 7, 11//print, 842 – 845, 2013.
[12] Latiff, A., Kadir, N., Ismail, E., Shamsuddin, H., Ahmad, H., Harun, S., All – fiber dual – wavelength Q – switched and mode – locked EDFL by SMF – THDF – SMF structure as a saturable absorber. *Opt. Commun.*, 389, 29 – 34, 2017.
[13] Latiff, A., Shamsudin, H., Ahmad, H., Harun, S., Q – switched thulium – doped fiber laser operating at 1940 nm region using a pencil – core as saturable absorber. *J. Mod. Opt.*, 1 – 5, 2015.
[14] Novoselov, K. S., Fal, V., Colombo, L., Gellert, P., Schwab, M., Kim, K., A roadmap for graphene. *Nature*, 490, 192 – 200, 2012.
[15] Bonaccorso, F., Sun, Z., Hasan, T., Ferrari, A., Graphene photonics and optoelectronics. *Nat. Photonics*, 4, 611 – 622, 2010.
[16] Keller, U., Weingarten, K. J., Kärtner, F. X., Kopf, D., Braun, B., Jung, I. D. *et al.*, Semiconductor saturable absorber mirrors (SESAM's) for femtosecond to nanosecond pulse generation in solid – state lasers. *IEEE J. Sel. Top. Quantum Electron.*, 2, 435 – 453, 1996.
[17] Lu, S., Zhao, C., Zou, Y., Chen, S., Chen, Y., Li, Y. *et al.*, Third order nonlinear optical property of Bi 2 Se 3. *Opt. Express*, 21, 2072 – 2082, 2013.
[18] Yan, P., Liu, A., Chen, Y., Wang, J., Ruan, S., Chen, H. *et al.*, Passively mode – locked fiber laser by a cell – type WS2 nanosheets saturable absorber. *Sci. Rep.*, 5, 2015.
[19] Mas – Balleste, R., Gomez – Navarro, C., Gomez – Herrero, J., Zamora, F., 2Dmaterials: To graphene and beyond. *Nanoscale*, 3, 20 – 30, 2011.
[20] Lin, Y. – H., Lin, S. – F., Chi, Y. – C., Wu, C. – L., Cheng, C. – H., Tseng, W. – H. *et al.*, Using n – and p – type Bi2Te3 topological insulator nanoparticles to enable controlled femtosecond mode – locking of fiber lasers. *ACS Photonics*, 2, 481 – 490, 2015.
[21] Lin, Y. – H., Yang, C. – Y., Lin, S. – F., Tseng, W. – H., Bao, Q., Wu, C. – I. *et al.*, Soliton compression of the erbium – doped fiber laser weakly started mode – locking by nanoscale p – type Bi2Te3 topo – logical insulator particles. *Laser Phys. Lett.*, 11, 055107, 2014.
[22] Kadir, N., Ismail, E., Latiff, A., Transition Metal Dichalcogenides (WS2 and MoS2) Saturable Absorbers

for Mode – Locked Erbium – Doped Fiber Lasers. *Chin. Phys. Lett.* ,34,14202,2017.

[23] Woodward,R. ,Howe,R. ,Hu,G. ,Torrisi,F. ,Zhang,M. ,Hasan,T. *et al.* ,Few – layer MoS 2 saturable absorbers for short – pulse laser technology: Current status and future perspectives [Invited]. *Photonics Res.* ,3,A30 – A42,2015.

[24] Wang,Q. H. ,Kalantar – Zadeh,K. ,Kis,A. ,Coleman,J. N. ,Strano,M. S. ,Electronics and optoelectronics of two – dimensional transition metal dichalcogenides. *Nat. Nanotechnol.* ,7,699 – 712,2012.

[25] Churchill,H. O. and Jarillo – Herrero,P. ,Two – dimensional crystals: Phosphorus joins the family. *Nat. Nanotechnol.* ,9,330 – 331,2014.

[26] Li,L. ,Yu,Y. ,Ye,G. J. ,Ge,Q. ,Ou,X. ,Wu,H. *et al.* ,Black phosphorus field – effect transistors. *Nat. Nanotechnol.* ,9,372 – 377,2014.

[27] Koenig,S. P. ,Doganov,R. A. ,Schmidt,H. ,Neto,A. C. ,Oezyilmaz,B. ,Electric field effect in ultrathin black phosphorus. *Appl. Phys. Lett.* ,104,103106,2014.

[28] Xia,F. ,Wang,H. ,Jia,Y. ,Rediscovering black phosphorus as an anisotropic layered material for optoelectronics and electronics. *Nat. Commun.* ,5,2014.

[29] Hong,T. ,Chamlagain,B. ,Lin,W. ,Chuang,H. – J. ,Pan,M. ,Zhou,Z. *et al.* ,Polarized photocurrent response in black phosphorus field – effect transistors. *Nanoscale*,6,8978 – 8983,2014.

[30] Lu,S. ,Miao,L. ,Guo,Z. ,Qi,X. ,Zhao,C. ,Zhang,H. *et al.* ,Broadband nonlinear optical response in multi – layer black phosphorus: An emerging infrared and mid – infrared optical material. *Opt. Express*, 23,11183 – 11194,2015.

[31] Chen,Y. ,Jiang,G. ,Chen,S. ,Guo,Z. ,Yu,X. ,Zhao,C. *et al.* ,Mechanically exfoliated black phosphorus as a new saturable absorber for both Q – switching and Mode – locking laser operation. *Opt. Express*,23, 12823 – 12833,2015.

[32] Luo,Z. – C. ,Liu,M. ,Guo,Z. – N. ,Jiang,X. – F. ,Luo,A. – P. ,Zhao,C. – J. *et al.* ,Microfiber – based few – layer black phosphorus saturable absorber for ultra – fast fiber laser. *arXiv preprint arXiv*: 1505.03035,2015.

[33] Zitter,R. N. ,Saturated optical absorption through band filling in semiconductors. *Appl. Phys. Lett.* ,14,73 – 74,1969.

[34] Garmire,E. ,Resonant optical nonlinearities in semiconductors. *IEEE J. Sel. Top. Quantum Electron.* ,6, 1094 – 1110,2000.

[35] Bao,Q. ,Zhang,H. ,Wang,Y. ,Ni,Z. ,Yan,Y. ,Shen,Z. X. *et al.* ,Atomic – layer graphene as a saturable absorber for ultrafast pulsed lasers. *Adv. Funct. Mater.* ,19,3077 – 3083,2009.

[36] Zheng,Z. ,Zhao,C. ,Lu,S. ,Chen,Y. ,Li,Y. ,Zhang,H. *et al.* ,Microwave and optical saturable absorption in graphene. *Opt. Express*,20,23201 – 23214,2012.

[37] Xia,F. ,Wang,H. ,Xiao,D. ,Dubey,M. ,Ramasubramaniam,A. ,Two – dimensional material nanophotonics. *Nat. Photonics*,8,899 – 907,2014.

[38] Sobon,G. ,Mode – locking of fiber lasers using novel two – dimensional nanomaterials: Graphene and topological insulators. *Photonics Res.* ,3,A56 – A63,2015.

[39] Luo,Z. ,Li,Y. ,Zhong,M. ,Huang,Y. ,Wan,X. ,Peng,J. *et al.* ,Nonlinear optical absorption of few – layer molybdenum diselenide (MoSe 2) for passively mode – locked soliton fiber laser [Invited]. *Photonics Res.* ,3,A79 – A86,2015.

[40] Saraceno,C. J. ,Schriber,C. ,Mangold,M. ,Hoffmann,M. ,Heckl,O. H. ,Baer,C. R. *et al.* ,SESAMs for high – power oscillators: Design guidelines and damage thresholds. *IEEE J. Sel. Top. Quantum Electron.* , 18,29 – 41,2012.

[41] Wang, Y., Huang, G., Mu, H., Lin, S., Chen, J., Xiao, S. *et al.*, Ultrafast recovery time and broad¬ band saturable absorption properties of black phosphorus suspension. *Appl. Phys. Lett.*, 107, 091905, 2015.

[42] Novoselov, K., Nobel lecture: Graphene: Materials in the flatland. *Rev. Mod. Phys.*, 83, 837, 2011.

[43] Martinez, A., Fuse, K., Yamashita, S., Mechanical exfoliation of graphene for the passive mode - locking of fiber lasers. *Appl. Phys. Lett.*, 99, 121107, 2011.

[44] Castellanos - Gomez, A., Vicarelli, L., Prada, E., Island, J. O., Narasimha - Acharya, K., Blanter, S. I. *et al.*, Isolation and characterization of few - layer black phosphorus. *2DMater.*, 1, 025001, 2014.

[45] Guo, Z., Zhang, H., Lu, S., Wang, Z., Tang, S., Shao, J. *et al.*, From black phosphorus to phosphorene: Basic solvent exfoliation, evolution of Raman scattering, and applications to ultrafast photonics. *Adv. Funct. Mater.*, 25, 6996 - 7002, 2015.

[46] I. O. f. Standardization, *Optics and photonics: Lasers and laser - related equipment: Test methods for laser beam power, energy and temporal characteristics*, ISO, Switzerland, 2006.

[47] Tamura, K., Jacobson, J., Ippen, E., Haus, H., Fujimoto, J., Unidirectional ring resonators for self - starting passively mode - locked lasers. *Opt. Lett.*, 18, 220 - 222, 1993.

[48] Lin, Y. - H. and Lin, G. - R., Kelly sideband variation and self four - wave - mixing in femtosecond fiber soliton laser mode - locked by multiple exfoliated graphite nano - particles. *Laser Phys. Lett.*, 10, 045109, 2013.

[49] Yang, C. - Y., Lin, Y. - H., Chi, Y. - C., Wu, C. - L., Lo, J. - Y., Lin, G. - R., Pulse - width saturation andKelly - sideband shift in a graphene - nanosheet mode - locked fiber laser with weak negative dispersion. *Phys. Rev. Appl.*, 3, 044016, 2015.

第14章 用狄拉克-外尔材料在简单的小实验中探索基础物理

Ana Julia Mizher[1,2], Alfredo Raya[3*], Cristian Villavicencio[4]

[1]比利时科特赖克鲁汶大学物理系

[2]西班牙圣保罗,保利斯塔大学理论物理研究所

[3]墨西哥米乔坎市,莫雷利亚大学城,圣尼古拉斯日伊达尔戈大学物理与数学研究所

[4]智利比奥比奥大学理学院基础科学系

摘　要　理解自然界最深处的秘密是粒子物理学的终极目标。撇开重力不谈,可以通过交换玻色子的规范对称辩论,简洁地描述在著名的标准模型中基本自由度的基础相互作用。电磁相互作用与弱相互作用的自然统一作为电弱相互作用的两个特征,也是粒子物理学的基石。学者最近在大型强子对撞机上发现了 Higgs 机制和相应的玻色子。值得特别注意的是这一领域中的强相互作用。这种相互作用负责使原子核保持在一起的状态,并表现出两个相反和互补的特征,即在大能量下的渐近自由性质。这与低能状态相反,在低能状态下由于动态手性对称高度非线性行为破裂并被限制,这解释了可见宇宙质量98%的起源。在全球范围内,学者已经在一些对撞机和其他复杂的实验中对许多这些特性进行了测试,几十年来,这些实验在能量和精度测量方面都取得了成功。如果要在这一领域取得进一步发展,必须要理论家和实验者的通力合作,除了解决预算限制外,还必须解开大量的机器和数据存储中复杂信号的秘密,以探测新现象的短暂信号。

另外,材料科学正经历着一场前所未有的巨大革命,这是由于第一次分离石墨烯片且随之而来发现了各种二维材料,它们的集体激发类似于夸克和轻子在高能量下的行为,因为它们在低能下的色散关系呈现线性。在这样的系统中,许多"相对论性"效应被增强到两个数量级,从而成为探索基础物理几个领域的自然候选。本章提出了相关设想,即使用狄拉克-外尔材料突出量子色动力学的重要特征,这样可以提供给人们参考,从而能够在各系统中识别出不同的参数。本章还讨论了限制和手性对称性破裂的特点,以及伪手性磁效应等新现象。通过控制伪自旋,可以在桌面实验中检验一些粒子物理现象,同时在凝聚态环境中实现新的效应。

关键词　石墨烯,手性对称破裂,伪手性磁效应,量子电动力学

14.1 引言

人们对狄拉克－外尔半金属性质的理解，无论是了解它对基础科学的影响还是技术应用，都在理论和实验上不断地进步[1]。其中石墨烯[2]在新一代现代材料中是一个显著的例子，通过类似相对论的狄拉克方程可以描述它的电荷载流子的动力学，这是指两个空间和一个时间维度，即(2+1)维[3]。用带电狄拉克费米子的量子理论来描述这些系统的几个方面，预期可以将高能物理学中发展的大部分技术与这类凝聚态物质系统相联系。特别是可以自然地将电荷载流子之间的相互作用纳入这个框架，并以对称参数作为指导[3]。

在这方面，一旦用费米子场理论描述这些材料的基本自由度或"物质含量"，自然就会出现一个问题——电荷载流子相互作用的基本理论是什么？在粒子物理学发展的早期阶段，基于接触四费米子相互作用的简单观点，提出了描述基本相互作用的有效理论。例如，用 Nambu－Jona－Lasinio(NJL)模型[4]描述了中子和质子之间的强相互作用，这个模型有相对较高的准确度，并通过自发对称破裂机制描述了这些物体的基本性质及其相互作用。NJL 模型仍然是描述夸克相互作用的良好起点，并允许自然地纳入介质效应，如温度、密度、外部电磁场等(如可参见文献[5])。然而，粒子物理学真正的成功在于可以简洁地用(局部)规范理论描述基本相互作用。因此，需要在材料物理学中把高能物理的概念联系起来，并可以用局部规范理论描述狄拉克－外尔半金属在(2+1)维中的电荷输运过程。当然，这是一项艰巨的任务。

构建这样一个理论的关键要素应该结合观察，注意电荷载流子实际上是被限制在二维的薄片中运动的准粒子，因此，最充分的规范理论应该表现出这一特征。这些粒子必须自然地与外部电磁场相互作用，而这些电磁场并不受制于材料。显然，电荷载流子可以在膜外产生和辐射光子。此外，应该考虑到在这些大块材料中还可能发生一些其他的多体相互作用。

基于成功的量子电动力学(quantum electro－dynamics，QED)，了解到电子和光子是基本粒子，其可以在(3+1)维时空中存在、传播和相互作用，可能有人会希望尝试用这个理论的模拟版本对狄拉克－外尔材料进行微观描述，但仅限于在(2+1)维中[3]。这样的理论在学术中被称为QED_3，基于这一理论自身的优点，人们对它非常感兴趣。它已被广泛地应用于描述高T_c超导体、d 波自旋波系统、量子霍尔效应、自旋冰及其他许多凝聚态物质系统。除了平面系统之外的其他特性，如分数统计，费米子并不是完全相对论表亲的"平面卡通"；还表现出一种由它们的质量项产生的复杂行为，这可能会打破离散的对称性，从而在费米子自由度积分的情况下，在规范区产生 Cherns－Simons 项。本章将详细说明这些事实。另外，两个电荷之间的静电势随着它们之间的分离而呈对数变化，因此要想将它们分开需要花费更多的能量。这类似于强子内部夸克约束的图像，在强子内部，当夸克彼此被拉分时，相互作用变得更强，因此，从高能量的角度来看，更有可能捕获强相互作用，并被视为量子色动力学(quantum chromo－dynamics，QCD)的玩具模型，即夸克与胶子之间的强相互作用理论。在极端条件下自然地从 QCD 中获得QED_3。例如，在超高温的极限条件下，假设系统中存在大规模夸克相互作用[6]。因此，在这些极端条件下(在大型强子对撞机这样复杂的大型实验装置中)，可以自然地捕捉 QCD 的某些特性，而不是在桌面实验中。

从更现实的角度去描述 Dirac – Weyl，应对应于保持在(2 + 1)维膜上的电荷载流子，但是光子可以自由地在(3 + 1)维中“移动”。学术界中已经考虑了这种 QED 的变体，并将其称为伪量子电动力学(pseudo – quantum electro – dynamics，PQED)[7]或简化量子电动力学(reduced quantum – electro – dynamics，RQED)[8]。这两种理论描述了被约束在平面上的带电粒子极为明显的动态，但是在一些剩余的多体中，相互作用可能会有所不同，这应予以系统研究。在这些理论的支持下，即使束缚在材料膜上的费米子仍然表现出上面描述的良好特性，静态电荷之间的相互作用势实际上是库仑作用，即变化为 $V(\mathrm{R}) \sim 1/R$，现在沿材料膜测量的距离为 r。因此，电荷载流子的动力学在某些方面与QED_3相似，但将电荷载流子的动力学与普通 QED 的光子相结合后可以提出不同的方案。本章旨在综述 QED 的不同变体，这些变体为理解狄拉克 – 外尔半金属的物理学架起了桥梁，并可能与量子色动力学类似和对应。在第一个例子中，回顾了低能 QCD 的一些方面，即石墨烯材料。QCD 有两种相反的行为，这取决于过程所产生的能量。可以用与 QED 相同的扰动工具来处理 QCD 中的高能过程。特别是，通过 Higgs 机制，该理论预测了夸克质量非常小(对于高能量物理学来说)。在这种情况下，夸克和胶子几乎是自由的且不能束缚。它们出现这样的行为是因为降低了过程的能量，这样就不能孤立地观察到这些粒子，而是在称为强子的复合物体中观察到。例如，如果由夸克和反夸克组成，则是介子，或是 3 个夸克组成，则是重子。在 QCD 中这种经验观察是已知，并仅局限于 QCD，理解它的起源是所谓的“千禧年问题之一”。在低能状态下，QCD 变得高度非线性，因此简单的摄动计算是没有意义的。必须采用非摄动技术，并发现晶格模拟、场理论框架和其他有效的理论方法，已经在这方面得到发展。

在试图理解限制性的过程中，人们还面临以下情况：核子，即中子和质子是最轻的重子，质量约为 940 MeV/c^2。我们不可能从希格斯机制来解释轻量夸克的这种质量，但可以从手性对称的动力学断裂来解释，这也是非扰动 QCD 的另一个方面。可以公平地说，几乎所有核子质量以及宇宙的可见质量都源于强子中的夸克和胶子的动力学。随着能量的降低，夸克的有效质量增加，夸克与胶子之间的耦合常数也增加，这强调了非摄动计算的必要性。但是由于这些特性中的一些可以在狄拉克 – 外尔半金属的动力学中被捕捉到，因此我们有机会用更简单的项来理解这些机制背后的一般原理。考虑到这个目标，本章回顾了学术界在 QED 不同的变体中取得的一些进展。

另一个有趣的话题是将 QCD 真空的拓扑结构与狄拉克 – 外尔半金属中电荷载流子的动力学联系起来，关键的因素是中断奇偶。QCD 和QED_3理论认为，在相应的拉格朗日(或哈密顿)中 Chern – Simons 项可以中断规范区的奇偶[9]。这个项具有拓扑性质，在 QCD 中负责多真空结构[10]，已经被建议在相对论重离子实验中测试，其特征对应的是产生非耗散电流，即所谓的手性磁效应[11-12]。因此，如果可能在狄拉克 – 外尔材料中建立一个具有这种效应的等价性很有趣，但是这种奇偶中断与拓扑异常有关。为此，展示了这种形式的一些主要结果，并提出了由石墨烯的非原始结构产生的等效现象的具体建议，这种现象被称为伪手性磁效应(pseudo – chiral magnetic effect，PCME)[13]。

本章的结构如下：首先讨论 QED 的拉格朗日及其对称性；然后通过讨论低维中可能出现的不同项来专门讨论拉格朗日的(2 + 1)维版本；进一步讨论 PQED[7]或 RQED[8]的

特点;之后讨论这些理论中动态手性对称破裂和限制现象的一般性。本章进一步提出了一种可以在狄拉克－外尔半金属中观察到手性磁效应的模拟方法;在最后一节得出结论。

14.2 低能狄拉克－外尔半金属

狄拉克－外尔材料基于蜂窝阵列,具有简单的晶体结构[14]。二维六边形周期阵列不具有需要的 Bravais 晶格结构,无法对其能带结构进行紧束缚分析,但可以简单地将它看作两个重叠等价的三角形亚晶格,实际上每个亚晶格都是 Bravais 晶格。用 A 和 B 标记每个亚晶格,可以很容易地观察到属于 A 的原子最近的邻居是 B 原子;反之亦然。因此,晶体结构是二分结构,波函数自然会有两个分量。如图 14.1 所示,这种晶体结构可以用原始向量表示,即

$$\boldsymbol{a}_1 = \frac{a}{2}(\sqrt{3},1),\boldsymbol{a}_2 = \frac{a}{2}(\sqrt{3},-1) \tag{14.1}$$

式中:a 为原子间距离。

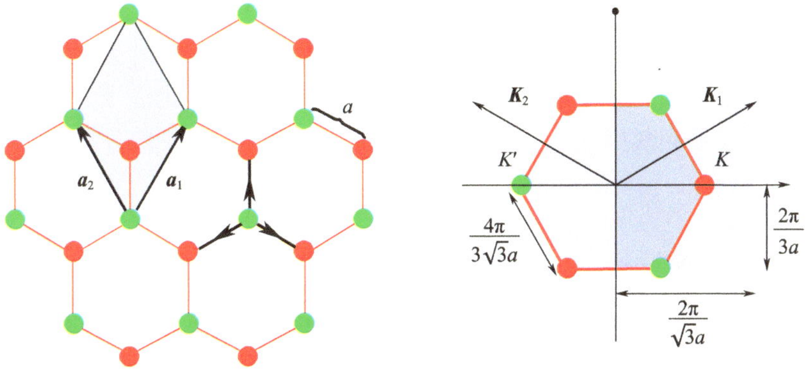

图 14.1 狄拉克－外尔半金属在实际空间和倒易空间的晶体结构

在倒易空间中,原始向量为

$$\boldsymbol{b}_1 = \frac{4\pi}{2\sqrt{3}a}(1,\sqrt{3}),\boldsymbol{b}_2 = \frac{4\pi}{2\sqrt{3}a}(1,-\sqrt{3}) \tag{14.2}$$

$\boldsymbol{\Psi}_{n,m}$表示在位置(n,m)上的 A 亚晶格的状态,$\boldsymbol{\Phi}_{n,m}$则表示 B 亚晶格的状态,在最近邻近似下,紧束缚方程为

$$\begin{aligned} -t(\boldsymbol{\Phi}_{n+1,m-1} + \boldsymbol{\Phi}_{n+1,m+1}\boldsymbol{\Phi}_{n,m}) &= \boldsymbol{\Psi}_{n,m} \\ -t(\boldsymbol{\Psi}_{n-1,m-1} + \boldsymbol{\Psi}_{n-1,m+1}\boldsymbol{\Psi}_{n,m}) &= \boldsymbol{\Phi}_{n,m} \end{aligned} \tag{14.3}$$

式中:t 为跳跃参数。然后,通过 Bloch 定理可以得到

$$\begin{aligned} \boldsymbol{\Psi}_{n,m} &= \exp\left(\mathrm{i}\frac{\sqrt{3}}{2}k_x an + \frac{\mathrm{i}}{2}k_y am\right)U(k) \\ \boldsymbol{\Phi}_{n,m} &= \exp\left(\mathrm{i}\frac{\sqrt{3}}{2}k_x an - \frac{\mathrm{i}}{2}k_y am\right)V(k) \end{aligned} \tag{14.4}$$

式中:$V(k)$为在倒易空间中的周期函数。紧束缚方程式(14.4)的公式可以写为

$$\begin{pmatrix} 0 & \Delta(k) \\ \bar{\Delta}(k) & 0 \end{pmatrix}\begin{pmatrix} U(k) \\ V(k) \end{pmatrix} = E\begin{pmatrix} U(k) \\ V(k) \end{pmatrix} \tag{14.5}$$

其中，

$$\Delta(k) = t\sqrt{2\cos(\sqrt{3}k_y a) + 4\cos\left(\frac{\sqrt{3}}{2}k_y a\right)\cos\left(\frac{3}{2}k_x a\right) + 3} \tag{14.6}$$

式中：$\bar{\Delta}(k)$ 表示复共轭。然后，色散关系写为

$$E = \pm |\Delta(k)| \tag{14.7}$$

它消失在所谓的狄拉克点周围。在 $K = (2\pi/a)(1/\sqrt{3}, 1/3)$ 点上，得出

$$\Delta(k) = \frac{\sqrt{3}\,ta}{2}(k_y - \mathrm{i}k_x) \tag{14.8}$$

经过重新标志 $k_y \to k_x$、$k_x \to k_y$，最终得到紧束缚哈密顿算子，即

$$\mathbf{H} = \frac{\sqrt{3}ta}{2\hbar}\sigma \cdot P \tag{14.9}$$

即(2+1)维中的无质量狄拉克哈密顿算子。可以算出费米速度[3]为

$$v_{\mathrm{F}} = \frac{\sqrt{3}ta}{2\hbar} \tag{14.10}$$

这是作为系统的自然尺度速度。当色散关系式(14.6)在第二个狄拉克点附近展开时，进行了类似的讨论，但发现了随着第二个空间方向出现的变化信号。因此，可以使用建议的符号合并扩展到狄拉克点附近的哈密顿算子，将其看作单个四分量旋量[14]，有

$$\boldsymbol{\Psi} = \begin{pmatrix} \psi_{K+,\sigma} \\ \psi_{K-,\sigma} \end{pmatrix} \tag{14.11}$$

式中：符号 $K_\pm$ 是指狄拉克点或谷指数；σ 表示伪自旋。这一观点有助于理解电荷载流子的手性性质。但是，我们可以单独研究一个狄拉克点的哈密顿算子，并通过对称论证将结果推广到另一个点。在任何情况下，由于这个模型的低能有效理论与通常的超相对论性狄拉克理论相匹配，只要确定光速 $v_{\mathrm{F}} = c$，这样自然地得出 $\hbar = c = 1$。此外，为了使与高能物理的联系更加明显，相对于哈密顿算子式(14.9)，更倾向于使用拉格朗日形式，可以从无质量的狄拉克拉格朗日开始，即

$$L = \bar{\boldsymbol{\Psi}}\mathrm{i}\gamma^\mu \partial_\mu \boldsymbol{\Psi} \tag{14.12}$$

这种物体在基本粒子物理学领域已经得到了广泛研究[15]。特别是在 QED 的框架中讨论了这一问题。下面将回顾狄拉克拉格朗日的一些对称性。

14.3 量子电动力学的拉格朗日

在物理学中，对称性在描述任何系统中都起着基本的作用。研究系统对称的一个最常用的框架是拉格朗日形式，对称性被视为使拉格朗日式或相应作用不变的变换。本节回顾了(3+1)维和(2+1)维中的量子电动力学(QED)的一般拉格朗日，并强调了它的对称性。

QED 是一种解释带电粒子和电磁场在量子水平上相互作用的理论。它的拉格朗日由物质、电磁场和相互作用三部分组成。下面详细描述这些内容[14]。

14.4 狄拉克拉格朗日

类似于经典力学和非相对论性量子力学，在 *QED* 中可以从欧拉－拉格朗日方程得到系统的运动方程。在物质部分，考虑费米子和反费米子，分别用波函数 ψ 或经典域 $\bar{\psi}$ 表示，它们被认为是相互独立。对于费米子场，导出了相应的欧拉－拉格朗日方程，即

$$\partial^{\mu} = \frac{\partial L}{\partial(\partial_{\mu}\bar{\psi})} - \frac{\partial L}{\partial\bar{\psi}} = 0 \tag{14.13}$$

狄拉克方程的拉格朗日为

$$L_{\text{Dirac}} = \bar{\psi}(\mathrm{i}\boldsymbol{\gamma}^{\mu}\partial_{\mu} - m)\psi \tag{14.14}$$

式中：$\boldsymbol{\gamma}^{\mu}$ 为狄拉克矩阵；Lorentz 指数为 $\mu = 0、1、2、3$。首先考虑费米子的质量 m 为有限。在最小维不可约表示中，狄拉克矩阵是满足 Clifford 代数的 4×4 矩阵，有

$$\{\boldsymbol{\gamma}^{\mu}, \boldsymbol{\gamma}^{\nu}\} = 2g^{\mu\nu} \tag{14.15}$$

如果将以下变换同时应用到波函数或场中，可以明显观察到

$$\psi \rightarrow \psi \mathrm{e}^{\mathrm{i}\chi}, \bar{\psi} \rightarrow \bar{\psi}\,\mathrm{e}^{-\mathrm{i}\chi} \tag{14.16}$$

式中：x 为一个常数，即实数，拉格朗日式（14.14）不变。这种明显的琐碎性产生了显著的后果，因为根据诺特定理，拉格朗日的每一个连续对称都存在一个保留的电流。与此变换相关的电流是为

$$j_{\mu} = -e\bar{\psi}\gamma^{\mu}\psi \tag{14.17}$$

这就是电荷电子的电流密度 $-e$。特别是这种对称性总电荷，即

$$Q = \int \mathrm{d}^3 x j^0 = -e\int \mathrm{d}^3 x\,\psi^{\dagger}\psi \tag{14.18}$$

恒定，这是由于 ψ 是恒定的范数。

还有另一种相变，它使得拉格朗日不变，即手性变换，有

$$\psi \rightarrow \mathrm{e}^{\mathrm{i}\chi\gamma^5}\psi, \bar{\psi} \rightarrow \bar{\psi}\mathrm{e}^{\mathrm{i}\chi\gamma^5} \tag{14.19}$$

在狄拉克表达式中的矩阵 $\boldsymbol{\gamma}^5 = i\boldsymbol{\gamma}^0\boldsymbol{\gamma}^1\boldsymbol{\gamma}^2\boldsymbol{\gamma}^3$ 满足属性，即

$$(\boldsymbol{\gamma}^5)^{\dagger} = (\boldsymbol{\gamma}^5), (\boldsymbol{\gamma}^5)^2 = 1, \{\boldsymbol{\gamma}^5, \boldsymbol{\gamma}^{\mu}\} = 0, \boldsymbol{\gamma}^5 = \begin{pmatrix} 0 & \boldsymbol{I} \\ \boldsymbol{I} & 0 \end{pmatrix} \tag{14.20}$$

有可能构造一个能满足 $\partial_{\mu}j^{\mu5} = 2\mathrm{i}m\bar{\psi}\boldsymbol{\gamma}^5\psi$ 的电流 $j^{\mu5} = \bar{\psi}\,\boldsymbol{\gamma}^{\mu}\boldsymbol{\gamma}^5\psi$，这表示只有在费米子是无质量的情况下，变换式（14.19）是拉格朗日对称式（14.14）。在这种情况下，守恒电流称为轴向向量电流。此外，要记得无质量粒子的手性与螺旋性相对应，即沿着运动方向的自旋投影（Σ）：

$$\Lambda = \frac{p \cdot \Sigma}{|p|} \tag{14.21}$$

而对于反粒子，在手性方面为负号。

狄拉克拉格朗日也具有离散对称。首先，电荷共轭对称 C 交换了粒子和反粒子旋子。这种变换对费米子场的影响为

$$\boldsymbol{\psi}(x) \rightarrow \psi_c(x) = C\boldsymbol{\gamma}^0\boldsymbol{\psi}(x) = C\bar{\boldsymbol{\psi}}^t(x) \tag{14.22}$$

式中：t 为转置矩阵。在外加电磁场中 $\boldsymbol{\psi}$ 和 $\boldsymbol{\psi}_c$ 都满足狄拉克方程，但电荷相反。电荷共轭

矩阵的构造方法是 $C\boldsymbol{\gamma}^{\mu}C^{-1}=(\boldsymbol{\gamma}^{\mu})^{t}$。很容易看出 C 具有以下性质，即

$$C^{-1}=C^{\dagger}=C^{\mathrm{T}}=-C \tag{14.23}$$

而且，在这个表达式中得出 $C=\mathrm{i}\gamma^{2}\gamma^{0}$。电荷共轭的作用改变了力矩、轨道角动量、自旋和能量的符号。

第二个离散对称是奇偶校验 P，也称为空间反演。它精确地包含了反转四向量的空间分量 x_{μ}。在这个变换中，有

$$\boldsymbol{\psi}(t,x)\rightarrow\psi_{p}(t,x)=\boldsymbol{\gamma}^{0}\boldsymbol{\psi}(t,-x) \tag{14.24}$$

奇偶变换使狄拉克方程和所有物理观测值保持不变。

时间反转变换 T 是由波函数的时间分量的反转构成，即

$$\boldsymbol{\psi}(t,x)\rightarrow\psi_{t}(-t,x)=T\psi(t,\boldsymbol{x})=\mathrm{i}\boldsymbol{\gamma}^{1}\boldsymbol{\gamma}^{3}\boldsymbol{\psi}(t,x) \tag{14.25}$$

T 矩阵满足以下性质，即

$$T^{\dagger}=T^{-1}=T \tag{14.26}$$

虽然时间反转的物理意义并不像奇偶校验或电荷共轭那样直观，但在这种变换下，所有的物理观测值均不变。

总之，狄拉克拉格朗日在 C、P、T 和组合 CPT 对称下不变。

14.5 麦克斯韦拉格朗日

用满足麦克斯韦方程的电磁向量场 E 和 B 描述了真空中的电磁现象。就强度张量而言，有

$$F^{\mu\nu}=\begin{pmatrix}0 & -E^{1} & -E^{2} & -E^{3}\\ E^{1} & 0 & -B^{3} & B^{2}\\ E^{2} & B^{3} & 0 & -B^{1}\\ E^{3} & -B^{2} & B^{1} & 0\end{pmatrix} \tag{14.27}$$

人们可以用相对论符号来写这些方程，即

$$\partial_{\mu}F^{\mu\nu}=j^{\nu},\partial^{\lambda}F^{\mu\nu}+\partial^{\nu}F^{\lambda\mu}+\partial^{\mu}F^{\nu\lambda}=0 \tag{14.28}$$

这里保留了电磁电流 $j_{\mu}=(\rho,j)$，即

$$\partial_{\mu}j^{\mu}=0 \tag{14.29}$$

通过引入四势 $A^{\mu}=(A^{0},A)$，可以导出电场 E 和磁场 B，关系为

$$B=\nabla\times A,E=\frac{-\partial A}{\partial t}-\nabla A^{0} \tag{14.30}$$

可以得出 $F^{\mu\nu}=\partial^{\mu}A^{\nu}-\partial^{\nu}A^{\mu}$。在这个描述中，麦克斯韦拉格朗日为

$$L_{\mathrm{Maxwell}}=-\frac{1}{4}F_{\mu\nu}F^{\mu\nu} \tag{14.31}$$

麦克斯韦拉格朗日在现代物理学中具有非常相关的对称性，即所谓的局部度规对称性，因此电磁相互作用理论是物理学中规范理论的第一个例子。规范理论的覆盖面广，且能优雅并有力地广泛描述，因此可以用规范理论来说明基本相互作用理论。这就是建造著名的基本粒子标准模型的中心轴。麦克斯韦拉格朗日在离散对称变换下也具有特殊的性质，将在下面对此加以说明。

很容易看出麦克斯韦拉格朗日在下面情况下不变，即

$$A_\mu(x) \to A'_\mu(x) = A_\mu(x) + \partial_\mu \Lambda(x) \tag{14.32}$$

式中：$\Lambda(x)$ 为一个任意的标量函数，称为度规函数。这种标准不变性能在量子电磁场的研究中引入了复杂的问题。为了计算有趣的量，必须迫使向量势满足一定的条件，即固定度规。量规一致固定的情况引起了我们的兴趣，并考虑到洛伦兹条件 $\partial_\mu A^\mu = 0$。在这种情况下，光子的波动方程被简化为 $A^\mu = j^\mu$。从而麦克斯韦拉格朗日变为

$$L_{\text{Maxwell}} = -\frac{-1}{4}F_{\mu\nu}\boldsymbol{F}^{\mu\nu} - \frac{1}{2\xi}(\partial_\mu A^\mu)^2 \tag{14.33}$$

式中：ξ 为定规参数，必须是实数。这个参数的一些特殊值特别有用，如 Landau 度规 $\xi = 0$ 和 Feynman 度规 $\xi = 1$。现在回顾一下离散对称的麦克斯韦拉格朗日。

在电荷共轭 C 下，向量势变换的分量为

$$A^\mu(x) \to - A_c^\mu(x) \tag{14.34}$$

保持麦克斯韦拉格朗日不变。

在奇偶校验下，A_μ 变换为

$$\boldsymbol{A}^0(t, -x) \to \boldsymbol{A}^0(t, -x), \boldsymbol{A}(t, -x) \to -\boldsymbol{A}(t, x) \tag{14.35}$$

保持麦克斯韦拉格朗日不变。

在时间反转下，向量势转化为

$$\boldsymbol{A}^0(t, x) = \boldsymbol{A}^0(t, -x), \boldsymbol{A}(t, x) = -\boldsymbol{A}(-t, x) \tag{14.36}$$

保持拉格朗日不变。

我们已经有了电子和自由光子的拉格朗日。现在开始包含交互作用并构建 QED 拉格朗日。在任意的时空维度下，电子与电磁场的相互作用是通过电流密度与电磁场的耦合得到，即

$$L_i = -e\bar{\psi}\gamma^\mu A_\mu \psi \tag{14.37}$$

使用这些成分，QED 拉格朗日的构造方式为

$$\begin{aligned} L_{\text{QED}} &= L_{\text{Dirac}} + L_{\text{Maxwell}} + L_i \\ &= \bar{\psi}(\mathrm{i}(\gamma^\mu \partial_\mu + \mathrm{i}e\boldsymbol{\gamma}^\mu A_\mu) - m)\psi - \frac{1}{4}F_{\mu\nu}\boldsymbol{F}^{\mu\nu} - \frac{1}{2\xi}(\partial_\mu A^\mu)^2 \end{aligned} \tag{14.38}$$

在离散对称和局部规范变换下，这个拉格朗日不变，有

$$A_\mu \to A_\mu + \partial_\mu \Lambda(x), \psi \to \psi\exp(-\mathrm{i}e\Lambda(x)), \bar{\psi} \to \bar{\psi}\exp(\mathrm{i}e\Lambda(x)) \tag{14.39}$$

在对狄拉克－外尔半金属的描述中，希望对 QED 的低维标准结构进行解释。可以考虑 QED_3 或 PQED 和 RQED。在前面的例子中，为了构建最通用的拉格朗日，只关注每个项的离散对称，这是应该表示的一个关键要素。

14.6 三维量子电动力学

在描述狄拉克－外尔半金属的第一步中，把电子和光子的动力学限制在一个平面上，即考虑 QED_3。本例构建了最通用的拉格朗日（如参见文献[16]和其中的引用）。我们必须强调，在成熟的相对论理论中，平面上的奇偶变换与空间上的奇偶变换不同：平面上的奇偶性只对应于一个空间轴的反演，而不是两者都对应，因为这相当于一个 π 的角度平面

的旋转。其余离散对称的空间结构可以应用到平面结构。

14.7 三维狄拉克拉格朗日

在第一次尝试中，考虑延续狄拉克拉格朗日。假设 QED_3 拉格朗日函数与式(14.2)函数相同，即狄拉克拉格朗日的形式为

$$L = \bar{\psi}(\mathrm{i}\boldsymbol{\gamma}^{\mu}\partial_{\mu} - m)\psi \tag{14.40}$$

$\mu=0、1、2$，考虑 $\boldsymbol{\gamma}^{\mu}$ 矩阵的最小维不可约表示，而且仍然应满足 Clifford 代数式(14.15)。在平面上，只要考虑 2×2 矩阵，因此保利矩阵就可以表示狄拉克矩阵。狄拉克矩阵有两个不等价表示，例如

$$\boldsymbol{\gamma}^{0} = \sigma_3, \boldsymbol{\gamma}^{1} = \mathrm{i}\sigma_1, \boldsymbol{\gamma}^{2} = \pm\mathrm{i}\sigma_2 \tag{14.41}$$

为了说明，考虑第一个表示以及狄拉克拉格朗日的对称性。

(1)手性对称：如果延续 $\boldsymbol{\gamma}^{5} = \mathrm{i}\boldsymbol{\gamma}^{0}\boldsymbol{\gamma}^{1}\boldsymbol{\gamma}^{2} = \boldsymbol{I}$，则可以证明手性对称，但在这个表示中不可能定义手性对称。

(2)电荷共轭：在这个变换中，$\psi_C = \mathrm{i}^{\phi}\boldsymbol{\gamma}^{2}\bar{\boldsymbol{\psi}}^{\mathrm{T}}$ 和拉格朗日保持不变。

(3)奇偶校验：在奇偶变换下 $\bar{\boldsymbol{\psi}}\boldsymbol{\psi}^{P} \to -\bar{\boldsymbol{\psi}}\boldsymbol{\psi}$，质量项会发生变化，因此拉格朗日也会发生变化。

(4)时间反转：在这个变换下 $\bar{\boldsymbol{\psi}}\boldsymbol{\psi}^{t} \to -\bar{\boldsymbol{\psi}}\boldsymbol{\psi}$，质量项会发生变化，因此拉格朗日也会发生变化。

(5)***CPT***：违反 ***P*** 和 ***T*** 的质量项在组合变换 ***PT*** 下不变，因此在 ***CPT*** 下不变。

在 QED_3 中，为了恢复狄拉克拉格朗日的每一个离散对称，有必要考虑一个额外的费米子场，正如下文所见。

因为在(2+1)维中狄拉克矩阵有两个不可约的不等价形式，正如前文所见，可以考虑费米子第二家族的费米拉格朗日，并在第二个表示中描述。然后，通过重新定义域，用一组矩阵写出整个拉格朗日，可以很容易地证明[17]两个费米家族 ψ_A 和 ψ_B 之间的唯一区别是两个域的质量的标志。因此，扩展的狄拉克拉格朗日为

$$L_{\mathrm{Dirac}} = \bar{\psi}_A(\mathrm{i}\boldsymbol{\gamma}^{\mu}\partial_{\mu} - m)\psi_A + \bar{\psi}_B(\mathrm{i}\boldsymbol{\gamma}^{\mu}\partial_{\mu} + m)\psi_B \tag{14.42}$$

下面将修改它的对称性。

(1)手性对称：这个拉格朗日允许我们定义两种类型的手性变换[18]：

$$\begin{gathered}\psi_A \to \psi_A + \alpha\psi_B, \psi_B \to \psi_B - \alpha\psi_A \\ \psi_A \to \psi_A + \mathrm{i}\alpha\psi_B, \psi_B \to \psi_B + \mathrm{i}\alpha\psi_A\end{gathered} \tag{14.43}$$

α 是实数。在无质量的情况下，这些转换产生了以下守恒量，即

$$j_1^{\mu} = (\bar{\psi}_A\boldsymbol{\gamma}^{\mu}\psi_B - \bar{\psi}_B\boldsymbol{\gamma}^{\mu}\psi_A), j_2^{\mu} = (\bar{\psi}_A\boldsymbol{\gamma}^{\mu}\psi_B + \bar{\psi}_B\boldsymbol{\gamma}^{\mu}\psi_A) \tag{14.44}$$

(2)电荷共轭：在电荷共轭作用下，有

$$(\psi_A)^C = \mathrm{e}^{\mathrm{i}\eta_1}\boldsymbol{\gamma}^{2}(\bar{\psi})^{\mathrm{T}}, (\psi_B)^C = \mathrm{e}_2^{\mathrm{i}\eta}\boldsymbol{\gamma}^{2}(\bar{\psi}_B)^{\mathrm{T}} \tag{14.45}$$

这样的拉格朗日式(14.42)仍然不变。

(3)奇偶校验：在奇偶变换下，有

$$(\psi_A)^P \to -\mathrm{i}\mathrm{e}^{i\phi_1}\boldsymbol{\gamma}^{1}\psi_B, (\psi_B)^P \to -\mathrm{i}\mathrm{e}^{i\phi_2}\boldsymbol{\gamma}^{1}\psi_A \tag{14.46}$$

这意味着奇偶变换混合了两个种类的旋子。

在 P 下的拉格朗日式(14.42)不变。

(4)时间反转:在时间反转下,有

$$(\psi_A)^C = e^{i\psi_1}\boldsymbol{\gamma}^2(\bar{\psi}_B)^t, (\psi_B)^C = e^{i\psi_2}\boldsymbol{\gamma}^2(\bar{\psi}_A)^t \tag{14.47}$$

这意味着这个转换混合了两个表示的旋子。因此,在 $\boldsymbol{T}$ 下的拉格朗日(14.42)不变。

(5)***CPT***:由于拉格朗日式(14.42)在上面的对称下不变,在 ***CPT*** 变换下也不变。

关于扩展狄拉克拉格朗日并在不可约表示中包含两个费米子场的观点具有优点,能使它在奇偶校验和时间反转下保持不变,也允许引入两种类型的手性变换,在无质量情况下拉格朗日是对称。然而,通过考虑狄拉克矩阵的可约表示的四分量旋子,可以使记数法更加紧凑。可以利用狄拉克矩阵的 4×4 约简表示来合并两分量的旋子。在这种情况下,我们可以使用(3+1)-D 中的矩阵,以及完整的拉格朗日(14.14)。然而,我们必须记住,在平面中,动力学只需要三个狄拉克矩阵,即 $\boldsymbol{\gamma}^0$、$\boldsymbol{\gamma}^1$、$\boldsymbol{\gamma}^2$。这意味着有它们有两个不可交换的矩阵,即 $\boldsymbol{\gamma}^3$ 和 $\boldsymbol{\gamma}^5$,因此我们可以定义两种类型的手性变换:

$$\psi \rightarrow e^{i\alpha\gamma^3}\psi, \psi \rightarrow e^{i\beta\gamma^5}\psi \tag{14.48}$$

这使得可引入两类费米子质量项,即

$$m_e\bar{\psi}\psi, m_o\bar{\psi}\frac{i}{2}[\boldsymbol{\gamma}^3,\boldsymbol{\gamma}^5]\psi = m_o\bar{\psi}\tau\psi \tag{14.49}$$

前者是普通的狄拉克质量项,后者在凝聚态物质文献中称为 Haldane 质量项[19]。考虑到这两个质量项,最常用的狄拉克拉格朗日为

$$L_{\text{Dirac}} = \bar{\psi}(i\boldsymbol{\gamma}^\mu \partial_\mu - m_e - m_o\boldsymbol{\tau})\psi \tag{14.50}$$

接下来讨论这个拉格朗日的对称性,本质上它就是质量项的对称性。

(1)手性对称:在上文定义的手性变换下,狄拉克质量项会发生变化,而 Haldane 质量项相反。

(2)电荷共轭:它继承了(3+1)维结构。在 $\boldsymbol{C}$ 变换下,两个质量项都不变。

(3)奇偶校验:狄拉克质量项在 $\boldsymbol{P}$ 下不变,而 Haldane 质量项违背了这一对称性。

(4)时间反转:狄拉克质量项在 $\boldsymbol{T}$ 下不变,而 Haldane 质量项相反。

(5)***CPT***:狄拉克质量项在 $\boldsymbol{C}$、$\boldsymbol{P}$ 和 $\boldsymbol{T}$ 下不变,在 ***CPT*** 下也不变。另外,Haldane 质量项在合并 ***PT*** 变换下不变,因此在 ***CPT*** 下也不变。

在结束对简化的狄拉克拉格朗日对称性的研究之前,回顾一下在狄拉克-外尔半金属中,螺旋度的概念,即沿着运动方向的自旋投影是没有意义的。算子式(14.21)的二维模拟为[14]

$$\Lambda^{2D} = \frac{p \cdot \boldsymbol{\tau}}{|p|}, \boldsymbol{\tau} = \begin{pmatrix} \sigma & 0 \\ 0 & \sigma \end{pmatrix} \tag{14.51}$$

且作用于以下形式的旋量式(14.11)。因此,自旋矩阵 $\boldsymbol{\tau}$ 实际上描述了伪自旋自由度,因此将此算子称为伪螺旋度算子。发现旋量式(14.11)是本征态 $\boldsymbol{\gamma}^5$,且手性和伪螺旋性有关系,得出:

$$\boldsymbol{\gamma}^5\psi = \pm\Lambda^{2D}\psi \tag{14.52}$$

在这种形式下,仍然可以将高能物理学的超相对论图像与狄拉克-外尔半金属中电荷载流子的无质量特性联系起来。

最后，重要的是狄拉克拉格朗日质量项在其继承、扩展和可约形式中的对称性，特别是那些违反奇偶校验和时间反转的形式，导致对 Maxwell 拉格朗日的修正，因为它们产生了 Chern - Simons 项；反之亦然。下文将对此进行描述。

14.8 三维麦克斯韦拉格朗日

麦克斯韦拉格朗日与对应的(3+1)维的拉格朗日具有相同的对称性和结构。然而，正如我们所见，在(2+1)维中，有一些费米子质量项违反了奇偶校验和时间反转，它们在拉格朗日诱导了一个额外的项，即 Chern - Simons 项。由于它的拓扑结构，这种修正值得到独立处理，因此认为麦克斯韦拉格朗日完整，并单独研究 Chern - Simons 拉格朗日。

14.9 Chern - Simons 拉格朗日

在(2+1)维中，与(3+1)维不同，粒子服从分数统计，因为(2+1)维中的自旋结构与其对应的(3+1)维结构不同。在后一种情况下，它必须满足非交换的角动量代数，即

$$[S_i, S_j] = i\epsilon_{ijk}S_k \quad i、j、k = 1,2,3 \tag{14.53}$$

在这里，角动量的量子化给出了两类粒子，即具有整数自旋且满足玻色 - 爱因斯坦统计的玻色子和具有半整数自旋且满足费米 - 狄拉克统计的费米子。在(2+1)维中，角动量满足交换代数，因为只有一个生成元，如 S_3 可以明显地与自己交换。因此，没有角动量的量子化表明可能存在具有分数统计的粒子[9]。通常，量子统计是指当其中两个粒子被交换时，从许多粒子中获得一个波函数的相位。但是，如果粒子完全相同，进行排列并不能告诉我们任何物理上的东西，因为给定的构型和通过交换粒子获得的构型仅仅是描述相同构型粒子的两种方法。实际上，量子统计指的是当两个粒子绝热传送到彼此的坐标时产生的相位。在(3+1)维中，量子统计的这两个定义是一致的。但这种情况在(2+1)维中不会发生，在非绝热条件下可以产生任何相位粒子。这些粒子被称为“任意粒子”，其特殊性在于它们违背了奇偶校验和时间反转的对称性。特别是当在平面上把电子和光子耦合在一起时，因为有违反奇偶校验和时间反转的电子的质量项，麦克斯韦拉格朗日被修改，产生一个 Chern - Simons 项[9]：

$$L_{\mathrm{CS}} = \frac{\theta}{4}\epsilon_{\mu\nu\lambda}A^{\mu}\boldsymbol{F}^{\nu\lambda} \tag{14.54}$$

在此，将具体说明一些相关的方面和对称性。

首先，可以看到，在规范场的变换下 $A_\mu \to A_\mu + \partial_\mu \Lambda$，这个拉格朗日式(14.54)变化为

$$\delta L_{\mathrm{CS}} = \frac{\theta}{4}\epsilon_{\mu\nu\lambda}\partial^{\mu}\Lambda F^{\nu\lambda} \tag{14.55}$$

通过这一方式发现在这些变换下，不是拉格朗日而是相应的动作不变。接着观察到的是 θ 有质量单位，所以当考虑 Maxwell - Chern - Simons 时，即来自拉格朗日的光子 $L = L_{\mathrm{Maxweel}} + L_{\mathrm{CS}}$，它们有质量 θ，所以 CS 项作为光子的度量不变质量项。最后，一个最有趣的方面是注意 Chern - Simons，即

$$S_{\mathrm{CS}} = \int \mathrm{d}^3 x\, L_{\mathrm{CS}} \tag{14.56}$$

在一般坐标变换下不变。换句话说，它不依赖于"度量"，因此产生的理论是拓扑场理论。

在离散对称条件下，Chern－Simons Lagrangian 具有以下的变换性质。

（1）电荷共轭：在 $\boldsymbol{C}$ 下是电荷共轭不变。

（2）奇偶校验：CS 项违反了 $\boldsymbol{P}$。

（3）时间反转：CS 项违反了 $\boldsymbol{T}$。

（4）CPT：和费米子质量项一样，CS 项在共轭 $\boldsymbol{PT}$ 变换下不变，因此在 $\boldsymbol{CTP}$ 下不变。

CS 项是在一定条件下动态生成，现在将研究构造更常用的 QED_3 拉格朗日。

14.10 三维量子电动力学拉格朗日

要写出更常用的三维量子电动力学（QED_3）拉格朗日，必须从它前身四维开始。然而，需要注意的是，在平面上，当麦克斯韦光子与狄拉克费米子耦合时，会产生一个 CS 项，并且质量项违反 $\boldsymbol{P}$ 和 $\boldsymbol{T}$。反之也是正确的：如果考虑最初的无质量费米子，并将它们与 Maxwell－Chern－Simons 光子耦合，费米子就会得到一个违反 $\boldsymbol{P}$ 和 $\boldsymbol{T}$ 的质量项。为了写出更常用的QED_3拉格朗日，因为麦克斯韦和拉格朗日的相互作用与（3+1）维相同，必须考虑3个情况。

（1）情况一：对于延续的拉格朗日，可得出

$$L_{\mathrm{QED3}}^{H} = \bar{\psi}(\mathrm{i}(\boldsymbol{\gamma}^{\mu}\partial_{\mu} + \mathrm{i}e\boldsymbol{\gamma}^{\mu}A_{\mu}) - m)\psi - \frac{1}{4}F_{\mu\nu}\boldsymbol{F}^{\mu\nu} - \frac{1}{2\xi}(\partial_{\mu}A^{\mu})^{2} + \frac{\theta}{4}\epsilon_{\mu\nu\lambda}A^{\mu}\boldsymbol{F}^{\nu\lambda} \tag{14.57}$$

在这种情况下，质量项和 CS 项互相推导。

（2）情况二：对于扩展的狄拉克拉格朗日，可得出

$$L_{\mathrm{QED3}}^{E} = \bar{\psi}_A(\mathrm{i}(\boldsymbol{\gamma}^{\mu}\partial_{\mu} + \mathrm{i}e\boldsymbol{\gamma}^{\mu}A_{\mu}) - m)\psi_A + \bar{\psi}_B(\mathrm{i}(\boldsymbol{\gamma}^{\mu}\partial_{\mu} + \mathrm{i}e\boldsymbol{\gamma}^{\mu}A_{\mu}) + m)\psi_B - \frac{1}{4}F_{\mu\nu}\boldsymbol{F}^{\mu\nu} - \frac{1}{2\xi}(\partial_{\mu}A^{\mu})^{2} \tag{14.58}$$

在这种情况下，没有 CS 项，因为质量迹象相互抵消。

（3）情况三：对于可约的狄拉克拉格朗日，可得出

$$L_{\mathrm{QED3}}^{R} = \bar{\psi}(\mathrm{i}(\boldsymbol{\gamma}^{\mu}\partial_{\mu} + \mathrm{i}e\boldsymbol{\gamma}^{\mu}A_{\mu}) - m_{e} - m_{o}\tau)\psi - \frac{1}{4}F_{\mu\nu}\boldsymbol{F}^{\mu\nu} - \frac{1}{2\xi}(\partial_{\mu}A^{\mu})^{2} + \frac{\theta}{4}\epsilon_{\mu\nu\lambda}A^{\mu}\boldsymbol{F}^{\nu\lambda} \tag{14.59}$$

m_o和 CS 项互相推导。

注意，这3个拉格朗日在 $\boldsymbol{CPT}$ 下不变，因此它们在物理上是相关的。

14.11 简化量子电动力学

为了更直观地描述狄拉克－外尔半金属，有必要定义一个电磁相互作用的规范理论，其中可以在几个时空维度定义费米子和光子场。假设一般 QED 的第三空间分量为有限长度且最终趋于零，在文献中以伪 QED（pseudo quantum electro－dynamics，PQED）[7]的名义提出了关于这个特殊情况的建议。在一个更普遍的例子中，在尺寸 d_γ 中定义光子和在

尺寸 d_e 中定义费米子，且 $d_\gamma > d_e$，并被称为简化 QED(reduced QED, RQED)[8]，特殊情况是 $d_\gamma = 4$ 且 $d_e = 3$，并与这些材料直接相关。回顾一下一般情况，灵感来自于有关膜的方案，因为光子被允许在大块的 d_γ 维度中传播，但是费米子被限制只能在 d_e 维度的膜上传播。为了简便，从作用开始，并首先考虑无质量费米子。

$$S_{d_\gamma,d_e}\left[A_{\mu_\gamma}^{(d_\gamma)},\psi^{(d_e)}\right] = \int \mathrm{d}^{d_\gamma}x\, L_{\mathrm{RQED}} \tag{14.60}$$

拉格朗日的形式为

$$L_{\mathrm{RQED}} = \bar{\psi}(x)\mathrm{i}\boldsymbol{\gamma}^{\mu_e} D_{\mu e}\psi(x)\delta^{(d_\gamma - d_e)}(x) - \frac{1}{4}F_{\mu_\gamma\nu_\gamma}F^{\mu_\gamma\nu_\gamma} - \frac{1}{2\xi}(\partial_{\mu_\gamma}A^{\mu_\gamma})^2 \tag{14.61}$$

并对应于一个限制在膜上的费米子拉格朗日，使指数 $\mu_e = 0,1,\cdots,d_e - 1$，而大块光子具 $A_{\mu\gamma}$ 的指数为 $\mu_\gamma = 0,1,\cdots,d_\gamma - 1$。在狄拉克中，$D_{\mu_e}$ 表示限制在膜上的协变导数，因此描述了只有费米子存在的维度中的电磁相互作用。另外，更大尺寸的光子可以自由运动，因此从体积协变导数中可以得到光子的动力学项。注意，式(14.61)中的最后一个项对应于体积协变导数的度规固定项。

在采用这种理论来描述狄拉克－外尔半金属时，必须考虑空间和平面上的第三空间分量 $z=0$。从这个意义上说，费米子与QED_3的费米子完全一样。因此，在 RQED[8] 中，也可以考虑所有狄拉克 $\boldsymbol{\gamma}^\mu$矩阵的不同表示。根据质量项，在离散 $\boldsymbol{C}$、$\boldsymbol{P}$ 和 $\boldsymbol{T}$ 对称下，基本的拉格朗日不变。然而，合成的 $\boldsymbol{CPT}$ 对称性仍然是狄拉克拉格朗日的对称性，根据质量项的性质，这也是手性不变性。总之，破坏以上所描述的对称取决于所允许的费米质量项，这与 QED_3的自由性非常相似。对于光子，如果允许 $\boldsymbol{P}$ 和 $\boldsymbol{T}$ 对称被破坏，也可以包括一个 CS 项。无论是费米子质量发生破坏，还是摄动或非摄动，将在下面讨论这个问题。

14.12 质量的产生

超过98%的可见宇宙质量是由质子和中子组成，它们是最轻的重子，即3个夸克的束缚态 *uud* 和 *ddu*。由于历史原因，质子和中子通常被称为核子，这主要是因为原子核是由这些粒子组成的。通过著名的粒子物理学希格斯机制，光夸克 *u* 和 *d* 获得了相当小的质量，大约为数个 $\mathrm{MeV/c^2}$。其中3个夸克的质量只是其周围核子质量的一小部分，约为 $1\mathrm{GeV/c^2} = 1000\mathrm{MeV/c^2}$。因此，人们自然会想核子的质量从何而来？答案是：强烈的互动作用。核子的质量来自内部夸克的结合能。当量子色动力学(quantum chromo－dynamics，QCD)的强相互作用理论变为高度非线性时，在这种低能情况下，核子内部夸克之间的有效距离使得所有成为可能。然而，在过去的几十年里，人们对质子质量的性质和起源做了大量的研究。结果发现，在一个强子内部，夸克以低于1GeV 的典型的能量移动。然后，它立刻被一团黏子云包裹起来，这仍然会进一步减慢它的速度，然后它就会感到沉重，质量约为 $300\mathrm{MeV/c^2}$。3个价态夸克的质量很容易解释核子的质量。无论在有效场论、晶格 QCD 模拟还是其他场论方法中，如 Schwinger－Dyson 方程、函数再归一化群等，都可以在不同的框架中探讨这些理论。本章将以 SDE 框架为重点，讨论 QED 中费米子质量的动态生成[20] 和上面讨论的变体。

14.13 施温格-戴森方程框架

施温格-戴森方程(Schwinger - Dyson equation,SDE)是给定量子场论的场方程[20],这些对应于理论的格林函数的无限关系塔。在这方面,SDE 对应于耦合非线性积分方程的无限塔。在它的导数中,不需要假设耦合常数的强度,因此这些是真正的非摄动方程。求解整个 SDE 集对应于求解理论本身。解决这些理论的唯一系统方法是微扰理论。然而,在这种情况下,不可能解决动态质量产生、约束、束缚状态或其他问题。因此需要考虑一个非摄动的方案,将方程的无限塔截断为一个自洽集,这些自洽集仍然捕获理论的一般特征,以便从中获得一些物理信息。因此,按照惯例,在两点函数或传播子水平截断关系塔,并在其他格林函数中使用适当的 anzätse。

在 QED 的变体中[21],图 14.2 描述了费米子和光子传播子以及费米子-光子顶点的 SDE。两点函数在它们之间与三点函数耦合。后者用两点函数来描述,也用四点函数来描述,从而决定了 SDE 无限塔的结构。对于费米子传播子,它的反函数表示为自能$\Sigma(p)$。

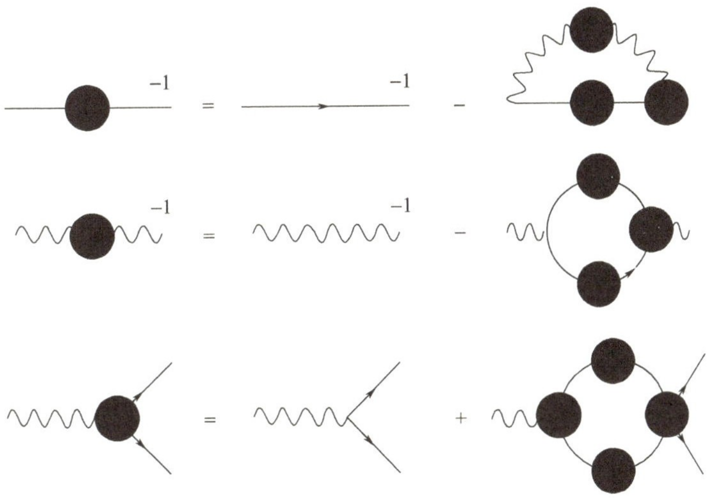

图 14.2 费米子传播子、光子传播子和费米子-光子顶点的 Schwinger-Dyson 方程。
(格林函数上的斑点表示完全(修饰)数量)

$$\Sigma(p)\mathrm{i}e^2\int\frac{\mathrm{d}^d k}{(2\pi)^d}\boldsymbol{\gamma}^{\mu}S(k)\Gamma^{\nu}(k,p)\Delta_{\mu\nu}(k-p) \tag{14.62}$$

包括所有的全光子传播子$\Delta_{\mu\nu}(q)$,费米子-光子顶点$\Gamma^{\nu}(k,p)$和费米子传播子本身$S(p)$,按照 Poincarè 不变性具有通用形式,即

$$\mathrm{i}S(p)\frac{\mathrm{i}F(p)}{\boldsymbol{\gamma}^{\mu}p_{\mu}-M(p)} \tag{14.63}$$

式中:$F(p)$为费米子波函数的重整函数;$M(p)$为质量函数。树级传播子$S_0(p)$可以得出$F_0(p)=1$和$M(p)=m_0$,m_0是裸质量。在微扰理论中的任意阶n上[21],质量函数具有通用形式,即

$$M_n(p)=m_0(f_0(p)+\alpha f_1(p)+\cdots+\alpha^n f_n(p)) \tag{14.64}$$

$f_i(p)$取决于 QED 变体的具体细节。因此，在 $m_0=0$ 时可以很容易得出 $M_n(p)=0$。因此，在微扰理论中，如果从无质量费米子开始，电磁相互作用就不可能产生质量。

在相同 Poincarè 不变性下，全光子传播子具有通用形式，即

$$i\Delta_{\mu\nu}(q) = iD(q)^2\left(g_{\mu\nu}-\frac{q_\mu q_\nu}{q^2}\right)+iD_L(q^2;\xi)q_\mu q_\nu \tag{14.65}$$

即使在微扰理论中，光子再归一化波函数 $D(q^2)$ 和度规相关的部分 $D_L(q^2;\xi)$ 也依赖于 QED 变体。最后，完全费米子－光子顶点可以用向量 $\boldsymbol{\gamma}^\nu$、$\boldsymbol{k}^\nu$、$\boldsymbol{p}^\nu$ 和标量 1 组成的 12 个振幅来表示，$\boldsymbol{\gamma}^\alpha k_\alpha$，$\boldsymbol{\gamma}^\alpha p_\alpha$，$(\boldsymbol{\gamma}^\alpha p_\alpha)(\boldsymbol{\gamma}^\beta p_\beta)$。在微扰理论的树级水平上，$\Gamma^\nu(k,p)=\boldsymbol{\gamma}^\nu$。

为了将 SDE 的无限塔变为可跟踪问题，最常用的起点是用它的裸对应物代替完全的费米子－光子点，从而把无限塔降为费米子和光子传播子的耦合方程组。对于前者，相应的 SDE 如图 14.3 所示。

此外，在淬火近似中，以全光子传播子作为其裸对应物，$\Delta_{\mu\nu}(q)\Delta^0_{\mu\nu}(q)$ 费米子传播子与 SDE 的其余部分解耦。这种截断称为彩虹近似，如图 14.4 所示，并与以下方程对应，即

$$S^{-1}(p)S_0^{-1}(p)\mathrm{i}e^2\int\frac{\mathrm{d}^d k}{(2\pi)^d}\boldsymbol{\gamma}^\mu S(k)\boldsymbol{\gamma}^\mu\Delta^0_{\mu\nu}(k-p) \tag{14.66}$$

这是讨论的起点，探讨 QED 不同变体中质量的生成细节。从这里出发，设定$m_0=0$，并讨论了狄拉克－外尔半金属的间隙方程。

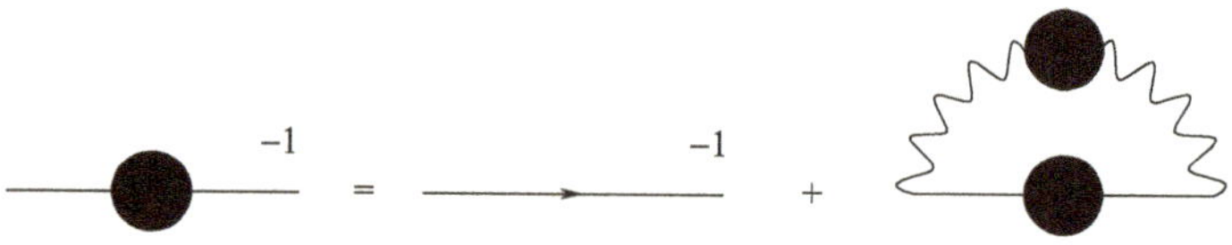

图 14.3 裸顶点近似下费米子传播子的 SDE

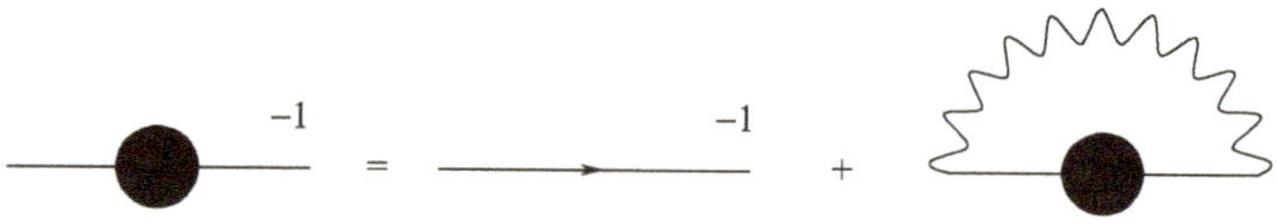

图 14.4 彩虹近似下费米子传播子的 SDE

14.14 三维量子电动力学中的间隙方程

首先讨论在 QED_3的可约表示中，只允许奇偶校验保持并动态生成狄拉克质量。在这种情况下光量子传播子的形式为

$$i\Delta^0_{\mu\nu}(q) = \frac{i}{q^2}\left(g_{\mu\nu}+(\xi-1)\frac{q_\mu q_\nu}{q^2}\right) \tag{14.67}$$

式中：ξ 为协变度规固定参数。为了简单起见，使用 Landau 度规 $\xi=0$。经过 Wick 转动后，将费米子传播子的一般式(14.63)代入到 Euclidean 空间，可以很容易地证明 $F(p^2)=1$，因此费米子传播子的 SDE 可以简化为一个关于质量函数的非线性积分方程[22]，即

$$M(p)\frac{e^2}{4\pi^3}\int\mathrm{d}^3 k\frac{M(k)}{k^2+M^2(k)}\frac{1}{(k-p)^2} \tag{14.68}$$

目前观察到以下几点。

(1) 平凡解 $M(p)=0$ 也是间隙方程式(14.68)的解。它将对应于在微扰理论中按给定阶次得到的解。由于我们寻求非摄动解，因此必须寻得条件，其中 $M(p)\neq 0$ 也是这个方程的解。

(2) QED_3是超级可再归一化，这意味着它为 UV 有限性，因此，所有积分都可以安全地被带到无穷大。

(3) 在这个理论中，耦合常数e^2是维数的。它携带能量单位，因此所有物理相关的量都可以用它来表示。设定$e^2=1$。

(4) 不能得到完整的解析解。所以，必须以数字的方式进行。

间隙方程的解式(14.68)如图14.5所示。可以观察到，质量函数是低动量的常数，而在大动量的情况下，降为$1/p^2$。这就是微扰理论中的期望行为，使在非摄动情况下的质量函数顺利地演化为弱耦合行为。事实是，它在红外中被加强，这是仅通过理论中的相互作用就能产生质量的信号。实际上，它可以用动态生成的质量来标识。这种行为也让人想起 QCD 中的情况，在 QCD 中的相互作用是夸克在低能下获得大质量的原因。

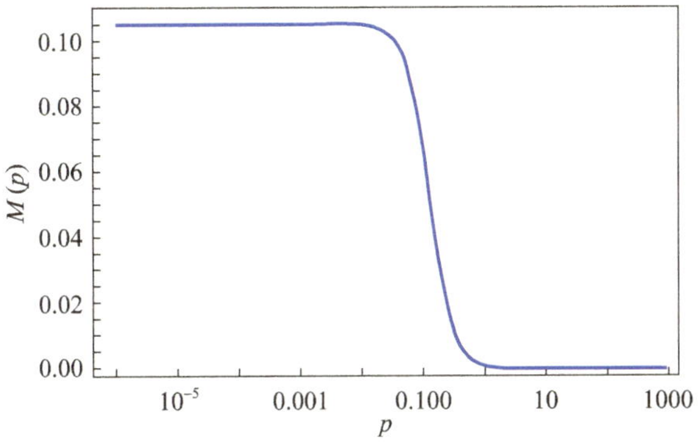

图 14.5 彩虹近似下的QED_3的费米子质量函数($e=1$)

为了分析间隙方程，可以在式(14.68)中进行角积分，这样间隙方程的形式为

$$M(p)=\frac{e^2}{2\pi^2 p}\int_0^{\infty}\mathrm{d}k\,\frac{kM(k)}{k^2+M^2(k)}\ln\left|\frac{k+p}{k-p}\right| \tag{14.69}$$

然后，按照文献[22]将对数近似为

$$\ln\left|\frac{k+p}{k-p}\right|\approx\frac{2p}{k}\Theta(k-p)+\frac{2p}{k}\Theta(p-k) \tag{14.70}$$

式中：$\Theta(x)$为赫维赛德阶跃函数，间隙方程式(14.69)简化为

$$M(p)=\frac{e^2}{p^2}\int\mathrm{d}k\,\frac{M(k)}{k^2+M^2(k)}+\frac{e^2}{\pi^2p^2}\int\mathrm{d}k\,\frac{k^2M(k)}{k^2+M^2(k)} \tag{14.71}$$

它等价于非线性微分方程

$$\frac{\mathrm{d}}{\mathrm{d}p}\left[p^3\frac{\mathrm{d}M(p)}{\mathrm{d}p}\right]=-\frac{2e^2}{\pi^2}\frac{p^2M(p)}{p^2+M^2(p)} \tag{14.72}$$

因为$p^2\gg M^2(p)$，故上述方程线性化为

$$\frac{\mathrm{d}}{\mathrm{d}p}\left[p^3\frac{\mathrm{d}M(p)}{\mathrm{d}p}\right]=-\frac{2e^2}{\pi^2}M(p) \tag{14.73}$$

解法为

$$M(p)=AJ_2\left(\sqrt{\frac{8e^2}{\pi^2 p}}\right) \tag{14.74}$$

常数 A 不能从微分方程中确定。然而，我们知道这与手性冷凝物成比例$\langle\bar{\psi}\psi\rangle=\mathrm{Tr}[S(x=0)]$。

14.15 三维量子电动力学以及 Chern - Simons 的质量产生

当允许一个 CS 项时，除了普通的狄拉克质量项外，也使产生霍尔丹质量项成为可能。要了解发生的过程，需要反转拉格朗日的动能项式(14.59)。这并不简单，因为狄拉克质量项和 Haldane 质量都不对应传播子的极点。定义投影算子[23-24]为

$$\chi_{\pm}=\frac{1}{2}(I\pm\tau) \tag{14.75}$$

它满足属性

$$\chi_{\pm}^2=\chi_{\pm},\chi_{\pm}\chi_{\mp}=0,\chi_{+}+\chi_{-}=I \tag{14.76}$$

可以定义左手和右手的费米子场为

$$\psi_{\pm}=\chi_{\pm}\psi \tag{14.77}$$

根据这些手性场，拉格朗日式(14.59)的形式为

$$L_{\mathrm{Dirac}}=\bar{\psi}_{+}(\mathrm{i}\gamma^{\mu}\partial_{\mu}-m_{+})\psi_{+}+\bar{\psi}_{-}(\mathrm{i}\gamma^{\mu}\partial_{\mu}-m_{-})\psi_{-} \tag{14.78}$$

式中：$m_{+}=m_{\mathrm{e}}\pm m_{\mathrm{o}}$。因此，拉格朗日描述了两种不同质量的费米子种类。这意味着完整的欧几里得费米子传播子自然地分裂成不同的手性，即

$$S(p)=\frac{F_{+}(p^2)}{\gamma^{\mu}p_{\mu}+M_{+}(p^2)}\chi_{+}+\frac{F_{-}(p^2)}{\gamma^{\mu}p_{\mu}+M_{-}(p^2)}X_{-} \tag{14.79}$$

另外，在 Euclidean 空间中，在树级水平由 CS 项修改的光子传播子在修改形式(14.67)中被修改为[24]

$$\Delta_{\mu\nu}^{0}(q)=\frac{1}{q^2+\theta^2}\left(\delta_{\mu\nu}+(\xi-1)\frac{q_{\mu}q_{\nu}}{q^2}\right)-\frac{\theta\varepsilon_{\mu\nu\lambda}q_{\lambda}}{q^2(q^2+\theta^2)} \tag{14.80}$$

当 $\theta=0$ 时，与式(14.67)匹配。通过这些元素，可以求解 CS 系数 θ 的不同值的间隙方程。间隙方程的解的一般行为如下[23-26]：当 $\theta=0$ 时，在 QED_3中的这两个质量函数 $M_{+}(p^2)=M_{-}(p^2)$，都与相应的质量函数对应，即它们在大动量下，如预期一样是平坦函数低 p 和并下降为 $1/p^2$。随着 θ 的增大，高度减小，$M_{+}(p^2)$下降，$M_{-}(p^2)$增加。CS 系数有一个临界值 θ_c，在 $M_{+}(0)=-M_{-}(0)$之上，这意味着动态生成的质量只有 Haldane 贡献，即恢复了 QED_3的手性对称。

14.16 简化量子电动力学的质量产生

正如前面所述，简化量子电动力学(RQED)和 QED_3之间有一些重要区别。关于生成质量问题[27]，最重要的几点如下。

① 这个理论虽然可重整，但却显示出紫外线的散度。因此，这些应该为正则化，对此一个简单的常用选择是使用一个硬截止的动量积分。

② 耦合常数e^2实际上是一个常数，因此$\alpha=e^2/(4\pi)$定义了QED常见的精细结构常数。

③ 树级光子传播子获得以下Euclidean形式，即

$$\Delta_{\mu\nu}^{0}(q)=\frac{1}{q}\left(\delta_{\mu\nu}+(\xi-1)\frac{q_\mu q_\nu}{q^2}\right) \tag{14.81}$$

在这个理论中，这种看似简单的变化导致了一个完全不同的动态质量产生方案。为了说明这一点，再次考虑彩虹截断。在Landau度规中，间隙方程采用了以下形式[27]，即

$$M(p)=\frac{e^2}{4\pi^3}\int \mathrm{d}^3k\frac{M(k)}{k^2+M^2(k)}\frac{1}{|k-p|} \tag{14.82}$$

在进行角积分后，上述方程简化为

$$M(p)=\frac{e^2}{4\pi^2 p}\left(\int_0^p \mathrm{d}k\frac{k^2M(k)}{k^2+M^2(k)}+p\int_p^\Lambda \mathrm{d}k\frac{kM(k)}{k^2+M^2(k)}\right) \tag{14.83}$$

这是对等的微分方程，即

$$p^2\frac{\mathrm{d}^2M(p)}{\mathrm{d}p^2}+2p\frac{\mathrm{d}M(p)}{\mathrm{d}p}+\frac{e^2}{4\pi^2}\frac{p^2M(p)}{p^2+M^2(p)}=0 \tag{14.84}$$

当$p^2\gg M^2(p)$，这个等式简化为

$$p^2\frac{\mathrm{d}^2M(p)}{\mathrm{d}p^2}+2p\frac{\mathrm{d}M(p)}{\mathrm{d}p}+\frac{e^2}{4\pi^2}M(p)=0 \tag{14.85}$$

解为

$$M(p)=B_1p^{-\lambda/2}+B_2p^{\lambda/2} \tag{14.86}$$

且

$$\lambda=1-\sqrt{1-\frac{\alpha}{\alpha_c}},\alpha=\frac{e^2}{4\pi},\alpha_c=\frac{\pi}{4} \tag{14.87}$$

如果$\alpha<\alpha_c$，质量函数与微扰理论所期望的行为不一致，那么这种情况应该基于物理原因而予以摒弃。另外，如果$\alpha>\alpha_c$，解法的行为符合预期。这种情况可以清楚地写为

$$M(p)=\frac{D}{\sqrt{p}}\sin\left[\beta\left(\log\frac{p}{\bar{M}}+\tilde{\delta}\right)\right] \tag{14.88}$$

式中：D为振幅，$\tilde{\delta}$为相位；$\beta=\sqrt{\alpha/\alpha_c-1}>0$；$\bar{M}$为与动态产生的质量确定的尺度，这符合Miransky标度定律，有

$$\bar{M}=\Lambda e^{2+\tilde{\delta}}\exp\left[-\frac{2n\pi}{\sqrt{\frac{\alpha}{\alpha_c}-1}}\right]\quad n=0,1,2,\cdots \tag{14.89}$$

因此，在RQED中，只有当耦合超过临界值时，才存在动态质量产生。

14.17 真空极化效应

考虑到真空极化效应，假设大量的无质量费米子家族N_f在循环，在QED_3中无CS项

和有 CS 项的光子以及在 RQED 中的光子，按照对应的 Landau 度规相应修改树级对应体，有

$$\begin{cases}\Delta_{\mu\nu}^{\mathrm{QED}_3}(q)=\dfrac{1}{q^2+\tilde{\alpha}|q|}\left(\delta_{\mu\nu}-\dfrac{q_\mu q_\nu}{q^2}\right)\\ \Delta_{\mu\nu}^{\mathrm{QED}_3+CS}(q)=\dfrac{q^2+\tilde{\alpha}|q|}{q^2[(q^2+\tilde{\alpha}|q|)^2+\theta^2]}\left(\delta_{\mu\nu}-\dfrac{q_\mu q_\nu}{q^2}\right)-\dfrac{\theta\varepsilon_{\mu\nu\rho}q^\rho}{q^2[(q^2+\tilde{\alpha}|q|)^2+\theta^2]}\\ \Delta_{\mu\nu}^{\mathrm{RQED}}(q)=\dfrac{1}{q(1+2\tilde{\alpha})}\left(\delta_{\mu\nu}-\dfrac{q_\mu q_\nu}{q^2}\right)\end{cases} \tag{14.90}$$

$\tilde{\alpha}=e^2N_f/8$。这里有几点值得注意。

在 QED_3 中，人们一直预测了临界数量的费米子家族的存在 $N_f^c\simeq 32/\pi^2$，它们不再产生质量[28]。这可以很容易地观察到，因为如 14.16 节中提到的线性化间隙方程，式(14.90)中的第一个传播子对等于微分方程，即

$$p^2\frac{\mathrm{d}^2M(p)}{\mathrm{d}p^2}+2p\frac{\mathrm{d}M(p)}{\mathrm{d}p}+\frac{8}{\pi^2N_f}M(p)=0 \tag{14.91}$$

解为

$$M(p)=A_1e^{-\lambda'/2}+A_2e^{-\lambda'/2},\lambda'=-1+\sqrt{1-\frac{32}{\pi^2N_f}} \tag{14.92}$$

并要求 $N_f>N_f^c=32/\pi^2$ 具有物理敏感性。

通过式(14.90)中的第二个传播子添加 CS 项，使间隙方程依赖于 N_f 和 θ，两者分别具有临界值，在这些临界值下，质量是动态生成的。对于间隙方程的解析处理很麻烦，数值结果表明，(N_f,θ) 平面上的临界曲线可以被参数化为[23]

$$\theta_c\simeq\exp\left(\frac{-A+\hat{\delta}}{\sqrt{\dfrac{N_f^c(\mathrm{o})}{N_f^c}-1}}\right) \tag{14.93}$$

当 A 和 $\hat{\delta}$ 是拟合参数时，$N_f^c(0)$ 是在没有 CS 项的情况下费米子家族的临界数，且 $N_f^c=N_f^c(\theta)$。

最后，在 RQED 的情况下，猝灭和未猝灭传播子的临界行为仅仅相当于重新定义的精细结构常数[27]。费米子家族的临界数量为

$$N_f^c=\frac{8\tilde{\alpha}}{\pi^2(1+2\tilde{\alpha})} \tag{14.94}$$

假设质量可以动态生成。

14.18 外尔材料中的守恒电流

在上述理论的推动下，高能物理学和凝聚态物理学之间最有希望的联系之一是探索粒子物理学中预测的效应，但由于该领域实验安排的复杂性，这些效应很难或不可能被观察到。由于有可能在凝聚态物质中产生这些效应，并能与相对论粒子系统有许多相同特征，所以如果能在材料物理实验中观察到这些现象，就有可能构造类似物和探针。例如，

在这个方向上,一个显著的成就是发现了 Klein 悖论[29],在这个理论中相对论粒子穿透一个巨大的屏障被完全传播。屏障越高,透射系数就越高,这与我们对经典电动力学的预期相反。

在量子场理论描述的物理系统领域中,一个特别值得注意的方面是异常现象的存在[10]。正如前面所讨论的,任何量子场论都是建立在相关物理系统所遵守的对称性基础上。当这些对称性出现在经典的理论版本中,但在量子级别被打破时,系统被认为包含了一个异常现象。因此,异常现象为探索完全由量子效应引起的现象提供了一个丰富的领域。然而,用这种复杂的统计分析来定义清晰的观测值很困难,只有少数机制能清楚地证明是量子效应的异常现象、意义和宏观表现的直接结果。

在凝聚态物质实验室中证明了量子场论可能出现的异常现象,这为寻找这些现象提供了新的线索。最近,对三维狄拉克材料即五碲化锆 $ZrTe_5$ 的输运测量表明,当暴露在电场和磁场中时,这种材料中的电荷载流子行为彼此平行,与所谓的手性磁效应的预测行为相容[30]。这一机制是在高能物理学的背景下提出,是异常现象的直接结果,尽管重离子碰撞中的某些测量结果[31]与预测一致,但低信号和大的统计波动无法得出明确的结论。因此,在材料物理学中观察这一效应是至关重要的。下面简洁地描述了手性磁效应,并提出除了 $ZrTe_5$ 外,(2 +1)维度中的狄拉克半金属的模拟物应该可行。

14.19 手性异常

在经典场论中,从诺特定理中了解到,一个给定系统的每一个对称都必须有一个守恒的电流。然而,当经典理论被量化时,这种对称性可能不复存在。量子理论的真空是随着量子涨落而实现,并且虚拟过程一直在发生。因此,粒子和反粒子正在被创造和湮灭,在这个过程中,它们与普通粒子相互作用。通过费曼图可以表示虚拟粒子的相互作用,在费曼图中闭合环路表示量子涨落。在包含异常的理论中,费曼图给出的修正并不符合系统所有的原始对称性。包含费米子和呈现整体手性对称的理论被认为是为了保护向量和轴流,即

$$J^{\mu}_{a} = \bar{\psi}\boldsymbol{\gamma}^{\mu} t_a \psi,\ J^{\mu}_{a,5} = \bar{\psi}\boldsymbol{\gamma}^{\mu}\gamma_5 t_a \psi \tag{14.95}$$

式中:t_a 为度规基团的发生器。由图 14.6 中的三角形图表示的量子修正类导致一个异常现象。该图表示了费米子场与外度规场的相互作用,从而明确地打破了手性对称。

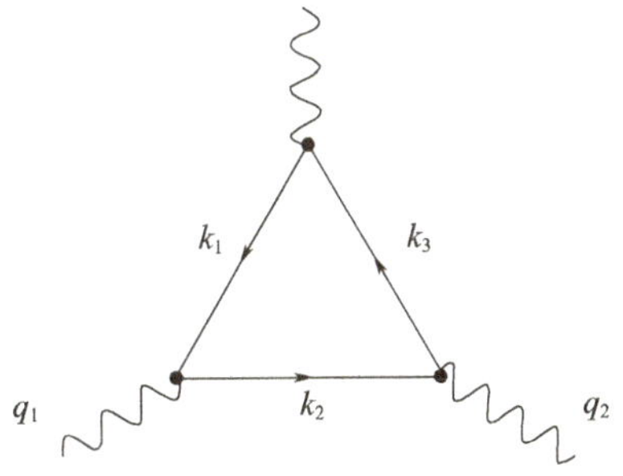

图 14.6 产生手性异常的三角形图

具有相反手性的费米子与此图表的相反符号共同做出了贡献。这两个贡献的总和构成了消失并守恒的向量电流。另外，轴向电流解释了这些贡献之间的差异，它们的散度不为零，有

$$\partial_\mu J_5^\mu = \frac{e^2}{2\pi^2}\boldsymbol{E}\cdot\boldsymbol{B} \tag{14.96}$$

式中：e 为费米子电荷；$\boldsymbol{E}$ 和 $\boldsymbol{B}$ 为电场和磁场。注意，轴向电流的非守恒与电磁场张量的对偶成正比，这表明了电流的拓扑性质。

上述结论是考虑了相等数量的左、右费米子。然而，这种度规场的拓扑结构产生了非消失的手性电荷 Q_5，可知这可能与两个种类之间丰度的差异有关[31]，$Q_5=N_R-N_L$。手性磁效应的本质在于打破手性平衡。如果其中一个费米子种类比另一个种类更丰富，那么它们不再对向量电流贡献，这种电流也将呈现异常。

14.20 手性磁效应

在夸克胶子等离激元的背景下，人们初次提出了 QCD 的 CME[11-12]。这种等离激元由夸克和胶子组成，在非常高的温度下处于去污状态，目前在实验室中产生这种等离激元是将重离子加速到超相对论性的速度，然后发生碰撞产生的。胶子场的拓扑结构负责产生手性的翻转，在这种碰撞中产生的外部磁场负责分离正、负电荷，产生非耗散电流。

虽然夸克胶子等离激元中 CME 的测量结果并不确定[31]，但发现了 Abelian 类似费米子，并在 $ZrTe_5$ 中探索类似相对性费米子[30]。在本实验中，将相互平行的电场和磁场应用在材料样品上，以此产生手性不平衡。电流预期作为磁场函数的二次行为，磁阻测量作为外加磁场函数，这表明确实是这种情况。

这里认为，除了在五碲化锆中观察到的 CME 表现外，必须有可能在平面狄拉克材料（如石墨烯）中构造这种模拟机制。

14.21 伪手性磁效应

对于像石墨烯这样的平面狄拉克材料，通常不能保持 CME，因为这种异常不存在。然而，我们提出可以构造一个模拟，这样伪手性而不是手性之间的不平衡可以产生电流。就像原来的 CME 一样，除了手性化学势外，还需要外加磁场来诱导电荷分离。

我们的目的是计算在外加磁场的作用下(2+1)维中的费米子传播子，然后计算电流和手性数。磁场经过经典处理，由于电子的运动限制在石墨烯片上，它必须在平面上指向某个方向以诱导运动。然而，根据前面讨论过的同一条直线，度规场不需要被限制在平面上。与前面分析不同的是，由于是经典场，它无法贡献量子修正，而像 RQED 这样的解释方法是不必要的。然而内部的度规场中的量子修正的影响，最终将构成度规扇区，通过费米子场有效质量可以有效地介绍 RQED 理论。按照这个方式选择引入的费米子质量的集合，用来模拟伪手性的破坏。这个选择将在下面讨论。为定义 x_1 方向的磁场，从拉格朗日开始，即

$$L_F = \bar{\psi}[\mathrm{i}D_\mu\boldsymbol{\gamma}^\mu + (eA_3^{\mathrm{ext}} - m_3)\boldsymbol{\gamma}^3 - m_o\boldsymbol{\gamma}^3\boldsymbol{\gamma}^5]\psi \tag{14.97}$$

$\boldsymbol{\gamma}$ 矩阵在 Weyl 表示中。被选定的质量保持下列对称，即

$$\psi \to e^{i\beta_1\gamma^5}\psi,\psi \to e^{i\beta_2\gamma^3\gamma^5}\psi \tag{14.98}$$

m_o项是 Haldane 质量,前面讨论过,它对量子修正进行编码,这些修正将来自于度规区的 Chern - Simons 项。m_3项相当于下列旋转 $\psi \to e^{\alpha\gamma^3}\psi$ 和 $\bar{\psi} \to \psi e^{\alpha\gamma^3}$下的狄拉克项;这个质量的作用是打破谷的对称性。为了避免取消粒子和反粒子的贡献,添加一个普通的化学势。在手性的基础上,可以重新定义费米子场的拉格朗日,即

$$L_F = \bar{\psi}[i\partial_\mu\boldsymbol{\gamma}^\mu + \mu\boldsymbol{\gamma}^0 + (eA_3^{ext} - m_x)\boldsymbol{\gamma}^3]\psi \tag{14.99}$$

式中:$\psi_\pm = \frac{1}{2}(1+\boldsymbol{\gamma}^5)\psi$;$m_\pm = m_3 \pm m_o$。

传播子也可以在手性中分离,即

$$G(x,x') = \frac{1+\boldsymbol{\gamma}^5}{2}G_+(x,x') + \frac{1-\boldsymbol{\gamma}^5}{2}G_-(x,x') \tag{14.100}$$

使用松原函数虚拟时间形式可以包括温度的影响,这里替换$k_0 \to i\omega_n = i(2n+1)\pi T$ 和$\int d k_0 \to i2\pi T\sum_n$。传播子的计算可以遵循文献[13],得出

$$G_\pm(x,x') = T\sum_n\int\frac{d^2k}{(2\pi)^3}e^{-k\cdot(x,x')}\tilde{G}_n(k;\xi_\pm) \tag{14.101}$$

其中

$$\tilde{G}_n(k;\xi_\pm) = i\int ds r_S(\omega_n\mu)e^{isk_\parallel^2 - i[k_2^2+\xi_\pm^2]\frac{\tan(eBs)}{eBs}} \times [K_\parallel[1+\boldsymbol{\gamma}^2\gamma^3\tan(eBs)] +$$
$$[k_2\boldsymbol{\gamma}^2 + \xi_+\boldsymbol{\gamma}^3]\sec^2(eBs)] \tag{14.102}$$

且 r_S 是正时积分的调节器。

$$\bar{\xi}_\pm = \frac{1}{2}(x^2 + x'2) + eB + m_\pm, K_\parallel = (i\omega_n + \mu, k^1, 0) \tag{14.103}$$

获得传播子的计算后,就可以计算向量和轴向电流,即

$$\begin{cases} j_\mu(x) = -e\langle\bar{\psi}\gamma_\mu\psi\rangle = e\mathrm{tr}\gamma_\mu G(x,x') \\ j_{5\mu}(x) = -e\langle\bar{\psi}\gamma_\mu\ \gamma_5\psi\rangle = e\mathrm{tr}\gamma_\mu\gamma_5 G(x,x') \end{cases} \tag{14.104}$$

在 $\boldsymbol{\gamma}$ 矩阵上跟踪,可以注意到,唯一的电流分量仍然不消失,即 j_1 和 $j_{5,1}$。这与手性磁效应一致,在磁场方向产生电流。通过自旋和伪自旋跟踪,得到了亚晶格的净贡献,即

$$\begin{cases} j_1(x^2) = j(x^2 - x_+^2) - j(x^2 - x_-^2) \\ j_{51}(x^2) = j(x^2 - x_+^2) - j(x^2 - x_-^2) \end{cases} \tag{14.105}$$

其中$x_\pm^2 = \frac{-m_\pm}{eB}$,目前给定分量 j,即

$$j(\eta) = \frac{e^2BT}{\pi}\sum_n\int ds r_S(\omega_n\mu)(\omega_n - i\mu)\left[\frac{\tan(eBs)}{eBs}\right]^{\frac{1}{2}}e^{-i(s(\omega_n - i\mu)^2 + eB\tan(eBs)\eta^2)} \tag{14.106}$$

在强磁场的极限下,可以用解析的方法来评价这个表达式,即

$$j(\eta) = \frac{e^2BT}{\pi}\sum_n\int\frac{ds}{\sqrt{eBs}}e^{-s(\omega_n - i\mu)+eB\eta^2} \tag{14.107}$$

通过对 s 的积分,得到强场极限的紧凑结果,即

$$j(\eta) = 4\frac{e\sqrt{eB}}{\pi^{3/2}}\sum_n\mu e^{-\eta^2} \tag{14.108}$$

图 14.7 中表示了数值表达式和解析强场极限，对于 η 参数的不同值，它们彼此是一致的。有趣的是，对于小的 $T/\sqrt{eB}$，值，对应于大的 eB 值，表达式与温度 T 无关。

可以对这个数和手性数密度进行类似的计算，有

$$\begin{cases} v(x^2) = v(x^2 - x_+^2) + v(x^2 - x_-^2) \\ v_5(x^2) = v(x^2 - x_+^2) - v(x^2 - x_-^2) \end{cases} \tag{14.109}$$

每个手性的数密度可通过以下计算得出，即

$$v(\eta) = \frac{e^2BT}{\pi}\sum_n \int \mathrm{d}s\, r_S(\omega_n\mu)(\omega_n - \mathrm{i}\mu)\left[\frac{1}{eB\tan(eBs)}\right]^{\frac{1}{2}} \mathrm{e}^{-\mathrm{i}(s(\omega_n-\mathrm{i}\mu)+eB\tan(eBs)\eta^2)} \tag{14.110}$$

可以在强场的极限下检验，$\tan(eBs) \approx 1$。考虑到这一点，可很容易看出，除了电荷 e 的较低功率外，数字密度的表达式与电流的表达式相同。数值和分析结果如图 14.8 所示。

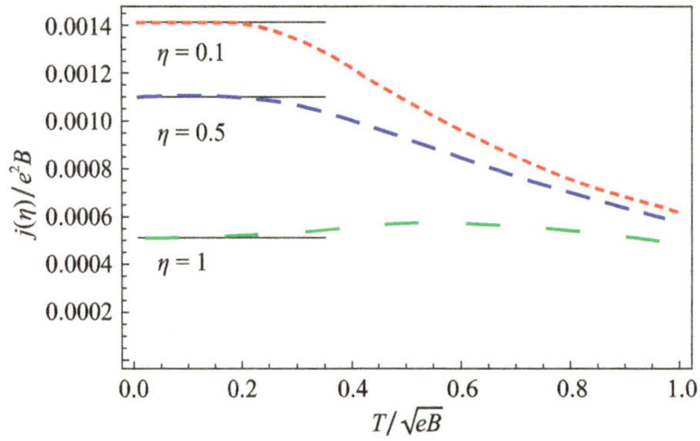

图 14.7 电流密度（虚线对应全数值结果，全线是强磁场极限）

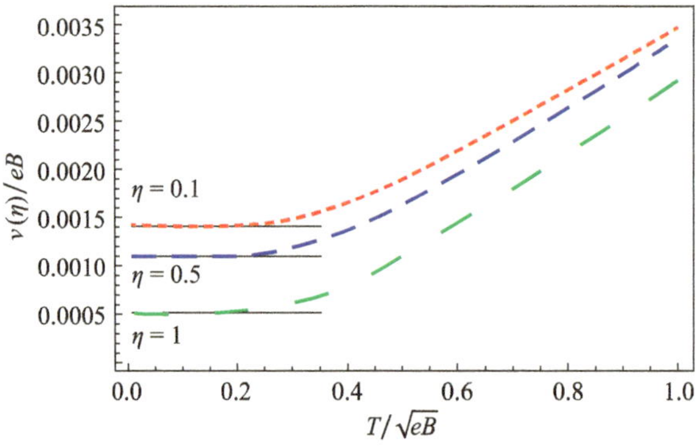

图 14.8 手性数密度（虚线对应全数值结果，全线对应强磁场极限）

为了得到总的电流 J_1 和手性数 N_5，可以积分它们密度在空间上的表达式，L 是石墨烯薄片的宽度。

$$\begin{cases} J_1 = \int_{-L_2/2}^{L_2/2} \mathrm{d}x^2 [j(x^2 - x_+^2) - j(x^2 - x_-^2)] \\ N_5 = \int_{-L_2/2}^{L_2/2} \mathrm{d}x^2 [v_5(x^2 - x_+^2) - v_5(x^2 - x_-^2)] \end{cases} \tag{14.111}$$

从这两个表达式的相似性可以很容易地看出，这些量是由下列因素联系在一起，即

$$J_1 = eN_5 \tag{14.112}$$

这一关系与在文献[12]中预测的手性磁效应完全一样。

可以绘制总电流，J_1作为相互作用参数m_0和m_3的函数。可以在图14.9中看到，由于电流密度是非局部，因此，对于这些参数的某些值，总电流将是非零。可以检验出当m_0和m_3可比时，其有限。其中一个参数比另一个参数大时，对应于只有一个参数存在的极限，因此电流确实会消失。

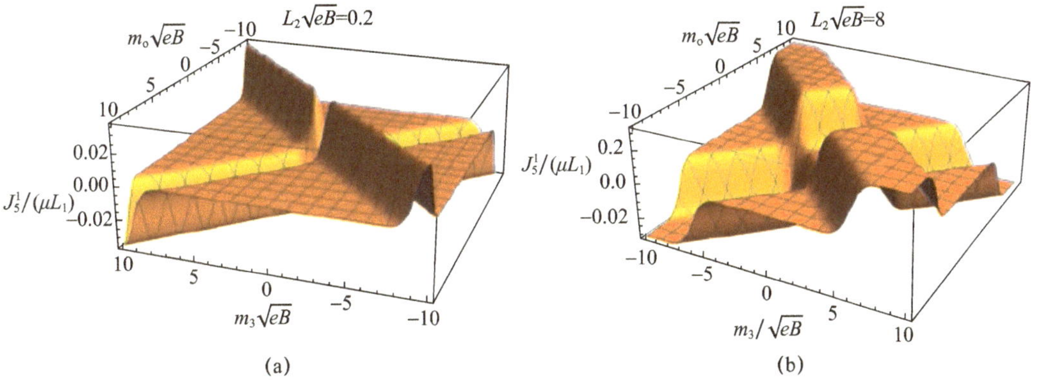

图14.9　参数m_0和m_3的特定值的消失电流（这些数字对应于不同的磁场值）

14.22 小结

通过在数学框架之间建立桥梁，来描述超相对论性费米子和低能狄拉克－外尔半金属动力学，我们回顾了限制在(2+1)维中运动的费米子的几个QED变体。在这种情况下出现了一些特殊的特征，这些特征与狄拉克矩阵所实现的Clifford代数表示有关。出于不同的可能性，特别关注了狄拉克拉格朗日（可能）的手性对称性和在离散对称变换下的质量项的行为，主要是由于与度规玻色子拉格朗日中的Chern－Simons项理论的拓扑部分紧密的联系。这些模型的两个非摄动特性与QCD的动力学特性有关。第一个非摄动特性与可见宇宙质量的起源和狄拉克－外尔半金属中电荷载流子的动力质量产生有关。用最简单的彩虹近似绘制了费米子传播子的SDE截断，以及更具象征性的大N_f对光子传播子进行序级校正。在每种情况下都给出了动态生成质量的条件。第二个非摄动特性与发生在相对论重离子碰撞的效应CME有关。从高能物理的观点来看，这种效应非常重要，因为它将探索量子QCD的拓扑扇区，并可能在宇宙演化的早期阶段提供关于物质超反物质起源的线索。当然，很难揭示这种效应的确切信号。然而，在桌面实验中测试类似狄拉克－外尔半金属材料的效应似乎合理。关键的观察包括蜂窝阵列的扭曲，此类扭曲可以作为质量项进行参数化，随着面内磁场的变化，会在狄拉克锥和电荷载流子的手性之间产生不对等。在新的狄拉克－外尔半金属时代，这是在广泛效应中能够实现的两个例子。

参考文献

[1] Yan, B. and Felser, C., Topological materials: Weyl semimetals. *Annu. Rev. Cond. Matt. Phys.*, 2017.

[2] Novoselov, K. S., Geim, A. K., Morozov, S. M., Jiang, D., Zhang, Y., Dubnos, S. V., Grigorieva, I. V., Firsov, A. A., Electric field effect in atomically thin carbon films. *Science*, 306, 666, 2004.
[3] Geim, A. and Novoselov, K. S., The rise of graphene. *Nature Mat.*, 6, 183, 2007.
[4] Nambu, Y. and Jona – Lasinio, G., Dynamical model of elementary particles based on an analogy with superconductivity. *Phys. Rev.*, 122, 345, 1961.
[5] Klevansky, S. P., The Nambu—Jona – Lasinio model of quantum chromodynamics. *Rev. Mod. Phys.*, 64, 649, 1992.
[6] Pisarski, R., Chiral – symmetry breaking in three – dimensional electrodynamics. *Phys. Rev.*, D29, 2423, 1984.
[7] Marino, E. C., Quantum electrodynamics of particles on a plane and the Chern – Simons theory. *Nucl. Phys.*, B408, 551, 1993.
[8] Teber, S., Electromagnetic current correlations in reduced quantum electrodynamics. *Phys. Rev.*, D86, 025005, 2012.
[9] Dunne, G. V., Aspects of Chern – Simons theory. hep – th/990211576 *pp. Les Houches Lectures*, 1998.
[10] Weiberg, S., *The Quantum Theory of Fields*, 1st Ed., Cambridge University Press, Cambridge. ISBN – 10: 0521670535. 1996.
[11] Kharzeev, D. E., McLerran, L. D., Warringa, H. J., The effects of topological charge change in heavy ion collisions: "Event by event and violation". *Nucl. Phys.*, A803, 227, 2008.
[12] Fukushima, K., Karzeev, D. E., Warringa, H. J., Chiral magnetic effect. *Phys. Rev. D*, 78, 074022, 2008.
[13] Mizher, A. J., Raya, A., Villavicencio, C., The pseudo chiral magnetic effect in QED3. *Int. J. Mod. Phys. B*, 30, 1550257, 2015.
[14] Gusinyn, V. P., Sharapov, S. G., Carbotte, J. P., AC conductivity of graphene: From tight – binding model to 2 + 1 – dimensional quantum electrodynamics. *Int. J. Mod. Phys. B*, 21, 4611, 2007.
[15] Mandl, F. and Shaw, G., *Quantum Field Theory*, 2nd Ed., Wiley. ISBN: 978 – 0 – 471 – 49683 – 0, 1984.
[16] Raya, A. and Reyes, E., Massive dirac fermions and the zero field quantum hall effect. *J. Phys. A*, 41, 355401, 2008.
[17] Shimizu, K., C, P and T transformations in higher dimensions. *Prog. Theor. Phys.*, 74, 610, 1985.
[18] Anguiano, M. de J. and Bashir, A., Fermions in odd space – time dimensions: Back to basics. *Few – Body Syst.*, 37, 71, 2005.
[19] Haldane, F. D. M., Model for a quantum hall effect without Landau levels: Condensed – matter realization of the "parity anomaly". *Phys. Rev. Lett.*, 61, 2015, 1988.
[20] Roberts, C. D. and Williams, A. G., Dyson – Schwinger Equations and the application to hadronic physics. *Prog. Part. Nucl. Phys.*, 33, 477, 1994.
[21] Pennington, M. R., Swimming with quarks. *J. Phys. Conf. Ser.*, 18, 1, 2005.
[22] Raya, A., The origin of mass. *AIP Conf. Proc.*, CP1116, 35, 2009.
[23] Hofmann, C., Raya, A., Sanchez – Madrigal, S., Confinement in Maxwell – Chern – Simons planar quantum electrodynamics and the 1/N approximation. *Phys. Rev. D*, 82, 096011, 2010.
[24] Hofmann, C., Raya, A., Sanchez – Madrigal, S., Dynamical mass generation and confinement in Maxwell – Chern – Simons planar quantum electrodynamics. *J. Phys. Conf. Ser.*, 287, 012028, 2011.
[25] Kondo, K. I. and Maris, P., First – order phase transition in three – dimensional QED with Chern – Simons term. *Phys. Rev. Lett.*, 74, 18, 1995.
[26] Kondo, K. I. and Maris, P., Spontaneous chiral – symmetry breaking in three – dimensional QED with a Chern – Simons term. *Phys. Rev. D*, 52, 1212, 1995.

[27] Alves, V. S. , Elias, W. S. , Nascimento, L. O. , Juicic, V. , Peña, F. , Chiral symmetry breaking in the pseudo－quantum electrodynamics. *Phys. Rev. D*, 87, 125002, 2013.

[28] Appelquist, T. W. , Bowick, M. , Karabali, D. , Wijewardhana, L. C. R. , Spontaneous chiral－symmetry breaking in three－dimensional QED. *Phys. Rev. D*, 33, 3704, 1986.

[29] Katsnelson, M. I. , Novoselov, K. S. , Geim, A. K. , Chiral tunnelling and theKlein paradox in graphene. *Nature Phys.* , 2, 620, 2006.

[30] Li, Q. , Kharzeev, D. E. , Zhang, C. , Huang, Y. , Pletikosic, I. , Fedorov, A. V. , Zhong, R. D. , Schneeloch, J. A. , Gu, G. D. , Valla, T. , Observation of the chiral magnetic effect in ZrTe5. *Nature Phys.* , 12, 550, 2016.

[31] Abelev, B. I. *et al.* (STAR collaboration), Azimuthal charged－particle correlations and possible local strong parity violation. *Phys. Rev. Lett.* , 103, 251601, 2009.